中国科学院大学研究生教

等离子体天体物理学

Plasma Astrophysics

谭宝林　苏江涛　李玉同　黄　静　谭程明　编著

科学出版社

北　京

内 容 简 介

等离子体天体物理学是现代天体物理学的基础理论之一，同时也为空间物理学、空间天气学等学科提供了重要的理论研究方法。本书分四个部分。第一部分主要介绍天体等离子体的基本理论，包括天体等离子体的主要特征、磁场的起源、对天体等离子体中的单粒子轨道描述、磁流体力学描述以及动理论描述，此外还介绍了等离子体中的波动理论。第二部分则主要介绍天体等离子体中的辐射机制以及电磁波在天体等离子体中的传播理论。其中重点介绍了相干辐射机制，包括电子回旋脉泽辐射和等离子体辐射。第三部分主要介绍天体等离子体中的粒子加速理论，包括费米加速、电场加速、湍流加速、激波加速等加速机制，同时还简要介绍了宇宙线物理及相关的高能粒子加速机制。第四部分是关于实验室天体物理的介绍，主要包括实验室天体物理的基本构想和对若干天体物理前沿问题的实验研究，包括实验方案、实验结果及相关的数据分析等。

本书适合理论物理学、天文学与天体物理学、空间物理学、空间天气学、地球物理学等专业的高年级本科生、硕士和博士研究生作为专业基础课的参考，也可供相关专业的科研人员查阅。

图书在版编目(CIP)数据

等离子体天体物理学/谭宝林等编著. —北京：科学出版社，2024.1
中国科学院大学研究生教材系列
ISBN 978-7-03-076710-3

Ⅰ.①等… Ⅱ.①谭… Ⅲ.①等离子体物理学-天体物理学-研究生-教材
Ⅳ.①O53②P14

中国国家版本馆CIP数据核字(2023)第205452号

责任编辑：周　涵　郭学雯／责任校对：彭珍珍
责任印制：赵　博／封面设计：陈　敬

科学出版社出版
北京东黄城根北街16号
邮政编码：100717
http://www.sciencep.com
北京建宏印刷有限公司印刷
科学出版社发行　各地新华书店经销
*
2024年1月第　一　版　开本: 720 × 1000　1/16
2025年1月第二次印刷　印张: 28
字数：562 000

定价: 248.00 元

(如有印装质量问题，我社负责调换)

序　言

在地球上，几乎 99%以上的物质都是以固体、液体和少量中性气体形式存在的，而由带电粒子组成的等离子体则非常稀少。与此相反，在整个宇宙中，自大爆炸以来的几乎 99%以上的时间里、99%以上的物质都是以等离子体形式存在的，而我们在地球上常见的固体、液体和中性气体所占的比例却非常稀少。因此，在天体物理研究中，我们面对的对象其实绝大多数时候都是一大团等离子体。探索天体等离子体中的基本物理过程，阐明其基本物理规律，便是等离子体天体物理学的主要内容，它是理解各种天文观测现象，阐明天体的起源、形成、演化以及相互作用规律的重要基础理论之一。

无论是天体等离子体，还是实验室等离子体，它们都是由大量带电粒子，有时也包含部分中性粒子构成的复杂系统，其中带正电的离子和带负电的电子阴阳相济，息息相关，构成了一个整体呈电中性，内部却群情激荡、波澜不止 (存在局部扰动电场和各种振荡波模，甚至不稳定性演化等集体现象) 的大社会。在磁场的加持下，可以很好地约束它们，使之整体行为相对平静并维持较长时间的稳定，如磁约束核聚变等离子体；同时也可能产生相干激发，形成异常强的相干辐射爆发。毋庸置疑，对天体等离子体物理的研究所揭示的基本规律，必然也可以帮助我们理解实验室等离子体中所遇到的许多问题，两者之间是相辅相成的，可以互相补充、类比和借鉴。

中国科学院大学的“等离子体天体物理”这门课程最初是 2001 年由中国科学院国家天文台颜毅华研究员 (现已经调到中国科学院国家空间科学中心) 和王蜀娟副研究员在原中国科学院研究生院开设的。2007 年，谭宝林研究员开始加入授课团队。2011~2014 年期间，本课程由谭宝林和王蜀娟负责授课，2015~2019 年期间，授课团队由谭宝林、苏江涛、李玉同 (中国科学院物理研究所)、王蜀娟组成。2020 年初，王蜀娟老师退休，在 2020~2021 年期间，授课团队由谭宝林、苏江涛和李玉同三位老师组成。从 2022 年开始，苏江涛研究员承担的磁流体力学部分单独开课，本授课团队改由谭宝林、李玉同和黄静组成。在本授课团队中，谭程明副研究员作为助教承担了大量组织协调工作。这门课程在中国科学院大学开设已历二十余年，在授课过程中先后参考了国内外同类课程的内容，并且不断跟踪国际上本学科前沿的最新研究进展，授课团队不断对内容进行更新和完善，逐步形成了完整的理论体系，在此基础上编辑出版一本完整的研究生教材的时机基本成熟。

本书主要介绍了天体等离子体的基本物理理论，是由授课团队共同努力完成的，参与教材编写的老师有谭宝林、苏江涛、李玉同、黄静和谭程明，具体分工如下：

第一部分为天体等离子体的基本理论，包括单粒子轨道理论、磁流体力学理论和动理论，另外在这一部分中我们也介绍了天体等离子体中磁场的基本特征和与磁场起源有关的发电机理论，天体等离子体中的各种波模，包括静电波、磁流体波和电磁波。这一部分由第 1~6 章构成，主要由课程首席教授谭宝林撰写。其中，第 4 章“天体等离子体中的磁流体力学理论”则主要根据苏江涛研究员撰写的讲义由谭宝林整理而成。

第二部分为天体等离子体的辐射理论，包括辐射转移理论、各种非相干辐射和相干辐射机制，由第 7~9 章构成，由谭宝林和黄静共同撰写。

第三部分主要介绍天体等离子体中的各种可能的粒子加速理论，包括费米加速、电场加速、湍流加速和激波加速等，另外，也介绍了宇宙线高能粒子的主要观测特征及可能的加速过程。这一部分由第 10~14 章构成，由谭宝林撰写。

近年来，随着超强超短脉冲激光技术的发展，已经有可能在实验室里对一些天体物理过程进行模拟，这方面的发展非常迅速，因此本书第四部分则重点介绍了实验室天体物理模拟的有关知识，包括实验室天体物理的基本研究思路，典型天体物理过程的实验室模拟原理、方法，模拟实验平台的搭建和模拟方案构建，相关数据处理等内容。这部分内容由第 15 章和第 16 章构成，由中国科学院物理研究所的李玉同研究员撰写。

全书的大部分图是由谭程明负责绘制的，全书由谭宝林负责统稿。

等离子体天体物理学是现代天体物理学的基础理论之一，同时也为空间物理学、空间天气学等学科提供了重要的理论研究方法，并为基础等离子体物理提供观测证据。本课程的教学对象主要是天文学与天体物理、空间物理、空间天气学、地球物理学等领域的硕士和博士研究生，主要讲授等离子体天体物理学理论的基本内容，并结合一定的事例分析，介绍其应用。另外，在各部分基本理论的介绍中，也对相关的前沿科学问题，包括一些尚未解决的科学难题进行了讨论，可供研究生和科研人员参考。

本书在撰写过程中，先后得到了中国科学院国家空间科学中心的颜毅华研究员，中国科学院国家天文台邓元勇研究员、张洪起研究员、汪景琇院士，中国科学院紫金山天文台黄光力研究员，以及中国科学院大学天文学与空间科学学院各位老师的支持和帮助。另外，中国科学院大学 (包括原中国科学院研究生院) 历届选修这门课程的硕士和博士研究生对本课程的授课内容提出了许多非常宝贵的意见。本书的出版得到了中国科学院大学教材出版中心的资助，此外，还得到国家自

然科学基金项目 (编号：11973057) 和科技部重点研发项目 (编号：2021YFA1600503 和 2022YFF0503001) 的资助，在此一并表示感谢！

谭宝林

2023 年 8 月 8 日

目　　录

第二部分 天体等离子体中的辐射与传播

第三部分　天体等离子体中的粒子加速理论

第四部分　实验室天体物理模拟

第一部分　天体等离子体的基本理论

天体等离子体是由大量带电粒子构成的，同时受电场、磁场、引力场共同作用的复杂体系。对这样的复杂体系的精确描述通常也是非常困难的。一个比较方便的做法就是根据等离子体的参数特征，分别在不同的参数条件下采用不同的近似理论去描述相应的等离子体规律，于是就形成了不同的理论，它们分别适用于不同的参数条件范围。比如，在低密度无碰撞的稀薄等离子体中，可以采用单粒子轨道理论来描述等离子体；在高密度频繁碰撞的等离子体中，则采用磁流体力学理论；而对于一般情形的等离子体，则基于统计物理的基本思想而采用动理论进行描述。

在这一部分，我们用 6 章的篇幅，对天体等离子体的基本理论，包括天体等离子体中的磁场及其起源理论、单粒子轨道理论、磁流体力学理论、动理论和波动理论分别进行介绍，旨在为大家建立起关于天体等离子体的基本物理图像。

第 1 章 等离子体天体物理概论

1.1 什么是等离子体？

在宇宙中，能够被我们的肉眼或者各种望远镜观测的、具有非零静止质量的粒子总数目，粗略估计大约为 10^{80}。所有这些粒子均由基本粒子构成，它们在不同的物理条件下以不同的物态 (state) 存在 (俞允强，2002)。

在我们的日常生活中所常见的物质便是由各种固体 (solid)、液体 (liquid) 和气体 (gas) 构成的。当我们将固体加热到熔点时，粒子的平均动能超过晶格的结合能，固体便熔化为液体；当将液体加热到沸点时，粒子的平均动能超过粒子之间的结合能，将挣脱其他粒子对它的束缚而自由运动，这时液体便因蒸发而变成气体，见图 1-1。普通气体仍然是由各种中性分子构成的，粒子之间只在碰撞的那一瞬间发生相互作用，其他时候基本上是自由运动的，没有什么特别之处。

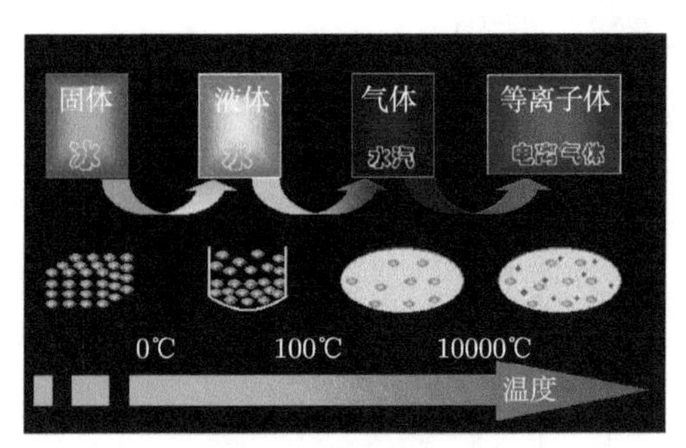

图 1-1 物质的四态

在固体、液体和中性气体中，分子或中性原子之间的作用称为范德瓦耳斯力 (van der Waals force)，其本质也是电磁力，主要有三个来源。

第一个来源是极性分子的固有偶极矩之间的相互作用。由于极性分子的电性分布不均匀，一端带正电，一端带负电，形成偶极。因此，当两个极性分子相互接近时，由于它们偶极的同极相斥，异极相吸，两个分子必将发生相对转动。这种偶极子的互相转动，就使偶极子的相反的极相对，叫作“取向”。这时，由于相反的极相距较近，同极相距较远，结果引力大于斥力，两个分子靠近，当接近到一定距离之后，斥力与引力达到相对平衡。这种由极性分子的取向而产生的分子间的作用力，叫作取向力 (orientation force，也称 dipole-dipole force)。取向力与分子的偶极矩的平方成正比，即分子的极性越大，取向力越大。取向力还与热力学温度成反比，温度越高，取向力就越弱，相互作用随距离按 $1/r^6$ 规律变化。

第二个来源是一个极性分子使另一个分子极化，产生诱导偶极矩并相互作用，也称为诱导力 (induction force)。诱导力与极性分子偶极矩的平方成正比，与被诱导分子的变形程度大小成正比，通常分子中各原子核的外层电子壳越大 (含重原子越多)，它在外来静电力作用下越容易变形。相互作用随着 $1/r^6$ 而变化，诱导力与温度无关。

第三个来源则是分子中电子运动产生瞬时偶极矩，它使邻近分子瞬时极化形成瞬时偶极矩，相互耦合产生静电吸引作用，这种相互作用也称为分子的色散力 (dispersion force)。由于电子的运动，瞬间电子的位置对原子核是不对称的，即正电荷重心和负电荷重心发生瞬时不重合，从而产生瞬时偶极。色散力和相互作用分子的变形性有关，变形性越大 (一般分子量越大，变形性越大)，色散力越大。色散力和相互作用分子的电离势 (即为电离能) 有关，分子的电离势越低 (分子内所含的电子数越多)，色散力越大。色散力随着距离按 $1/r^6$ 规律而变化。

这三种来源的贡献是不同的，通常第三种作用的贡献最大。范德瓦耳斯力在分子或原子距离较小时表现为斥力，随着距离增加，逐渐转变为吸引力，随着距离增大，吸引力迅速衰减，见图 1-2。

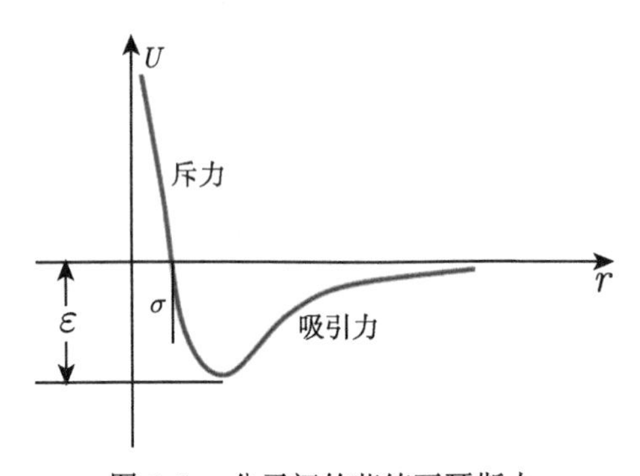

图 1-2 分子间的范德瓦耳斯力

当我们进一步将气体加热，气体分子的平均运动动能也将逐渐增加，分子之间频繁的碰撞将使分子发生电离，原子的外层电子将摆脱原子核的束缚而变成自由电子，失去电子的原子则变成带正电的离子 (ion)。当气体中的带电粒子超过一定比例时，虽然整体上仍然呈电中性 (正、负带电粒子的总电荷量相等)，但同时表现出有别于一般中性气体的独特性质，电磁作用起关键作用。任何带电粒子的运动均受周围其他粒子的影响，带电粒子的运动不但改变局部电场的分布，同时产生局部电流、激发磁场，这些局部电磁场又会对周围其他粒子的运动产生作用和影响，表现出集体效应特征。我们称这种电离气体为**等离子体** (plasma)。1879 年，克鲁克斯首先发现等离子体这一物质形态，1928 年，美国科学家欧文 • 朗缪尔 (Irving Langmuir) 和汤克斯 (Tonks) 首次引入 plasma 一词来描述等离子体。在等离子体中，粒子是直接受电磁力的作用而运动的，带电粒子运动改变局部电磁场的分布，局部电磁场的分布同时又决定着带电粒子的运动，这样的互相耦合的电磁场称为**自洽场**。

从固体、液体、气体到等离子体，粒子的平均动能是逐渐增加的，即温度是逐渐提高的。在固体、液体和中性气体中，粒子均为中性的分子或原子。但是，在等离子体中则出现带电粒子，包括电子和离子。其中带电粒子在总粒子数中所占的比例，称为电离度。电离度与气体的温度和密度都有关系。1920 年，印度学者萨哈 (Saha) 基于热碰撞导致电离的假设，通过研究指出，氢原子的电离能为 13.6 eV，氢原子在基态和电离这两种状态的权重取决于温度，温度越高，将有越多的氢原子被电离。电离后的电子和离子，还有一定的概率通过碰撞而复合。气体密度越小，电子与离子发生碰撞的概率越小，自由度就越大。所以，密度足够小，电离的权重就越大。通过求解热力学平衡方程，可得到在弱电离情况下的电离度，即 Saha 方程：

$$\alpha = \frac{n_{\mathrm{i}}}{n_0} \approx 2.4 \times 10^{21} \frac{T^{3/2}}{n_{\mathrm{i}}} \mathrm{e}^{-U_{\mathrm{i}}/k_{\mathrm{B}}T} \tag{1-1}$$

上式适用于弱电离的氢等离子体。其中，n_{i} 为离子的数密度；n_0 为离子与中性粒子的总数密度 (单位为 m^{-3})；U_{i} 为离子的电离能 (即外层电子逃逸所需的能量)；T 为温度；$k_{\mathrm{B}} = 1.3804 \times 10^{-23}\mathrm{J/K}$，为玻尔兹曼 (Boltzmann) 常量。对于其他元素的等离子体中的电离度，要比上式复杂许多。

事实上，(1-1) 式也可以写成下列形式：

$$\alpha = \frac{n_{\mathrm{i}}}{n_0} \approx 4.9 \times 10^{10} \frac{T^{3/2}}{n_{\mathrm{n}}^{1/2}} \mathrm{e}^{-U_{\mathrm{i}}/2k_{\mathrm{B}}T}$$

在绝大多数天体物理环境下，数量最多的气体成分是氢，约占 75% 。氢原子的电离能为 13.6eV。例如，在太阳大气的光球表面附近，温度大约为 6000K，气体粒子数密度大约为 $10^{23}\mathrm{m}^{-3}$。利用 (1-1) 式可计算出这时的电离度大约只有 1.6×10^{-6}，即不到百万分之二 (小于 2 ppm)。随着温度增加，电离度将迅速增加。例如，当其他条件不变，温度上升为 10^4K 时，上述气体的电离度将超过 1%。温度增加 1 倍，电离度大约增加 4 个数量级！当温度达到 2×10^4K 时，几乎已经变成完全电离的等离子体了，这时 Saha 方程已经不再适用了。在地球大气中，其主要成分是氮和氧。氮的第一电离能为 14.8eV，在一个大气压和平均气温为 300K 的情况下，可以计算气体的电离度大约为 10^{-122}，因此，这时的大气可以看成是由完全中性的分子构成的。也正因为如此，在地球、行星、卫星等环境中，等离子体就显得格外稀少。

在许多天体物理环境中，如星际气体、星际星云中的气体非常稀薄，粒子之间的碰撞概率非常低，很难通过碰撞机制产生电离。但是，事实上，除了由热碰撞引起气体的电离外，受附近恒星辐射的作用，星云中的原子吸收光子也能产生电离，即光致电离：

$$\mathrm{A} + h\nu \longrightarrow \mathrm{A}^{+} + \mathrm{e}^{-} \tag{1-2}$$

光致电离是稀薄等离子体，例如在许多星际云中的主要电离方式。

但是，必须注意，电离度并不是判断一种电离气体是否为等离子体的标准，那么，如何判断一种电离气体为等离子体呢？

1.1.1　德拜屏蔽

首先，在等离子体中电磁作用对粒子的运动必须居支配地位。假想一个试验电荷为 q 的粒子在电离气体中将吸引异号电荷而排斥同号电荷，从而在该试验电荷周围一定空间范围内正负电荷数量不相等，异号电荷过剩，其总效果是使原来的静电势减弱，从而对试验电荷起着屏蔽作用，称之为德拜屏蔽 (Debye shielding)。

设电子和离子处于热动平衡状态，带电粒子周围的静电势 $\rho(\boldsymbol{r})$ 满足泊松方程：

$$\nabla^2\varphi(\boldsymbol{r}) = -\frac{\rho(\boldsymbol{r})}{\varepsilon_0} \tag{1-3}$$

$\rho(\boldsymbol{r})$ 为距离试验电荷 $\boldsymbol{r}$ 处的电荷密度，在球坐标系中，上述方程变成

$$\frac{1}{\boldsymbol{r}^2}\frac{\mathrm{d}}{\mathrm{d}\boldsymbol{r}}\left(\boldsymbol{r}^2\frac{\mathrm{d}\varphi}{\mathrm{d}\boldsymbol{r}}\right) = \frac{e}{\varepsilon_0}\left(n_\mathrm{e} - \sum n_\alpha Z_\alpha\right) \tag{1-4}$$

在势场中，设粒子数密度服从玻尔兹曼分布：

$$n_\mathrm{e} = n_{\mathrm{e}0}\exp\left(\frac{e\varphi}{k_\mathrm{B}T_\mathrm{e}}\right), \quad n_\mathrm{i} = n_{\mathrm{i}0}\exp\left(-\frac{Z_\mathrm{i}e\varphi}{k_\mathrm{B}T_\mathrm{i}}\right) \tag{1-5}$$

其中，$n_{\mathrm{e}0}$ 和 $n_{\mathrm{i}0}$ 分别表示电势 $\varphi = 0$ 处电子和离子的密度，准中性条件可以写成如下形式：$n_{\mathrm{e}0} = \sum n_{\alpha0}Z_\alpha$。在理想气体条件下，离带电粒子较远处有：$e\varphi \ll k_\mathrm{B}T_\mathrm{e}$，$e\varphi \ll Z_\mathrm{i}k_\mathrm{B}T_\mathrm{i}$，将 (1-5) 式展开，保留一阶小量，则有

$$n_\mathrm{e} = n_{\mathrm{e}0}\left(1 + \frac{e\varphi}{k_\mathrm{B}T_\mathrm{e}}\right), \quad n_\mathrm{i} = n_{\mathrm{i}0}\left(1 - \frac{Z_\mathrm{i}e\varphi}{k_\mathrm{B}T_\mathrm{i}}\right) \tag{1-6}$$

将 (1-6) 式代入泊松方程 (1-4) 式，并利用准中性条件，可得

$$\frac{1}{\boldsymbol{r}^2}\frac{\mathrm{d}}{\mathrm{d}\boldsymbol{r}}\left(\boldsymbol{r}^2\frac{\mathrm{d}\varphi}{\mathrm{d}\boldsymbol{r}}\right)=\frac{\varphi}{\lambda_{\mathrm{D}}^2} \tag{1-7}$$

其中，$\lambda_{\mathrm{D}}=\left(\dfrac{n_{\mathrm{e}0}\mathrm{e}^2}{\varepsilon_0 k_{\mathrm{B}}T_{\mathrm{e}}}+\dfrac{Z_{\mathrm{i}}^2 n_{\mathrm{i}0}\mathrm{e}^2}{\varepsilon_0 k_{\mathrm{B}}T_{\mathrm{i}}}\right)^{-1/2}$ 称为德拜长度 (Debye length)。假定电子在离子的均匀背景上运动，则可以求出电子的德拜半径为

$$\lambda_{\mathrm{De}}=\left(\frac{\varepsilon_0 k_{\mathrm{B}}T_{\mathrm{e}}}{n_{\mathrm{e}0}e^2}\right)^{1/2}\approx 69\left(\frac{T_{\mathrm{e}}\,[\mathrm{K}]}{n_{\mathrm{e}0}\,[\mathrm{m}^{-3}]}\right)^{1/2}\approx 7430\left(\frac{T_{\mathrm{e}}\,[\mathrm{eV}]}{n_{\mathrm{e}0}\,[\mathrm{m}^{-3}]}\right)^{1/2} \tag{1-8}$$

类似地，假定离子在电子的均匀背景上运动，则可得离子的德拜半径为

$$\lambda_{\mathrm{Di}}=\left(\frac{\varepsilon_0 k_{\mathrm{B}}T_{\mathrm{i}}}{n_{\mathrm{i}0}Z_{\mathrm{i}}^2e^2}\right)^{1/2}\approx \frac{69}{Z_{\mathrm{i}}}\left(\frac{T_{\mathrm{i}}\,[\mathrm{K}]}{n_{\mathrm{i}0}\,[\mathrm{m}^{-3}]}\right)^{1/2}\approx \frac{7430}{Z_{\mathrm{i}}}\left(\frac{T_{\mathrm{i}}\,[\mathrm{eV}]}{n_{\mathrm{i}0}\,[\mathrm{m}^{-3}]}\right)^{1/2} \tag{1-9}$$

可见，德拜长度仅与粒子密度和温度有关，而与粒子的质量大小无关。

作变量代换：$\varphi(\boldsymbol{r})=\dfrac{u(\boldsymbol{r})}{\boldsymbol{r}}$，代入 (1-7) 式，得

$$\frac{\mathrm{d}^2u(\boldsymbol{r})}{\mathrm{d}\boldsymbol{r}^2}-\frac{u(\boldsymbol{r})}{\lambda_{\mathrm{D}}^2}=0$$

上述线性方程的通解为

$$u(r)=A\exp\left(-\frac{r}{\lambda_{\mathrm{D}}}\right)+B\exp\left(\frac{r}{\lambda_{\mathrm{D}}}\right)$$

于是有

$$\varphi(r)=\frac{A}{r}\exp\left(-\frac{r}{\lambda_{\mathrm{D}}}\right)+\frac{B}{r}\exp\left(\frac{r}{\lambda_{\mathrm{D}}}\right)$$

引入边界条件：$r\to\infty$ 时，$\varphi\to 0$；当 $r\to 0$ 时，$\varphi=\dfrac{q}{4\pi\varepsilon_0 r}$，由此可得 $A=\dfrac{q}{4\pi\varepsilon_0}$，$b=0$。最后得到带电粒子周围的静电势为

$$\varphi(r)=\frac{q}{4\pi\varepsilon_0 r}\exp\left(-\frac{r}{\lambda_{\mathrm{D}}}\right) \tag{1-10}$$

上式称为 Debye-Huckel 势，与真空中静电荷的库仑势 $\dfrac{q}{4\pi\varepsilon_0 r}$ 相比较，这里多了一个衰减项 $\exp\left(-\dfrac{r}{\lambda_{\mathrm{D}}}\right)$，这是由静电屏蔽引起的，距离 r 越大，该屏蔽效应越显著。

当 $r=\lambda_{\mathrm{D}}$ 时，Debye-Huckel 势是真空库仑势的 1/e。当 $r>\lambda_{\mathrm{D}}$ 时，Debye-Huckel 势将远小于真空库仑势 (图 1-3)。由此我们得到等离子体的第一个判别条件：电离气体的空间尺度需远大于德拜长度，即

$$L \gg \lambda_{\mathrm{D}}$$

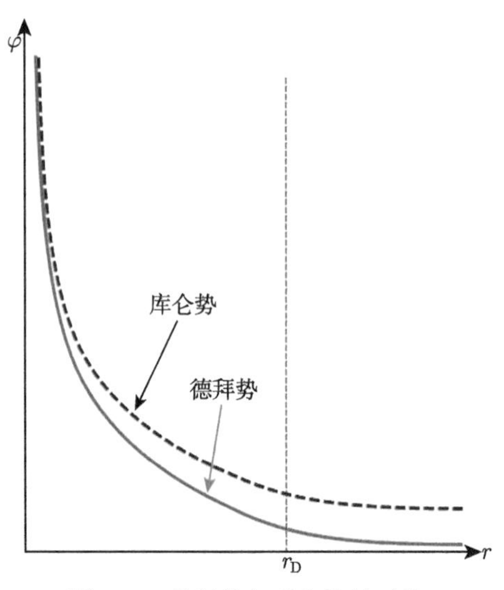

图 1-3　德拜势与库仑势的对比

在小于德拜长度的范围内，气体是偏离电中性条件的。当空间尺度小于德拜长度时，电中性条件不满足，因此其是不能称为等离子体的，也不能用有关等离子体的理论和方法来研究相关物理过程。

我们在推导德拜势的时候，曾经假定电子数和离子数服从一定的统计分布，从而使电势为一个连续函数，这就要求德拜球内的粒子数必须足够大：$n\lambda_{\mathrm{D}}^3 \gg 1$。德拜球内的粒子数在有些文献上也称为等离子体参数。

1.1.2　朗缪尔振荡

另一方面，当等离子体中局部出现静电荷时，该静电荷将产生一个静电场 E，在 E 作用下，区域外的异号电荷将进入，于是区域中出现的静电荷将因中和而很快消失。但是由于惯性作用，从区域外被静电吸引进入的异号电荷不会在中和点停止，而是会沿原来的运动方向继续前进，从而产生一个与原来的电场 $\boldsymbol{E}$ 方向相反的电场，如此反复交替出现，形成等离子体振荡 (plasma oscillation)。这一现象最早是 1929 年由朗缪尔发现的，因此也称朗缪尔振荡。

朗缪尔振荡是等离子体集体行为的一个重要表现形式。

设一厚度为 L 的片状等离子体，粒子数密度为 n，设电子相对离子运动一段距离 x，则在等离子体片的一侧出现电子过剩，另一侧则离子过剩，电荷面密度为 $\sigma = n_{\rm e}ex$。在该片状区域产生的电场为

$$E = \frac{\sigma}{\varepsilon_0} = \frac{n_{\rm e}ex}{\varepsilon_0} \tag{1-11}$$

忽略外磁场及碰撞效应，则在该电场作用下，单个电子的运动方程为

$$m_{\rm e}\frac{{\rm d}^2x}{{\rm d}t^2} = -eE = -\frac{n_{\rm e}e^2}{\varepsilon_0}x \tag{1-12}$$

上式中的负号表明电子运动过程中所受到的电场力与其运动方向相反。上式可进一步改写为下列形式:

$$\frac{{\rm d}^2x}{{\rm d}t^2} + \omega_{\rm pe}^2 x = 0 \tag{1-13}$$

上式即为简谐振荡运动的一般方程。其中，

$$\omega_{\rm pe} = \left(\frac{n_{\rm e}e^2}{\varepsilon_0 m_{\rm e}}\right)^{1/2} \tag{1-14}$$

$\omega_{\rm pe}$ 即为振荡频率，也称为朗缪尔频率，这是角频率 (单位为 rad/s)，对应的周频率 (单位为 Hz) 可表示为

$$f_{\rm pe} = \frac{\omega_{\rm pe}}{2\pi} \approx 8.98\sqrt{n_{\rm e}} \tag{1-15}$$

这里的各参量均采用国际单位制 (SI)。电子等离子体密度 $n_{\rm e}$ 的单位为 $\rm m^{-3}$，振荡频率 $f_{\rm pe}$ 的单位为 Hz。(1-14) 式是在假定电子相对于静止不动的离子背景振荡时得到的。类似地，还可以得到离子相对于静止的电子背景振荡的频率为

$$\omega_{\rm pi} = \left(\frac{n_{\rm i}Z_{\rm i}^2e^2}{\varepsilon_0 m_{\rm i}}\right)^{1/2} \tag{1-16}$$

其中，$m_{\rm i}$ 为离子的质量；$Z_{\rm i}$ 为离子的电荷量。显然有 $\omega_{\rm pi} \ll \omega_{\rm pe}$。

如果电子振荡时离子是运动的，或者离子振荡时电子是运动的，则电子相对于运动离子的振荡或离子相对于运动电子的振荡称为等离子体振荡，其振荡频率称为**等离子体频率**。等离子体振荡可以看成是一个折合质量为 $m_{\rm ei} = \dfrac{m_{\rm e}m_{\rm i}}{m_{\rm e}+m_{\rm i}}$ 的粒子的静电振荡，用该折合质量代替 (1-14) 式中的电子质量，即可得等离子体振荡频率 (这里假定 $Z = 1$，$n_{\rm i} = n_{\rm e}$):

$$\omega_{\rm p}^2 = \frac{ne^2}{\varepsilon_0 m_{\rm ei}} = \frac{n_{\rm e}e^2}{\varepsilon_0 m_{\rm e}} + \frac{n_{\rm i}Z_{\rm i}^2e^2}{\varepsilon_0 m_{\rm i}} = \omega_{\rm pe}^2 + \omega_{\rm pi}^2 \tag{1-17}$$

对一般普通等离子体，都有关系 $\omega_{\rm pi} \ll \omega_{\rm pe}$ 成立，因此，$\omega_{\rm p} \approx \omega_{\rm pe}$。所以，电子等离子体振荡频率通常也称为等离子体频率。但是，对于在特定天体环境，比如在中子星大气中局部区域出现的由正负电子对组成的对等离子体 (pair plasma) 中，正负电子的质量相等，这时折合质量 $m_{\rm ei} = \dfrac{m_{\rm e}}{2}$，$\omega_{\rm pi} = \omega_{\rm pe}$，$\omega_{\rm p} \approx \sqrt{2}\omega_{\rm pe}$。

可以证明，等离子体的德拜长度 $\lambda_{\rm D}$、振荡频率 $\omega_{\rm pe}$ 和电子的热运动速度 $v_{\rm the}$ 之间具有如下关系：

$$\lambda_{\rm D} = \frac{v_{\rm the}}{\omega_{\rm pe}} \tag{1-18}$$

(1-13) 式的解可以写成下列形式：

$$x(t) = A\cos(\omega_{\rm pe}t + \alpha)$$

其中，A 为振幅，振荡的能量可表示为 $\dfrac{1}{2}m_{\rm e}(A\omega_{\rm pe})^2$，该振荡能量由平均热动能 $\dfrac{1}{2}k_{\rm B}T_{\rm e}$ 转化而来，于是有 $\dfrac{1}{2}m_{\rm e}(A\omega_{\rm pe})^2 = \dfrac{1}{2}k_{\rm B}T_{\rm e}$。从上式可得 $A = \lambda_{\rm D}$。即德拜长度是等离子体振荡时偏离电中性的最大尺度。

定义电子以平均特征速度 (热速度) 走过德拜长度所需的时间为扰动的响应时间：

$$t_{\rm D} = \frac{\lambda_{\rm D}}{v_{\rm the}} = \frac{1}{\omega_{\rm pe}} \tag{1-19}$$

上式表示，如果在等离子体内某区域电中性被破坏，则等离子体将在 $t_{\rm D}$ 时间内给予消除。因此这里给出等离子体的时间条件：

$$t \gg t_{\rm D} \tag{1-20}$$

上式实际上是要求一个等离子体系统存在的时间必须远大于 $t_{\rm D}$。

综上所述，一个电离气体成为等离子体，必须满足下列条件：

$$L \gg \lambda_{\rm D}, \quad n\lambda_{\rm D}^3 \gg 1, \quad t \gg t_{\rm D}$$

根据上述判据，我们知道，太阳光球大气是部分电离的等离子体；色球和日冕大气则是完全电离的等离子体；太阳内部的对流层、辐射层等均为完全电离的等离子体；日核则是高温稠密等离子体。在太阳系行星际空间的太阳风也是等离子体；地球电离层也是等离子体，整个太阳系中，等离子体占全部物质的比例超过 99% 。同样，在银河系可观测的物质中，等离子体所占的比例也都超过 99%，占据绝对优势。

实际上，在等离子体中还存在另外几个特征参数。

(1) 粒子的平均距离：$d \approx n^{-1/3}$。

(2) 朗道长度 (Landau length)：表示两个粒子在碰撞过程中所能接近的最小距离，$\lambda_{\mathrm{L}} = \dfrac{Z_1 Z_2 e^2}{4\pi\varepsilon_0 k_{\mathrm{B}} T_{\mathrm{e}}} = 1.67 \times 10^{-5} \dfrac{Z_1 Z_2}{T_{\mathrm{e}}}$。

(3) 等离子体温度：只有当等离子体达到热力学平衡时温度才是有意义的，这时粒子的速度服从麦克斯韦 (Maxwell) 分布：

$$f(\boldsymbol{v}) = \left(\frac{m}{2\pi k_{\mathrm{B}} T}\right)^{3/2} \exp\left(-\frac{m\boldsymbol{v}^2}{2k_{\mathrm{B}} T}\right)$$

由上述分布可以求得粒子的平均动能：

$$E_{\mathrm{k}} = \frac{1}{2} m\boldsymbol{v}^2 = \frac{\int \frac{1}{2} m\boldsymbol{v}^2 f(\boldsymbol{v})\,\mathrm{d}\boldsymbol{v}}{\int f(\boldsymbol{v})\,\mathrm{d}\boldsymbol{v}} = \frac{3}{2} k_{\mathrm{B}} T = \frac{3}{2} m\boldsymbol{v}_{\mathrm{th}}^2$$

式中，$\boldsymbol{v}_{\mathrm{th}} = \left(\dfrac{k_{\mathrm{B}} T}{m}\right)^{1/2}$ 为粒子的热运动速度。因此，可以近似地用粒子的动能表示等离子体的温度：$E_{\mathrm{k}} \sim k_{\mathrm{B}} T$。通常为了方便，可用电子伏 (eV) 作为温度的单位：

$$1\mathrm{eV} = 11600 \sim 10^4 \mathrm{K}$$

$$1\mathrm{keV} \sim 10^7 \mathrm{K}$$

1.1.3 等离子体中的碰撞

首先，在微观粒子领域，碰撞 (collision) 是指粒子之间的相互作用 (interaction)，指每个粒子的作用力场之间的相互作用，这些作用力场包括引力场、电磁场、强相互作用力场或弱相互作用力场等。通过碰撞，可以改变粒子的动量大小、运动方向甚至结构变化等。不同的作用力场，其作用力程、作用强度截然不同，因此其碰撞规律也具有不同的特征。在天体等离子体中，主要考虑具有长程特性的电磁力作用。

对于低温低密度等离子体，碰撞主要发生在中性粒子之间，或中性粒子与带电粒子之间，主要表现为二体碰撞，粒子之间的其他相互作用可以忽略；而对高温等离子体，带电粒子之间的长程库仑相互作用占主导地位，这时碰撞主要表现为多体碰撞。等离子体中的多体碰撞通常表现为一个带电粒子与以其为中心的德拜球内的所有其他粒子之间的相互作用，而德拜球以外的粒子因为距离太远和德拜屏蔽效应，可以忽略它们的作用，这样的碰撞过程称为库仑碰撞。

1. 二体碰撞

设两个粒子的质量分别为 m_1 和 m_2，碰撞前的运动速度为 $\boldsymbol{v}_1$ 和 $\boldsymbol{v}_2$，碰撞后的速度分别为 $\boldsymbol{v}_1'$ 和 $\boldsymbol{v}_2'$，则由动量守恒和能量守恒定律可得

$$m_1\boldsymbol{v}_1 + m_2\boldsymbol{v}_2 = m_1\boldsymbol{v}_1' + m_2\boldsymbol{v}_2' \tag{1-21}$$

$$\frac{1}{2}m_1\boldsymbol{v}_1^2 + \frac{1}{2}m_2\boldsymbol{v}_2^2 = \frac{1}{2}m_1\boldsymbol{v}_1'^2 + \frac{1}{2}m_2\boldsymbol{v}_2'^2 + Q \tag{1-22}$$

式中，Q 为碰撞前后粒子内能的改变量。

当 $Q = 0$ 时称弹性碰撞。设 $\boldsymbol{v}_2 = 0$ 且为对心碰撞，则碰撞后两粒子的运动速度分别为

$$\boldsymbol{v}_1' = \left(\frac{m_1 - m_2}{m_1 + m_2}\right)\boldsymbol{v}_1, \quad \boldsymbol{v}_2' = \left(\frac{2m_1}{m_1 + m_2}\right)\boldsymbol{v}_1 \tag{1-23}$$

碰撞后 m_1 向 m_2 转移的动能为

$$\frac{1}{2}m_2\boldsymbol{v}_2'^2 = \frac{4m_1/m_2}{(1 + m_1/m_2)^2}\frac{1}{2}m_1\boldsymbol{v}_1^2 \tag{1-24}$$

可见，当入射粒子的质量远小于靶粒子质量时 $(m_1 \ll m_2)$，通过碰撞转移的动能仅占入射粒子动能的很小部分，例如，电子与离子的碰撞即如此。

当 $Q \neq 0$ 时，称为非弹性碰撞。此时在 $\boldsymbol{v}_2 = 0$ 和对心碰撞假设下，可求得

$$\boldsymbol{v}_1' = \frac{\dfrac{m_1}{m_2} - \sqrt{1 - \dfrac{2Q}{m_1}\left(1 + \dfrac{m_1}{m_2}\right)/\boldsymbol{v}_1^2}}{1 + \dfrac{m_1}{m_2}} \tag{1-25}$$

上式的结果必须为实数，因此根号内的值必须大于 0，于是可得

$$Q \leqslant \frac{m_2}{m_1 + m_2}\left(\frac{1}{2}m_1\boldsymbol{v}_1^2\right) \tag{1-26}$$

当电子与原子或离子发生碰撞时 $(m_1 = m_e)$，电子的绝大部分能量消耗在原子的电离或激发过程中，而当离子与中性原子或离子发生碰撞时，消耗给电离或激发的能量最多只有初始能量的一半。

2. 库仑碰撞 (Coulomb collision)

等离子体中带电粒子之间的库仑作用力是一种长程力。但是，由于德拜屏蔽效应，这种作用力的长程部分被屏蔽了，剩下的部分称为屏蔽库仑作用，相对于通常的库仑力而言，这是一种短程力。由于在等离子体中，一个带电粒子总是与以它为中心的德拜球内所有其他粒子都处在相互作用之中，所以这种多体相互作用过程称为库仑碰撞。

库仑碰撞可分成两大类。

(1) 近碰撞：通过一次碰撞，粒子的运动方向偏转角大于 90°，见图 1-4。其发生在碰撞时瞄准距离很小的情况下，这时粒子的动量发生显著改变，它决定着等离子体中输运过程的基本速率。

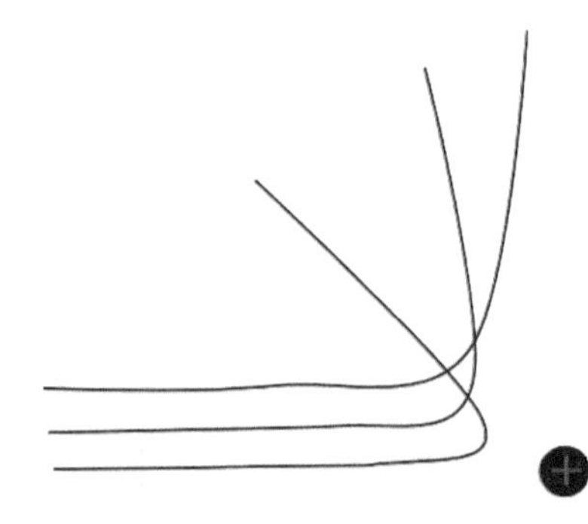

图 1-4　近碰撞示意图

(2) 远碰撞：在一次碰撞过程中，粒子的偏转角小于 90°，称为远碰撞，见图 1-5。这种情形发生在瞄准距离很大的情况下，一次碰撞所引起的粒子动量的改变量是小量。

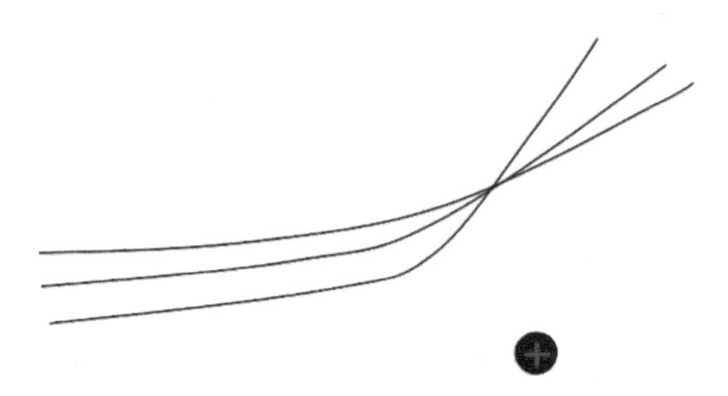

图 1-5　远碰撞示意图

设入射粒子的质量为 m_1，初速度为 $\boldsymbol{v}_\alpha$，向一个质量为 m_2、速度为 $\boldsymbol{v}_\beta$ 的靶粒子靠近，它们的相对位置为 $\boldsymbol{r}=\boldsymbol{r}_1-\boldsymbol{r}_2$，相对速度为 $\boldsymbol{v}_{\alpha\beta}=\boldsymbol{v}_\alpha-\boldsymbol{v}_\beta$，于是得运

动方程:

$$\frac{\mathrm{d}^2\boldsymbol{r}}{\mathrm{d}t^2}=\frac{m_1+m_2}{m_1m_2}\frac{q_1q_2\boldsymbol{r}}{4\pi\varepsilon_0\left|\boldsymbol{r}\right|^3}=\frac{q_1q_2\boldsymbol{r}}{4\pi\varepsilon_0m_\mathrm{r}\left|\boldsymbol{r}\right|^3} \tag{1-27}$$

式中，q_1 和 q_2 分别为两个粒子的电量；$m_\mathrm{r}=\dfrac{m_1m_2}{m_1+m_2}$ 为折合质量。上式的解为

$$\frac{1}{\boldsymbol{r}}=\frac{\sqrt{1+\dfrac{q_1^2q_2^2}{b^2v_{\alpha\beta}^4}}}{b}\cos\left(\theta_\mathrm{c}+\alpha\right)-\frac{q_1q_2}{m_\mathrm{r}b^2\boldsymbol{v}_{\alpha\beta}^2} \tag{1-28}$$

式中，b 为图 1-6 所示的瞄准距离；θ_c 为质心坐标系中的散射角，

$$\tan\left(\frac{\theta_\mathrm{c}}{2}\right)=\frac{|q_1q_2|}{4\pi\varepsilon_0m_\mathrm{r}b\boldsymbol{v}_{\alpha\beta}^2} \tag{1-29}$$

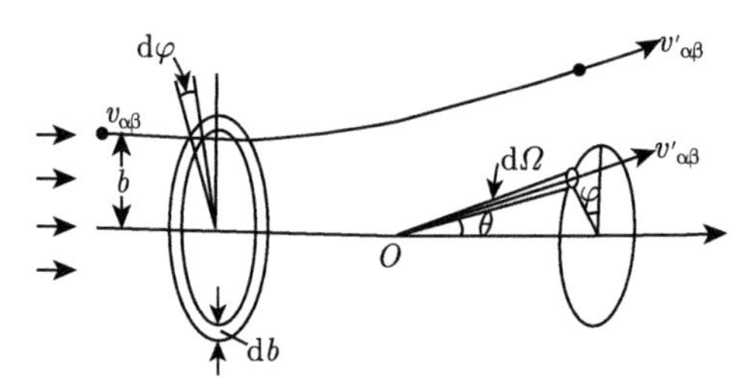

图 1-6　粒子的碰撞过程

从图中可知,凡是位于半径从 b 到 $b+\mathrm{d}b$ 的圆环内的入射粒子都将散射到从 θ_c 到 $\theta_\mathrm{c}+\mathrm{d}\theta_\mathrm{c}$ 的空间内,对于单位入射粒子注量,散射到微分立体角 $\mathrm{d}\varOmega=2\pi\sin\theta_\mathrm{c}\mathrm{d}\theta_\mathrm{c}$ 的粒子注量等于圆环 $b\to b+\mathrm{d}b$ 的截面积,

$$\mathrm{d}\sigma=\sigma\left(\theta_\mathrm{c}\right)\mathrm{d}\varOmega=\sigma\left(\theta_\mathrm{c}\right)2\pi\sin\theta_\mathrm{c}\mathrm{d}\theta_\mathrm{c}=2\pi b\mathrm{d}b$$

式中，$\sigma\left(\theta_\mathrm{c}\right)$ 称为卢瑟福 (Rutherford) 散射截面:

$$\sigma\left(\theta_\mathrm{c}\right)=\frac{2\pi b\mathrm{d}b}{2\pi\sin\theta_\mathrm{c}\mathrm{d}\theta_\mathrm{c}}=\frac{\left(q_1q_2\right)^2}{\left(8\pi\varepsilon_0m_\mathrm{r}\boldsymbol{v}_{\alpha\beta}^2\sin^2\frac{\theta_\mathrm{c}}{2}\right)^2} \tag{1-30}$$

利用这个结果可以研究由库仑碰撞而引起的粒子偏转情况。首先考虑通过一次碰撞使粒子的散射角大于 90° 的近碰撞情形。由 (1-29) 式可得，散射角随瞄准

距离 b 的减小而增加，当散射角 $\theta_c = 90°$ 时的瞄准距离称为最小瞄准距离 b_0：

$$b_0 = \frac{q_1 q_2}{4\pi\varepsilon_0 m_r v_{\alpha\beta}^2} \tag{1-31}$$

瞄准距离也称为碰撞参数。所有一次碰撞产生的散射角大于 90° 的粒子入射注入区域均落在以 b_0 为半径的圆面积内：

$$\sigma(\theta_c \geqslant 90°) = \pi b_0^2 = \frac{(q_\alpha q_\beta)^2}{\pi\left(4\varepsilon_0 m_r v_{\alpha\beta}^2\right)^2} \propto \frac{1}{T^2} \tag{1-32}$$

当瞄准距离 $b > b_0$ 时，每次碰撞产生的散射角 θ_c 均小于 90°。当 $\theta_c \to 0$ 时，单次碰撞的散射角均为小量，这样的碰撞称为**小角散射**：

$$\Delta\theta_c \approx \frac{q_1 q_2}{2\pi\varepsilon_0 m_r \boldsymbol{v}_{\alpha\beta}^2 b} \tag{1-33}$$

一个试验粒子在散射中心密度为 n_2 的等离子体中，运动距离为 L 后的偏转角的平均平方值为

$$\begin{aligned}\left\langle(\Delta\theta_c)^2\right\rangle &= n_2 L\int_{\Delta\theta_{\min}}^{\Delta\theta_{\max}}(\Delta\theta_c)^2\sigma(\Delta\theta_c)\,2\pi\sin(\Delta\theta_c)\,\mathrm{d}(\Delta\theta_c)\\ &= n_2 L\int_{\Delta\theta_{\min}}^{\Delta\theta_{\max}}(\Delta\theta_c)^2\,2\pi b\mathrm{d}b = \frac{n_2 L}{2\pi}\left(\frac{q_1 q_2}{\varepsilon_0 m_r \boldsymbol{v}_{\alpha\beta}^2}\right)^2\ln\left(\frac{b_{\max}}{b_{\min}}\right)\end{aligned} \tag{1-34}$$

由于德拜屏蔽效应，最大碰撞参数便是等离子体中的德拜长度：

$$b_{\max} = \lambda_D = \left(\frac{\varepsilon_0 k_B T_2}{n_2 q_2^2}\right)^{1/2} \tag{1-35}$$

而最小碰撞参数便是我们前面在 (1-31) 式中表示的发生近碰撞时的瞄准距离：

$$b_{\min} = b_0 = \frac{q_1 q_2}{4\pi\varepsilon_0 m_r v_{\alpha\beta}^2} \tag{1-36}$$

于是，(1-34) 式中的对数部分称为库仑对数，可以表示成下列形式：

$$\ln\varLambda = \ln\left(\frac{b_{\max}}{b_{\min}}\right) = \ln\left(\frac{\lambda_D}{b_0}\right) = \ln\left[12\pi\left(\frac{(\varepsilon_0 k_B T_2)^3}{n_2 q_1^2 q_2^4}\right)^{1/2}\right] \tag{1-37}$$

可见，库仑对数仅与等离子体的密度和热力学温度有关。由于是对数关系，对于一般天体等离子体来说，虽然等离子体的参数范围很大，可以相差 10 个数量级以上，但是库仑对数的大小一般均在 10~25，其变化并不显著。

利用 (1-34) 式可以求出经过多次小角散射使粒子运动方向发生 90° 的偏转角时的平均自由程 (λ_{90})。假定：$(\Delta\theta_{\rm c})^2=1$，且 $m_{\rm r}v_{\alpha\beta}^2\approx 3k_{\rm B}T$，则可得

$$\lambda_{90}=\frac{2\pi}{n_2\ln\Lambda}\left(\frac{\varepsilon_0 m_{\rm r}v_{\alpha\beta}^2}{q_1q_2}\right)^2=\frac{2\pi}{n_2\ln\Lambda}\left(\frac{3\varepsilon_0 k_{\rm B}T}{q_1q_2}\right)^2 \tag{1-38}$$

相应的散射截面为

$$\sigma_{90}=\frac{1}{n_2\lambda_{90}}=\frac{\ln\Lambda}{2\pi}\left(\frac{q_1q_2}{3\varepsilon_0 k_{\rm B}T}\right)^2 \tag{1-39}$$

利用 (1-32) 式和 (1-39) 式，可以得到通过多次小角散射使偏转角等于 90° 时的截面与一次近碰撞使散射角等于 90° 时的截面之比：

$$\frac{\sigma_{90}}{\sigma(\theta_{\rm c}=90^\circ)}=8\ln\Lambda \tag{1-40}$$

由于对一般天体等离子体来说，库仑对数的大小均介于 10~25，因此，上式的比值在 100~200。可见，经过多次小角散射发生 90° 偏转的概率要比一次大角散射便产生 90° 偏转的概率高 2 个数量级左右。因此，通常所讨论的等离子体中的碰撞都是指远碰撞过程，近碰撞的贡献一般情况下均可忽略。

通过多次小角散射产生 90° 偏转的特征时间为

$$\tau_{90}=\frac{\lambda_{90}}{v_{\alpha\beta}}=\frac{2\pi\varepsilon_0^2m_{\rm r}^2v_{\alpha\beta}^3}{n_2(q_1q_2)^2\ln\Lambda}=\frac{2\pi\varepsilon_0^2m_{\rm r}^{1/2}(3k_{\rm B}T)^{3/2}}{n_2(q_1q_2)^2\ln\Lambda} \tag{1-41}$$

对于同类粒子之间的碰撞 (电子与电子或离子与离子)，$m_{\rm r}=\dfrac{1}{2}m$，因此其特征时间为

$$\begin{cases}\tau_{90}^{\rm ee}=\dfrac{3\sqrt{6}\pi\varepsilon_0^2m_{\rm e}^{\frac{1}{2}}(k_{\rm B}T)^{\frac{3}{2}}}{n_{\rm e}{\rm e}^4\ln\Lambda}\\[2ex]\tau_{90}^{\rm ii}=\dfrac{3\sqrt{6}\pi\varepsilon_0^2m_{\rm i}^{\frac{1}{2}}(k_{\rm B}T)^{\frac{3}{2}}}{n_{\rm i}Z_{\rm i}^4{\rm e}^4\ln\Lambda}\\[2ex]\tau_{90}^{\rm ei}=\dfrac{6\sqrt{3}\pi\varepsilon_0^2m_{\rm e}^{\frac{1}{2}}(k_{\rm B}T)^{\frac{3}{2}}}{n_{\rm e}Z_{\rm i}^2{\rm e}^4\ln\Lambda}\end{cases} \tag{1-42}$$

可见，电子与电子之间的碰撞特征时间与电子和离子之间碰撞的特征时间同量级，近似相等：$\tau_{90}^{\mathrm{ee}} \approx \tau_{90}^{\mathrm{ei}}$。

上述特征时间的倒数便是碰撞频率 $f_{\mathrm{ee}}, f_{\mathrm{ii}}, f_{\mathrm{ei}}$：

$$\begin{cases} f_{\mathrm{ee}} = \dfrac{n_{\mathrm{e}} e^4 \ln \Lambda}{3\sqrt{6}\pi\varepsilon_0^2 m_{\mathrm{e}}^{\frac{1}{2}} (k_{\mathrm{B}} T_{\mathrm{e}})^{\frac{3}{2}}} \\ f_{\mathrm{ii}} = \dfrac{n_{\mathrm{i}} Z_{\mathrm{i}}^4 e^4 \ln \Lambda}{3\sqrt{6}\pi\varepsilon_0^2 m_{\mathrm{i}}^{\frac{1}{2}} (k_{\mathrm{B}} T_{\mathrm{i}})^{\frac{3}{2}}} \\ f_{\mathrm{ei}} = \dfrac{n_{\mathrm{e}} Z_{\mathrm{i}}^2 e^4 \ln \Lambda}{6\sqrt{3}\pi\varepsilon_0^2 m_{\mathrm{e}}^{\frac{1}{2}} (k_{\mathrm{B}} T_{\mathrm{e}})^{\frac{3}{2}}} \end{cases} \tag{1-43}$$

电子碰撞频率与离子碰撞频率之比：$\dfrac{f_{\mathrm{ee}}}{f_{\mathrm{ii}}} = \left(\dfrac{m_{\mathrm{i}}}{m_{\mathrm{e}}}\right)^{1/2} \left(\dfrac{T_{\mathrm{i}}}{T_{\mathrm{e}}}\right)^{3/2}$。

我们知道，在中性气体中，分子的平均碰撞频率与温度和密度之间的关系是 $f_{\mathrm{mm}} \approx \pi d^2 n \left(\dfrac{2k_{\mathrm{B}}T}{m}\right)^{1/2}$，这里，$d$ 为分子半径。也就是说，在中性气体中，碰撞频率是随温度的升高而增加的，即高温气体中碰撞更频繁。但是，(1-43) 式给出，在等离子体中的碰撞频率恰恰与此相反，碰撞频率与温度的 $\dfrac{3}{2}$ 次方成反比，即等离子体中随着温度的增加，碰撞频率反而迅速降低，高温等离子体常常还被当作无碰撞进行处理。导致上述差别的主要原因是，与一般中性气体中的二体碰撞不同，等离子体中的碰撞主要表现为多体库仑相互作用，即带电粒子与德拜球内的所有其他带电粒子同时产生相互作用，并受到德拜屏蔽效应的影响，德拜球以外的带电粒子可以看成是完全屏蔽的，不与粒子发生碰撞作用。温度越高，粒子的运动速度越快，就越容易逃出原位德拜球范围，也就越不容易与其他粒子发生库仑相互作用了。而中心气体中的分子没有屏蔽效应的限制，可以随时同其路径上遇到的任何其他粒子发生碰撞，运动速度越快，在单位时间内遇到的粒子数就越多，发生碰撞的频率就越高。

在一次远碰撞中粒子 1 向粒子 2 转移的能量可以利用能量守恒和动量守恒计算：

$$\frac{\Delta E}{E_0} = \frac{4m_1 m_2}{(m_1 + m_2)^2} \sin^2\left(\frac{\theta_{\mathrm{c}}}{2}\right) \tag{1-44}$$

经过多次远碰撞后产生 90° 偏转时的能量损失可近似为

$$\frac{\Delta E}{E_0} \approx \frac{4m_1m_2}{(m_1+m_2)^2} \tag{1-45}$$

从上式可见，同类粒子之间的碰撞所转移的能量大约为初始能量的一半，而电子与离子的碰撞过程中所转移的能量只有初始能量的 $2\frac{m_e}{m_i}$，即大约只有千分之一的初始能量被转移。在等离子体中，电子与电子之间，或离子与离子之间很容易通过碰撞而达到热力学平衡，而电子与离子之间则不容易通过碰撞达到热力学平衡。因此，在我们讨论等离子体的热力学温度的时候常常有电子温度 (T_e) 和离子温度 (T_i) 的区别。而且，对于许多动力学过程，如耀斑爆发过程中，通常有 $T_e \neq T_i$。

1.1.4　等离子体中的主要成分

一般等离子体主要由电子和离子组成。例如，恒星大气等离子体，其主要成分便是电子和质子，还包括一定数量的氦离子和极少量的重离子 (例如，日冕大气中还包含有高阶电离的钙离子、铁离子等)。

但是，必须注意，在不同的天体环境下，等离子体的组成成分是截然不同的。例如，在高温等离子体中，除了电子和离子外，还包含有光子，光子的能量密度随温度是按四次方迅速增加的：

$$\epsilon_\gamma = aT^4 \tag{1-46}$$

其中，$a = 7.56\times10^{-16}\mathrm{J}/\left(\mathrm{m}^3\cdot\mathrm{K}^4\right)$ 为辐射常量。在高温下光子还可以离解原子核，从而产生中子：

$$\gamma + {}^{56}\mathrm{Fe} \longrightarrow 13\,{}^4\mathrm{He} + 4\mathrm{n} \tag{1-47}$$

$$\gamma + {}^{4}\mathrm{He} \longrightarrow 2\mathrm{p} + 2\mathrm{n} \tag{1-48}$$

高温等离子体中还可以产生粒子，例如中微子的成对产生。当一个电子在一个原子核的电场中加速时，正反中微子便可以成对产生：

$$\mathrm{e}^- + \mathrm{N}(\mathrm{Z},\mathrm{A}) \longrightarrow \mathrm{e}^- + \mathrm{N}(\mathrm{Z},\mathrm{A}) + \nu_e + \overline{\nu_e} \tag{1-49}$$

在强磁场中，电子的同步回旋辐射过程也可以产生正反中微子对：

$$\mathrm{e}^- + \mathrm{B} \longrightarrow \mathrm{e}^- + \mathrm{B} + \nu_e + \overline{\nu_e} \tag{1-50}$$

高能 γ 光子与电子或原子核发生相互作用时，γ 光子可产生光致中微子对：

$$\gamma + \mathrm{e}^- \longrightarrow \mathrm{e}^- + \nu_e + \overline{\nu_e} \tag{1-51}$$

$$\gamma + N(Z, A) \longrightarrow N(Z, A) + \nu_e + \overline{\nu_e} \tag{1-52}$$

正负电子对的湮灭反应除了产生一对 γ 光子外，同时也会产生正反中微子对：

$$e^+ + e^- \longrightarrow 2\gamma + \nu_e + \overline{\nu_e} \tag{1-53}$$

等离子体中存在各种形式的波，这些波都是大量带电粒子，主要是电子的集体运动的一种表现形式，也是一种能量携带体，称为等离子激元 (Γ)。在高温等离子体中，等离子体激元在演变过程中，也将产生正反中微子对：

$$\Gamma \longrightarrow \nu_e + \overline{\nu_e} \tag{1-54}$$

大质量恒星的晚期演化阶段中，中微子对的产生和发射是一种非常重要的冷却机制。

当等离子体温度达到 10^{10}K 以上时，正负电子对将成对产生，于是便形成对等离子体:

$$\gamma + N \longrightarrow N + e^+ + e^- \tag{1-55}$$

在温度更高时，等离子体中还能产生更高质量的正反粒子对。在宇宙大爆炸 (big bang) 最初的某一个短时期里，极高温等离子体中除了带电粒子外，还包含 γ 光子、各种尺度的等离子激元、中微子，以及各种各样的基本粒子。

综上所述，我们可以用一句简单的语言来定义等离子体：整体动力学行为主要受电磁场支配的多粒子体系即为等离子体。在等离子体中，单个粒子的运动是微不足道的，但是整个等离子体的集体运动却是非常显著的。这正如我们常说的，个人的力量是渺小的，群众的力量则是强大的！

1.2 何处有等离子体？

我们知道，在我们的生活环境中，几乎所有物质都以固体、液体和气体形式存在，它们都是由中性的分子或原子构成的。一般我们只能在日光灯管、各色霓虹灯管、电火花弧、核聚变装置等少数实验装置中发现有少量的等离子体存在。即使当巨型的国际热核聚变实验反应堆 (ITER) 建成以后，在托卡马克 (Tokamak) 的大环中的氘–氚核聚变等离子体的总量也不超过 1g，是非常少的。可以说，我们的地球、太阳系的八大行星、数以万计的小行星的物质的绝大部分，几乎都不是等离子体。在这些天体上，等离子体的占比远低于万分之一。那么，什么地方存在等离子体呢？

实际上，在宇宙中，等离子体是最普遍存在的一种物质状态。

1.2.1 闪电

在夏秋季节的雷雨天，我们常常可以看见闪电 (lightning)，在闪电的中心最亮的区域，便是一种瞬间形成的天然等离子体 (图 1-7)。一次闪电的持续时间只有 0.2~0.3s，典型的电流强度可达 30000A 左右，释放功率可达到 10^9W，闪电中心的温度可达到 17000~28000K。在这么高的温度下，气体几乎已经被完全电离了。

图 1-7 闪电的芯部是离我们最近的天然等离子体

1.2.2 极光

在地球的高磁纬地区上空，夜间常常出现一种绚丽多彩的发光现象，称为极光 (aurora)。这一现象在其他有磁场的行星，如木星、土星等天体的两极地区也常能被观测到。

极光是来自太阳的高能带电粒子到达地球附近时，由于受地球磁场的作用，其中一部分高能粒子沿着磁力线汇集到南北两极地区，当它们进入极区的高层大气时，与大气中的原子和分子碰撞并激发，产生光芒，形成极光。极光的光谱线范围为 3100~6700Å，其中最重要的谱线是 5577Å 的氧原子绿线，称为极光绿线。极光产生的条件有三个：大气、磁场、高能带电粒子。其中，高能带电粒子通常来自于太阳活动。因此，极光的形成与太阳活动息息相关。每逢太阳活动极大年期间，可以看到比平常年份更为壮观的极光景象。在许多以往看不到极光的纬度较低的地区，也能有幸看到极光。2000 年 4 月 6 日晚，在欧洲和美洲大陆的北部，出现了极光景象。在北半球一般看不到极光的地区，如美国南部的佛罗里达州和德国的中部及南部广大地区也出现了极光，因为当时正处在太阳活动的极大年期间，频繁的太阳爆发活动产生了大量的高能带电粒子流注入地球磁层中。

极光通常发生在地球两个极圈以上的高纬度环带状区域内 (图 1-8)，在南北纬度 67° 附近的两个环带状区域内，例如美国阿拉斯加的费尔班克斯 (Fairbanks) 地区，一年之中有超过 200 天的极光现象，常被称为“北极光之都”。

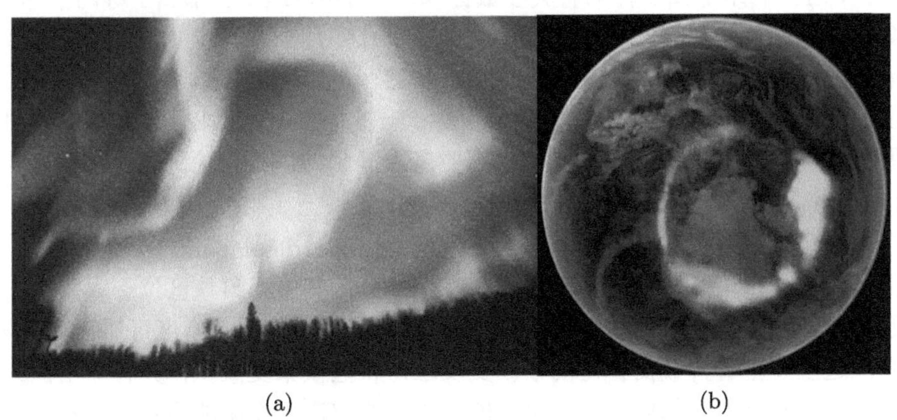

(a) (b)

图 1-8 (a) 地球极光场景和 (b) 在地球极区附近的分布带

1.2.3 地球电离层和磁层

在离地面以上约 50km 的高度开始一直伸展到数万公里以上的地球高层大气处于部分电离或完全电离状态，其中，部分电离的大气区域称为电离层 (ionosphere)，完全电离的大气区域称为磁层 (magnetosphere)(也有人把整个电离的大气称为电离层，把磁层看作电离层的一部分)。电离层能使无线电波改变传播速度，发生折射、反射和散射，产生极化面的旋转并受到不同程度的吸收等。电离层的温度最高不超过 1000K，属于冷而弱电离的等离子体。电离层等离子体的电离度为 0.01%~0.1%，电子密度随高度变化，最高可达 10^{12}m^{-3}。

电离层主要是地球大气分子在太阳辐射中紫外线、X 射线，以及太阳高能带电粒子和银河宇宙射线的作用下产生电离。因此，电离层的高度、厚度、形态、电离度、密度等受太阳活动水平的影响非常显著。

电离层对电波传播的影响与人类活动密切相关，如无线电通信、广播、无线电导航、雷达定位等。受电离层影响的波段从极低频 (ELF) 直至甚高频 (VHF)，但影响最大的是中波和短波段。电离层作为一种传播介质，使电波受折射、反射、散射并被吸收而损失部分能量于传播介质中。3~30kHz 为短波段，它是实现电离层远距离通信和广播的最适当波段，在正常的电离层状态下，它正好对应于最低可用频率和最高可用频率之间。但由于多径效应，信号衰减较大；电离层暴和电离层突然骚扰，对电离层通信和广播可能造成严重影响，甚至信号中断。300kHz~3MHz 为中波段，广泛用于近距离通信和广播。

1.2.4 太阳及恒星

太阳的表面温度大约为 5700K，在色球 (chromosphere) 的温度极小区也在 4000K 以上。利用等离子体的有关参数计算，我们知道这里也都属于等离子体。从太阳色球到过渡区，温度从几千开尔文迅速上升到几十万开尔文，直至上升到日冕 (corona) 的百万开尔文以上的高温。很显然，太阳色球、过渡区 (transition region) 和日冕大气都是完全电离的等离子体。至于为什么从太阳下层的色球到日冕区的温度会迅速上升，这便是我们后面要多次提到并进行讨论的日冕加热 (coronal heating) 问题，这是现代天文学中的八大难题之一。

那么在太阳内部呢？根据标准太阳模型 (standard solar model, SSM)，太阳内部可以分成日核区、辐射区和对流区三个部分。其中，日核区位于太阳中心大约四分之一太阳半径以内的区域，最高温度约为 1500 万K，密度可达 150kg/m^3 左右，这里发生着持续而稳定的核聚变反应，将氢核聚变成氦，并释放出巨大的能量，维持整个太阳的辐射。日核区的大小主要取决于太阳的质量，这相应地决定了太阳核聚变释放能量的功率、太阳表面温度、太阳在主序星阶段的寿命，以及最终太阳的归宿。一般恒星的质量越大，其核心区也越大，温度越高，核聚变越猛烈，恒星的寿命也越短。当质量为 1 倍太阳质量时，其在主序星阶段的寿命大约为 100 亿年；而当质量为 10 倍太阳质量时，其寿命大约只有 10 亿年；当质量为 100 倍太阳质量时，其寿命甚至只有 400 万年。

太阳内部的辐射区位于距离太阳中心 0.25~0.72 倍太阳半径处，温度大约从 800 万K 逐渐下降到 50 万K，密度也逐渐降低。在辐射区，因为温度太低，基本上不再有核聚变反应发生了，太阳核心区核聚变释放的能量通过辐射方式由这一层逐渐向外扩散。在太阳对流区，温度从 50 万K 迅速下降到 5000K 左右，由于温度下降很快，温度梯度大，则对流和各种尺度的湍流非常发育。

从上面的简单叙述中不难看出，从太阳的核心区到日冕大气，整个太阳实际上就是一个等离子体大火球 (图 1-9)。考虑到太阳的质量在整个太阳系中占 99.86%，因此，可以说整个太阳系中的物质，99%以上的都是以等离子体状态存在的。

太阳只是宇宙中占 99%的主序星中极其普通的一员而已，与太阳一样，其他所有的主序星、红巨星、白矮星、褐矮星等全部都是等离子体大火球。事实上，在我们的望远镜下看见的天体，除了少量行星、彗星、卫星等冷天体外，99%以上的目标都是由等离子体构成的天体。

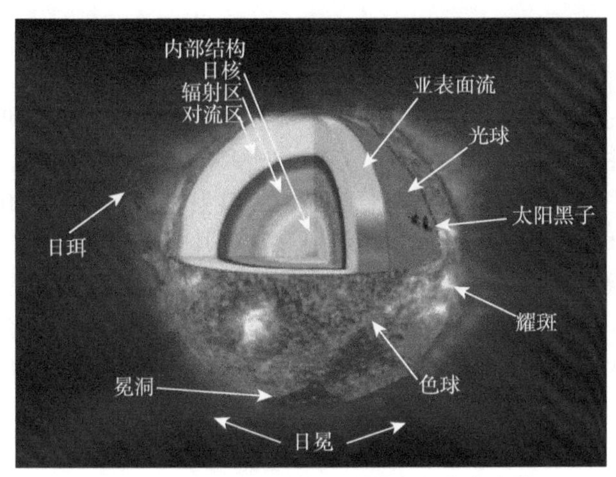

图 1-9 整个太阳就是一团等离子体大火球

1.2.5 致密天体吸积盘

在黑洞、中子星、白矮星等致密天体周围，物质受到引力作用向中心天体落下所形成的盘状结构，称为吸积盘 (accretion disk)。当物质沿螺线向下落时，强大的引力场使得物质摩擦并被加热。黑洞吸积盘之所以能够辐射出 X 射线，就是因为其强大引力场导致吸积盘下落的物质在视界以外就已经被加热到很高的温度。类星体强大的光辐射也被认为是超大质量黑洞吸积周围气体产生的结果。在垂直于盘面的方向，由于磁场的作用，还将形成非常壮观的高速喷流 (jet，图 1-10)。

图 1-10 致密天体周围的吸积盘及垂直于盘面的喷流

普通恒星周围也能形成吸积盘，但是因为其引力场相对较弱，吸积盘气体的温度也就相对较低。在致密天体周围的吸积盘物质，尤其是内盘物质都是完全电离的高温等离子体。

1.2.6　星云

星云 (nebula) 是由星际空间和星系际空间广泛存在的气体和尘埃结合成的云雾状天体，主要由尘埃、氢、氦，以及电子和电离粒子等构成，有时也称为星际物质。其具有空间尺度大、密度低等特点。其典型质量可以从 0.1 倍太阳质量到上千倍太阳质量不等，其空间尺度则可以达到几光年以上。

由超新星爆发所抛出的等离子体在周围形成的云团，这是星云的形成方式之一。图 1-11 为金牛座的蟹状星云 (Crab Nebula) 的合成图。蟹状星云位于金牛座，距离地球大约 6500 光年，大小约为 12 光年 $\times$7 光年，亮度是 8.5 星等，肉眼看不见。该星云的气体总质量约为 0.1 倍太阳质量，从第一次爆发至今，大约经过了 1000 年，一直以高速往外膨胀，目前的膨胀速度大约为 1000km/s。中心有一颗直径约 10km 的脉冲星，其自转周期为 33ms。整个星云在可见光区中有大量椭圆形的丝状结构围绕着弥散的蓝色核心区域，长达 6 角分，宽达 4 角分 (相比而言，满月的直径约为 32 角分)，是视直径最大的天体之一。这些丝状结构是前身星大气层的残余成分，主要由氦和氢离子组成，也含有少量的碳、氧、氮、铁、氖和硫离子。温度为 1.1 万 $\sim$1.8 万 K，密度大约为每立方米 10^9 个粒子。

图 1-11　蟹状星云

蟹状星云产生于公元 1054 年一次明亮的超新星爆发：SN 1054，当时中国、印度、阿拉伯和日本天文学家都记录了这一天文现象。对蟹状星云最早的记录出自中国的天文学家。公元 1054 年 7 月，中国宋朝的一位名叫杨惟德的官员，向皇帝奏报了天空中出现了一颗“客星”，即超新星爆发。这颗超新星爆发以后向周围抛射出的等离子体云团便构成了当今我们所观测到的蟹状星云 (图 1-11)。

1.2.7 宇宙

在整个宇宙中到底有多少物质是以等离子体形式存在的呢？

根据宇宙大爆炸理论 (big bang theory)，大爆炸后 10^{-12}s 时，宇宙的温度大约为 10^{15}K，进入粒子时期，质子和中子及其反粒子形成，玻色子、中微子、电子、夸克以及胶子稳定下来，电弱相互作用分解为电磁相互作用和弱相互作用。其中电磁相互作用开始对带电粒子产生作用，宇宙物质开始进入等离子体状态。

从图 1-12 中我们不难发现，在整个宇宙中，除了暗物质外，至少可见物质中的 99%以上，在宇宙 99%以上的生命历程中都是以等离子体状态存在的。

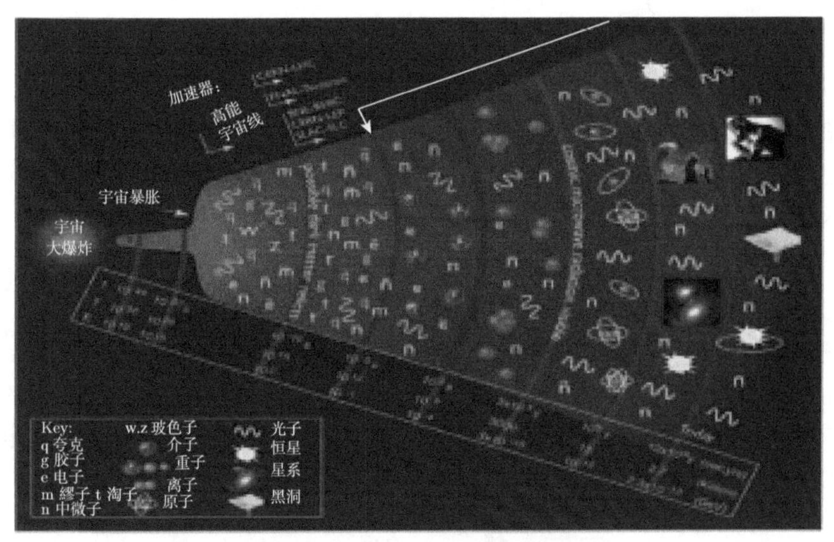

图 1-12 宇宙大爆炸过程示意图

可见，在绝大多数天体上，等离子体都占据绝对地位，等离子体物理的基本规律是我们理解宇宙中各天体上发生的许多变化过程的最基本的理论工具。

1.3 天体等离子体的主要特征

在宇宙中，等离子体是广泛分布的。除了恒星内部和恒星大气外，行星电离层、中子星大气、黑洞吸积盘大气、行星际气体、星际空间星云、星系热气体等均为等离子体。这些等离子体的参数可以分布在一个非常宽的范围，例如，等离子体的温度从几百开尔文 (星系际等离子体) 到 10^{15}K(中子星) 以上，等离子体的密度从每立方米体积中不到一个粒子到 $10^{42}\mathrm{m}^{-3}$ 以上，其德拜长度也从几埃到上千米以上，等离子体的空间特征尺度也从数千公里到若干光年量级。

1.3.1　电磁作用在天体等离子体中的关键地位

对于一般天体物理问题，我们考虑得最多的作用力主要是引力作用和电磁作用，那么，在等离子体中，哪一种作用力更重要呢？

设在一静止坐标系中，电场和磁场分别为 $\boldsymbol{E}$ 和 $\boldsymbol{B}$，另一坐标系以速度 $\boldsymbol{v}$ 相对于原坐标系运动，其中观测到的电场和磁场分别为 $\boldsymbol{E}''$ 和 $\boldsymbol{B}''$，当平行于 $\boldsymbol{v}$ 方向的场的分量保持不变时，在垂直于 $\boldsymbol{v}$ 方向的分量则满足下列变换关系：

$$\begin{cases} \boldsymbol{E}' = \dfrac{\boldsymbol{E} + \boldsymbol{v} \times \boldsymbol{B}}{\sqrt{1 - \boldsymbol{v}^2/c^2}} = \gamma(\boldsymbol{E} + \boldsymbol{v} \times \boldsymbol{B}) \\ \boldsymbol{B}' = \dfrac{\boldsymbol{B} - \boldsymbol{v} \times \boldsymbol{E}}{\sqrt{1 - \boldsymbol{v}^2/c^2}} = \gamma(\boldsymbol{B} - \boldsymbol{v} \times \boldsymbol{E}) \end{cases} \tag{1-56}$$

由于通常在宇宙中，除非在一些特殊区域，静电场 $\boldsymbol{E}$ 是不重要的，$\boldsymbol{E} \to 0$，而且一般运动速度也远小于光速：$v \ll c$，$\gamma \to 1$，则可近似认为电磁场分量满足下列关系：

$$\begin{cases} \boldsymbol{E}' \approx \boldsymbol{E} + \boldsymbol{v} \times \boldsymbol{B} \\ \boldsymbol{B}' \approx \boldsymbol{B} \end{cases} \tag{1-57}$$

即电场的垂直分量与测量它的坐标系选择有关，磁场则与坐标系近似无关。

设在距离太阳一倍天文距离 (R=1AU) 处行星际磁场为 $\boldsymbol{B}$，等离子体中的电子或离子均以地球的轨道速度 $\boldsymbol{v}$ 运动，则离子所受到的太阳的引力和电磁力分别为

$$\boldsymbol{f}_{\mathrm{g}} = \frac{GM_{\mathrm{sun}}m}{R^2} \tag{1-58}$$

$$\boldsymbol{f}_{\mathrm{m}} = q\left(\boldsymbol{v} \times \boldsymbol{B}\right) \tag{1-59}$$

通常，行星际磁场非常弱，$B \sim 10^{-8}$T(即 10nT)。将其他参数代入上式，可得

$$\frac{\boldsymbol{f}_{\mathrm{m}}}{\boldsymbol{f}_{\mathrm{g}}} \approx 10^7 \tag{1-60}$$

可见，即使对于非常微弱的行星际磁场，在等离子体中，粒子所受到的电磁力也远大于来自恒星的引力作用。驱动天体等离子体物理的各种变化过程的作用主要是电磁作用，产生的各种观测效应也必定是各波段的电磁辐射现象。

但是，必须注意，在某些极端天体附近，比如在黑洞的视界附近、中子星大气，甚至白矮星表面附近，常常会有引力作用与电磁力作用同量级的情况发生，必须具体情况具体研究。

由于一般天体物理目标都无法直接测量，则只能通过对天体在各波段的辐射特征来反演其物理条件和变化过程。这里，辐射特征包括辐射强度、辐射谱和偏振特征等。

1.3.2 天体等离子体与实验室等离子体的区别

1. 等离子体与辐射的相互作用

实验室等离子体中通常仅涉及小尺度问题，比如目前最大的托卡马克装置 ITER 中等离子体的空间尺度也仅仅在 10m 数量级。等离子体对足够高频的电磁波的吸收、散射等效应是非常小的，因此可以看成是透明的光学薄介质。当然，它对自身产生电磁波的吸收效应几乎可以忽略。

天体离子体系统的空间尺度一般都巨大，比如恒星活动区的尺度一般都在 10 万公里量级左右，而星系际气体的空间尺度则在若干光年量级。因此，天体等离子体的光学厚度一般也很大。等离子体的能量大部分转换为电磁辐射而发射出去。在宇宙等离子体中，高频电磁波能够激发强的等离子体湍动，同时也导致湍动的强耗散。

2. 对快速粒子或相对论性高能粒子的作用

等离子体中的波把能量转移给带电粒子，从而使其加速。实验室中由于仪器尺寸限制，难以获得高能粒子。例如，当粒子的拉莫尔 (Larmor) 半径大于仪器尺寸时，粒子离开加速系统并碰到仪器壁，一般就耗尽了能量。

天体等离子体尺度下，即使是初始能量较小的带电粒子也能被加速到极端相对论性的能量。粒子加速是等离子体集体效应的必然结果。

3. 天体等离子体近似为均匀无界

在实验室等离子体中，不均匀性和不稳定性的发展和演变都与约束装置 (壁或磁场) 之间有很大的联系。这种不均匀性导致出现新型波 (如漂移波) 和新型不稳定性，后者极大地制约着受控热核聚变的实现。

天体等离子体则是可以近似看成是均匀无界的：等离子体的空间尺度比等离子体的特征长度大很多个量级。等离子体没有截然不同的边界，可使用均匀等离子体的理论模型。

4. 天体等离子体中磁场和等离子体是“冻结”的

天体等离子体中，磁雷诺数 (Rm) 很大。根据磁感应方程，磁场的变化将由等离子体的运动决定，这时磁场似乎冻结在流体微团中，当流体运动时，磁力线随流体一起运动，就好像磁力线冻结在每一流体质量元上一样。

$$Rm = \frac{vL}{\eta_{\mathrm{m}}} = \frac{\mu_0 vL}{\eta}, \quad \eta_{\mathrm{m}} = \frac{\eta}{\mu_0} \tag{1-61}$$

式中，μ_0 为真空中的磁导率；η_{m} 为等离子体的磁扩散率；η 为等离子体的电阻率。

从上面的讨论中可见，在天体等离子体中，磁场起着非常关键的作用。磁场具有与其他物理场不同的特性：*磁场具有一定的结构和形态、有张力也有压力、有弹性也有能量，还能通过磁场重联的方式引起能量快速释放、带电粒子加速，并能驱动等离子体团的抛射。世界上还有什么物理场比磁场更复杂、更有趣呢？*

天体等离子体中的磁场，还有许多未解疑难。例如，等离子体中磁场是如何产生的？恒星、星系、星云乃至宇宙不同尺度上的磁场有何共性？如何演化？如何作用和影响天体乃至宇宙的演化？这些问题还需要大量的观测和理论研究才能给出正确解答。

1.4　等离子体天体物理的主要研究方法

天体物理的基本研究方法是分析天体的光谱。除行星际介质 (空间直接探测)、行星 (表面登陆) 外，其他所有天体 (恒星、星云、星系、类星体和脉冲星等)，只能通过对它们的辐射谱的分析和解释来研究，有些信息可以通过粒子辐射而获得。

在光学天文学时代，天体物理学主要研究原子发出的光辐射，这时原子物理为天体物理研究的主要理论基础，天体物理与原子物理学相辅相成，主要表现如下。

(1) 在天体物理中广泛应用原子物理学的理论和实验结果。

(2) 天体物理提供了许多资料帮助了解原子过程 (例如亚稳态、禁戒跃迁等)。那时，等离子体物理的作用很小，主要用于估计原子电离度和测定自由电子浓度。

第二次世界大战结束后，射电天文学兴起，原子物理对射电频谱的解释有限，主要用来分析一些射电谱线 (氢、羟基、水和甲醛等星际分子)。后来，从观测中发现了轫致辐射 (电子通过粒子附近加速和减速时发出辐射，自由–自由跃迁辐射) 和磁轫致辐射 (非相对论电子情况下称为回旋加速辐射，相对论电子情况下称为同步加速辐射)，这些辐射机制的产生和传播主要取决于等离子体的特征。从 20 世纪 40 年代后期开始，太阳射电爆发的研究，特别是 20 世纪 60 年代强射电源的发现 (射电星系、类星体和脉冲星)，要求物理学提供新的辐射机制，它能够快速有效地把不同形式的能量转换为电磁波。此外，在宇宙条件下普遍存在的相对论性粒子的加速等现象都对等离子体物理提出了越来越多的要求。等离子体物理逐步成为天体物理学的理论基础，进而演化出一门新的学科——等离子体天体物理学。

等离子体天体物理便是利用等离子体物理的有关原理和方法研究天体物理过程，揭示天体活动与演化的规律，它是现代天体物理的重要基础理论学科。

一般等离子体系统都是由大量粒子组成的复杂多粒子系统，一般根据其参数特征，对不同的等离子体采用不同的近似理论进行研究。

1. *单粒子轨道理论*

对于稀薄等离子体，粒子碰撞的平均自由程 $\lambda_{\rm f}$ 超过等离子体的空间尺度 L，$\lambda_{\rm f} > L$，这时，粒子之间的碰撞对等离子体的行为几乎没有影响，利用单个粒子的运动特征即可描述整个等离子体的行为，这样建立起来的一套理论称为单粒子轨道理论 (single particle orbital theory)。但是，单粒子轨道理论忽略了粒子之间的相互作用，只考察单个粒子的运动，只是稀薄等离子体的一种近似描述。我们将在第 2 章里详细介绍单粒子轨道理论。

2. *磁流体力学理论*

当粒子的平均自由程 $\lambda_{\rm f} \ll L$ 时，粒子之间频繁发生相互碰撞，整体表现具有连续流体的运动特征，单个粒子的运动特征变得不再重要，这时可以利用流体力学中的一些概念，如温度、密度、压强、流速、能流等参数以及流体力学方程，再结合描述电磁流体的麦克斯韦方程等来描述等离子体的运动特征，这样建立的一套理论称为磁流体力学 (magnetohydrodynamic, MHD) 理论，即 MHD 理论。

MHD 理论适合研究缓慢变化的等离子体过程，这里的缓变过程指的是特征时间远大于平均碰撞时间、特征尺度也远大于等离子体中粒子的平均自由程的等离子体过程，例如等离子体平衡、宏观不稳定性、冷等离子体中的波等。我们将在第 3 章介绍 MHD 理论及相关问题。

3. *动理论*

对于一般情况，$\lambda_{\rm f} \sim L$ 时，无论是利用单粒子轨道理论还是利用 MHD 理论都无法准确描述等离子体的行为，这时，把等离子体看成是由大量粒子组成的集体，用统计物理的方法，引入分布函数 $f(r, v, t)$ 来描述等离子体。分布函数 $f(r, v, t)$ 是位置 r、速度 v 和时间 t 的函数。位置 r 和速度 v 构成的 6 维空间称为相空间，分布函数的物理意义便是粒子在相空间中的数密度。确定分布函数的方程称为动理论方程，通过对粒子的分布函数的研究来分析等离子体的行为，称为动理论 (kinetic theory)。动理论是研究等离子体过程最基本的理论方法。我们将在第 5 章介绍等离子体动理论的基本概念和基本分析方法。

4. 数值模拟和实验室模拟方法

对于绝大多数等离子体物理问题来说，无论是利用 MHD 方程还是利用动理论方程都很难求得解析解，利用现代计算机技术，通过数值模拟方法来研究等离子体的行为也就成为非常重要的一种研究途径。

由于天体物理目标通常都非常遥远，具有无法直接测量和无法重复再现的特点。近年来，随着人们在激光核聚变研究方面的进展，我们已经可以在实验室里模拟某些天体物理环境来反复研究天体等离子体过程，例如，利用加速器研究粒子天体物理；利用电子束离子阱研究天体冕区光谱特征，利用强激光和箍缩装置研究某些高能量密度天体物理现象，如磁场重联区物理、喷流、激波，以及等离子体中的高能粒子加速过程等。

5. 太阳：等离子体天体物理的天然实验室

在茫茫宇宙数以亿计的恒星中，太阳是与人类家园——地球关系最为密切的一颗天体。由于它到地球的距离 (约 1.5 亿公里) 仅为离我们最近的另一颗恒星——半人马座 α 星的 28 万分之一，所以太阳是宇宙中唯一能被人类进行高分辨率观测和研究的一颗恒星，太阳从本质上说是一个巨大的等离子体火球，也是我们可以仔细研究其中发生的等离子体物理过程的唯一天体。因此，人们也常常说太阳是等离子体天体物理的天然实验室。

为了研究太阳的结构、物质组成、能量来源与传输、活动与演化，以及对太阳系空间的作用和影响等问题，而形成了天体物理学中最早的，并对天文学的发展具有重大影响的分支学科——太阳物理学。

太阳是一个与地球有直接物质联系的日地系统的母体。日地之间通过从太阳发射的带磁场的高速太阳风进行物质联系，地球实际上处在太阳全波段电磁辐射和高能粒子发射的背景中，日地空间环境和地球高层大气结构在很大程度上取决于太阳电磁辐射和粒子发射特征。人们研究地球环境的变迁，地球生命演化等重大课题时都必须考虑太阳因素。太阳活动引起的电磁辐射和粒子发射增强会严重干扰地球附近空间环境，如地球轨道附近的太阳质子事件、地球电离层骚扰、地磁暴、平流层升温等，这些变化将直接影响航天和航空飞行安全、人造卫星寿命、无线电通信、高纬度地区电网和管道系统、导航、物探、气象和水文等国防和国民经济诸多基础设施的可靠运行。对太阳电磁辐射和粒子辐射中稳定成分和扰动成分的能谱进行研究，探讨太阳活动的规律性并对其进行预测预报，是太阳物理研究的关键课题。

太阳物理学研究不仅对认识天体物理过程，还对广泛的自然科学问题的探索都具有重要意义。太阳还是一个完全由高温磁化等离子体构成的巨大天体，人们在地面等离子体实验室研究中因时间和空间尺度的限制而无法得到的一些物理过程，则可以通过对太阳的研究得到弥补，关于太阳爆发机制、太阳磁场和太阳活动起源的研究，以及太阳大气动力学和行星际动力学现象的研究，直接推动着等离子体物理学的迅速发展。

美国科学院关于“新千年天文学和天体物理学”规划认为，太阳物理学研究已经远超出了狭义太阳物理和天体物理学范畴，正在向三个重大方向扩展：

(1) 把太阳作为等离子体物理学研究的天然实验室；

(2) 理解和预报太阳活动对地球气候和日地环境的作用和影响；

(3) 理解太阳演化对行星系统、生命演化的作用，并在多学科层面获取新的知识。

图 1-13 大致示意了太阳一生的演化历程。关于这方面更详细的内容，还可以参考近年来的一些文献，如 Alzate 等 (2021) 文献。从最初的太阳星云通过引力收缩，温度逐渐升高，当中心温度达到 7×10^6K，密度为 20g/cm^3 时开始在核心区域发生氢核聚变，释放的能量开始超过因辐射损失的能量，太阳诞生 (A)，开始**主序星**阶段。

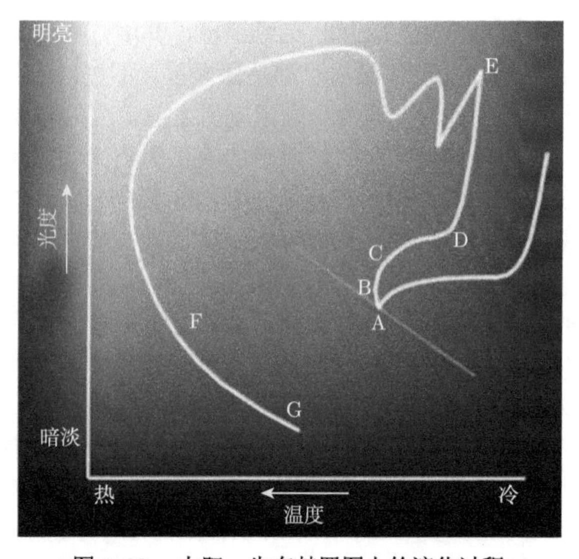

图 1-13 太阳一生在赫罗图上的演化过程

当前的太阳 (B)：大约有 47 亿年历史，日核区域大约一半的氢已经通过聚变反应转化为氦。根据太阳在主序星阶段的光度和其核心区的质量可以推算，其主序星阶段的时长大约为 100 亿年。

红巨星太阳 (C)：大约再过 50 亿年，日核区域的氢完全聚变为氦以后，日核的聚变反应停止，核聚变区域向外层蔓延，从而导致太阳外部圈层的膨胀，表面积迅速增加，总亮度增强而演变为红巨星；太阳在红巨星阶段大约需要停留 4 亿年，在红巨星的末期，即图中的 D 点处，太阳半径为目前的 3 倍左右，表面温度约 4300K，地球大气温度上升 100K。

氦闪太阳 (E)：然后，内部收缩引起升温，触发氦聚变产生爆炸，称为氦闪。外层物质迅速膨胀，半径增大 100 倍，亮度增加 500 倍 (即新星爆发)；由于内部对流混合具有一定的准周期性，氦闪可能会发生多次。

白矮星太阳 (F)：当氦闪结束以后，太阳内部的氦通过聚变反应完全转化为碳，外层物质被多次氦闪过程形成的高速太阳风吹散到周围空间，形成行星状星云，剩余部分形成密度约 $2\mathrm{t/cm^3}$ 的、直径大约只相当于地球大小、温度超过 10000K 的炙热星体，即白矮星。质量介于 $(0.5\sim8)M_\mathrm{s}$ 的恒星最后演化的结果便是形成一颗白矮星，白矮星的质量上限为 $1.44M_\mathrm{s}$，称为钱德拉塞卡极限。

黑矮星太阳 (G)：太阳在白矮星阶段可持续 50 亿年以上，由于其内部不再有核反应过程发生，不会有新的能量产生，只能慢慢冷却，直至剩余热量扩散完，最后变成一颗完全不发光的、冰冷的致密天体，即黑矮星。黑矮星是由低温简并电子气体组成的，由于整个星体处于最低的能态，所以无法再产生能量辐射了。

在整个银河系中有 2000 亿 ~3000 亿颗恒星，其中，质量比太阳小的恒星大约占 75%以上，它们最后的演化结局也都是黑矮星。不过，从上面太阳的演化历程可以看出，从太阳诞生到演化成为一颗黑矮星之前，总共需要经历大约 154 亿多年以上的历史，而质量比太阳小的红矮星的演化历史比太阳还要长得多。这个时长比目前整个宇宙自大爆炸以来的年龄 (约 138 亿年) 还要长！这也表明，自大爆炸以来，在整个宇宙中，目前还没有太阳质量大小的恒星能够演化到黑矮星阶段。

由于在太阳的元素构成中包含着比许多其他恒星更多的重元素 (如铁等)，由此推断，太阳可能是第二代甚至第三代恒星，即最初形成太阳及太阳系天体的星云中包含了上一代大恒星演化结束后因超新星爆发而抛散到宇宙空间的气体遗迹。在太阳整个生命历程中，当形成太阳的原始星云通过引力而收缩到一定程度的时候，等离子体物理过程便开始了；当其核心部分的温度达到大约 700 万 ℃ 的时候，核聚变反应释放的能量便超过了其辐射损耗的能量，有了净余能量的输出，这时我们说太阳作为一颗恒星便诞生了，从太阳核心的核聚变过程、能量向外的传输到发生在太阳上的各种爆发过程等，无一例外地都与等离子体的运动和演化相关，等离子体物理过程贯穿始终。

总之，可以说，太阳物理学是一门联系现代天文学、现代物理学和地球环境科学的综合性交叉科学。太阳物理学的发展，直接关系到科学和社会的诸多领域的发展，具有十分重大的意义。而等离子体天体物理学，则是现代天体物理的重要理论工具。

1.5 等离子体天体物理的主要科学问题

“等离子体天体物理” 在 20 世纪 60 年代末正式形成，当时由于射电天文学的重大进展，强调微观等离子体理论在天体弥散电离气体中的应用，所以也称为“宇宙电动力学”，是物理学和天体物理学的重要分支。

天体物理不仅借用实验室等离子体物理所取得的各种研究成果和理论，同时，人们还不断发现等离子体的新现象和新规律，也为等离子体物理提出了新的研究课题，大大推动着这门新学科的发展。作为理解各种宇宙现象的重要理论工具，等离子体天体物理学涉及范围很广，包括行星际太阳风、太阳大气、超新星遗迹、高能粒子加速、宇宙线和从脉冲星及活动星系观测到的辐射的起源等问题。

等离子体天体物理的理论体系由如下五大部分组成。

(1) 单粒子轨道理论：密度很低时，可忽略粒子间相互作用，把等离子体看成是大量带电粒子的集合，可从单粒子的运动方程来描述等离子体的特征。

(2) MHD 理论：密度很高时，碰撞起支配作用，集体效应显著，单粒子运动可忽略，具有流体的特征。

(3) 动理论：完整描述等离子体过程。

(4) 辐射理论：描述等离子体中各种辐射的发射机制和传播规律。

(5) 粒子加速理论：阐述天体物理环境中，各种高能粒子的起源。

前面我们提到，太阳通常被认为是等离子体天体物理的天然实验室，那么在太阳上还有哪些问题没有解决呢？美国学者 Aschwanden(2008) 在一篇综述文章中列出了 10 个太阳物理学中的重要课题。2007 年，由教育部、科技部、中国科学院和国家自然科学基金委员会联合向国内外工作在科研一线的科学家们发起了“10000 个科学难题” 的征集活动，其中，有关 “太阳和日地科学” 领域中共征集了 50 个难题。我们将它们概括成如下几个主要问题。

1. 太阳内部结构问题

对于太阳内部结构问题的研究主要取决于探测方法，这包括两大途径：中微子探测途径和日震学途径，这两个途径是互相补充的。

中微子探测：人们基本上已经弄清，所谓的 “中微子失踪” 是因为中微子振荡，即中微子从其源区释放出来后在其传播过程中能够在其三种味之间相互转化。这也表明，中微子拥有一定的静止质量。详细分析各实验室的观测数据，还发现太阳中微子流量存在着多个周期性，其中，最主要的周期接近太阳自转的周期。这表明中微子流量可能与太阳磁场之间存在着相互作用，而且中微子还拥有一定磁矩。根据这些周期性，人们推测出中微子与磁场的作用很可能发生在太阳对流层底部的速度强剪切层 (tachocline)，这个区域正是产生太阳磁场的地方 (Spiegel 和

Zahn，1992；Miesch，2005)。另外，由中微子流量的变化还可推测出辐射层的自转速度，这一速度与日震学方法所给出的速度接近。通过中微子流量变化的研究发现，在日核与辐射层交界的地方似乎还存在另外一个速度剪切层，可能是另一个发电机机制孕育的地方。上述结果还有待进一步观测检验。

日震学探测: 根据国际上多个日震观测台网 (GOLF、VIRGO、SOI、GONG、BISON、TONG) 的观测数据，已能在千分之一的精度上反演从太阳表面附近直到日心的声速分布，在百分之一的精度上给出太阳内部密度和压强的分布，并相当精确地给出太阳内部自转的轮廓。但是，对于 0.4 倍太阳半径以内的区域，只能通过重力模 (g 模) 的探测才能进行研究，然而迄今探测 g 模仍然是一个尚未解决的问题。

2. 太阳磁场问题

太阳磁场问题包括两大方面，一是太阳磁场的探测问题，另一个是太阳磁场的起源和活动规律问题。

对于磁场探测，我们面临如下问题。

(1) 目前最可靠的太阳磁场测量主要集中在太阳光球附近有限区域中，应用谱线的塞曼 (Zeeman) 效应进行测量，而且磁场矢量的纵向分量和横向分量的测量精度几乎相差一个数量级，如何进一步提高横场的测量精度，还是一个难题。

(2) 横场测量的 180° 不确定性也是一个未解的难题。

(3) 色球和日冕中的磁场测量，迄今还没有可靠的解决办法。射电诊断是最可能的一个途径，但是依赖于辐射机制，而且存在多种辐射机制同时发生作用，如何分别反演，也是一个非常困难的问题。

(4) 如何进一步提高磁场测量的空间分辨率直至探测基本磁元，这也是一大挑战。例如，理论估计磁元的大小在 0.1 角秒左右，这使得在地面观测磁元基本上不可能。

关于太阳磁场的起源和活动规律，涉及太阳内部物质的对流运动及相互作用。一般认为，太阳磁场是带电物质运动使太阳原初微弱的种子磁场得到放大的结果。既然太阳的物质绝大部分是等离子体，并且经常处于运动状态，则可以利用发电机效应来说明太阳磁场起源中的若干问题。目前公认的是较差自转理论，即太阳的较差自转使光球下面的水平磁力线管互相缠绕并上浮到日面，形成双极黑子；大量双极黑子磁场的膨胀和扩散使原来的普遍磁场被中和，接着就会出现极性相反的普遍磁场。这样可以解释太阳 22 年的磁活动周现象。

高分辨率观测表明，太阳磁场存在复杂的精细结构。在活动区的同一个黑子范围内各处磁感应强度往往相差悬殊；并且在一个就整体说来是某一极性 (例如 N 极) 的黑子里，常含有另一极性 (S 极) 的小磁结点。因此，单极黑子并不存在。在横向磁场图上，不仅各处强度不同，方位角也不一样。在黑子半影中，较亮条纹与它们之间的较暗区域的磁场也有明显差异。在活动区中，磁结点直径约为 1000km，磁感应强度为 1000~2000G(1G=10^{-4}T)。在宁静区，过去认为只有强度为 1~10G 的弱磁场。最新的观测表明，宁静区的磁感应强度同样是很不均匀的，也含有许多磁结点，宁静区磁结点的尺度不到 200km，磁通量却占整个宁静区的 90%左右。由于磁通量高度集中，磁结点的磁感应强度可达上千高斯，远远超过宁静区大范围的平均磁感应强度。对上述结构的形成机制，目前还没有一个合理的解释。

3. 太阳大气的反常加热问题

太阳物理中，最令人费解的是太阳外层大气 (色球和日冕) 的温度比内层的光球高得多，是什么机制导致了太阳高层大气的反常加热，数十年来一直困扰着天体物理学家们。一般认为，反常加热的能源应当来自对流层气团运动激发的机械能流 (如声波和重力波等)。一些研究表明，声波或转换为激波后可以向外传播和耗散，似乎可以加热色球层。日冕加热则可能涉及磁流体动力学过程。迄今已提出至少两种类型的模型，它们是磁流体波耗散 (主要是阿尔文 (Alfvén) 波) 和电流耗散模型。前者可以通过日冕磁环中的共振吸收进行加热，后者如 Parker 提出的拓扑耗散或微耀斑加热等。此外，还有磁流体湍流加热等。另外，色球针状体和小纤维的本质及其在太阳高层大气能量传输中的作用还不清楚，使得太阳高层大气反常加热的研究更具复杂性和不确定性。

4. 太阳大气爆发活动的起源问题

宏观上稳定的太阳为什么会突然出现爆发现象，这一直是太阳物理学中最热门的研究课题。这些爆发现象主要包括太阳耀斑、日冕物质抛射 (CME)、爆发日珥、各种尺度的喷流等，其涉及许多复杂的物理过程，包括 10^{27}J 以上数量级的能量积累，等离子体不稳定性的触发，高能粒子的加速与传播，以及相应的从 γ 射线、X 射线、紫外和可见光直至射电波段电磁辐射增强的机制，源区的大气动力学变化，以及物质运动和抛射等。

5. 太阳活动周的起源问题

太阳长期活动行为具有多种尺度的周期性，其中最著名的就是约 11 年的 Schwabe 活动周，除此外还有其他多种周期：160 天、2~3 年、51.5 年、103 年、…… 这些不同时间尺度的周期性一定与太阳内部的某种结构和运动以及太阳周边的环境特征有关联。这些关联机制目前还是一个未解之谜。一般认为维持周期性太阳活动的物理机制，是太阳等离子体自身运动感生的磁场所表现的周期性现象，与运动导体通过感应产生磁场的自激发电机原理相似，称为太阳发电机理论，其核心问题是利用磁流体力学方程组，在太阳较差自转和湍动对流条件下，寻求太阳极向磁场与环向磁场之间的周期性转换，即发电机解。

6. 太阳风暴与日地空间环境的作用机制问题

太阳爆发活动将向日地空间环境释放出大量的带电粒子流和各波段电磁辐射增强，它们即构成太阳电磁风暴。它们通过什么样的机制对日地空间环境、地球电离层、大气层等产生作用和影响，这是人们非常关注的问题。然而到目前为止，人们的认识还非常有限。

7. 太阳活动预报问题

太阳将在什么时间，什么地点，以何种方式发生爆发活动？这些都是我们想知道的问题，然而由于观测技术和理论认识水平的限制，目前我们还无法对这些问题给出明确的答案。

上述太阳物理的问题，其本质几乎无一例外都是磁化等离子体中的问题，其中包括在等离子体系统中如何产生磁场？磁场与等离子体如何耦合？不稳定性如何激发和演化？能量如何释放和转移？以及它们的规律性。对这些问题的回答，一方面推动着天体物理学的发展，同时也推动着基本等离子体物理学的发展。

天体物理学中包含着当今人类面临的最多的未解之谜，蕴含着最多的获取新的科学发现的机会。著名理论物理学家杨振宁教授曾经撰文说，“假如一个年轻人，他觉得自己一生的目的就是要做革命性发展的话，就应该去学习天体物理学。”那么，现代天体物理学有哪些重大的前沿问题呢？哪些问题和等离子体天体物理有关呢？2012 年，在第 29 届国际天文学联合会 (IAU) 大会期间，著名杂志 *Sciences* 邀请来自世界各地的著名天文学家和物理学家们就现代天文学的重大难题进行选择，最后选出了八大难题。

(1) 暗物质的本质？有一种模型提出暗物质的可能候选者是轴子 (axion)，如果在太阳中存在以轴子为主要成分的暗物质，那么当轴子与太阳磁场发生相互作用时，将激发出频率在 300MHz~1GHz 的射电信号。由于太阳磁场与太阳等离子体的强烈耦合，上述激发过程必然与太阳内部的等离子体的物理状态 (温度、压力、对流运动以及磁场的产生和演化等) 有密切联系。通过探测该频段的射电辐射就有可能反演出轴子的存在和分布。

(2) 暗能量的本质？目前尚不清楚这个问题是否与等离子体过程有关。

(3) 宇宙再电离？再电离后产生的宇宙原初等离子体，其中可能激发等离子体的不稳定性，通过探测和解释相关辐射信号，可以反演宇宙原初等离子体的状态。

(4) 重子缺失问题？目前尚不清楚这个问题是否与等离子体过程有关。

(5) 超高能宇宙线的起源？有一种宇宙线的加速机制是费米 (Fermi) 加速，这是指在宇宙中存在两团发生相对运动的磁云中，会对带电粒子产生一种加速作用，这种加速过程本身就是一种等离子体物理过程。

(6) 恒星爆发机制？恒星本身就是一团等离子体的大火球，恒星的爆发本质上就是一团等离子体的爆发，必然与相应的等离子体物理过程相关联，需要用等离子体物理理论去解释。

(7) 行星多样性的起源？目前尚不清楚这个问题是否与等离子体过程有关。

(8) 日冕加热机制？日冕 (包括星冕、致密天体周围的吸积盘冕等) 大气的反常增温现象必然同太阳大气等离子体与磁场的某种耦合有关，在这种耦合过程中产生了与热传导方向相反的能量传输过程。如何阐明这种耦合过程，便是我们探索日冕加热之谜的主要目的。

在上述八大难题中，关于暗物质、暗能量、重子缺失等问题是否与某种等离子体过程有关，目前姑且未知。在宇宙再电离之后的宇宙就是一锅等离子体汤，通过对这个阶段的等离子体过程的观测和研究，将有可能反演宇宙再电离时和之前的宇宙结构和扰动特征；超高能宇宙线的起源本质上就是在天体物理环境下的粒子加速机制问题，恒星爆发机制和日冕加热问题，究其本质而言也都与一定的等离子体物理过程密切相关，其原则上就是等离子体天体物理所面对的基本问题。可见，在现在天体物理前沿的重大难题中，超过一半以上的问题都与等离子体天体物理过程密切相关，我们需要利用天体等离子体物理的有关理论和方法研究它们。

思 考 题

1. 什么是等离子体？如何准确描述等离子体？

2. 理解并熟练估算等离子体的几个特征参数，例如计算各种温度和密度条件下的德拜长度、朗缪尔频率、碰撞的特征时间、碰撞频率等，并判断是否为等离子体？

3. 通过萨哈方程计算一定温度、密度条件下气体的电离度，理解电离气体和等离子体的区别和联系。

4. 理解引力作用和电磁力在天体等离子体中的作用和差别。

5. 氢弹爆炸是轻元素的核聚变反应，恒星内部的能量也是来自于轻元素的核聚变反应。为什么氢弹能在瞬间爆炸，而恒星却可以在主序星阶段稳定维持几十到上百亿年？

6. 结合自己的研究方向思考在哪些天体和空间物理过程中将涉及等离子体。

参 考 文 献

林元章. 2000. 太阳物理学导论. 北京: 科学出版社.

汪景琇. 1998. 太阳物理研究进展. 物理，27: 651-659.
俞允强. 2002. 物理宇宙学讲义. 北京: 北京大学出版社.
中国天文学会. 2008. 天文学学科发展报告 2007—2008. 北京: 中国科学技术出版社.
Alzate J A, Bruzual G, Díaz-González D J. 2021. Star formation history of the solar neighbourhood as told by Gaia. MNRAS, 501: 302.
Aschwanden M J. 2008. Keynote address: Outstanding problems in solar physics. J. Ap. A., 29: 3.
Berger T E, Rouppe van der Voort L H M, Löfdahl M G, et al. 2005. Solar magnetic elements at 0.1″ resolution. A&A, 428: 613-628.
Bhattacharjee Y. 2012a. Where are the missing baryons? Science, 336: 1093, 1094.
Bhattacharjee Y. 2012b. How do stars explode? Science, 336: 1094, 1095.
Cartlidge E. 2012. What reionized the universe? Science, 336: 1095, 1096.
Cho A. 2012a. What is dark energy? Science, 336: 1090, 1091.
Cho A. 2012b. How hot is dark matter? Science, 336: 1091, 1092.
Clery D. 2012a. What's the source of the most energetic cosmic rays? Science, 336: 1096, 1097.
Foukal P V. 1990. Solar Astrophysics. New York: John Wiley and Sons, Inc.
Guenther D B, Demarque P, Kim Y C, et al. 1992. Standard solar model. Ap. J., 387: 372.
Kerr R A. 2012a. Why is the solar system so bizarre? Science, 336: 1098.
Kerr R A. 2012b. Why is the Sun's corona so hot? Science, 336: 1099.
Miesch M S. 2005. Large-scale dynamics of the convectiove zone and tachocline. Living Rev. Solar Phys., 2: 1.
Spiegel E A, Zahn J P. 1992. The solar tachocline. A&A, 265: 106.
Stix M. 1989. The Sun. Berlin: Springer-Verlag.
Tan B L. 2011. Multi-timescale solar cycles and their possible implications. Ap. & SS, 332: 65-72.
Tan B L, Cheng Z. 2013. The mid-term and long-term solar quasi-periodic cycles and the possible relationship with planetary motions. Ap. & SS, 343:511-521.
Verscharen D, Wicks R T, Brandaredi-Raymont G, et al. 2021. The plasma universe: A coherent science theme for voyage 2050. Front. Astron. Space Sci., 8, 651070.
Vinyoles N, Serenelli A M, Villante F L, et al. 2017. A new generation of standard solar models. Ap. J., 835: 202.
Zhong J Y, Li Y T, Wang X G, et al. 2010. Modeling loop-top X-ray source and reconnection outflows in solar flares with intense lasers. Nature Physics, 6: 984-987.
"10000 个科学难题" 天文学编委会. 2010. 10000 个科学难题——天文学卷. 北京: 科学出版社.

第 2 章　天体等离子体中的磁场

在支配万物运动的四种基本作用力——引力、电磁力、强力和弱力中，到了宇宙天体这种空间尺度，引力几乎“一枝独秀”。宇宙中的各种等级结构 (hierarchy)——从恒星到星系，再到星系聚集成星系团，星系团又吸集成为超星系团——都是主要通过引力作用塑造的。即便是各种层次的天体，如行星、恒星、白矮星、中子星和黑洞等的形成过程，引力也都在其中扮演着关键的角色。

不过，在具体的天体物理过程中，引力并非唯一的，还有一种同样也是远程相互作用的力纵横于宇宙天地之间，它就是电磁力。电磁力和引力都是远程力，同样都遵循平方反比定律，它们在天体的形成与演化过程中应当都扮演着非常重要的角色。

第一，在各种层次的天体中，磁场是普遍存在的。观测表明，无论是从行星到恒星，从主序星到白矮星、中子星、黑洞等致密天体，从行星际空间到星际空间、星系际空间，都存在磁场。

第二，宇宙中许多极其关键的物理过程中，磁场都扮演着非常重要的角色。磁场直接参与了恒星的形成和爆发、各种尺度的恒星活动、脉冲星、吸积盘、喷流、宇宙线形成和传播、星系结构形成的具体过程等；磁场也可能在星际介质、分子云、超新星遗迹、前行星盘、γ 射线暴等过程中发挥重要作用；它还可能直接参与了恒星演化、星系晕、星系演化和早期宇宙结构形成。但迄今为止，对上述过程的详细研究还远远不够，还存在许多问题没有解决。

第三，磁场还是许多辐射过程产生的重要根源，例如，回旋加速辐射、回旋同步辐射、同步加速辐射，以及相干的回旋脉泽辐射等直接源于带电粒子在磁场中的回旋运动，磁场决定了这些天体物理过程中的能量转移。在本书的天体等离子体中的辐射与传播部分，我们将详细介绍这方面的内容，见第 7~9 章。

第四，磁场还是天体物理环境中高能粒子加速的重要驱动力。费米加速、激波加速等无一例外地都依赖于磁场的参与，这一点我们将在天体等离子体中的粒子加速理论部分再详细介绍，见第 10~14 章。

在接近空无一物的宇宙空间，磁场可以延伸得非常远，即便是星际数十亿光年的距离也不在话下。当然，这些磁场是极其微弱的。冰箱门上的磁场与弥漫银河系内外的磁场相比，强度要高出 1000 多万倍。这也许正是在宇宙学中，磁场往往会被忽略的原因。

磁场在天体等离子体的各个层次上都是普遍存在的。但是，在自由边界、良导电的天体等离子体中，磁场是如何产生的？磁场又是如何长期保持的？天体及宇宙各种尺度上的结构特征及其演变是否与相应尺度上的磁场结构有关呢？这些问题都是目前科学界没有完全解决的难题。为了理解这一点，我们在本章中首先介绍天体等离子体中磁场的基本观测特征，然后介绍在天体等离子体中磁场的一种可能的机制，即发电机理论。作为一种应用，我们最后介绍太阳及恒星中的磁活动周期。

2.1 天体等离子体磁场的基本特征

观测表明，天体上磁场是普遍存在的。天体磁感应强度跨度之大，是地面实验室无法比拟的。因此，天体等离子体的一个重要特征便是普遍受磁场作用，成为磁化等离子体。

2.1.1 地球磁场

1. 地球磁场的基本结构

地球上存在地磁场，平均强度为 0.3~0.5G。地磁场的存在直接制约和塑造了地球附近空间等离子体的分布、结构和演化行为。因此，了解地磁场的主要特征和来源，是理解许多地球空间环境中发生的各种现象的重要前提。

地磁场的主要部分犹如一个近似沿自转轴方向均匀磁化的球体的磁场，近似于把一个磁铁棒放到地球中心，磁北极 (N 极) 处于地理南极附近，磁南极 (S 极) 处于地理北极附近，磁极与地理极不完全重合，即地球磁轴与自转轴并不重合，两者之间存在一个夹角，大约为 11.4°，称为磁偏角。磁力线分布特点是赤道附近磁场的方向是水平的，两极附近则与地表垂直。赤道处磁场最弱，两极最强。

地球磁场可以近似用一个磁偶极场 (magnetic dipole) 模型进行描述，如图 2-1 所示。

在一个载流回路中，磁矩的大小定义为电流 (I) 与回路面积 (S) 的乘积：$a = IS$。偶极磁场是一种最基本的天体磁场位型。设极坐标系的原点 O 位于偶极子中心，极轴沿磁矩 (a) 方向，坐标为 (r, θ, φ)，并令纬度为 $\lambda = \frac{\pi}{2} - \theta$。磁偶极场的标量势为

$$\psi = \frac{\boldsymbol{a} \cdot \boldsymbol{r}}{r^3} \tag{2-1}$$

于是，磁场为 $\boldsymbol{B} = -\nabla\psi$。其分量式分别为

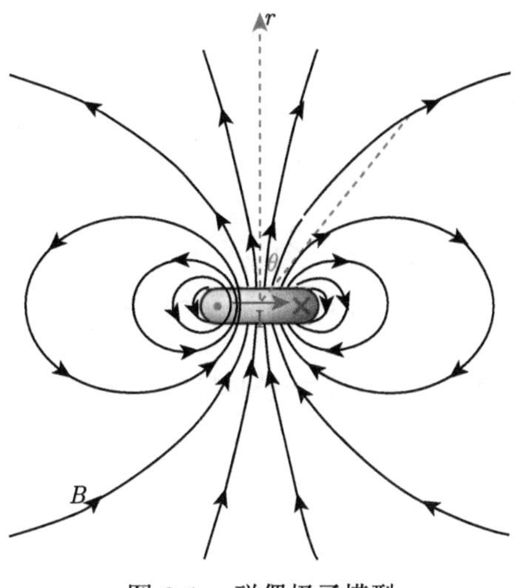

图 2-1 磁偶极子模型

$$\begin{cases} B_r = B_{\mathrm{p}}\cos\theta = B_{\mathrm{p}}\sin\lambda \\ B_\theta = \dfrac{1}{2}B_{\mathrm{p}}\sin\theta = \dfrac{1}{2}B_{\mathrm{p}}\cos\lambda = -B_\lambda \\ B_\varphi = 0 \end{cases} \tag{2-2}$$

其中，$B_{\mathrm{p}} = \dfrac{2a}{r^3}$。则总磁感应强度为

$$B = \sqrt{B_r^2 + B_\theta^2 + B_\varphi^2} = \frac{1}{2}B_{\mathrm{p}}\delta \tag{2-3}$$

这里，$\delta = \sqrt{1 + 3\sin^2\lambda}$。磁力线方程为

$$\frac{\mathrm{d}r}{B_r} = \frac{r\mathrm{d}\theta}{B_\theta} = \frac{r\sin\theta\mathrm{d}\varphi}{B_\varphi} \tag{2-4}$$

即 $\begin{cases} r = r_{\mathrm{e}}\cos^2\lambda \\ \varphi = \varphi_0 \end{cases}$。在这里，$r_{\mathrm{e}}$ 是磁力线和赤道面 $(\lambda = 0)$ 的交点到原点的距离。磁力线与位置矢量 $\boldsymbol{r}$ 的夹角 α 可由下式给出：

$$\tan\alpha = \frac{B_\theta}{B_r} = -\frac{B_\lambda}{B_r} = \frac{1}{2}\cot\lambda \tag{2-5}$$

于是，总场强可以写成

$$B = \frac{a\delta}{r^3} = \frac{a\delta}{r_{\mathrm{e}}^3}\cos^{-6}\lambda = \frac{a}{r_{\mathrm{e}}^3}\eta, \quad \eta = \frac{\sqrt{1+3\sin^2\lambda}}{\cos^6\lambda} \tag{2-6}$$

在直角坐标系中，$\boldsymbol{r}=x\boldsymbol{i}+y\boldsymbol{j}+z\boldsymbol{k}, r=\sqrt{x^2+y^2+z^2}, \boldsymbol{a}=a\boldsymbol{k}, \psi=\dfrac{az}{r^3}$。因此，磁场的三个分量分别为

$$\begin{cases} B_x = 3xz\dfrac{a}{r^5} \\ B_y = 3yz\dfrac{a}{r^5} \\ B_z = \left(3z^2 - r^2\right)\dfrac{a}{r^5} \end{cases} \tag{2-7}$$

图 2-2 显示了近地空间的地球磁场整体特征，基本上是一个典型的偶极场。

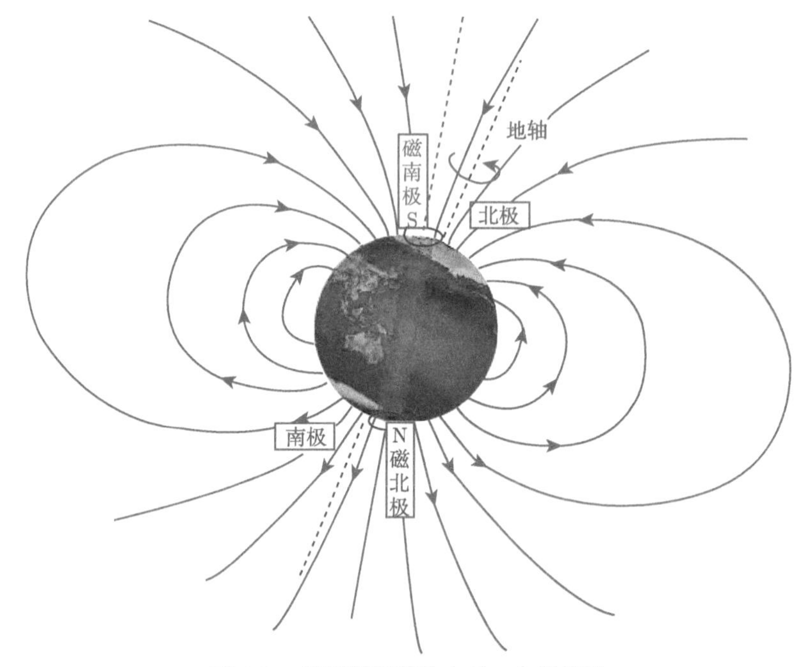

图 2-2　地球磁场整体上是一个偶极场

2. 地磁场的长期变化

地磁场还存在着长期变化。英国科学杂志《自然》2002 年 4 月 11 日刊登了一篇论文，详述了地球磁场日益严重的弱化，引起科学界的普遍关注。为了更精确地勘测地磁场的变化，欧洲航天局 (ESA) 于 2013 年 11 月发射了三颗卫星，即 Swarm-A、Swarm-B、Swarm-C，根据其传回的测量数据，科学家们发现地磁场每 20 年衰减 5%，这个数字大大超过了以前记载的每 100 年衰减 10%的速度。

地质学家们对地球岩石中古地磁特性进行研究，发现了地磁场反转的证据。他们认为，在过去的 7600 万年中地磁场至少反转过 171 次，即平均大约 45 万年

反转一次。不过，最近一次磁极反转发生于 78 万年前，自那以后就再也没有发生反转了。最近英国科学家发现，在过去 200 年内地球磁场已经减弱了 15%，他们预言，按照这种速度发展下去，有可能在未来 200 年内地球磁场会完全消失，从而导致地球磁场的大逆转，地球上的人类和其他生物将面临一场前所未有的宇宙射线的大灾难。

地球磁场倒转的周期，也是最近科学研究的热门课题，到目前为止也是众说纷纭，古地磁研究表明，地磁场大约 50 万年倒转一次。也有人认为 1000 万年以来已经倒转了 50 次，即平均 20 万年倒转一次，通过铍同位素 ^{10}Be 的研究，有人认为上次倒转距今已有 70 万年了，加上目前人们已经知道 20 世纪的 100 年里，磁北极一直在加速漂移，每年平均移动 10km。目前地球北极正以每年 64km 的速度从加拿大北部向西伯利亚方向加速漂移。

3. 地球磁场在行星际空间的延伸

事实上，地球磁场并不是孤立的，它还受到外界扰动，尤其是太阳风的影响，从而使地球附近空间的磁场结构发生变形，如图 2-3 所示。

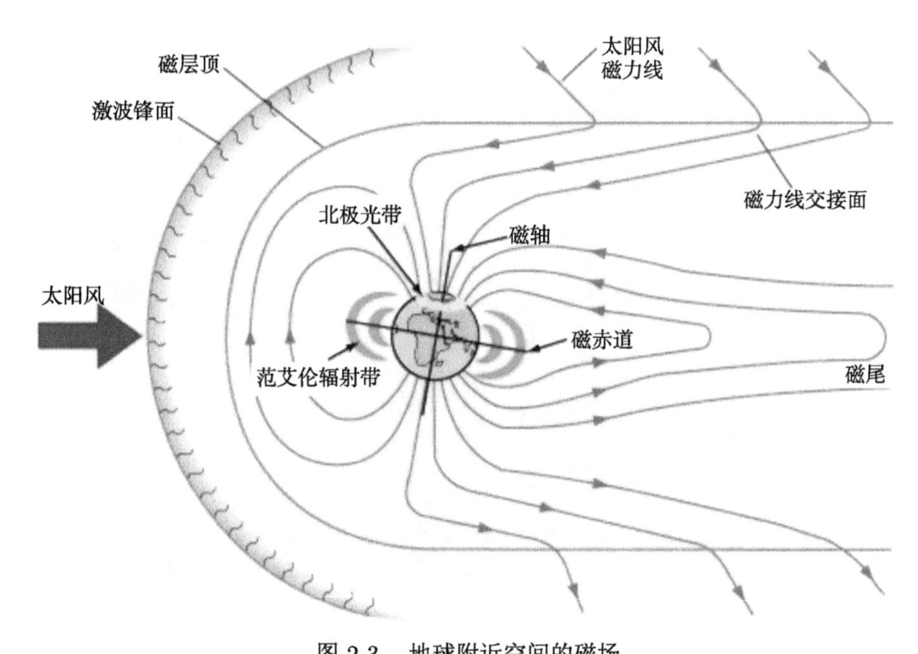

图 2-3　地球附近空间的磁场

太阳风磁场对地球磁场施加作用，地球磁场有效地阻止了太阳风的长驱直入，从而可以有效保护地球上的生灵万物。太阳风绕过地球磁场，继续向前运动，于是形成了一个被太阳风包围的、彗星状的磁场区域，称为磁层。磁层位于距大气层顶 600~1000km 以上高处，磁层的外边界称为磁层顶，离地面 5 万 ~7 万 km。在太阳风的压缩下，地球磁力线向背着太阳一面的空间延伸得很远，形成一条长长的尾巴，称为磁尾。在磁赤道附近，有一个特殊的界面，在界面两边，磁力线突然改变方向，此界面称为中性片。中性片上的磁感应强度微乎其微，厚度大约有 1000km。中性片将磁尾部分成两部分：北面的磁力线向着地球，南面的磁力线离开地球。1967 年发现，在中性片两侧约 10 个地球半径的范围里，充满了密度较大的等离子体，这一区域称作等离子体片。当太阳活动剧烈时，等离子片中的高能粒子增多，并且快速地沿磁力线向地球极区沉降，于是便出现了千姿百态、绚丽多彩的极光。由于太阳风以高速接近地球磁场的边缘，便形成了一个无碰撞的地球弓形激波的波阵面。波阵面与磁层顶之间的过渡区称为**磁鞘**，厚度为 3~4 个地球半径。

2.1.2 行星磁场

观测发现，太阳系的大部分行星都拥有强度不一的磁场。除地磁场外，人们对行星磁场只有零星的认识。由于空间探测技术的发展，已对水星、金星、火星、木星和土星的磁场作了初步探测。我们将现有的探测结果归纳在图 2-4 中。

图 2-4 太阳及太阳系部分行星上磁感应强度的典型值 (单位为 G)

“水手-10 号”发现水星的磁矩大约为地球磁矩的 1/1500。水星磁极的极性与地球相同，偶极矩指向南；磁轴与自转轴交角约为 12°；赤道表面的场强约为 0.004G，目前人们已经肯定水星磁场是这个行星本身所固有的，但对其起源的解释还存在争议。与地球、木星和土星的南北半球磁场相差无几不同，水星的磁场非常特殊，其北半球磁场几乎是南半球的三倍，呈现出南北的高度半球不对称性。

迄今为止，行星际探测还没有发现地球的姊妹星——金星拥有固有磁场的充足证据，即使有磁场，其强度也不超过 0.0003G，也就是说比水星的磁场还弱大约一个数量级。人们发现金星附近存在太阳风激波，这表明金星可能是存在一定磁场的。不过，这个问题还有待进一步探索。

许多探测表明，火星磁场的强度为地磁场的 0.1%~0.2% 。近年的探测证实，火星没有一个全球性偶极磁场，却存在众多的局域性的偶极磁场。因此，火星是由众多局域磁场组成的多极磁场的行星。故火星不存在辐射带。

除了地球外，最为显著的就是木星磁场，其平均强度则大约为 5G，为地磁感应强度的 10~20 倍。

在行星际空间，也存在弱磁场，其强度为 10^{-4}G。

有关行星磁场，目前人们得到的主要结论如下所述。

(1) 行星磁场的大小，与行星的内核质量和内核半径成正比。

(2) 类地行星都是重金属导体内核的自转星球，均会“共旋起电”，进而产生磁场，磁场的 N 极在行星的南极，磁力线在行星内部是地理北极指向南极，在行星的外部空间是由星球南极指向北极，与自旋方向呈右手螺旋 (大拇指指向 N 极) 关系。金星是逆向自旋，因此其磁场方向与地球相反。

(3) 行星磁场的大小，与行星自转角速度成正比，自转角速度慢的星球，其磁感应强度均很小，如金星磁感应强度实测值近似于零。

(4) 行星磁场的方向与行星金属内核的物质电结构和自旋方向有关。

太阳和木星亦具有很强的磁场，其中木星的磁感应强度是地球磁场的 20~40 倍。太阳和木星上的元素主要是氢和少量的氦、氧等这类较轻的元素，与地球不同，其内部并没有大量的铁磁质元素，那么，太阳和木星的磁场为何比地球还强呢？木星内部的温度约为 30000°C，压力也比地球内部高得多，太阳内部的压力、温度还要更高。这使太阳和木星内部产生更加广阔的电子壳层，再加上木星的自转速度较快，其自转一周的时间约 10 小时，故此其磁感应强度自然也要比地球高得多。事实上，如果天体的内部温度够高，则天体的磁感应强度与其内部是否含有铁、钴、镍等铁磁质元素无关。太阳、木星内部的压力、温度远高于地球，因此，太阳、木星上的磁场要比地球磁场强得多。而火星、水星的磁场比地球磁场弱，则说明火星、水星内部的压力、温度远低于地球。

2.1.3 太阳磁场

1918 年，Hale 首次利用谱线的塞曼效应 (Zeeman effect) 测得了太阳黑子的磁场达到 0.3~0.4T，这是人类首次测得地球以外天体上的磁场。人们发现，太阳大气到处都存在着磁场，分布十分复杂，可以分成若干个成分。不过，这些不同成分磁场如何构成统一的太阳磁场图像，以及在演化过程中不同成分之间如何发生相互作用等，这些问题至今仍然是不清楚的。

(1) 太阳整体磁场。比奇洛 (Bigelow) 根据日全食期间观测到的冕羽图像猜想到太阳可能存在一个与地球偶极磁场类似的整体磁场，见图 2-5，该整体磁场拥有准确的轴向而且是对称的，起源于太阳内部深处的运动过程，其变化时标应当远长于 11 年的太阳周。不过，由于太阳整体磁场同时还受到诸如极区磁场、宁静区磁场的其他几种磁场成分的叠加，迄今为止，人们还无法准确地知道其确切的强度值，估计在 1G 量级。

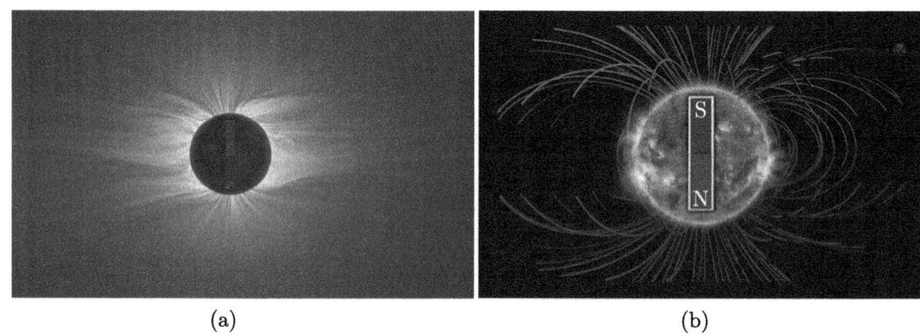

(a)　　(b)

图 2-5　太阳整体磁场分布：(a) 日全食观测的冕羽图像；(b) 势场外推给出的宁静时刻的磁场结构

(2) 极区磁场。主要出现在两极地区强度为 1~2G 的磁场，分布形态类似于磁偶极场，南北半球极性相反。事实上，太阳极区磁场与真正的偶极场是有区别的。首先，它们只限于极区附近，而且没有准确的轴向和对称性，同时这部分磁场还随太阳活动周变化，一般在太阳活动周的峰年前后发生极性转换，也就是说其变化时标是 11 年左右。这就意味着太阳极区磁场只是起源于并主要分布在太阳浅层的磁场分量，并不是起源于太阳内部的真正偶极场。不过，太阳极区磁场与整体磁场之间到底有何物理联系，目前人们并不十分清楚。现有的太阳活动理论认为，太阳活动区磁场是极区磁场与太阳较差自转相互作用的结果，极区磁场是太阳活动区磁场演化的产物。

(3) 活动区磁场。太阳上最强的磁场出现在以太阳黑子为中心的活动区中，其中黑子本影的磁感应强度为 1000~4000G，比其他磁场分量的强度高 2~3 个数量级，并且主要分布在中低纬度区域，南北纬度 $8^\circ \sim 40^\circ$ 范围以内，即太阳活动带 (图 2-6)。单个黑子在日面上出现的位置和大小往往具有很强的随机性，不过长期的统计数据表明，太阳黑子的数量、面积、强度，以及在日面上出现的纬度等参量均具有一定的周期性，其中最著名的周期是平均大约 11 年的 Schwabe 周 (solar cycle)。在活动周的峰年，太阳耀斑 (flare)、日冕物质抛射 (coronal mass ejection,

CME) 以及各波段电磁辐射流量也显著增强，并能在日地空间或行星际空间产生剧烈的扰动现象。至于太阳活动周是如何产生的，即太阳活动周的起源问题，至今依然没有研究清楚。

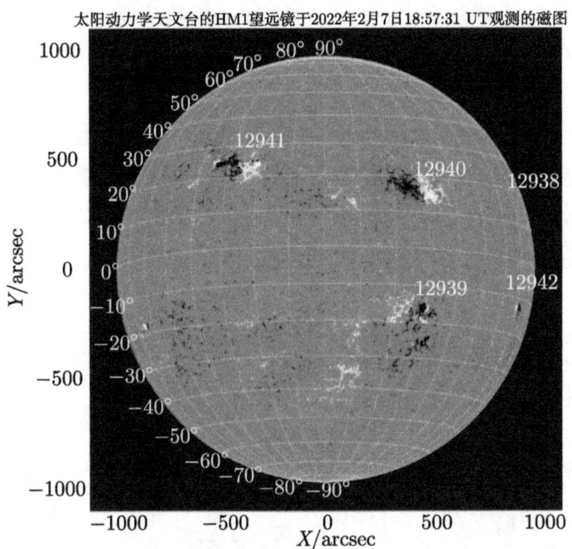

图 2-6 第 25 太阳活动周上升年期间 (2022 年 2 月 7 日) 太阳磁活动区的分布特征 (来自于 www.solarmonitor.org)

太阳活动区的磁场极性分布也具有一定的规律，每一个活动区总是可以分成两个极性相反的区域，且北半球与南半球的极性分布位置刚好相反，如图 2-7 所示。

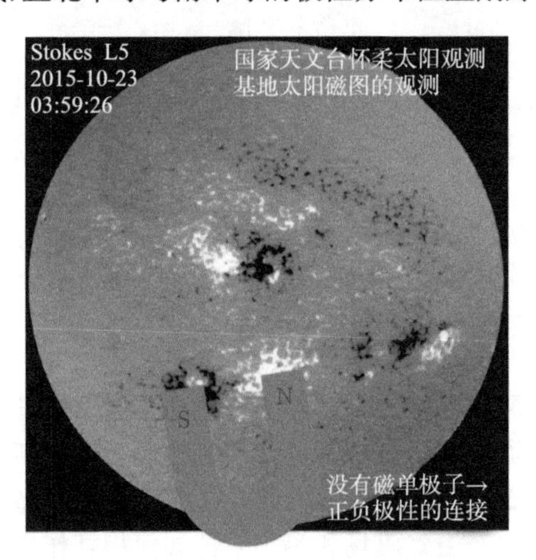

图 2-7 太阳活动区磁场的极性分布

(4) 宁静区磁场。除了太阳活动区以外，太阳表面的其他大部分区域都很少有显著的爆发活动发生，称为宁静区。观测表明，太阳宁静区也仍然有较弱的磁场分布，形成网络状的分布，称为网络磁场 (network magnetic field)，往往沿超米粒边界延伸成链状，其典型强度为 20~200G，寿命可达 1 天以上，网络的大小可达数万公里。另外，在网络内部还存在许多离散的小磁岛 (magnetic islands)，磁岛中心的磁感应强度为 5~25G，最小尺度只有几百公里，小于 1 角秒，称为网络内磁场 (intra network magnetic field)，其寿命通常只有几分钟到几十分钟，这是目前人们所能观测到的最小尺度的太阳磁场结构。太阳网络场和网络内场的极性分布倾向于随机分布。图 2-8 为利用 Hinode 卫星的 SOT 望远镜在 630nm 谱线观测反演的宁静区网络磁场和网络内磁场的分布结构。

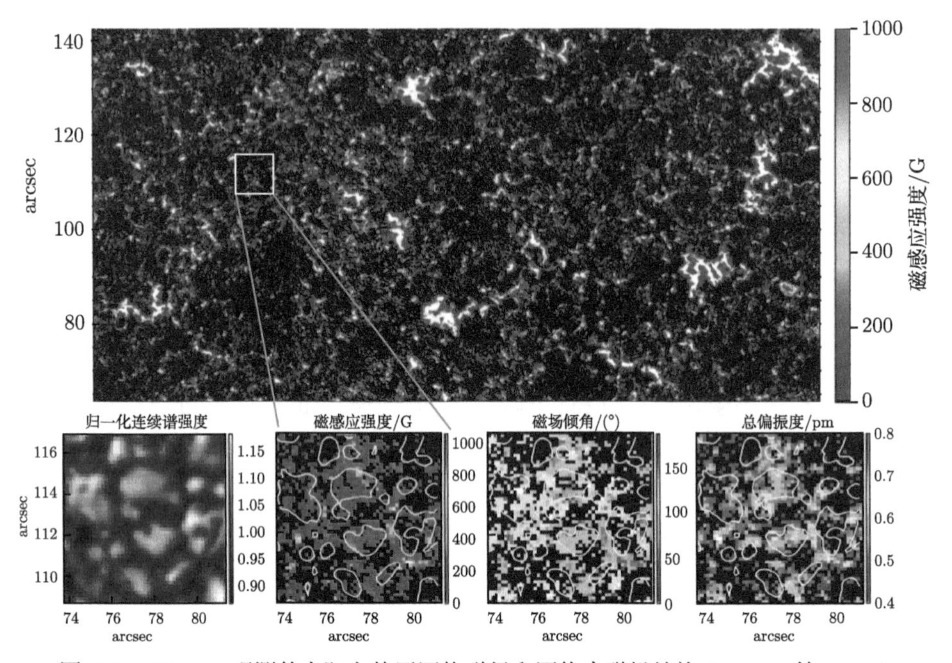

图 2-8 Hinode 观测的太阳宁静区网络磁场和网络内磁场结构 (Suarez 等, 2007)

下排四个小图从左到右分别给出上图白色小框里的归一化连续谱强度、磁感应强度 (单位为 G)、磁场倾角和总偏振度

太阳及恒星活动区磁场从产生到完全消散通常需要持续几天到几个月，偶极黑子的上空磁场位型通常也可近似为局部偶极磁场。磁场活动区是太阳和恒星耀斑爆发的源区，有关磁场的起源和演化直接决定着耀斑的起源。而在恒星环境里，局部活动区的磁场如何产生？磁场和等离子体如何相互作用并触发爆发活动？在爆发过程中如何加速高能粒子？如何产生各波段的电磁波辐射？这是等离子体天

体物理所面临的最重要的研究课题。

2.1.4 行星际磁场

在远离太阳表面的行星际空间也存在磁场，称为行星际磁场 (interplanetary magnetic field)，它们主要是被太阳风携带而散布在太阳系内各行星之间的磁场。行星际磁场起源于太阳光球的大尺度背景场，几乎所有太阳耀斑都发生在行星际磁场的扇形结构有新的变化之前。很明显，与耀斑相关的行星际激波对改变大尺度行星际磁场结构起着非常重要的作用。

卫星观测结果表明，在黄道面上行星际磁场可分成 4 个区域，呈扇形结构，如图 2-9 所示。每一扇形区域中的磁场极性相同，相邻扇区的磁场极性相反。在扇形结构中磁力线形如阿基米德螺线，与地球绕日运行的公转轨道成 45° 夹角。在地球轨道附近的行星际磁感应强度为 $10^{-4} \sim 10^{-5}$G。扇形磁场随太阳一起自转，每 27 天转一周，所以就有 27 天的行星际磁场周期。由于扇区的旋转，大约每经过 13.5 天，观测点便转到对角扇区内，这时会观测到同一极性的行星际磁场。所以行星际磁场有 13.5 天左右的周期。对于太阳磁场的周期现象，也可以作类似的解释。

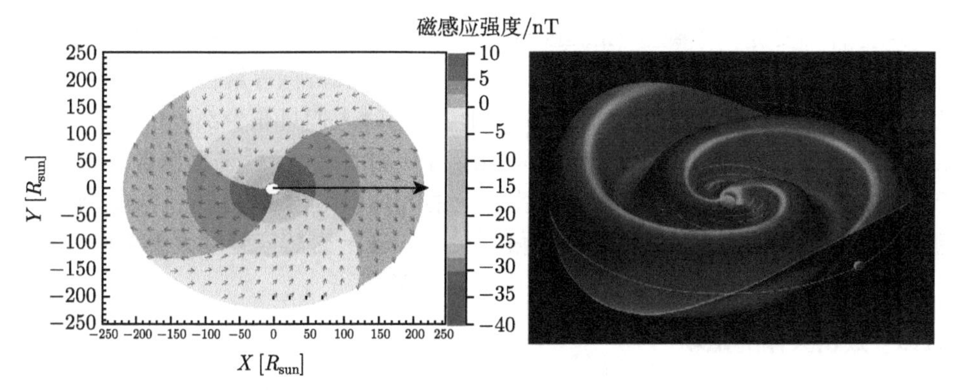

图 2-9 行星际磁场的扇形结构

2.1.5 恒星磁场

早期恒星，其表面温度超过 10℃，由于它们的光球下面没有对流区存在，所以人们想到它们的磁场很可能与晚期恒星不一样。Babcock (1947) 首次探测到了一颗早期恒星的磁场，即室女座 78 星的磁感应强度大约为 0.15T，这是人类首次对太阳系外恒星磁场的测量。随后，利用塞曼效应人们在大部分的早期恒星中 (数目还在增加) 都探测到了较强的、稳定的磁场，典型磁感应强度是 10^3G，最强的达到了 10^4G，在数量级上与太阳黑子磁场相近，而且，这些早期恒星磁场也都表现出周期性的变化和极性反转。

1980 年，鲁滨逊等 (1980) 首次直接观测到了一个晚型恒星 (late-type star) 的磁场。随后吉阿母帕帕等 (1983) 在一个冷的亚巨星 (cool sub-giant, 见图 2-10) 和巴斯里等 (1992) 通过观测对前主序星的磁通量给出了明确的限定。

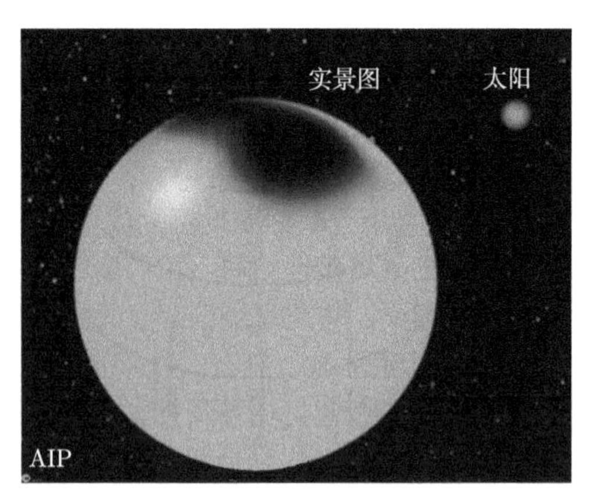

图 2-10　一个冷的亚巨星上的磁场活动区的分布 (深色部分)。作为对比，图中右上角按比例给出了太阳的大小

这里有必要提一下磁星 (magnetic star) 和磁陀星 (magnetar) 的区别。磁星泛指具有较强磁场，其磁性能够通过塞曼效应、谱线偏振等途径直接测量到的恒星。这个概念起源于早期对恒星磁场的测量，当时人们只在少部分中等、大质量恒星中测量到了磁场，而大部分都没有显示可观测的磁性，后来也包含白矮星、中子星等致密天体。对于一些拥有异常强磁场的天体也给出了专门的名称，例如，磁感应强度大于 10^8G 的白矮星称作高偏振星 (polar)；磁感应强度大于 10^{13}G 的中子星称作磁陀星，它们都是磁星家族中的极端类型。

2.1.6　致密天体的磁场

宇宙中的各种致密天体，如白矮星、中子星、黑洞等也都拥有磁场。根据一些观测特征和理论分析，人们发现这些致密天体所拥有的磁场常常远超我们的想象，比我们地球实验室所能创造出的最强磁场还要高百万倍，甚至上亿倍以上！

人们曾利用连续谱圆偏振诊断出一颗白矮星的磁感应强度达到了 10^7G，白矮星的磁感应强度范围一般在 $10^6 \sim 5\times10^8$G 范围内 (Angel et al., 1981)。最近，人们利用大型数值模拟证明，白矮星的磁场与太阳和地球磁场类似，也是通过类似的发电机过程而产生的 (Schreiber et al., 2021)。

利用朗道能级跃迁产生的 X 射线谱脉冲，诊断出编号为 Her X1 的中子星的磁感应强度达到 $(3\sim5)\times10^{12}$G。对于射电脉冲星，通常利用自旋减速等间接手段诊断其磁场，结果表明，95%的脉冲星磁感应强度在 $10^{11} \sim 10^{13}$G，其余的在 $10^{8} \sim 10^{11}$G。

人们一般认为，白矮星和中子星 (包括脉冲星) 等的磁场也都可以用一个偶极场近似 (图 2-11)。

图 2-11　脉冲星的磁场位型，近似为一个偶极场

通常认为恒星的磁场源自恒星内部等离子体的运动，这些等离子体由于对流作用以及恒星的自转作用会产生自感电流和自发磁场，太阳和地球的磁场也有相似的形成机制。而同样的机制也可能发生在中子星上。首先从结构上来说，中子星的结构中也含有等离子体，而且其自转周期往往在毫秒数量级，因此，在这些条件的作用下中子星有可能激发出极高的感应磁场。

黑洞里是否有磁场？这个问题其实是理论物理中的一个难题。人们认为，在恒星垂死前，它原本存在的磁场会相继通过磁能方式释放而逐渐消失，因此，从视界外部看，黑洞中没有磁场。不管恒星在引力坍缩前的形状如何，坍缩后所有的区别性特征都会消失——仅留下 3 条信息：质量、黑洞自旋及电荷。也就是所谓的黑洞无毛定理。那么，在黑洞的视界以外是否存在磁场呢？2018 年，日本国立天文台等组织的联合研究组在 90~230GHz 的微波段对距地球 2.2 亿光年的活动星系 IC 4329A 和 5.8 亿光年的 NGC 985 进行了观测，观测到了两个巨大的黑洞周围距离大约 40 倍视界半径的地方存在着高温等离子体冕，该高温等离子体冕产生了微波射电辐射现象，等离子体温度高达 10 亿 ℃，据此估计磁感应强度大约为 10G。2021 年，事件视界望远镜 (EHT) 合作的一个国际研究小组发表了 M87 星系中心黑洞周围的磁场结构图，显示在黑洞的视界以外存在着螺旋状的磁场结构 (图 2-12)。其实，在更早的 2014 年，美国天文学家曾经通过对 76 颗黑洞进行观察和测量发现，它们的视界以外地方的磁感应强度大约是地球磁场的一万倍。

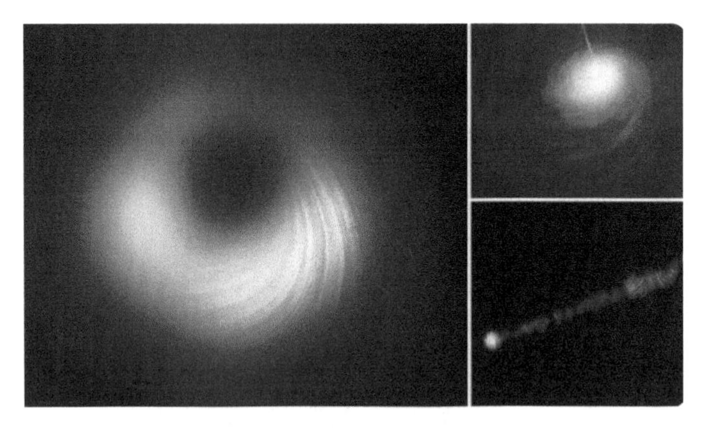

图 2-12　黑洞视界以外周围空间的螺旋状磁场结构，右下角给出的是该黑洞产生的高速喷流图像

2.1.7 星系磁场

星系磁场是现代天体物理研究中的前沿课题之一。对星系磁场的探测主要通过分析磁场对辐射传播过程的影响以及磁场区产生的辐射。探测银河系大尺度磁场主要依赖于分析脉冲星和河外射电源的法拉第旋转效应而反演出相关的磁场特征。

1957 年，人们利用 21cm 氢线的塞曼效应测出了星际物质的磁场。另外，观测发现，在银河系旋臂和旋臂之间也普遍存在磁场，其强度大约为 10^{-6}G 量级。星系际的磁感应强度则大约为 $10^{-8}\sim10^{-9}$G。

法国斯特拉斯堡天文数据中心的天体物理学家 Yelena Stein 选择了星系 NGC 4217 作为探测星系磁场的新尝试。NGC 4217 距离我们大约 6700 万光年，和银河系一样，它也是一个旋涡星系，是我们间接研究银河系的一个重要参考。Stein 等利用了相对论性高能粒子的同步辐射，实现了对星系磁场的绘制。他们利用位于美国新墨西哥州的 Karl G. Jansky 甚大阵 (VLA) 和总部位于荷兰的国际低频阵列射电望远镜 (LOFAR) 观测了 NGC 4217 星系射电辐射的强度和偏振方向。我们知道，电磁波是横波，横波就会有波动的方向，也就是偏振方向。通过偏振方向的检测，可以帮助我们反演星系的磁场方向。观测结果发现，NGC 4217 的磁场与我们大家印象中磁场的形状大不相同，它竟然呈现出近似于字母 X 的形状 (图 2-13)。这个磁场非常巨大，可以延伸到星系盘上下 22500 光年的距离上，该星系磁场的强度平均大约只有 9μg。

图 2-13 NGC 4217 星系的 X 状磁场

最近，人们还利用平流层红外线天文观测台 (SOFIA) 来观测研究磁场在螺旋星系的形成中所起的作用。SOFIA 的观测结果展示了 M77 号星系 (也称为 NGC 1068) 的磁力线一直延伸到星臂上，距离中心的活动星系核 (AGN) 约为 24000 光年 (图 2-14)。

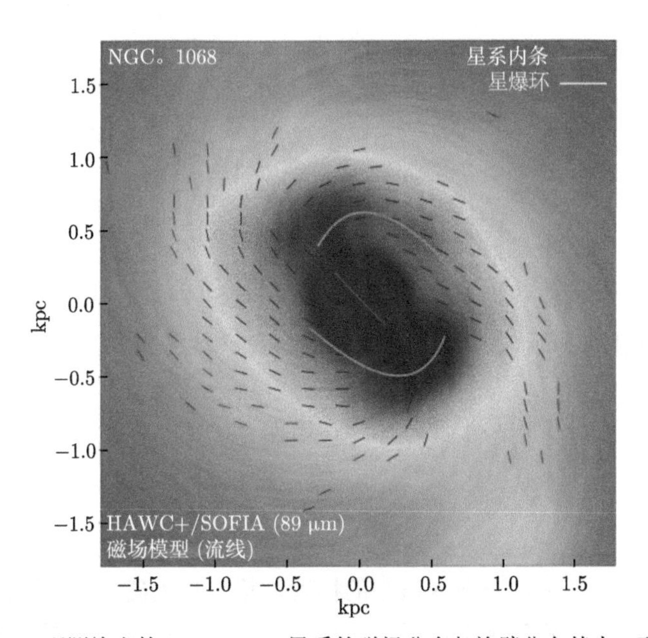

图 2-14 SOFIA 观测给出的 NGC 1068 星系的磁场分布与旋臂分布基本一致。总通量 (色标) 图像与磁场和极化重叠；这张图也展示了星系内部的条纹和星爆环 (Kaczmarek et al., 2019)

银河系空间存在大尺度的普遍磁场和小尺度的局部磁场。前者在银道面内沿旋臂方向分布，后者可能是螺旋形结构。两种磁感应强度相近，均为 10~30nT。银河系的背景射电辐射具有非热辐射的性质，对此最合理的解释便是：背景射电辐射是相对论性电子在磁场中运动时产生的同步加速辐射。磁场对星云的运动起支配作用，银河系星云一般都沿磁力线方向延伸，表示旋臂的磁能密度大于星云动能的密度。磁场主要在银道面上，较大的弥漫星云和多数暗星云一般都平行于银道面运行，即星云沿磁力线延伸之结果 (图 2-15)。银河系磁场的成因尚在争论中，有人认为是最初宇宙大爆炸后留下的残迹，也有人提出是由许多局部磁场 (如超新星遗迹、脉冲星、恒星风等) 综合构成的蜂集式星际磁场。

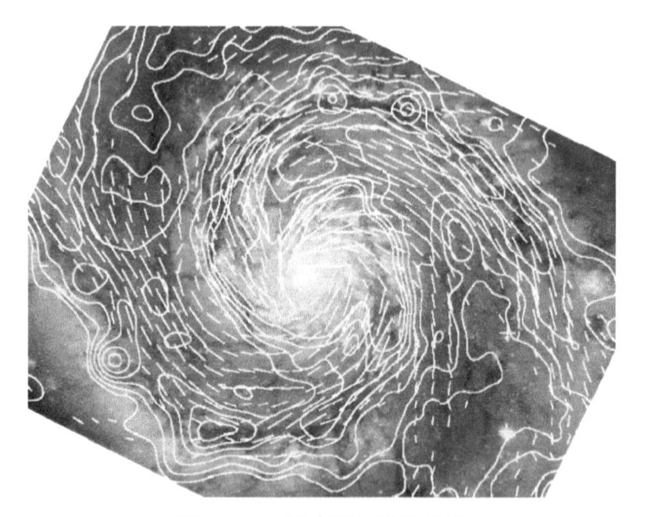

图 2-15　银河系旋臂的磁场

2.1.8　无力场和有力场

在天体等离子体中，其平衡结构通常由如下平衡方程决定：

$$-\nabla p + \boldsymbol{j} \times \boldsymbol{B} - \rho \boldsymbol{g} = 0$$

这里，第一项为热压力，表现为压强的梯度，第二项为磁应力，即洛伦兹力，最后一项为引力项。一般情况下，有：$\nabla p \ll \boldsymbol{j} \times \boldsymbol{B}$，$\rho \boldsymbol{g} \ll \boldsymbol{j} \times \boldsymbol{B}$，因此，上述平衡方程可近似表示为

$$\boldsymbol{j} \times \boldsymbol{B} \approx 0 \tag{2-8}$$

满足上述条件的磁场结构称为无力场 (force-free field)。因为电流 $\boldsymbol{j}=\frac{1}{\mu_0}\nabla\times\boldsymbol{B}$，代入上式，可得 $(\nabla\times\boldsymbol{B})\times\boldsymbol{B}=0$，该式可进一步表示成

$$\nabla\times\boldsymbol{B}=\alpha\boldsymbol{B} \tag{2-9}$$

上式即为无力场方程。其中，α 为一标量函数，称为无力场因子。根据 α，可以将无力场分成如下几类：

(1) 当 $\alpha=0$ 时，称为势场，这是最简单的无力场；

(2) 当 $\alpha=$ 常数时，即无力场因子不随空间位置而变化，称为线性无力场；

(3) 当 $\alpha=\alpha(x,y,z)$ 时，即无力场因子是空间位置的函数，称为非线性无力场。

无力场模型是我们根据一定边界条件外推磁场的主要理论基础，比如进行太阳色球和日冕磁场的外推等。不满足 (2-9) 式条件的磁场，则称为有力场。

星系间磁场 (intergalactic magnetic field)：科学家们已经找到证据表明，在两个相邻星系之间也同样存在着“桥梁”型磁场，这个“桥”被科学界称为麦哲伦桥 (Magellanic bridge)。这座桥是一个巨大的中性气体，在两个邻近的星系之间延伸约 75000 光年，多年来，关于大、小麦哲伦星云 (LMC 和 SMC)，尽管科学家曾经预测它的存在，但始终无法找到实际的证据。LMC 和 SMC 距离我们地球分别为 16 万光年和 20 万光年，在地球南方的夜晚我们完全能在天空中看到它们的存在。LMC 和 SMC 之间存在的麦哲伦桥，其中磁场发挥着关键性的作用，在麦哲伦桥里面有一些已知的恒星 (Kaczmarek et al., 2017)。

综上，宇宙中恒星和星际气体都有磁场，而且是以等离子体的形式存在，故磁流体力学在天体物理、太阳物理和地球物理中有重要的发展和应用。当前磁流体力学在太阳上的研究课题有：太阳磁场的性质和起源，磁场对日冕、黑子、耀斑的影响。此外还有：恒星形成、演化，新星、超新星的爆发，太阳风与地球磁场相互作用产生的弓形激波，地球磁场的起源，等等。

2.2 天体等离子体中磁场的起源：发电机理论

关于天体磁场的起源问题，一直都是一个科学难题，至今尚未完满解决。

现代科学认为，一个物体或一团物质之所以具有磁场，与构成该物体的粒子磁矩的排列有关，当我们把这个物体换成是天体时，那么该天体的磁场起源也就很可能与天体内部粒子磁矩的排列有关。首先，我们来看地球磁场的起源问题。地球磁场的主要部分犹如一个近似沿自转轴方向均匀磁化的球体的磁场。因此“永久磁石说”就成为地磁场成因最早和最自然的猜测。当地球物理学家提出地核可

能是由铁、镍等强磁性物质组成的时候，这种猜测似乎得到了支持。然而，地球内部的温度高达 6000℃，远远超过铁、镍等强磁性物质的居里点 (铁的居里点是 770℃)，所以这个假说就不能成立了。有人曾企图借助于带电地球的旋转、回转磁效应、温差电流，以及感应电流等物理效应来解释地磁场，但其量值都远不够大。

鉴于从已有的物理规律找不到答案，有人开始探索新的规律。1947 年，英国物理学家 P. M. S. Blackett 发现，当时测定的太阳、室女星座 78 号星和地球这 3 个天体的磁矩 P 和角动量 U 之间满足特定的函数关系：$P=\beta\dfrac{G^{1/2}}{c}U$，这里，$P$ 为旋转天体的总磁矩，U 为天体的角动量，G 为引力常量，c 为光速，β 为一个数值大约为 1 的常数。他甚至把这个关系设想为物理学的一个新定律，作为地磁场起源的解释，称为“转体起源说”。由于有 3 个天体的支持，这个假说曾一度引起广泛的关注。为证实这一结果，Blackett 专门设计了一种测弱磁场的高灵敏度仪器，但实验结果是否定的，所以 Blackett 本人也声明放弃了他的假说。

根据物理学原理我们知道，既然导体在相对于背景磁场 (B_0) 运动时可以感生电流 (I)，而感生电流又可以激发新的磁场 (B)。感生电流 I 不但与 B_0 成正比，而且还与运动导体的速度 (v) 成正比：$I\propto vB_0$。而由感生电流 I 所激发的磁场 B 则与 I 成正比：$B\propto vB_0$，即当 v 足够大时，感生电流激发的磁场 B 将大于背景磁场 B_0，即 $B>B_0$，磁场得以放大。

人们利用地震波的探测发现，地球的内部结构 (图 2-16) 中存在一个厚度大约为 2200km，由高温熔融状态的铁–镍导电流体构成的外地核。因此，1919 年，拉莫尔 (Larmor) 首先提出地球作为一个每 24 小时自转一周的天体，外地核是一个良好的导电流体层，旋转导电流体可以维持一个感生电流，并感生出一个足够强的磁场，这便是自激发电机的设想，这是关于地磁场起源的自激发电机说的最早概念。

20 世纪 40 年代末和 20 世纪 50 年代初，W. M. Elsasser、E. N. Parker 和 E. C. Bullard 等对自激发电机学说进行了系统阐述，称为 EPB 过程。随着大型计算机的应用，人们已经可以开展更复杂的磁流体动力学计算了。

20 世纪 60 年代后期人们发现，EPB 过程是不稳定的，使得自激发电机假说陷入了危机。直到 1970 年，F. E. M. Lilley 修正了 EPB 过程的运动模式，从而使稳定的自激发电机机制再度有了可能。20 世纪 60 年代古地磁学的数据肯定了地磁场在漫长的地质时期经历了多次倒转的事实，地磁场极性的正向与反向的历史并没有显示出哪种极性更具有特殊性。这是其他关于地磁成因假说都难以解释的。20 世纪 60~70 年代 Parker 研究表明，自激发电机模式可能对其他天体也适用。据此，人们认为自激发电机说是解释地磁成因的最有希望的理论：外地核是良导电的铁–镍金属流体，持续发生着差异运动和对流，与地球固有的背景弱磁场发生作用，便产生了地磁场。

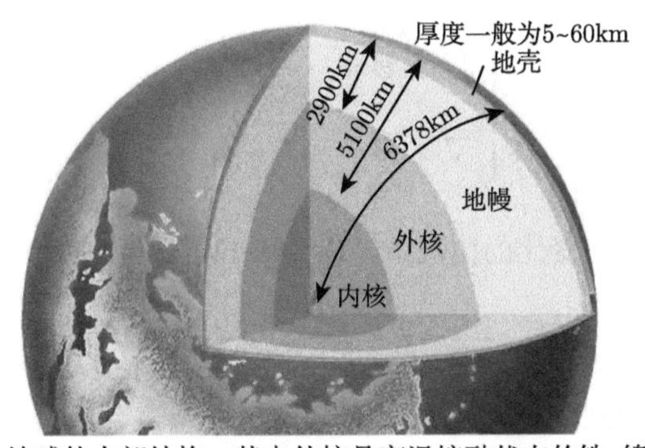

图 2-16　地球的内部结构，其中外核是高温熔融状态的铁–镍导电流体，这里进行着磁流体发电机过程，从而产生地球磁场

地核物质受到较大压力，可达 360 万个大气压，温度也高达 6000℃ 左右，内部有大量的铁磁质元素，导电率很高，原子中的电子克服原子核的引力，变成自由电子；由于地核物质受到高压力作用，自由电子趋于朝压力较低的地幔聚集，使地核处于带正电状态，地幔附近则为带负电状态。随着地球自转，电流就如同存在于没有电阻的线圈中，使地球形成了一个磁感应强度较稳定的南北磁极。另外，地球内部电子的分布位置并不是固定不变的，会受到许多因素的影响而发生变化，例如太阳和月亮的潮汐力作用，太阳风的扰动，地核、地壳和地幔的自转并不同步等因素均能产生交变电磁场，从而使地球磁场的南北磁极产生漂移，甚至引起南北磁极的反转。究竟是什么原因，使地球磁场方向反反复复地发生 180° 的改变，也就是地球两极的极性发生反转现象，目前科学界仍然莫衷一是，还有较大的争议。

经典电磁学原理告诉我们，导体回路在磁场 B 中做切割磁力线的运动时会在导体中感应产生电流 I，该电流就会在周围空间形成磁场。我们知道，等离子体是良导体，在天体等离子体中，比如像太阳这样的恒星，宏观的等离子体流动路径，比如子午环流、局部等离子体对流或涡流就相当于一个导电性能优良的导体回路，如果该回路横穿磁力线运动，那么在该回路中必然也将感应形成电流并产生磁场，这就是自激发电机的基本原理。

为了更准确地理解天体磁场起源的发电机理论，我们还是从电磁学的基本原理出发进行分析。这部分内容，我们主要参考了林元章 (2000) 老师所著《太阳物理导论》中的相关内容，以及北京航空航天大学姜杰教授的相关讲义。

首先，根据麦克斯韦方程组：

$$\begin{cases} \nabla \cdot \boldsymbol{E} = \dfrac{1}{\varepsilon}\rho & (2\text{-}10) \\ \nabla \cdot \boldsymbol{B} = 0 & (2\text{-}11) \\ \nabla \times \boldsymbol{E} = -\dfrac{\partial \boldsymbol{B}}{\partial t} & (2\text{-}12) \\ \nabla \times \boldsymbol{B} = \mu \boldsymbol{J} + \mu\varepsilon \dfrac{\partial \boldsymbol{E}}{\partial t} & (2\text{-}13) \end{cases}$$

在忽略电场随时间变化的情况下，(2-13) 式可近似为

$$\nabla \times \boldsymbol{B} = \mu \boldsymbol{J} \tag{2-14}$$

另外，还有欧姆定律：

$$\boldsymbol{J} = \sigma(\boldsymbol{E} + \boldsymbol{v} \times \boldsymbol{B}) \tag{2-15}$$

上式中，$\boldsymbol{E}$ 和 $\boldsymbol{B}$ 分别为电场强度和磁感应强度；ρ 为电荷密度；$\boldsymbol{J}$ 为电流密度；ε 为介电常量；μ 为介磁常数；σ 为电导率；$\boldsymbol{v}$ 为导电流体的运动速度。

由 (2-15) 式可得 $\boldsymbol{E} = \eta \boldsymbol{J} - \boldsymbol{v} \times \boldsymbol{B}$，代入 (2-12) 式，并利用 (2-14) 式，可得等离子体中的磁场演化方程：

$$\frac{\partial \boldsymbol{B}}{\partial t} = \nabla \times (\boldsymbol{v} \times \boldsymbol{B}) + \eta_{\mathrm{m}} \nabla^2 \boldsymbol{B} \tag{2-16}$$

式中，η 为电阻率，$\eta = \dfrac{1}{\sigma}$；$\eta_{\mathrm{m}} = \dfrac{\eta}{\mu}$ 称为磁黏滞系数，主要由等离子体的电阻率 η 决定。

(2-16) 式右端第二项反映的是等离子体的电阻性引起磁场的变化，由于电阻效应总是引起磁能转化为热能，即欧姆耗散，所以这一项总是使磁场随时间而减弱；第一项反映的是一定的流场引起磁场随时间的变化，即流场的动能与磁场的磁能之间的转化，在特定的流场作用下可引起磁能增加，磁场增强，这便是发电机过程。因此，(2-16) 式描述了等离子体中磁场随时间的变化与等离子体中的运动和欧姆耗散之间的联系，也称为发电机方程 (dynamo equation)。

发电机方程 (2-16) 式中包含两个未知数：$\boldsymbol{v}$ 和 $\boldsymbol{B}$，即使我们再加上无散条件 ($\nabla \cdot \boldsymbol{B} = 0$ 和 $\nabla \cdot \boldsymbol{v} = 0$) 也不能完全求解。因为磁场如何放大取决于如何得到速度场，而在有湍动存在的等离子体中如何求得速度场，是一个非常困难的问题。通常，我们根据一定的理论或模型假定速度场为已知，然后求解发电机方程，这样的处理方法一般称为运动学发电机问题 (kinematic dynamo problem)。

Cowling 通过理论研究发现，轴对称运动的天体不可能产生自持的发电机过程，发电机解必须是非轴对称的。另外，Bullard 和 Gellman 发现，如果速度场

只有自转速度，则也不存在发电机解。上述的两个理论发现被称为反发电机定理。它们表明，发电机理论中存在一些禁区，当我们探索天体磁场的起源和维持的可能机制时，就需要避开这类禁区。后来，人们提出采用平均场概念，并考虑太阳较差自转效应，还是可以找到发电机解的。

观测表明，太阳表面磁场存在着大量的随机扰动，我们可以将任何一点处的磁场都看成两部分之和：

$$\boldsymbol{B} = \boldsymbol{B}_0 + \boldsymbol{b} \tag{2-17}$$

其中，$\boldsymbol{B}_0$ 为平均磁场；$\boldsymbol{b}$ 为磁场的扰动分量，其平均值 $\langle \boldsymbol{b} \rangle = 0$。同时，也把速度场写成平均速度 $\boldsymbol{v}_0$ 和不规则湍流速度 $\boldsymbol{u}$ 之和：

$$\boldsymbol{v} = \boldsymbol{v}_0 + \boldsymbol{u} \tag{2-18}$$

平均速度 $\boldsymbol{v}_0$ 可以理解为大尺度运动速度，比如天体的较差自转速度。将以上两式代入 (2-16) 式，并将平均场和扰动场分离，可得

$$\frac{\partial \boldsymbol{B}_0}{\partial t} = \nabla \times (\boldsymbol{v}_0 \times \boldsymbol{B}_0 + \boldsymbol{E}) + \eta_{\mathrm{m}} \nabla^2 \boldsymbol{B}_0 \tag{2-19}$$

$$\frac{\partial \boldsymbol{b}}{\partial t} = \nabla \times (\boldsymbol{v}_0 \times \boldsymbol{b} + \boldsymbol{u} \times \boldsymbol{B}_0 + \boldsymbol{G}) + \eta_{\mathrm{m}} \nabla^2 \boldsymbol{b} \tag{2-20}$$

上两式中，

$$\boldsymbol{E} = \langle \boldsymbol{u} \times \boldsymbol{b} \rangle \tag{2-21}$$

$$\boldsymbol{G} = \boldsymbol{u} \times \boldsymbol{b} - \boldsymbol{E} \tag{2-22}$$

这里，$\boldsymbol{E}$ 为扰动场产生的平均电场；$\boldsymbol{G}$ 为电场的扰动分量。

当满足条件：$\dfrac{ul}{\eta} \ll 1$(即要求磁雷诺数很小) 或 $\dfrac{u\tau}{l} \ll 1$ 时 (这里，u 为不规则湍流速度的特征值，l 和 τ 分别为 $\boldsymbol{u}$ 和 $\boldsymbol{b}$ 变化的时间和空间特征尺度)，可以采用一级平滑近似，即假定忽略二级扰动量 $\boldsymbol{G}$，于是从 (2-20) 式可以求得 $\boldsymbol{b}$，再由 (2-21) 式求得 $\boldsymbol{E}$。不过，对于太阳这类恒星，上面两个条件通常是不满足的，因为，一方面太阳等离子体中磁雷诺数都很大，而且观测也表明 $\dfrac{u\tau}{l} \sim 1$。所以，一般情况下一级平滑近似并不适用。但是，如果我们只考虑太阳等离子体中的局部区域，比如与湍流单元对应的小区域中，还是可以尝试采用一级平滑近似来进行定性分析。而且，在定性分析中，除了可以忽略 $\boldsymbol{G}$ 外，还可以略去 (2-20) 式中的 $\boldsymbol{v}_0$ 项。同时考虑到天体等离子体的高电导率，还可以将扩散项 $\eta_{\mathrm{m}} \nabla^2 \boldsymbol{b}$ 也略去，于是，可得到磁场的扰动分量 $\boldsymbol{b}$，

$$\boldsymbol{b} = \int_0^t \nabla \times (\boldsymbol{u} \times \boldsymbol{B}_0) \, \mathrm{d}t' \tag{2-23}$$

假设 u 为弱各向同性的湍流场，则平均电场 $\boldsymbol{E}$ 可以写成如下形式：

$$\boldsymbol{E} = \alpha \boldsymbol{B}_0 - \beta \nabla \times \boldsymbol{B}_0 + \cdots \tag{2-24}$$

上式中的两个参数分别为

$$\alpha = -\frac{1}{3}\int_0^t \langle \boldsymbol{u}(t) \cdot \nabla \times \boldsymbol{u}(t-t') \rangle \mathrm{d}t'$$

$$\beta = \frac{1}{3}\int_0^t \langle \boldsymbol{u}(t) \cdot \boldsymbol{u}(t-t') \rangle \mathrm{d}t'$$

将 (2-24) 式代入 (2-19) 式，可得

$$\frac{\partial \boldsymbol{B}_0}{\partial t} = \nabla \times (\boldsymbol{v}_0 \times \boldsymbol{B}_0 + \alpha \boldsymbol{B}_0) + \eta_{\mathrm{t}} \nabla^2 \boldsymbol{B}_0 \tag{2-25}$$

上式中，$\eta_{\mathrm{t}} = \beta + \eta_{\mathrm{m}}$。(2-25) 式与磁场演化方程 (2-16) 式对比，可以发现方程中有两处变化：

第一个变化体现在扩散项中，扩散系数在 η_{m} 的基础上增加了一项 β，根据量级估计：$\beta \approx \frac{1}{3}u^2\tau \approx \frac{1}{3}ul \gg \eta_{\mathrm{m}}$，也就是说，$\eta_{\mathrm{t}} \approx \beta$。

第二个变化是在流动项中增加了一项 $\alpha \boldsymbol{B}_0$，也正是这一项的存在使得平均场 $\boldsymbol{B}_0$ 可以不受反发电机定理的限制。通常把 (2-25) 式增加的 $\alpha \boldsymbol{B}_0$ 这一项的作用称为 α 效应 (图 2-17)。根据 α 的表达式可知，参数 α 表示湍流对流场 $\boldsymbol{u}$ 的螺度 (helicity)。

在太阳这类恒星的对流层中存在的密度随深度的分层和天体自转产生的科里奥利 (Coriolis) 力相互作用，可以使流场中产生螺度。在太阳北半球，对流层中的上升气团和下沉气团将因 Coriolis 力的作用而获得左旋螺度，在南半球则正好相反，获得右旋螺度。α 值的量级可表示为

$$\alpha = \pm l\Omega \tag{2-26}$$

其中，Ω 为天体自转的平均角速度。在太阳对流层，α 值约从每秒几厘米到每秒百米。

(2-25) 式称为平均场发电机方程，是大多数天体发电机理论研究的基础。不过需要注意的是，该方程是建立在一级平滑近似基础上的，包含了许多假定。这些假定实际上在许多天体上并不满足，即使在太阳上也最多只能是临界满足。

α 效应的作用是保证平均场的存在，该效应与太阳自转 Ω 相互作用，构成了 $\alpha\Omega$ 发电机 (图 2-17)。考虑运动学的处理方法得到的发电机解称为运动学的 $\alpha\Omega$ 发电机。

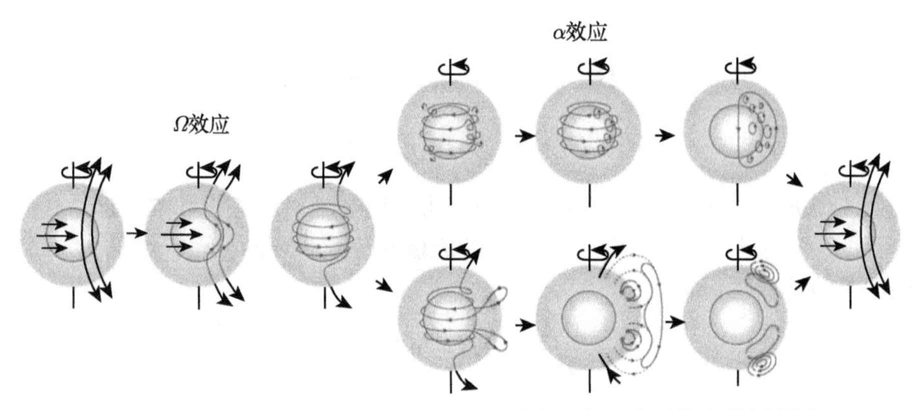

图 2-17 α 效应和 Ω 效应的示意图 (北京航空航天大学姜杰教授供图)

在球极坐标系 (r,θ,φ) 中，根据 (2-26) 式，对给定的 $\alpha(r,\theta)$ 取为对赤道反对称形式：

$$\alpha(r,\pi-\theta)=-\alpha(r,\theta) \tag{2-27}$$

自转角速度 $\Omega(r,\theta)$ 取为对赤道对称的形式：

$$\Omega(r,\pi-\theta)=(r,\theta) \tag{2-28}$$

除了自转，不考虑其他形式的运动，于是大尺度运动速度 v_0 可以表示成下列形式：

$$v_0=(0,0,\Omega r\sin\theta) \tag{2-29}$$

再把平均磁场分解为极向场和环向场两个分量之和 (图 2-18)：

$$\boldsymbol{B}_0=\boldsymbol{B}_{\rm p}+\boldsymbol{B}_{\rm t}$$

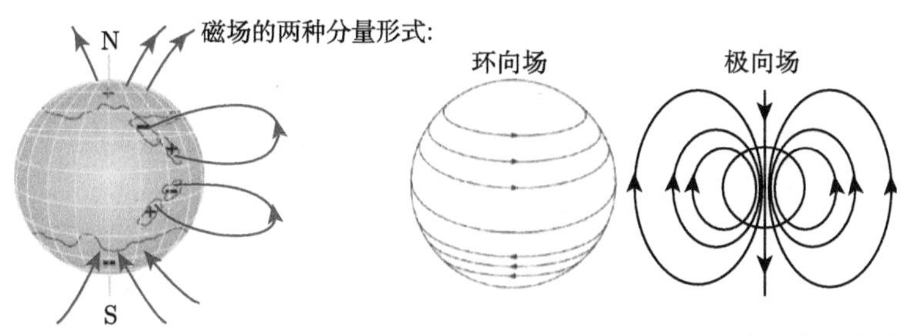

图 2-18 旋转天体的磁场可分成环向场和极向场两个分量之和 (北京航空航天大学姜杰教授供图)

式中，

$$\boldsymbol{B}_{\mathrm{p}}=\nabla\times\left(0,0,\boldsymbol{A}\left(\boldsymbol{r},\theta,t\right)\right)$$

$$\boldsymbol{B}_{\mathrm{t}}=\left(0,0,\boldsymbol{B}\left(\boldsymbol{r},\theta,t\right)\right)$$

这里，$\boldsymbol{A}(r,\theta,t)$ 为极向场 $\boldsymbol{B}_{\mathrm{p}}$ 的矢量势，可以通过轴对称假设和 $\nabla\cdot\boldsymbol{B}=0$ 来确定。于是，平均场的感应方程也可以分解成极向分量和环向分量，对于 $\eta_{\mathrm{t}}=$ 常数的最简单情形，可以得到

$$\frac{\partial\boldsymbol{A}}{\partial t}=\alpha\boldsymbol{B}+\eta_{\mathrm{t}}\nabla_1^2\boldsymbol{A} \tag{2-30}$$

$$\begin{aligned}\frac{\partial\boldsymbol{B}}{\partial t}=&\frac{\partial\Omega}{\partial r}\frac{\partial\left(\boldsymbol{A}\sin\theta\right)}{\partial\theta}-\frac{1}{r}\frac{\partial\Omega}{\partial\theta}\frac{\partial\left(r\boldsymbol{A}\sin\theta\right)}{\partial r}-\frac{1}{r}\frac{\partial}{\partial r}\left(\alpha\frac{\partial\left(r\boldsymbol{A}\right)}{\partial r}\right)\\&-\frac{1}{r^2}\frac{\partial}{\partial\theta}\left(\frac{\alpha}{\sin\theta}\frac{\partial\left(\boldsymbol{A}\sin\theta\right)}{\partial\theta}\right)+\eta_{\mathrm{t}}\nabla_1^2\boldsymbol{B}\end{aligned} \tag{2-31}$$

式中，$\nabla_1^2=\nabla^2-(r\sin\theta)^{-2}$。

(2-30) 式和 (2-31) 式便为发电机方程。当 $\alpha=0$ 时，以上两式均退化为扩散方程，$\boldsymbol{A}$ 和 $\boldsymbol{B}$ 均按指数衰减而逐渐消失。

(2-31) 式同时还表明，环向场是由极向场通过较差自转和 α 效应产生的 (图 2-19)。不过，对于大多数旋转天体，通常有下列关系成立：

$$|\alpha|\ll R^2\left|\nabla\Omega\right|$$

式中，R 为旋转天体的半径。于是，运动学 $\alpha\Omega$ 发电机的工作过程为：环向场 $\boldsymbol{B}_{\mathrm{t}}$ 通过 α 效应产生极向场 $\boldsymbol{B}_{\mathrm{p}}$，在通过较差自转 $\nabla\Omega$ 效应产生 $\boldsymbol{B}_{\mathrm{t}}$。

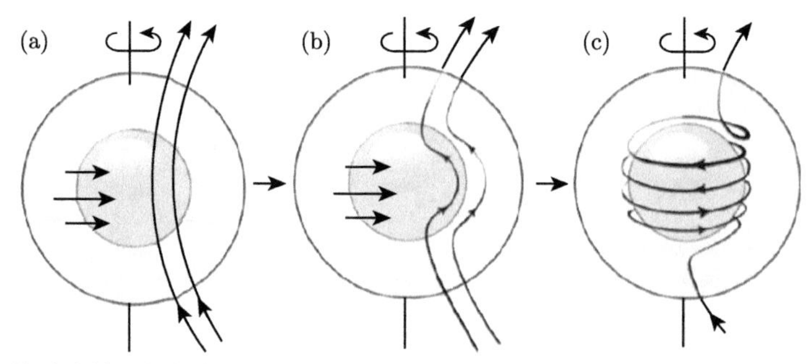

图 2-19　较差自转引起极向场向环向场的转移和磁场的放大 (北京航空航天大学姜杰教授供图)

这里定义一个发电机数 (D) 的概念：

$$D = \alpha_0 \varOmega_0 \frac{R^3}{\eta_t^2} \tag{2-32}$$

式中，α_0 为 α 的典型值；$\varOmega_0$ 为梯度 $\nabla \varOmega$ 的典型值。当 $D = 0$ 时，发电机方程的解便为指数衰减的，只有当 D 达到某一临界值时，才能避免 $\boldsymbol{A}$ 和 $\boldsymbol{B}$ 的衰减。

发电机方程 (2-30) 式和 (2-31) 式一般只能数值求解。一般假定解具有如下形式：

$$B_0 \propto \exp(\mathrm{i}\omega t)$$

式中，复频率 ω 的每一个解对应于某一组 $\alpha(r,\theta)$、$\varOmega(r,\theta)$ 和 η_t 的本征值。

ω 的实部 $\mathrm{Re}(\omega)$ 表示发电机的振荡频率，这种振荡在太阳和旋转天体表面的传播即为发电机波 (dynamo wave)。人们一般认为，正是这种发电机波导致了在太阳活动周中黑子出现的纬度迁移规律，即斯波勒 (Sporer) 定律。这种振荡式的发电机模型称为迁移发电机 (migratory dynamo)。

ω 的虚部 $\mathrm{Im}(\omega) < 0$ 时，表示发电机过程的增长率。令 $\mathrm{Im}(\omega) = 0$，可得到一个 D 值，即为临界发电机数 D_0，这时可得到临界稳定解。

Parker 在直角坐标系中假定在北半球 x 轴指向南，y 轴指向东，z 轴向上，$\boldsymbol{v}_0 = (0, \varOmega_0 z, 0)$，并令 α 和 $\varOmega_0$ 均为常数。这时极向场 $\boldsymbol{B}_p$ 和环向场 $\boldsymbol{B}_t$ 可分别表示为 $\boldsymbol{B}_p = \left(0, 0, \dfrac{\partial \boldsymbol{A}}{\partial x}\right)$，$\boldsymbol{B}_t = (0, \boldsymbol{B}, 0)$，于是，发电机方程 (2-30) 式和 (2-31) 式变成下列形式：

$$\frac{\partial \boldsymbol{A}}{\partial t} = \alpha \boldsymbol{B} + \eta_t \frac{\partial^2 \boldsymbol{A}}{\partial x^2} \tag{2-33}$$

$$\frac{\partial \boldsymbol{B}}{\partial t} = \Omega_0 \frac{\partial \boldsymbol{A}}{\partial x} + \eta_t \frac{\partial^2 \boldsymbol{B}}{\partial x^2} \tag{2-34}$$

设解具有如下形式：

$$(\boldsymbol{A}, \boldsymbol{B}) = (\boldsymbol{A}_0, \boldsymbol{B}_0) \exp[\mathrm{i}(\omega t + kx)]$$

代入 (2-33) 式和 (2-34) 式，可得

$$\mathrm{i}k\alpha\varOmega_0 = \left(\mathrm{i}\omega + \eta_t k^2\right)^2 \tag{2-35}$$

对于太阳的情形，当 $\alpha > 0$，自转角速度向日心方向增加时，$\varOmega_0 < 0$，这时有 $\alpha\varOmega_0 < 0$，假设 $k > 0$，则得复频率：

$$\omega = \mathrm{i}\eta_t k^2 \pm (1 + \mathrm{i}) \left| \frac{k\alpha\varOmega_0}{2} \right|^{1/2} \tag{2-36}$$

上式的虚部即为发电机过程的增长率：

$$\gamma = \mathrm{Im}\,(\omega) = \eta_t k^2 - \left|\frac{k\alpha\Omega_0}{2}\right|^{1/2} \tag{2-37}$$

由于增长率必须取负值，因此不考虑 + 号对应的解。临界稳定解可由令 $\mathrm{Im}\,(\omega) = 0$ 而求得，即

$$\alpha\Omega_0 = 4\eta^2 k^3 \tag{2-38}$$

即 $\alpha\Omega_0$ 必须超过一个临界值时，发电机过程才能运转。对于上述临界解，从 (2-36) 式的实部可得发电机的振荡频率：

$$\mathrm{Re}\,(\omega) = -\left|k\alpha\Omega_0\right|^{1/2} \tag{2-39}$$

可见，发电机的振荡频率是由 α 和 Ω_0 这两个效应的特征参数的几何平均值决定的，而由 (2-38) 式可知，发电机振荡周期正好等于扩散时标。

通过适当选择坐标系，可以证明发电机波将沿等角速度面迁移，其迁移方向由如下矢量确定：

$$\alpha\nabla\Omega \times \bar{\boldsymbol{e}}_\varphi$$

这里，$\bar{\boldsymbol{e}}_\varphi$ 为方位角 φ 的单位矢量。人们利用数值计算证实了上述 Parker 的分析解，而且发现，太阳南北半球的平均场正是从高纬度区向低纬度区迁移而形成的，发电机振荡的周期在量级上也与太阳活动周大致一致。

数值计算表明，在上述运动学发电机模型中，一旦发电机数 D 超过临界值，平均场将无限增长，这在实际上是不可能的，这是运动学发电机模型的局限性。这种局限性主要来源于没有考虑磁场和速度场之间的耦合效应。当我们考虑了这种耦合效应后，会发现磁场的增强会引起速度场的相应修正，导致发电机效应减弱，因此发电机过程会达到在有限振幅上的平衡态，这种平衡态运行的发电机过程称为磁流体力学 (MHD) 发电机。当然，这种发电机模型的求解过程非常复杂，需要依赖大型数值求解。人们在对 MHD 发电机的研究过程中还发现，当发电机数 D 很大和扩散项很小的时候，周期解变成了不稳定的，先是出现多周期成分，最后变成了混沌解。对于太阳来说，相当于除了 11 年太阳活动周外，还存在其他成分的周期解，例如世纪周等。

2.3　太阳及恒星的磁活动周期

首先，我们来看太阳磁活动的周期性。

德国业余天文学家、药剂师施瓦贝 (Schwabe) 从 1826~1843 年间，用一架小望远镜目视观测太阳，并描绘太阳黑子。通过 17 年的观测，Schwabe 发现，每经

过大约 10 年，就会出现黑子数目增加的现象，过了极大期以后太阳黑子数又逐渐减少，甚至几乎没有黑子，表现出大约 10 年的周期 (图 2-20)。1843 年，Schwabe 把一篇题为《1843 年间的太阳观测》的论文，投到德国《天文通报》，直到 1851 年，Schwabe 的发现才被公诸于世。

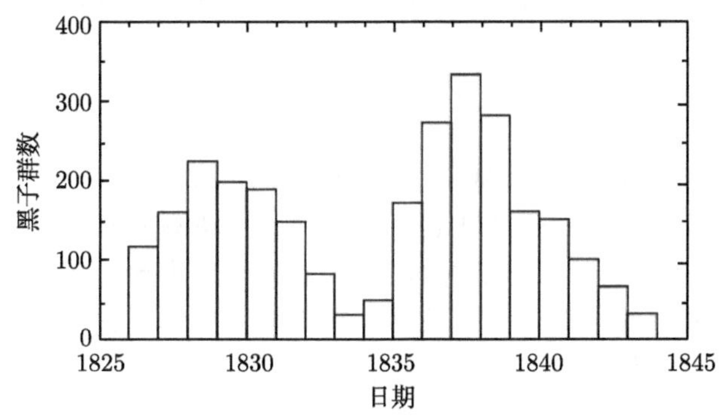

图 2-20　Schwabe 在 1826～1843 年期间观测记录的每年黑子群数结果

19 世纪中期，时任瑞士苏黎世天文台台长的沃尔夫 (Wolf) 读了 Schwabe 的论文后，也开始用望远镜观测太阳黑子 (图 2-21)。此外，他还搜集整理了此前太

图 2-21　Wolf 观测太阳黑子所用的太阳望远镜

阳黑子的观测资料，其中包括伽利略及其同时代观测者留下的观测数据。经过整理，可供研究使用的每日太阳黑子数的记录可前推至 1749 年，年平均值的数据可前推至 1610 年。

Wolf 在搜集整理太阳黑子数观测资料的过程中，为使不同观测台站以及不同人的太阳黑子观测资料具有可比性，于 1848 年提出了“太阳黑子相对数”的概念。具体表示为

$$R = k\left(10g + f\right)$$

式中，R 为黑子相对数；g 为日面上观测到的黑子群数；f 为单个黑子总数；k 为转换因子。k 值可随观测者所在地点、所用仪器、观测方法、观测技术和天气能见度而异。太阳黑子相对数可以通过观测到的单个黑子数、黑子群数，以及表征观测时的天气和所用的仪器等因素的系数来计算。当然，这个参量只能表示太阳对着地球这一可见日面上黑子的活动情况。

经过几年仔细观测和精心的数据整理，Wolf 最终发现太阳黑子数的平均变化周期为 11.1 年。其中，观测到的最短黑子周期为 9 年，最长黑子周期为 14 年。Wolf 提出将太阳黑子数从一个极小到另一个极小值之间的时间定为一个周期，并将 1755~1766 年的周期定为第 1 个太阳活动周，自 2019 年 12 月开始，太阳已经进入了第 25 活动周。

目前，国际上有许多台太阳黑子望远镜每天给出太阳黑子相对数的观测结果，并向全世界发布，相关数据可以从公开网上直接下载：http://www.sidc.be/silso/detafiles。从这里可以获得自 1818 年 1 月 1 日以来的每日黑子相对数，1749 年 1 月以来的每月黑子相对数和 1700 年以来的每年黑子相对数，可供人们研究太阳活动的中长期变化。

19 世纪中期，英国天文爱好者卡林顿 (Carrington) 追踪太阳黑子在日面上的位置随 11 年活动周期的变化，发现不仅黑子的数量产生变化，而且黑子分布的位置也会向太阳的赤道移动。

德国天文学家 Sporer 则经过长期观测，发现在新的太阳活动周开始时，黑子群出现的位置分别在太阳南北半球纬度 $30^\circ \sim 45^\circ$ 附近，随着活动周的发展，黑子群出现的纬度位置逐渐向赤道靠近。在活动周的极大年附近，黑子群出现在 15° 附近；在太阳活动周的末尾，黑子群出现在 8° 附近。在每个太阳活动周即将结束时，新周期的黑子群已经开始在高纬度出现，旧太阳活动周的黑子群仍在低纬度出现。新周期和旧周期黑子群同时出现的局面大约可持续一年的时间。太阳黑子出现纬度的位置随太阳活动周发展而变化的规律，称为斯波勒定律。

英国天文学家爱德华 · 瓦尔特 · 蒙德 (Edward Walter Maunder) 和他的妻子安妮 · 蒙德 (Annie Maunder) 经过二十多年仔细观测，将观测结果以时间为横坐

标，以黑子群出现的纬度为纵坐标绘图，得到了能够形象展示斯波勒定律的所谓“蒙德蝴蝶图”。太阳活动周的黑子群出现位置分布变化非常像一队展开翅膀飞翔的蝴蝶 (见图 2-22，黑子出现位置随时间的变化)。

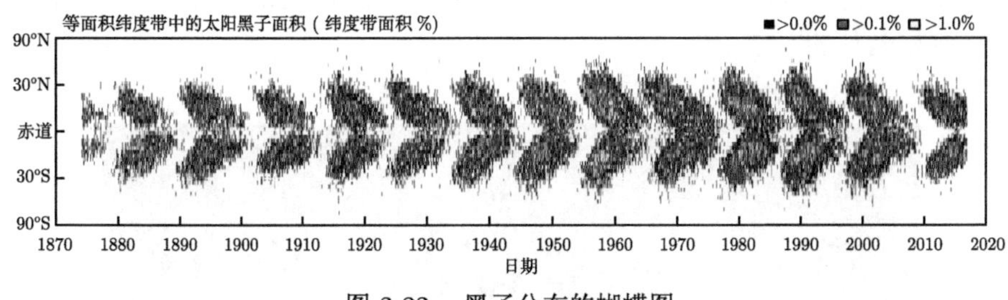

图 2-22 黑子分布的蝴蝶图

通过长期观测，海尔发现太阳磁场演化存在一系列规律，称为海尔极性定律：① 同一活动周中，相同半球上双极黑子的前导黑子极性相同，后随黑子与前导黑子极性相反；不同半球的前导黑子极性大多相反；② 当下一个活动周来临时，太阳南北两个半球的双极黑子的磁场极性发生对换，因此磁周期约 22 年 (图 2-23)。

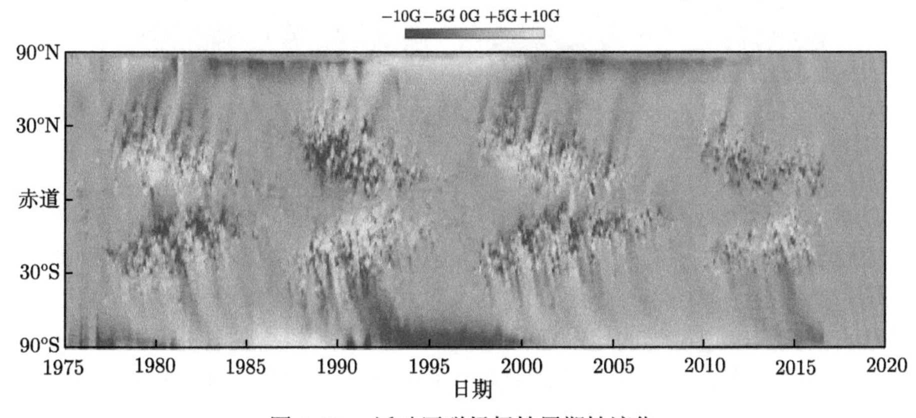

图 2-23 活动区磁场极性周期性演化

图 2-23 显示的是 1976 年以来由太阳综合磁图在经度方向平均后得到的太阳磁蝴蝶图。除了向赤道迁移的中低纬度磁场活动带外，还可以看出，南北半球的高纬度区和极区的磁场极性是相反的。极区磁场的强度也呈现约 11 年的周期性变化，但比黑子数周期滞后 5~6 年。

事实上，除了太阳黑子数表示的太阳活动周期性外，其他许多参数也都有可能显示太阳活动或恒星活动的周期性特征，例如太阳射电的 10.7cm 辐射流量、软

X 射线辐射流量、紫外和极紫外图像特征等。图 2-24 即为利用极紫外图像给出的在第 23 太阳活动周 (1996~2006 年) 期间的图像变化，可见在活动周的峰年期间 (1999~2003 年)，日面上南北半球上分别在中等纬度区出现非常明显的亮带，即太阳活动带；而在太阳活动的谷年期间 (1996~1997 年、2005~2006 年)，日面上几乎没有极紫外的亮带出现。

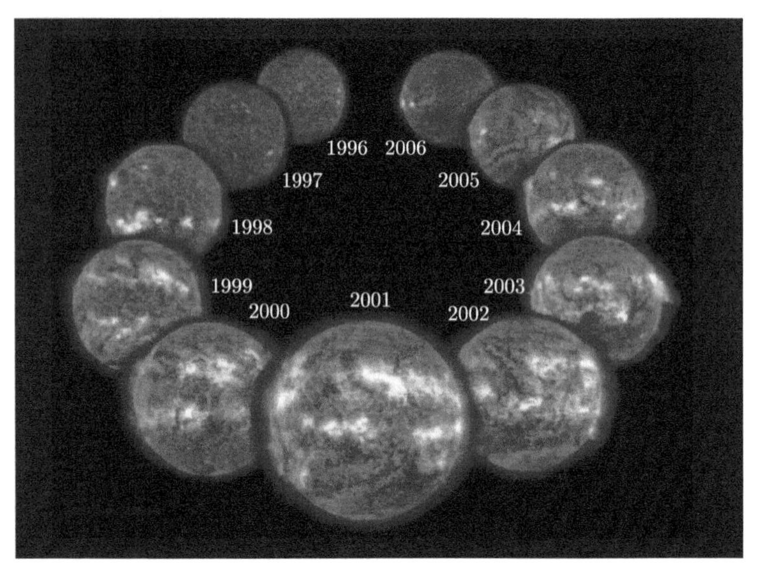

图 2-24 利用每年一张卫星极紫外图像给出的第 23 太阳活动周 (1996~2006 年) 的演化过程

关于太阳活动周的形成机制，人们主要利用太阳磁流体力学理论来解释，即大尺度发电机模型。目前，普遍接受的太阳磁周期的产生是由于太阳内部等离子体流场和磁场的非线性相互作用的结果，即太阳的磁流体力学发电机过程。由日震学给出的大尺度速度场的运动学发电机，一直以来都是发电机研究的主流。太阳大尺度磁场的周期性演化可看成是磁场的极向分量 (如极区磁场) 和环向分量 (如黑子对) 互相产生、不断维持的时间序列。从环向场产生极向场，再从极向场产生环向场，循环往复，形成周期性变化。利用上述发电机模型，人们还可以对未来活动周进行预测，图 2-25 即为美国国家海洋和大气管理局 (NOAA) 的空间天气预报中心的科学家们利用多种发电机模型对第 25 太阳活动周的预测结果，从这些不同预测结果的对比我们可以发现，第 25 太阳活动周是一个相对较弱的周期，其峰年大约出现在 2025 年前后。

不过，事实上，太阳活动周期除了比较显著的平均 11 年 Schwabe 周期外，还存在许多其他时间尺度的周期。图 2-26 给出的是 1700 年以来太阳黑子相对数的

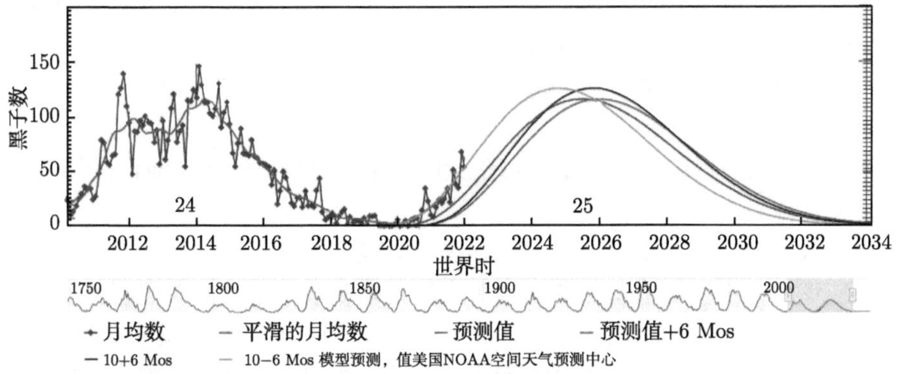

图 2-25 太阳第 24 活动周黑子数分布及不同模型对第 25 活动周的预测结果 (Space Weather Prediction Center of NOAA, US)

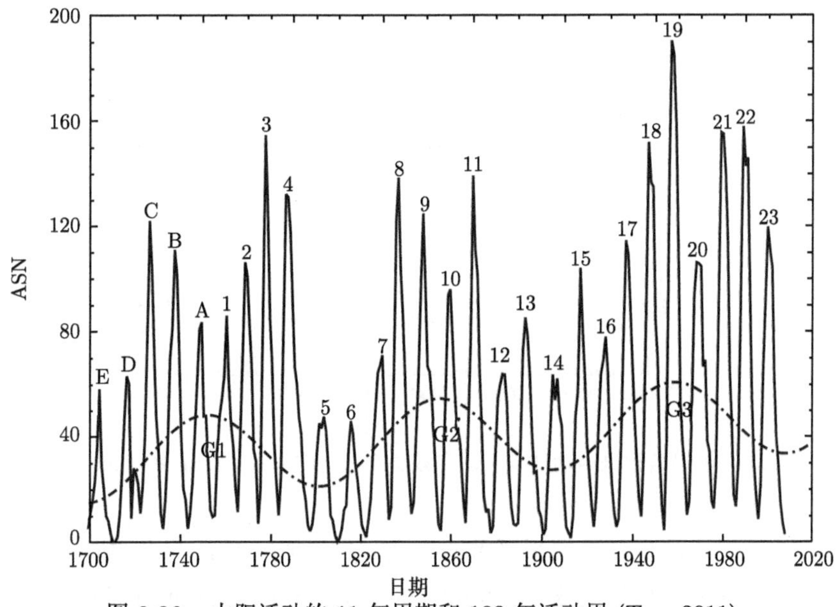

图 2-26 太阳活动的 11 年周期和 103 年活动周 (Tan, 2011)
纵坐标为太阳黑子相对数的年均值 (ASN)

年均值随时间的演化 (Tan，2011)，从中可以看出，在过去的 300 多年的统计数中清晰显示出 28 个峰值，每一个峰值代表一个 Schwabe 太阳活动周期，平均长度大约 11.2 年。同时，从 300 多年的演化中，我们还可以看出，不同太阳活动周的强度差别也很大，对它们进行数值拟合，可以发现还存在一个大约为 103 年的较弱周期，称为太阳活动的世纪周，有的文献也称为 Gleissberg 周期。我们也可以猜测，Schwabe 太阳活动周的强度可能受到世纪周的调制，在世纪周的谷年期间出现的 Schwabe 周的强度就比较小，太阳活动性就比较弱。比如，第 24 太阳周就很可能位于世纪周的谷年期间，因为整个第 24 活动周期间连一个 X10 级以上的耀斑也没有发生过。

不过，太阳的世纪周到底是来源于太阳发电机过程，还是其他什么物理过程，迄今还无定论。

除了太阳外，其他主序恒星上也存在类似耀斑爆发一类的活动现象，这些活动现象应该也都主要与恒星上的磁场有直接物理联系。不过，人们研究表明，并不是所有的恒星上都有相同的活动性。例如，人们根据开普勒卫星的观测数据，对 20 万颗从 A 型到 M 型主序星的统计分析发现，恒星的表面有效温度越低，其相对活动性越显著，见图 2-27(Yang 和 Liu, 2019)。

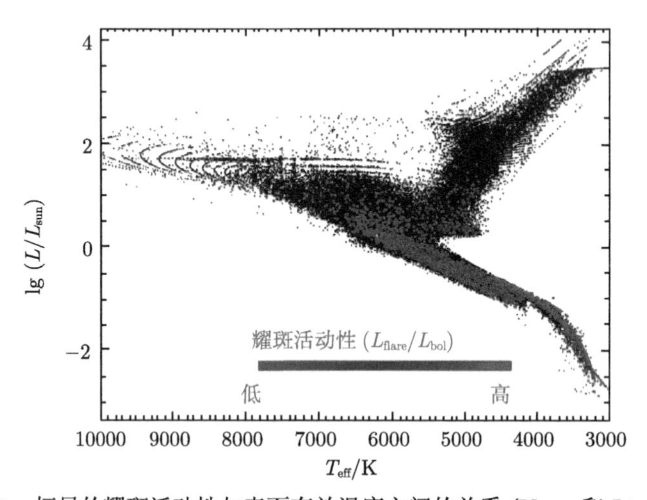

图 2-27　恒星的耀斑活动性与表面有效温度之间的关系 (Yang 和 Liu, 2019)

那么，恒星活动也像太阳那样有一定的周期性吗？长期的观测研究发现许多恒星也同样存在活动周期现象 (Baliunas et al., 1985)，最短的活动周期大约为 5 年，最长的可达 60 年。图 2-28 给出了一个 BD +26° 730 星和一个编号为 BY Dra 星的磁场活动的长期观测结果，显示了活动周的迹象。

如果我们将不同恒星的活动周期与自转周期进行对比，还可以发现两者之间似乎存在反相关关系。我们利用文献 (Baliunas et al., 1985) 列出的 14 个 F 型、G 型和 K 型恒星的观测结果，再加上太阳的参数绘图，发现活动周期与自转周期之间可用一个按指数递减的函数进行拟合，见图 2-29。

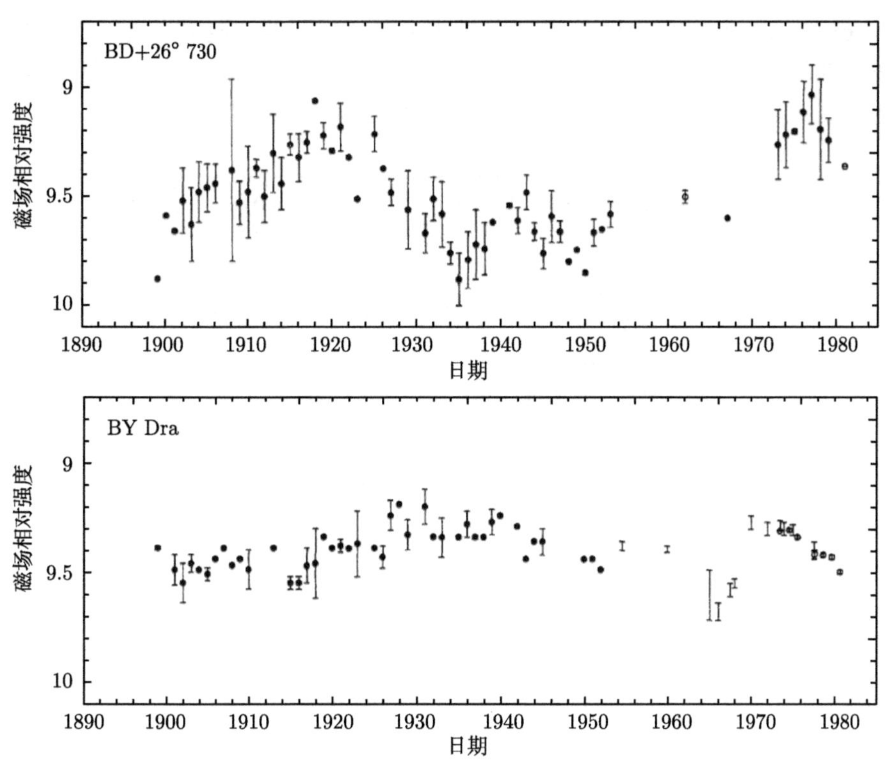

图 2-28　恒星磁感应强度的长期变化显示出一定的周期性 (Baliunas et al., 1985)

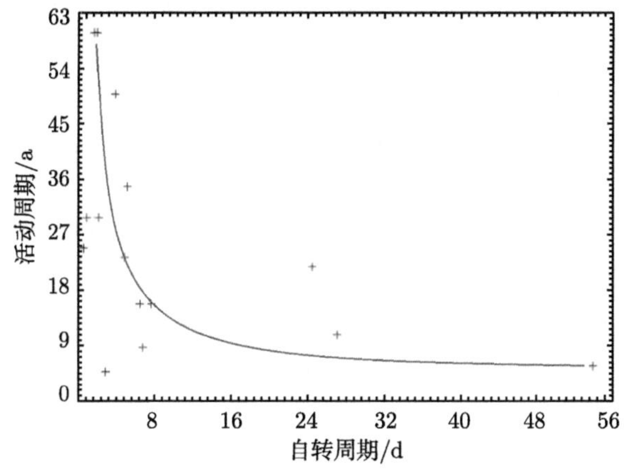

图 2-29　恒星活动周期与自转周期的关系

这是根据文献 (Baliunas et al.,1985) 所列出的 14 个 F 型、G 型和 K 型恒星的观测结果，再加上太阳的参数给出的结果最近，人们对距离我们 4.37 光年的半人马座比邻星开展了一些研究，结果发现该比邻星的质量只有太阳的百分之十左右，为一颗红矮星，自转周期为 83 天，其磁场活动周期大约为 7 年 (Wargelin et al., 2017)，见图 2-30。

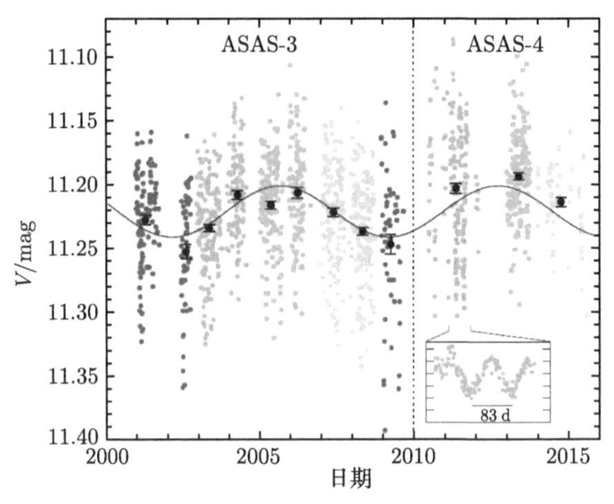

图 2-30　半人马座比邻星的偏振观测结果随时间的长期演化
表明该红矮星除了具有 83 天的自转周期外，还存在一个大约为 7 年的磁场活动周期 (Wargelin et al., 2017)

思　考　题

1. 试归纳总结天体磁场的主要特征。天体磁场和实验室磁场有何区别？

2. 讨论：归纳总结磁场如何在天体物理过程产生作用。

3. 什么叫偶极场？如何在直角坐标系中表述偶极场的空间变化特征？

4. 为什么叫无力场？什么叫有力场？势场、线性无力场和非线性无力场的区别和联系是什么？

5. 为什么说天体磁场的主要部分不太可能来源于铁磁性物质？

6. 试阐述平均场发电机理论的主要运行过程。

7. 讨论有哪些可观测参数可以用来研究恒星活动的周期性。

8. 讨论：研究太阳、恒星活动的周期性有何意义。(建议查一查文献，相互讨论，给出结果)

参 考 文 献

姜杰, 汪景琇. 2005. 太阳发电机理论研究进展. 天文学进展, 23:121-134.
林元章. 2000. 太阳物理导论. 北京：科学出版社.

Angel J R P, Borra E F, Landstreet J D. 1981. The magnetic fields of white dwarfs. Ap. J., 45: 457-474.

Babcock H W. 1961. The topology of the Sun's magnetic field and the 22-year cycle. Ap. J., 133: 572.

Baliunas S L, Vaughan A H. 1985. Stellar activity cycles. ARA&A, 23: 379.

Basri G, Marcy G W, Valenti J A. 1992. Limits on the magnetic flux of pre-main-sequence stars. Ap. J., 390: 622.

Blackett P M S. 1947. The magnetic field of massive rotating bodies. Nature, 159: 658-666

Brandenburg A, Subramanian K. 2005. Astrophysical magnetic fields and nonlinear dynamo theory. Physics Reports, 417: 1-209.

Bumba V, Howard R. 1965. Large-scale distribution of solar magnetic fields. Ap. J., 141: 1502.

Charbonneau P. 2014. Solar dynamo theory. ARA&A, 52: 251-290.

DeRosa M L, Brun A S, Hoeksema J T. 2012. Solar magnetic field reversals and the role of dynamo families. Ap. J., 757: 96.

Domingue C I, Sanchez A J, Kneer F. 2006. The distribution of quiet Sun magnetic field strengths from 0 to 1800 G. Ap. J., 2006, 636: 496.

Jiang J, Cameron R H, Schmitt D, et al. 2011. The solar magnetic field since 1700. I. Characteristics of sunspot group emergence and reconstruction of the butterfly diagram. A&A, 528: 82.

Kaczmarek J F, Purcell C R, Gaensler B M, et al. 2017. Detection of a coherent magnetic field in the Magellanic bridge through Faraday rotation. MNRAS, 467: 1776-1794

Lin H S. 1995. On the distribution of the solar magnetic fields. Ap. J., 446: 421.

Lundin R, Lammer H, Ribas I. 2007. Planetary magnetic fields and solar forcing: Implications for atmospheric evolution. Space Sci. Rev., 129: 245.

Robinon R D, Worden S P, Harvey J W. 1980. Observations of magnetic fields on two late-type dwarf stars. Ap. J., 236L: 155.

Schreiber M R, Belloni D, Gansicke B T, et al. 2021. The origin and evolution of magnetic white dwarfs in close binary stars. Nature Astronomy, 5: 648-654.

Solanki S K. 1963. Smallscale solar magnetic fields—an overview. Space Sci. Rev., 63: 1.

Suarez D O, Rubio L R B, del Toro Iniesta J C, et al. 2007. Quiet-Sun internetwork magnetic fields from the inversion of Hinode measurements. Ap. J. L., 670: L61-L64.

Tan B L. 2011. Multi-timescale solar cycles and their possible implications. Ap. SS, 332: 65-72.

Wargelin B J, Saar S H, Pojmanski G, et al. 2017. Optical, UV, and X-ray evidence for a 7-yr stellar cycle in Proxima Centauri. MNRAS, 464: 3281.

Yang H Q, Liu J F. 2019. The flare catalog and the flare activity in the Kepler mission. Ap. J. S., 2019, 241: 29.

Zwaan C. 1987. Elements and patterns in the solar magnetic field. ARA&A, 25: 83.

第 3 章　天体等离子体中的单粒子轨道理论

对于任何一个天体物理研究对象，所面对的等离子体都是由大量粒子构成的复杂系统,其基本行为不仅取决于等离子体与外场之间的相互作用,同时也与等离子体各质点之间的相互作用有关,本质上是在电磁场作用下的集体效应 (collective effect) 占主导。就目前而言，只有利用统计物理方法才能给出相对较完整的解。然而，统计方法在实际求解过程中往往也是非常复杂的。

不过，在具体问题上，当等离子体比较稀薄的时候，粒子间距比较大，由于电磁力与带电粒子之间的距离平方成反比，所以，这时粒子之间的相互作用是可以忽略的。这时，通过考察单个粒子的运动特点还是有可能把握整个等离子体中的运动行为的，经过这样简化的处理方法称为单粒子轨道理论 (single particle orbital theory)。

用单个粒子的运动去近似等离子体系统的运动特点，必然要求该等离子体必须满足一定的条件：

(1) 忽略粒子间的相互作用，即忽略碰撞效应；

(2) 忽略带电粒子自身运动产生的电磁场，仅考虑已知外加场；

(3) 一般仅考虑非相对论情形，即粒子的运动速度 $v \ll c$；

(4) 忽略带电粒子由辐射而产生的辐射阻尼。

上述四个条件称为单粒子轨道理论的四个基本假设。在上述假定基础上，复杂的等离子体运动方程组便简化为一个矢量方程：

$$m\frac{\mathrm{d}\boldsymbol{v}}{\mathrm{d}t} = q\left[\boldsymbol{E}(\boldsymbol{r},t) + \boldsymbol{v}\times\boldsymbol{B}(\boldsymbol{r},t)\right] + \boldsymbol{F}(\boldsymbol{r},t) \tag{3-1}$$

式中，$F(\boldsymbol{r},t)$ 为除电磁力以外的其他作用力，比如引力、梯度力、离心力等。

一般情况下，电场、粒子速度 $\boldsymbol{v}=\boldsymbol{v}(\boldsymbol{r},t)$、磁场和外力场一样均为空间位置和时间的函数，因此，(3-1) 式是一个非线性微分方程，很难求得解析解。

当没有外磁场 $\boldsymbol{B}(\boldsymbol{r},t)=0$,也没有其他外力场 $\boldsymbol{F}(\boldsymbol{r},t)=0$,只有电场 $\boldsymbol{E}(\boldsymbol{r},t)\neq 0$ 时,(3-1) 式即表示带电粒子的电场加速过程。在我们研究等离子体中的粒子加速过程时，主要是通过考察加速源区的电场的分布和随时间的演化特征来分析带电粒子的能量变化特征。但是，一般情况下，在远离加速源区的等离子体中电场都是微弱小量。因此，我们可以把电场的影响看成是一个小量进行处理，即 $\boldsymbol{E}(\boldsymbol{r},t)\to 0$。

本章中，我们重点讨论带电粒子在各种非洛伦兹 (Lorentz) 力作用下的运动特征。

3.1 天体等离子体中的单粒子轨道漂移原理

在几乎所有的等离子体物理参考书中，均有对单粒子轨道理论的详细介绍。我们在这里也对该理论作一些介绍，旨在让没有等离子体物理基础的同学也能循序渐进地学习和理解等离子体中的物理过程。在这里，我们参考了许多前人的教科书的内容，其中包括杜世刚 (1998)、李定等 (2006)、郑春开 (2009)，以及许敖敖和唐玉华 (1987) 等相关教材。此外，我们还就有关单粒子轨道理论在日冕加热这一现代天文学重大难题的探索方面的应用进行了较为详细的介绍，供读者参考。

在稀薄等离子体中，首先，我们来考察最简单的情形，即带电粒子在无电场，也无非电磁力，并且均匀稳恒的磁场中运动。这时 $\boldsymbol{E}(\boldsymbol{r},t)=0, \boldsymbol{F}(\boldsymbol{r},t)=0$，(3-1) 式演变成如下形式:

$$m\frac{\mathrm{d}\boldsymbol{v}}{\mathrm{d}t}=q\boldsymbol{v}\times\boldsymbol{B}(\boldsymbol{r},t) \tag{3-2}$$

即带电粒子仅在洛伦兹力作用下运动，洛伦兹力的方向始终与速度 $\boldsymbol{v}(\boldsymbol{r},t)$ 互相垂直，因此磁场并不对带电粒子做功，仅导致粒子产生回旋运动，称为拉莫尔运动。取任一坐标系，使其 z 轴沿磁场 $\boldsymbol{B}$ 的方向：$\boldsymbol{B}=B\boldsymbol{e}_x$，$XY$ 平面垂直于磁场。于是，可以将矢量方程 (3-2) 式写成下列分量形式:

$$\begin{cases}\dfrac{\mathrm{d}v_x}{\mathrm{d}t}=\Omega_\mathrm{c}v_y\\ \dfrac{\mathrm{d}v_y}{\mathrm{d}t}=-\Omega_\mathrm{c}v_x\\ \dfrac{\mathrm{d}v_z}{\mathrm{d}t}=0\end{cases} \tag{3-3}$$

式中，$\Omega_\mathrm{c}=\dfrac{q\boldsymbol{B}}{m}$ 为回旋角频率。回旋频率 (cyclotron frequency) 为 $f_\mathrm{c}=\dfrac{q\boldsymbol{B}}{2\pi m}$。对上式进一步求导数，可得二阶线性微分方程:

$$\begin{cases}\dfrac{\mathrm{d}^2v_x}{\mathrm{d}t^2}+\Omega_\mathrm{c}^2v_x=0\\ \dfrac{\mathrm{d}^2v_y}{\mathrm{d}t^2}+\Omega_\mathrm{c}^2v_y=0\end{cases} \tag{3-4}$$

上式的解为

$$\begin{cases} v_x = v_\perp \cos(\Omega_c t + \alpha) \\ v_y = -v_\perp \sin(\Omega_c t + \alpha) \end{cases} \tag{3-5}$$

对 (3-3) 式再积分，即可求得做回旋运动的粒子轨道方程：

$$\begin{cases} x = \dfrac{v_\perp}{\Omega_c}\sin(\Omega_c t + \alpha) + x_0 \\ y = \dfrac{v_\perp}{\Omega_c}\cos(\Omega_c t + \alpha) + y_0 \\ z = v_\parallel t + z_0 \end{cases} \tag{3-6}$$

式中，$v_\perp$ 表示垂直于磁场方向的速度分量，即垂直速度；$v_\parallel = v_z$ 表示平行于磁场方向的速度分量，即平行速度。由 (3-6) 式中的前两个方程可以得到

$$(x - x_0)^2 + (y - y_0)^2 = r_c^2 \tag{3-7}$$

$$r_c = \frac{v_\perp}{\Omega_c} = \frac{mv_\perp}{qB} \tag{3-8}$$

式中，r_c 为回旋半径，也称拉莫尔半径。(3-5) 式和 (3-6) 式表明，在稳恒磁场中，粒子在垂直于磁场和平行于磁场方向的运动是相对独立的，在垂直于磁场的方向上，粒子以半径 r_c 做回旋运动，而在平行于磁场方向上做匀速直线运动。两者的矢量合成即为螺旋运动，螺旋半径即为回旋半径，回旋频率的倒数为回旋周期，$T_c = \dfrac{2\pi m}{qB}$，螺距 $h = T_c v_\parallel = \dfrac{2\pi m}{qB} v_\parallel$。

在回旋运动中，迎着磁场方向观测时，离子的回旋方向是顺时针的，电子的回旋方向则是逆时针方向的。带电粒子的回旋运动会形成一个小电流圈，由于正负电荷的回旋方向相反，则其产生的电流方向是相同的，迎着磁场方向，回旋电流是顺时针方向的。对于一个电荷来说，其回旋电流为

$$I = qf_c = \frac{q^2 B}{2\pi m} \tag{3-9}$$

每个小电流圈都能感生一个磁场分量，因此可以看成一个磁偶极子，其磁矩的大小为

$$\mu_m = I \cdot \pi r_c^2 = \frac{q^2 B}{2\pi m} \cdot \frac{\pi m^2 v_\perp^2}{q^2 B^2} = \frac{\frac{1}{2} m v_\perp^2}{B} = \frac{W_\perp}{B} \tag{3-10}$$

式中，$W_{\perp}=\frac{1}{2}mv_{\perp}^{2}$ 为一个带电粒子的横向运动动能；磁矩 μ_{m} 的方向与磁场 B 相反。从上式可见，等离子体中带电粒子的磁矩与粒子的横向运动动能成正比，与当地的磁感应强度成反比。等离子体中所有带电粒子的磁矩的总和将产生一个附加磁场分量，与外磁场的方向相反，起着抵消和反抗外磁场的作用。因此，等离子体都是抗磁性的，这是等离子体的一个基本特性。

回旋运动是磁化等离子体中最基本的运动形式，其回旋频率、回旋半径和磁矩均为等离子体的特征参量。在热平衡等离子体中，对电子和离子，分别有下列近似计算公式：

$$\left\{\begin{array}{l} f_{\mathrm{ce}}\approx 2.8\times 10^{10}B\,[\mathrm{T}] \\ f_{\mathrm{ci}}\approx 1.5\times 10^{7}\dfrac{Z_i}{A}B\,[\mathrm{T}] \end{array}\right. \quad (\mathrm{Hz}) \tag{3-11}$$

$$\left\{\begin{array}{l} r_{\mathrm{ce}}\approx 3.4\times 10^{-6}\dfrac{\left(T_{\mathrm{e}}\,[\mathrm{eV}]\right)^{1/2}}{B\,[\mathrm{T}]} \\ r_{\mathrm{ci}}\approx 1.4\times 10^{-4}\dfrac{\left(T_{\mathrm{i}}\,[\mathrm{eV}]\right)^{1/2}}{B\,[\mathrm{T}]} \end{array}\right. \quad (\mathrm{m}) \tag{3-12}$$

当等离子体中存在均匀稳恒磁场时，所有带电粒子都将沿磁力线做螺旋运动，回旋运动的轨道中心即螺旋中心 (x_0,y_0,z_0+v_zt) 沿磁力线运动，称为引导中心 (guide center)。但是，当存在除洛伦兹力以外的其他力场时，例如存在静电场、引力场，或者磁场在空间上存在梯度或者弯曲等，都将导致带电粒子的引导中心在垂直于磁场的方向上运动，这种运动称为漂移运动 (drift motion)。下面，我们便讨论在不同的外力场情形下，带电粒子的漂移运动。

3.1.1 电场漂移

1. 稳恒电场

下面考虑，在稳恒磁场外还存在稳恒电场 $\boldsymbol{E}(\boldsymbol{r},t)=\boldsymbol{E}$，$\boldsymbol{F}=0$，等离子体中带电粒子轨道中心的运动规律，这时运动方程 (3-1) 演化为

$$m\frac{\mathrm{d}\boldsymbol{v}}{\mathrm{d}t}=q\left[\boldsymbol{E}\left(\boldsymbol{r},t\right)+\boldsymbol{v}\times\boldsymbol{B}\left(\boldsymbol{r},t\right)\right] \tag{3-13}$$

设磁场 B 沿 z 轴方向 $\boldsymbol{B}=B\boldsymbol{e}_z$，$xy$ 平面垂直于磁场，$\boldsymbol{B}$ 和 $\boldsymbol{E}$ 所在的平面为 yz 平面，则电场 $\boldsymbol{E}$ 可以分解成一个沿 z 轴和一个沿 y 轴的分量：

$$\boldsymbol{E}=E_{\parallel}\boldsymbol{e}_z+E_{\perp}\boldsymbol{e}_y \tag{3-14}$$

于是，(3-13) 式的分量式为

$$
\begin{cases}
\dfrac{\mathrm{d}v_x}{\mathrm{d}t} = \Omega_\mathrm{c} v_y \\
\dfrac{\mathrm{d}v_y}{\mathrm{d}t} = -\Omega_\mathrm{c} v_y + \dfrac{qE_\perp}{m} \\
\dfrac{\mathrm{d}v_z}{\mathrm{d}t} = \dfrac{qE_\parallel}{m}
\end{cases}
\tag{3-15}
$$

对 (3-15) 式再做一次微分，得二阶微分方程组：

$$
\begin{cases}
\dfrac{\mathrm{d}^2 v_x}{\mathrm{d}t^2} + \Omega_\mathrm{c}^2 \left(v_x - \dfrac{E_\perp}{B}\right) = 0 \\
\dfrac{\mathrm{d}^2 v_y}{\mathrm{d}t^2} + \Omega_\mathrm{c}^2 v_y = 0 \\
\dfrac{\mathrm{d}^2 v_z}{\mathrm{d}t^2} = 0
\end{cases}
\tag{3-16}
$$

上式的解可表示为

$$
\begin{cases}
v_x = v_\perp \cos\left(\Omega_\mathrm{c} t + \alpha\right) + \dfrac{E_\perp}{B} \\
v_y = -v_\perp \sin\left(\Omega_\mathrm{c} t + \alpha\right) \\
v_z = v_\parallel + \dfrac{qE_\parallel}{m} t
\end{cases}
\tag{3-17}
$$

可见，横向电场与磁场之比是一个与速度同量纲的量，表示一个叠加在 x 轴方向，即垂直于由磁场和电场组成的平面方向上的速度，其大小为

$$
v_\mathrm{E} = \frac{E_\perp}{B} \tag{3-18}
$$

(3-17) 式表明，在 y 方向上的稳恒电场导致了一个在 x 轴方向上的速度分量 v_E，从而使带电粒子的回旋运动的引导中心的运动速度为 $(v_\mathrm{E}, 0, v_\parallel)$，即引导中心在沿磁场方向运动的同时还有一个垂直于磁场的速度分量，见图 3-1。引导中心在外场作用下产生的这种垂直于磁场的运动称为漂移运动。因为在这里漂移运动是由外电场引起的，所以又称为电漂移运动，速度 v_E 为电漂移速度。

对于一般情况，将运动方程写成矢量形式：

$$
\frac{\mathrm{d}\boldsymbol{v}}{\mathrm{d}t} = \frac{q}{m}\left(\boldsymbol{E} + \boldsymbol{v} \times \boldsymbol{B}\right)
$$

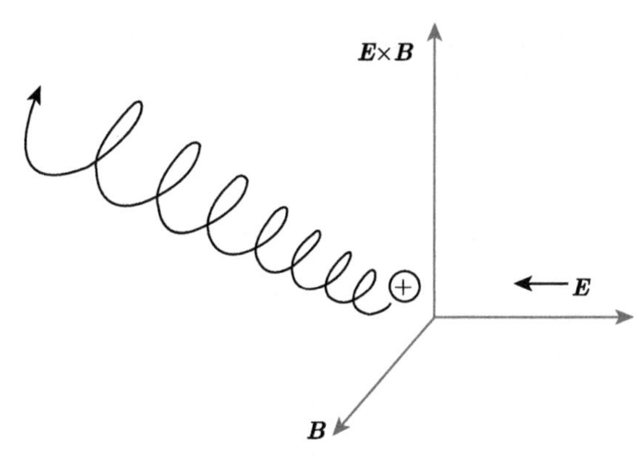

图 3-1 电漂移运动示意图

把速度分解成 $\boldsymbol{v}=\boldsymbol{v}_{\mathrm{c}}+\boldsymbol{v}_{\mathrm{E}}$，回旋速度 $\boldsymbol{v}_{\mathrm{c}}$ 满足 (3-2) 式，电漂移速度 $\boldsymbol{v}_{\mathrm{E}}$ 则必然满足下列关系：

$$\frac{q}{m}\left(\boldsymbol{E}+\boldsymbol{v}_{\mathrm{E}}\times\boldsymbol{B}\right)=0$$

将上式各项叉乘 $\boldsymbol{B}$，可得

$$\boldsymbol{E}\times\boldsymbol{B}-\boldsymbol{B}^2\boldsymbol{v}_{\mathrm{E}}+\boldsymbol{B}\left(\boldsymbol{v}_{\mathrm{E}}\cdot\boldsymbol{B}\right)=0$$

由于漂移速度与磁场垂直，有 $\boldsymbol{v}_{\mathrm{E}}\cdot\boldsymbol{B}=0$，于是可得电漂移的一般公式：

$$\boldsymbol{v}_{\mathrm{E}}=\frac{1}{\boldsymbol{B}^2}\left(\boldsymbol{E}\times\boldsymbol{B}\right) \tag{3-19}$$

从 (3-17) 式可见，只要沿磁场的电场分量为有限值 $E_{\parallel}\neq 0$，则粒子将在该电场的作用下沿磁场方向被加速，经过足够长的时间，粒子在磁场方向的运动速度将无限接近光速，并很快逃离我们所讨论的等离子体区域。因此，我们一般都假定 $E_{\parallel}\to 0$，并且 $v_{\mathrm{E}}\ll c$，把电漂移项作为微扰项进行讨论。

(3-19) 式表明，电漂移速度与粒子的带电量 q 和质量 m 均无关，即无论是带负电的电子还是带正电的离子均沿相同的方向、以相同大小的速度发生漂移运动，不会产生正负电荷的宏观分离。因此，电漂移只能产生等离子体的宏观整体运动，不会产生宏观电流，这是电漂移运动的重要特点之一。

2. 空间缓变电场

前面讨论的电场是均匀恒定的，如果电场在空间上是非均匀的呢？这在天体物理环境下是非常普遍的。设电场与磁场互相垂直，电场随空间位置的变化形式可表示为下列形式：

$$\boldsymbol{E}\left(x\right)=E_0\cos\left(kx\right)\boldsymbol{e}_x \tag{3-20}$$

式中，k 为电场空间变化的波数，k 越大，表明电场随空间位置的变化越快，当 $k=0$ 时即为恒定电场。可以想象，带电粒子在不同位置处的电漂移速度也一定是不同的。粒子的运动方程为

$$m\frac{\mathrm{d}\boldsymbol{v}}{\mathrm{d}t}=q\left[\boldsymbol{E}\left(x\right)+\boldsymbol{v}\times\boldsymbol{B}\right] \tag{3-21}$$

假定弱电场，即 $\dfrac{E_0}{B}\ll v_{\mathrm{c}}$，$v_{\mathrm{c}}$ 表示粒子轨道中心的运动速度，则粒子的位置可以用轨道中心位置 x_{c} 加一个扰动量表示：

$$x=x_{\mathrm{c}}+r_{\mathrm{c}}\sin\left(\omega_{\mathrm{c}}t\right) \tag{3-22}$$

将上式代入电场的表达式 (2-20)，得

$$\begin{aligned}E&=E_0\cos\left[kx_{\mathrm{c}}+kr_{\mathrm{c}}\sin\left(\omega_{\mathrm{c}}t\right)\right]\\&=E_0\left\{\cos\left(kx_{\mathrm{c}}\right)\cos\left[kr_{\mathrm{c}}\sin\left(\omega_{\mathrm{c}}t\right)\right]-\sin\left(kx_{\mathrm{c}}\right)\sin\left[kr_{\mathrm{c}}\sin\left(\omega_{\mathrm{c}}t\right)\right]\right\}\end{aligned}$$

采用弱不均匀性近似,即 $kr_{\mathrm{c}}\ll 1, r_{\mathrm{c}}\ll\lambda$,这里 λ 为电场扰动的波长,$k=\dfrac{2\pi}{\lambda}$。将上式按三角函数的级数展开：

$$\cos\varepsilon=1-\frac{\varepsilon^2}{2}+\cdots,\quad \sin\varepsilon=\varepsilon-\frac{\varepsilon^3}{6}+\cdots \tag{3-23}$$

保留到二阶小量，则有

$$E=E_0\left\{\cos\left(kx_{\mathrm{c}}\right)\left[1-\frac{1}{2}k^2r_{\mathrm{c}}^2\sin^2\left(\omega_{\mathrm{c}}t\right)\right]-\sin\left(kx_{\mathrm{c}}\right)kr_{\mathrm{c}}\sin\left(\omega_{\mathrm{c}}t\right)\right\} \tag{3-24}$$

在一个回旋周期内对电场进行平均，则可以得到

$$\langle E\rangle=E_0\left(x_{\mathrm{c}}\right)\left(1-\frac{1}{4}k^2r_{\mathrm{c}}^2\right) \tag{3-25}$$

代入电漂移公式，可得漂移速度：

$$\boldsymbol{v}_{\mathrm{E}}=\frac{\boldsymbol{E}\times\boldsymbol{B}}{\boldsymbol{B}^2}\left(1-\frac{1}{4}k^2r_{\mathrm{c}}^2\right) \tag{3-26}$$

这是电场随 x 轴简谐变化时的电漂移速度，它比均匀电场的电漂移速度多一项与回旋半径的平方成正比的修正项。这种与带电粒子回旋半径有关的漂移运动也称

为有限拉莫尔半径效应。由于粒子的质量直接影响回旋半径 r_c 的大小，其中离子的回旋半径远大于电子，所以有限拉莫尔半径效应主要作用在离子上。

对于一般情况的弱不均匀性，则可以用算符 $ik \to \nabla$ 得到电漂移速度的一般形式：

$$\boldsymbol{v}_E = \left(1 + \frac{1}{4}k^2\nabla^2\right)\frac{\boldsymbol{E}\times\boldsymbol{B}}{\boldsymbol{B}^2} \tag{3-27}$$

3. 随时间缓变电场

电场除了有可能随空间位置而变化外，有时也是时变的。设电场随时间缓慢变化的形式为

$$\boldsymbol{E} = E_0\cos(\omega t)\,\boldsymbol{e}_x = E_0\exp(\mathrm{i}\omega t)\,\boldsymbol{e}_x$$

对带电粒子的运动方程 $\dfrac{\mathrm{d}v}{\mathrm{d}t} = \dfrac{q}{m}(\boldsymbol{E} + \boldsymbol{v}\times\boldsymbol{B})$ 的两边分别再求一次导数，得

$$\frac{\mathrm{d}^2\boldsymbol{v}}{\mathrm{d}t^2} = \frac{q}{m}\frac{\mathrm{d}\boldsymbol{E}}{\mathrm{d}t} + \frac{q^2}{m^2}(\boldsymbol{E} + \boldsymbol{v}\times\boldsymbol{B})\times\boldsymbol{B}$$

忽略 $(\boldsymbol{v}\cdot\boldsymbol{B})\,\boldsymbol{B}$，整理上式，可得线性微分方程：

$$\frac{\mathrm{d}^2\boldsymbol{v}}{\mathrm{d}t^2} + \omega_c^2\boldsymbol{v} = \omega_c^2\frac{\boldsymbol{E}\times\boldsymbol{B}}{\boldsymbol{B}^2} + \frac{q}{m}\frac{\mathrm{d}\boldsymbol{E}}{\mathrm{d}t} \tag{3-28}$$

这是一个受迫振荡的线性微分方程。左边齐次线性微分方程的通解便是拉莫尔回旋运动，右边非齐次方程的特解代表回旋中心的漂移运动，漂移速度的解为

$$\boldsymbol{v}_D = \frac{\omega_c^2}{\omega_c^2 - \omega^2}\frac{\boldsymbol{E}\times\boldsymbol{B}}{\boldsymbol{B}^2} - \frac{1}{\omega_c^2 - \omega^2}\frac{q}{m}\frac{\mathrm{d}\boldsymbol{E}}{\mathrm{d}t} \tag{3-29}$$

这是漂移速度的精确解，对于缓变电场，$\omega \ll \omega_c$，则有近似关系：

$$\boldsymbol{v}_D = \frac{\boldsymbol{E}\times\boldsymbol{B}}{\boldsymbol{B}^2} + \frac{1}{\omega_c B}\frac{\mathrm{d}\boldsymbol{E}}{\mathrm{d}t} \tag{3-30}$$

上式右端第一项即为 (3-19) 式，为稳恒电场的电漂移速度；第二项则与电场强度随时间的变化率有关，通常称为极化漂移速度：

$$\boldsymbol{v}_p = \frac{1}{\omega_c\boldsymbol{B}}\frac{\mathrm{d}\boldsymbol{E}}{\mathrm{d}t} \tag{3-31}$$

由于极化漂移速度与电荷的回旋频率 ω_c 成反比，对于电子和离子，其极化漂移速度不同，从而会产生极化电流：

$$J_p = ne\left(\boldsymbol{v}_{pi} - \boldsymbol{v}_{pe}\right) = \frac{n\left(m_i + m_e\right)}{\boldsymbol{B}^2}\frac{d\boldsymbol{E}}{dt} = \frac{\rho}{\boldsymbol{B}^2}\frac{d\boldsymbol{E}}{dt} \tag{3-32}$$

可见，极化漂移电流除了与电场的变化率成正比外，还与等离子体的密度成正比，与磁感应强度的平方成反比。

3.1.2 漂移运动的一般形式

从本质上说，电漂移运动是因为在垂直磁场方向的电场分量作用下，带电粒子受电场的加速作用，其横向运动速度发生了改变。由 (3-8) 式可见，横向速度的改变会使粒子的回旋半径发生改变，当粒子在回旋一周以后再也不能回到出发点，从而有了一个净余的位移量。如果我们对粒子运动轨道在一个回旋周期上进行平均，在垂直于磁场的方向上必然有一个净余量，即漂移运动。同样，从 (3-8) 式可以看出，除了横向运动速度的变化可以引起回旋半径改变外，磁场的变化也会引起回旋半径的改变，比如在等离子体区域存在磁场梯度等。

当等离子体中存在某种粒子加速机制时，就可以引起带电粒子的横向速度的改变。例如，静电场可以改变带电粒子的横向速度；此外，其他外力场，如引力场等也同样能引起粒子的横向速度的改变，同样也能引起等离子体中带电粒子在回旋运动的基础上的漂移运动。

通常将电场、磁场梯度、磁场曲率、引力场等能引起带电粒子横向运动速度或回旋半径改变的因素统称为等效力场 $F(r,t)$。将 F 分解为沿磁场方向和垂直于磁场方向的两个分量 $F_\parallel$ 和 $F_\perp$，于是，运动方程的分量形式为

$$\begin{cases} \dfrac{d\boldsymbol{v}_\parallel}{dt} = \dfrac{F_\parallel}{m} \\ \dfrac{d\boldsymbol{v}_\perp}{dt} = \dfrac{q}{m}\left(\boldsymbol{v}_\perp \times \boldsymbol{B}\right) + \dfrac{F_\perp}{m} \end{cases} \tag{3-33}$$

将横向速度分解成回旋速度 $\boldsymbol{v}'_\perp$ 和漂移速度 $\boldsymbol{v}_D$ 的矢量和：

$$\boldsymbol{v}_\perp = \boldsymbol{v}'_\perp + \boldsymbol{v}_D \tag{3-34}$$

因为漂移运动是在回旋周期上的一种平均效应，只要引起该漂移运动的外力 F 是恒定的，则漂移速度也一定是恒定的。因此，我们假定漂移速度 $\boldsymbol{v}_D$ 为常数，将 (3-34) 式代入 (3-33) 式，可得

$$\frac{\mathrm{d}\boldsymbol{v}_\perp}{\mathrm{d}t} = \frac{q}{m}\left(\boldsymbol{v}'_\perp \times \boldsymbol{B}\right) + \frac{q}{m}\left(\boldsymbol{v}_\mathrm{D} \times \boldsymbol{B}\right) + \frac{\boldsymbol{F}_\perp}{m} \tag{3-35}$$

设坐标系原点以漂移速度 $\boldsymbol{v}_\mathrm{D}$ 运动，即在漂移坐标系中观察，粒子仅以速度 $\boldsymbol{v}'_\perp$ 做回旋运动。这时，将有

$$q\left(\boldsymbol{v}_\mathrm{D} \times \boldsymbol{B}\right) + \boldsymbol{F}_\perp = 0 \tag{3-36}$$

用磁场 $\boldsymbol{B}$ 叉乘上式各项，可得

$$q\left(\boldsymbol{v}_\mathrm{D} \times \boldsymbol{B}\right) \times \boldsymbol{B} + \boldsymbol{F}_\perp \times \boldsymbol{B} = q\left[\left(\boldsymbol{v}_\mathrm{D} \cdot \boldsymbol{B}\right)\boldsymbol{B} - \left(\boldsymbol{B} \cdot \boldsymbol{B}\right)v_\mathrm{D}\right] + \boldsymbol{F}_\perp \times \boldsymbol{B} = 0$$

在这里，$\boldsymbol{v}_\mathrm{D} \perp \boldsymbol{B}$，因此，$\boldsymbol{v}_\mathrm{D} \cdot \boldsymbol{B} = 0$。并且有 $\boldsymbol{F}_\parallel \times \boldsymbol{B} = 0$。于是从上式可得漂移速度：

$$\boldsymbol{v}_\mathrm{D} = \frac{\boldsymbol{F} \times \boldsymbol{B}}{q\boldsymbol{B}^2} \tag{3-37}$$

在不同的外力场中，$\boldsymbol{F}$ 的具体形式不同，因此得到的漂移速度也不一样。例如，当等效力场为电场时，$\boldsymbol{F} = q\boldsymbol{E}$，代入上式即可得到电漂移速度 (3-32) 式。

3.1.3 引力漂移

许多天体等离子体中，引力场是非常强的，例如在致密天体的吸积盘的内层等离子体。在引力场中：$F = mg$，这里 g 为引力加速度，代入 (3-37) 式可得引力漂移速度：

$$v_g = \frac{mg \times B}{qB^2} \tag{3-38}$$

不同于电漂移速度与粒子的带电性和质量均无关，引力漂移速度与带电粒子的质量和电荷均有关，一方面正负电荷的漂移方向相反，另一方面漂移速度还与粒子的质量成正比，离子的漂移速度远大于电子的漂移速度。因此，引力漂移会引起正负电荷的空间分离，并产生宏观电流，见图 3-2。

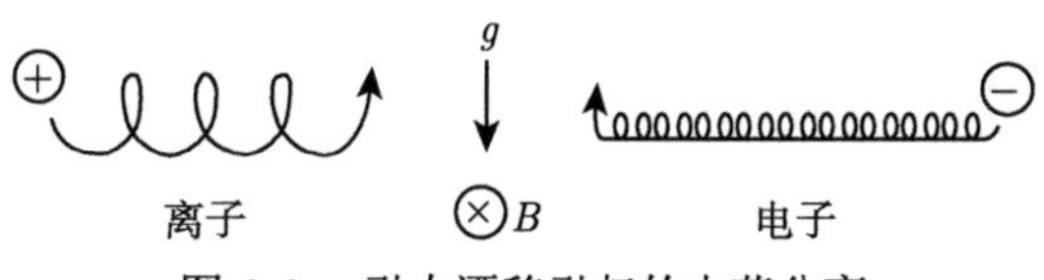

图 3-2 引力漂移引起的电荷分离

但是，除非在特殊天体，比如具有强引力场的黑洞、中子星、白矮星等附近，一般情况下，相对于电磁力来说，引力场都是非常微弱，重力漂移常常是可以忽略的。

由于引力漂移速度是垂直于引力方向的，这也就很容易解释，为什么一些致密天体周围的物质在强大引力场作用下并不是沿引力方向直接掉入中心天体，而是在中心天体周围形成吸积盘这样的结构。

3.1.4　非均匀磁场漂移

1. 磁场梯度漂移

当粒子在一个具有横向梯度的磁场中运动时，由于磁场梯度 $\nabla_{\perp}B$ 的存在，粒子的回旋半径将沿粒子轨道不断发生变化，于是便产生了一个既垂直于磁场方向，又垂直于磁场梯度方向的漂移运动，这种漂移称为梯度漂移，见图 3-3。

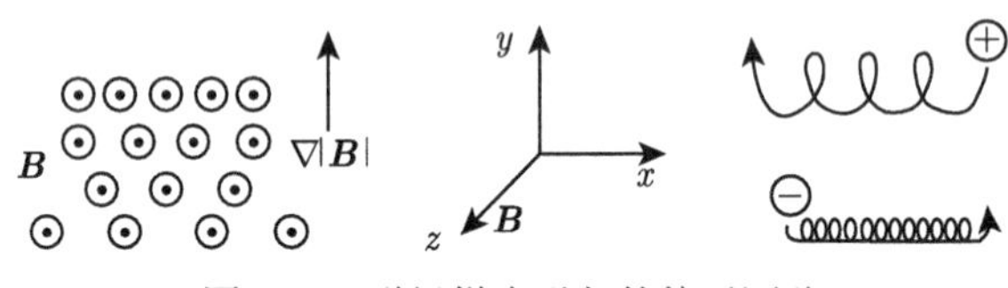

图 3-3　磁场梯度引起的粒子漂移

将磁感应强度在轨道中心按回旋半径用级数展开：

$$\boldsymbol{B}=\boldsymbol{B}_0+(r_{\rm c}\cdot\nabla)\,\boldsymbol{B}_0+\cdots \tag{3-39}$$

式中，$\boldsymbol{B}_0$ 为在回旋中心处的磁场。写成分量形式即为

$$\boldsymbol{B}_z=\boldsymbol{B}_0+y\left(\frac{\partial B_0}{\partial y}\right)+\cdots \tag{3-40}$$

忽略高阶小量，则运动方程为

$$m\frac{\mathrm{d}\boldsymbol{v}}{\mathrm{d}t}=q\,(\boldsymbol{v}\times\boldsymbol{B})=q\boldsymbol{v}\times\boldsymbol{B}_0+q\boldsymbol{v}\times(r_{\rm c}\cdot\nabla)\,\boldsymbol{B}_0 \tag{3-41}$$

将速度表示成回旋速度和漂移速度之矢量和，$\boldsymbol{v}=\boldsymbol{v}_{\rm c}+\boldsymbol{v}_{\nabla B}$，其中，回旋速度 $\boldsymbol{v}_{\rm c}$ 必然满足回旋运动方程：

$$m\frac{\mathrm{d}\boldsymbol{v}_{\rm c}}{\mathrm{d}t}=q\boldsymbol{v}_{\rm c}\times\boldsymbol{B}_0 \tag{3-42}$$

上式构成零阶近似，其解便是前面我们已经得到的 (3-5) 式和 (3-6) 式。忽略二阶及以上的小量，于是 (3-41) 式演变为

$$m\frac{\mathrm{d}\boldsymbol{v}_{\nabla B}}{\mathrm{d}t}-q\boldsymbol{v}_{\nabla B}\times\boldsymbol{B}_0=q\boldsymbol{v}_{\mathrm{c}}\times(\boldsymbol{r}_{\mathrm{c}}\cdot\nabla)\,\boldsymbol{B}_0 \tag{3-43}$$

漂移运动便是运动方程 (3-41) 式在一个回旋周期内的平均，上式左端的平均相当于一个平均作用力 $\langle\boldsymbol{F}\rangle$：

$$\langle\boldsymbol{F}\rangle=q\langle\boldsymbol{v}_{\mathrm{c}}\times(\boldsymbol{r}_{\mathrm{c}}\cdot\nabla)\,\boldsymbol{B}_0\rangle \tag{3-44}$$

从 (3-5) 式和 (3-6) 式可得 $\boldsymbol{v}_{\mathrm{c}}$ 和位矢 $\boldsymbol{r}_{\mathrm{c}}$ 的解，$\boldsymbol{v}_{\mathrm{c}x}=\boldsymbol{v}_{\perp}\cos(\omega_{\mathrm{c}}t)$，$\boldsymbol{v}_{\mathrm{c}y}=-\boldsymbol{v}_{\perp}\sin(\omega_{\mathrm{c}}t)$ 和 $x_{\mathrm{c}}=\boldsymbol{r}_{\mathrm{c}}\cos(\omega_{\mathrm{c}}t)$，$y_{\mathrm{c}}=\boldsymbol{r}_{\mathrm{c}}\sin(\omega_{\mathrm{c}}t)$。代入 (3-44) 式求平均，可得

$$\langle\boldsymbol{F}_x\rangle=0 \tag{3-45}$$

$$\langle\boldsymbol{F}_y\rangle=q\langle-\boldsymbol{v}_{\mathrm{c}x}y_{\mathrm{c}}\rangle\frac{\partial\boldsymbol{B}}{\partial y}=-\frac{1}{2}q\boldsymbol{v}_{\perp}\boldsymbol{r}_{\mathrm{c}}\frac{\partial\boldsymbol{B}}{\partial y}=-\frac{m\boldsymbol{v}_{\perp}^2}{2\boldsymbol{B}}\frac{\partial B}{\partial y}=-\mu_{\mathrm{m}}\frac{\partial\boldsymbol{B}}{\partial y} \tag{3-46}$$

将上式代入漂移速度的一般形式 (3-37) 式，则可得梯度漂移速度：

$$\boldsymbol{v}_{\nabla B}=\frac{\langle\boldsymbol{F}\rangle\times\boldsymbol{B}}{q\boldsymbol{B}^2}=-\frac{1}{2}\frac{\boldsymbol{v}_{\perp}\boldsymbol{r}_{\mathrm{c}}}{\boldsymbol{B}}\frac{\partial\boldsymbol{B}}{\partial y}\boldsymbol{e}_x \tag{3-47}$$

因为在前面的推导过程中，坐标方向是任意选取的，可将上式写成一般化形式：

$$\langle\boldsymbol{F}\rangle=-\mu_{\mathrm{m}}\nabla\boldsymbol{B} \tag{3-48}$$

$$\boldsymbol{v}_{\nabla B}=\frac{1}{2}\boldsymbol{v}_{\perp}\boldsymbol{r}_{\mathrm{c}}\frac{\boldsymbol{B}\times\nabla\boldsymbol{B}}{\boldsymbol{B}^2} \tag{3-49}$$

可见，在垂直磁场梯度的情况下，粒子所受到的等效力场与磁场梯度的大小成正比，与梯度的方向相反，即等效力场的方向指向弱磁场区。这一点对于我们理解非均匀磁场中带电粒子的运动和分布是很有意义的。(3-49) 式也表明，梯度漂移速度与粒子的回旋半径成正比，由于离子的回旋半径远大于电子，所以，离子的漂移速度大于电子，且与电子的漂移方向相反。

不难看出，上述推导是在磁场缓慢变化条件下实现的，所谓缓慢变化，是指磁场的空间变化量远小于轨道中心的磁场，即 $(\boldsymbol{r}_{\mathrm{c}}\cdot\nabla)\,B\ll B_0$。

图 3-4 给出了电漂移、引力漂移、磁场梯度漂移粒子的运动特征对比。

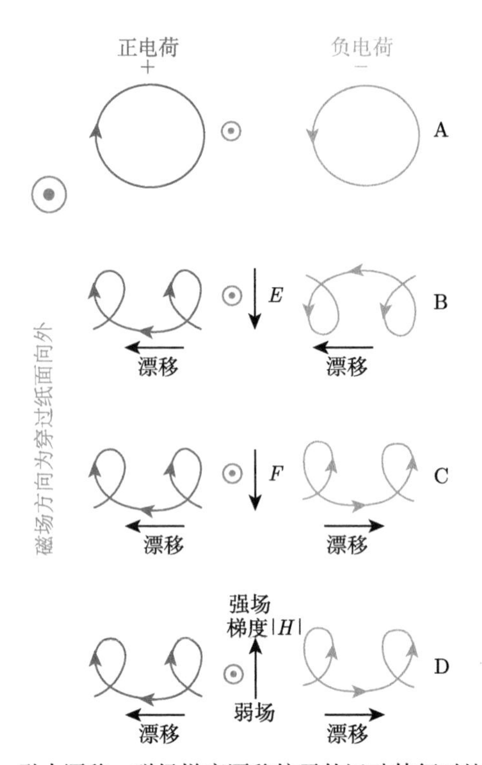

图 3-4 电漂移、引力漂移、磁场梯度漂移粒子的运动特征对比，磁场指向纸外

E：电场；H：磁场；F：非电磁场

2. 磁场曲率漂移

磁力线弯曲是磁场空间非均匀的另一种形式，即方向的不均匀性。设磁力线的曲率半径为 R_c，磁感应强度的大小为常数，带电粒子在沿磁力线做螺旋运动时，将存在一个离心力：

$$F_{cf} = \frac{mv_{\parallel}^2}{R_c} e_r = mv_{\parallel}^2 \frac{R_c}{R_c^2} \tag{3-50}$$

于是，可得到曲率漂移速度为

$$v_{R_c} = \frac{F_{cf} \times B}{qB^2} = \frac{mv_{\parallel}^2}{qB^2} \frac{R_c \times B}{R_c^2} \tag{3-51}$$

一般情况下，伴随着磁力线弯曲的同时，必然也存在磁场梯度。例如，直线电流产生的磁场，其磁力线为位于垂直电流的平面上的同心圆，方向在 θ 方向上，但是磁场的大小与直线电流的距离成反比：$B \propto 1/r$，所以存在磁场梯度。设磁力线为平面曲线，沿曲率半径方向减弱，在柱坐标系中，$\boldsymbol{B}$ 沿 θ 方向，曲率半径

R_c 沿径向 r，磁场梯度沿半径方向。在考察区域不存在电流，则 $\nabla \times B = 0$，∇B 只有 r 分量，于是有

$$(\nabla \times B)_z = \frac{1}{r}\frac{\partial}{\partial r}(rB_\theta) = 0 \quad \rightarrow \quad \frac{B_\theta}{r} = -\frac{\partial B_\theta}{\partial r}$$

于是，可以得到下列关系：

$$\frac{\nabla B}{B} = -\frac{R_c}{R_c^2} \tag{3-52}$$

将上式代入梯度漂移公式 (3-49)，可得

$$v_{\nabla B} = -\frac{1}{2}v_\perp r_c \frac{B}{B^2} \times \frac{R_c}{R_c^2} = \frac{1}{2}\frac{mv_\perp^2}{qB^2}\frac{R_c \times B}{R_c^2} \tag{3-53}$$

将 (3-52) 式中的曲率漂移速度与上式的梯度漂移速度相加，得总漂移速度：

$$v_B = v_{R_c} + v_{\nabla B} = \frac{R_c \times B}{qR_c^2 B^2}\left(mv_\parallel^2 + \frac{1}{2}mv_\perp^2\right) = \left(2W_\parallel + W_\perp\right)\frac{R_c \times B}{qR_c^2 B^2} \tag{3-54}$$

通常等离子体中带电粒子的运动速度取决于热运动速度，在平行于磁力线方向上有 1 个自由度，在垂直于磁力线方向上有 2 个自由度，根据能量均分定理，有 $W_\parallel = \frac{k_B T}{2}$，$W_\perp = k_B T$，代入 (3-55) 式，可得

$$v_B = \frac{2k_B T}{q}\frac{R_c \times B}{R_c^2 B^2} = \frac{v_{th}^2}{R_c \omega_c} e_z = \frac{r_c}{R_c} v_{th} e_z \tag{3-55}$$

式中，$v_{th} = \left(\frac{2k_B T}{m}\right)^{1/2}$ 为粒子的热速度；r_c 为平均的回旋半径。

(3-55) 式表明，磁场的不均匀性引起的漂移速度与带电粒子的回旋半径成正比，与磁场不均匀性的特征长度 (磁力线的曲率半径、磁场梯度的倒数 $L_B = \frac{B}{\nabla B}$) 成反比。在强磁场区，因为回旋半径 $r_c \to 0$，漂移速度极小，则漂移效应可以忽略。

在实际情形，由于磁感应强度是有限的，则回旋半径也是有限的，粒子做回旋运动时在轨道的不同位置将感受到不同的磁感应强度和方向，因而产生回旋中心的漂移，这种由有限大小的回旋半径引起的漂移称为有限拉莫尔半径效应。在前面讨论电场随空间缓变的漂移速度 (3-26) 式和 (3-27) 式中，也同样显示了有限拉莫尔半径效应的作用。

3. 时变磁场的漂移

当带电粒子在随时间缓慢变化的磁场中运动时，由电磁感应定律知，随时间变化的磁场将在垂直方向产生环向的感应电场，从而引起带电粒子沿半径方向的漂移运动。设磁场的变化率为 $\dfrac{\mathrm{d}B}{\mathrm{d}t}$，感应电场为 E，它们的关系如下：

$$\int E\cdot\mathrm{d}l=-\iint\frac{\mathrm{d}B}{\mathrm{d}t}\cdot\mathrm{d}S$$

作为近似，可以假定电场强度的积分回路为半径为 r 的圆环，对应的磁通量面积为该圆环所围的面积，于是上述积分演变为

$$2\pi rE=-\pi r^2\frac{\mathrm{d}B}{\mathrm{d}t}\rightarrow E=-\frac{r}{2}\frac{\mathrm{d}B}{\mathrm{d}t}\tag{3-56}$$

于是可得该感应电场引起的漂移速度：

$$v_{\mathrm{DE}}=-\frac{r}{2B}\frac{\mathrm{d}B}{\mathrm{d}t}\tag{3-57}$$

当磁场随时间逐渐增加 $\dfrac{\mathrm{d}B}{\mathrm{d}t}>0$ 时，带电粒子沿半径向圆心漂移，做汇聚运动；当磁场随时间逐渐减小 $\dfrac{\mathrm{d}B}{\mathrm{d}t}<0$ 时，带电粒子则离开圆心向外漂移，做发散运动。显然，由感应电场引起的漂移运动也与带电粒子的电荷性无关，会引起等离子体整体的运动，不会引起正负电荷的分离。

3.2　绝热不变性原理

在物理学中，存在着许多守恒律，例如质量守恒、能量守恒、动量守恒……对应于每一个守恒律，我们都可以建立一个描述有关物理量之间的方程，从而实现定量描述这些物理量的演化特征。所谓守恒律，便是指某些物理量或其组合在一定的物理过程中保持不变。因此，守恒律的研究，本质上就是寻找这些不变性原理。

所谓不变性原理，是指在某些物理过程中存在一些物理量，它们在过程的演化中保持不变。如果一个力学系统中存在某种周期性的运动，那么，该系统的广义动量 p 在广义坐标 x 上运动一个周期时的积分就是一个守恒量：

$$\oint p\mathrm{d}x=C$$

在复杂等离子体物理系统中，通过对守恒量的分析，可更简单地理解相应的物理过程。对于带电粒子在电磁场中的运动，在均匀磁场中的回旋运动是周期性的，具有守恒量。但是，当电磁场是空间非均匀的，或者随时间缓慢变化时，如3.1 节中所讨论的，这时带电粒子的运动具有横向漂移，回旋轨道不再是闭合的，因此其运动不是严格周期性的，不存在严格意义上的守恒量。

但是，当电磁场仅是在空间上或随时间缓慢变化时，回旋中心的漂移运动量与回旋运动相比非常小，以至于相邻两个回旋轨道几乎重合，因此带电粒子的运动仍然可以看成是近似的周期运动。磁场变化的特征时间和特征尺度分别定义为 $\tau=\dfrac{B}{\mathrm{d}B/\mathrm{d}t}$ 和 $L=\dfrac{B}{\nabla B}$。所谓缓慢变化，是指磁场变化满足条件 $\tau\gg T_{\mathrm{c}}$ 和 $L\gg r_{\mathrm{c}}$。这里 T_{c} 为回旋周期。带电粒子在缓变场中的运动仍然存在一些近似的守恒量，称为绝热不变量 (adiabatic invariant)，有时也称为寝渐不变量 (sleep asymptotic invariant)。常见的绝热不变量有磁矩 μ_{m}、纵向不变量 J 和磁通量 $\varPhi$。下面分别进行讨论。

3.2.1 磁矩不变量

作为一般性，我们可以假定带电粒子做回旋运动时的回旋角 θ 为广义坐标 x，角动量 $mv_{\perp}r_{\mathrm{c}}$ 为广义动量，则在回旋周期内的积分为

$$\oint p\mathrm{d}x=\oint mv_{\perp}r_{\mathrm{c}}\mathrm{d}\theta=2\pi mv_{\perp}r_{\mathrm{c}}=4\pi\frac{m}{q}\mu_{\mathrm{m}}=\text{常数}$$

因此，μ_{m} 也必然是一个常数。

首先，考察磁场在空间上缓慢变化的情形，设回旋中心沿磁力线运动，磁场为柱对称的，$B_\theta=0, \boldsymbol{B}=B_r\boldsymbol{e}_r+B_z\boldsymbol{e}_z$，并且 $B_z\gg B_r$，见图 3-5。

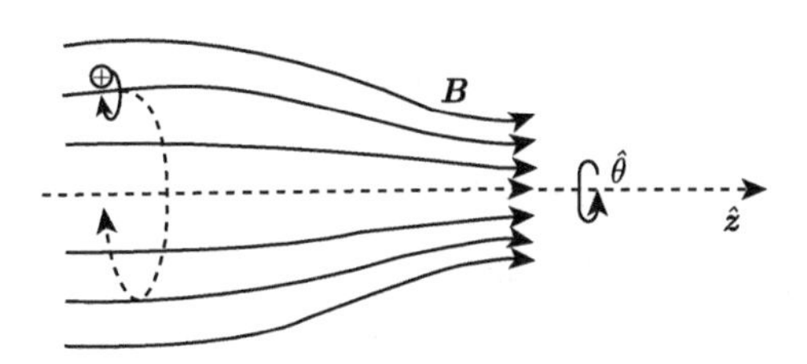

图 3-5 柱对称非均匀磁场

由磁场的散度为零，$\nabla\cdot\boldsymbol{B}=0$，在柱坐标系中可得

$$\frac{1}{r}\frac{\partial}{\partial r}(rB_r)+\frac{\partial B_z}{\partial z}=0 \tag{3-58}$$

沿回旋半径对上式积分：

$$\int_0^{r_c} \frac{\partial}{\partial r}(rB_r)\,\mathrm{d}r = -\int_0^{r_c} r\frac{\partial B_z}{\partial z}\mathrm{d}r \to r_c B_r \approx -\frac{r_c^2}{2}\frac{\partial B_z}{\partial z}$$

假定 $\frac{\partial B_z}{\partial z}$ 的值由 $r=0$ 的轴上给定，并且沿 r 方向的变化可以忽略 $\frac{\partial B_z}{\partial z} \approx \frac{\partial B}{\partial z}$，于是，可得在轴线附近的径向磁场分量的近似值：

$$B_r \approx -\frac{1}{2}r_c\frac{\partial B}{\partial z} \tag{3-59}$$

于是，粒子所受到洛伦兹力的各分量为

$$\begin{cases} F_r = qv_\theta B_x \\ F_\theta = -qv_r B_z + qv_z B_r \\ F_z = -qv_\theta B_r \end{cases} \tag{3-60}$$

式中，F_r 和 F_θ 的第一项构成回旋运动；F_θ 则引起带电粒子沿 r 方向的漂移，当 $r=0$ 时，该项为 0。$F_z = F_\parallel$ 表示带电粒子沿磁力线方向受到的力，将 (3-59) 式代入，可得

$$F_\parallel = \frac{q}{2}v_\theta r_c\frac{\partial B}{\partial z}$$

由于离子和电子回旋方向相反，则对于离子，电荷为正，但 $v_\theta < 0$；对于电子，电荷为负，但 $v_\theta > 0$。对于这两种电荷的横向速度可以表示为 $v_\theta = -v_\perp$，于是带电粒子沿磁力线方向受到的力为

$$F_\parallel = \frac{q}{2}v_\theta r_c\frac{\partial B}{\partial z} = -\frac{mv_\perp^2}{2B}\frac{\partial B}{\partial z} = -\mu_m\frac{\partial B}{\partial z} = -\mu_m\nabla_\parallel B \tag{3-61}$$

式中，$\mu_m = \frac{mv_\perp^2}{2B}$。上式的结果和 (3-48) 式是相似的，综合这两个关系，可得带电粒子在非均匀磁场中的总的受力情况为

$$F_m = -\mu_m\nabla B \tag{3-62}$$

即在非均匀磁场中，带电粒子所受到的等效力的大小与磁场梯度成正比，与梯度的方向相反，指向弱磁场区域，这种等效力因为与磁场梯度相关联，所以也称磁梯度力 (magnetic gradient force)。这个过程首先是从磁镜系统的研究中给出的，因此，在有些文献中也将 F_m 称为磁镜力 (magnetic mirror force)。在磁约束受控

聚变等离子体中，常将这一原理称为最小 B 原理，因为磁场总是将等离子体向最弱的磁场区域压缩。

将 (3-61) 式进一步改写成带电粒子沿磁力线的平行运动方程：

$$m\frac{\mathrm{d}v_{\parallel}}{\mathrm{d}t}=-\mu_{\mathrm{m}}\frac{\partial B}{\partial z}$$

将上述方程两边同时乘以 $v_{\parallel}=\dfrac{\mathrm{d}z}{\mathrm{d}t}$，则可得

$$\frac{\mathrm{d}}{\mathrm{d}t}\left(\frac{1}{2}mv_{\parallel}^{2}\right)=-\mu_{\mathrm{m}}\frac{\partial B}{\partial z}\frac{\mathrm{d}z}{\mathrm{d}t}=-\mu_{\mathrm{m}}\frac{\mathrm{d}B}{\mathrm{d}t} \tag{3-63}$$

因为洛伦兹力并不对带电粒子做功，则粒子的动能守恒：

$$\frac{\mathrm{d}}{\mathrm{d}t}\left(\frac{1}{2}mv_{\parallel}^{2}+\frac{1}{2}mv_{\perp}^{2}\right)=\frac{\mathrm{d}}{\mathrm{d}t}\left(\frac{1}{2}mv_{\parallel}^{2}+\mu_{\mathrm{m}}B\right)=\frac{\mathrm{d}}{\mathrm{d}t}\left(\frac{1}{2}mv_{\parallel}^{2}\right)+B\frac{\mathrm{d}\mu_{\mathrm{m}}}{\mathrm{d}t}+\mu_{\mathrm{m}}\frac{\mathrm{d}B}{\mathrm{d}t}=0$$

将 (3-63) 式代入上式，得

$$\frac{\mathrm{d}\mu_{\mathrm{m}}}{\mathrm{d}t}=0\rightarrow\mu_{\mathrm{m}}=\text{常数} \tag{3-64}$$

即带电粒子在非均匀磁场中运动时，其磁矩为常数，是一个守恒量。

其次，我们考察磁场随时间缓慢变化的情形。一般磁场不改变带电粒子的能量，但是变化的磁场会感应电场，可以通过感应电场改变粒子的能量，感应电场由关系 $\nabla\times\boldsymbol{E}=-\dfrac{\partial\boldsymbol{B}}{\partial t}$ 给出，在垂直磁场的方向上粒子动能的改变为

$$\frac{\mathrm{d}}{\mathrm{d}t}\left(\frac{1}{2}m\boldsymbol{v}_{\perp}^{2}\right)=q\boldsymbol{E}\cdot\boldsymbol{v}_{\perp}=q\boldsymbol{E}\cdot\frac{\mathrm{d}\boldsymbol{l}}{\mathrm{d}t}$$

式中，$\mathrm{d}\boldsymbol{l}$ 为沿横向速度方向上的线元，在回旋周期内积分得到垂直动能的变化量：

$$\delta\left(\frac{1}{2}m\boldsymbol{v}_{\perp}^{2}\right)=\int_{0}^{T_{\mathrm{c}}}q\boldsymbol{E}\cdot\frac{\mathrm{d}\boldsymbol{l}}{\mathrm{d}t}\mathrm{d}t=\oint q\boldsymbol{E}\cdot\mathrm{d}\boldsymbol{l}=q\iint(\nabla\times\boldsymbol{E})\cdot\mathrm{d}S=-q\iint\frac{\partial\boldsymbol{B}}{\partial t}\cdot\mathrm{d}S$$

这里，$S=\pi r_{\mathrm{c}}^{2}$ 为回旋轨道的面积，方向由右手螺旋法则确定；因为等离子体的抗磁性，对于离子有 $\boldsymbol{B}\cdot\mathrm{d}S<0$，对于电子有 $\boldsymbol{B}\cdot\mathrm{d}S>0$，并利用关系 $\dfrac{\partial\boldsymbol{B}}{\partial t}=\dfrac{\delta\boldsymbol{B}}{T_{\mathrm{c}}}=\dfrac{\omega_{\mathrm{c}}\delta\boldsymbol{B}}{2\pi}$，代入上式可得

$$\delta\left(\frac{1}{2}m\boldsymbol{v}_{\perp}^{2}\right)=\frac{1}{2}q\omega_{\mathrm{c}}r_{\mathrm{c}}^{2}\delta\boldsymbol{B}=\frac{m\boldsymbol{v}_{\perp}^{2}}{2\boldsymbol{B}}\delta\boldsymbol{B}=\mu_{\mathrm{m}}\delta\boldsymbol{B}$$

于是，从上式可得

$$\delta\left(\mu_{\mathrm{m}}\boldsymbol{B}\right)=\mu_{\mathrm{m}}\delta\boldsymbol{B}\rightarrow\delta\mu_{\mathrm{m}}=0 \tag{3-65}$$

可见，在随时间缓慢变化的磁场中，带电粒子的磁矩也是一个不变量。磁矩不变性所对应的周期性过程便是带电粒子在磁场中的回旋运动。

从上面的证明过程我们可以看出，磁梯度力实际上仅是一个等效力，事实上它并不对带电粒子产生加速或减速作用，而是引起粒子的横向动能与纵向动能之间的互相转换，在这个转换过程中，总动能是守恒的。

利用磁矩不变性原理，可以很好地解释发生在磁镜中的物理过程。

如图 3-6 所示，磁镜是由两个电流方向相同的载流线圈形成的一个磁场位型，两个线圈之间的中间面上磁场最弱，沿中心轴向两端的电流圈方向，磁场逐渐增强，在线圈中心处磁场最强。两个磁场最强的区域，通常称为镜端。带电粒子在这样的磁场位型中运动时，其总动能是守恒的。设在中心位置处动能为 W_0 的带电粒子以初始平行速度为 $v_{\|0}$ 向镜端运动时，将受到磁梯度力的作用，$\boldsymbol{F}=-\mu_{\mathrm{m}}\nabla\boldsymbol{B}$。由于在这里磁梯度力主要发生在沿磁力线的纵向，其方向始终指向磁镜的中心区域，所以，粒子的纵向速度将逐渐减小，当达到镜端时，如果纵向速度 $v_{\|0}$ 已经减小为 0，则受磁梯度力的作用，该粒子将反射回来；反之，如果粒子到达镜端时还有净余的纵向速度 $v_{\|0}>0$，则该粒子将穿过镜端而逃出磁镜区域。在这个过程中，

$$W_0=\frac{1}{2}mv_{\perp0}^2+\frac{1}{2}mv_{\|0}^2=\frac{1}{2}mv_{\perp}^2+\frac{1}{2}mv_{\|}^2 \tag{3-66}$$

$$\mu_{\mathrm{m}}=\frac{\frac{1}{2}mv_{\perp0}^2}{B_{\min}}=\frac{\frac{1}{2}mv_{\perp}^2}{B} \tag{3-67}$$

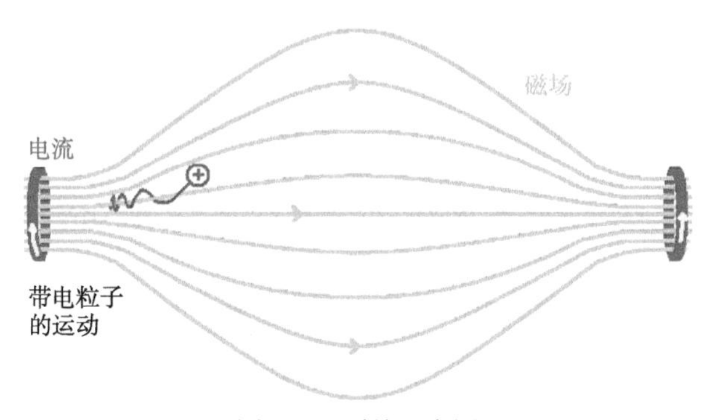

图 3-6　磁镜示意图

当一个粒子从中心区域向镜端运动时，$\boldsymbol{B}$ 不断增大，由磁矩守恒可知，粒子的横向动能也不断增大，总动能守恒表明，粒子的纵向动能将不断减小。要使该

粒子在镜端发生反射，要求满足下列条件：

$$\frac{\frac{1}{2}mv_{\perp 0}^2}{B_{\min}} \geqslant \frac{\frac{1}{2}m\left(v_{\perp 0}^2+v_{\parallel 0}^2\right)}{B_{\max}} \tag{3-68}$$

当上式中等号成立时，粒子刚好在镜端发生反射；而当上式中取大于符号时，粒子在到达镜端之前便已经发生反射了。定义入射角 θ_0(incident angle) 和磁镜比 (mirror ratio)η：

$$\tan\theta_0 = \frac{v_{\perp 0}}{v_{\parallel 0}}, \quad \eta = \frac{B_{\max}}{B_{\min}} \tag{3-69}$$

设粒子在磁镜中心区域的初始入射角为 θ_0，当它运动到镜端时速度与磁场的夹角为 θ_{m} 时，则根据磁矩守恒可得

$$\sin^2\theta_{\mathrm{m}} = \frac{B_{\max}}{B_{\min}}\sin^2\theta_0 \tag{3-70}$$

当 $\theta_{\mathrm{m}} = \pi/2$ 时，粒子在镜端反射，与此对应的初始入射角 $\theta_0 = \theta_{\mathrm{c}}$ 称为临界入射角，可由下式求得

$$\sin^2\theta_{\mathrm{c}} = \frac{B_{\max}}{B_{\min}} \to \sin\theta_{\mathrm{c}} = \left(\frac{B_{\min}}{B_{\max}}\right)^{1/2} = \eta^{-1/2} \tag{3-71}$$

根据粒子的初始入射角的大小，可以将所有带电粒子分成两大类。

捕获粒子 (trapped particle)：$\theta_0 > \theta_{\mathrm{c}}$，粒子在两个镜端之间来回反射，做反弹 (bounce) 运动，也称约束粒子。

逃逸粒子 (escaping particle or passing particle)：$\theta_0 < \theta_{\mathrm{c}}$，这样的粒子在运动到镜端时还有剩余的纵向速度，可以穿越镜端而逃离磁镜系统，也称通行粒子。当利用磁镜系统来约束等离子体时，这部分逃逸粒子便构成了端损失。如果假定在磁镜中粒子的速度分布是各向同性的，并忽略碰撞效应，则逃逸粒子的份额 P 为

$$P = \int_0^{\theta_{\mathrm{c}}} \sin\theta \mathrm{d}\theta = 1 - \cos\theta_{\mathrm{c}} = 1 - \sqrt{1-\frac{1}{\eta}} \approx \frac{1}{2\eta} \tag{3-72}$$

在速度空间，以临界入射角 θ_{c} 为半顶角的圆锥体称为损失锥 (loss-cone)，锥内的粒子将从磁镜中逃逸，从而形成一种各向异性的分布，称为损失锥分布，这是天体物理中常见的一种等离子体不稳定性的驱动机制。

3.2.2 纵向不变量

捕获在磁镜中的带电粒子，其回旋中心沿磁力线来回反弹运动，设反弹周期为 $\tau_{\rm b}$，当两个磁镜缓慢运动时 $\left(\tau_{\rm b} \gg \dfrac{B}{\partial B/\partial t}\right)$，可定义纵向动量的积分为

$$J = \oint mv_{\|}{\rm d}z \tag{3-73}$$

将带电粒子总动能进行分解：$W = W_{\|} + W_{\perp} = \mu_{\rm m}B + \dfrac{1}{2}mv_{\|}^2$，可得纵向动量：

$$p_{\|} = mv_{\|} = \pm\sqrt{2m\left(W - \mu_{\rm m}B\right)} \tag{3-74}$$

将上式代入 (3-73) 式，可得

$$\boldsymbol{J} = \oint mv_{\|}{\rm d}\boldsymbol{z} = 2\int_{z_1}^{z_2} \sqrt{2m\left(W - \mu_{\rm m}\boldsymbol{B}\right)}{\rm d}\boldsymbol{z} \tag{3-75}$$

式中的积分限 z_1 和 z_2 分别表示镜端的坐标。设从 z_1 到 z_2 为正，(3-74) 式中取正号，则从 z_2 到 z_1 方向为负，(3-74) 式中的动量取负号。由于假定镜端仅做缓慢运动，所以从 z_1 到 z_2 的距离同从 z_2 到 z_1 的距离近似相等，对 (3-75) 式中两端微分，得

$$\begin{aligned}\frac{{\rm d}J}{{\rm d}t} =& 2^{\frac{3}{2}}m^{\frac{1}{2}}\left\{\left(W - \mu_{\rm m}B\right)^{\frac{1}{2}}\Big|_{z_2}\frac{{\rm d}z_2}{{\rm d}t} - \left(W - \mu_{\rm m}B\right)^{\frac{1}{2}}\Big|_{z_1}\frac{{\rm d}z_1}{{\rm d}t}\right.\\ &\left. + \int_{z_1}^{z_2}\frac{\rm d}{{\rm d}t}\left(W - \mu_{\rm m}B\right)^{\frac{1}{2}}\Big|{\rm d}z\right\}\end{aligned}$$

因为在镜端 z_1 和 z_2 处，粒子的纵向动能为 0，$W - \mu_{\rm m}B = W_{\|} \to 0$，所以上式右端的第一项和第二项均为 0。同时，利用磁矩不变性，上式为

$$\begin{aligned}\frac{{\rm d}J}{{\rm d}t} &= 2\int_{z_1}^{z_2}\frac{\rm d}{{\rm d}t}\left[2m\left(W - \mu_{\rm m}B\right)\right]^{\frac{1}{2}}{\rm d}z = 2\int_{z_1}^{z_2}\frac{\rm d}{{\rm d}t}\left(mv_{\|}\right){\rm d}z = 2\int_{z_1}^{z_2}F_{\|}{\rm d}z\\ &= 2\int_{z_1}^{z_2}\left(-\mu_{\rm m}\frac{\partial B}{\partial z}\right){\rm d}z = -\mu_{\rm m}\oint\frac{\partial B}{\partial z}{\rm d}z = 0\end{aligned}$$

因此，$J =$ 常数。纵向动量的积分为一个绝热不变量。因为在这里我们一般不考虑粒子的质量的变化，所以，纵向不变量 (3-73) 式有时也表示成纵向速度的积分：$J = \oint v_{\|}{\rm d}z$。在非相对论情形，这两种表述方式是等价的。

利用纵向动量积分的不变性可以解释带电粒子在运动磁镜中的加速过程。设当 $t = 0$ 时，磁镜的两个镜端分别位于 z_1 和 z_2 处，距离为 L；经过一次反弹后，镜端位置分别位于 z_1' 和 z_2'，距离为 L'。为简单起见，假定在反弹前粒子的纵向速度 $v_\parallel$ 在镜端之间近似为常数，在反弹后纵向速度 $v_\parallel'$ 也近似为常数。则由纵向不变量可得

$$v_\parallel L = v_\parallel' L' \to v_\parallel' = \frac{L}{L'} v_\parallel \tag{3-76}$$

再根据磁矩不变性，在磁镜的中间区域磁场 B 不变，在反弹前后粒子运动到中间区域时的横向动能也不变，$\frac{1}{2}mv_\perp^2 = \frac{1}{2}mv_\perp'^2$。于是，当两镜端缓慢靠近时 $L' < L$，粒子的动能为

$$W' = \frac{1}{2}m\left(v_\perp'^2 + v_\parallel'^2\right) = \frac{1}{2}m\left[v_\perp^2 + \left(\frac{L}{L'}\right)^2 v_\parallel^2\right] > W \tag{3-77}$$

保留一阶近似，我们可以得到在这个过程中单位时间粒子被加速的功率为

$$\frac{\mathrm{d}W}{\mathrm{d}t} \approx \frac{v_\mathrm{m}}{L} k_\mathrm{B} T \tag{3-78}$$

式中，v_m 为磁镜的镜端互相靠近的速度，靠近为正，离开为负。这表明，当两镜端缓慢靠近时，捕获在磁镜中的带电粒子的能量会增加，这种能量的增加是由带电粒子与运动磁镜相碰撞而得到的，这种加速机制是 1949 年首先由费米 (Fermi) 提出的，所以称为费米加速。利用费米加速机制可以解释极高能宇宙线的起源。星际空间具有强磁场的磁云发生相向运动时，捕获期间的带电粒子与磁云多次碰撞而被加速。由于在费米加速过程中，粒子的横向动能 $W_\perp$ 不变，只有纵向动能 $W_\parallel$ 增加，这样，粒子的投射角 $\theta_0 = \arctan\left(\frac{v_\perp}{v_\parallel}\right)$ 将逐渐减小，这样经过多次与运动磁镜碰撞而加速后，将达到逃逸条件 $\theta_0 < \theta_\mathrm{c}$，粒子逃出磁镜区域，结束加速过程。

3.2.3 磁通不变性

在缓变磁场中，带电粒子的回旋轨道所包围的磁通量为

$$\Phi = B\pi r_\mathrm{c}^2 = B\pi\left(\frac{mv_\perp}{qB}\right)^2 = \frac{2\pi m}{q^2}\mu_\mathrm{m} = 常数 \tag{3-79}$$

可见，在粒子的回旋轨道面上的磁通量是一个守恒量。

前面讨论的磁镜场都是轴对称的场，但是，在宇宙中存在的绝大部分情形则是非轴对称的，比如地磁场的辐射带 (radiation belt)、太阳大气中的冕环 (coronal loop) 和磁绳 (magnetic flux rope) 等。它们可以看成是一类弯曲的磁镜。在这类弯曲磁镜场中，捕获的带电粒子除了在镜端之间反弹运动外，还存在一种垂直于磁环的漂移运动。例如，地球辐射带中，这种漂移运动的方向将沿地球的赤道方向，如果地磁场是严格对称的偶极场，则粒子漂移一周后还会回到原来那条磁力线上。这样的漂移轨道构成一个旋转面，只要磁场的变化足够缓慢，即 $\tau_{\mathrm{d}} \ll \dfrac{B}{\partial B/\partial t}$(这里 τ_{d} 为粒子在漂移轨道上漂移一周所需的时间)，则该漂移轨道面内的磁通量必然是守恒的。

范艾伦辐射带，是指在地球附近的空间中包围着地球的高能辐射层，最早是由美国物理学家范艾伦 (van Allen) 发现的，因此而命名。范艾伦辐射带分为内外两层，从几百千米到 6000km 的低空称为“内带”，6000km 以上的高空称为“外带”，见图 3-7。两层之间还存在一个范艾伦带缝，缝中的高能电子很少。范艾伦辐射带由高达几兆电子伏的电子以及几百兆电子伏的质子组成，另外还有少量的重粒子，这些高能粒子对载人航天、空间飞行器等都有一定危害，其内外带之间的缝隙则是辐射较少的安全地带。

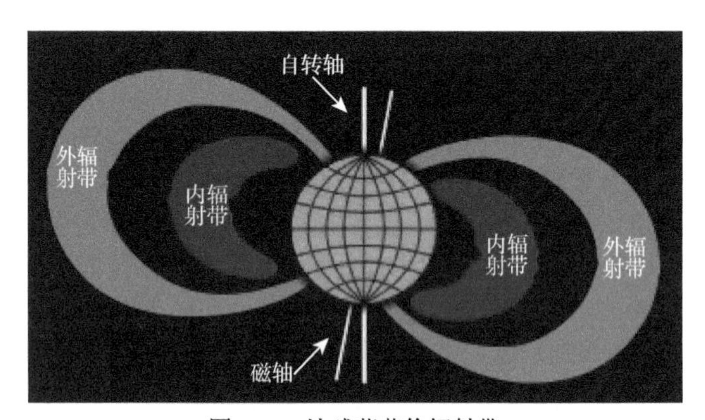

图 3-7　地球范艾伦辐射带

不过，由于地球辐射带还经常受到太阳风等的扰动因素的影响，往往在带电粒子走完一个漂移周期之前，磁场已经发生了显著的变化，从而上述磁通量守恒不再满足了。

3.3　单粒子轨道理论在天体物理中的应用

3.3.1　宇宙高能粒子的加速

利用单粒子的绝热不变性原理中的纵向不变量，可以得到费米加速的结果，可见 (3-77) 式和 (3-78) 式。我们在第 10 章介绍等离子体中的粒子加速机制的时候，还会对这个问题进行详细介绍。

3.3.2 日冕加热

一个多世纪前人们已经知道，太阳光球表面的温度大约为 5800K，在黑子等强磁场区域大约为 4300K。但是，在 1869 年, 人们在观测日全食时在日冕中发现了一条奇怪的谱线 5303Å，它与当时已知的任何元素的谱线都不吻合，这是如何产生的呢？难道是一种未知的新元素吗？这条谱线的形成机制长期困扰着科学界。直到七十多年后的 1943 年，Edlen(1943) 将上述日冕辐射谱线解释为铁原子 13 次电离时产生的 (电离能大约为 355eV)，这一解释很快被人们普遍接受。但同时又产生了一个新的问题，要使铁原子产生 13 次电离，日冕大气的温度至少必须达到百万摄氏度以上！这个温度远高于太阳光球表面，这是怎么回事呢？

第二次世界大战结束以来，人们利用各种手段在多波段进行成像观测，包括软 X 射电成像、射电波段的成像，以及大量紫外和极紫外谱线的成像观测，反复验证了高温日冕的存在。图 3-8 给出了从太阳表面向上到低日冕处的温度和密度的变化曲线，这是利用一系列的日全食期间光学观测、卫星的软 X 射线观测，以及紫外和极紫外多波段观测，通过综合分析给出的。

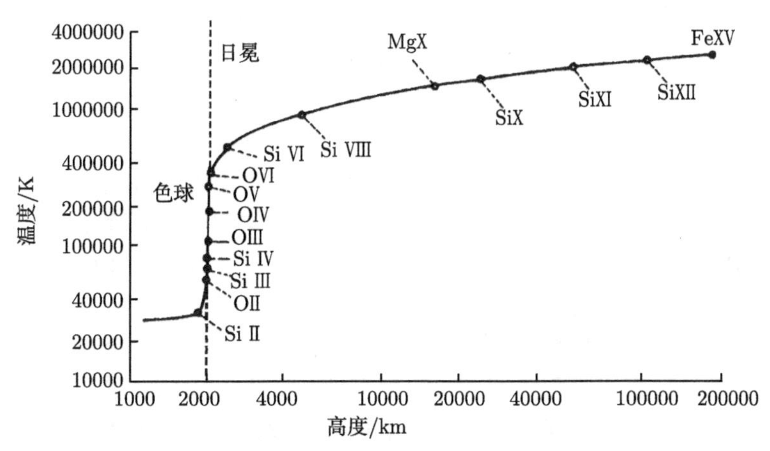

图 3-8 从太阳光球表面到日冕的温度分布 (Vernazza et al., 1981)

再结合大量光学观测事实，目前人们给出的太阳大气温度分布特征如下：在太阳光球表面附近，平均有效温度为 5770K 左右，往上温度逐渐下降，到大约 500km 高度处，温度降到最低，为 4200~4500K。随后温度开始缓慢抬升，到 2000km 高度处温度，上升到大约 7900K；随后，温度迅速上升，在大约 2400km 高度处，温度可上升到 30 万 K 以上；到 4000~5000km 高度处，温度则达到百万开尔文以上。

众所周知，太阳释放的能量来源于太阳内部核心区的热核聚变反应，能量从太阳内部产生并向外传播，按照热力学第二定律，太阳各层次的温度必然是从内部向外层逐渐降低的。日冕的温度竟然比其下层的光球高 2~3 个数量级，这是严重违背热力学第二定律的！如此高温的日冕是如何形成并长期维持的呢？这便是日冕反常加热之谜。

高温日冕的发现至今已经七十多年了，有关其形成之谜仍然是太阳物理乃至天体物理学中极为重要且悬而未决的一个老大难问题。2012 年，国际著名杂志 *Science* 发表了第 29 届国际天文学联合会大会期间世界各地天体物理学家们通过反复比较筛选而列出的当代天文学的八大难题，日冕加热之谜为其中之一，与暗物质和暗能量等问题一起，成为当代天体物理领域面临的重大难题 (Kerr，2012)。美国国家航空航天局 (NASA) 网站上列出的太阳物理学三大难题 (big questions) 中，日冕加热机制为其中之一。由此可见这个问题的重要性，它直接关系到我们对太阳和恒星大气动力学过程的理解。

1948 年，Biermann 和 Schwarzschild 分别提出太阳表面附近的湍流运动产生向上传播的声波可能加热了日冕。但是，随后大量观测均未找到相关证据，比如，20 世纪 70 年代发射的 OSO-8 搭载的紫外–极紫外探测器观测表明，从太阳表面向上传播的声波所携带的最大能流大约为 $10\mathrm{W/m^2}$，而理论分析表明，日冕加热所需最小能流为 $10^{2.7}\mathrm{W/m^2}$(Aschwanden et al., 2007)。可见，声波对日冕加热的贡献是很小的 (小于 10%)，无法对高温日冕的形成给出合理的解释。随后，人们又先后提出了许多加热机制，这些机制可以分成两大类。

(1) 波动加热机制。太阳光球层附近的湍流运动驱动磁力线扰动，激发各种波动沿磁力线向上传播，波动携带的能量在太阳色球和日冕等离子体中耗散而实现加热。其中最重要的加热模式有磁声波和阿尔文波 (Davila, 1987；de Pontieu et al., 2007, 2011)。人们通过对太阳光球附近的扰动特征的分析发现，湍流激发的阿尔文波确实能携带足够的能量向上传播。但是，这里有一个问题，那就是这些阿尔文的能量如何在太阳色球和日冕中有效耗散呢？我们知道，从太阳光球到日冕，等离子体密度是迅速降低的，一个从磁场较强的稠密等离子体区传播出来的阿尔文波，当它到达磁场较弱的稀薄等离子体区时，能量是很难耗散的。为此，人们提出了诸如相混合机制、动力学阿尔文波机制来解决这个问题，但至今还没有令人信服的结果。

(2) 磁场重联加热机制。太阳表面附近的各种对流运动带动磁力线产生剪切、汇聚、扭曲等运动，从而在太阳色球和日冕中激发各种尺度的磁场重联而释放能量，加热日冕。这种机制通常也称为纳耀斑模型 (Parker, 1988)，它指的是即使在太阳宁静区和宁静时间里，太阳大气中各个地方每时每刻都在发生相比于耀斑爆发规模小得多的磁场重联过程，每一次这样的重联过程即对应一次纳耀斑爆发。

纳耀斑活动如此得小，以至于我们目前的太阳望远镜都还无法清楚地发现它们。人们从太阳活动周中的耀斑统计研究中发现，不同爆发强度的耀斑发生的频率服从幂律谱分布。理论研究表明，如果纳耀斑分布的谱指数大于 2，那么由纳耀斑释放的能量就足够加热太阳色球和日冕大气。但是，人们利用长期观测数据进行统计分析发现，可观测的耀斑爆发分布中，M 级耀斑的谱指数超过 2，而 X 级、C 级和 B 级耀斑的谱指数均小于 2。如果按照 C 级和 B 级耀斑分布外推，更小的 A 级耀斑和纳耀斑分布的谱指数很可能是小于 2 的，也就是说在太阳大气中没有足够的纳耀斑加热日冕。根据迄今的观测表明，由微耀斑和纳耀斑所释放的能量对日冕的加热贡献估计不超过 15% 。

上述两大类机制是目前关于日冕加热的主流模型，每年在国际学术期刊，包括著名的 *Nature* 和 *Science* 等期刊上发表的研究日冕加热的论文成百上千，基本上都是在上述两大类机制框架上进行探索。那么，除了上述两类加热机制外，还有别的加热机制吗？

近年来，随着新一代空间太阳望远镜先后投入运行，人们发现了一系列新的观测现象，例如拥有快速向上热流的 Ⅱ 型针状体 (type Ⅱ spicule)(de Pontieu et al., 2011)、极紫外 (EUV) 龙卷风和旋转磁结构 (Zhang et al., 2011)、从太阳光球表面到高层大气之间的精细结构通道 (Ji et al., 2012) 等。在这些观测现象中，都发现有从太阳表面快速上升的高温热流，热流的上升速度在日冕底部可达 100km/s 以上，热流的温度可达百万开尔文以上。人们推断，这些上升热流携带的高温物质很可能对日冕加热有重要贡献。

但是，这里有一个问题大家还没有解释：是什么机制驱动这些高温物质向上流动呢？很显然，根据热力学第二定律，高温物质是不可能自发地从只有几千开尔文的低温光球表面向上流动到高温日冕的，我们需要寻找一种新的机制来解释这种对热力学第二定律的破坏。

人们通过各种高分辨率的太阳望远镜的长期观测发现，太阳大气中磁场结构可分为开放场和闭合磁通量管两类。在开放场中，磁力线可以延伸到很高的日冕大气中。在这两大类磁结构中，普遍存在磁场梯度，即从磁通量管的足点向上，磁场越来越弱，存在一个指向太阳内部的磁场梯度。这样的磁结构非常类似于一个磁镜位型，足点类似于磁镜的镜点。

众所周知，对于任意一个物理量，如果在空间上存在梯度，则必然会驱动产生一个与梯度方向相反的流 (flow)。尤其是在磁化等离子体中，由各物理量的梯度所驱动形成的流常见的有：

电流，电势梯度驱动，$\boldsymbol{j}=-\sigma\cdot\nabla\boldsymbol{U}$；

扩散流，密度梯度驱动，$\mathit{\Gamma}=-D\cdot\nabla n$；

热流，温度梯度驱动，$\boldsymbol{q}=-K\cdot\nabla T$；

……

那么，如果存在一个磁场梯度，将产生什么流呢？

根据前面我们对磁镜的讨论中知道，如果在一个磁场位型中充斥的是无碰撞等离子体，那么带电粒子将受到一个近似沿磁力线方向并指向弱磁场区的磁梯度力的作用，或称磁镜力，其大小与磁场梯度成正比而反向，即 (3-62) 式，适当变形为

$$\boldsymbol{F}_{\mathrm{m}}=-\mu_{\mathrm{m}}\nabla\boldsymbol{B}=-\frac{\epsilon_{\perp}}{\boldsymbol{B}}\nabla\boldsymbol{B}=-\frac{\nabla\boldsymbol{B}}{\boldsymbol{B}}\epsilon_{\perp}=-\boldsymbol{G}_{B}\cdot\epsilon_{\perp} \tag{3-80}$$

式中，$\boldsymbol{G}_B=\nabla\boldsymbol{B}/\boldsymbol{B}$ 为相对磁场梯度。(3-80) 式表明，带电粒子所受到的磁镜力与磁位型中的相对磁场梯度成正比，负号表明还与梯度的方向相反。同时，磁镜力还与粒子的横向动能成正比，$F_{\mathrm{m}}\propto\epsilon_{\perp}$，即横向动能越大的粒子，其受到的磁镜力越大，越容易被从强磁场区驱动转移到弱磁场区。注意，在这里磁镜力的大小与带电粒子的电荷大小及正负都没有关系，所有带电粒子都是朝着同一个方向驱动的。这一点对我们理解日冕加热过程非常重要。

(3-80) 式在形式上非常简洁。其中，$\epsilon_{\perp}$ 是一个与粒子运动动能，也就是与热力学温度相关联的量，而 G_B 则是一个与驱动力 (磁场相对梯度) 相关联的量。

首先，我们来考察在开放场中的情形。图 3-9(a) 给出了一个开放场的典型特征，从这里可以看出，一个在开放场中的带电粒子将主要受到两个力的作用：垂直向下的引力 $F_g=mg$ 和近似垂直向上的磁镜力 F_{m}，总的作用力为

$$\boldsymbol{F}_{\mathrm{t}}=\boldsymbol{F}_{\mathrm{m}}+\boldsymbol{F}_{\mathrm{g}}=-\boldsymbol{G}_{B}\cdot\epsilon_{\perp}+mg \tag{3-81}$$

当 $F_t=0$ 时，可得

$$\epsilon_0=mgL_B \tag{3-82}$$

式中，$L_B=\dfrac{1}{|G_B|}=\left|\dfrac{B}{\nabla B}\right|$，表示磁场变化特征长度；$\epsilon_0$ 称为启动动能 (starting energy)。

当粒子横向动能大于启动动能，即 $\epsilon_{\perp}>\epsilon_0$ 时，该粒子能够克服太阳引力而被驱动向上运动，称为**逃逸粒子** (escaping particles)；

当粒子横向动能小于启动动能，即 $\epsilon_{\perp}<\epsilon_0$ 时，则该粒子不能克服太阳引力，只能被束缚在太阳表面附近，称为**约束粒子** (confined particles)。

在这里，引力项的引入至关重要！以前 Shibasakis(2001) 和 Hollweg(2006) 等也曾研究过磁场梯度的作用，但是他们没有考虑引力项，因此就无法区分抽运粒子和约束粒子，所有粒子都同样被抽运，即使引入了磁梯度力也得不到日冕加热的结论。

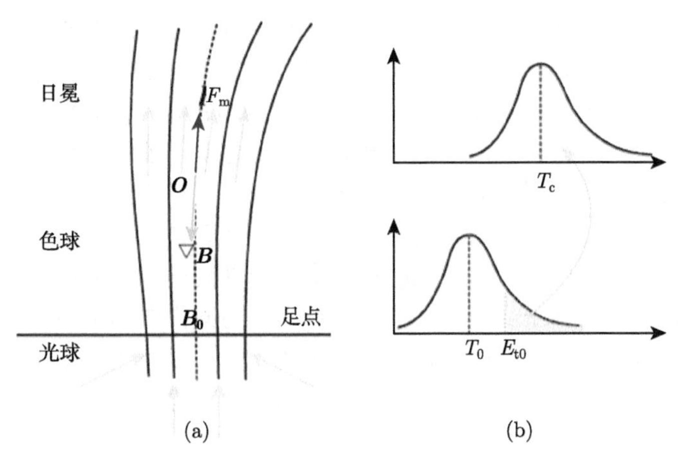

图 3-9 磁场梯度抽运机制加热日冕：(a) 开放磁场位型；(b) 分布曲线反映了在抽运过程中粒子能量分布的演变过程 (Tan, 2014)

由图 3-10 可见，假定在等离子体中，所有粒子都是热平衡的，其能量分布满足各向同性分布 ($f(\epsilon_t)=\frac{\epsilon_t}{(k_BT_0)^2}e^{-\frac{\epsilon_t}{k_BT_0}}$)。荷电粒子的动能越大，其横向动能分量也越大，所受到的磁梯度力越大，越容易逃离强磁场区。也就是说，磁场梯度所驱动的是热平衡等离子体中能量比较高的荷电粒子，形成**富能粒子流** (energetic charged particle flow)。

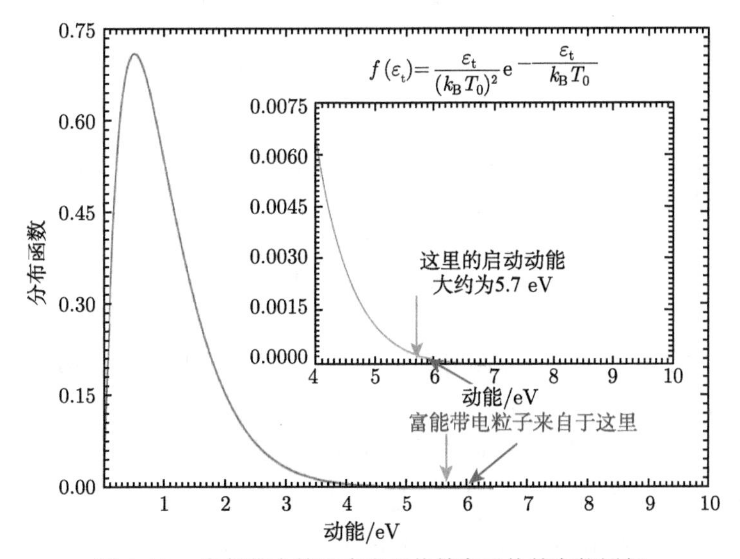

图 3-10 富能带电粒子来自于热等离子体的高能尾部

在太阳光球表面附近，磁场的特征长度大约为 1000km 量级，由此可以算出，电子的启动动能大约为 0.0016eV，质子的启动动能为 2.85eV。我们知道，在光球表面附近热平衡的电子和质子的平均动能大约为 0.6eV。也似乎表明，绝大部分电子都将首先达到逃逸条件而逃逸，却只有少部分质子能达到逃逸条件逃逸。在磁场梯度力的作用下，似乎会发生正负电荷的分离，从而产生电流？但是，事实上，当正负电荷因磁场梯度力而发生分离时，必然会在相反方向上产生一个分离电场，在该电场的作用下，被首先驱动的电子会受到一个与磁场梯度力方向相反的阻力，未被驱动的离子会受到一个与磁场梯度力同方向的拖拽，从而使离子和电子产生协同运动 (synergic motion)。由于离子的质量远大于电子，所以实际上是离子的运动决定着电子的逃逸。因此，我们在计算逃逸粒子时应当取质子的启动动能作为参考。

这里还有一个重要问题，那就是太阳光球和色球大气是部分电离的，其中含有大量未电离的中性原子，电子和离子与中性原子之间的碰撞是频繁的。在这种情况下，描述磁场梯度力的 (3-80) 式成立吗？

我们知道，磁场梯度力是在单粒子轨道理论中分析磁场梯度漂移情况下得出的，其前提条件是带电粒子的平均碰撞时间 (t_{c}) 远大于粒子在磁场中回旋运动的周期 (t_{mc})，也就是说，带电粒子在非均匀的梯度磁场中与其他粒子发生碰撞以前，至少可以完成多个回旋运动，即要求满足：

$$t_{\mathrm{c}} \gg t_{\mathrm{mc}} \tag{3-83}$$

这里，带电粒子与中性原子的平均碰撞时间由下式计算：

$$t_{\mathrm{c}}\,(\mathrm{ia}) = \frac{1}{\pi r_0^2 v n_{\mathrm{H}}} \approx 1.25 \times 10^{18} \frac{1}{n_{\mathrm{H}} T^{1/2}} \tag{3-84}$$

式中，$r_0 = 0.53 \times 10^{-10}\mathrm{m}$，为氢原子半径；$n_{\mathrm{H}}$ 为氢原子数密度。带电粒子之间的平均碰撞时间则由下式计算：

$$t_{\mathrm{c}}\,(\mathrm{ii}) \approx 6.94 \times 10^{6} \frac{T^{3/2}}{n_{\mathrm{i}} ln} \tag{3-85}$$

式中，n_{i} 为质子数密度。在太阳等离子体中，正离子主要由质子构成，其磁回旋运动的周期由下式计算：

$$t_{\mathrm{mc}} \approx 6.7 \times 10^{-8} B^{-1} \tag{3-86}$$

这里，磁场 B 的单位为 G。可见，上述时间尺度还与太阳大气的密度有关，采用常用的太阳大气模型给出的结果 (Vernazza et al., 1981)，我们可以分别对太阳光球、色球和日冕大气进行计算，其结果见表 3-1。

从表 3-1 的结果中可见，即使在弱电离的光球大气中，一个质子在同其他粒子碰撞前，也至少绕磁力线回旋了 100 周以上。在色球中，碰撞的特征时间比回旋周期大 4 个数量级以上，在日冕中则大 7 个数量级以上。这表明，(3-80) 式即使在部分电离的太阳光球大气中也是成立的，在太阳色球和日冕中成立更是没有疑问的！

表 3-1　太阳大气中典型时间尺度对比

参数	光球	色球	日冕
T/K	5450	10800	447000
$n_{\mathrm{H}}/\mathrm{m}^{-3}$	6.880×10^{22}	9.136×10^{16}	2.137×10^{15}
$n_{\mathrm{i}}/\mathrm{m}^{-3}$	1.065×10^{19}	7.259×10^{16}	2.567×10^{15}
B/G	500	100	20
t_{c} (ia)/s	2.46×10^{-7}	0.13	0.87
t_{c} (ii)/s	1.75×10^{-8}	7.2×10^{-6}	5.4×10^{-2}
t_{mc}/s	1.3×10^{-10}	6.7×10^{-10}	3.4×10^{-9}

逃逸粒子的数量及携带的能量可以通过下列积分进行计算：

$$\begin{cases} N_{\epsilon_\perp>\epsilon_0} = qN_0\displaystyle\int_{\epsilon_0}^{\infty} f(\epsilon_k)\,\mathrm{d}\epsilon_k \\ E_{\epsilon_\perp>\epsilon_0} = qN_0\displaystyle\int_{\epsilon_0}^{\infty} \epsilon_k f(\epsilon_k)\,\mathrm{d}\epsilon_k \end{cases} \tag{3-87}$$

式中，q 为粒子横向动能在总动能中所占的比例因子，一般可取 $q=0.5$。逃逸粒子的平均动能和向上运动速度分别为

$$\begin{cases} k_{\mathrm{B}}T_{\mathrm{c}} = \dfrac{E_{\epsilon_\perp>\epsilon_0}}{E_{\epsilon_\perp>\epsilon_0}} \\ v_{\mathrm{up}} = \displaystyle\int_{\epsilon_0}^{\infty} v_{\parallel} f(\epsilon_k)\,\mathrm{d}\epsilon_k \end{cases} \tag{3-88}$$

逃逸粒子所携带的向上能流为

$$P_{\mathrm{up}} \approx k_{\mathrm{B}}T_{\mathrm{c}}\cdot v_{\mathrm{up}}\cdot N_{\epsilon_\perp>\epsilon_0} \tag{3-89}$$

式中，k_{B} 为玻尔兹曼常量；$f(\epsilon_t)=\dfrac{\epsilon_t}{(k_{\mathrm{B}}T_0)^2}\mathrm{e}^{-\frac{\epsilon_t}{k_{\mathrm{B}}T_0}}$ 为粒子的麦克斯韦分布函数，这里 T_0 为太阳低层大气温度。这里假定太阳低层大气等离子体处于热平衡状态。约束粒子便分布在曲线的低能端，而逃逸粒子则分布在曲线的高能端。当逃逸粒子被抽运到高层大气中聚集而达到平衡时，T_{c} 可作为高层大气温度的近似估计。

对于同一个开放磁通量管，磁场梯度是相对稳定的，对于同样投射角，能量越大的粒子，横向动能也越高，受到的磁镜力越强，越容易到达高层日冕大气中。这些能量较高的热粒子被驱动沿磁通量管向上输运。在高层日冕中，磁场梯度趋近于 0，磁镜力也趋近于 0，从而导致高能粒子在高层大气中聚集，形成高温日冕。在开放场磁通量管中发生的上述过程类似于抽水机，将高能量的粒子抽运到高层大气中聚集，抽运的动力来自于磁场梯度，因此，我们称这个机制为磁场梯度抽运 (magnetic gradient pumping, MGP) 机制。MGP 的结果便是将分布曲线高能尾端的粒子驱动到太阳高层日冕大气中，其分布函数的变化过程如图 3-10 中间黄色箭头所示。

事实上，在启动动能的 (3-82) 式中，无论是引力加速度 g 还是磁场变化特征长度 L_B，在太阳大气中都是高度 h 的函数，因此，启动动能也是高度的函数：

$$\epsilon_0(h) = mg(h) \cdot L_B(h) \tag{3-90}$$

在任一高度 h 处，$\epsilon_\perp > \epsilon_0$ 的粒子是无法在该高度处停留的，会继续向上运动；而 $\epsilon_\perp < \epsilon_0$ 的粒子则到不了高度 h 处，只能停留在 h 以下的层面上；只有 $\epsilon_\perp = \epsilon_0$ 的粒子才能停留在高度 h 附近。因此，实际上在每一高度上的启动动能就决定了该处的温度。

但是，在太阳大气不同高度处的磁场的测量却是非常困难的，迄今为止，可靠的太阳磁场测量仍然主要是在太阳光球表面附近利用塞曼效应测量所得到的，有关色球和日冕的磁场测量仍然没有很好的办法。

获得太阳大气不同高度的磁场信息的一个重要途径便是模型计算。太阳极紫外成像观测告诉我们，太阳大气中充满着各种空间尺度的磁化等离子体环，如图 3-11 所示。这些环在不同的高度处闭合，形成闭合环系。作为简化，我们可以详细分析在单个环中的情形，见图 3-12。

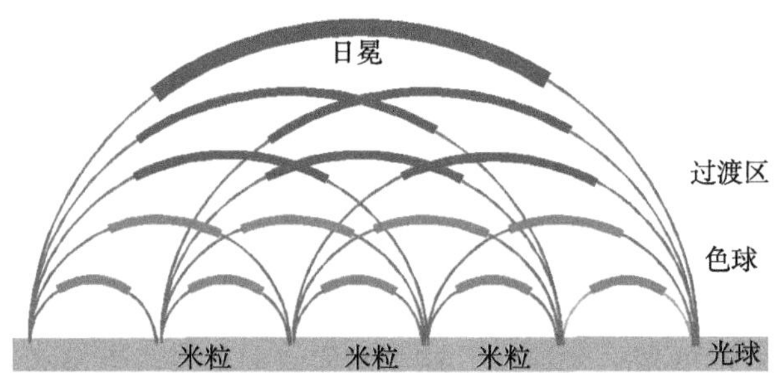

图 3-11　太阳大气中各种尺度的磁化等离子体环的磁连接方式 (Tan, 2014)

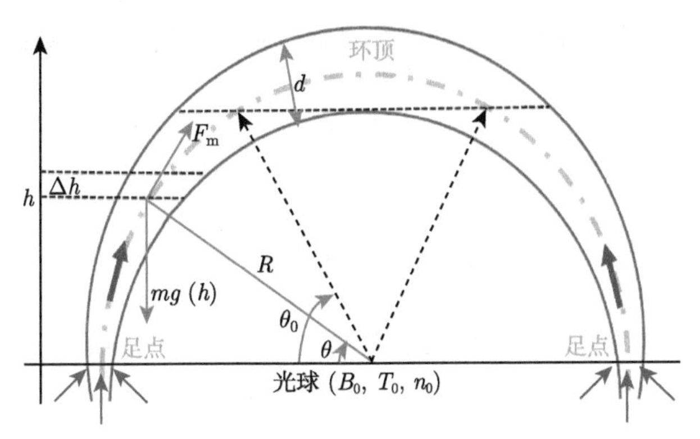

图 3-12 闭合磁化等离子体环中的磁场梯度抽运过程示意图

在闭合磁化等离子体环中，在两个环足附近，磁场梯度的方向都是向下指向太阳内部的，因此，磁场梯度力都是从足点向上的。在该位型中，粒子所受到的总作用力 (3-82) 式将成如下形式：

$$F_{\mathrm{t}} = -G_B \cdot \epsilon_{\mathrm{t}} \cos\theta + mg(h) \tag{3-91}$$

式中，$g(h) = \dfrac{GM_{\mathrm{s}}}{(R_{\mathrm{s}}+h)^2}$，这里 R_{s} 为太阳光球半径，M_{s} 为太阳质量，h 为自光球表面向上的高度；θ 的定义如图 3-12 所示。从图中可见，富能粒子流从两个足点附近同时向上抽运，但是，当 $\theta \geqslant \theta_0$ 时，富能粒子流便再也无法继续向上抽运了，它们将在这个区域聚集，因此，我们可以定义这个区域为环顶区 (looptop)。环顶区因为富集了富能粒子，其粒子的平均热运动动能高，所以其温度也必然升高，从而实现了对环顶区的加热。

下面，我们可以用一个近似太阳大气磁场模型来计算在 MGP 机制作用下，磁化等离子体环所可能达到的温度分布。太阳大气磁场随高度的分布可以用 Dulk 和 McClean(1978) 的近似模型来表示：

$$B \approx 0.5\left(\frac{r}{R_{\mathrm{s}}} - 1\right)^{-\frac{3}{2}} = 0.5\left(\frac{R_{\mathrm{s}}}{h}\right)^{\frac{3}{2}} \tag{3-92}$$

这个模型在光球表面以上 0.02~10 倍太阳半径范围内都具有较高的准确度，误差在 30%以内。根据上式，可得到相对磁场梯度的表达式：

$$G_B = \frac{\nabla B}{B} \approx -2.16 \times 10^{-9} \frac{R_{\mathrm{s}}}{h} \tag{3-93}$$

于是，我们就可以得到一个关于启动动能随高度变化的函数：

$$\epsilon_{t0}(h) \approx 1.9 \times 10^{-6} \frac{h}{\left(1+\frac{h}{R_s}\right)^2 \cos\theta} \quad (\text{eV}) \tag{3-94}$$

相应地，在不同高度处所对应的温度就可以表示成

$$T(h) \approx 2.2 \times 10^{-2} \frac{h}{\left(1+\frac{h}{R_s}\right)^2 \cos\theta} \quad (\text{K})$$

环顶区域对应的 θ_0 可表示为 $\cos\theta_0 = \sqrt{1-\left(1-\frac{d}{2R}\right)^2} \approx \left(\frac{d}{R}\right)^{1/2}$。于是，可得环顶区域的温度为

$$T_{\text{top}} > 2.2 \times 10^{-2} \frac{h}{\left(1+\frac{h}{R_s}\right)^2} \left(\frac{R}{d}\right)^{1/2} \quad (\text{K}) \tag{3-95}$$

通常，磁化等离子体环的环径比 R/d 大约为 20，据此，我们可以算得不同高度的磁环，其环顶所能达到的温度的分布，见图 3-13。

从图 3-13 可见，大约在太阳表面以上 1 万 km 高处的磁化等离子体环，在 MGP 机制作用下，其环顶温度就能超过 100 万 K，而高度为 2.5 万 km 的环，其环顶温度可达 2.2×10^6K 以上，5 万 km 的等离子体环的环顶区温度甚至可超过 4.0×10^6K。这个结果与实际观测结果是非常接近的。

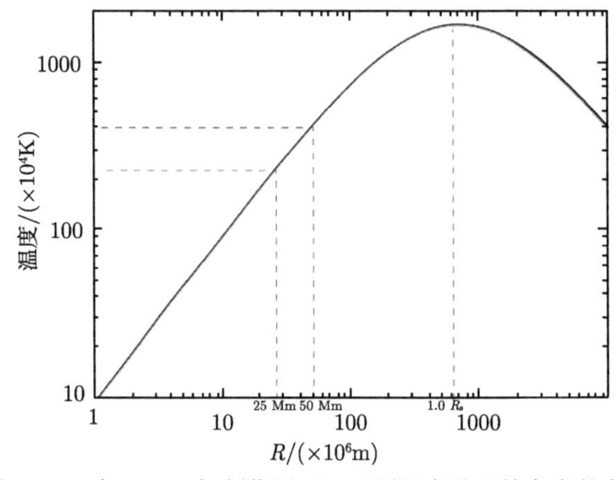

图 3-13 在 MGP 机制作用下，环顶温度随环的高度的变化

等离子体的热力学温度正是粒子平均动能的量度，正是能量较高的抽运热粒子在环顶区域的不断积聚，从而导致环顶区域的粒子平均动能增加，热力学温度也相应提高。当富能粒子在环顶区域不断积聚时，密度不断增加，超过环顶区域磁场的约束力后，这些富余的热粒子便会摆脱磁场的约束，通过碰撞而向环顶周围空间扩散，从而实现对高层大气的加热。另外，在环顶区域附近的热粒子的纵向动能大于横向动能，在速度空间的分布是各向异性的，这是一种不稳定的分布，容易激发等离子体不稳定性的发生，从而加速热粒子的能量向环顶周围空间的耗散过程。

在这里，我们也有必要讨论一下碰撞的作用。虽然，MGP 机制的成立要求等离子体是弱碰撞的，但是，这里的弱碰撞是相对的，只需要满足 (3-84) 式，即平均碰撞时间显著大于离子的回旋周期。前面的讨论中已经表明，在太阳光球、色球和日冕大气中上述条件都是满足的。但是，要使环顶区域的富能粒子达到热力学平衡，则能量耗散又要求有足够的碰撞。这里，我们可以比较如下几个时间尺度。

(1) MGP 作用的时间尺度 ($t_{\rm d}$)：近似为磁化等离子体环的寿命，一般为几个小时到几天，$t_{\rm d}>10^5{\rm s}$。

(2) 抽运粒子飞行时间，即抽运粒子从足点出发，到达环顶所需的时间：

$$t_{\rm f}\approx\frac{R}{v_{\|}}\approx R\sqrt{\frac{3m_{\rm i}}{2\epsilon_{\rm t0}}}\approx 1.93\times10^{-7}R\left(1+\frac{h}{R_{\rm s}}\right)\sqrt{\frac{R_{\rm s}}{h}} \tag{3-96}$$

环半径 R=25Mm 时，$t_{\rm f}\sim 26{\rm s}$；环半径 R=50Mm 时，$t_{\rm f}\sim 38{\rm s}$。一般情况下，$t_{\rm f}$ 为 10~100s。

(3) 碰撞的特征时间 ($t_{\rm c}$)：$10^{-8}\sim 0.87{\rm s}$。

可见，抽运粒子飞行时间远小于 MGP 作用的时间尺度，磁化等离子体环中的富能粒子有足够的机会被抽运到环顶区域富集；同时碰撞的特征时间又远小于磁化等离子体环中 MGP 作用的时间尺度，富能粒子能在环顶区发生足够多的碰撞而热化，实现热平衡。

在太阳光球表面，除了强磁场集中区太阳黑子外，还有各种尺度的米粒组织和超米粒组织，在米粒组织的边界附近也是磁场较强的区域。这样在太阳大气中便存在各种连接、尺度各异的闭合磁通量环，如图 3-10 所示。通过上述 MGP 加热过程，形成了大量不同大小、不同高度的闭合磁通量环，它们炙热的环顶延伸到日冕区域，构成了热的日冕大气。

另外，环足附近的富能粒子被向上抽运而逃离，将导致足点附近因为富能粒子的缺失而使其热力学温度降低，这也从另一个角度解释了太阳表面强磁场附近，比如太阳黑子的温度低于其他地方的观测事实。

应该注意的是，在磁场梯度抽运加热日冕的过程中，并不存在对粒子的加速过程。在富能粒子被向上抽运的过程中，粒子的横向动能转换成了纵向动能，总动能是守恒的。磁通量管中的磁场梯度抽运机制仅仅只是把所有粒子按能量大小在空间上进行了重新分布，能量较高的富能粒子被抽运到太阳大气的高层，而能量较低的粒子则仍被约束在低层大气中。而太阳内部的对流运动和扩散过程又可以将太阳内部的富能粒子向上传输，源源不断地补偿环足点附近富能粒子的抽运缺失。整个抽运过程是连续的动态平衡。

MGP 机制是一种新的日冕加热机制，将它同现有的其他两类加热机制进行比较也是很有意义的，见图 3-14。

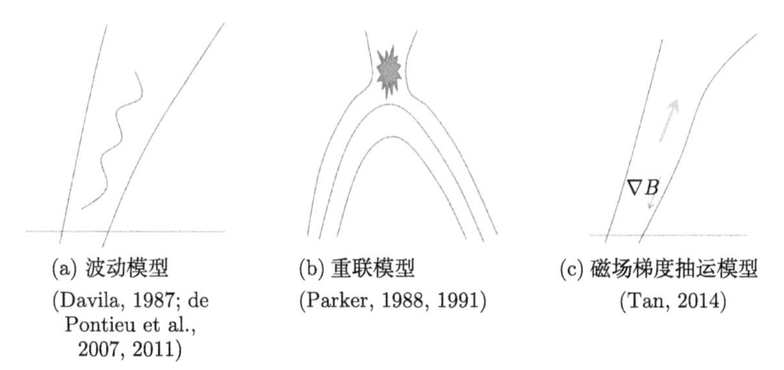

图 3-14　波动加热 (a)、重联加热 (b) 和磁场梯度抽运加热 (c) 机制的对比

首先，MGP 机制发生作用同波动机制和重联机制一样，都依赖于磁场，这是其共性。但是它们对磁场的依赖方式是不同的。

(1) 波加热机制：依赖于太阳光球表面附近的湍流运动，由湍流运动驱动磁场产生振荡，该振荡向上传播；波动加热机制则直接与太阳表面附近的湍流运动关联，也与太阳活动有关联。

(2) 重联加热机制：依赖于太阳低层大气中各种对流运动驱动磁力线产生剪切、汇聚、扭曲等运动，从而激发磁场重联释放能量。很显然，这种加热过程是间歇性的，很可能与太阳活动的周期性有关，在太阳活动周的峰年，加热应当更显著。

(3) MGP 机制：磁场的梯度及其分布是至关重要的，热粒子的抽运效率完全取决于磁场梯度。这是一个稳态连续的加热过程，其加热日冕所需的能源来自太阳内部，通过少量高能热粒子向上输运而实现对日冕加热，其能量耗散方式也是连续进行的，无论是在活动区，还是在宁静区，这种加热机制都能发生作用。只要太阳大气中有磁场和磁场梯度的存在，这种加热过程就是稳定而持续地存在。从这一点上说，只要一颗恒星的大气中存在有梯度的磁场，其星冕就必然是比恒星表面热得多的高温等离子体。

利用 MGP 机制还可以解释太阳耀斑环的演化。在一个耀斑等离子体环中，如图 3-12 所示，富能粒子从两个环足点同时向上抽运，会导致环顶区域的等离子体温度越来越高，热压强也会逐渐升高。当等离子体的比压值达到一个临界值 $\beta \geqslant \beta_c$，磁压力不再能平衡热压力，环顶变形凸起，形成指状 (finger) 结构，产生气球模不稳定性 (ballooning-mode instability)(Tsap et al., 2008)。由于环内的 MGP 过程是持续进行的，指状凸起进一步演变成上升气泡，带动其下部磁力线形成反向磁位型和电流片，随着电流片的演变，环顶区域发生撕裂模不稳定性 (tearing-mode instability) 并最终触发磁场重联，形成 cusp 结构，产生爆发。如图 3-15 所示。

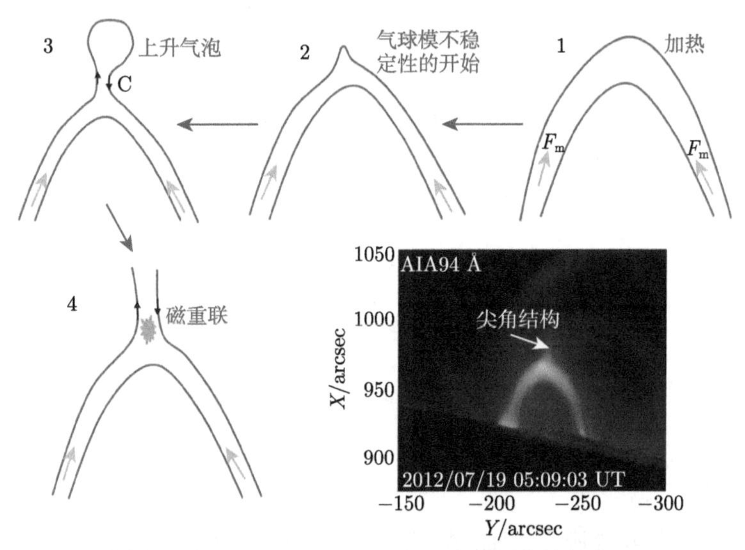

图 3-15 磁场梯度抽运机制驱动耀斑环的演化和太阳爆发的触发 (Tan et al., 2020)

当然，并不是所有的磁化等离子体在 MGP 过程的作用下都能演化到产生爆发的阶段。随着环顶区的温度升高和富能粒子密度的增加，其辐射损耗也必然会迅速增强。当考虑辐射损耗冷却因素以后，我们发现，许多磁化等离子体环的环顶区永远也无法达到临界比压值，从而成为宁静环。这方面详细的分析可以参考文献 (Tan, 2021)。

从这里可见，MGP 机制同磁重联机制是可以建立一定的物理联系的：MGP 机制可以驱动等离子体环的演化并最后触发磁场重联的发生；磁场重联可以被看成是 MGP 机制驱动的富能粒子流的能量最终向环顶周围区域跨越磁力线的耗散。

目前人们对太阳磁场最可靠的观测还是利用谱线的塞曼效应来实现的，观测区域基本上仍然局限在太阳光球表面附近很小的底层大气区域，对于色球和日冕磁场还没有可靠的观测数据。因此，目前我们还很难从直接观测中得到从太阳光球表面到日冕的磁场梯度分布，无法直接检验 MGP 机制在日冕加热的过程中的贡献大小。随着新一代宽带动态射电频谱日像仪 (例如，明安图射电频谱日像仪 (MUSER)，美国升级的 EOVSA 等) 的投入使用，我们将有可能利用射电频谱成像数据直接反演日冕磁场梯度及其分布，从而找到验证 MGP 机制在日冕加热过程中有效性的观测手段。很有可能，波动加热、磁场重联加热和 MGP 机制都对日冕加热有贡献，只不过在太阳大气的不同区域，或者太阳活动周的不同阶段，各种加热机制的贡献可能会有差别。尚需要我们通过从光学、紫外、极紫外到射电波段的多波段成像观测数据中反演太阳色球和日冕磁场，并利用数值模拟方法反复验证，才能下结论，还有许多工作要做。

我们知道，在天体物理环境中常常可以观测到各种各样的喷流现象，这些喷流是如何形成的呢？正如我们前面对太阳二型针状体的说明一样，利用开放场中的 MGP 机制，也可以对太阳爆发活动的触发机制、天体物理喷流等现象给出一个合理的解释，抽运粒子的平均运动速度即为喷流的速度，可用下式计算：

$$v_{\mathrm{up}}=\frac{\displaystyle\int_{\epsilon_{\mathrm{t}0}}^{\infty} f\left(\epsilon_{\mathrm{t}}\right) v_{\|} \mathrm{d} \epsilon_{t}}{\displaystyle\int_{\epsilon_{\mathrm{t}0}}^{\infty} f\left(\epsilon_{\mathrm{t}}\right) \mathrm{d} \epsilon_{t}} \tag{3-97}$$

式中，$v_{\|}=\sqrt{\dfrac{2\epsilon_{\mathrm{t}o}(h)}{m}}$ 为抽运粒子的纵向运动速度。

计算表明，在光球附近，v_{up} 为 20~30 km/s；色球附近，v_{up} 为 40~60 km/s；在高度约为 3000km 的日冕底部，$v_{\mathrm{up}}\sim$150~200 km/s；而在高度为 1.0 R_{s} 的日冕中，$v_{\mathrm{up}}\sim$800 km/s。上述计算结果同太阳二型针状体和喷流的观测结果是非常接近的。在冕洞上方的高速太阳风也可以看成是由大尺度开放场中 MGP 激发的富能抽运粒子流形成的，图 3-16 给出了利用 (3-97) 式计算的太阳开放磁通量管中不同高度抽运粒子的平均运动速度分布。其最大速度为 800 km/s，这与高速太阳风的观测结果是基本一致的。

因为 MGP 机制驱动的富能粒子的启动动能与引力成正比，$\epsilon_{t0}\propto mg(h)$，则在致密天体周围的大气中，比如白矮星、中子星和黑洞周围，由于其强引力场和强磁场环境，荷电粒子的启动动能将远高于太阳大气中，在这种条件下，抽运粒子流的速度达到亚光速而形成高速喷流也就是很自然的了。

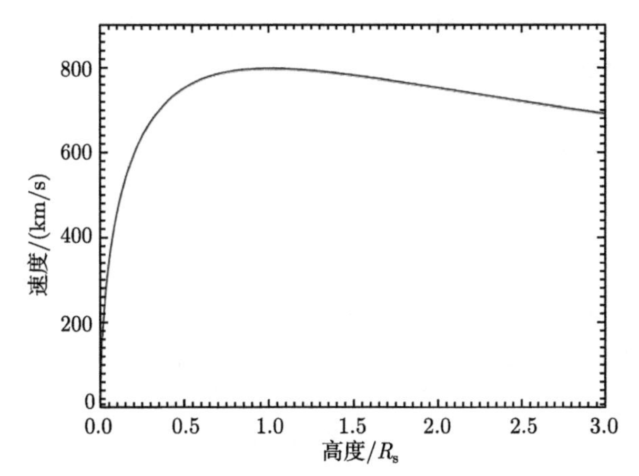

图 3-16 太阳开放场中不同高度抽运粒子的平均运动速度分布 (Tan et al., 2020)

另外，在磁约束等离子体中，如果在沿磁力线方向存在磁场梯度，那么 MGP 机制也将产生作用，能将高能粒子向弱场区抽运，从而改变原有的等离子体密度和温度的空间分布，并进一步激发新的不稳定性活动的发生。

综合上述，MGP 很可能是等离子体系统中的一个基本过程，可以帮助我们理解实验室等离子体和天体等离子体中发生的许多物理过程。MGP 机制有可能为我们理解这些物理过程提供了一个新的理论途径。

思 考 题

1. 在哪些情况下可以考虑利用单粒子轨道理论分析等离子体的行为？

2. 对下列物理量进行数学推导：回旋半径、回旋频率、电漂移速度、磁场梯度漂移速度、曲率漂移速度、重力漂移速度。

3. 电场会对带电粒子产生加速，且正负电荷得到加速的方向相反，从而形成电流。但是，为什么在电漂移过程中，反而不会产生漂移电流？

4. 引力作用与粒子的电荷大小与符号都无关，但是，为什么等离子体中的引力漂移却会产生漂移电流？

5. 什么是有限拉莫尔半径效应？

6. 电漂移、梯度漂移、曲率漂移、重力漂移各自的主要过程和特点是什么？

7. 什么是磁镜？在磁镜场中，带电粒子是如何运动的？

8. 请说明费米加速的基本过程。

9. 捕获粒子与通行粒子有何差别？磁镜的端损失是如何发生的？

10. 什么叫绝热不变量？试证明：在缓变磁场中磁矩、纵向动量积分、回旋轨道平面上的磁通量都为绝热不变量。

11. 三种绝热不变量有何区别？

12. 什么叫磁镜力？其大小与哪些物理量有关？

参 考 文 献

杜世刚. 1998. 等离子体物理. 北京: 原子能出版社.

李定, 陈银华, 马锦秀, 等. 2006. 等离子体物理学. 北京: 高等教育出版社.

许敖敖, 唐玉华. 1987. 宇宙电动力学导论. 北京: 高等教育出版社.

郑春开. 2009. 等离子体物理. 北京: 北京大学出版社.

Aschwanden M J, Winebarger A, Tsiklauri D, et al. 2007. The coronal heating paradox. Ap. J., 659: 1673.

Chen F F (陈凤翔). 2022. 等离子体物理学导论. 李永东, 王洪广, 何木芝, 译. 北京: 科学出版社.

Davila J M. 1987. Heating of the solar corona by the resonant absorption of Alfven waves. Ap. J. 317: 514.

de Pontieu B, McIntoch S W, Carlsson M, et al. 2007. Chromospheric Alfvenic waves strong enough to power the solar wind. Science, 318: 1574.

de Pontieu B, McIntoch S W, Carlsson M, et al. 2011. The origin of hot plasma in the solar corona. Science, 331: 55.

Dulk G A, McClean D J. 1978. Coronal magnetic fields. Sol. Phys., 57: 279.

Edlen B. 1943. Die deutung der emissionslinien im spektrum der sonnenkoroona. Mit 6 abbildungen. Zeitschrift fur Astrophysik, 22: 30.

Hollweg J V. 2006. On the behavior of O^{+5} in coronal holes_Importance of sunward propagating waves. JGR, 111: A12106.

Ji H S, Cao W D, Goode P R. 2012. Observation of ultrafine channels of solar corona heating. Ap. J. Lett., 750: L25.

Kerr Rechard A. 2012. Why is the Sun's corona so hot? Science, 336: 1099.

Parker E D. 1991. Heating solar coronal holes. Ap. J., 372: 719.

Parker E N. 1988. Nanoflares and the solar X-ray corona. Ap. J., 330: 474.

Shibasaki K. 2001. High-Beta Disruption in the Solar Atmosphere. Ap. J., 557: 326.

Tan B L. 2014. Coronal heating driven by magnetic-gradient pumping mechanism in solar plasmas. Ap. J., 795: 140.

Tan B L. 2021. The early evolution of solar flaring plasma loops. Universe, 7: 378.

Tan B L, Yan Y, Li T, et al. 2020. Magnetic gradient: A natural driver of solar eruptions. RAA, 20: 90.

Tsap Y T, Kopylova Y G, Stepanov A V, et al. 2008. Ballooning instability in coronal flare loops. Sol. Phys., 253: 161.

Vernazza J E, Avrett E H, Loeser R. 1981. Structure of the solar chromosphere. III. Models of the EUV brightness components of the quiet Sun. Ap. J. S., 45: 635.

Zhang J, Liu Y. 2011. Ubiquitous rotating network magnetic fields and extreme-ultraviolet cyclones in the quiet Sun. Ap. J. Lett., 741: L7.

第 4 章　天体等离子体中的磁流体力学理论

在第 3 章中，我们讨论的是一种极端情形，即等离子体非常稀薄，可以忽略其中粒子之间的碰撞相互作用，通过追踪单个粒子的运动轨迹来了解等离子体的行为特征和演化规律。但是，当等离子体密度较大，粒子之间发生频繁碰撞相互作用时，我们就可以把等离子体近似看成连续导电的介质，即一种流体，研究其各种宏观性质和动力学行为。当然这种流体又与一般中性流体有着本质上的不同，它们是由带电粒子组成的，并受电磁场的控制，因此还必须在流体的基础上考虑其电磁行为，这样建立起来的一套理论体系，称为磁流体力学 (MHD)。它适用于处理导电流体与磁场之间的相互作用及相关的动力学行为。导电流体在磁场中运动时会产生感应电流，该感应电流既与磁场发生相互作用产生机械力，改变流体的运动，同时也会引起新的磁场分量，使原有磁场发生改变。

但是，把等离子体当作连续导电介质，即流体进行处理时必须满足两个基本条件。

第一个条件是等离子体的空间特征尺度 L 远大于粒子自由程 λ_c (微粒与其他微粒连续两次碰撞所通过的平均距离)，这时，单粒子的运动特征变得不再重要。我们举几个例子来说明这个条件，粒子平均自由程 (MFP) 可表示为

$$\lambda_{\rm mfp} \approx 300 \left(\frac{T}{10^6{\rm K}}\right)^2 \left(\frac{n}{10^{17}{\rm m}^{-3}}\right)^{-1} [{\rm km}] \tag{4-1}$$

在太阳光球上，温度通常为 $T = 6\times10^4$K，粒子密度是 $n = 10^{23}{\rm m}^{-3}$，由 (4-1) 式估算分子平均自由程为 $\lambda_{\rm mfp} \approx 0.1$ cm。这个尺度远小于光球上米粒组织的尺度，基本米粒的直径为 $700 \sim 1500$ km；在色球上，温度通常为 $T = 1\times10^4$ K，粒子密度是 $n = 10^{20}$ ${\rm m}^{-3}$，分子平均自由程为 $\lambda_{\rm mfp} \approx 3$ cm。而色球上针状体的直径是 $500 \sim 1200$ km，其长度为 $10 \sim 20$ Mm；在日冕中，温度通常为 $T = 1\times10^6$ K，粒子密度是 $n = 10^{16}$ ${\rm m}^{-3}$，分子平均自由程为 $\lambda_{\rm mfp} \approx 3$ Mm。日冕上，X 射线亮点的直径为 22 Mm，而冕环长度为几十到几百兆米。所以，在太阳上，几乎所有的磁特征结构都满足其尺度远大于粒子平均自由程，可以用磁流体力学有关方程来研究它们。

第二个条件是流体元变化的特征时间远大于粒子平均碰撞时间。比如，对于完全电离的、碰撞占主导的等离子体，有效的电子与离子碰撞时间是

$$\tau_{\mathrm{ei}} \approx 2.26 \times 10^5 \frac{T^{3/2}}{n_{\mathrm{e}} \ln \Lambda} [\mathrm{s}] \tag{4-2}$$

日冕中电子密度 $n = 5\times10^{15}\mathrm{m}^{-3}$，温度通常为 $T = 10^6$ K，而 $\ln \Lambda \approx 20$，由此可得 $\tau_{\mathrm{ei}} \approx 0.03$ s。耀斑过后，在耀斑环中激发的腊肠模振荡的时间比较短，大约在几秒到几十秒之间。因此，使用 MHD 理论来描述冕环中的波动过程应当是可行的。

由以上两个条件表明，MHD 理论适合于描述稠密等离子体的宏观、慢变过程。

等离子体包含正离子、电子、中性粒子。若等离子体中的电子和离子之间电中性条件总是满足，而且研究的问题随时间变化很慢，离子、电子的流动速度都小于离子热运动的速度，离子和电子温度达到热力学平衡，这样可以把离子、电子看成一种流体，即单流体模型，它所满足的方程组称为单流体力学方程 (磁流体力学方程)。

如果等离子体的参量 (密度、温度和速度场) 随时间和空间有显著变化，流体的宏观运动速度接近漂移速度时，电子和离子流体的行为就会明显不同，这时必须考虑电子运动的影响，需要用双流体 (甚至三流体) 模型来描述。

双流体力学方程组特别复杂，求解是非常困难的，只有在某些特定的条件下才能处理，所以，我们重点研究把等离子体看成一种成分的导体。描写单流体的宏观物理量——粒子数密度、质量密度、电荷密度、电流密度：

粒子数密度：$n(r,t) = n_{\mathrm{i}} + n_{\mathrm{e}} = \sum\limits_{\alpha} n_{\alpha}$；

质量密度：$\rho(r,t) = m_{\mathrm{i}} n_{\mathrm{i}} + m_{\mathrm{e}} n_{\mathrm{e}} = \sum\limits_{\alpha} m_{\alpha} n_{\alpha}$；

电荷密度：$\rho_{\mathrm{e}}(r,t) = e n_{\mathrm{i}} - e n_{\mathrm{e}} = \sum\limits_{\alpha} q_{\alpha} n_{\alpha}$；

电流密度：$j = u_{\mathrm{i}} e n_{\mathrm{i}} - u_{\mathrm{e}} e n_{\mathrm{e}} = \sum\limits_{\alpha} u_{\alpha} q_{\alpha} n_{\alpha}$。

因为中性流体元的运动速度采用质心运动速度，即

$$u(r,t) = \frac{m_{\mathrm{i}} n_{\mathrm{i}} u_{\mathrm{i}} + m_{\mathrm{e}} n_{\mathrm{e}} u_{\mathrm{e}}}{m_{\mathrm{i}} n_{\mathrm{i}} + m_{\mathrm{e}} n_{\mathrm{e}}} = \frac{\sum\limits_{\alpha} m_{\alpha} n_{\alpha} u_{\alpha}}{\rho(r,t)}$$

带电粒子热运动速度必须以质心运动速度作参考，定义热运动速度为

$$v_{\mathrm{th}} = v_{\alpha} - u$$

需要指出的是，在等离子体中，磁场具有如下作用：

(1) 施加作用力，约束等离子体或产生结构；

(2) 存储能量 (磁能)，在一定条件下可以释放，产生喷发现象；

(3) 隔离作用，将其中缠裹的等离子体与周围物质隔离；

(4) 引导作用，可以引导快粒子和等离子体；

(5) 驱动作用，可以驱动不稳定性，形成各种波。

在本章里我们主要介绍一些有关磁流体力学理论的基本概念，有关磁流体力学理论在天体物理中更详细的运用，请参考中国科学院大学苏江涛教授等主讲的《磁流体力学》研究生课程及相关讲义。

4.1 磁流体力学方程组

首先，我们介绍一下流体力学的基本概念，更详细的关于流体力学的理论知识可参考庄礼贤等 (1997) 编著的《流体力学》一书。

(1) 流体质点：指在微观上足够大 (包含的粒子数足够多，保证在任意时刻和任意位置都有确定的宏观物理量，如密度、温度、速度、压强等) 而在宏观上足够小 (其大小与研究对象的特征尺度相比微不足道) 的流体微团。

(2) 理想流体：密度为常数的、无黏滞性的、不可压缩的流体。

(3) 随流加速度：流体质点在力场内运动时速度矢量对时间的全微分，其表达式为

$$\frac{\mathrm{d}\boldsymbol{v}}{\mathrm{d}t}=\frac{\partial \boldsymbol{v}}{\partial t}+(\boldsymbol{v}\cdot\nabla)\,\boldsymbol{v} \tag{4-3}$$

上式右端第一项表示任一给定空间位置处的速度随时间的变化，称为当地加速度，对于定常流，这部分为 0；第二项表示对于任一给定时刻，从空间位置的一点到另一点时速度的变化率，反映流场空间分布的不均匀性，称为迁移加速度或对流加速度，对于均匀流，这部分为 0。

(4) 应力张量：作用在某一单位面积上的力称为应力。应力既与作用面的位置有关，同时还与作用面的方向有关。任一法向为 $\boldsymbol{n}$ 的面元上的应力 p 可以用 9 个分量表示：

$$\bar{\bar{\boldsymbol{p}}}=\begin{bmatrix} p_{xx} & p_{xy} & p_{xz} \\ p_{yx} & p_{yy} & p_{yz} \\ p_{zx} & p_{zy} & p_{zz} \end{bmatrix} \tag{4-4}$$

上述 9 个分量一起构成的矩阵称为一个张量。其中，在矩阵主轴上的 3 个分量 p_{xx}、p_{yy}、p_{zz} 垂直于所在平面，叫法向应力，反映流体内部不同层之间所受的压力；主轴以外的其余 6 个分量表示不同层之间存在相对运动时所受的摩擦力，即黏滞力，这是一种切向应力。对于非黏滞性的流体，其中的应力张量为

$$\bar{\bar{\boldsymbol{p}}}=\begin{bmatrix} -p & 0 & 0 \\ 0 & -p & 0 \\ 0 & 0 & -p \end{bmatrix}=-p\begin{bmatrix} 1 & 0 & 0 \\ 0 & 1 & 0 \\ 0 & 0 & 1 \end{bmatrix}=-p\bar{\bar{I}} \tag{4-5}$$

式中，$\bar{\bar{I}}$ 称为单位张量。

(5) 连续性方程。

在任意单位体积上的质量的增加与从该体积表面上流入的质量相等，利用微分形式表示，即

$$\frac{\partial \rho}{\partial t}+\nabla \cdot(\rho \boldsymbol{v})=0 \tag{4-6}$$

对于定常流，$\dfrac{\partial \rho}{\partial t}=0$，可得 $\nabla \cdot(\rho \boldsymbol{v})=0$；而对于不可压缩流体，$\dfrac{\mathrm{d} \rho}{\mathrm{d} t}=0$，$\rho$ 为常数，因此，连续性方程变为 $\nabla \cdot \boldsymbol{v}=0$。

(6) 运动方程。

设 f 为作用在单位质量流体上的体积力，$\bar{\bar{\boldsymbol{p}}}$ 为应力张量，则对一个体积为 τ 的流体，所受到的总质量力为 $\int \rho f \mathrm{d} \tau$，面积力为 $\int p_n \mathrm{d} \sigma$。由动量守恒定律，可得运动方程的积分形式：

$$\int \rho \frac{\mathrm{d} \boldsymbol{v}}{\mathrm{d} t}=\int \rho \boldsymbol{f} \mathrm{d} \tau+\int \boldsymbol{p}_n \mathrm{d} \sigma$$

在这里，$\int \boldsymbol{p}_n \mathrm{d} \sigma=\int \nabla \cdot \bar{\bar{\boldsymbol{p}}} \mathrm{d} \tau$，上式右端可变换成 $\int \rho \boldsymbol{f} \mathrm{d} \tau+\int \nabla \cdot \bar{\bar{\boldsymbol{p}}} \mathrm{d} \tau=\int(\rho \boldsymbol{f}+\nabla \cdot \bar{\bar{\boldsymbol{p}}}) \mathrm{d} \tau$。由于所取的体积元 τ 的任意性，我们可以得到运动方程的微分形式：

$$\rho \frac{\mathrm{d} \boldsymbol{v}}{\mathrm{d} t}=\rho \boldsymbol{f}+\nabla \cdot \bar{\bar{\boldsymbol{p}}} \tag{4-7}$$

注意，这里 $\bar{\bar{\boldsymbol{p}}}$ 为一个张量，张量的散度 $\nabla \cdot \bar{\bar{\boldsymbol{p}}}$ 为一个矢量。上式即为流体力学的运动学方程。

对于非黏滞性的流体，$\bar{\bar{\boldsymbol{p}}}=-p \bar{\bar{\boldsymbol{I}}}$，其运动学方程变成下列形式：

$$\rho \frac{\mathrm{d} \boldsymbol{v}}{\mathrm{d} t}=\rho f-\nabla \boldsymbol{p} \tag{4-8}$$

在这里出现了一项 $-\nabla \boldsymbol{p}$，即压强梯度力 (pressure gradient force)，也就是热压力，是大量粒子微观热运动的一种表现，单个粒子本身并不会感受到这种力的作用，其是大量粒子运动的平均效果，相当于一种等效力。这种等效力在多粒子系统中是普遍存在的，例如我们在第 3 章中所介绍过的磁场梯度驱动的磁镜力也属于这样一类的等效力。具有不同压强的两层流体之间由粒子热运动而产生的动量输运。热压力做功的功率为 $-\boldsymbol{v} \cdot \nabla \boldsymbol{p}$，这说明可以通过消耗无规则热运动的能量来产生定向加速。例如，1958 年 Parker 所提出的热驱动太阳风模型便指出，高

温日冕必然产生超声速的太阳风 (Parker，1958)，这一预言也被随后的卫星观测所证实。

(7) 能量方程。

基于能量守恒定律，在流体中某一体积元为 τ 的流体质点内，单位时间内总能量的增量必然等于作用在该体积元内的所有外加体积力与面积力所做的功和从外界传导该体积内的热。写成积分形式即为

$$\frac{\mathrm{d}}{\mathrm{d}t}\int \rho\left(\varepsilon+\frac{\boldsymbol{v}^2}{2}\right)\mathrm{d}\tau=\int \rho\boldsymbol{f}\cdot\boldsymbol{v}\mathrm{d}\tau+\int \boldsymbol{p}_n\cdot\boldsymbol{v}\mathrm{d}\sigma-\int \boldsymbol{q}\cdot\mathrm{d}\sigma$$

式中，ε 为单位质量流体的内能；q 为单位时间流过单位面积的热量。上式的微分形式为

$$\rho\frac{\mathrm{d}}{\mathrm{d}t}\left(\varepsilon+\frac{\boldsymbol{v}^2}{2}\right)=\rho\boldsymbol{f}\cdot\boldsymbol{v}+\nabla\cdot(\bar{\bar{\boldsymbol{p}}}\cdot\boldsymbol{v})-\nabla\cdot q \tag{4-9}$$

对于非黏性、不传热的理想流体，由上述能量方程可以导出绝热方程：

$$p\rho^{-\gamma}=\mathrm{const}$$

式中，p 为压强；γ 为流体的比热比。

4.1.1 磁流体力学方程组

(4-6) 式、(4-7) 式和 (4-9) 式即为流体力学的基本方程。在这组方程里，流体质点均为不带电荷的中性质点，它们不受电磁场的作用和影响。

对于等离子体流体，由于质点都是由自由运动的带电粒子构成的，电磁场必然和质点的运动发生耦合，变成磁流体，即电磁场作用于流体质点上，影响流体的运动，而同时流体的运动又改变电磁场的分布。在这种情况下，研究磁流体的运动的时候，就必须考虑相应的电磁场方程，并在流体方程中加入相应的电磁作用力项，如此建立起来的一组方程，称为磁流体力学方程 (MHD 方程)。

我们知道，电磁现象的一般规律可以用下列麦克斯韦 (Maxwell) 方程组来描述：

$$\begin{cases}\nabla\cdot\boldsymbol{E}=\dfrac{\rho_q}{\varepsilon_0} & (4\text{-}10)\\ \nabla\cdot\boldsymbol{B}=0 & (4\text{-}11)\\ \nabla\times\boldsymbol{E}=-\dfrac{\partial\boldsymbol{B}}{\partial t} & (4\text{-}12)\\ \nabla\times\boldsymbol{B}=\mu_0\boldsymbol{J}+\mu_0\varepsilon_0\dfrac{\partial\boldsymbol{E}}{\partial t} & (4\text{-}13)\end{cases}$$

另外，还有欧姆定律：

$$\boldsymbol{J}=\sigma\left(\boldsymbol{E}+\boldsymbol{v}\times\boldsymbol{B}\right) \tag{4-14}$$

式中，$\boldsymbol{E}$ 和 $\boldsymbol{B}$ 分别为电场强度和磁感应强度；ρ_q 为电荷密度；$\boldsymbol{J}$ 为电流密度；ε_0 为介电常量；μ_0 为介磁常数；σ 为电导率；$\boldsymbol{v}$ 为导电流体的运动速度。当忽略介质的运动时，欧姆定律直接简化为

$$\boldsymbol{J}=\sigma\boldsymbol{E}$$

此外，还有洛伦兹力：

$$\boldsymbol{f}=\rho_q\boldsymbol{E}+\boldsymbol{J}\times\boldsymbol{B} \tag{4-15}$$

为了求出运动导电流体内电流密度和电场强度之间的关系，可以从静止参考系 K 变换到另一个以速度 $\boldsymbol{v}$ 相对于 K 运动的参考系 K'，这里导电流体在初始的时刻是静止的，有

$$\boldsymbol{J}'=\sigma\boldsymbol{E}'$$

电场 $\boldsymbol{E}'$ 用 K 坐标系中的场表示即为

$$\boldsymbol{E}'=\gamma(\boldsymbol{E}+\boldsymbol{v}\times\boldsymbol{B})$$

式中，γ 为相对论因子，当 $u\ll c$ 时，$\gamma\sim 1$，于是可得

$$\boldsymbol{J}'=\sigma(\boldsymbol{E}+\boldsymbol{v}\times\boldsymbol{B})$$

这就是运动导电流体内电流密度与电场强度之间的关系。考虑电流密度的一般定义：$\boldsymbol{J}=\rho_q\boldsymbol{u}$ 和 $\boldsymbol{J}'=\rho_q\boldsymbol{u}'$，其中，$\boldsymbol{u}$ 和 $\boldsymbol{u}'$ 分别为电荷在坐标系 K 和 K' 中的速度。在低速运动情形，$\boldsymbol{u}'=\boldsymbol{u}-\boldsymbol{v}$。由此可得

$$\boldsymbol{J}'=\sigma(\boldsymbol{E}+\boldsymbol{v}\times\boldsymbol{B})+\rho_q\boldsymbol{u} \tag{4-16}$$

设流体的运动速度为 $\boldsymbol{u}$，特征长度为 L，特征时间为 T，在低速运动的磁流体力学情形下，利用量纲分析法，我们可以得到近似关系：$|\boldsymbol{u}|\sim\dfrac{L}{T}\ll c$，由 (4-12) 式，可得 $\dfrac{|\boldsymbol{E}|}{L}=\dfrac{|\boldsymbol{B}|}{T}\rightarrow\dfrac{|\boldsymbol{E}|}{|\boldsymbol{B}|}=\dfrac{L}{T}\ll c$。从这两个近似关系，我们还可以进一步得到下列近似关系：

$$\frac{|\rho_q\boldsymbol{u}|}{|\boldsymbol{J}|}\approx\frac{|u\varepsilon_0\nabla\cdot E|}{\dfrac{1}{\mu_0}|\boldsymbol{\nabla}\times\boldsymbol{B}|}\approx\frac{\varepsilon_0\mu_0L}{T}\frac{|\boldsymbol{E}|}{|\boldsymbol{B}|}\approx\left(\frac{L}{cT}\right)^2\ll 1$$

$$\frac{\left|\varepsilon_0\mu_0\dfrac{\partial \boldsymbol{E}}{\partial t}\right|}{|\nabla\times\boldsymbol{B}|}\approx\frac{\varepsilon_0\mu_0\dfrac{|\boldsymbol{E}|}{T}}{\dfrac{|\boldsymbol{B}|}{L}}=\frac{1}{c^2}\left(\frac{L}{T}\right)^2\ll 1$$

$$\frac{|\rho_q\boldsymbol{E}|}{|\boldsymbol{J}\times\boldsymbol{B}|}=\frac{\varepsilon_0|\nabla\cdot\boldsymbol{E}||\boldsymbol{E}|}{\dfrac{1}{\mu_0}|\nabla\times\boldsymbol{B}||\boldsymbol{B}|}\approx\varepsilon_0\mu_0\frac{|\boldsymbol{E}|^2}{|\boldsymbol{B}|^2}=\frac{1}{c^2}\left(\frac{L}{T}\right)^2\ll 1$$

正因为有上述近似关系，在 (4-13) 式中的 $\mu_0\varepsilon_0\dfrac{\partial \boldsymbol{E}}{\partial t}$，(4-15) 式中的 $\rho_q\boldsymbol{E}$，(4-16) 式中的 $\rho_q\boldsymbol{u}$ 等项都是可以忽略的。

在天体磁流体情形，运动方程中的外加体积力是电磁力和引力。不过，通常情况下，电磁力远大于引力，所以常略去引力项。在能量方程中，如果只有外电场 $\boldsymbol{E}$ 对介质进行欧姆加热，有关系：$\rho f\cdot\boldsymbol{v}=\rho_q\boldsymbol{E}\cdot\boldsymbol{v}=\boldsymbol{E}\cdot\boldsymbol{J}$。

考虑了以上近似关系，同时考虑磁流体还必须满足麦克斯韦方程的限制，我们就可以得到完整的描述磁流体的方程组，即 MHD 方程组：

$$\begin{cases}\dfrac{\partial\rho}{\partial t}+\nabla\cdot(\rho\boldsymbol{v})=0\\ \rho\dfrac{\mathrm{d}\boldsymbol{v}}{\mathrm{d}t}=\nabla\cdot\bar{\bar{\boldsymbol{p}}}+\boldsymbol{J}\times\boldsymbol{B}\\ \rho\dfrac{\mathrm{d}}{\mathrm{d}t}\left(\varepsilon+\dfrac{v^2}{2}\right)=\nabla\cdot(\bar{\bar{\boldsymbol{p}}}\cdot\boldsymbol{v})+\boldsymbol{E}\cdot\boldsymbol{J}-\nabla\cdot q\\ p\rho^{-\gamma}=\text{const}\\ \nabla\times\boldsymbol{B}=\mu_0\boldsymbol{J}\\ \nabla\times\boldsymbol{E}=-\dfrac{\partial\boldsymbol{B}}{\partial t}\\ \nabla\cdot\boldsymbol{B}=0\\ \boldsymbol{J}=\sigma(\boldsymbol{E}+\boldsymbol{v}\times\boldsymbol{B})\end{cases}\tag{4-17}$$

如果磁流体是无黏性、无传热、理想导电的流体，则 $q\to 0$，$\sigma\to\infty$，欧姆定律则变成：$\boldsymbol{E}+\boldsymbol{v}\times\boldsymbol{B}=0$。同时，$\bar{\bar{\boldsymbol{p}}}=-p\bar{\bar{\boldsymbol{I}}}$，$\nabla\cdot\bar{\bar{\boldsymbol{p}}}=-\nabla p$。于是，上述方程组可简化成理想磁流体力学方程组：

$$\begin{cases}\dfrac{\partial\rho}{\partial t}+\nabla\cdot(\rho\boldsymbol{v})=0\\ \rho\dfrac{\mathrm{d}v}{\mathrm{d}t}=-\nabla p+\boldsymbol{J}\times\boldsymbol{B}\\ \nabla\times(\boldsymbol{u}\times\boldsymbol{B})=-\dfrac{\partial\boldsymbol{B}}{\partial t}\\ p\rho^{-\gamma}=\text{const}\\ \nabla\times\boldsymbol{B}=\mu_0\boldsymbol{J}\end{cases}\tag{4-18}$$

在稳态条件下 (与时间有关项等于 0，即 $\frac{\partial}{\partial t}=0$), 磁流体力学方程组简化成一组完备的静磁流体方程组：

$$\begin{cases} \nabla p = \boldsymbol{J}\times\boldsymbol{B} \\ \nabla\times\boldsymbol{B}=\mu_0\boldsymbol{J} \\ \nabla\cdot\boldsymbol{B}=0 \end{cases} \tag{4-19}$$

4.1.2 磁压力和磁张力

载流等离子体在磁场中所受到的作用表现为洛伦兹力：

$$\boldsymbol{F}=\boldsymbol{J}\times\boldsymbol{B} \tag{4-20}$$

上式右端可做如下变换：

$$\boldsymbol{J}\times\boldsymbol{B}=\frac{1}{\mu_0}(\nabla\times\boldsymbol{B})\times\boldsymbol{B}=-\frac{1}{\mu_0}\boldsymbol{B}\times(\nabla\times\boldsymbol{B})$$

利用矢量变换公式：$\boldsymbol{A}\times(\nabla\times\boldsymbol{A})=\frac{1}{2}\nabla\boldsymbol{A}^2-(\boldsymbol{A}\cdot\nabla)\boldsymbol{A}$，于是，上式可进一步变换成

$$\begin{aligned}\boldsymbol{J}\times\boldsymbol{B}&=\frac{1}{\mu_0}\left[(\boldsymbol{B}\cdot\nabla)\boldsymbol{B}-\frac{1}{2}\nabla\boldsymbol{B}^2\right]\\&=\frac{1}{\mu_0}\left[\nabla\cdot(\boldsymbol{B}\boldsymbol{B})-(\nabla\cdot\boldsymbol{B})\boldsymbol{B}-\frac{1}{2}\nabla\boldsymbol{B}^2\right]=\frac{1}{\mu_0}\left[\nabla\cdot(\boldsymbol{B}\boldsymbol{B})-\frac{1}{2}\nabla\boldsymbol{B}^2\right]\\&=\frac{1}{\mu_0}\nabla\cdot\left(\boldsymbol{B}\boldsymbol{B}-\frac{1}{2}\boldsymbol{B}^2\bar{\bar{I}}\right)=\nabla\cdot\bar{\bar{\boldsymbol{T}}}\end{aligned}$$

即

$$\boldsymbol{F}=\boldsymbol{J}\times\boldsymbol{B}=\nabla\cdot\bar{\bar{\boldsymbol{T}}}$$

上式中的张量 $\bar{\bar{\boldsymbol{T}}}$ 可表示成

$$\bar{\bar{\boldsymbol{T}}}=\frac{1}{\mu_0}\left(\boldsymbol{B}\boldsymbol{B}-\frac{1}{2}\boldsymbol{B}^2\bar{\bar{I}}\right) \tag{4-21}$$

式中，$\bar{\bar{\boldsymbol{T}}}$ 称为麦克斯韦磁应力张量，表示在单位时间里通过单位面积的电磁动量流密度，其各分量可统一表示为

$$T_{ij}=\frac{1}{\mu_0}\left(B_iB_j-\frac{1}{2}B^2\delta_{ij}\right)$$

其中，$i,j=1,2,3$。麦克斯韦磁应力张量也可以用矩阵来表示

$$\bar{\bar{\boldsymbol{T}}}=\frac{1}{\mu_0}\begin{bmatrix} B_x^2-\dfrac{B^2}{2} & B_xB_y & B_xB_z \\ B_yB_x & B_y^2-\dfrac{B^2}{2} & B_yB_z \\ B_zB_x & B_zB_y & B_z^2-\dfrac{B^2}{2} \end{bmatrix} \tag{4-22}$$

为了简化起见，假设磁场 $\boldsymbol{B}$ 的方向沿 z 轴，$B_x=0$，$B_y=0$，即磁场的三分量表示为 $\boldsymbol{B}=(0,0,B)$, 于是，在张量 $\bar{\bar{T}}$ 中的所有非对角元素都为 0：

$$\bar{\bar{\boldsymbol{T}}}=\begin{bmatrix} -\dfrac{B^2}{2\mu_0} & 0 & 0 \\ 0 & -\dfrac{B^2}{2\mu_0} & 0 \\ 0 & 0 & \dfrac{B^2}{2\mu_0} \end{bmatrix} \tag{4-23}$$

负号表示应力为压缩的，正号则表示应力为向外拉张的。上式表明，洛伦兹力等效于沿磁力线方向 (z 轴方向) 大小为 $\dfrac{B^2}{2\mu_0}$ 的磁张力和垂直于磁力线方向 (x 和 y 方向) 大小为 $\dfrac{B^2}{2\mu_0}$ 的磁压力之和。将 (4-23) 式改写成下列两项之和，意义就更明显了：

$$\bar{\bar{\boldsymbol{T}}}=\begin{bmatrix} 0 & 0 & 0 \\ 0 & 0 & 0 \\ 0 & 0 & \dfrac{B^2}{\mu_0} \end{bmatrix}+\begin{bmatrix} -\dfrac{B^2}{2\mu_0} & 0 & 0 \\ 0 & -\dfrac{B^2}{2\mu_0} & 0 \\ 0 & 0 & -\dfrac{B^2}{2\mu_0} \end{bmatrix} \tag{4-24}$$

即洛伦兹力 $\boldsymbol{J}\times\boldsymbol{B}$ 可以等效看成是大小为 $\dfrac{B^2}{2\mu_0}$ 的各向同性的磁压力和沿磁力线方向大小为 $\dfrac{B^2}{\mu_0}$ 的磁张力之和。其中，磁压力也就是等离子体中的磁压强：

$$p_{\mathrm{m}}=\frac{B^2}{2\mu_0} \tag{4-25}$$

洛伦兹力还可以用磁力线的曲率和磁感应强度的梯度来描述：

$$\boldsymbol{F} = \boldsymbol{J} \times \boldsymbol{B} = \frac{1}{\mu_0}(\boldsymbol{B} \cdot \nabla)\boldsymbol{B} - \nabla \frac{\boldsymbol{B}^2}{2\mu_0}$$

同样选取磁力线沿 z 轴的局部坐标系，$\boldsymbol{B} = (0, 0, B)$，于是，

$$\frac{1}{\mu_0}(\boldsymbol{B} \cdot \nabla)\boldsymbol{B} = \frac{1}{\mu_0}\boldsymbol{B}\frac{\partial}{\partial z}(\boldsymbol{B}e_z) = e_z\frac{\partial}{\partial z}\left(\frac{\boldsymbol{B}^2}{2\mu_0}\right) + \frac{\boldsymbol{B}^2}{\mu_0 R}\boldsymbol{e}_n$$

式中，R 为磁力线的曲率半径；$\boldsymbol{e}_n$ 为主法线方向的单位矢量。于是得

$$\boldsymbol{J} \times \boldsymbol{B} = -\nabla_\perp\left(\frac{\boldsymbol{B}^2}{2\mu_0}\right) + \frac{\boldsymbol{B}^2}{\mu_0 R}\boldsymbol{e}_n \tag{4-26}$$

式中，$\nabla_\perp = e_x\frac{\partial}{\partial x} + e_y\frac{\partial}{\partial y}$ 是作用在与磁力线相垂直的平面内的梯度算符。(4-26) 式表明，洛伦兹力作用在与磁力线垂直的平面内，一部分表现为压强力 $-\nabla_\perp\left(\frac{B^2}{2\mu_0}\right)$，另一部分则表现为指向磁力线曲率中心的磁张力 $\frac{B^2}{\mu_0 R}$ (图 4-1)。

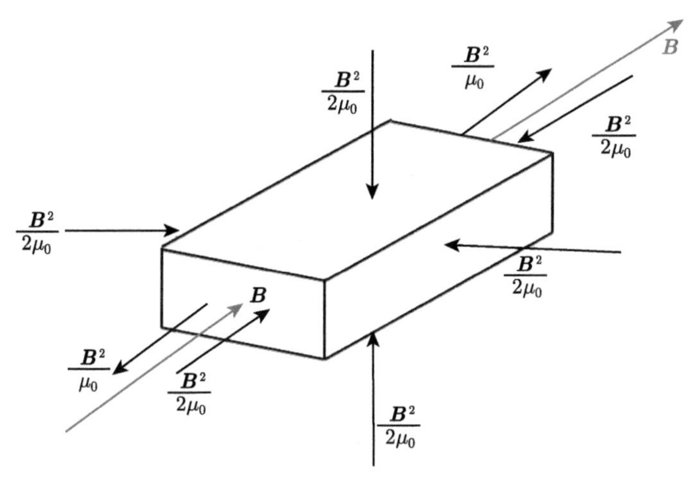

图 4-1　磁压力和磁张力

磁压力的存在表明，磁力线就像流体一样，在横向上互相排斥，压缩它时会产生一个恢复力，来源于磁感应强度的梯度，也称磁压梯度力 (magnetic pressure gradient force)。磁张力 (magnetic tension force) 表明，当磁力线发生弯曲时，磁场也会产生一种弹性恢复力，来源于磁场的弯曲效应。

磁压强梯度力与我们以前常见的热压力 (也就是 (4-18) 式中的 $-\nabla p$) 类似，它们是大量粒子微观热运动的一种宏观表现，单个粒子并不会感受到这种力的作

用。例如，在相邻两个流层之间，如果存在一定的压强梯度，那么在这两个流层之间就会产生动量输运。

4.1.3 等离子体流体的平衡

在磁场中，等离子体中的带电粒子绕磁力线做回旋运动，如果不发生粒子之间的碰撞或者漂移运动，这些粒子就不会离开磁力线。但是，大量带电粒子构成的等离子体流体具有热压力，如果要这些等离子体保持一定的结构，就必须用一定的磁场来约束它们。在磁约束核聚变装置中，我们期望用强磁场来长时间地约束高温等离子体，实现可控的、持续不断的核聚变反应，这就要求在磁场与等离子体流体之间达到持续的平衡。而在天体等离子体中，人们观测发现，许多等离子体流体结构可以在很长时间里持续稳定存在，这表明它们实际上是处于某种平衡态，我们希望知道，在这种平衡态，等离子体参数与磁场之间满足什么样的关系？

(4-19) 式给出了一组完备的静磁流体方程组，从这组方程中我们可以得到如下推论。

(1) 在理想等离子体流体中，只有当压强梯度 ∇p 等于洛伦兹力 $\boldsymbol{J}\times\boldsymbol{B}$ 时，才能建立起等离子体的平衡。

(2) 由于 $\boldsymbol{B}$ 和 $\boldsymbol{J}$ 都垂直于压强梯度 ∇p，而压强梯度又总是垂直于等压面，所以 $\boldsymbol{B}$ 和 $\boldsymbol{J}$ 都位于等压面上。另外，$\nabla\cdot\boldsymbol{B}=0$ 表明磁场是无源场，磁力线只能在等压面上逐圈地缠绕构成磁面，也就是说等压面是由磁力线缠绕而成的磁面。同理，等压面也是由电流线缠绕构成的电流面，见图 4-2；用数学描述就是矢量关系：$\boldsymbol{B}\cdot\nabla p=0$ 和 $\boldsymbol{J}\cdot\nabla p=0$。

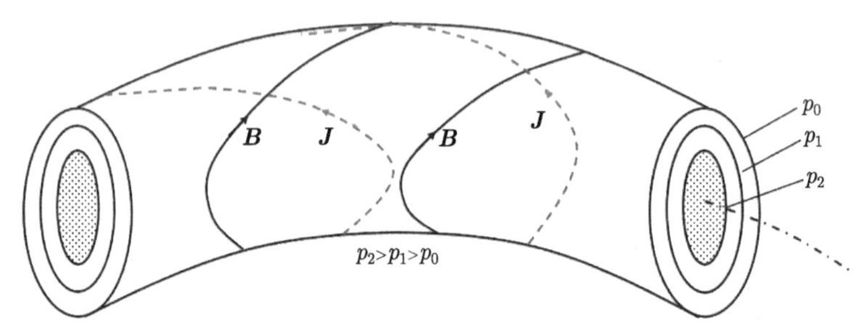

图 4-2 等离子体平衡时，磁场和电流线均位于等压面上，构成磁面

(3) 如果磁化等离子体处于平衡态，则每一个等压面都应该是闭合的，并且逐个嵌套而互不相交，构成一个曲面体系。

由 (4-19) 式中的第二式，我们得到在等离子体流体的平衡状态下：

$$\nabla p=\boldsymbol{J}\times\boldsymbol{B}=\frac{1}{\mu_0}(\boldsymbol{B}\cdot\nabla)\boldsymbol{B}-\nabla\frac{\boldsymbol{B}^2}{2\mu_0}$$

对于平直磁力线，$\frac{1}{\mu_0}(\boldsymbol{B}\cdot\nabla)\boldsymbol{B}=0$，于是，从上式可得

$$\nabla\left(p+\frac{\boldsymbol{B}^2}{2\mu_0}\right)=0$$

即

$$p+\frac{\boldsymbol{B}^2}{2\mu_0}=\text{const}=\frac{\boldsymbol{B}_{\mathrm{e}}^2}{2\mu_0} \tag{4-27}$$

式中，$\boldsymbol{B}_{\mathrm{e}}$ 表示等离子体外部的磁场。(4-27) 式表明，等离子体流体平衡时满足下列条件：

(1) 等离子体的热压强和磁压强之和为常数。

(2) 等离子体内部的磁感应强度总是小于外部的磁感应强度，这来源于等离子体的抗磁性，$\boldsymbol{B}_{\mathrm{i}}<\boldsymbol{B}_{\mathrm{e}}$。

(3) 一定磁场所能约束的等离子体，其最大压强等于外部磁压强，$p_{\mathrm{m}}=\frac{\boldsymbol{B}_{\mathrm{e}}^2}{2\mu_0}$。

作为一个等离子体平衡的例子，我们来考察一段载流等离子体柱的平衡。设一个长直等离子体柱中沿轴向通过电流 I，该电流将在等离子体柱周围产生极向磁场 $\boldsymbol{B}_\theta$，该磁场与电流相互作用产生的洛伦兹力 $\boldsymbol{J}\times\boldsymbol{B}$ 的方向指向中心轴，因而向内压缩等离子体，这个过程称为电流的箍缩效应 (pinch effect)，见图 4-3。在箍缩过程中，等离子体柱的温度和密度都将逐渐增加，热压强相应增加，当等离子体的热压强与磁压强相等时，等离子体柱达到平衡。

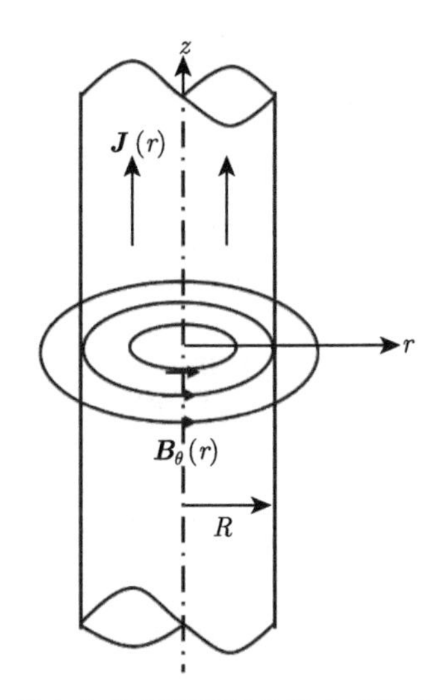

图 4-3 纵向电流在等离子体柱中产生的箍缩效应

设达到平衡时等离子体柱半径为 R，电流密度 $\boldsymbol{J}_z = \dfrac{I}{\pi R^2}$、柱表面附近的磁感应强度 $\boldsymbol{B}_\theta = \dfrac{\mu_0 I}{2\pi R}$。等离子体柱中 $n_\mathrm{i} = n_\mathrm{e}$，$T_\mathrm{i} = T_\mathrm{e} = T$，则热压强为 $p = 2n_\mathrm{e}kT$。根据平衡条件 $\nabla p = \boldsymbol{J} \times \boldsymbol{B}$ 可得如下关系：$\nabla p \approx \dfrac{p}{R} = \dfrac{2n_\mathrm{e}kT}{R}$，$\boldsymbol{J} \times \boldsymbol{B} = \dfrac{I}{\pi R^2} \cdot \dfrac{\mu_0 I}{2\pi R} = \dfrac{\mu_0 I^2}{2\pi^2 R^3}$。于是我们可得近似关系：

$$I^2 = \frac{4\pi kT}{\mu_0} \cdot n_\mathrm{e}\pi R^2 = \frac{4\pi NkT}{\mu_0} \tag{4-28}$$

上式称为 Bennet 关系，表示对特定参数的载流等离子体柱，达到平衡时电流强度与等离子体参数之间的约束关系，其中，$N = n_\mathrm{e}\pi R^2$ 表示单位长度等离子体柱里的总电子数，即所谓柱密度。

(4-28) 式是在均匀分布假设下得到的近似关系，更仔细的分析得到的 Bennet 关系式中的系数为 16，因此，(4-28) 式更精确的表达式应该写成如下形式：

$$I^2 = \frac{16\pi N k_\mathrm{B} T}{\mu_0} \tag{4-29}$$

Bennet 关系式对稳恒态的载流等离子体环给出了一个参数之间的约束，我们可以很方便地根据载流等离子体柱物理参数之间的关系推断其他参数特征。上式也同时表明，只有足够强的电流才能使等离子体获得较高的温度。

另外一个有关等离子体平衡的例子就是在天体重力分层大气中的特征标高 (scale height) 问题。在引力的作用下，天体大气的等离子体密度、压强、磁场等参量都是随高度而逐渐降低的，考察一个磁通量管，从足点往上磁场逐渐降低，在平行磁通量管的方向上受力平衡可表示成：$-\nabla_\parallel p + \rho g_\parallel = 0$，即 $-\dfrac{\mathrm{d}p}{\mathrm{d}s} - \rho g\cos\theta = 0$，这里 $\mathrm{d}s = \dfrac{\mathrm{d}z}{\cos\theta}$，$g_\parallel = g\cos\theta$，$p = \dfrac{2\rho k_\mathrm{B} T}{m_\mathrm{i}}$，于是可得等离子体密度随高度变化的微分方程：

$$\frac{\mathrm{d}\rho}{\rho} = -\frac{m_\mathrm{i} g}{2k_\mathrm{B} T}\mathrm{d}z$$

上式的解为

$$\rho = \rho_0 \exp\left(-\frac{z}{H}\right)$$

式中，m_i 为等离子体中离子的质量；ρ 为等离子体的质量密度；$H = \dfrac{2k_\mathrm{B} T}{m_\mathrm{i} g}$ 为大气的特征标高。可见，天体大气的特征标高一方面与引力加速度成反比，同时还与大气温度成正比。例如，在太阳大气中，从太阳光球往上到色球，再到日冕，高度变化从几百千米到几万千米，但是引力加速度变化并不显著，介于 274~260m/s^2；温度却从 6000K 左右可以增加到几百万开尔文以上。随着引力加速度的逐渐降低和温度的迅速增高，特征标高从太阳光球表面往上也是迅速增大的。

天体大气的特征标高反映了在多大尺度上大气等离子体的密度、压强等参数会发生显著的变化。在数值模拟中有关大气模型的构建，网格的尺度必须显著小于特征标高，否则就可能得不到正确的模拟结果。

在等离子体物理中经常使用的一个参数是比压值 (β)，定义为等离子体的热压强 p 与磁压强 p_{m} 之比：

$$\beta = \frac{p}{p_{\mathrm{m}}} = \frac{p}{\dfrac{B^2}{2\mu_0}} = \frac{2\mu_0 p}{B^2}$$

比压值 β 反映了等离子体中磁场对等离子体的约束特性。在讨论等离子体的平衡性、稳定性，乃至不稳定爆发时，β 参数是一个常用的物理参量。在天体物理的绝大多数情形，例如，太阳风、日冕、致密天体的吸积盘等环境中的等离子体，其 β 值一般都远小于 1，即磁压远大于热压，这时的等离子体的行为受磁场约束，很难发生横越磁场的运动，磁场与等离子体呈冻结状态；不过，也有一些情形中 β 值接近甚至大于 1，例如弱电离的太阳光球等离子体、磁场重联区附近的等离子体等，这时磁压小于热压，等离子体可以横越磁场运动。

4.2 磁冻结、磁扩散、磁螺度

我们在第 2 章介绍发电机理论时，已经基于麦克斯韦方程推导出了等离子体中的磁场演化方程 (2-16) 式：

$$\frac{\partial \boldsymbol{B}}{\partial t} = \nabla \times (\boldsymbol{v} \times \boldsymbol{B}) + \eta_{\mathrm{m}} \nabla^2 \boldsymbol{B} \tag{4-30}$$

式中，η 为电阻率，$\eta = \dfrac{1}{\sigma}$；$\eta_{\mathrm{m}} = \dfrac{\eta}{\mu}$ 称为磁黏滞系数，有时也称为磁扩散系数，其量纲与流体力学中的黏滞系数相同，主要由等离子体的电阻率 η 决定。这个方程反映了磁场随等离子体流体的运动和电阻耗散而产生的随时间的演化。

(4-30) 式的右端第一项称为流动项或对流项，反映等离子体流体的运动与磁场之间的相互作用引起的磁场变化；第二项称为扩散项，因为其中包含了磁黏滞系数 η_{m}，意味着磁能的耗散将引起磁感应强度的衰减。这两项的相对比值为

$$R_{\mathrm{m}} = \frac{|\nabla \times (\boldsymbol{v} \times \boldsymbol{B})|}{|\eta_{\mathrm{m}} \nabla^2 \boldsymbol{B}|} \approx \frac{|\boldsymbol{v} \times \boldsymbol{B}|}{|\eta_{\mathrm{m}} \nabla \times \boldsymbol{B}|} \approx \frac{\boldsymbol{v}\boldsymbol{B}}{\eta_{\mathrm{m}} \boldsymbol{B}/L} \approx \frac{\boldsymbol{v}L}{\eta_{\mathrm{m}}} \tag{4-31}$$

式中，L 表示磁场空间变化的特征长度；R_{m} 称为磁雷诺数。对于天体等离子体，在绝大多数情形，特征长度 L 都很大，因此其磁雷诺数 $R_{\mathrm{m}} \gg 1$。

4.2.1 磁冻结效应

在磁场演化方程 (2-16) 式中，如果我们假定等离子体是理想导体，即电阻率 $\eta \to 0$，这时，磁黏滞系数 $\eta_{\mathrm{m}} \to 0$，磁雷诺数 $R_{\mathrm{m}} \gg 1$，则方程的右端中将只剩下流动项：

$$\frac{\partial \boldsymbol{B}}{\partial t} = \nabla \times (\boldsymbol{v} \times \boldsymbol{B}) \tag{4-32}$$

这个方程与流体力学中的无黏滞不可压缩流体的涡量方程

$$\frac{\partial \boldsymbol{\omega}}{\partial t} = \nabla \times (\boldsymbol{v} \times \boldsymbol{\omega}) \tag{4-33}$$

在形式上完全一致。涡量方程表示涡旋 $\boldsymbol{\omega}$ 黏附于流体质点上随它一起运动。因此，我们可以推测 (4-32) 式一定表示磁场 B 也是黏附在流体质点上一起运动的，或者说磁力线与等离子体流体是冻结在一起的，流体质点的运动带动着磁力线运动，而磁力线的任何改变也带着等离子体流体质点一起运动。这一特征称为磁冻结效应 (magnetic frozen effect)。因此，我们称 (4-32) 式为磁冻结方程。

对于磁冻结效应的物理解释，我们可以这样理解：当理想导电流体在磁场中运动时，由于流体相对于磁力线的运动将产生感应电场 $\boldsymbol{E}'$，流体的电导率 $\sigma \to \infty$，这时，感应电场必然为 0，否则将引起无穷大的电流。由于 $\boldsymbol{E}' = -\boldsymbol{v}' \times \boldsymbol{B} = 0$，所以，必然要求 $\boldsymbol{v}' \| \boldsymbol{B}$，即导电流体相对于磁力线没有运动，两者冻结在一起协同运动。

基于磁冻结方程，可以获得下列两条定理。

定理 1 通过和理想导电流体一起运动的任意闭合回路所围曲面的磁通量守恒。

如图 4-4 所示，任取一个与等离子体流体一起运动的回路 C，回路上的线元 $\mathrm{d}l$ 在与流体一起运动时，切割磁力线所引起的磁通量的变化为

$$\mathrm{d}\varPhi = (\boldsymbol{u} \times \mathrm{d}l) \cdot \boldsymbol{B} = (\boldsymbol{B} \times \boldsymbol{u}) \cdot \mathrm{d}l$$

随流体一起运动时，闭合回路 C 所围面积上的磁通量的变化率，应该等于磁场 $\boldsymbol{B}$ 随时间的变化和随流体一起运动的闭合回路 C 切割磁力线所引起的磁通量的变化率之和，

$$\frac{\mathrm{d}\varPhi}{\mathrm{d}t} = \frac{\mathrm{d}}{\mathrm{d}t}\int \boldsymbol{B} \cdot n\mathrm{d}S = \int \frac{\partial \boldsymbol{B}}{\partial t} \cdot n\mathrm{d}S + \oint (\boldsymbol{B} \times \boldsymbol{u}) \cdot \mathrm{d}l$$

$$= \int \left[\frac{\partial B}{\partial t} + \nabla \times (\boldsymbol{B} \times \boldsymbol{u})\right] \cdot n \mathrm{d}S$$

代入 (4-32) 式，可知上式等于 0。即不论外界磁场如何变化，随理想磁流体一起运动的任何闭合回路所围的磁通量是不变的。

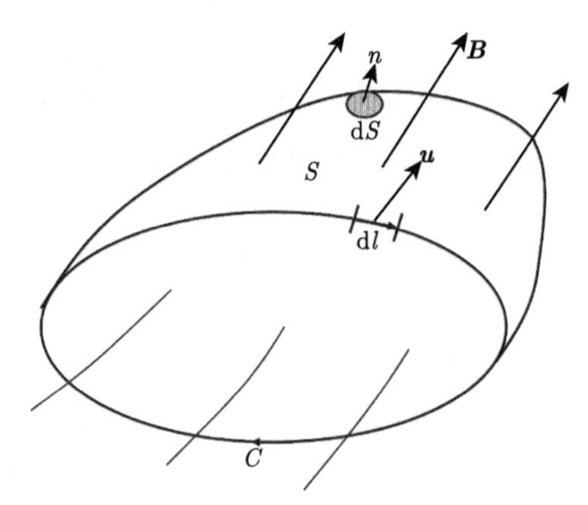

图 4-4 与等离子体流体一起运动的回路中磁通量的变化

定理 2 在理想磁流体中，初始位于某一根磁力线上的流体质点，将始终位于这条磁力线上。

为了证明这个定理，首先我们将磁冻结方程 (4-32) 式按矢量运算展开，并考虑磁场的散度为 0，可得

$$\frac{\partial \boldsymbol{B}}{\partial t} = (\boldsymbol{B} \cdot \nabla) \boldsymbol{v} - (\boldsymbol{v} \cdot \nabla) \boldsymbol{B} - \boldsymbol{B} (\nabla \cdot \boldsymbol{v})$$

利用微分运算关系 $\frac{\mathrm{d}}{\mathrm{d}t} = \frac{\partial}{\partial t} + (\boldsymbol{v} \cdot \boldsymbol{\nabla})$，我们可得

$$\frac{\mathrm{d}\boldsymbol{B}}{\mathrm{d}t} = (\boldsymbol{B} \cdot \nabla) \boldsymbol{v} - \boldsymbol{B} (\nabla \cdot \boldsymbol{v})$$

由连续性方程 $\frac{\partial \rho}{\partial t} + \rho \nabla \cdot \boldsymbol{v} = 0$ 可得 $\nabla \cdot \boldsymbol{v} = -\frac{\partial \rho}{\rho \partial t}$。代入上式，得

$$\frac{\mathrm{d}\boldsymbol{B}}{\mathrm{d}t} = (\boldsymbol{B} \cdot \nabla) \boldsymbol{v} + \frac{\boldsymbol{B}}{\rho} \frac{\partial \rho}{\partial t}$$

上式两端各项同除以 ρ，经变换可得下列方程：

$$\frac{\mathrm{d}}{\mathrm{d}t} \left(\frac{\boldsymbol{B}}{\rho}\right) = \left(\frac{\boldsymbol{B}}{\rho} \cdot \nabla\right) \boldsymbol{v} \tag{4-34}$$

另外，我们考察一段随流体质点一起运动的流线元 Δl，设 $\boldsymbol{v}$ 为该流线元起点处的流体速度，则在该流线元终点处的流体速度为 $\boldsymbol{v}+(\Delta l\cdot\nabla)\boldsymbol{v}$，于是，在时间 $\mathrm{d}t$ 内流线元 Δl 的改变量为 $\mathrm{d}t\,(\Delta l\cdot\nabla)\boldsymbol{v}$，于是得关系：

$$\frac{\mathrm{d}}{\mathrm{d}t}(\Delta l)=(\Delta l\cdot\nabla)\boldsymbol{v} \tag{4-35}$$

(4-34) 式和 (4-35) 式在形式上完全相同，也就是说，流线元 Δl 和磁场参量 $\dfrac{\boldsymbol{B}}{\rho}$ 满足完全相同的时间演化方程，如果初始时刻矢量 Δl 和 $\dfrac{\boldsymbol{B}}{\rho}$ 互相平行，则在随后的演化过程中它们也将始终是互相平行的，而且 Δl 的长度和 $\dfrac{\boldsymbol{B}}{\rho}$ 的值也成比例地演变。

磁冻结定理表明，在理想等离子体流体中，不仅与流体一起运动的回路上的磁通量不变，而且流体线元也只能沿同一条磁力线运动，流体沿磁力线方向的运动是自由的。一旦流体有沿垂直于磁力线方向的运动，则磁力线也必将随着流体一起运动。这就是所谓的磁冻结原理。

从物理上可以这样来理解磁冻结过程：由电磁感应定律我们知道，当一段导体有切割磁力线相对运动时就会产生感应电场和感应电流，感应电流的方向正是要能使它产生的磁场抵抗原来磁场的变化。对于理想导电的等离子体流体，由于其电导率趋近于无穷大，只要产生了感应电场，则感应电流就会趋近于无穷大。因此，在理想导电的等离子体流体中是不允许存在感应电场的，也就是不允许导电流体有垂直于磁力线的相对运动，磁场和等离子体流体是互相冻结的。这一点我们还可以直接从洛伦兹力本身去理解，在不考虑宏观电场 $\boldsymbol{E}\to 0$ 的情况下，欧姆定律可表示为 $\boldsymbol{J}=\sigma(\boldsymbol{v}\times\boldsymbol{B})$，于是，作用在速度为 $\boldsymbol{v}$ 的流体上的磁作用力为

$$\boldsymbol{F}=\boldsymbol{J}\times\boldsymbol{B}=\sigma(\boldsymbol{v}\times\boldsymbol{B})\times\boldsymbol{B}=\sigma\left(\boldsymbol{v}_{\parallel}\times\boldsymbol{B}\right)\times\boldsymbol{B}+\sigma(\boldsymbol{v}_{\perp}\times\boldsymbol{B})\times\boldsymbol{B}=\sigma(\boldsymbol{v}_{\perp}\times\boldsymbol{B})\times\boldsymbol{B},$$

因为 $(\boldsymbol{v}_{\perp}\times\boldsymbol{B})\times\boldsymbol{B}=(\boldsymbol{v}_{\perp}\cdot\boldsymbol{B})\times\boldsymbol{B}-\boldsymbol{B}^2\boldsymbol{v}_{\perp}=-\boldsymbol{B}^2\boldsymbol{v}_{\perp}$，于是有

$$\boldsymbol{F}=-\sigma\boldsymbol{B}^2\boldsymbol{v}_{\perp}$$

即在垂直于磁力线方向上的扰动引起的磁作用力的大小与扰动速度成正比而方向相反，是一种磁阻力。当磁场 $\boldsymbol{B}\neq 0$ 时，因为等离子体的电导率 σ 很大，所以，$\boldsymbol{F}\to\infty$ 表现为磁阻力；反之，在一定的奇异面上，磁场 $\boldsymbol{B}\to 0$，$\boldsymbol{F}\to 0$，表现为磁扩散。

图 4-5 给出了一幅太阳日冕大气在 171Å 成像观测得到的磁化等离子体环形结构图像，这是由于磁冻结而塑造的日冕等离子体的结构特征。

图 4-5 正因为有磁冻结，所以在日冕和星冕大气中塑造了各种结构 (太阳动力学天文台 (Solar Dynamic Observatory, SDO) 观测图像)

4.2.2 磁扩散效应

当等离子体流体静止，$v=0$，或者磁雷诺数 $R_{\mathrm{m}} \ll 1$ 时，磁场演化方程将演变为

$$\frac{\partial \boldsymbol{B}}{\partial t}=\eta_{\mathrm{m}} \nabla^2 \boldsymbol{B} \tag{4-36}$$

这个方程在形式上与热力学中的扩散方程完全一致，表示由等离子体流体中有限电阻效应引起的磁感应强度的衰减，磁场从强度大的区域向磁场弱的区域扩散，磁能耗散转移为等离子体的热能，这个过程称为磁扩散效应，(4-36) 式称为磁扩散方程。

设开始位于 $x=0$ 的平面内指向 z 轴方向的薄片强磁场的各分量为 $[0,0,B_0\delta(x)]$，当 $t>0$ 时，(4-36) 式的解为

$$\begin{cases} B_x=0 \\ B_y=0 \\ B_z(x,t)=B_0\left(\dfrac{\eta_{\mathrm{m}}}{4\pi t}\right)^{\frac{1}{2}}\exp\left(-\dfrac{x^2}{4\eta_{\mathrm{m}}t}\right) \end{cases} \tag{4-37}$$

即磁通量逐渐从 $x=0$ 的平面扩散开。在不同时间，磁感应强度沿 x 轴方向的分布特征见图 4-6。

在磁扩散过程中，磁场衰减的特征时间可以通过量纲分析方法近似地得到。$\left|\dfrac{\partial \boldsymbol{B}}{\partial t}\right| \approx \dfrac{\boldsymbol{B}_0}{\tau_{\mathrm{D}}}$，$\left|\eta_{\mathrm{m}}\nabla^2\boldsymbol{B}\right| \approx \eta_{\mathrm{m}}\dfrac{\boldsymbol{B}_0}{L^2}$，这里 τ_{D} 表示等离子体流体中磁场衰减的特征

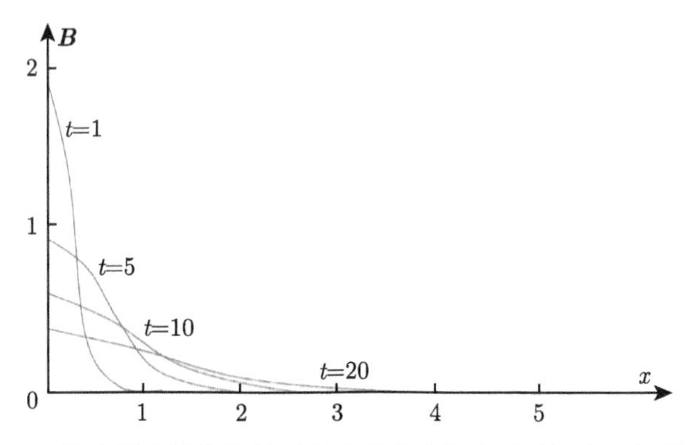

图 4-6　薄片强磁场在扩散过程中磁感应强度随时间和空间的演变

时间，L 为磁场变化区域的特征宽度。于是可得

$$\tau_{\mathrm{D}} = \frac{L^2}{\eta_{\mathrm{m}}} = \mu_0 \sigma L^2 \tag{4-38}$$

可见，等离子体流体的电阻率越大，磁场的衰减就越慢；同时，等离子体的特征尺度越大，磁场衰减的特征时间也越长。例如，对于尺度为米级的实验室普通导体，其磁场衰减的特征时间 $\tau_{\mathrm{D}} \approx 1 \sim 10\mathrm{s}$；而对于太阳日冕等离子体，由于其巨大的空间广延度，磁场衰减的特征时间 $\tau_{\mathrm{D}} \approx 10^{18}\mathrm{s}$，即可长达千亿年！几乎就可以认为磁场是不衰减的。表 4-1 中列出了几种典型的等离子体流体中的磁雷诺数和磁场衰减时间的大概值。

表 4-1　典型的等离子体流体中的磁雷诺数和磁场衰减时间

等离子体流体	L/m	R_{m}	$\tau_{\mathrm{D}}/\mathrm{s}$
电弧放电	0.1	1	0.001
地核	10^6	10^7	10^{12}
太阳黑子	10^7	10^9	10^{14}
日冕大气	10^9	10^{12}	10^{18}

同样，利用量纲分析，还可以得到在 τ_{D} 时间内磁场渗透到等离子体流体中的深度，即趋肤深度：

$$L_{\mathrm{m}} = \sqrt{\eta_{\mathrm{m}} \tau_{\mathrm{D}}} = \sqrt{\frac{\tau_{\mathrm{D}}}{\mu_0 \sigma}} \tag{4-39}$$

磁场扩散的本质是电磁感应。在等离子体流体中，磁场的变化引起感应电场，当等离子体拥有有限电阻时，将产生感应电流，此感应电流又会产生与原来方向相反的磁场，从而削弱原来的磁场，并使磁场从强度大的地方向强度小的地方扩散，电流与电阻的耦合产生欧姆耗散，一部分磁能转换为热等离子体的热能。

设磁化等离子体流体区域 τ，其总磁能为

$$W_{\mathrm{m}}=\frac{1}{2\mu_0}\int \boldsymbol{B}^2\mathrm{d}\tau$$

它随时间的变化率为

$$\frac{\partial W_{\mathrm{m}}}{\partial t}=\frac{1}{\mu_0}\int \boldsymbol{B}\cdot\frac{\partial \boldsymbol{B}}{\partial t}\mathrm{d}\tau$$

利用磁扩散方程 (4-36) 式，可得关系：

$$\boldsymbol{B}\cdot\frac{\partial \boldsymbol{B}}{\partial t}=\eta_{\mathrm{m}}\boldsymbol{B}\cdot\nabla^2\boldsymbol{B}=-\eta_{\mathrm{m}}\mu_0\boldsymbol{B}\cdot(\nabla\times\boldsymbol{J})=-\eta_{\mathrm{m}}\mu_0\left[\nabla\cdot(\boldsymbol{J}\times\boldsymbol{B})+(\nabla\times\boldsymbol{B})\cdot\boldsymbol{J}\right]$$

于是可得

$$\frac{\partial W_{\mathrm{m}}}{\partial t}=-\eta_{\mathrm{m}}\int(\boldsymbol{J}\times\boldsymbol{B})\cdot\mathrm{d}\sigma-\eta_{\mathrm{m}}\int(\boldsymbol{\nabla}\times\boldsymbol{B})\cdot\boldsymbol{J}\mathrm{d}\tau$$

上式右端第一项表示洛伦兹力在区域 τ 表面上的面积积分，应该为 0，于是有

$$\frac{\partial W_{\mathrm{m}}}{\partial t}=-\eta_{\mathrm{m}}\int(\boldsymbol{\nabla}\times\boldsymbol{B})\cdot\boldsymbol{J}\mathrm{d}\tau=-\eta_{\mathrm{m}}\mu_0\int\boldsymbol{J}^2\mathrm{d}\tau=-\int\frac{\boldsymbol{J}^2}{\sigma}\mathrm{d}\tau$$

上式表明，磁化等离子体流体区域中磁能的减少，是由于电阻引起的欧姆耗散将磁能转换为等离子体热能。

4.2.3 广义欧姆定律

下面我们来讨论在等离子体流体中的电流密度到底与哪些参量有关联。利用二流体模型，即把等离子体流体看成是由电子流体和离子流体两种成分的流体所构成的导电连续介质。下面分别对电子流体和离子流体建立运动方程：

$$nm_{\mathrm{i}}\frac{\mathrm{d}\boldsymbol{v}_{\mathrm{i}}}{\mathrm{d}t}+\nabla p_{\mathrm{i}}=en\boldsymbol{E}+en\left(v_{\mathrm{i}}\times\boldsymbol{B}\right)+m_{\mathrm{e}}nf_{\mathrm{ei}}\left(\boldsymbol{v}_{\mathrm{e}}-\boldsymbol{v}_{\mathrm{i}}\right)\tag{4-40}$$

$$nm_{\mathrm{e}}\frac{\mathrm{d}\boldsymbol{v}_{\mathrm{e}}}{\mathrm{d}t}+\nabla p_{\mathrm{e}}=-en\boldsymbol{E}-en\left(\boldsymbol{v}_{\mathrm{e}}\times\boldsymbol{B}\right)-m_{\mathrm{e}}nf_{\mathrm{ei}}\left(\boldsymbol{v}_{\mathrm{e}}-\boldsymbol{v}_{\mathrm{i}}\right)\tag{4-41}$$

在这里假定了 $n_{\mathrm{i}}=n_{\mathrm{e}}=n$, f_{ei} 为电子–离子之间的碰撞频率。因为电子的质量远小于离子，所以一般都可以忽略与电子质量相关的惯性项 $nm_{\mathrm{e}}\frac{\mathrm{d}\boldsymbol{v}_{\mathrm{e}}}{\mathrm{d}t}$。将 (4-40) 式和 (4-41) 式相加，略去电子惯性项，可得单流体模型的运动方程：

$$nm_{\mathrm{i}}\frac{\mathrm{d}\boldsymbol{v}_{\mathrm{i}}}{\mathrm{d}t}+\nabla p=\boldsymbol{J}\times\boldsymbol{B}$$

式中，$p=p_{\rm i}+p_{\rm e}$，$\boldsymbol{J}=en(\boldsymbol{v}_{\rm i}-\boldsymbol{v}_{\rm e})$。略去 (4-41) 式左端的惯性项，并由 $\boldsymbol{J}$ 的表达式中得电子流速度：$\boldsymbol{v}_{\rm e}=\boldsymbol{v}_{\rm i}-\dfrac{\boldsymbol{J}}{en}$，于是得 $\boldsymbol{v}_{\rm e}\times\boldsymbol{B}=\boldsymbol{v}_{\rm i}\times\boldsymbol{B}-\dfrac{1}{en}\boldsymbol{J}\times\boldsymbol{B}$。代入 (4-41) 式，可得

$$\nabla p_{\rm e}=-en\left[\boldsymbol{E}+\boldsymbol{v}\times\boldsymbol{B}\right]+\boldsymbol{J}\times\boldsymbol{B}+\frac{en}{\sigma}\boldsymbol{J} \tag{4-42}$$

式中，$\sigma=\dfrac{ne^2}{m_{\rm e}f_{\rm ei}}$ 为电导率。(4-42) 式给出了在等离子体流体中电流强度与电场强度之间的关系，即欧姆定律。对 (4-42) 式再做适当变形，可得更一般的形式：

$$\boldsymbol{J}=\sigma\left[\boldsymbol{E}+\boldsymbol{v}\times\boldsymbol{B}-\frac{1}{en}\boldsymbol{J}\times\boldsymbol{B}+\frac{1}{en}\nabla p_{\rm e}\right] \tag{4-43}$$

同一般欧姆定律的表达式 $\boldsymbol{J}=\sigma\left[\boldsymbol{E}+\boldsymbol{v}\times\boldsymbol{B}\right]$ 比较，我们发现，(4-43) 式中多出两项，其中 $-\dfrac{1}{en}\boldsymbol{J}\times\boldsymbol{B}$ 这一项反映了磁场对等离子体中电子流体的影响，称为霍尔效应项；而 $\dfrac{1}{en}\nabla p_{\rm e}$ 反映了电子热压力梯度对电流的贡献，说明受热不均匀或者电子密度分布不均匀的等离子体受到热电效应和扩散效应都将导致电流的产生。

(4-43) 式即为广义欧姆定律，它完整描述了在等离子体流体中电流与电场、磁场、流场和热压力场之间的物理关系，其中包括了洛伦兹力、霍尔电动力和电子热压力对电流的贡献。

在这里，我们有必要弄清楚有关磁场的洛伦兹力做功的问题。我们知道，磁场对运动带电粒子是不做功的，因为在磁场的作用下，带电粒子做回旋运动，运动方向始终垂直于磁场，做功为 0。但是，洛伦兹力对等离子体是可以做功的，相应的功率为 $(\boldsymbol{J}\times\boldsymbol{B})\cdot\boldsymbol{v}$，在这里，电流密度 $\boldsymbol{J}=en(\boldsymbol{v}_{\rm i}-\boldsymbol{v}_{\rm e})\sim-en\boldsymbol{v}_{\rm e}$ 主要由电子的速度决定，与等离子体流体质点的速度，即流速 $\boldsymbol{v}$ 不一定是平行的，洛伦兹力 $\boldsymbol{J}\times\boldsymbol{B}$ 有一个与 $\boldsymbol{v}$ 平行的分量，因而可以做功，从而将磁能转化为等离子体的动能，这也是磁张力的主要来源。例如，在天体等离子体中常常发生的许多等离子体抛射过程，太阳上的日冕物质抛射等，主要就是通过洛伦兹力做功而将磁能转化为动能的 (陈耀，2019)。

4.2.4　磁螺度

在流体力学中，反映流线的缠绕性时定义了一个参量——涡度密度：$h=\boldsymbol{v}\cdot\boldsymbol{\Omega}$，这里 $\boldsymbol{\Omega}$ 为流线的旋度：$\boldsymbol{\Omega}=\nabla\times\boldsymbol{v}$。与此类似，在磁流体中，我们也同样可以定义一个反映磁力线的缠绕特征的量，即磁螺度密度：

$$h_{\rm m}=\boldsymbol{A}\cdot\boldsymbol{B}=\boldsymbol{A}\cdot(\nabla\times\boldsymbol{A})$$

式中，$\boldsymbol{B}=\nabla\times\boldsymbol{A}$，$\boldsymbol{A}$ 为磁矢势。

在理想磁流体中，一定空间体积中的总磁螺度 (magnetic helicity, H_{m}) 是守恒的。对于给定空间 V_0 中的总磁螺度，定义为

$$H_{\mathrm{m}}=\int h_{\mathrm{m}}\mathrm{d}V$$

总磁螺度反映了在空间 V_0 中磁场的扭结程度，是一个关于磁场拓扑结构的参量。磁螺度可以在不同区域中传输、转移，但是不能被消除。在太阳大气中，磁螺度可以通过光球磁足点的旋转 (rotation)、剪切 (shear)、扭绞 (twist) 和浮现 (emergence) 等形式进入日冕，并在日冕中存储，一旦磁螺度超过了系统所能允许的极限，将引发太阳爆发，从而把磁螺度抛入太阳高层大气乃至行星际空间。但是，在这整个过程中，总磁螺度是守恒的。在局部小区域中的磁场重联可以引起磁能释放和转移，但是，磁场重联也并不显著改变系统的总磁螺度。

除了磁螺度外，类似地还可以定义电流螺度密度 h_{c}：

$$h_{\mathrm{c}}=\boldsymbol{B}\cdot(\nabla\times\boldsymbol{B})$$

以及一定空间中的总电流螺度 H_{c}：

$$H_{\mathrm{c}}=\int h_{\mathrm{c}}\mathrm{d}V$$

很显然，$\boldsymbol{\nabla}\times\boldsymbol{B}=\mu_0\boldsymbol{J}$ 反映了电流密度 $\boldsymbol{J}$ 的大小和方向，因此，H_{c} 便反映了一定体积中电流线的缠绕特征。

对于无力场，我们有关系：$\boldsymbol{\nabla}\times\boldsymbol{B}=\alpha\boldsymbol{B}$，于是有 $h_{\mathrm{c}}=\alpha\boldsymbol{B}^2$，即电流螺度密度与无力场因子 α 成正比，并与磁能密度 ($\propto\boldsymbol{B}^2$) 成正比。

Woltjer (1958) 证明，在理想导电的等离子体系统中，磁螺度是守恒的。不过，汪景琇 (1996) 的研究表明，在一个太阳活动区中，总磁螺度不一定是守恒的，活动区磁螺度的减少来自于电流螺度的耗散，其中所发生的耀斑、爆发日珥、喷流和日冕物质抛射等过程均释放活动区中的自由能，也就是以消耗电流系统的能量为代价的。

4.3 天体等离子体中的宏观不稳定性

作为由大量带电粒子所组成的等离子体，其本身是一个非常复杂的系统，其中任何扰动，包括空间形态、重力、电场、磁场，甚至高能粒子的注入等所产生的扰动都有可能随时间而逐步增长，并最终导致该等离子体系统的平衡受到破坏，即激发等离子体不稳定性 (instability)。

引起等离子体不稳定性的驱动能源主要有如下几种方式：

(1) 密度和温度不均匀性引起的膨胀能；

(2) 在速度空间偏离麦克斯韦分布时的自由能；

(3) 等离子体中电场或磁场的能量等。

等离子体系统在产生不稳定性爆发时释放的自由能比通过粒子碰撞过程产生的能量输运速率要快得多，可以产生非常大的输运系数，例如反常输运、反常电阻率等。等离子体不稳定性主要表现为偏离热力学平衡态，不过这种偏离又可分成两类不同的情形。

(1) 宏观不稳定性 (macroinstability)：等离子体的宏观参数，如密度、温度、压强等参量的空间局部化和不均匀性，等离子体整体在空间上改变其位置、宏观结构和形态，其发展空间远大于粒子的回旋半径或德拜长度。这类不稳定性主要通过磁流体力学方程来描述它们的发展和演化过程，也称为磁流体力学不稳定性。

(2) 微观不稳定 (microinstability)：由等离子体中的带电粒子在速度空间的分布偏离热平衡的麦克斯韦分布时所引起的，其发展空间小于粒子的回旋半径或德拜长度。微观不稳定性需要用动理论方程来进行描述，因此有时也称为动力学不稳定性。

等离子体不稳定性的特点是：偏离力学平衡的小扰动强度随时间而增长，导致系统进一步偏离平衡态。用数学语言描述就是：设等离子体系统相对平衡态的偏离量为 x，偏离量随时间的变化率为 $\dfrac{\mathrm{d}x}{\mathrm{d}t}=\gamma x$，该微分方程的解为 $x=x_0\mathrm{e}^{\gamma t}$，当 $\gamma>0$ 时称为不稳定性的增长率；当 $\gamma<0$ 时，扰动随时间而逐渐衰减，称为阻尼率。

在这里，我们有必要分清平衡与稳定性两者的区别，如图 4-7 所示。图中两种情况下小球都能达到平衡态，但是在 (a) 情形，小球的平衡态位于势能最低的地方，即使受到扰动发生左右偏离，其偏移量也会逐渐减小直至最后回到平衡态，这种平衡称为稳定平衡；在 (b) 情形中，小球所处的平衡态位于势能最高的地方，一旦受到扰动偏离平衡态位置，这种偏离就会越来越大，再也回不到原来的平衡位置了，这种情形称为不稳定平衡。

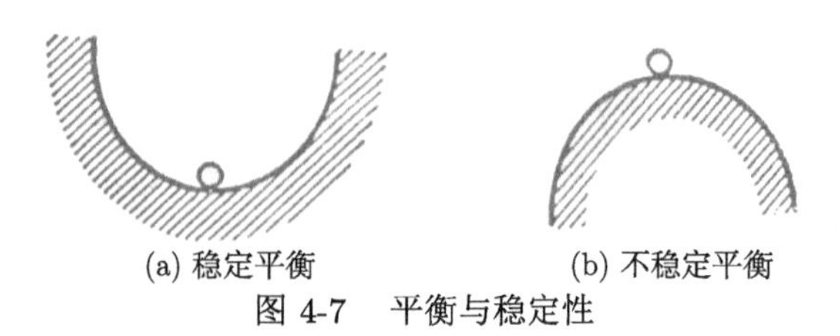

(a) 稳定平衡　　(b) 不稳定平衡

图 4-7　平衡与稳定性

对等离子体不稳定性的研究主要有如下三种方法。

1) 直观分析法

所谓直观分析法，就是对等离子体的某种平衡位型施加某种扰动，分析由此而产生的等离子体受力的变化，如果扰动引起的作用力使扰动增长，该扰动就是不稳定的，反之则是稳定的。这种分析方法的优点是直观简便，缺点是无法提供等离子体不稳定性的增长率等信息。

2) 简正模分析法

设对理想磁流体力学方程组 (4-18) 式，将每个参量都表示成平衡值与扰动量之和，即 $\rho=\rho_0+\rho_1$，$p=p_0+p_1$，$\boldsymbol{B}=\boldsymbol{B}_0+\boldsymbol{B}_1$，$\boldsymbol{J}=\boldsymbol{J}_0+\boldsymbol{J}_1$，$\boldsymbol{v}=\boldsymbol{v}_1$，$\boldsymbol{E}=\boldsymbol{E}_1$，将这些参量代入 (4-18) 式，进行线性化处理，可得关于扰动量的线性化方程组。

$$\frac{\partial\rho_1}{\partial t}+\nabla\cdot(\rho_0\boldsymbol{v}_1)=0 \tag{4-44}$$

$$\rho_0\frac{\partial\boldsymbol{v}_1}{\partial t}=\boldsymbol{J}_0\times\boldsymbol{B}_1+\boldsymbol{J}_1\times\boldsymbol{B}_0-\nabla p_1 \tag{4-45}$$

$$\frac{\partial p_1}{\partial t}+\gamma p_0\nabla\cdot\boldsymbol{v}_1+\boldsymbol{v}_1\cdot\nabla p_0=0 \tag{4-46}$$

$$\boldsymbol{J}_1=\frac{1}{\mu_0}\nabla\times\boldsymbol{B}_1 \tag{4-47}$$

$$\frac{\partial\boldsymbol{B}_1}{\partial t}=\nabla\times(\boldsymbol{v}_1\times\boldsymbol{B}_0) \tag{4-48}$$

设等离子体流体元相对于其初始位置 r_0 的位移，即扰动位移为 $\boldsymbol{q}(\boldsymbol{r},t)=\boldsymbol{r}-r_0=\int_0^t\boldsymbol{v}_1(r_0,t')\,\mathrm{d}t'$，于是，扰动速度可表示为

$$\boldsymbol{v}_1(r_0,t)=\frac{\partial}{\partial t}\boldsymbol{q}(\boldsymbol{r},t) \tag{4-49}$$

将 (4-49) 式代入 (4-44) 式、(4-46) 式、(4-48) 式，并对时间积分，可得

$$\rho_1=-\nabla\cdot(\rho_0\boldsymbol{q}) \tag{4-50}$$

$$p_1=-\boldsymbol{q}\cdot\nabla p_0-\gamma p_0\nabla\cdot\boldsymbol{q} \tag{4-51}$$

$$\boldsymbol{B}_1=\nabla\times(\boldsymbol{q}\times\boldsymbol{B}_0) \tag{4-52}$$

上述三式表明，当等离子体流体元相对于其初始位置产生一个扰动位移时，引起的扰动密度、扰动压强和扰动磁场只取决于瞬时的扰动位移 $\boldsymbol{q}$。

将扰动压强 p_1 (4-51) 式、扰动磁场 $\boldsymbol{B}_1$ (4-52) 式和扰动电流 $\boldsymbol{J}_1$ (4-47) 式代入 (4-45) 式，就可得到如下扰动方程：

$$\rho_0\frac{\partial^2\boldsymbol{q}}{\partial t^2}=\frac{1}{\mu_0}\left(\nabla\times\boldsymbol{B}_1\right)\times\boldsymbol{B}_0+\frac{1}{\mu_0}\left(\nabla\times\boldsymbol{B}_0\right)\times\boldsymbol{B}_1+\nabla\left(q\cdot\nabla p_0+\gamma p_0\nabla\cdot\boldsymbol{q}\right)=F\left(\boldsymbol{q}\right) \tag{4-53}$$

这是一个关于扰动位移 $\boldsymbol{q}$ 的二阶微分方程，在一定边界条件下求解该方程，可以判断平衡位型的稳定性。

将不稳定性的增长率看成本征值问题处理，即将扰动量 (位移、速度、电场、密度、磁场等) 随时间的变化写成傅里叶分量形式：

$$\boldsymbol{q}\left(r,t\right)=q_0\exp\left[\mathrm{i}\left(k\cdot r-\omega t\right)\right] \tag{4-54}$$

$$\omega=\omega_r\left(k\right)+\mathrm{i}\gamma\left(k\right) \tag{4-55}$$

将上述形式的扰动量代入磁流体力学方程中，求解可得到色散关系：

$$D\left(\omega,k\right)=0 \tag{4-56}$$

求解上述色散方程，如果所有的解均为实数 ω，即 $\gamma\left(k\right)=0$，则扰动是稳定的，扰动量仅做简谐振荡；反之，如果至少有一个解的虚部不为 0，即 $\gamma\left(k\right)\neq 0$，则等离子体是不稳定的，当 $\gamma\left(k\right)>0$ 时，系统为不稳定的，γ 称为不稳定性的增长率；当 $\gamma\left(k\right)<0$，则等离子体系统是有阻尼、衰减的，γ 称为衰减率或阻尼率。

这种处理方法称为简正模方法。

3) 能量分析法

如果一个等离子体系统处在最低能态，则该等离子体系统将是稳定平衡的。对等离子体平衡态施加一个小扰动，计算由此而引起的系统势能的变化，如果势能增加，则此等离子体平衡系统是稳定的；反之，如果在小扰动作用下势能减小，则此等离子体平衡是不稳定的。这种分析方法的优点是不需要求解基本方程就可以判断平衡位型是否是稳定的，其缺点是一般给不出不稳定性的增长率。这是研究宏观等离子体不稳定性问题最常用的方法。

扰动方程 (4-53) 中的 $\boldsymbol{F}\left(\boldsymbol{q}\right)$ 在物理上相当于由扰动引起的作用在单位等离子体流体上的力，$\boldsymbol{F}\left(\boldsymbol{q}\right)$ 是 $\boldsymbol{q}$ 的线性函数。线性系统在力 $\boldsymbol{F}\left(\boldsymbol{q}\right)$ 的作用下产生位移 $\boldsymbol{q}$ 时所做的功为 $\frac{1}{2}\boldsymbol{F}\left(\boldsymbol{q}\right)\cdot\boldsymbol{q}$。根据能量守恒定律，这个功只能是以消耗系统势能为代价的。因此，等离子体流体中当发生扰动位移 $\boldsymbol{q}$ 时，所产生的能量变化为

$$\delta W=-\frac{1}{2}\int\boldsymbol{F}\left(\boldsymbol{q}\right)\cdot\boldsymbol{q}\mathrm{d}\tau \tag{4-57}$$

上式的积分是对流体的整个体积。假设等离子体边界上的垂直位移等于 0，则将扰动方程 (4-53) 代入上式，可得

$$\delta W=-\frac{1}{2}\int\left[\boldsymbol{q}\cdot\nabla p_1+\frac{1}{\mu_0}(\boldsymbol{q}\times\boldsymbol{B}_0)\cdot(\nabla\times\boldsymbol{B}_1)-\boldsymbol{q}\cdot\boldsymbol{J}_0\times\boldsymbol{B}_1\right]\mathrm{d}\tau \tag{4-58}$$

上式右端第一项可由分部积分进行变换：

$$\int\boldsymbol{q}\cdot\nabla p_1\mathrm{d}\tau=\int\nabla\cdot(\boldsymbol{q}p_1)\,\mathrm{d}\tau-\int p_1\nabla\cdot\boldsymbol{q}\mathrm{d}\tau$$

运用高斯定理，并代入 (4-51) 式的扰动压强，可得

$$\int\boldsymbol{q}\cdot\nabla p_1\mathrm{d}\tau=\int q_np_1\mathrm{d}S+\int\left[(\boldsymbol{q}\cdot\nabla)\,p_0+\gamma p_0\,(\nabla\cdot\boldsymbol{q})\right](\nabla\cdot\boldsymbol{q})\,\mathrm{d}\tau$$

式中，q_n 表示位移在等离子体流体表面上垂直向外的分量。

(4-58) 式右端第二项可变换成

$$\frac{1}{\mu_0}\int(\boldsymbol{q}\times\boldsymbol{B}_0)\cdot(\nabla\times\boldsymbol{B}_1)\,\mathrm{d}\tau=\frac{1}{\mu_0}\int(\boldsymbol{B}_1\cdot\boldsymbol{B}_0)\,q_n\mathrm{d}S+\frac{1}{\mu_0}\int[\nabla\times(\boldsymbol{q}\times\boldsymbol{B}_0)]^2\,\mathrm{d}\tau$$

在这里，我们要求在流体表面平衡场的法向分量为 0，即 $B_n=\boldsymbol{B}_0\cdot\boldsymbol{e}_n=0$。于是，我们可得由扰动位移引起的势能的改变量为

$$\begin{aligned}\delta W=\int\Big\{&\frac{1}{\mu_0}[\nabla\times(\boldsymbol{q}\times\boldsymbol{B}_0)]^2+\boldsymbol{J}_0\cdot\boldsymbol{q}\times\nabla\times(\boldsymbol{q}\times\boldsymbol{B}_0)\\&+(\nabla\cdot\boldsymbol{q})\,(\boldsymbol{q}\cdot\nabla)\,p_0+\gamma p_0\,(\nabla\cdot\boldsymbol{q})^2\Big\}\mathrm{d}\tau\end{aligned} \tag{4-59}$$

如果对于所有可能的扰动位移 $\boldsymbol{q}$，都能使 $\delta W>0$，则该平衡是稳定的；反之，如果能找到某个位移量 $\boldsymbol{q}$，使得 $\delta W<0$，则该平衡态是不稳定的。

上述分析方法即为能量分析法。

下面考察一种等离子体被真空包围的情形，等离子体–真空交界附近的扰动和场的关系如图 4-8 所示。在真空区，扰动场可表示为

$$\boldsymbol{B}_{1e}=\nabla\times\boldsymbol{A}_1$$

这里，$\boldsymbol{A}_1$ 为扰动磁矢势。在等离子体中，线性化的欧姆定律为

$$\boldsymbol{E}_1+\boldsymbol{v}_1\times\boldsymbol{B}_0=0$$

在以速度 $\boldsymbol{v}_1$ 运动的坐标系中，电场的切向分量在越过等离子体–真空边界时应当是连续的，

$$\boldsymbol{e}_n \times (\boldsymbol{E}_{1\mathrm{e}} + \boldsymbol{v}_1 \times \boldsymbol{B}_{0\mathrm{e}}) = \boldsymbol{e}_n \times (\boldsymbol{E}_1 + \boldsymbol{v}_1 \times \boldsymbol{B}_0) = 0 \tag{4-60}$$

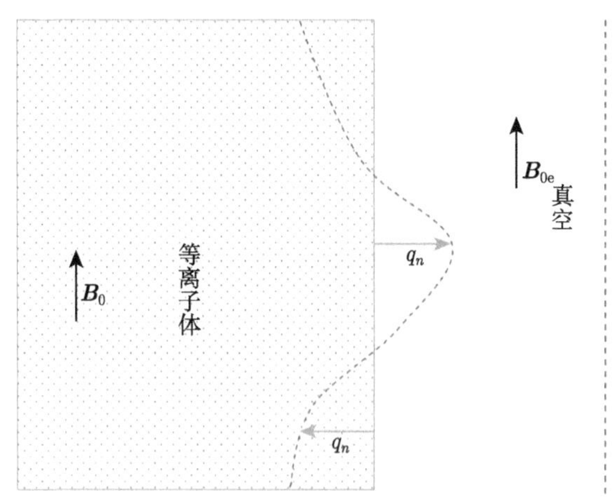

图 4-8　等离子体–真空交界附近的扰动和场的关系

在等离子体–真空交界处，(4-60) 式可简化成

$$\boldsymbol{e}_n \times \boldsymbol{A}_1 = -q_n \boldsymbol{B}_{0\mathrm{e}} \tag{4-61}$$

由上述边界附近的压力平衡条件 $\left(p + \dfrac{\boldsymbol{B}^2}{2\mu_0}\right)_{\mathrm{plsama}} = \left(\dfrac{\boldsymbol{B}^2}{2\mu_0}\right)_{\mathrm{vaccum}}$ 可得线性化的压力平衡方程：

$$p_1 + \frac{\boldsymbol{B}_0 \cdot \boldsymbol{B}_1}{\mu_0} + q_n \boldsymbol{e}_n \cdot \nabla \left(p_0 + \frac{\boldsymbol{B}_0^2}{2\mu_0}\right) = \frac{\boldsymbol{B}_{0\mathrm{e}} \cdot \boldsymbol{B}_{1\mathrm{e}}}{\mu_0} + q_n \boldsymbol{e}_n \cdot \nabla \left(\frac{\boldsymbol{B}_{0\mathrm{e}}^2}{2\mu_0}\right) \tag{4-62}$$

用 q_n 乘以上式各项，并对边界面进行积分，可得

$$\int q_n \frac{\boldsymbol{B}_0 \cdot \boldsymbol{B}_1}{\mu_0} \mathrm{d}S = -\int q_n p_1 \mathrm{d}S - \int q_n^2 \boldsymbol{e}_n \cdot \nabla \left(p_0 + \frac{\boldsymbol{B}_0^2}{2\mu_0} - \frac{\boldsymbol{B}_{0\mathrm{e}}^2}{2\mu_0}\right) \mathrm{d}S$$
$$+ \frac{1}{\mu_0} \int (\nabla \times \boldsymbol{A}_1) \cdot (\nabla \times \boldsymbol{A}_1) \, \mathrm{d}\tau$$

上式右端最后一项是对器壁以内真空区的体积分。

综合以上各式，可得到扰动位移引起的势能的改变量为

$$\delta W(\boldsymbol{q}) = \int \left\{ \left[(\boldsymbol{q} \cdot \nabla) p_0 + \gamma p_0 (\nabla \cdot \boldsymbol{q})\right] (\nabla \cdot \boldsymbol{q}) + \frac{1}{\mu_0} \left[\nabla \times (\boldsymbol{q} \times \boldsymbol{B}_0)\right]^2\right.$$

$$
\left.- \boldsymbol{q} \cdot \boldsymbol{J}_0 \times [\nabla \times (\boldsymbol{q} \times \boldsymbol{B}_0)]\right\} \mathrm{d}\tau + \frac{1}{\mu_0} \int (\nabla \times \boldsymbol{A}_1)^2 \mathrm{d}\tau
$$

$$
+ \int \left[q_n^2 \boldsymbol{e}_n \cdot \nabla \left(\frac{\boldsymbol{B}_{0\mathrm{e}}^2}{2\mu_0} - p_0 - \frac{\boldsymbol{B}_0^2}{2\mu_0} \right) \right] \mathrm{d}S \tag{4-63}
$$

上式右端由三大部分积分构成。

第一部分为对等离子体流体空间的体积分，包含三项，其中，第一项 $[(\boldsymbol{q} \cdot \nabla) p_0 + \gamma p_0 (\nabla \cdot \boldsymbol{q})] (\nabla \cdot \boldsymbol{q})$ 是由压力驱动的不稳定性，对 $\delta W(\boldsymbol{q})$ 的贡献一般均为负值；第二项 $\dfrac{1}{\mu_0} [\nabla \times (\boldsymbol{q} \times \boldsymbol{B}_0)]^2$ 的积分总是正的，起稳定作用；第三项 $\boldsymbol{q} \cdot \boldsymbol{J}_0 \times [\nabla \times (\boldsymbol{q} \times \boldsymbol{B}_0)]$ 是由电流驱动的不稳定性。

第二部分为对扰动场的真空区的体积分，表示环绕等离子体流体周围真空场的势能，总是起稳定作用。

第三部分是对等离子体–真空界面上的面积分，表示等离子体表面的势能，是否起稳定作用取决于场和扰动的具体位型。

下面，我们介绍四种在天体等离子体中常见的宏观不稳定，即腊肠 (sausage) 模不稳定性、扭曲 (kink) 模不稳定性、螺旋 (twist) 模不稳定性和撕裂 (tearing) 模不稳定性。

4.3.1 腊肠模不稳定性

考察一段长直载流等离子体柱，设平衡时的柱半径为 a，纵向通过等离子体柱的总电流为 I，这时在柱面上产生的极向磁场为 $B_\theta = \dfrac{I}{2\pi a}$，假定等离子体柱内没有纵向磁场。则平衡时由上述极向磁场产生的向内的磁压力等于等离子体向外扩张的热压力：$p = \dfrac{B_\theta^2}{2\mu_0} = \dfrac{I^2}{8\pi\mu_0 a^2}$。如果在该等离子体柱受到某种扰动，导致局部收缩 (a 减小)，则极向磁场 B_θ 将增加，作用在等离子体柱上的磁压力 ($p_\mathrm{m} = \dfrac{I^2}{8\pi\mu_0 a^2}$) 迅速增加，导致扰动的进一步增加，柱半径的进一步减小。与之相对应的是局部膨胀 (a 增加)，极向磁场 B_θ 将减小，作用在等离子体柱上的磁压力 ($p_\mathrm{m} = \dfrac{I^2}{8\pi\mu_0 a^2}$) 也迅速减小，等离子体柱将进一步膨胀。局部颈缩一旦发生，它将迅速发展，直至将等离子体柱切断，形成腊肠形结构，因而称为腊肠模不稳定性 (sausage mode instability)，如图 4-9 所示。

上面的讨论是在假定没有纵向磁场的情况下的结果，如果在等离子体柱中则存在纵向磁场 (B_z)，这种情况在天体等离子体中其实是非常普遍的，例如，在太阳大气中的冕环实际上就主要是由纵向磁场占主导的，其中同时还存在纵向电流。

如图 4-10 所示。在等离子体柱颈缩处，纵向磁场 B_z 增强，磁压强增加，将导致磁力线互相排斥而膨胀，从而阻止颈缩的继续演化，由于磁冻结的原因，相应地等离子体柱的颈缩也将被抑制；与此相反，在等离子体柱膨大处，纵向磁场 B_z 减弱，相应磁压强也减弱，由极向磁场 B_θ 引起的向内的磁压强将抑制膨大的继续发展。可见，纵向磁场对腊肠模不稳定性具有抑制作用。

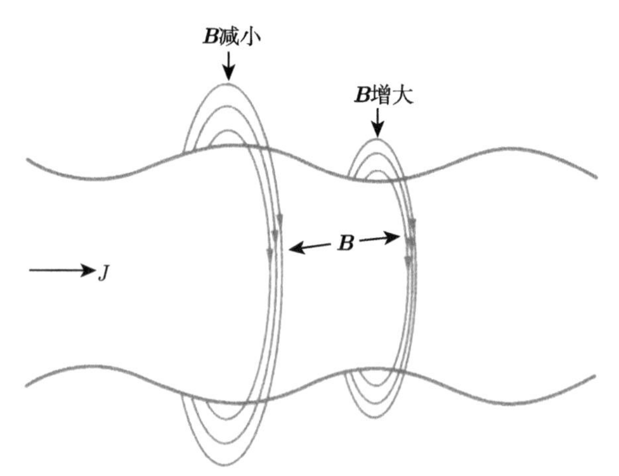

图 4-9　无纵向磁场的腊肠模不稳定性形成过程

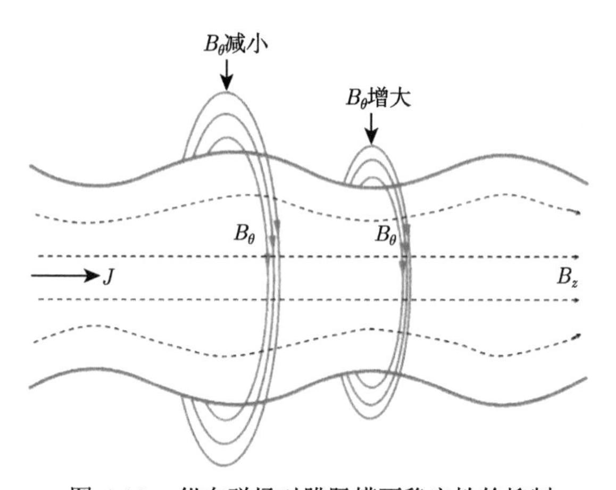

图 4-10　纵向磁场对腊肠模不稳定性的抑制

那么，需要多大的纵向磁场 B_z 才能抑制腊肠模不稳定性呢？

等离子体柱中纵向磁场 B_z 的通量应当是一个常量：$\Phi_\mathrm{m} = \pi r^2 B_z = \mathrm{const}$，当柱半径减小 $\mathrm{d}r$ 时，纵向磁感应强度便会产生一个增量 $\mathrm{d}B_z$，它们之间满足下列关系：

$$\pi r^2 \mathrm{d}B_z + 2\pi r B_z = 0, \quad 即\ \mathrm{d}B_z = -\frac{2B_z}{r}\mathrm{d}r$$

相应地，等离子体柱内部的磁压强的增量为

$$\mathrm{d}p_z = \frac{(B_z + \mathrm{d}B_z)^2}{2\mu_0} - \frac{B_z^2}{2\mu_0} = \frac{B_z \mathrm{d}B_z}{\mu_0} = -\frac{2B_z^2}{\mu_0} \cdot \frac{\mathrm{d}r}{r} \tag{4-64}$$

再来看极向磁场 B_θ 的变化。由安培定律可知，$rB_\theta = \mathrm{const}$。于是在柱面处，柱半径减小 $\mathrm{d}r$ 时，极向磁场的增量为 $\mathrm{d}B_\theta = -\frac{B_\theta \mathrm{d}r}{r}$。由极向磁场的增量引起的向内的等离子体磁压强的增加为

$$\mathrm{d}p_\theta = -\frac{B_\theta^2}{\mu_0} \cdot \frac{\mathrm{d}r}{r} \tag{4-65}$$

于是，为了使等离子体柱能抑制腊肠模不稳定性的发展，必须要求 $\mathrm{d}p_z > \mathrm{d}p_\theta$，即

$$B_z^2 > \frac{B_\theta^2}{2}, \quad 即\ B_z > \frac{1}{\sqrt{2}} B_\theta \tag{4-66}$$

在太阳大气各种尺度的冕环中，绝大多数情况下上述条件都是满足的，因此绝大多数冕环都是稳定的。但是，在爆发源区附近的等离子体环，有时会出现很大的纵向电流并产生很强的极向磁场，从而突破条件 (4-66)，驱动腊肠模不稳定性。

4.3.2 扭曲模不稳定性

当载流等离子体柱的局部发生弯曲时，则在凹边一侧的极向磁场 B_θ 将增强，而在凸边一侧的极向磁场 B_θ 将减弱，由此而引起的磁压强差将驱动等离子体柱的弯曲进一步增长，这种不稳定性即为扭曲模不稳定性 (kink mode instability)。

与腊肠模相类似，如果在载流等离子体柱中夹持纵向磁场分量 B_z，当发生弯曲变形即扭曲形变时，磁力线的弯曲将使沿磁力线的张力增强，该张力的作用方向将与扭曲形变的方向相反，从而抑制扭曲不稳定性的发展，见图 4-11。

设等离子体柱的弯曲部分的特征长度为 λ，曲率半径为 R，这时由纵向磁场 B_z 的磁力线弯曲所形成的恢复力可表示为

$$\frac{B_z^2}{2\mu_0} \pi a^2 \cdot 2\sin\alpha \approx \frac{B_z^2}{2\mu_0} \pi a^2 \frac{\lambda}{R}$$

在等离子体柱弯曲的内侧极向磁场的磁压强增量，凹凸内外侧磁压强之差形成一个弯曲力，驱动扭曲模的增长。该弯曲力可表示为

$$\frac{\lambda}{R} \int_0^\lambda \frac{B_\theta^2}{2\mu_0} 2\pi r \mathrm{d}r = \frac{B_{\theta a}^2}{2\mu_0} \pi a^2 \frac{\lambda}{R} \ln \frac{\lambda}{a}$$

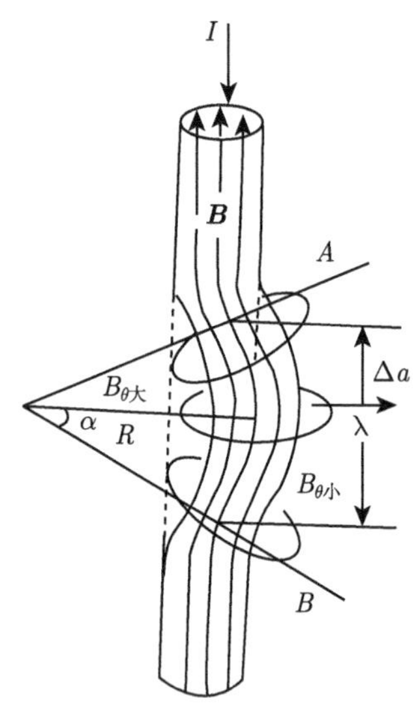

图 4-11 扭曲不稳定性

式中，$B_{\theta a}$ 为等离子体柱表面处 $r=a$ 的极向磁场值。当恢复力大于弯曲力时，该扭曲不稳定性被抑制，即

$$\frac{B_z^2}{B_{\theta a}^2} > \ln\frac{\lambda}{a} \tag{4-67}$$

对于长波扰动，比值 λ/a 比较大，因此要抑制这样的扭曲不稳定性，需要有很强的纵向磁场。从而，在一般情况下的纵向磁场都难以使扭曲不稳定性达到稳定，也正因为如此，在天体等离子体环中，扭曲模不稳定性是非常普遍的，与此相关的观测现象也非常丰富。

4.3.3 螺旋不稳定性

具有轴向电流 (I_p) 和均匀纵向磁场 B_z 的长直等离子体柱中发生箍缩时，纵向磁场 B_z 和由电流产生的极向磁场 B_θ 一起，形成了螺旋形的磁场，如图 4-12 所示。柱面上沿螺旋形磁力线作用的磁张力总是试图将磁力线拉直变短，最终导致等离子体发生螺旋状形变。

设等离子体柱是不可压缩的，受到的扰动是螺旋形的，可表示如下：

$$q(r) = q_0(r)\exp(\mathrm{i}m\theta + \mathrm{i}kz - \mathrm{i}\omega t) \tag{4-68}$$

式中，k 表示扰动沿轴向的周期性，它与扰动波长的关系为 $k=\dfrac{2\pi}{\lambda}$；m 表示扰动在极向上的周期性，称为极向模数，当极角 θ 改变 2π 时，扰动 $q(r)$ 取原来的

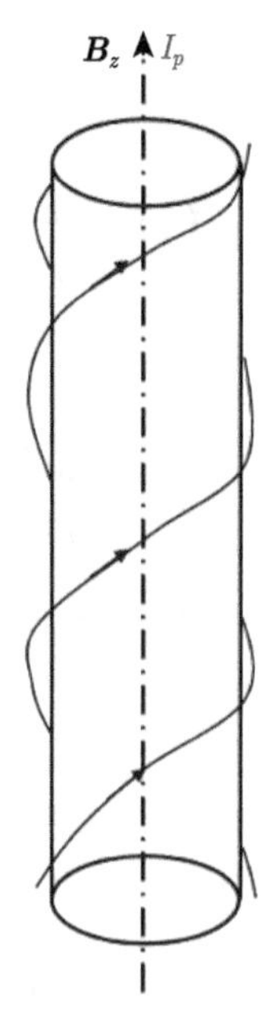

图 4-12 螺旋不稳定 (twist instability) 的形成过程

值，因此，极向模数 m 只能取整数值。扰动与速度的关系为 $v=\dfrac{\partial q(r)}{\partial t}$。当等离子体为不可压缩流体时，其运动方程为

$$\rho_0\frac{\mathrm{d}\boldsymbol{v}}{\mathrm{d}t}=-\nabla\left(p+\frac{\boldsymbol{B}^2}{2\mu_0}\right)+\frac{1}{\mu_0}\left(\boldsymbol{B}_{\mathrm{i}}\cdot\nabla\right)\boldsymbol{B}_{\mathrm{i}}$$

对上式线性化，可得

$$\rho_0\frac{\partial^2\boldsymbol{q}}{\partial t^2}=-\nabla\left(p_1+\frac{\boldsymbol{B}_{\mathrm{i}}\cdot\boldsymbol{B}_{1\mathrm{i}}}{\mu_0}\right)+\frac{1}{\mu_0}\left[\left(\boldsymbol{B}_{\mathrm{i}}\cdot\nabla\right)\boldsymbol{B}_{1\mathrm{i}}+\left(\boldsymbol{B}_{1\mathrm{i}}\cdot\nabla\right)\boldsymbol{B}_{\mathrm{i}}\right] \tag{4-69}$$

假定等离子体柱中的纵向磁场是均匀分布的，则扰动方程的最后形式为

$$\rho_0\frac{\partial^2\boldsymbol{q}}{\partial t^2}=-\nabla\tilde{p}+\frac{1}{\mu_0}(\boldsymbol{B}_{\mathrm{i}}\cdot\nabla)\boldsymbol{B}_{1\mathrm{i}} \tag{4-70}$$

式中，$\tilde{p}=p_1+\dfrac{\boldsymbol{B}_{\mathrm{i}}\cdot\boldsymbol{B}_{1\mathrm{i}}}{\mu_0}$ 表示总压强的扰动量。$\boldsymbol{B}_{1\mathrm{i}}=\nabla\times(\boldsymbol{q}\times\boldsymbol{B}_{\mathrm{i}})=\mathrm{i}k\boldsymbol{B}_{\mathrm{i}}\boldsymbol{q}$，代入上式，可得线性的扰动方程：

$$\left(-\omega^2\rho_0+\frac{k^2\boldsymbol{B}_{\mathrm{i}}^2}{\mu_0}\right)\boldsymbol{q}=-\nabla\tilde{p} \tag{4-71}$$

由于等离子体的不可压缩性，$\nabla \cdot \boldsymbol{q} = 0$，对上式两边求散度，得 $\nabla^2 \tilde{p} = 0$，写成微分的分量形式，即为

$$\left[\frac{\mathrm{d}^2}{\mathrm{d}t^2} + \frac{1}{r}\frac{\mathrm{d}}{\mathrm{d}r} - \left(k^2 + \frac{m^2}{r^2}\right)\right]\tilde{p}(r) = 0 \tag{4-72}$$

上式在 $r = 0$ 处的有限解为

$$\tilde{p}(r) = \tilde{p}(a)\frac{\mathrm{I}_m(kr)}{\mathrm{I}_m(ka)} \tag{4-73}$$

式中，a 为等离子体柱半径；$\mathrm{I}_m(kr)$ 为第一类修正贝塞尔函数。于是，由 (4-71) 式可得等离子体柱边界上的扰动位移为

$$\boldsymbol{q}(a) = \frac{k}{\omega^2 \rho_0 - \dfrac{k^2 \boldsymbol{B}_{\mathrm{i}}^2}{\mu_0}}\tilde{p}(a)\frac{\mathrm{I}'_m(ka)}{\mathrm{I}_m(ka)} \tag{4-74}$$

在等离子体柱的外边，真空磁场的扰动 $\boldsymbol{B}_{1\mathrm{e}}$ 满足 $\nabla \times \boldsymbol{B}_{1\mathrm{e}} = 0$，因此，可以引入标量势 ϕ：$\boldsymbol{B}_{1\mathrm{e}} = \nabla\phi$，同时，由于 $\nabla \cdot \boldsymbol{B}_{1\mathrm{e}} = 0$，$\phi$ 满足 $\nabla^2\phi = 0$。设边界条件是当 $r \to \infty$ 时，$\phi \to 0$，可得 ϕ 的解为

$$\phi = C\frac{\mathrm{K}_m(kr)}{\mathrm{K}_m(ka)}\exp(\mathrm{i}m\theta + \mathrm{i}kz) \tag{4-75}$$

式中，$\mathrm{K}_m(kr)$ 为第二类修正贝塞尔函数；C 为积分常数。

下面再讨论等离子体柱表面上的边界条件，即在柱表面处，$r \to a$，压力平衡方程变成

$$p_1 + \frac{\boldsymbol{B}_{\mathrm{i}} \cdot \boldsymbol{B}_{1\mathrm{i}}}{\mu_0} = \tilde{p}(r) = \frac{\boldsymbol{B}_{\mathrm{e}} \cdot \boldsymbol{B}_{1\mathrm{e}}}{\mu_0} + \frac{q(r)}{2\mu_0}\frac{\partial \boldsymbol{B}_{\mathrm{e}}^2}{\partial r} \tag{4-76}$$

式中，外部磁场 $\boldsymbol{B}_{\mathrm{e}}$ 包括纵向分量 $B_{\mathrm{e}z}$ 和极向分量 $B_{\mathrm{e}\theta}$。由于 $B_{\mathrm{e}z}$ 为常量，$B_{\mathrm{e}\theta} \propto \dfrac{1}{r}$，则在等离子体柱表面处 $r = a$，上式右端最后一项中的偏微分部分可写成

$$\frac{\partial}{\partial r}\left(B_{\mathrm{e}z}^2 + B_{\mathrm{e}\theta}^2\right) = -2\frac{B_{\mathrm{e}\theta a}^2}{a}$$

另外，$\boldsymbol{B}_{\mathrm{e}} \cdot \boldsymbol{B}_{1\mathrm{e}} = (B_{\mathrm{e}z} + B_{\mathrm{e}\theta}) \cdot \nabla\phi = \mathrm{i}\left(kB_{\mathrm{e}z} + \dfrac{m}{a}B_\theta\right)C$，这里 C 为一个常数。于是 (4-76) 式就变成

$$\tilde{p}(a) = \frac{\mathrm{i}}{\mu_0}\left(kB_{\mathrm{e}z} + \frac{m}{a}B_\theta\right)C - \frac{B_{\theta a}^2}{\mu_0 a}q_r(a) \tag{4-77}$$

式中，$q_r(a)$ 为在等离子体柱表面处扰动位移在径向上的分量。

此外，根据切向电场的连续性还可以得到另一个边界条件：

$$e_r \cdot \boldsymbol{B}_{1\mathrm{e}} = e_r \cdot [\nabla \times (\boldsymbol{q} \times \boldsymbol{B}_\mathrm{e})] \tag{4-78}$$

由于 $e_r \cdot B_{1\mathrm{e}} = e_r \cdot \nabla\phi = Ck\dfrac{\mathrm{K}_m'(ka)}{\mathrm{K}_m(ka)}$，以及 $e_r \cdot [\nabla \times (\boldsymbol{q} \times \boldsymbol{B}_\mathrm{e})] = e_r \cdot \{\nabla \times [\boldsymbol{q} \times (B_{\mathrm{e}z} + B_\theta)]\} = e_r \cdot [(B_{\mathrm{e}z} \cdot \nabla)\boldsymbol{q} + (B_\theta \cdot \nabla)\boldsymbol{q} - (\boldsymbol{q} \cdot \nabla)B_\theta] = \mathrm{i}\left(kB_{\mathrm{e}z} + \dfrac{m}{a}B_\theta\right)q_r(a)$。于是，(4-78) 式可写成

$$\mathrm{i}\left(kB_{\mathrm{e}z} + \frac{m}{a}B_\theta\right)q_r(a) = Ck\frac{\mathrm{K}_m'(ka)}{\mathrm{K}_m(ka)} \tag{4-79}$$

将 (4-74) 式、(4-77) 式和 (4-79) 式联立起来，消去 $q_r(a)$、$\tilde{p}(a)$ 和 C，最后可得色散关系：

$$\mu_0\rho_0\omega^2 = k^2B_{\mathrm{i}z}^2 - \left(kB_{\mathrm{e}z} + \frac{m}{a}B_\theta\right)^2\frac{\mathrm{I}_m'(ka)\mathrm{K}_m(ka)}{\mathrm{I}_m(ka)\mathrm{K}_m'(ka)} - \frac{kB_\theta^2}{a}\frac{\mathrm{I}_m'(ka)}{\mathrm{I}_m(ka)} \tag{4-80}$$

我们知道，扰动的稳定条件是 $\omega^2 > 0$。上式右端第一项总是正的，因此等离子体柱内部的纵向磁场总是抑制扰动的发展，是致稳因素；第二项因为 $k \cdot B_\mathrm{e} = kB_{\mathrm{e}z} + \dfrac{m}{a}B_\theta = 0$ 而使该项变成 0，这说明，对于扰动螺距 $\dfrac{2\pi m}{k}$ 等于磁力线螺距 $2\pi r\dfrac{B_z}{B_\theta}$ 这样的共振螺旋扰动，纵场是无能为力的；最后一项中，总是有 $\dfrac{\mathrm{I}_m'(ka)}{\mathrm{I}_m(ka)} > 0$，因此最后一项始终为负值，主要来源于极向磁场分量，是导致不稳定性的主要因素。

下面分几种特殊情形来讨论 (4-80) 式的结果。

(1) $B_{\mathrm{e}z} = 0$，$m = 0$。

这时，色散关系 (4-80) 式简化成下列形式：

$$\omega^2 = \frac{k^2B_{\mathrm{i}z}^2}{\mu_0\rho_0}\left[1 - \frac{B_\theta^2\mathrm{I}_0'(ka)}{B_{\mathrm{i}z}^2ka\mathrm{I}_0(ka)}\right] \tag{4-81}$$

因为 $\dfrac{\mathrm{I}_0'(x)}{x\mathrm{I}_0(x)}$ 的最大值为 $\dfrac{1}{2}$，所以，对于 $m = 0$ 的扰动，其稳定条件就是

$$B_{\mathrm{i}z}^2 > \frac{1}{2}B_\theta^2$$

这正好就是腊肠模不稳定性的致稳条件，同 (4-66) 式。

(2) $B_{\mathrm{ez}}=0$，$m=1$。

这时，色散关系 (4-80) 式演变成下列形式：

$$\omega^2=\frac{k^2B_{\mathrm{iz}}^2}{\mu_0\rho_0}\left[1+\frac{B_\theta^2\mathrm{I}_1'(ka)\mathrm{K}_1(ka)}{B_{\mathrm{iz}}^2ka\mathrm{I}_1(ka)\mathrm{K}_1'(ka)}\right]$$

式中，括号内的 $\dfrac{\mathrm{I}_1'(ka)}{\mathrm{I}_1(ka)}>0$，$\dfrac{\mathrm{K}_1(ka)}{\mathrm{K}_1'(ka)}<0$，因此，第二项总是负的。不过，对于短波扰动，$ka\gg1$，$\dfrac{B_\theta^2\mathrm{I}_1'(ka)\mathrm{K}_1(ka)}{B_{\mathrm{iz}}^2ka\mathrm{I}_1(ka)\mathrm{K}_1'(ka)}$ 这一项在许多情况下总是小于 1 的，因此可以有 $\omega^2>0$，扰动是稳定的。但是，对于长波扰动，$ka\to0$，$\omega^2<0$，扰动是不稳定的，此时色散关系演变成

$$\omega^2=\frac{k^2B_{\mathrm{iz}}^2}{\mu_0\rho_0}\left[1-\left(\frac{B_\theta}{B_{\mathrm{iz}}}\right)^2\ln\left(\frac{1}{ka}\right)\right]\tag{4-82}$$

要使扰动致稳,则必须有 $\left[1-\left(\dfrac{B_\theta}{B_{\mathrm{iz}}}\right)^2\ln\left(\dfrac{1}{ka}\right)\right]>0$,即 $\left(\dfrac{B_\theta}{B_{\mathrm{iz}}}\right)^2\ln\left(\dfrac{1}{ka}\right)<1$, 可得 $\left(\dfrac{B_\theta}{B_{\mathrm{iz}}}\right)^2>\ln\left(\dfrac{1}{ka}\right)=\ln\left(\dfrac{\lambda}{a}\right)$，这与扭曲模不稳定性的致稳条件 (4-67) 式是一致的。

(3) $B_{\mathrm{ez}}\gg B_\theta$。

在这种情况下，最可能引起不稳定性的是 $kB_{\mathrm{ez}}+\dfrac{m}{a}B_\theta\to0$ 的长波扰动，也就是 $ka\ll1$ 的情形，这时有数量关系：$\dfrac{\mathrm{I}_m'}{\mathrm{I}_m}=\dfrac{m}{ka}$，$\dfrac{\mathrm{K}_m'}{\mathrm{K}_m}=-\dfrac{m}{ka}$，代入色散关系，可得

$$\omega^2=\frac{k^2B_{\mathrm{iz}}^2}{\mu_0\rho_0}+\frac{1}{\mu_0\rho_0}\left(kB_{\mathrm{ez}}+\frac{m}{a}B_\theta\right)^2-\frac{m}{\mu_0\rho_0a^2}B_\theta^2\tag{4-83}$$

ω^2 的极小值为

$$\omega_{\min}^2=\frac{B_\theta^2}{\mu_0\rho_0a^2}\left(\frac{m^2B_{\mathrm{iz}}^2}{B_{\mathrm{iz}}^2+B_{\mathrm{ez}}^2}-m\right)\tag{4-84}$$

利用平衡条件: $p+\dfrac{B_{\mathrm{iz}}^2}{2\mu_0}=\dfrac{B_{\mathrm{ez}}^2+B_\theta^2}{2\mu_0}$, 或用比压值 β 表示成 $1-\beta=\dfrac{B_{\mathrm{iz}}^2}{B_{\mathrm{ez}}^2+B_\theta^2}$

$\approx \dfrac{B_{\mathrm{iz}}^2}{B_{\mathrm{ez}}^2}$，于是 (4-84) 式可写成

$$\omega_{\min}^2 = \frac{B_\theta^2}{\mu_0 \rho_0 a^2} m \left(m \frac{1-\beta}{2-\beta} - 1 \right) \tag{4-85}$$

上式表明，当 $0 < m < \dfrac{2-\beta}{1-\beta}$ 时，$\omega_{\min}^2 < 0$，即在低 β 值情况下，$m=1$ 的模式是不稳定的，不论纵向磁场与极向磁场之比 $\dfrac{B_z}{B_\theta}$ 有多大。无限长直箍缩等离子体柱对 $m=1$ 的长波扰动 $(ka \ll 1)$ 总是不稳定的。

然而，实际的等离子体柱的长度总是有限的，因此扰动波长也不可能超过柱长 L，即波数 k 也不可能小于 $\dfrac{2\pi}{L}$。只要适当选择比值 $\dfrac{B_z}{B_\theta}$，就有可能使螺旋形扰动致稳。由 (4-83) 式可知，当 $m=1$ 时的稳定条件是 $k^2 B_{\mathrm{iz}}^2 + \left(k B_{\mathrm{ez}} + \dfrac{m}{a} B_\theta \right)^2 > \dfrac{B_\theta^2}{a^2}$，在低 β 值情况下，$B_{\mathrm{iz}} \approx B_{\mathrm{ez}} = B_z$，因此，稳定条件可写成

$$\frac{|B_\theta|}{|B_z|} < ka$$

对于长度为 L 的载流等离子体柱，上式可演变成

$$\frac{|B_\theta|}{|B_z|} < \frac{2\pi a}{L} \tag{4-86}$$

这就是在强磁场中的载流等离子体柱对螺旋不稳定的致稳条件，称为 Kruskal-Shafranov 条件，其实质是磁力线的螺距必须大于等离子体柱的长度。对于半径为 R 的日冕环，设其截面半径为 a，其从一个足点到另一个足点的长度可近似为 πR (半圆环近似)，于是，Kruskal-Shafranov 条件可以写成如下形式：

$$Q(a) = \frac{2a}{R} \frac{B_z}{B_\theta} > 1 \tag{4-87}$$

式中，$Q(a)$ 称为安全因子，$Q(a)$ 值越大，等离子体柱的稳定性就越高。

螺旋不稳定性的物理过程是这样的：磁力线中的磁张力本身具有使磁力线拉直变短的趋势，这种趋势迫使等离子体柱发生相应的螺旋状形变，一旦等离子体柱发生螺旋状形变，沿螺线流动的等离子体电流 $\boldsymbol{J}_{\mathrm{ep}}$ 必然与纵向磁场 $\boldsymbol{B}_z$ 发生相互作用，从而产生一个向外扩张的力 $\boldsymbol{J}_{\mathrm{ep}} \times \boldsymbol{B}_z$，在这个力的作用下，螺旋扰动增长，形成不稳定性。

4.3.4　撕裂模不稳定性

前面讨论的都是柱状的载流等离子体流体中的不稳定性问题，而且也都是假定的电阻率为 0 的理想导电流体，在这种情况下，磁场与等离子体完全冻结，相互之间没有相对运动。但是，在实际等离子体中，总是存在有限的电阻率的，有限电阻引起的磁能耗散将导致磁力线相对于等离子体而言可以有一定程度的分离，在某些特定位置断开并重新链接，形成磁岛结构，这样的过程称为**磁场重联**。所谓磁岛，是指拥有自己局部磁轴和环绕磁轴而嵌套在一起的部分磁面构成的局部集中的磁化等离子体结构，其在截面上呈岛状 (图 4-13)。形成磁岛以后，原本完整的磁面被撕裂，电流片也变成局部集中，这样的过程称为电阻撕裂模不稳定性 (resistive tearing-mode instability)。

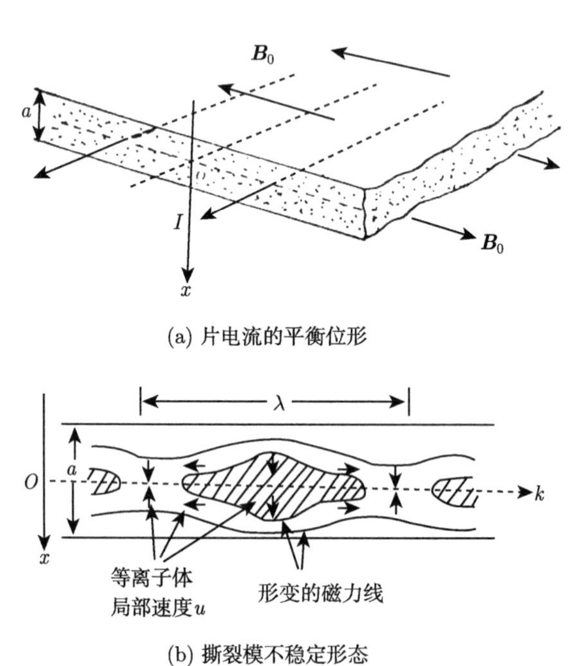

(a) 片电流的平衡位形

(b) 撕裂模不稳定形态

图 4-13　撕裂模不稳定性的形成

对于有限电阻的等离子体，小扰动产生的欧姆定律的线性化方程为

$$\boldsymbol{E}_1 + \boldsymbol{v} \times \boldsymbol{B}_0 = \eta \boldsymbol{J}_1 \tag{4-88}$$

式中，$\boldsymbol{v}$ 为扰动速度；η 为等离子体的电阻率；$\boldsymbol{J}_1$ 为由扰动产生的扰动电流。

为了简化起见，我们采用平板电流片的剪切磁场模型。假定磁场和等离子体沿 z 轴方向是均匀的，磁场方向平行于 y 轴方向，在 yz 平面两侧反向，磁感应

强度在 yz 平面为 0，电流片的厚度为 $2a$。见图 4-14。磁场的分布函数为

$$B_{0y}(x)=\begin{cases}-B'_{0y}a, & x<-a\\ B'_{0y}x, & -a\leqslant x\leqslant a\\ B'_{0y}a, & x>a\end{cases} \tag{4-89}$$

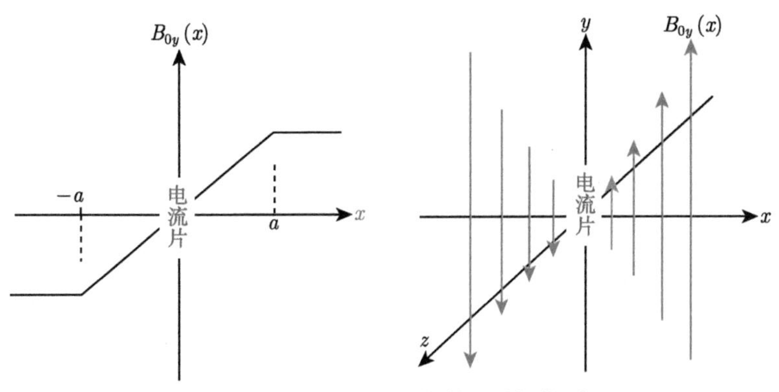

图 4-14 电流片两侧的剪切磁场位型

设扰动磁场为 $B_{1z}\propto\sin(ky)\exp(\gamma t)$, 这里 k 和 γ 分别为 y 方向上扰动的波数可增长率，由电磁感应定律，可得

$$\frac{\partial B_{1x}}{\partial t}=-\frac{\partial B_{1z}}{\partial y}$$

相应的感应电场为 $E_{1z}\sim\frac{\gamma}{k}\cos(ky)\exp(\gamma t)$，产生扰动电流 $J_{1z}\sim\frac{\gamma}{k\eta}\cos(ky)\cdot\exp(\gamma t)$，扰动速度为 $v_{1x}\sim-\frac{\gamma}{kB_{0y}}\cos(ky)\exp(\gamma t)$。扰动电流 J_{1z} 在平衡磁场 B_{0y} 的作用下产生洛伦兹力：$F_{1x}\sim -J_{1z}B_{0y}\sim-\frac{\gamma B_{0y}}{k\eta}\cos(ky)\exp(\gamma t)$，其在 $\frac{\pi}{k}$ 处向外拉张，而在 0 和 $\frac{2\pi}{k}$ 处向内挤压，使得扰动磁场 B_{1x} 和平衡磁场 $B_{0y}(x)$ 在一起构成了磁岛结构。同时，由于流体的不可压缩性，可推知扰动速度 v_{1x} 可导致 y 方向的扰动分量 $v_{1y}\sim\sin(ky)\exp(\gamma t)$, 从而形成涡流，见图 4-15。

为了准确理解撕裂模不稳定性的演化过程，我们先从动力学方程出发进行分析：

$$\rho\frac{\mathrm{d}\boldsymbol{v}}{\mathrm{d}t}=-\nabla p+\boldsymbol{J}\times\boldsymbol{B}$$

用“$e_z\cdot\nabla\times$”作用于上式两端各项，可得

$$\rho e_z\cdot\nabla\times\frac{\mathrm{d}v}{\mathrm{d}t}=-e_z\cdot\nabla\times\nabla p+e_z\cdot\nabla\times(\boldsymbol{J}\times\boldsymbol{B}) \tag{4-90}$$

其中左端为 $\rho e_z\cdot\nabla\times\dfrac{\mathrm{d}v}{\mathrm{d}t}=\rho e_z\cdot\nabla\times\left(\dfrac{\partial\boldsymbol{v}}{\partial t}+\boldsymbol{v}\cdot\nabla v\right)=\rho\left[\dfrac{\partial}{\partial t}(e_z\cdot\nabla\times\boldsymbol{v})+(e_z\cdot\nabla\times\boldsymbol{v})\cdot\nabla v\right]=\rho\left(\dfrac{\partial w}{\partial t}+w\cdot\nabla v\right)$，这里 $w=(e_z\cdot\nabla\times\boldsymbol{v})$ 为图 4-15 中所示的涡量。

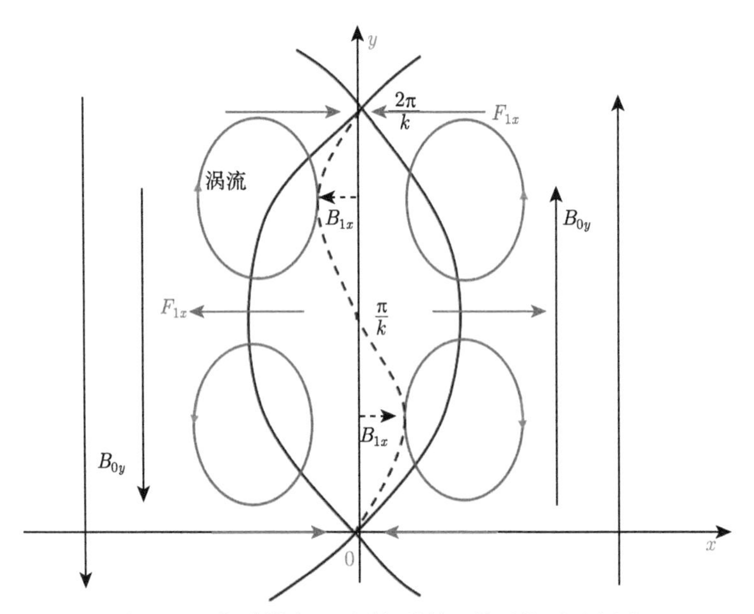

图 4-15　撕裂模电阻层磁场结构及扰动位型示意图

假设 ρ 和 v_z 为常量，于是 (4-90) 式右端第一项为 $e_z\cdot\nabla\times\nabla p=0$。

最后，$\nabla\times(\boldsymbol{J}\times\boldsymbol{B})=(\boldsymbol{B}\cdot\nabla)\boldsymbol{J}-(\boldsymbol{J}\cdot\nabla)\boldsymbol{B}+\boldsymbol{J}(\nabla\cdot\boldsymbol{B})-\boldsymbol{B}(\nabla\cdot\boldsymbol{J})=(\boldsymbol{B}\cdot\nabla)\boldsymbol{J}-(\boldsymbol{J}\cdot\nabla)\boldsymbol{B}$，于是 (4-90) 式右端第二项为 $e_z\cdot\nabla\times(\boldsymbol{J}\times\boldsymbol{B})=(\boldsymbol{B}\cdot\nabla)J_z-(\boldsymbol{J}\cdot\nabla)B_z$。

以上结果合起来可得关于涡量的方程：

$$\rho\left(\frac{\partial w}{\partial t}+w\cdot\nabla v\right)=(\boldsymbol{B}\cdot\nabla)J_z-(\boldsymbol{J}\cdot\nabla)B_z \tag{4-91}$$

再加上磁场演化方程 (4-30) 式：

$$\frac{\partial\boldsymbol{B}}{\partial t}=\nabla\times(\boldsymbol{v}\times\boldsymbol{B})+\eta_m\nabla^2\boldsymbol{B} \tag{4-92}$$

(4-91) 式和 (4-92) 式即为研究撕裂模所需的基本微分方程。设 $v_0=0$，对以上两式线性化，可得

$$\frac{\partial \boldsymbol{B}_1}{\partial t} = \nabla \times (\boldsymbol{v}_1 \times \boldsymbol{B}_0) + \eta_m \nabla^2 \boldsymbol{B}_1 \tag{4-93}$$

$$\frac{\partial w_1}{\partial t} = B_1 \cdot \nabla J_{0z} + \boldsymbol{B}_0 \cdot \nabla J_{1z} \tag{4-94}$$

从上式可见，对涡量的演化起重要作用的除了平衡磁场外，平衡电流的梯度也是重要的作用因素。假定等离子体在 z 轴方向保持均匀性，则 z 方向的扰动波数为 0，扰动磁场和扰动速度的各分量分别为

$$B_{1x} = \widetilde{B_x}(x)\sin(ky)\exp(\gamma t)$$

$$B_{1y} = \widetilde{B_y}(x)\cos(ky)\exp(\gamma t)$$

$$v_{1x} = -\widetilde{v_x}(x)\cos(ky)\exp(\gamma t)$$

$$v_{1y} = \widetilde{v_y}(x)\sin(ky)\exp(\gamma t)$$

无散条件 $\nabla \cdot \boldsymbol{B}_1 = 0$ 和不可压缩条件 $\nabla \cdot \boldsymbol{v}_1 = 0$ 分别变成下列形式：

$$\frac{\mathrm{d}\widetilde{B_x}}{\mathrm{d}x} - k\widetilde{B_y} = 0$$

$$\frac{\mathrm{d}\widetilde{v_x}}{\mathrm{d}x} - k\widetilde{v_y} = 0$$

将以上条件以及安培定律 $\boldsymbol{J} = \dfrac{1}{\mu_0}\nabla \times \boldsymbol{B}$ 代入 (4-93) 式和 (4-94) 式，并将涡量的定义还原为扰动速度，可得

$$\gamma\widetilde{B_x} = kB_{0y}\widetilde{v_x} + \eta_m\left(\frac{\mathrm{d}^2\widetilde{B_x}}{\mathrm{d}x^2} - k^2\widetilde{B_x}\right) \tag{4-95}$$

$$\frac{\rho\gamma}{k}\left(\frac{\mathrm{d}^2\widetilde{v_x}}{\mathrm{d}x^2} - k^2\widetilde{v_x}\right) = \frac{\widetilde{B_x}}{\mu_0}\frac{\mathrm{d}^2B_{0y}}{\mathrm{d}x^2} - \frac{B_{0y}}{\mu_0}\left(\frac{\mathrm{d}^2\widetilde{B_x}}{\mathrm{d}x^2} - k^2\widetilde{B_x}\right) \tag{4-96}$$

求解由以上两式组成的方程组，可以得到撕裂模不稳定性的增长率 γ。不过，不难看出，这组方程是非线性的，很难得到其解析解。

众所周知，等离子体是良导体，在绝大多数情况下，$\eta_m = \dfrac{\eta}{\mu_0}$ 是一个非常小的量，因此，在远离 $x=0$ 平面处，(4-95) 式中的右端第二项可以略去，得到一个近似的线性方程：$\widetilde{B_x} = \dfrac{kB_{0y}}{\gamma}\widetilde{v_x}$，代入 (4-96) 式即可求解。而在 $x=0$ 平面近

处，因为 $B_{0y}\to 0$，(4-95) 式右端第一项消失，但是 $\dfrac{\mathrm{d}^2\widetilde{B_x}}{\mathrm{d}x^2}$ 是一个很大的量，这时电阻项占支配地位。因此，对撕裂模不稳定性的研究通常都是采用边界层方法 (layer boundary approach) 进行处理：即将整个等离子体区域分成内、外两个区，其中在 $x=0$ 平面附近称为内区，平衡磁场在 $x=0$ 平面两侧反向，感应电场最大，电阻效应不可忽略，称为电阻奇异层；远离电阻奇异层的区域称为外区，在这里可以忽略电阻效应和增长率。分别在上述近似下求解 (4-95) 式和 (4-96) 式，将所获得的解进行渐进匹配 (asymptotic matching) 衔接起来，可得到撕裂模不稳定性增长率的表达式。

首先求外区解。在这里可以忽略含电阻效应和增长率的项，于是从 (4-95) 式和 (4-96) 式可得

$$\frac{\mathrm{d}^2\widetilde{B_x}}{\mathrm{d}x^2}-\left(k^2+\frac{1}{B_{0y}}\frac{\mathrm{d}^2B_{0y}}{\mathrm{d}x^2}\right)\widetilde{B_x}=0 \tag{4-97}$$

不难看出，该方程的解依赖于平衡磁场的分布 $B_{0y}(x)$，事实上 $\dfrac{\mathrm{d}^2B_{0y}}{\mathrm{d}x^2}$ 是平衡电流密度的梯度。不过，迄今为止，还没有找到对于任意分布的平衡磁场的解析解。在某些特定的情形下，我们可以给出该方程的解。例如，设平衡磁场 $B_{0y}(x)$ 可取为

$$B_{0y}(x)=\tilde{B}_{0y}\tanh(x) \tag{4-98}$$

于是，(4-97) 式可以改写成

$$\frac{\mathrm{d}^2\widetilde{B_x}}{\mathrm{d}x^2}-\left[k^2-2\mathrm{sech}^2(x)\right]\widetilde{B_x}=0 \tag{4-99}$$

上式的通解为 $\widetilde{B_x}=C_1\exp(-kx)\left[1+\dfrac{\tanh(x)}{k}\right]+C_2\exp(kx)\left[1-\dfrac{\tanh(x)}{k}\right]$。将外区分成 $x>0$ 和 $x<0$ 两个区，分别满足边界条件：$\widetilde{B_x}(-\infty)=0$ 和 $\widetilde{B_x}(\infty)=0$。在外区看来，电阻奇异层是非常薄的，因此，在 $x=0$ 的两边可假设 $\widetilde{B_x}$ 满足连续性条件，于是，解就变成下列形式：

$$\tilde{B}_x=\begin{cases}\tilde{B}_x(0)\exp(kx)\left[1-\dfrac{\tanh(x)}{k}\right], & x<0\\ \tilde{B}_x(0)\exp(-kx)\left[1+\dfrac{\tanh(x)}{k}\right], & x>0\end{cases} \tag{4-100}$$

在这里，还缺失一个边界条件，即在 $x=0$ 处的 $\widetilde{B_x}$ 值。考虑到在 $x=0$ 处的导数 $\dfrac{\mathrm{d}\tilde{B}_x}{\mathrm{d}x}$ 是不连续的，因此，Furth, Killeen 和 Rosenbluth 定义了一个阶

跃值：

$$\Delta' = \frac{1}{\tilde{B}_x(0)}\left[\left.\frac{\mathrm{d}\tilde{B}_x}{\mathrm{d}x}\right|_{0+} - \left.\frac{\mathrm{d}\tilde{B}_x}{\mathrm{d}x}\right|_{0-}\right] = 2\left(\frac{1}{k} - k\right) \tag{4-101}$$

Δ' 的值已经不再与 $\tilde{B}_x(0)$ 有关联了。

下面再来分析内区的情况。假定电阻奇异层的宽度为 a，增长率为 γ，电阻率为 η，取 $B_{0y}(x) \approx xB'_{0y}$，略去 (4-95) 式和 (4-96) 式中的高阶小量，则内区方程变成

$$\gamma\widetilde{B_x} = kxB'_{0y}\widetilde{v_x} + \frac{\eta}{\mu_0}\frac{\mathrm{d}^2\widetilde{B_x}}{\mathrm{d}x^2}$$

$$\frac{\rho\gamma}{k}\frac{\mathrm{d}^2\widetilde{v_x}}{\mathrm{d}x^2} = -\frac{x\eta B'_{0y}}{\mu_0}\frac{\mathrm{d}^2\widetilde{B_x}}{\mathrm{d}x^2}$$

通过代换，可得

$$\frac{\mathrm{d}^2\widetilde{v_x}}{\mathrm{d}x^2} = \frac{\mu_0 kxB'_{0y}}{\rho\gamma\eta}\left(\gamma\tilde{B}_x - kxB'_{0y}\widetilde{v_x}\right) \tag{4-102}$$

由于电阻奇异层很薄，尽管 $\widetilde{B_x}$ 在这里的导数很大，但是 $\widetilde{B_x}$ 本身的值变化并不大，所以可以假定 $\tilde{B}_x$ 近似为常数，用 $\tilde{B}_x(0) \sim \tilde{B}_x$，(4-102) 式可简化为二阶微分方程。作变换：$x = aX$，$\widetilde{v_x} = -\dfrac{\gamma\tilde{B}_x(0)}{kaB'_{0y}}Y(X)$，于是可得

$$Y'' - X^2Y = X \tag{4-103}$$

上式的解为

$$Y = -\frac{X}{2}\int_0^1 \exp\left(-\frac{1}{2}X^2\theta\right)\left(1-\theta^2\right)^{1/4}\mathrm{d}\theta \tag{4-104}$$

由此可以求出扰动磁场 $\tilde{B}_x$，并得到在内区的阶跃值：

$$\begin{aligned}\Delta(\gamma) &= \frac{1}{\tilde{B}_x(0)}\int_{0-}^{0+}\frac{\mathrm{d}^2\widetilde{B_x}}{\mathrm{d}x^2}\mathrm{d}x = -\frac{1}{\tilde{B}_x(0)}\frac{\mu_0\rho\gamma}{k\eta B'_{0y}}\int_{0-}^{0+}\frac{\mathrm{d}^2\widetilde{v_x}}{\mathrm{d}x^2}\frac{\mathrm{d}x}{x} \\ &= \frac{\mu_0\rho\gamma^2}{k^2\eta B'^2_{0y}a^3}\int_{-\infty}^{\infty}\frac{\mathrm{d}^2Y}{\mathrm{d}X^2}\frac{\mathrm{d}X}{X} = \frac{\pi\Gamma(3/4)}{\Gamma(1/4)}\frac{\mu_0 a\gamma}{\eta}\end{aligned} \tag{4-105}$$

引入渐进匹配条件：

$$\Delta' = \Delta(\gamma) \tag{4-106}$$

可得电阻性撕裂模线性增长率的表达式为

$$\gamma=\left[\frac{\Gamma(1/4)L\varDelta'}{\pi\Gamma(3/4)}\right]^{4/5}\tau_{\mathrm{A}}^{-2/5}\tau_{\mathrm{R}}^{-3/5} \tag{4-107}$$

式中，$\tau_{\mathrm{A}}=\dfrac{\sqrt{\mu_0\rho}}{kB'_{0y}L}$ 为阿尔文特征时间；$\tau_{\mathrm{R}}=\dfrac{\mu_0L^2}{\eta}$ 为电阻扩散的特征时间；L 为 x 方向的空间长度。电阻奇异层的宽度为

$$a=L\left(\gamma\tau_{\mathrm{A}}^2\tau_{\mathrm{R}}^{-1}\right)^{1/4}=L\left[\frac{\Gamma(1/4)L\varDelta'}{\pi\Gamma(3/4)}\right]^{1/5}\left(\frac{\tau_{\mathrm{A}}}{\tau_{\mathrm{R}}}\right)^{2/5} \tag{4-108}$$

从上述表达式中不难看出，电阻性撕裂模的稳定性主要取决于电流密度的梯度所引起的退稳效应和弯曲磁力线所引起的致稳效应两者的平衡，一般情况下，短波模更容易引起磁力线的弯曲而趋于稳定，而长波模则是不稳定的。

在这里，我们讨论的撕裂模不稳定性都是在电流片位型中发生的，其结果就是在电流片中形成许多磁岛结构。这些磁岛也是处于高度动力学演化状态的，其并合又会触发次级磁场重联，并产生粒子加速。这类现象在太阳耀斑的标准模型中被人们仔细描述过。图 4-16 便是 Lin-Forbes 耀斑-CME 模型的示意图 (Lin et al., 2000)，在这个模型里，电流片及其中所发生的撕裂模不稳定性对太阳爆发过程的触发起着至关重要的作用。

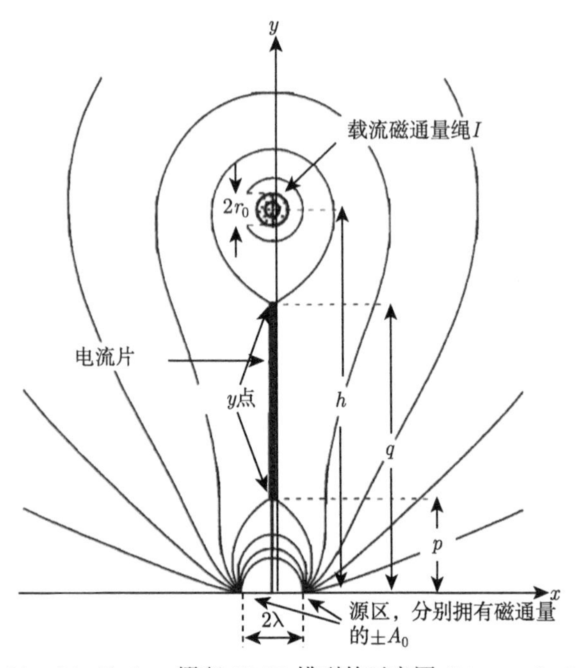

图 4-16　Lin-Forbes 耀斑-CME 模型的示意图 (Lin et al., 2000)

图 4-17 所示为一个太阳耀斑环顶电流片中磁岛的并合作用触发二次重联和粒子加速的模拟结果，正是这种磁岛的并合作用，形成了准周期性粒子加速过程，并在射电波段形成准周期脉动结构 (quasi-periodic pulsations, QPP) 现象。

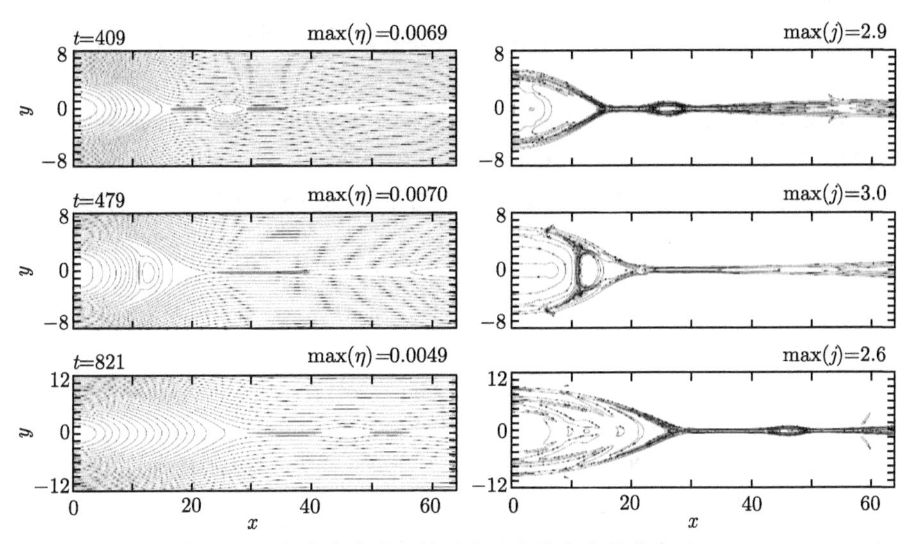

图 4-17 太阳耀斑环顶电流片中磁岛的形成及电流密度的分布 (Kliem et al., 2000)

实际上，在等离子体中只要存在电流，都有可能演化出撕裂模不稳定性，例如，在托卡马克环状等离子体中，纵向电流也会触发一种环状撕裂模的发生，不过这种撕裂模因为受环柱状位型的影响，会产生一种自举电流 (bootstrap current)，因此与一般撕裂模有着本质上的区别，通常称为新经典撕裂模 (neoclassical tearing mode)。在太阳活动区的载流等离子体耀斑环中，也有可能激发类似的撕裂模不稳定性，在环内形成大量的小磁岛结构，可用来解释与太阳耀斑爆发过程相关的许多现象，这方面的内容可以参考文献 Tan 和 Huang (2006)，Tan 等 (2007) 以及 Tan B L 和 Tan C M (2012) 等。

思 考 题

1. 在天体等离子体中，磁场可产生哪些作用？
2. 将磁流体力学理论应用于天体等离子体时，需要满足哪些条件？
3. 对比分析，麦克斯韦方程组与 MHD 方程组有哪些区别和联系？
4. 什么是磁压力？什么是磁张力？两者同时存在，它们的物理图像是什么？
5. 推导广义欧姆定律，并准确理解广义欧姆定律中各项的物理含义。

6. 如何从物理上理解磁冻结过程？试证明：在垂直于磁力线方向上的扰动所引起的磁作用力，其大小与扰动速度成正比而方向相反，是一种磁阻力。

7. 查阅文献，用具体数据说明：从太阳光球表面到日冕大气中，大气的特征标高是随高度而迅速增大的。

8. 试说明：纵向电流在等离子体柱中是如何产生腊肠模不稳定性的，并证明 Bennet 关系。

9. 在载流等离子体柱中，如何抑制腊肠模不稳定性？又如何才能抑制扭曲模不稳定性？

10. 分析在磁扩散过程中，磁场衰减的特征时间主要受哪些因素的影响？

参 考 文 献

陈耀. 2019. 等离子体物理学基础. 北京：科学出版社.

杜世刚. 1998. 等离子体物理. 北京：原子能出版社.

胡希伟. 2006. 等离子体理论基础. 北京：北京大学出版社.

李定, 陈锦华, 马锦秀, 等. 2009. 等离子体物理学. 北京：高等教育出版社.

郑春开. 2006. 等离子体物理. 北京：北京大学出版社.

庄礼贤, 尹协远, 马晖扬. 1997. 流体力学. 合肥：中国科学技术大学出版社.

Furth H P, Killeen J, Rosenbluth N. 1963. Finite-resistivity instabilities of a sheet pinch. Phys. Fluids, 6: 459.

Kliem B, Karlicky M, Benz A O. 2000. Solar flare radio pulsations as a signature of dynamic magnetic reconnection. A&A, 360: 715.

Lin J, Forbes T G. 2000. Effects of reconnection on the coronal mass ejection process. J. GR, 105: 2375.

Parker E N. 1958. Dynamics of the interplanetary gas and magnetic fields. Ap. J., 128: 664.

Tan B L, Huang G L. 2006. Neoclassical bootstrap current in solar plasma loops. A&A, 453: 321.

Tan B L, Tan C M. 2012. Microwave quasi-periodic pulsation with millisecond bursts in a solar flare on 2011 August 9. Ap. J., 749: 28.

Tan B L, Yan Y H, Tan C M, et al. 2007. The microwave pulsations and the tearing modes in the current-carrying flare loops. Ap. J., 671: 964.

Wang J X. 1996. A note on the evolution of magnetic helicity in active regions. Sol. Phys., 163: 319-325.

Woltjer L. 1958. A theorem on force-free magnetic fields. PNAS, 44: 489.

第 5 章　天体等离子体中的动理论

在第 3 章和第 4 章中，我们分别详细介绍了天体等离子体的单粒子轨道理论和 MHD 理论。其中，单粒子轨道理论是通过研究单个带电粒子的运动行为，主要是各种粒子的漂移运动来了解等离子体的整体行为，这些漂移运动在一定的缓变条件下满足绝热不变性原理。在这里忽略了等离子体的集体效应，显然这仅适合于可以忽略碰撞效应的稀薄等离子体。而另一方面，MHD 理论则把等离子体看成一种电磁流体，不区分不同速度和动量分布的粒子的不同行为特征，只研究连续的电磁流体质点元的宏观平均效果，其中包括磁流体波、宏观不稳定性、磁场重联等。因此，MHD 理论适用于当等离子体中发生频繁碰撞，粒子之间达到热力学平衡或局部热力学平衡时的情形。

显而易见，无论是单粒子轨道理论还是 MHD 理论，它们都只是在一定极限条件下的近似理论，必然具有一定的局限性。

在天体物理环境中，最瞩目的现象莫过于各种爆发过程，如太阳耀斑 (solar flare)、日冕物质抛射 (coronal mass ejection, CME)、各种喷流、高能粒子的加速等过程，以及各种恒星爆发、耀星爆发，甚至新星 (nova) 和超新星 (supernova) 遗迹星云中的爆发、吸积盘 (accretion disk) 中发生的爆发过程等。这些爆发过程均伴随大量的能量释放，其中，除了产生等离子体团的剧烈运动而携带能量外，还有相当可观的能量是以非热能量形式释放的，这些非热能量是通过各种超热粒子 (super-thermal particle，有些文献也称为 energetic particle，即富能粒子，指其粒子的能量比热运动粒子的能量更高；non-thermal particle，非热粒子) 和高能粒子 (high-energy particle) 以及非热电磁辐射 (如相干辐射) 所携带的。在这些非热现象中，发生着粒子加速、波–粒相互作用、辐射和传播，以及等离子体微观不稳定性等过程。在这些过程中，等离子体通常都处于非热力学平衡状态，粒子分布都偏离麦克斯韦分布。我们既无法简单地采用频繁碰撞等离子体的 MHD 理论来研究这些过程；同时由于整个系统包含大量带电粒子，相互之间存在显著的相互作用，因此，我们也无法利用单粒子轨道理论来研究整个等离子体系统的运动行为和能量转化过程。

对于那些介于不考虑碰撞的稀薄等离子体和可以看成流体的频繁碰撞等离子体之间的一般等离子体，严格的处理方法应当是考虑大量微观粒子的运动，用统计物理方法研究等离子体中具有各种不同速度分布函数的粒子运动行为，从而阐明各种波动、粒子加速和传播、微观不稳定性、波–粒相互作用、辐射，以及在这些过程中的能量释放与转移等规律，如此建立起来的一套理论方法，称为**等离子体动理论** (plasma kinetic theory，在部分文献中将这一术语翻译成“动理论”，事实上，这一理论体系与具体的“力”没有直接联系，主要与粒子的分布函数有关，因此，更准确的翻译应当是“动理论”)。

天体等离子体最基本的特征之一便是存在静电振荡，即朗缪尔振荡，在一定的条件下还可以激发静电波，这是一种由等离子体中的荷电粒子热运动起主导作用的小振幅波。在 MHD 理论中，可以得出电子静电波的频率非常接近于等离子体频率，相对于 MHD 波的频率来说，静电波是一种高频波。电子振荡通过电子热压强的起伏而传播，其色散关系为

$$\omega^2 = \omega_{\mathrm{pe}}^2 + 3k^2 v_{\mathrm{th}}^2$$

式中，$k = \dfrac{2\pi}{\lambda}$ 为波矢，沿波的传播方向，这里 λ 为波长。上式可以进一步改写为

$$\omega = \omega_{\mathrm{pe}}\left(1 + 3k^2\lambda_{\mathrm{D}}^2\right)^{1/2}$$

这一频率称为 Bohm-Gross 频率，其中包含了由热压强效应引起的频率修正。波的相速度和群速度分别定义为

$$v_{\mathrm{ph}} = \frac{\omega}{k} = v_{\mathrm{th}}\left(3 + \frac{1}{4\pi^2}\frac{\lambda^2}{\lambda_{\mathrm{D}}^2}\right)^{\frac{1}{2}} > v_{\mathrm{th}}$$

$$v_{\mathrm{g}} = \frac{\mathrm{d}\omega}{\mathrm{d}k} = 3\frac{v_{\mathrm{th}}^2}{v_{\mathrm{ph}}} = 3\left(k\lambda_{\mathrm{D}}\right)v_{\mathrm{th}} < v_{\mathrm{th}}$$

可见，波的相速度是大于电子的热速度的，而群速度则常常小于电子的热速度。

对于静电长波，$\lambda \gg \lambda_{\mathrm{D}}$，因此有 $k\lambda_{\mathrm{D}} < 1$。当波的频率增加到接近等离子体频率的 2 倍时，$\omega \to 2\omega_{\mathrm{pe}}$，$\omega^2 \approx k^2 v_{\mathrm{th}}^2$，$v_{\mathrm{ph}} \sim v_{\mathrm{th}}$，$k \approx \dfrac{1}{\lambda_{\mathrm{D}}}$，进入短波区。这时，粒子与波之间的相互耦合作用居支配地位，碰撞作用则退居次要地位甚至可以忽略。这时，MHD 理论就不再适用了。从后面的讨论，我们将知道，在忽略碰撞的情况下，静电波仍然可能被阻尼，这种阻尼称为无碰撞阻尼，或朗道阻尼 (Landau damping)，这是一种新的波的阻尼机制，这种阻尼只有通过动理论才能导出。

本章首先介绍等离子体动理论的基本概念和基本方程，然后讨论如何利用动理论方法去分析一些具体问题，包括等离子体中输运过程、阻尼过程和微观不稳定性等。

5.1 等离子体动理论基本方程

5.1.1 分布函数

同统计物理学中处理多粒子体系时的情形相类似，等离子体动理论的基础便是粒子的分布函数及其随时间的演化方程。因此，在等离子体动理论中，需要讨论的第一个基本概念便是粒子的分布函数。

等离子体是一个多粒子体系，描述每个粒子的状态，需要空间位置和运动速度参数，即在 3 维空间上的位置坐标和在 3 维速度空间上的坐标，它们构成了 6 维相空间 (phase space)。在某一时刻 t，相空间单位相体积中的第 α 类粒子的数量称为分布函数 $f_\alpha(r, v_\alpha, t)$。可见，本质上分布函数是一个 7 维空间中的函数，其中包含 3 维位置空间、3 维速度 (或动量) 空间和 1 维时间。

当粒子分布与空间位置无关时，称为速度分布函数 $f_\alpha(v_\alpha, t)$。

在任意时刻 t，坐标在 $r(x, y, z)$ 与 $r'(x + \mathrm{d}x, y + \mathrm{d}y, z + \mathrm{d}z)$ 之间，粒子的速度介于 $v(v_{\alpha x}, v_{\alpha y}, v_{\alpha z})$ 和 $v'(v_{\alpha x} + \mathrm{d}v_{\alpha x}, v_{\alpha y} + \mathrm{d}v_{\alpha y}, v_{\alpha z} + \mathrm{d}v_{\alpha z})$ 之间的第 α 类粒子的数量为 $\mathrm{d}N_\alpha = f_\alpha(r, v_\alpha, t)\,\mathrm{d}r\mathrm{d}v_\alpha$。这里 $\mathrm{d}r\mathrm{d}v_\alpha = \mathrm{d}x\mathrm{d}v_{\alpha x}\mathrm{d}y\mathrm{d}v_{\alpha y}\mathrm{d}z\mathrm{d}v_{\alpha z}$ 为相空间的体积元。

根据粒子的分布函数，可以得到几乎所有的宏观物理量的表达形式。例如，把分布函数 $f_\alpha(r, v_\alpha, t)$ 在速度空间积分，便可得到粒子数密度：

$$n_\alpha(r, t) = \int f_\alpha(r, v_\alpha, t)\,\mathrm{d}v_\alpha = \int_{-\infty}^{\infty} f_\alpha(r, v_\alpha, t)\,\mathrm{d}v_{\alpha x}\mathrm{d}v_{\alpha y}\mathrm{d}v_{\alpha z} \tag{5-1}$$

质量密度便为

$$\rho_\alpha(r, t) = m_\alpha n_\alpha(r, t) = m_\alpha \int f_\alpha(r, v_\alpha, t)\,\mathrm{d}v_\alpha \tag{5-2}$$

其中，m_α 为 α 粒子的质量。

假定每个 α 粒子都有一个物理量 $\Psi_\alpha = \Psi_\alpha(r, v_\alpha, t)$，则该物理量在速度空间的平均值的定义为

$$\Psi_\alpha = \frac{\displaystyle\int \Psi_\alpha f_\alpha \mathrm{d}v_\alpha}{\displaystyle\int f_\alpha \mathrm{d}v_\alpha} = \frac{1}{n_\alpha}\int \Psi_\alpha f_\alpha \mathrm{d}v_\alpha \tag{5-3}$$

下面是其他一些宏观物理量在动理论中的表述。

第 α 类粒子的平均速度：

$$u_\alpha(r, t) = \langle v_\alpha \rangle = \frac{1}{n_\alpha}\int v_\alpha f_\alpha \mathrm{d}v_\alpha \tag{5-4}$$

等离子体流体速度：

$$\boldsymbol{u} = \frac{1}{\rho}\sum_{\alpha}\rho_{\alpha}u_{\alpha} \tag{5-5}$$

粒子的无规则运动速度：

$$\boldsymbol{c}_{\alpha} = \boldsymbol{v}_{\alpha} - \boldsymbol{u} \tag{5-6}$$

等离子体的热力学温度：

$$T = \frac{\sum\limits_{\alpha} n_{\alpha}\frac{1}{2}m_{\alpha}c_{\alpha}^{2}}{\frac{3}{2}n} \tag{5-7}$$

等离子体中的电流密度：

$$j = \sum_{\alpha} j_{\alpha} = \sum_{\alpha} n_{\alpha}q_{\alpha}u_{\alpha} \tag{5-8}$$

电磁场中等离子体的受力：

$$\begin{aligned} F &= \sum_{\alpha} F_{\alpha} = \sum_{\alpha} n_{\alpha}m_{\alpha}\langle a_{\alpha}\rangle = \sum_{\alpha} n_{\alpha}m_{\alpha}\frac{q_{\alpha}}{m_{\alpha}}\left(E + v_{\alpha}\times B\right) \\ &= \sum_{\alpha} n_{\alpha}q_{\alpha}\left(E + v_{\alpha}\times B\right) \end{aligned} \tag{5-9}$$

从上面各式可以看出，分布函数提供了等离子体系统完整的描述，只要知道粒子在相空间中的分布函数，就可以得到所有宏观物理量。动理论的主要任务之一便是确定给定等离子体系统的分布函数，从而了解该等离子体系统的稳定性和能量转移特征。

通常，我们不能在纸面上画出 6 维或 7 维相空间的分布函数图。但我们可以在纸面上画出在某一分量的轮廓图，例如，在空间某处、某一时刻，以速度的 x 分量和 y 分量为两个坐标轴给出的分布函数轮廓图，如图 5-1 所示。

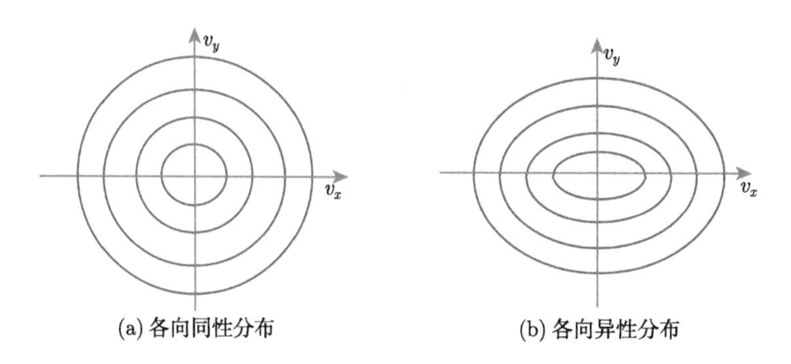

(a) 各向同性分布　　(b) 各向异性分布

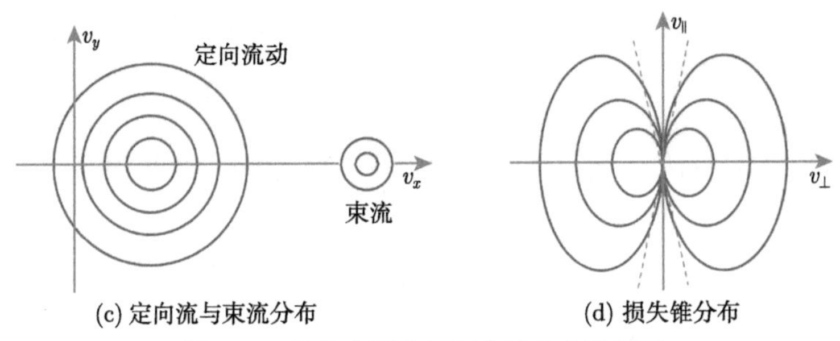

(c) 定向流与束流分布　(d) 损失锥分布

图 5-1　几种典型的速度空间分布轮廓图

等离子体动理论的基本任务就是，通过求解分布函数的变化去了解某些物理过程中物质和能量的传输和转移规律，从而解释相应的物理现象。为了求解分布函数的变化特征，首先需要建立相应的方程。下面我们着手推导分布函数随时间变化所满足的基本方程。

5.1.2　等离子体动理论基本方程

设等离子体系统处在外力场作用之下，第 α 类粒子的分布函数为 $f_\alpha(r, v_\alpha, t)$，单位质量所受力为 $\dfrac{F_\alpha}{m_\alpha} = a_\alpha$。当粒子运动时，其空间位置 (r) 随之发生改变；当粒子之间发生相互作用时，随着速度的变化，粒子在相空间中的位置 (v_α) 也发生相应变化。在 t 时刻落在位置 (r, v_α) 附近相空间体积元 $\mathrm{d}r\mathrm{d}v_\alpha$ 中的粒子数为

$$\mathrm{d}N_\alpha = f_\alpha(r, v_\alpha, t)\,\mathrm{d}v_\alpha$$

当发生碰撞时，该粒子数随时间的变化率为

$$\frac{\partial}{\partial t}\left[f_\alpha(r, v_\alpha, t)\,\mathrm{d}r\mathrm{d}v_\alpha\right]_c = \left(\frac{\partial f_\alpha}{\partial t}\right)_c \tag{5-10}$$

该变化率可分解为下列三个部分。

(1) 分布函数 $f_\alpha(r, v_\alpha, t)$ 本身随时间发生变化，从而引起相空间体积元 $\mathrm{d}r\mathrm{d}v_\alpha$ 中的粒子数的改变：

$$\frac{\partial}{\partial t}\left[f_\alpha(r, v_\alpha, t)\right]\mathrm{d}r\mathrm{d}v_\alpha \tag{5-11}$$

(2) 粒子运动引起空间位置的改变，从而导致分布函数的变化：

$$\frac{\partial}{\partial r}\left[f_\alpha(r, v_\alpha, t)\right]\cdot\frac{\partial r}{\partial t}\mathrm{d}r\mathrm{d}v_\alpha = v_\alpha\cdot\frac{\partial}{\partial r}\left[f_\alpha(r, v_\alpha, t)\right]\mathrm{d}r\mathrm{d}v_\alpha \tag{5-12}$$

(3) 粒子之间发生相互作用，也会引起粒子的运动速度的改变，从而导致分布函数的变化：

$$\begin{aligned}\frac{\partial}{\partial v_\alpha}\left[f_\alpha\left(r, v_\alpha, t\right)\right]\cdot\frac{\partial v_\alpha}{\partial t}\mathrm{d}r\mathrm{d}v_\alpha &= a_\alpha\cdot\frac{\partial}{\partial v_\alpha}\left[f_\alpha\left(r, v_\alpha, t\right)\right]\mathrm{d}r\mathrm{d}v_\alpha \\ &= \frac{F_\alpha}{m_\alpha}\cdot\frac{\partial}{\partial v_\alpha}\left[f_\alpha\left(r, v_\alpha, t\right)\right]\mathrm{d}r\mathrm{d}v_\alpha \end{aligned}\tag{5-13}$$

(5-11) 式 ~ (5-13) 式之和应该等于 (5-10) 式，于是可得方程：

$$\frac{\partial f_\alpha}{\partial t}+v_\alpha\cdot\frac{\partial f_\alpha}{\partial r}+\frac{F_\alpha}{m_\alpha}\cdot\frac{\partial f_\alpha}{\partial v_\alpha}=\left(\frac{\partial f_\alpha}{\partial t}\right)_c \tag{5-14}$$

上式即为**等离子体动理论一般方程**，方程右端也称为**碰撞项** (collision term)，即分布函数的变化是通过粒子之间的碰撞相互作用来实现的。通过粒子间的碰撞，分布函数产生随时间、空间位置和速度的相应变化。

在天体等离子体中，大量粒子之间的碰撞过程往往是非常复杂的，其中不仅涉及巨量的粒子数，还包括平衡过程、非平衡过程或准平衡过程，甚至剧烈的爆发过程，因此，我们很难简单地用一个解析函数进行准确描述。一般情况下，人们都是在特定假设条件下对碰撞过程进行简化，得到碰撞项的近似表述。对碰撞过程的不同近似处理，便给出了不同的碰撞模型，其由等离子体中粒子碰撞的物理图像决定，在此基础上可以得到具有特定适用范围的动理论方程。

下面分别介绍几种典型的**碰撞模型** (collision model) 及相应的动理论方程的建立。

5.1.3　玻尔兹曼碰撞模型

玻尔兹曼 (Boltzmann) 在研究分子动理论时最早对中性气体导出了碰撞项，这是统计力学中最常用的一个碰撞模型。在该模型中，他首先假设：

(1) 局地碰撞，即碰撞的相互作用距离远小于分布函数发生显著变化的长度，$f_\alpha\left(r, v_\alpha, t\right)\approx f_\alpha\left(v_\alpha, t\right)$，也就是说，碰撞仅使粒子的速度发生了改变，而位置的改变可以忽略；

(2) 瞬时碰撞，碰撞的持续时间远小于分布函数发生显著变化的时间，即 $f_\alpha(v_\alpha, t)\approx f_\alpha\left(v_\alpha\right)$；

(3) 二体碰撞，即稀薄气体；

(4) 所有的粒子均为孤立粒子，即除了碰撞瞬间外，参与碰撞的粒子互不相关，由于碰撞的持续时间非常短暂，在此期间的外力作用可以忽略。

基于上述 4 个基本假设，我们仅需要在速度空间讨论粒子的碰撞。

设一个速度为 v_α 的 α 类粒子与一个速度为 v_β 的 β 类粒子碰撞后速度分别变成 v'_α 和 v'_β，在质心坐标系中相当于该 α 类粒子以速度 $v_{\alpha\beta}=v_\alpha-v_\beta$ 和碰撞参数 b 射向一个静止的 β 类粒子，在单位时间内通过单位面积元 $b\mathrm{d}b\mathrm{d}\varphi$ 的 α 类粒子数量为 $f_\alpha(r,v_\alpha,t)\,v_{\alpha\beta}b\mathrm{d}b\mathrm{d}\varphi\mathrm{d}v_\alpha$，引起散射的 β 类粒子的数量为 $f_\beta(r,v_\beta,t)\,\mathrm{d}v_\beta$。于是，在单位时间和单位体积中 α 类粒子与 β 类粒子发生碰撞的次数为

$$f_\alpha(r,v_\alpha,t)\cdot f_\beta(r,v_\beta,t)\cdot v_{\alpha\beta}b\mathrm{d}b\mathrm{d}\varphi\mathrm{d}v_\alpha\mathrm{d}v_\beta \tag{5-15}$$

事实上，上式利用了假设 (3) 和 (4)，在二体相互作用长度上，一个 α 类粒子和一个 β 类粒子出现的概率等于两者分布函数的乘积，也就是说 α 类粒子的出现概率与 β 类粒子的出现概率无关，这是一个不能从力学规律推导出来的统计性假设，通常称为分子混沌假设。将 (5-15) 式对 b、φ、v_β 积分，得到 α 类粒子和 β 类粒子相碰撞而离开速度空间中的体积元 $\mathrm{d}v_\alpha$ 的概率：

$$\Gamma^-_{\alpha\beta}=\int f_\alpha(r,v_\alpha,t)\cdot f_\beta(r,v_\beta,t)\cdot v_{\alpha\beta}b\mathrm{d}b\mathrm{d}\varphi\mathrm{d}v_\beta \tag{5-16}$$

在碰撞使部分粒子离开速度空间中的体积元 $\mathrm{d}v_\alpha$ 的同时，也将有部分粒子进入该体积元。为了计算由碰撞而引起的分布函数的增加率，可以把初速度与终速度颠倒过来，即碰撞前粒子速度分别为 v'_α 和 v'_β，碰撞后的速度分别为 v_α 和 v_β，这种处理方法称为反碰撞。与 (4-15) 式类似，可以得到单位时间和单位体积中的碰撞数：

$$f_\alpha(r,v'_\alpha,t)\,f_\beta\left(r,v'_\beta,t\right)v'_{\alpha\beta}b'\mathrm{d}b'\mathrm{d}\varphi\mathrm{d}v'_\alpha\mathrm{d}v'_\beta \tag{5-17}$$

根据动量和动能守恒定律，可得 $v'_{\alpha\beta}=v_{\alpha\beta}$；同时，根据角动量守恒定律可得 $b'=b$ 和 $\mathrm{d}v'_\alpha\mathrm{d}v'_\beta=\mathrm{d}v_\alpha\mathrm{d}v_\beta$，于是有

$$f_\alpha(r,v'_\alpha,t)\,f_\beta\left(r,v'_\beta,t\right)v'_{\alpha\beta}b'\mathrm{d}b'\mathrm{d}\varphi\mathrm{d}v'_\alpha\mathrm{d}v'_\beta=f_\alpha(r,v'_\alpha,t)\,f_\beta\left(r,v'_\beta,t\right)v_{\alpha\beta}b\mathrm{d}b\mathrm{d}\varphi\mathrm{d}v_\alpha\mathrm{d}v_\beta \tag{5-18}$$

由此可得 α 类粒子和 β 类粒子相碰撞而进入速度空间体积元 $\mathrm{d}v_\alpha$ 的概率为

$$\Gamma^+_{\alpha\beta}=\int f_\alpha(r,v'_\alpha,t)\cdot f_\beta\left(r,v'_\beta,t\right)\cdot v_{\alpha\beta}b\mathrm{d}b\mathrm{d}\varphi\mathrm{d}v_\beta \tag{5-19}$$

合并 (5-16) 式和 (5-19) 式，得玻尔兹曼碰撞项：

$$\left(\frac{\partial f_\alpha}{\partial t}\right)_c=\Gamma^+_{\alpha\beta}-\Gamma^-_{\alpha\beta}=\int\left[f_\alpha(v'_\alpha)\cdot f_\beta\left(v'_\beta\right)-f_\alpha(v_\alpha)\cdot f_\beta(v_\beta)\right]\cdot v_{\alpha\beta}b\mathrm{d}b\mathrm{d}\varphi\mathrm{d}v_\beta$$

一般习惯用碰撞截面 $\sigma_{\alpha\beta}$ 来描述碰撞项：$\sigma_{\alpha\beta}\mathrm{d}\Omega=b\mathrm{d}b\mathrm{d}\varphi$，因此，上式也可表示成

$$\left(\frac{\partial f_\alpha}{\partial t}\right)_c=\int\left[f_\alpha(v'_\alpha)\cdot f_\beta\left(v'_\beta\right)-f_\alpha(v_\alpha)\cdot f_\beta(v_\beta)\right]v_{\alpha\beta}\sigma_{\alpha\beta}\mathrm{d}\Omega\mathrm{d}v_\beta \tag{5-20}$$

将 (5-20) 式代入动理论一般方程 (5-14) 式，即可得到著名的玻尔兹曼方程：

$$\frac{\partial f_\alpha}{\partial t}+v_\alpha\cdot\frac{\partial f_\alpha}{\partial r}+a_\alpha\cdot\frac{\partial f_\alpha}{\partial v_\alpha}=\int\left[f_\alpha\left(v'_\alpha\right)\cdot f_\beta\left(v'_\beta\right)-f_\alpha\left(v_\alpha\right)\cdot f_\beta\left(v_\beta\right)\right]v_{\alpha\beta}\sigma_{\alpha\beta}\mathrm{d}\Omega\mathrm{d}v_\beta \tag{5-21}$$

这是一个非线性的微分–积分方程，它仅适用于玻尔兹曼所假定的那种特定的碰撞过程，即稀薄中性理想气体，这也是非平衡统计物理中的基本方程。

对等离子体来说，玻尔兹曼的二体碰撞以及所有粒子均为孤立粒子的假设几乎都是不成立的。因为忽略粒子之间的相关性就相当于忽略了作为集体效应的德拜屏蔽作用，将它应用于等离子体时，其碰撞项实际上是发散的，无法反映等离子体库仑碰撞主要是远碰撞这一基本物理特征。但是，玻尔兹曼方程的建立过程告诉了我们一种建立等离子体动理论方程的一个方法，即通过对碰撞模型的建立来研究等离子体的分布函数的变化过程。对碰撞项的不同处理，还可以得到其他一些不同的等离子体动理论方程。

5.1.4 朗道碰撞模型

玻尔兹曼碰撞模型是根据二体短程相互作用的假设而推导出来的，它不能反映等离子体中库仑碰撞主要是远碰撞这一基本特点。因此，苏联著名理论物理学家朗道对玻尔兹曼碰撞模型进行了修改，假定等离子体中所有碰撞都是远碰撞，忽略近碰撞，每次碰撞所引起的粒子速度改变量均为小量，分布函数可按照速度的改变量的幂次进行展开，保留到二次项，从而得到碰撞项的表达式：

$$\frac{\partial f_\alpha}{\partial t}+v_\alpha\cdot\frac{\partial f_\alpha}{\partial r}+a_\alpha\cdot\frac{\partial f_\alpha}{\partial v_\alpha}=\sum_\beta\frac{Z_\alpha^2Z_\beta^2e^4}{8\pi\varepsilon_0}\ln\Lambda\frac{\partial}{m_\alpha\partial v_\alpha}\int\left(\frac{f_\beta}{m_\alpha}\frac{\partial f_\alpha}{\partial v_\alpha}-\frac{f_\alpha}{m_\beta}\frac{\partial f_\beta}{\partial v_\beta}\right)\mathrm{d}\Phi\mathrm{d}v_\beta \tag{5-22}$$

式中，$\Phi=\dfrac{v_{\alpha\beta}^2I-v_\alpha v_\beta}{v_{\alpha\beta}^3}$ 为一个对称张量，其中 $I=\begin{pmatrix}1&0&0\\0&1&0\\0&0&1\end{pmatrix}$ 为单位张量。

这里，先回顾一下几个同距离有关的特征参量：

(1) b_0，近碰撞的瞄准距离，即当偏转角达到 90° 时的瞄准距离，这是近碰撞与远碰撞之间的界限；

(2) d，粒子间的平均距离，显然，它是二体碰撞的极限距离，当瞄准距离大于粒子间平均距离，即 $b>d$ 时，则认为不再发生二体碰撞；

(3) λ_D，德拜长度，它是库仑长程力作用的极限距离，当 $b>\lambda_\mathrm{D}$ 时，库仑力的作用便可以忽略。

根据入射粒子的瞄准距离 b 的大小，可以有下列结果：

(1) 当 $b < b_0$ 时，发生二体大角度散射，这正是玻尔兹曼碰撞模型对应的情况；

(2) 当 $b_0 < b < d$ 时，发生二体小角散射，对应朗道碰撞模型的情形；

(3) 当 $d < b < \lambda_D$ 时，在长程库仑力作用下发生多体小角散射，也适合朗道碰撞模型的情况；

(4) 当 $b > \lambda_D$ 时，因为这个时候，长程库仑力的作用也可以忽略了，这时对应于下面将要讨论的弗拉索夫 (Vlasov) 无碰撞模型。

我们不难发现，朗道模型和玻尔兹曼碰撞模型的适用范围是截然不同的。

朗道模型要求等离子体中粒子之间相互作用的平均库仑势远小于粒子的平均动能 $\dfrac{Z_\alpha Z_\beta e^2}{4\pi\varepsilon_0 d} / (k_B T) \ll 1$，这样，分布函数才能按速度偏转角为小量进行展开，这里 d 为粒子间的平均距离。朗道方程的前提是二体短程相互作用，没有考虑等离子体的集体效应，仍然具有一定的局限性。

5.1.5 福克尔–普朗克碰撞模型

玻尔兹曼碰撞项是根据二体短程相互作用的假设推导出来的，无法反映等离子体中库仑碰撞主要是多体远碰撞这一特点。朗道碰撞模型是对玻尔兹曼模型的改造而产生的，其本质上仍然是二体相互作用。实际上，等离子体中的带电粒子，经常处于同德拜球内其他所有粒子同时相互作用的过程中，形成多重小角散射，使得带电粒子做类似于布朗粒子那样的运动，其特点是粒子运动速度经常发生随机性改变。因此，我们可以对粒子的运动作如下假设：

(1) 碰撞是弹性的；

(2) 碰撞是马尔可夫 (Markoff) 过程，即通过碰撞，粒子从一个状态转变为另一个状态的概率仅取决于这两个状态本身，而与以前的历史过程无关，这样一系列的状态形成一个 Markoff 链；

(3) 多重远碰撞效应等价于一系列二体远碰撞的线性叠加。

对于上述过程，可以用转变概率 $P_\alpha(v_\alpha, \Delta v_\alpha)$ 来描述，它表示速度为 v_α 的 α 类粒子在时间 Δt 内积累了一个小的速度增量 Δv_α 的概率。这里 v_α 和 Δv_α 都是互相独立的两个参量。$P_\alpha(v_\alpha, \Delta v_\alpha)$ 中没有显含时间参数，即表明它与碰撞以前的历史无关，没有记忆过程，是一个 Markoff 过程。显然，所有可能的转变总概率必然等于 1：

$$\int P_\alpha(v_\alpha, \Delta v_\alpha)\,\mathrm{d}\Delta v_\alpha = 1 \tag{5-23}$$

设在 t 时刻速度为 $v_\alpha - \Delta v_\alpha$ 的 α 类粒子的分布函数为 $f_\alpha(r, v_\alpha - \Delta v_\alpha, t)$，经

过 Δt 时间后，速度变为 v_α 时的分布函数为

$$f_\alpha(r, v_\alpha, t+\Delta t) = \int f_\alpha(r, v_\alpha - \Delta v_\alpha, t) P_\alpha(v_\alpha - \Delta v_\alpha, \Delta v_\alpha) \mathrm{d}\Delta v_\alpha \tag{5-24}$$

假设 Δt 和 Δv_α 均为小量，将上式两边分别作泰勒展开：

$$f_\alpha(r, v_\alpha, t+\Delta t) = f_\alpha(r, v_\alpha, t) + \left(\frac{\partial f_\alpha}{\partial t}\right)_c \cdot \Delta t$$

$$\begin{aligned}&\int f_\alpha(r, v_\alpha - \Delta v_\alpha, t) P_\alpha(v_\alpha - \Delta v_\alpha, \Delta v_\alpha) \mathrm{d}\Delta v_\alpha \\ =&\int \left\{ f_\alpha P_\alpha - \Delta v_\alpha \cdot \frac{\partial}{\partial v_\alpha}(f_\alpha P_\alpha) + \frac{1}{2}\Delta v_\alpha \Delta v_\alpha : \frac{\partial^2}{\partial v_\alpha \partial v_\alpha}(f_\alpha P_\alpha) + \cdots \right\} \mathrm{d}\Delta v_\alpha\end{aligned} \tag{5-25}$$

令上述两式相等，并利用归一化条件 (5-23) 式，可得

$$\left(\frac{\partial f_\alpha}{\partial t}\right)_c = \frac{1}{\Delta t}\int \left[-\Delta v_\alpha \cdot \frac{\partial}{\partial v_\alpha}(f_\alpha P_\alpha) + \frac{1}{2}\Delta v_\alpha \Delta v_\alpha : \frac{\partial^2}{\partial v_\alpha \partial v_\alpha}(f_\alpha P_\alpha) \right] \mathrm{d}\Delta v_\alpha \tag{5-26}$$

定义 Δv_α 和 $\Delta v_\alpha \Delta v_\alpha$ 的平均值算符：

$$\langle \Delta v_\alpha \rangle = \frac{1}{\Delta t}\int P_\alpha(v_\alpha, \Delta v_\alpha) \Delta v_\alpha \mathrm{d}\Delta v_\alpha$$

$$\langle \Delta v_\alpha \Delta v_\alpha \rangle = \frac{1}{\Delta t}\int P_\alpha(v_\alpha, \Delta v_\alpha) \Delta v_\alpha \Delta v_\alpha \mathrm{d}\Delta v_\alpha$$

于是，(5-26) 式可以表示为

$$\left(\frac{\partial f_\alpha}{\partial t}\right)_c = -\frac{\partial}{\partial v_\alpha}(f_\alpha \langle \Delta v_\alpha \rangle) + \frac{1}{2}\frac{\partial^2}{\partial v_\alpha \partial v_\alpha} : (f_\alpha \langle \Delta v_\alpha \Delta v_\alpha \rangle) \tag{5-27}$$

上式就是福克尔–普朗克 (Fokker-Planck) 碰撞项。

$\langle \Delta v_\alpha \rangle$：动力摩擦系数，它给出在单位时间内由多次小角库仑碰撞引起的速度改变量的平均值，具有单位质量所受力的量纲，这个力试图加速或减速粒子使之达到平均的平衡速度，这个过程称为动力摩擦过程，反映代表粒子在速度空间所受到的阻尼。

$\langle \Delta v_\alpha \Delta v_\alpha \rangle$：速度扩散系数，代表粒子在速度空间由多次小角库仑碰撞所引起的扩散，也称动力弥散系数。

$\langle \Delta v_\alpha \rangle$ 和 $\langle \Delta v_\alpha \Delta v_\alpha \rangle$ 统称为 Fokker-Planck 系数。

将 (5-33) 式代入动理论一般方程，即可得到 Fokker-Planck 方程：

$$\begin{aligned}\frac{\partial f_\alpha}{\partial t}+v_\alpha\cdot\frac{\partial f_\alpha}{\partial r}+a_\alpha\cdot\frac{\partial f_\alpha}{\partial v_\alpha}&=--\frac{\partial}{\partial v_\alpha}\left(f_\alpha\langle\Delta v_\alpha\rangle\right)+\frac{1}{2}\frac{\partial^2}{\partial v_\alpha\partial v_\alpha}:\left(f_\alpha\langle\Delta v_\alpha\Delta v_\alpha\rangle\right)\\&=-\sum_{i=1}^{3}\frac{\partial}{\partial v_i}\left(f_\alpha\langle\Delta v_i\rangle\right)+\frac{1}{2}\sum_{i,j=1}^{3}\frac{\partial^2}{\partial v_i\partial v_j}\left(f_\alpha\langle\Delta v_i\Delta v_j\rangle\right)\end{aligned} \tag{5-28}$$

在实际应用中，首先面临的问题便是如何计算 Fokker-Planck 系数，这需要对它们的表达式进行改写。在 Δt 时间内，一个以相对速度 $v_{\alpha\beta}$ 入射的 α 类粒子与分布函数为 f_β 的 β 类粒子碰撞以后，落入立体角元 $\mathrm{d}\Omega$ 中的概率为

$$P_\alpha\left(v_\alpha,\Delta v_\alpha\right)\mathrm{d}\Delta v_\alpha=v_{\alpha\beta}\sigma_{\alpha\beta}f_\beta\left(v_\beta\right)\mathrm{d}v_\beta\mathrm{d}\Omega$$

动力摩擦系数便是速度的增量对所有散射方向以及场粒子的所有可能的速度 v_β 的积分：

$$\langle\Delta v_\alpha\rangle=\int P_\alpha\left(v_\alpha,\Delta v_\alpha\right)\Delta v_\alpha\mathrm{d}\Delta v_\alpha=\sum_\beta\int f_\beta\left(v_\beta\right)\mathrm{d}v_\beta\int v_{\alpha\beta}\sigma_{\alpha\beta}\Delta v_\alpha\mathrm{d}\Omega \tag{5-29}$$

类似地，还可以得到速度的扩散系数：

$$\langle\Delta v_\alpha\Delta v_\alpha\rangle=\int\Delta v_\alpha\Delta v_\alpha P_\alpha\left(v_\alpha,\Delta v_\alpha\right)\mathrm{d}\Delta v_\alpha=\sum_\beta\int f_\beta\left(v_\beta\right)\mathrm{d}v_\beta\int v_{\alpha\beta}\sigma_{\alpha\beta}\Delta v_\alpha\Delta v_\alpha\mathrm{d}\Omega \tag{5-30}$$

对立体角的积分部分分别定义如下：

$$\left\{\begin{aligned}&\int_\Omega\Delta v_i v_{\alpha\beta}\sigma_{\alpha\beta}\mathrm{d}\Omega=\{\Delta v_i\}\\&\int_\Omega\Delta v_i\Delta v_j v_{\alpha\beta}\sigma_{\alpha\beta}\mathrm{d}\Omega=\{\Delta v_i\Delta v_j\}\end{aligned}\right. \tag{5-31}$$

于是，动力摩擦系数和速度扩散系数可分别表示成

$$\left\{\begin{aligned}&\langle\Delta v_i\rangle=\int_{v_\beta}\{\Delta v_i\}f_\beta\mathrm{d}v_\beta\\&\langle\Delta v_i\Delta v_i\rangle=\int_{v_\beta}\{\Delta v_i\Delta v_j\}f_\beta\mathrm{d}v_\beta\end{aligned}\right. \tag{5-32}$$

在质心坐标系中，有

$$v_\alpha = v_c + K v_{\alpha\beta} \tag{5-33}$$

$$v'_\alpha = v_c + K v'_{\alpha\beta} \tag{5-34}$$

式中，$K = \dfrac{m_\beta}{m_\alpha + m_\beta}$，$v_c = \dfrac{m_\alpha v_\alpha + m_\beta v_\beta}{m_\alpha + m_\beta}$ 为质心速度。于是，速度改变量可以表示成

$$\Delta v_\alpha = v'_\alpha - v_\alpha = K\left(v'_{\alpha\beta} - v_{\alpha\beta}\right) \tag{5-35}$$

在直角坐标系中，令相对速度 $v_{\alpha\beta} = g$ 沿 z 轴，对于库仑势的微分散射截面为

$$\sigma(\theta) = \frac{b_0^2}{4\sin^4(\theta/2)} = \frac{b_0^2}{(1-\cos\theta)^2} \tag{5-36}$$

式中，b_0 为偏转角为 $90°$ 时的碰撞参数，$b_0 = \dfrac{q_\alpha q_\beta}{4\pi\varepsilon_0 \mu g^2}$，这里 $\mu = \dfrac{m_\alpha m_\beta}{m_\alpha + m_\beta} = K m_\alpha$ 为折合质量。

下面即可对 $\{\Delta v_i\} = \{v'_i - v_i\}$ 进行计算了，这里，$i = x, y, z$。

$$\{\Delta v_z\} = \int_\Omega \Delta v_z g\sigma(\Omega)\,\mathrm{d}\Omega = K g^2 b_0^2 \int_0^{2\pi} \mathrm{d}\varphi \int_{\theta_{\min}}^{\pi} \frac{-\sin\theta}{1-\cos\theta}\mathrm{d}\theta \tag{5-37}$$

式中，对 θ 的积分下限值 $\theta_{\min}$ 对应于碰撞参数的上限值 λ_D，因为在等离子体中，当粒子之间的距离大于德拜长度 λ_D 时，由于德拜屏蔽效应，相互之间的作用已可忽略。

散射角满足关系 $\tan\left(\dfrac{\theta}{2}\right) = \dfrac{b_0}{b}$。因此，可以定义新的变量：$u = \dfrac{b}{b_0} = \cot\left(\dfrac{\theta}{2}\right)$，可得关系：

$$\mathrm{d}u = -\frac{\mathrm{d}\theta}{1-\cos\theta},\quad \sin\theta = \frac{2u}{1+u^2} \tag{5-38}$$

由碰撞参数的截断值 $b_c = \lambda_D$ 可得，变量 u 的截断值为 $u_c = \dfrac{\lambda_D}{b_0} = \Lambda$。于是，从 (5-37) 式可得

$$\{\Delta v_z\} = 2\pi K g^2 b_0^2 \int_\Lambda^0 \frac{2u}{1+u^2}(-\mathrm{d}u) = 2\pi K g^2 b_0^2 \mathbf{ln}\left(1+\Lambda^2\right) \tag{5-39}$$

对于绝大多数等离子体情形，$\Lambda \gg 1$，有近似关系：$\ln\left(1+\Lambda^2\right) \approx 2\ln\Lambda$。同时，$b_0 = \dfrac{q_\alpha q_\beta}{4\pi\varepsilon_0 \mu g^2}$。因此，上式可简化为

$$\{\Delta v_z\} = K\frac{z^2 e^4 \ln\Lambda}{4\pi\varepsilon_0^2 \mu^2 g^2} = K\frac{Q}{g^2} \tag{5-40}$$

式中，$Q=\dfrac{z^2e^4\ln\varLambda}{4\pi\varepsilon_0^2\mu^2}$。

根据前面的假设,有 $\{\Delta v_x\}=\{\Delta v_y\}=0$,并且当 $i\neq j$ 时,有 $\{\Delta v_i\Delta v_j\}=0$。下面计算速度扩散系数。$\{\Delta v_z\Delta v_z\}=\left\{\Delta v_z^2\right\}$。根据上面定义的符号，可得

$$
\begin{aligned}
\left\{\Delta v_z^2\right\}&=2\pi K^2g^3b_0^2\int_{\theta_{\min}}^{\pi}\sin\theta\mathrm{d}\theta\\
&=2\pi K^2g^3b_0^2\int_{\varLambda}^{0}\frac{4u}{\left(1+u^2\right)^2}(-\mathrm{d}u)=4\pi K^2g^3b_0^2\frac{\varLambda^2}{1+\varLambda^2}\\
&\approx4\pi K^2g^3b_0^2=K^2\frac{Q}{g\ln\varLambda}
\end{aligned}
\tag{5-41}
$$

用类似办法可以得到 $\left\{\Delta v_x^2\right\}$ 和 $\left\{\Delta v_y^2\right\}$：

$$
\left\{\Delta v_x^2\right\}=K^2g^3b_0^2\int_0^{2\pi}\cos^2\varphi\mathrm{d}\varphi\int_{\theta_{\min}}^{\pi}\frac{\sin^3\theta}{\left(1-\cos\theta\right)^2}\mathrm{d}\theta
$$

$$
\left\{\Delta v_y^2\right\}=K^2g^3b_0^2\int_0^{2\pi}\sin^2\varphi\mathrm{d}\varphi\int_{\theta_{\min}}^{\pi}\frac{\sin^3\theta}{\left(1-\cos\theta\right)^2}\mathrm{d}\theta
$$

不难看出，$\left\{\Delta v_x^2\right\}=\left\{\Delta v_y^2\right\}$。首先对 φ 积分，可得

$$
\begin{aligned}
\left\{\Delta v_x^2\right\}=\left\{\Delta v_y^2\right\}&=\pi K^2g^3b_0^2\int_{\theta_{\min}}^{\pi}\frac{\sin^3\theta}{\left(1-\cos\theta\right)^2}\mathrm{d}\theta\\
&=4\pi K^2g^3b_0^2\int_{\varLambda}^{0}\frac{u^3}{\left(1+u^2\right)^2}\mathrm{d}u=2\pi K^2g^3b_0^2\left[\ln\left(1+\varLambda^2\right)-\frac{\varLambda^2}{1+\varLambda^2}\right]\approx K^2\frac{Q}{g}
\end{aligned}
\tag{5-42}
$$

利用上述结果 (5-40) 式 ~ (5-42) 式，可以得到 Fokker-Planck 系数的值：

$$
\langle\Delta v_z\rangle=K\int_{v_\beta}\frac{Q}{g^2}f_\beta\mathrm{d}v_\beta
$$

$$
\left\langle\Delta v_z^2\right\rangle=K^2\int_{v_\beta}\frac{Q}{g\ln\varLambda}f_\beta\mathrm{d}v_\beta
$$

$$
\left\langle\Delta v_x^2\right\rangle=\left\langle\Delta v_y^2\right\rangle=K^2\int_{v_\beta}\frac{Q}{g}f_\beta\mathrm{d}v_\beta
$$

其他系数均为 0。

得到上述系数以后，代入 Fokker-Planck 方程 (5-28) 式，便可进行进一步的求解。然而，事实上这是一组非线性的 4 阶偏微分方程，一般情况下解析求解这组方程几乎是不可能的，一般需要利用数值求解。只有当分布函数具有某种对称性特点时，才可以对方程进行简化，简化以后的方程是有可能得到解析解的。

Fokker-Planck 方程的应用范围比朗道方程和玻尔兹曼方程广泛得多，不但在空间物理和天体物理中均有广泛运用，也是研究热核聚变等离子体和设计受控核聚变装置的一个重要方程。

近年来，随着计算机技术的迅猛发展，尤其是超级计算机和并行运算技术的发展，人们利用计算机强大的数值计算能力，发展了多种基于 Fokker-Planck 方程的应用软件，模拟有关天体等离子体和聚变等离子体中的物理过程。

5.1.6 无碰撞模型——弗拉索夫方程

等离子体中带电粒子之间的相互作用可分为两类。

(1) 碰撞，即带电粒子之间的库仑散射和带电粒子与中性原子或分子之间的碰撞。碰撞的时间尺度为平均碰撞频率 (f_{e}) 的倒数 $\tau_{\mathrm{e}}=f_{\mathrm{e}}^{-1}$，这也是等离子体区域平衡的弛豫时间，在该时间尺度内，发生的过程为弛豫过程和输运过程，碰撞具有决定性的作用。碰撞效应的作用范围在德拜半径以内，超过这个范围，由于库仑屏蔽效应，碰撞的作用便基本可以忽略。

(2) 集体相互作用，例如等离子体振荡，其特征时间为等离子体振荡频率的倒数，$t_{\mathrm{p}}=f_{\mathrm{p}}^{-1}$，在该时间尺度内发生的过程为等离子体的一些集体现象，如等离子体波、不稳定性、各种非线性效应和湍流等，对这些过程，碰撞的贡献很小，可以忽略。集体相互作用还可以引起等离子体中的反常输运过程。

我们知道，等离子体中的碰撞频率随温度的升高而迅速降低，在完全电离的高温等离子体中，与流动项相比，碰撞项的作用小到几乎可以忽略的程度。比如，在电子–质子等离子体中，碰撞频率为

$$f_{\mathrm{ee}}=\frac{n_{\mathrm{e}}e^4\ln\Lambda}{3\sqrt{6}\pi\varepsilon_0^2m_{\mathrm{e}}^{\frac{1}{2}}\left(kT_{\mathrm{e}}\right)^{\frac{3}{2}}}$$

$$f_{\mathrm{ii}}=\frac{n_{\mathrm{i}}Z_{\mathrm{i}}^4e^4\ln\Lambda}{3\sqrt{6}\pi\varepsilon_0^2m_{\mathrm{i}}^{\frac{1}{2}}\left(kT_{\mathrm{i}}\right)^{\frac{3}{2}}}$$

$$f_{\mathrm{ei}}=\frac{n_{\mathrm{e}}Z_{\mathrm{i}}^2e^4\ln\Lambda}{6\sqrt{3}\pi\varepsilon_0^2m_{\mathrm{e}}^{\frac{1}{2}}\left(kT_{\mathrm{e}}\right)^{\frac{3}{2}}}$$

当 $n_{\mathrm{i}}=10^{16}\mathrm{m}^{-3}$，$T_{\mathrm{e}}=10^6\mathrm{K}$ 时，可计算碰撞频率约为 $6\times10^3\mathrm{Hz}$。而等离子体中流动项的量级可以用等离子体的振荡频率表示。在上述条件下，等离子体的振荡频率 $f_{\mathrm{pe}}\approx1\times10^9\mathrm{Hz}$。可见，$f_{\mathrm{ei}}\ll f_{\mathrm{pe}}$。

因此，弗拉索夫提出无碰撞等离子体 (collisionless plasma) 概念，并令动理论方程中的碰撞项为零，$\left(\dfrac{\partial f_{\alpha}}{\partial t}\right)_{\mathrm{c}}=0$；等离子中的粒子仅处在电磁力的作用下，$a_{\alpha}=\dfrac{q_{\alpha}}{m_{\alpha}}(E+v_{\alpha}\times B)$。于是，得到无碰撞的动理论方程，即弗拉索夫方程：

$$\frac{\partial f_{\alpha}}{\partial t}+v_{\alpha}\cdot\frac{\partial f_{\alpha}}{\partial r}+\frac{q_{\alpha}}{m_{\alpha}}(E+v_{\alpha}\times B)\cdot\frac{\partial f_{\alpha}}{\partial v_{\alpha}}=0 \tag{5-43}$$

注意，这里所谓的无碰撞是指略去了等离子体中二体库仑碰撞，但是并没有略去带电粒子间的其他相互作用，例如远碰撞导致的集体效应等。实际上，等离子体内由局部电荷分离造成的空间电荷所产生的电场起重要作用，这是一定宏观体积内大量带电粒子产生的宏观平均场，它反映等离子体内部的集体相互作用，决定了等离子体的基本性质。

在 (4-43) 式中，$\boldsymbol{E}$ 和 $\boldsymbol{B}$ 分别表示作用于 α 类粒子上的瞬时电场和瞬时磁场，一般由两部分组成，一部分来源于外场 (ex)，另一部分则来源于等离子体内部的集体相互作用产生的场 (p)：

$$E=E^{\mathrm{ex}}+E^{\mathrm{p}},\quad B=B^{\mathrm{ex}}+B^{\mathrm{p}} \tag{5-44}$$

它们满足麦克斯韦方程组：

$$\begin{cases}\nabla\times E=-\dfrac{\partial B}{\partial t}\\ \nabla\cdot E=\dfrac{1}{\varepsilon_0}\left(\rho_q^{\mathrm{p}}+\rho_q^{\mathrm{ex}}\right)\\ \nabla\times B=\mu_0\varepsilon_0\dfrac{\partial E}{\partial t}+\mu_0\left(j^{\mathrm{p}}+j^{\mathrm{ex}}\right)\\ \nabla\cdot B=0\end{cases} \tag{5-45}$$

式中，等离子体中的电荷密度 ρ_q^{p} 和电流密度 j^{p} 取决于粒子的分布函数：

$$\rho_q^{\mathrm{p}}=\sum_{\alpha}q_{\alpha}\int f_{\alpha}\mathrm{d}v_{\alpha},\quad j^{\mathrm{p}}=\sum_{\alpha}q_{\alpha}\int v_{\alpha}f_{\alpha}\mathrm{d}v_{\alpha} \tag{5-46}$$

因此，粒子分布函数 f_{α} 依赖于场 E 和 B，而场 E 和 B 反过来又影响着粒子的分布函数。在等离子体中存在着一个既支配粒子运动而自身又由粒子的位置和速度所决定的电磁场，称为自洽场 (self-consistent field)。

由于等离子体集体相互作用所产生的场 E^{p} 和 B^{p} 依赖于粒子的分布函数，因此，弗拉索夫方程 (5-43) 式仍然是一个关于分布函数的非线性方程，求解依然很困难。但是，在小扰动情况下，例如在研究各种线性波和微观不稳定性的线性部分时，可以将扰动量看成是一个小量，利用线性化方法对方程进行研究。

假定粒子分布函数 f_α 对于平衡分布仅有一个很小的偏差，由此而产生的电场和磁场的扰动量也是一个小量：

$$\begin{cases} f_\alpha(r, v_\alpha, t) = f_\alpha^0(v_\alpha) + f_\alpha^1(r, v_\alpha, t) \\ E(r,t) = E_0(r,t) + E_1(r,t) \\ B(r,t) = B_0(r,t) + B_1(r,t) \end{cases} \tag{5-47}$$

将上式代入 (5-43) 式和 (5-45) 式，略去二阶及以上的小量，并考虑局域平衡态满足弗拉索夫方程和麦克斯韦方程：

$$\begin{cases} \dfrac{\partial f_\alpha^0}{\partial t} + v_\alpha \cdot \dfrac{\partial f_\alpha^0}{\partial r} + \dfrac{q_\alpha}{m_\alpha}(E_0 + v_\alpha \times B_0) \cdot \dfrac{\partial f_\alpha^0}{\partial v_\alpha} = 0 \\ \nabla \cdot E_0 = \dfrac{1}{\varepsilon_0}\left(\displaystyle\sum_\alpha q_\alpha \int f_\alpha^0 \mathrm{d}v_\alpha + \rho_q^{\mathrm{ex}}\right) \\ \nabla \times E_0 = -\dfrac{\partial B_0}{\partial t} \\ \nabla \times B_0 = \mu_0\varepsilon_0 \dfrac{\partial E_0}{\partial t} + \mu_0 \displaystyle\sum_\alpha q_\alpha \int v_\alpha f_\alpha^0 \mathrm{d}v_\alpha + \mu_0 j^{\mathrm{ex}} \end{cases} \tag{5-48}$$

于是，可以得到微扰分布函数 f_α^1 和微扰场 E_1、B_1 所满足的线性方程组：

$$\begin{cases} \dfrac{\partial f_\alpha^1}{\partial t} + v_\alpha \dfrac{\partial f_\alpha^1}{\partial r} + \dfrac{q_\alpha}{m_\alpha}(E_0 + v_\alpha \times B_0) \cdot \dfrac{\partial f_\alpha^1}{\partial v_\alpha} = -\dfrac{q_\alpha}{m_\alpha}(E_1 + v_\alpha \times B_1) \cdot \dfrac{\partial f_\alpha^0}{\partial v_\alpha} \\ \nabla \cdot E_1 = \dfrac{1}{\varepsilon_0} \displaystyle\sum_\alpha q_\alpha \int f_\alpha^1 \mathrm{d}v_\alpha \\ \nabla \times E_1 = -\dfrac{\partial B_1}{\partial t} \\ \nabla \times B_1 = \mu_0\varepsilon_0 \dfrac{\partial E_1}{\partial t} + \mu_0 \displaystyle\sum_\alpha q_\alpha \int v_\alpha f_\alpha^1 \mathrm{d}v_\alpha \end{cases} \tag{5-49}$$

各平衡态的值满足方程组 (5-48) 式，可认为是已知的。(5-49) 式中各式构成封闭的方程组，它们是研究周期远小于二体碰撞的等离子体振荡、波和微观不稳定性的基本方程，适用于稀薄、高温、完全电离的等离子体。

在这里，有必要对比一下等离子体中与碰撞有关的几个时间尺度。

(1) 弛豫时间 (relaxation time)：即平均碰撞频率的倒数 t_c，也就是两次碰撞之间的平均时间间隔，在该时间尺度内主要发生的物理过程便是弛豫过程和输运过程，碰撞起决定性作用。弛豫时间也表示系统从非热状态趋于热平衡状态所需要的时间。

(2) 振荡时间：即等离子体的振荡周期 t_{p}，在该时间尺度附近发生的主要等离子体的集体相互作用，如波、不稳定性、湍流及各种非线性效应，碰撞可以忽略。

当 $t_{\mathrm{p}} \ll t_{\mathrm{c}}$ 时，如高温低密度等离子体中，集体相互作用过程远快于碰撞的弛豫时间和输运时间，这时可以忽略由碰撞引起的弛豫过程和输运过程，这样的等离子体可以当成无碰撞等离子体处理。

上面介绍了几种碰撞模型，也相应地给出了在不同近似条件下的动理论方程。在应用时必须注意，不同的碰撞模型是有不同的使用范围的。

在天体物理的实际情况下，等离子体中往往存在外磁场或外电场、外部传入的电磁波，甚至存在湍动自洽场，它们都会影响碰撞前后带电粒子的运动，增加碰撞的额外关联，使碰撞频率成为这些外场的函数。另外，当等离子体密度很高时，粒子之间还存在强耦合，碰撞必然是多体的，这时若采用前面介绍的那些简化碰撞模型，都会给出与实际情况相差很远的结果。为此，人们发展了 BBGKY (Bogoliubov-Born-Green-Kirkwood-Yvon) 碰撞模型，这是一种采用严格数学推导得出的在各种复杂情况下的碰撞模型，但是由于涉及的数学计算非常繁复，理论上也得不到解析解，一般都是利用计算机求得数值解，这里不作详细介绍。

5.2 等离子体中的阻尼过程

等离子体最基本的特征之一便是能在其中激发朗缪尔振荡和多种模式的波。这些振荡与波在等离子体中传播时将与等离子体产生能量交换和转移。能量转移的方向不同，则引起的最终结果也是不同。

(1) 当等离子体中的部分能量转移给振荡和波的时候，振荡和波被放大，从而产生不稳定性过程。如果电磁波被放大，则产生相干辐射过程，称为相干不稳定性。

(2) 当振荡与波的能量转移到等离子体中时，振荡和波被抑制，称为阻尼过程。

这里，我们可以通过对等离子体中静电波的讨论来理解等离子体中的阻尼过程。在研究朗缪尔振荡时，通常都是在如下假设条件下展开的：

(1) 无碰撞；

(2) 忽略磁场效应和外电场的作用，只考虑等离子体内部的自洽场；

(3) 忽略离子的运动，把离子看作静止的均匀正电荷背景，只考虑电子的运动。

于是，弗拉索夫方程组可以写成下列形式：

$$
\begin{cases}
\dfrac{\partial f}{\partial t}+v\cdot\dfrac{\partial f}{\partial r}-\dfrac{e}{m_{\mathrm{e}}}E\left(r,t\right)\dfrac{\partial f}{\partial v}=0\\
\nabla\cdot E\left(r,t\right)=-\dfrac{n_{\mathrm{e}}e}{\varepsilon\varepsilon_0}\displaystyle\int f\left(r,v,t\right)\mathrm{d}v
\end{cases}
\tag{5-50}
$$

式中，ε 为等离子体的相对介电常量。其中，分布函数 $f\left(r,v,t\right)$ 可以表示成均匀平衡分布与小扰动之和：

$$
f\left(r,v,t\right)=f_0\left(v\right)+f_1\left(r,v,t\right)
\tag{5-51}
$$

这里有关系：$|f_1|\ll f_0$。并且假定 $\dfrac{\partial f_0}{\partial t}=0$，$\dfrac{\partial f_0}{\partial r}=0$，$\dfrac{\partial f_0}{\partial v}\neq 0$。由于均匀平衡分布 f_0 不产生空间净余电荷 $(E_0=0)$，所以等离子体中各电荷引起的自洽场都是由小扰动 f_1 产生的结果，自洽场也就是电场的微扰量 E_1：

$$
E=E_1
\tag{5-52}
$$

将 (5-81) 式和 (5-82) 式代入 (5-50) 式，略去二阶小量，可得线性化方程：

$$
\begin{cases}
\dfrac{\partial f_1}{\partial t}+v\cdot\dfrac{\partial f_1}{\partial r}-\dfrac{e}{m_{\mathrm{e}}}E_1\left(r,t\right)\dfrac{\partial f_0}{\partial v}=0\\
\nabla\cdot E_1=-\dfrac{n_{\mathrm{e}}e}{\varepsilon\varepsilon_0}\displaystyle\int f_1\left(r,v,t\right)\mathrm{d}v
\end{cases}
\tag{5-53}
$$

朗道首先提出，扰动随时间的变化可以用某种形式的振荡来表示，因此，对于时间上的初值问题，可以采用时间变量的拉普拉斯变换进行求解。对于上述方程的求解，我们采用傅里叶–拉普拉斯变换 (Fourier-Laplace transform)，即对空间变量进行傅里叶变换 (Fourier transform)，对时间变量进行拉普拉斯变换 (Laplace transform)。

假定波动沿 x 轴方向传播，则扰动量的傅里叶–拉普拉斯变换最直观的表示即为

$$
\begin{cases}
f_1\propto \mathrm{e}^{\mathrm{i}(kx-\omega t)}\\
E_1\propto \mathrm{e}^{\mathrm{i}(kx-\omega t)}
\end{cases}
\tag{5-54}
$$

将上述变换代入 (5-53) 式，可得

$$
\begin{cases}
-\mathrm{i}\omega f_1+\mathrm{i}kv_xf_1=\dfrac{e}{m_{\mathrm{e}}}E_x\dfrac{\partial f_0}{\partial v_x}\\
\mathrm{i}kE_x=-\dfrac{n_{\mathrm{e}}e}{\varepsilon\varepsilon_0}\displaystyle\int f_1\mathrm{d}v_x
\end{cases}
\tag{5-55}
$$

从上式中的第一个方程可得分布函数的扰动量为

$$f_1 = \frac{\mathrm{i}eE_x}{m_\mathrm{e}} \frac{\dfrac{\partial f_0}{\partial v_x}}{\omega - kv_x} \tag{5-56}$$

将上式再代入 (5-55) 式中的第二式，可得

$$\varepsilon = -\frac{n_\mathrm{e}e^2}{\varepsilon_0 m_\mathrm{e}} \frac{1}{k} \int \frac{\dfrac{\partial f_0}{\partial v_x}}{\omega - kv_x} \mathrm{d}v = \frac{\omega_\mathrm{pe}^2}{k^2} \int \frac{\dfrac{\partial f_0}{\partial v_x}}{v_x - v_\varphi} \mathrm{d}v_x \tag{5-57}$$

式中，$v_\varphi = \dfrac{\omega}{k}$ 为静电扰动的相速度，积分区间为 $(-\infty, \infty)$。上式即为动理论描述中等离子体静电扰动的色散关系。

(5-57) 式中包含对速度空间的积分，可见，等离子体在平衡态的分布函数随速度变化的梯度是决定静电扰动过程的关键因素，对不同的平衡态分布函数 f_0 将有不同的色散关系。

我们还必须注意到，在 (5-57) 式的积分函数中还包含一个奇点 (singularity)：$v_x = v_\varphi$。对奇点的不同处理，将得到物理上完全不同的结果。其中，最有名的两种处理方式分别为弗拉索夫处理和朗道处理，前者给出了静电波的色散关系，后者则给出了朗道阻尼的解。

5.2.1 弗拉索夫处理方法

弗拉索夫提出一种处理 (5-57) 式中奇点的办法，即在奇点附近，可以利用无限接近奇点，但去掉奇点的方法分段求积分，然后求和得到整个积分的结果，即

$$\int_{-\infty}^{\infty} \mathrm{d}x = \lim_{\delta \to 0} \left(\int_{-\infty}^{v_\varphi - \delta} \mathrm{d}x + \int_{v_\varphi + \delta}^{\infty} \mathrm{d}x \right) \tag{5-58}$$

上述积分的解析表达式一般是给不出来的。通常利用近似求解或数值方法可以求出上述积分值，称为积分主值。对于电子静电波，通常相速度都远大于电子的热速度：

$$v_\varphi = \frac{\omega}{k} \gg v_\mathrm{th} = \left(\frac{2T_\mathrm{e}}{m_\mathrm{e}} \right)^{1/2}$$

在平衡态，电子分布一般都服从麦克斯韦分布，绝大多数电子的运动速度均远小于波的相速度，因此 (5-57) 式的积分在利用弗拉索夫的无限逼近奇点方式时，有如下近似结果：

$$\int \frac{\dfrac{\partial f_0}{\partial v_x}}{v_x - v_\varphi} \mathrm{d}v_x \approx \int \frac{1}{v_x - v_\varphi} \cdot \frac{f_0(v_x)}{v_x - v_\varphi} \mathrm{d}v_x \approx \overline{(v_x - v_\varphi)^{-2}} \tag{5-59}$$

将上式代入 (4-57) 式，便可得

$$\varepsilon = \frac{\omega_{\mathrm{pe}}^2}{k^2} \int \frac{\dfrac{\partial f_0}{\partial v_x}}{v_x - v_\varphi} \mathrm{d}v_x \approx \frac{\omega_{\mathrm{pe}}^2}{k^2} \overline{(v_x - v_\varphi)^{-2}} \tag{5-60}$$

利用级数展开：

$$(v_x - v_\varphi)^{-2} = v_\varphi^{-2} \left(1 + \frac{2v_x}{v_\varphi} + \frac{3v_x^2}{v_\varphi^2} + \frac{4v_x^3}{v_\varphi^3} + \cdots\right)$$

对上述级数展开中各项求平均值时，这里速度 v_x 有正有负，因此，奇数项的平均都为 0，于是，求平均后仅剩下偶数项，忽略三阶以上的项，对 (5-60) 式进行变换，可得近似结果：

$$\varepsilon \approx \frac{\omega_{\mathrm{pe}}^2}{k^2} v_\varphi^{-2} \left(1 + \frac{3\overline{v_x^2}}{v_\varphi^2}\right)$$

对于麦克斯韦分布的热电子来说，我们有 $\overline{v_x^2} \approx \dfrac{T_{\mathrm{e}}}{m_{\mathrm{e}}}$ (注意，这里 T_{e} 中已经包含了玻尔兹曼常量 k_{B}，因此，其单位应为能量量纲)，代入上式，可得

$$\varepsilon \approx \frac{\omega_{\mathrm{pe}}^2}{k^2} v_\varphi^{-2} \left(1 + \frac{3\overline{v_x^2}}{v_\varphi^2}\right)$$

再将定义 $v_\varphi = \dfrac{\omega}{k}$ 代入上式，且一般情况下，等离子体的相对介电常量 $\varepsilon \to 1$。于是，可得电子静电波色散关系的一般形式：

$$\omega^2 = \omega_{\mathrm{pe}}^2 + 3k^2 \frac{\omega_{\mathrm{pe}}^2}{\omega^2} \frac{T_{\mathrm{e}}}{m_{\mathrm{e}}} \tag{5-61}$$

通常，在等离子体中，热色散的修正都非常小，$\dfrac{\omega_{\mathrm{pe}}^2}{\omega^2} \sim 1$，于是，电子静电波的色散关系近似为

$$\omega^2 = \omega_{\mathrm{pe}}^2 + 3k^2 v_{\mathrm{th}}^2 \tag{5-62}$$

5.2.2 朗道处理方法

弗拉索夫处理方法是利用无限逼近奇点的积分主值来代替含奇点的积分，这样处理虽然可以得到有关波的特征。但是，对于波动是否存在增长或阻尼，都是不知道的。因此，弗拉索夫处理方法实际上并没有真正将奇点所包含的物理过程完全反映出来。

朗道利用 Fourier 变换来求解线性化的弗拉索夫方程，用复函数的路径积分代替简单的沿实轴的积分，可以获得包含奇点的物理贡献的解。对 (5-54) 式中的小扰动量的空间变化运用 Fourier 变换，将波矢 k 看成实数；扰动随时间的变化则用 Laplace 变换。即将扰动频率 ω 写成复数形式：

$$\omega = \omega_r + \mathrm{i}\gamma \tag{5-63}$$

这时，将上式代入 (4-54) 扰动形式中，可得

$$f_1, E_1 \propto \mathrm{e}^{\mathrm{i}(kx-\omega t)} \to \mathrm{e}^{\mathrm{i}kx-\mathrm{i}\omega_r t+\gamma t} \tag{5-64}$$

从上述扰动形式中，我们可以发现如下三种情形：

ω_r 表示扰动量的周期性行为，即振荡频率，不会引起扰动幅度的改变；

当 $\gamma \neq 0$ 时，扰动幅度将随时间发生改变，当 $\gamma > 0$ 时，扰动幅度随时间增加，因此称之为扰动的增长率；

当 $\gamma < 0$ 时，扰动幅度随时间逐渐减小，表示扰动的阻尼率。

朗道证明，速度空间的积分等价为复数空间的路径积分，见图 5-2。速度空间的奇点在复数空间的表示为

$$v_x = v_\varphi = \frac{\omega}{k} = \frac{\omega_r}{k} + \frac{\mathrm{i}\gamma}{k} \tag{5-65}$$

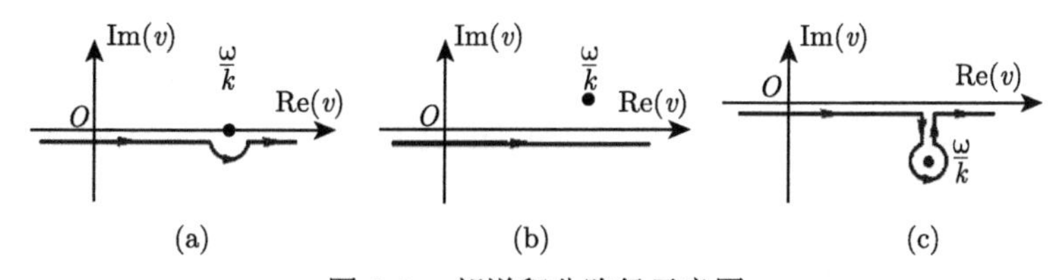

图 5-2 朗道积分路径示意图

在这里，我们直接将 (5-64) 代入静电扰动的色散关系 (5-57) 式，可得

$$\varepsilon = \frac{\omega_{\mathrm{pe}}^2}{k^2}\int \frac{\dfrac{\partial f_0}{\partial v_x}}{v_x - \dfrac{\omega_r}{k} - \mathrm{i}\dfrac{\gamma}{k}}\mathrm{d}v_x \tag{5-66}$$

对上式中的被积函数进一步做复数运算，可得

$$\varepsilon = \frac{\omega_{\mathrm{pe}}^2}{k^2}\left[\int \frac{\left(v_x - \dfrac{\omega_r}{k}\right)\dfrac{\partial f_0}{\partial v_x}}{\left(v_x - \dfrac{\omega_r}{k}\right)^2 + \left(\dfrac{\gamma}{k}\right)^2}\mathrm{d}v_x + \int \frac{\mathrm{i}\dfrac{\gamma}{k}\cdot\dfrac{\partial f_0}{\partial v_x}}{\left(v_x - \dfrac{\omega_r}{k}\right)^2 + \left(\dfrac{\gamma}{k}\right)^2}\mathrm{d}v_x\right] \tag{5-67}$$

可见，上式中的第一项为一个实数积分，第二项则为一个复数积分。其实，在这里，$\dfrac{\omega_r}{k}$ 就是当扰动为波动时的相速度。在这两个积分中，只要 $\gamma \neq 0$，则在相速度处已经不再出现奇点了。

只要知道 $\dfrac{\partial f_0}{\partial v_x}$ 的具体表达式，就可以求解上述积分方程。

对 (5-67) 式中实部的积分。在热平衡等离子体中，令该实部近似等于 1，并令 $\gamma \to 0$ 时，可以得到如下近似关系：

$$\omega_r^2 \approx \omega_{\mathrm{pe}}^2 + 3k^2 \frac{\omega_{\mathrm{pe}}^2}{\omega_r^2} \frac{T_{\mathrm{e}}}{m_{\mathrm{e}}} \tag{5-68}$$

(5-68) 式与 (5-61) 式对比可见，两者在形式上非常相似，其实这就是在不考虑扰动的增长或衰减时所得到静电波的色散关系，为 (5-67) 的积分主值。这个结果与弗拉索夫处理的结果是一致的。

同样，在热平衡等离子体中，对 (5-67) 式虚部积分，并令该虚部近似于 0，于是可得

$$\gamma \approx \frac{\pi}{2} \frac{\omega_r^3}{k^2} \left. \frac{\partial f_0}{\partial v_x} \right|_{v_x = \frac{\omega_r}{k}} \tag{5-69}$$

(5-69) 式是当 $v_x \to \dfrac{\omega_r}{k}$ 时的扰动增长率，其大小与扰动相速度处分布函数的变化率成正比。对热平衡等离子体，分布函数如图 5-3(a) 所示，通常有 $\left. \dfrac{\partial f_0}{\partial v_x} \right|_{v_x = \frac{\omega_r}{k}} < 0$，因此，$\gamma < 0$，即该静电扰动是阻尼的，称为朗道阻尼。但是，对于图 5-3(b) 所示的分布函数，在相速度附近有 $\left. \dfrac{\partial f_0}{\partial v_x} \right|_{v_x = \frac{\omega_r}{k}} > 0$，这时 $\gamma > 0$，该经典扰动是增长的，对于静电波来说则表现为波的放大。

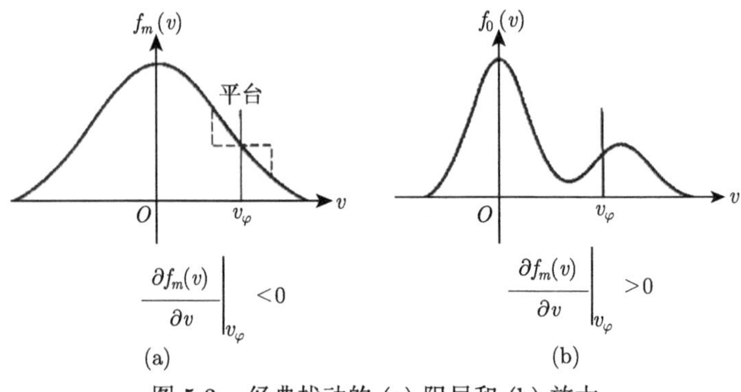

图 5-3　经典扰动的 (a) 阻尼和 (b) 放大

当分布函数 f_0 为麦克斯韦分布时，代入 (4-99) 式，并令 $\omega_r \to \omega_{\rm pe}$，可得

$$\gamma \approx -\sqrt{\frac{\pi}{8}}\frac{\omega_{\rm pe}}{k^3\lambda_{\rm D}^3}{\rm e}^{-\left(\frac{3}{2}+\frac{1}{2k^2\lambda_{\rm D}^2}\right)} \tag{5-70}$$

在长波情形，$k\lambda_{\rm D} \ll 1$，γ 的绝对值很小，朗道阻尼是可以忽略的；在短波情形，$k\lambda_{\rm D} \approx 1$, γ 很大，朗道阻尼很大。这也就是一般在实验等离子体中不容易观测到短波等离子体波的原因。

从这里的分析可以看出，在我们得到 (5-69) 式的整个过程中，并没有考虑等离子体的碰撞效应，也就是说朗道阻尼与碰撞无关，而仅是由带电粒子与静电波之间的相互作用而引起的波阻尼。这种阻尼，在依赖频繁碰撞的 MHD 理论中是得不到的。

根据粒子的分布函数不同，上述波–粒耦合产生的结果是不同的。

(1) 速度略低于相速度 v_φ 的荷电粒子，被波电场推动而加速，波的能量被粒子吸收，这时如果速度比相速度小的粒子数多于超过相速度的粒子数，将有较多的粒子从波中获得净余的能量，这时波被阻尼，即朗道阻尼 (图 5-3(a))。

(2) 速度略高于波的相速度 v_φ 的粒子，这时荷电粒子不断到来，电场会使波电场增强，波能放大。相当于粒子推动波，使粒子的部分能量被波吸收。这时，如果速度比相速度大的粒子数多于比相速度小的粒子数，则将有较多的粒子能量被波吸收，波动增长并逐步演化为不稳定性，也称为朗道增长 (图 5-3(b))。

很显然，上述过程其实就是一种相混合 (phase mixing) 过程。以静电扰动为例，当一种波扰动在等离子体中传播时，其静电势场会捕获与其相速度接近的粒子一起运动 (即在波的坐标系中，这些粒子会在势场的“峰”之间来回振荡)，形成相空间轨道的岛状结构。我们称这些粒子为捕获粒子 (trapped particle)。经过一段时间的相混合，速度快于相速度的捕获粒子被减速、慢于相速度的被加速，使得粒子的速度分布函数在波的相速度附近被展平 (flattened)。如果分布函数在这一区域是随速度递减的 (一般都是这种情况，比如麦克斯韦分布)，则被加速的粒子比被减速的粒子多，粒子们得到了能量——这些能量显然是波提供的，所以波被阻尼，即为朗道阻尼 (参考王晓钢教授的博客：科学网——关于“朗道阻尼”http://blog.sciencenet.cn/blog-39346-412615.html)。

当粒子的速度与波的相速度相差很远，比如电磁波以光速传播，远大于电子和离子的热运动速度时，它们之间很难产生能量交换，自然也不会有朗道阻尼或朗道增长的发生了。

无碰撞朗道阻尼与冲浪运动有些类似 (图 5-4)。在冲浪运动中，只有当冲浪板的运动速度与波的相速度接近时，冲浪板的运动才会与波产生共振，并从波中获得能量，获得最佳冲浪效果。在等离子体中，速度 v 与波的相速度 v_φ 接近的带电

粒子称为波的共振粒子，也称为捕获粒子。共振粒子在波电场中所感受到的电场近似于恒定不变的。因此共振粒子和波之间可以发生较强烈的耦合并交换能量。

冲浪运动示意图

图 5-4　冲浪运动图像

事实上，在朗道阻尼中，荷电粒子被波捕获的过程是在有限振幅情况下发生的非线性过程，振幅越大，捕获粒子数越多，波的振幅不是单调变化的，而是周期性变化。因为，刚开始的时候慢粒子多，波被阻尼，波的能量转化为粒子的动能，表现为对粒子进行加速，但是，当粒子被加速运动超过半个波长以后，就将进入减速区，粒子又将部分能量交换给波，波的振幅变大。粒子与波之间就这样周期性地交换能量。

无碰撞朗道阻尼最初是在 1946 年由苏联理论物理学家朗道从理论上给出的，仅是一个纯数学的结果。1960 年，美国科学家 J. Marlmberg 通过实验验证了这个结果，人们才逐渐意识到这是等离子体理论中的一个重大发现，它开创了等离子体物理中波–粒相互作用和微观不稳定性的研究新领域。

无碰撞阻尼机制在许多其他领域中也有许多应用，例如，在星系形成和演化的动理学处理中也存在类似的阻尼现象，在这里每个恒星可看成一个粒子，在成千上万的恒星组成的恒星系统中，恒星相互之间依靠长程的万有引力作用相互联系，同样也存在集体效应，局部的一个小扰动在向周围传播的过程中会产生类似于朗道阻尼的过程。

5.3　等离子体中的输运过程

输运过程是非均匀等离子体中发生的宏观物理过程，这时，等离子体处在非平衡状态。每当存在一种物理参量的梯度时，就必然会产生一种对应的输运过程。例如，当等离子体中存在密度梯度时，将引起粒子的扩散运动 (粒子流)；当存在温度梯度时，将产生热传导 (热流)；当存在速度梯度时，将引起横向上的动量转移，产生黏滞效应 (动量流)；存在电势梯度 (电场) 时，将引起电荷输运，形成电流等。这些对应的物理过程分别称为扩散过程、热传导过程、黏滞过程和电导过程。这些输运过程均为不可逆过程。

5.3.1 天体等离子体中的主要输运过程

每一种输运过程都有它的“流”和引起这种流的“力”。力的大小和方向由相应物理量的梯度决定，有时也称“梯度力”。当输运流引起系统的偏离平衡态不太远时，流与对应的梯度力成正比，由此可以建立一系列相应的经验规律。

1) 扩散过程

当等离子体中存在密度不均匀性时，将有粒子从密度大的地方向密度小的地方扩散。在单位时间穿过单位截面积的粒子数称为粒子流密度 Γ_α，其与粒子的密度梯度 ∇n_α 成正比而反向：

$$\Gamma_\alpha = -D_\alpha \cdot \nabla n_\alpha \tag{5-71}$$

上式称为菲克 (Fick) 定律，其中比例系数 D_α 称为扩散系数。

2) 热传导过程

当等离子体中存在温度的不均匀性时，将有热量从高温区域向低温区域流动。在单位时间里穿过单位截面积的热流 q_α 与温度梯度 ∇T_α 成正比而反向：

$$q_\alpha = -K_\alpha \cdot \nabla T_\alpha \tag{5-72}$$

上式称为傅里叶定律，其中比例系数 K_α 称为热传导系数。

3) 黏滞过程

当等离子体中某种成分的粒子平均速度空间分布不均匀时，将有一定的动量从速度高的流层向速度低的流层迁移。在单位时间穿过单位分界面面积上的动量流 $\vec{\vec{\boldsymbol{p}}}_\alpha$ 与速度梯度 $\nabla \boldsymbol{u}_\alpha$ 成正比而反向：

$$\vec{\vec{\boldsymbol{p}}}_\alpha = -\gamma_\alpha \cdot \nabla \boldsymbol{u}_\alpha \tag{5-73}$$

上式称为牛顿黏滞定律，其中比例系数 γ_α 称为黏滞系数。不过，在这里，由于速度是一个矢量，速度梯度是一个二阶张量，所以动量流 $\vec{\vec{\boldsymbol{p}}}_\alpha$ 也是一个二阶张量。例如，在垂直于 xy 平面的单位面积上的动量流可表示为 p_{xy}，注意，在这里 $p_{xy} = -p_{yx}$。

4) 电导过程

当等离子体中存在电场时，带电粒子便会产生定向流动而形成电流，电流密度 $\boldsymbol{j}$ 与电场强度 $\boldsymbol{E}$ 成正比，这便是众所周知的欧姆定律。我们知道，电场强度等于电场中电势梯度的负值 $E = -\nabla\varphi$，因此，欧姆定律可以表示成下列形式：

$$\boldsymbol{J} = \sigma \boldsymbol{E} = -\sigma \nabla \varphi \tag{5-74}$$

式中，比例系数 σ 即为等离子体的电导率。

在上述输运过程中，扩散系数 D_α、热传导系数 K_α、黏滞系数 γ_α 和等离子体的电导率 σ 统称输运系数。研究等离子体中的输运过程，首先便是分析在各种等离子体条件下的输运系数。等离子体中的输运过程具有如下基本特点。

(1) 等离子体中的输运过程主要由带电粒子之间的电磁相互作用决定。

非相对论性的带电粒子之间的相互作用力主要是静电库仑力，根据其作用力程的大小可将其作用方式分成库仑碰撞和集体效应两类。

当作用范围小于德拜半径时，等离子体带电粒子之间的作用主要是库仑碰撞，通过库仑碰撞完成物理参量的输运过程，这种输运称为经典输运。

当作用范围超过德拜半径时，由于德拜屏蔽效应，库仑碰撞效应基本可以忽略，这时各种集体效应，如各种波、湍流等主导了等离子体中的输运过程，常常使输运过程大幅度增强，形成反常输运，例如反常电阻、反常扩散等。在天体物理的很多情况下，例如恒星爆发源区湍流发育阶段的反常电阻等，常常是输运过程的决定性要素。

(2) 磁场对等离子体中的输运作用有重要影响。由于在磁场中，带电粒子绕磁力线做回旋运动，磁场越强，回旋半径越小，因此磁场对等离子体有约束作用。同时必须注意到，磁场只影响带电粒子在垂直于磁场方向的运动，对平行于磁力线方向的运动没有影响，于是使等离子体的分布函数产生了明显的各向异性，在垂直于磁场方向的输运相比于平行磁场方向大大减弱。在复杂磁场位型中，磁场的作用将使输运过程变得非常复杂。

(3) 等离子体中的不同成分，如电子、各种离子、中性原子等在输运过程中行为往往是不一样的，需要区别对待。例如，在经典输运过程中，碰撞效应占主导，由于电子的质量比离子小得多，在平行于磁场的方向上，电子的扩散系数和热传导系数也就比离子大得多。

对等离子体输运过程的严格处理需要从动理论方程出发去求解，但是在许多情况下，我们只关心一些宏观物理量的变化，例如密度、流速、电流密度、温度等，这时也可以从 MHD 理论去建立输运方程，其中的输运系数可以从动理论方程求解或通过实验来确定。下面分别就不同情况下的等离子体中的输运过程进行讨论。

5.3.2　无磁场弱电离等离子体中的输运

计算等离子体的输运系数，首先需要得到等离子体中各成分的分布函数 f_α，这要求求解动理论方程。然而，一般情况下，这个求解都是非常困难的，因此，需要对碰撞项进行简化。

在弱电离等离子体中，其主要构成为电子、离子和中性粒子。中性粒子质量大，可认为是相对静止且均匀分布的；电子和离子的数量较少，因此，由带电粒子的碰撞引起的输运可以忽略。在一个简化模型中假定，电子的分布函数仅是偏离平衡态的一个小量，写成线性表达式即为

$$f(r,u,t)=f_0(u)+f_1(r,u,t),\quad |f_1|\ll f_0 \tag{5-75}$$

式中，f_0 为平衡态的分布函数，满足麦克斯韦分布：

$$f_{\alpha0}(u) = n_{\alpha0}\left(\frac{m_\alpha}{2\pi T_\alpha}\right)^{3/2}\exp\left(-\frac{m_\alpha u^2}{2T_\alpha}\right) \tag{5-76}$$

其中，温度 T_α 是用能量单位表示的。从非平衡态向平衡态的过渡是通过碰撞实现的，其中在相空间任一体积单元中单位时间碰撞出去的粒子数为 $-\dfrac{f_\alpha}{\tau_\alpha}$，碰撞进来的粒子数为 $\dfrac{f_{\alpha0}}{\tau_\alpha}$。则碰撞项可以线性表示为

$$\left(\frac{\partial f_\alpha}{\partial t}\right)_{\mathrm{c}} = -\frac{f_\alpha - f_{\alpha0}}{\tau_\alpha} \tag{5-77}$$

式中，τ_α 表示平均碰撞时间，为平均碰撞频率的倒数，$\tau_\alpha = f_{\mathrm{c}}^{-1}$。将 (5-75) 式的线性表达式代入上式，即可得到碰撞项为

$$\left(\frac{\partial f_\alpha}{\partial t}\right)_{\mathrm{c}} = f_{\mathrm{c}\alpha}(u)\, f_{\alpha1}(r,u,t) \tag{5-78}$$

这里，$f_{\mathrm{c}\alpha}$ 为第 α 类粒子的碰撞频率。在无磁场情形，主要考虑由电场引起的带电粒子流的输运。将上式代入动理论方程，可得

$$\frac{\partial f_{\alpha1}(r,u,t)}{\partial t} + (u\cdot\nabla)\, f_{\alpha1}(r,u,t) - \frac{e}{m_{\mathrm{e}}}E(r,t)\cdot\nabla f_{\alpha0}(u) = -f_{\mathrm{c}\alpha}(u)\, f_{\alpha1}(r,u,t) \tag{5-79}$$

假定扰动与位置无关 $f_{\alpha1}(r,u,t) \approx f_{\alpha1}(u,t)$，恒定电场和准稳态情况下，上式变成

$$\frac{eE}{m_{\mathrm{e}}}\cdot\nabla f_{\alpha0}(u) = f_{\mathrm{c}\alpha}(u)\, f_{\alpha1} \tag{5-80}$$

电流密度为

$$\boldsymbol{j} = \sigma\boldsymbol{E} = -e\int uf(u)\,\mathrm{d}u = -e\int uf_1(u)\,\mathrm{d}u$$

由以上两式，通过积分，可以得到电导率为

$$\sigma = \frac{ne^2}{m_{\mathrm{e}}f_{\mathrm{c}\alpha}} = ne\mu \tag{5-81}$$

式中，$\mu = \dfrac{e}{m_{\mathrm{e}}f_{\mathrm{c}\alpha}}$ 表示粒子的迁移率，即单位电场强度产生的粒子流速度。

前面讨论的是恒定电场情形，对于交变电场，我们将发现，电导率还与电场的变化频率 ω 有密切联系。设电场随时间按谐波律变化：

$$E(r,t) = E(r)\exp(-\mathrm{i}\omega t)$$

在这样的电场扰动下，粒子分布函数的扰动分量也将按类似的规律变化：

$$f_1(u,t) = f_1(u)\exp(-\mathrm{i}\omega t)$$

于是，动理论方程 (5-79) 式将简化为

$$-\mathrm{i}\omega f_{\alpha 1}(u) - \frac{e}{m_{\mathrm{e}}}E(r)\cdot\nabla f_{\alpha 0}(u) = -f_{\mathrm{c}\alpha}(u)f_{\alpha 1}(u) \tag{5-82}$$

式中，$f_{\alpha 0}(u)$ 为平衡态时的分布函数，只是速度 $\boldsymbol{u}$ 的模的函数，因此有

$$\nabla f_{\alpha 0}(u) = \frac{\partial}{\partial u}f_{\alpha 0}(u) = \frac{\mathrm{d}f_{\alpha 0}(u)}{\mathrm{d}u}\frac{\boldsymbol{u}}{u}$$

代入 (5-61) 式，可得

$$f_{\alpha 1}(u) = \frac{\mathrm{ie}}{m_{\mathrm{e}}u}\frac{E(r)\cdot u}{\omega + \mathrm{i}f_{\mathrm{c}\alpha}(u)}\frac{\mathrm{d}f_{\alpha 0}(u)}{\mathrm{d}u} \tag{5-83}$$

于是，电流密度为

$$j(r) = -en_{\mathrm{e}}\langle u_{\mathrm{e}}\rangle = -e\int uf_1(u)\,\mathrm{d}^3u = -\frac{\mathrm{i}e^2}{m_{\mathrm{e}}}\int\frac{E(r)\cdot u}{\omega + \mathrm{i}f_{\mathrm{c}\alpha}(u)}\frac{\mathrm{d}f_{\alpha 0}(u)}{\mathrm{d}u}\mathrm{d}^3u \tag{5-84}$$

在上式中已经假定平衡态电子的平均流动速度为 0。在速度空间的球坐标系 (u,θ,φ) 中，$\mathrm{d}^3u = u^2\sin\theta\mathrm{d}u\mathrm{d}\theta\mathrm{d}\varphi$，于是，(4-84) 式可以写成

$$j(r) = -\frac{\mathrm{i}e^2}{m_{\mathrm{e}}}\int_0^\infty\frac{u\mathrm{d}u}{\omega + \mathrm{i}f_{\mathrm{c}\alpha}(u)}\frac{\mathrm{d}f_{\alpha 0}(u)}{\mathrm{d}u}\int_0^\pi\sin\theta\mathrm{d}\theta\int_0^{2\pi}uE(r)\cdot u\mathrm{d}\varphi \tag{5-85}$$

利用正交关系：$\int_0^\pi\int_0^{2\pi}u_iu_j\sin\theta\mathrm{d}\theta\mathrm{d}\varphi = \frac{4\pi}{3}u^2\delta_{ij}$，分别令：$i,j = x,y,z$，可以求得 $\int_0^\pi\sin\theta\mathrm{d}\theta\int_0^{2\pi}uE(r)\cdot u\mathrm{d}\varphi = \frac{4\pi}{3}u^2E$。于是，(5-85) 式变成

$$j(r) = -\frac{\mathrm{i}4\pi e^2}{3m_{\mathrm{e}}}E(r)\int_0^\infty\frac{u\mathrm{d}u}{\omega + \mathrm{i}f_{\mathrm{c}\alpha}(u)}\frac{\mathrm{d}f_{\alpha 0}(u)}{\mathrm{d}u} \tag{5-86}$$

利用关系 $j=\sigma E$，可以得到电导率的关系式：

$$\begin{aligned}\sigma&=-\frac{\mathrm{i}4\pi e^2}{3m_\mathrm{e}}\int_0^\infty\frac{u\mathrm{d}u}{\omega+\mathrm{i}f_{\mathrm{c}\alpha}(u)}\frac{\mathrm{d}f_{\alpha0}(u)}{\mathrm{d}u}\\&=-\frac{\mathrm{i}4\pi e^2}{3m_\mathrm{e}}\left[\frac{u^3f_{\alpha0}(u)}{\omega+\mathrm{i}f_{\mathrm{c}\alpha}(u)}\right]_0^\infty+\frac{\mathrm{i}4\pi e^2}{3m_\mathrm{e}}\int_0^\infty f_{\alpha0}(u)\frac{\mathrm{d}}{\mathrm{d}u}\left(\frac{u^3}{\omega+\mathrm{i}f_{\mathrm{c}\alpha}(u)}\right)\mathrm{d}u\end{aligned}\tag{5-87}$$

上式第二等式右边的第一项的结果为 0。通常在上述表达式中的积分都是在事先确定平衡态分布函数 $f_{\alpha0}(u)$ 和平均碰撞频率 $f_{\mathrm{c}\alpha}(u)$ 时才能计算，其中平均碰撞频率 $f_{\mathrm{c}\alpha}(u)$ 对速度 u 的函数关系则是通过实验测量确定。作为一种近似，我们可以假定平均碰撞频率 $f_{\mathrm{c}\alpha}(u)$ 与速度 u 无关，对于任意的平衡分布函数 $f_{\alpha0}(u)$，从 (4-87) 式可以得到

$$\begin{aligned}\sigma&=-\frac{\mathrm{i}4\pi e^2}{3m_\mathrm{e}(\omega+\mathrm{i}f_{\mathrm{c}\alpha}(u))}\int_0^\infty3u^2f_{\alpha0}(u)\mathrm{d}u=\frac{\mathrm{i}n_0e^2}{m_\mathrm{e}(\omega+\mathrm{i}f_{\mathrm{c}\alpha}(u))}\\&=\frac{f_{\mathrm{c}\alpha}n_0e^2}{m_\mathrm{e}(\omega^2+f_{\mathrm{c}\alpha}^2)}+\mathrm{i}\frac{\omega n_0e^2}{m_\mathrm{e}(\omega^2+f_{\mathrm{c}\alpha}^2)}\end{aligned}\tag{5-88}$$

可见，在交变电场作用下，等离子体的电导率是一个复数，复数电导率表明，电流密度与外加电场之间存在相位差。当扰动频率趋近于 0 时，上式可以退化为稳恒电场的形式 (5-81) 式。

在扩散过程中，可以假定温度为常数，这时，平衡态粒子分布函数可取下列形式：$f_0=n(r)\left(\frac{m}{2\pi T}\right)^{\frac{3}{2}}\exp\left(-\frac{mu^2}{2T}\right)$，因而，在无外力时在平衡态下的动理论方程可以给出：

$$u\cdot\frac{\partial f_0}{\partial r}=\frac{f_0}{n}u\cdot\frac{\partial n}{\partial r}=-f_{\mathrm{c}\alpha}f_1\tag{5-89}$$

由扩散过程引起的粒子流为 $\varGamma=\int uf\mathrm{d}u=-\frac{1}{nf_{\mathrm{c}\alpha}}\int uf_0u\cdot\nabla n\mathrm{d}^3u=-\frac{T}{mf_{\mathrm{c}\alpha}}\nabla n$。由于扩散系数表示每单位密度梯度引起的扩散粒子流，则可以表示为

$$D=\frac{T}{mf_{\mathrm{c}\alpha}}=\frac{\langle u^2\rangle}{3f_{\mathrm{c}\alpha}}\approx f_{\mathrm{c}\alpha}\lambda^2\tag{5-90}$$

即扩散系数等于平均自由程 λ 的平方与碰撞频率之乘积。上式两端同除以粒子的迁移率 μ，可得关系：

$$\frac{D}{\mu}=\frac{T}{e}\tag{5-91}$$

上式即称为扩散过程的爱因斯坦 (Einstein) 关系。将 (5-90) 式分别应用于电子和离子，可得

$$D_{\mathrm{e}} = \frac{T_{\mathrm{e}}}{m_{\mathrm{e}} f_{en}}, \quad D_{\mathrm{i}} = \frac{T_{\mathrm{i}}}{m_{\mathrm{i}} f_{in}} \tag{5-92}$$

不过，在等离子体中，由于电子的质量远小于离子，所以电子的扩散比离子快得多，结果是在等离子体中产生电场，该电场的作用必然是引起电子的扩散减慢和离子的扩散加快，最终使这两种扩散流达到稳恒态，即电子的扩散流等于离子的扩散流，这样的扩散过程称为双极扩散。它是扩散过程和电场引起的电流效应的总效果。电子与离子的扩散流可以分别表示成

$$\Gamma_{\mathrm{i}} = -D_{\mathrm{i}} \nabla n_{\mathrm{i}} + n_{\mathrm{i}} \mu_{\mathrm{i}} E$$

$$\Gamma_{\mathrm{e}} = -D_{\mathrm{e}} \nabla n_{\mathrm{e}} - n_{\mathrm{e}} \mu_{\mathrm{e}} E'$$

当达到稳恒态时，$\Gamma_{\mathrm{i}} = \Gamma_{\mathrm{e}} = \Gamma$，假定 $n_{\mathrm{i}} = n_{\mathrm{e}}$，于是可得

$$\Gamma = -\frac{D_{\mathrm{e}} \mu_{\mathrm{i}} + D_{\mathrm{i}} \mu_{\mathrm{e}}}{\mu_{\mathrm{i}} + \mu_{\mathrm{e}}} \nabla n = -D_{\mathrm{d}} \nabla n \tag{5-93}$$

式中，系数 $D_{\mathrm{d}} = \dfrac{D_{\mathrm{e}} \mu_{\mathrm{i}} + D_{\mathrm{i}} \mu_{\mathrm{e}}}{\mu_{\mathrm{i}} + \mu_{\mathrm{e}}}$ 称为双极扩散系数。当我们假定离子温度近似等于电子温度时，由于 $D_{\mathrm{e}} \gg D_{\mathrm{i}}$，则有近似关系：$D_{\mathrm{d}} \approx 2D_{\mathrm{i}}$。可见，双极扩散系数主要由离子的扩散决定，约为离子扩散系数的 2 倍。

5.3.3　完全电离等离子体中的输运

完全电离等离子体中只有电子和离子这两种粒子，它们之间的碰撞为库仑碰撞，碰撞规律是已知的，不涉及带电粒子与中性粒子之间的碰撞。因此，对这样的等离子体中的输运，我们可以直接从 MHD 方程出发，加上一些简单的动理论考虑，即可以推导出有关电导率等输运系数来。

在等离子体中存在电场 E 时，电子和离子朝相反方向做加速运动，产生电流：

$$j = Z_{\mathrm{i}} e n_{\mathrm{i}} u_{\mathrm{i}} - e n_{\mathrm{e}} u_{\mathrm{e}}$$

在绝大多数情况下，电子和离子在电场 E 作用下所受的力相同，但是因为电子质量远小于离子，所以，电子的速度远大于离子的速度，$u_{\mathrm{i}} \ll u_{\mathrm{e}}$。当 $Z_{\mathrm{i}} \approx 1, n_{\mathrm{i}} \approx n_{\mathrm{e}}$ 时，上述电流便近似为

$$j \approx -e n_{\mathrm{e}} u_{\mathrm{e}} \tag{5-94}$$

如果没有阻力，电流 j 会随时间而不断增大。但实际上，粒子之间的碰撞会使电子流体和离子流体受到碰撞摩擦阻力 $R_{\rm ei}$ 和 $R_{\rm ie}$，这里 $R_{\rm ei}=-R_{\rm ie}$。摩擦阻力的大小可以由下式给出：

$$R_{\rm ei}\approx -m_{\rm e}n_{\rm e}f_{\rm ei}u_{\rm e}$$

当摩擦阻力与电场力达到平衡时，电流将达到一个稳定值，也即电子流动速度会达到一个稳定值，这个稳定值可以从稳态的电子流体运动方程得出：

$$m_{\rm e}n_{\rm e}\frac{{\rm d}u_{\rm e}}{{\rm d}t}=-en_{\rm e}E+R_{\rm ei}=0$$

由以上两式，可以求得达到稳态时电子流体的速度：

$$u_{\rm e}\approx -\frac{e}{m_{\rm e}f_{\rm ei}}E$$

将上式代入 (5-93) 式，即可得到完全电离等离子体的电导率：

$$\sigma\approx\frac{n_{\rm e}e^2}{m_{\rm e}f_{\rm ei}} \tag{5-95}$$

电导率的倒数即为电阻率：

$$\eta\approx\frac{m_{\rm e}f_{\rm ei}}{n_{\rm e}e^2} \tag{5-96}$$

由于电子–离子碰撞频率与等离子体密度成正比，与温度的 3/2 次方成反比，所以，从上式可见，完全电离等离子体的电阻率与等离子体的密度无关，随电子温度的升高而减小。精确计算等离子体电阻率还必须考虑电子–电子碰撞等因素，Spitzer 等通过仔细计算，给出了在无磁场和沿磁场方向的等离子体电阻率为

$$\eta_{\parallel}\approx 5.2\times 10^{-5}\frac{z\ln\varLambda}{T_{\rm e}^{\frac{3}{2}}\,[{\rm eV}]}\quad(\Omega\cdot{\rm m}) \tag{5-97}$$

由于磁场对等离子体的约束效应，在垂直于磁场方向的横向电阻率一般都大于纵向电阻率：

$$\eta_{\perp}\approx 3.3\eta_{\parallel}\approx 1.7\times 10^{-4}\frac{z\ln\varLambda}{T_{\rm e}^{\frac{3}{2}}\,[{\rm eV}]}\quad(\Omega\cdot{\rm m}) \tag{5-98}$$

上述电阻率通常也称为 Spitzer 电阻，也称为经典电阻。计算表明，在电子温度大约为 100eV 的等离子体中，其电阻率低于金属铜，因此，大多数等离子体都是良导体。

磁场在影响等离子体的电导性的同时，也会对扩散过程产生重要影响。磁场可以抑制等离子体在垂直于磁场方向的扩散损失。考虑一柱对称等离子体的简单情形，磁场沿柱轴方向，等离子体的压强沿径向非均匀分布，并假定带电粒子的速度垂直于磁场，不考虑电场。稳态的双流体运动方程为

$$\nabla p_{\mathrm{e}} = -en\left(u_{\mathrm{e}} \times B\right) - nm_{\mathrm{e}}\nu_{\mathrm{ei}}\left(u_{\mathrm{e}} - u_{\mathrm{i}}\right)$$

$$\nabla p_{\mathrm{i}} = en\left[u_{\mathrm{i}} \times B + nm_{\mathrm{i}}\nu_{\mathrm{ei}}\left(u_{\mathrm{e}} - u_{\mathrm{i}}\right)\right]$$

用磁场 $\boldsymbol{B}$ 分别叉乘上述两式的两端，并注意在稳恒态时有关系：$\boldsymbol{j} \times \boldsymbol{B} = \nabla p$，于是，可以分别求得电子和离子的速度：

$$u_{\mathrm{e}} = -\frac{B \times \nabla p_{\mathrm{e}}}{neB^2} - \frac{m_{\mathrm{e}}\nu_{\mathrm{ei}}\nabla p}{ne^2B^2}, \quad u_{\mathrm{i}} = -\frac{B \times \nabla p_{\mathrm{i}}}{neB^2} - \frac{m_{\mathrm{e}}\nu_{\mathrm{ei}}\nabla p}{ne^2B^2}$$

在方程右端的第二项表示电子和离子的径向速度，可见电子和离子的径向速度相等，$u_{\mathrm{e}r} = u_{\mathrm{i}r} = -\dfrac{m_{\mathrm{e}}\nu_{\mathrm{ei}}}{ne^2B^2}\nabla p$，而且也正是由这一项速度引起粒子的径向扩散。如果假定电子和离子的温度相等，具有类似的分布，则压强梯度可表示为 $\nabla p = 2T_{\mathrm{e}}\nabla n$。因此，在径向上的扩散流量为 $\varGamma = nu_{\mathrm{e}r} = nu_{\mathrm{i}r} = -\dfrac{2T_{\mathrm{e}}m_{\mathrm{e}}\nu_{\mathrm{ei}}}{e^2B^2}\dfrac{\mathrm{d}n}{\mathrm{d}r}$，相应的扩散系数为

$$D_{\perp} = \frac{2T_{\mathrm{e}}m_{\mathrm{e}}\nu_{\mathrm{ei}}}{e^2B^2} = \frac{2T_{\mathrm{e}}}{m_{\mathrm{e}}\nu_{\mathrm{ei}}}\left(\frac{m_{\mathrm{e}}\nu_{\mathrm{ei}}}{eB}\right)^2 = \nu_{\mathrm{ei}}r_{\mathrm{ce}}^2 \tag{5-99}$$

从上述可见，随着磁场增强，等离子体的径向扩散系数将迅速减小。粒子每碰撞一次，平均移动一个回旋半径的距离。为了计算方便，可用下列近似公式：

$$D_{\perp} \approx 1.3 \times 10^{-12} nT_{\mathrm{e}}^{-\frac{1}{2}}B^{-2} \quad (\mathrm{cm}^2/\mathrm{s})$$

式中，温度 T_{e} 的单位为 keV；磁场 B 的单位为 T；密度 n 的单位为 cm^{-3}。可见，当温度升高时，等离子体中的横向扩散将减小；横向扩散系数与磁感应强度的平方成反比，这是经典扩散的主要特征。

将 (4-99) 式与弱电离等离子体的扩散系数 (4-90) 式进行对比可以发现，完全电离等离子体的扩散系数依赖于带电粒子的密度，而弱电离等离子体的扩散系数则依赖于中性粒子的密度；完全电离等离子体的扩散系数随温度上升而减小，而弱电离等离子体的扩散系数随温度升高而增加。

5.3.4 反常输运

前面讨论的等离子体中的输运过程都是建立在碰撞机制上的，通常也称为经典输运。但实际情况下的等离子体输运往往要比上述经典输运理论预研的结果强得多。这种超出了经典输运理论的输运现象称为反常输运 (anomalous transport)。

除了反常扩散和反常热导外，还有反常电阻、反常黏滞性、反常趋肤效应、无碰撞激波层内的反常耗散等。反常输运在等离子体中是相当普遍的现象，在很多情况下它们对经典输运有显著的偏离，并成为决定输运过程的主要因素。因此，研究反常输运问题是等离子体物理中的重要课题之一。

1946 年，玻姆 (Bohm) 首先观测到磁约束等离子体中存在反常扩散现象，并给出了一个半经验的扩散系数公式：

$$D_{\mathrm{B}} \approx \frac{T_{\mathrm{e}}}{16eB} \tag{5-100}$$

与 (5-99) 式对比可以发现，玻姆扩散系数仅与磁场的一次方成反比，这与经典扩散 (5-99) 式存在非常显著的差别。近年来的实验发现，实际等离子体中的扩散系数比上述玻姆扩散系数要小，但仍然比经典扩散系数高出许多。反常输运是等离子体中的一个普遍现象。

引起反常输运的机制十分复杂，除了由某种不对称性而导致磁面结构的缺陷等原因外，主要可归结为等离子体中带电粒子间相互作用的长程性所导致的集体效应。各种集体运动模式的激发可引起强烈的输运过程，在只计及库仑碰撞的经典输运理论中是没有包含这些集体效应的。例如，垂直于磁场方向的反常扩散和反常热导的可能机制有：由不均匀性激发的各种低频漂移波；由等离子体湍流的涨落电场引起的随机性电漂移 (若假定极大涨落电势能与电子温度 T_{e} 对应的热动能同量级，则可导出符合玻姆扩散的定标关系)；由电磁模的不稳定增长导致的磁面的破裂 (如由磁岛重叠而形成的随机磁场) 等。

在反常输运方面，已经进行了大量的研究工作，但由于问题的复杂性，总地说来，目前仍然处于研究的初期阶段。

5.4 天体等离子体中的微观不稳定性

5.4.1 微观不稳定性概论

等离子体不稳定性，是以集体效应方式发生的能量转化过程，它使得等离子体偏离动力学平衡状态。在 MHD 理论中，我们讨论过 MHD 不稳定性，例如扭曲模不稳定性、腊肠模不稳定性、撕裂模不稳定性等都表现为一定等离子体的某种宏观特征，如空间形态、位置、磁场位型等的不稳定性变化过程，称为宏观不稳定性。此外，还存在一类不稳定性，其等离子体的宏观特征并没有显著变化，而其内部的粒子分布函数在连续性地变化，同时伴随着自由能的释放，它们是由等离子体中的非热平衡分布所激发的，称为微观不稳定性 (microinstability)。非热平衡分布是指等离子体中粒子分布函数偏离麦克斯韦分布，从而其中存在着可以释放的自由能。例如束流分布、各向异性分布等。常见的形式主要有如下两种。

(1) 多峰分布 (multi-peak distribution)：分布函数存在两个以上的峰值，例如束流等 (图 5-5(a))；

(2) 各向异性分布，例如损失锥分布 (loss-cone distribution) (图 5-5(b))。

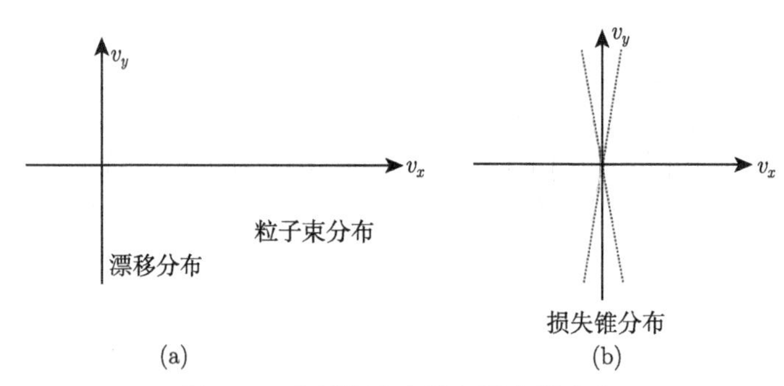

图 5-5　非平衡分布的主要表现形式

产生微观不稳定性的主要能量来源如下所述。

(1) 偏离麦克斯韦分布的自由能。处在麦克斯韦分布的等离子体，其熵 S 达到最大值，偏离麦克斯韦分布时，等离子体的熵均小于上述最大熵，此时的自由能 (U-TS) 将比麦克斯韦分布时大，当它向麦克斯韦分布过渡时，释放出的自由能将驱动微观不稳定性。

(2) 等离子体中粒子定向运动的动能。例如，由注入粒子束或者由密度、温度梯度引起的抗磁漂移所提供的能量。一般来说，这种能量来源都比较小，但仍然能驱动某种模式的微观不稳定性，影响等离子体的平衡。

(3) 膨胀能。等离子体通过膨胀趋向于空间均匀分布时，其内能是降低的，释放出的能量将有可能引起不稳定性。

只要等离子体中存在上述任何一种能量来源，那么借助于等离子体内部的某种耦合机制，即可实现对波的能量传输而导致振幅的增长。

一般情况下，微观不稳定性都具有波长短、频率高的特征，驱动它们的能量也很小，所以对等离子体约束的危害似乎远小于 MHD 不稳定性。但事实上，它们常常能引起迅速的、小尺度的等离子体输运，而且这种输运都远远超过由粒子碰撞机制所产生的输运，通常称为反常输运，例如产生反常电阻。这种反常输运很可能就是激发宏观 MHD 不稳定性的重要因素。当所有的宏观不稳定性 (如 MHD 不稳定性) 被抑制以后，微观不稳定性便是制约等离子体约束性能的主导因素。

另外，微观不稳定性还是激发湍动态的必要条件。湍动等离子体的输运系数比平静等离子体高若干个数量级，利用湍动等离子体可以实现对等离子体的加热，在特定条件下还可以加速粒子。因此，对等离子体中湍动的研究是现代等离子体物理中最重要的前沿内容。

5.4.2 微观不稳定性的分析方法

假定扰动具有波的形式：

$$f_1 = f_1 \exp\left[\mathrm{i}\left(k \cdot r - \omega t\right)\right] \tag{5-101}$$

式中，k 为实数，表示扰动在空间的变化波数；ω 为复数，表示扰动随时间的变化频率，通常也与空间变化波数有关，表示为

$$\omega\left(k\right) = \omega_r\left(k\right) + \mathrm{i}\gamma\left(k\right) \tag{5-102}$$

为了判断具有某种分布的等离子体是否会激发微观不稳定性，我们通常假定扰动振幅很小，利用线性化的简正模方法求出表示 ω 与 k 之间关系的色散方程，再求解该方程，找出所有 $\gamma(k)>0$ 的解，每一个这样的解称为不稳定解，对应一个不稳定模式，$\gamma(k)$ 称为不稳定性的增长率。

下面以**双流不稳定性**为例来讨论微观不稳定性的分析方法。

所谓双流不稳定性，是指当两束带电粒子流之间具有相对速度，且两者的速度分布函数的峰值可以明显分开时，所激发的不稳定性。

两束带电粒子流具有相对运动速度，等离子体为无磁化等离子体，即忽略磁场的作用，则线性化的双流体动力学方程为

$$\begin{aligned}
&m_{\mathrm{i}} n_0 \frac{\partial u_{\mathrm{i}1}}{\partial t} = e n_0 E_1 \\
&m_{\mathrm{e}} n_0 \left(\frac{\partial u_{\mathrm{e}1}}{\partial t} + v \cdot \nabla u_{\mathrm{e}1}\right) = -e n_0 E_1 \\
&\frac{\partial n_{\mathrm{i}1}}{\partial t} + n_0 \nabla \cdot u_{\mathrm{i}1} = 0 \\
&\frac{\partial n_{\mathrm{e}1}}{\partial t} + n_0 \nabla \cdot u_{\mathrm{e}1} + v \cdot \nabla u_{\mathrm{e}1} = 0 \\
&\nabla \cdot E_1 = \frac{e}{\varepsilon_0}\left(n_{\mathrm{i}1} - n_{\mathrm{e}1}\right)
\end{aligned} \tag{5-103}$$

设速度 v 在 x 轴方向，于是所有扰动量都将具有下列形式：

$$f_1 = f_1 \exp\left[\mathrm{i}\left(kx - \omega t\right)\right] \tag{5-104}$$

代入上述线性化方程组，通过求解，可以得到扰动的色散方程：

$$\frac{\omega_{\mathrm{pi}}^2}{\omega^2} + \frac{\omega_{\mathrm{pe}}^2}{\left(\omega - kv\right)^2} = 1 \tag{5-105}$$

对于上式中的每一个实数 k，上式都有一个关于频率 ω 的 4 次方程，有 4 个解。每一个实数解都将对应于一个纯振荡的波模，而每一个复数解则对应于一个不稳定性的模或衰减模式：

$$\omega(k) = \omega_r(k) + \mathrm{i}\gamma(k) \tag{5-106}$$

于是，扰动量 (5-104) 可以表示成下列形式：

$$f_1 = f_1 \exp\left[\mathrm{i}(kx - \omega t)\right] = f_1 \exp(\mathrm{i}kx) \exp(-\mathrm{i}\omega_r t) \exp(\gamma t)$$

可见，当 $\gamma > 0$ 时，扰动随时间增长，为不稳定性的模式，称 γ 为不稳定性的增长率；当 $\gamma < 0$ 时，扰动随时间减小，为衰减模式，称 γ 为扰动的衰减率。

双流不稳定性是由两束等离子体的相对运动的动能所驱动的，其物理机制是：假定一束的密度发生扰动，在某个区域中有电荷堆积，则产生空间电场，这个电场将使各个粒子束的速度发生改变，这将进一步导致电荷堆积，使原来的电荷堆积进一步增加，从而导致扰动不断增长，出现不稳定性。

除了上述双流不稳定性外，等离子体中的微观不稳定性还有静电不稳定性、漂移不稳定性、离子声波不稳定性、损失锥不稳定性、回旋不稳定性等。在此不一一介绍。

5.4.3 微观不稳定性与反常电阻

无论是天体等离子体还是实验室等离子体，电流现象都是普遍存在的。在这种情况下，电阻便成为我们理解其中物理过程的一个关键性的参数。

前面我们基于等离子体中的碰撞过程得到了等离子体的电阻率，称为经典电阻，即 Spitzer 电阻。但是，经典电阻只适用于非常理想的状态，在实际过程中，尤其是在天体物理的许多情形，人们发现实际的电阻率常远高于上述经典电阻率。例如，在实验室也发现，当强电流通过等离子体时，发现电阻率远高于上述经典电阻，人们将这种情况下的等离子体电阻称为反常电阻。

自发现反常电阻以来，人们提出了很多理论模型来解释反常电阻的产生机制。人们普遍认为，必须考虑等离子体的集体效应。因为根据计算，集体效应与带电粒子相互作用所产生的摩擦阻力远大于等离子体中二体碰撞所产生的摩擦阻力。其物理过程大致如下：在较强的电磁场中，等离子体处于一种非稳定的平衡状态中，通过微观不稳定性，等离子体将多余的自由能转移给等离子体波，导致集体振荡的振幅指数型地增长，从而激发湍流，使等离子体中的有序能量 (如电流) 转化为无序能量 (如湍流)，等离子体得到额外加热。正是由于有序能量的耗散，宏观上等效于反常电阻的产生。由此可见，反常电阻与等离子体的微观不稳定性有着密切的联系。

现有的研究表明，产生反常电阻的物理机制大致有如下几种。

(1) 增强摩擦：带电粒子的定向束流与等离子体发生相互作用，把一部分动能转移给等离子体，并在等离子体中激发湍流而加热。

(2) 增强扩散和散射：带电粒子流在原流动方向上的动能转移到垂直方向上这时电流虽然减弱，但有序能量并不变。

(3) 辐射耗散：带电粒子流因为向外辐射能量而使电流减弱，电阻增加。

(4) 非线性波耗散：粒子流因为非静电波的约束而使粒子流减弱。

(5) 磁场的作用：当有磁场存在时，会对带电粒子的运动产生很大的约束作用，尤其是当磁场随时间和空间变化时，将产生更复杂的湍流特征。

反常电阻的理论计算通常是非常复杂的，常见的处理方法可分为如下三类。

(1) 试探粒子法：即往等离子体中注入具有一定速度的试探粒子，计算试探粒子受各种作用的统计和，在此基础上可以得到宏观的电阻率。

(2) 经典输运理论的近似计算：用等离子体微观不稳定性的线性增长率代替经典输运表达式中的二体碰撞频率，得到反常电阻率的表达式。这种方法简单，被大多数人采用。但是，这种方法缺乏物理依据，对其正确性也无法评估。

(3) 动理论方法：完整的动理论处理方法都非常复杂，所以一般也都是在一定近似条件下进行分析求解。一种情形是强湍流近似，考虑粒子的捕获效应或共振加宽现象，但所用的方法因人而异，迄今没有得到被人们普遍接受的结果；另一种情形则是弱湍流准线性理论，相对来说比较成熟。

近年来，有许多关于反常电阻的研究，可参考文献 (Petkaki et al., 2003)。

需要注意的是，在上面各种处理方法中，通常还需要假定等离子体是均匀的、没有边界的，且只有少数几个振荡模式等简化条件。因此所得结果只能是在一定情况下的相对近似。近年来，随着数值模拟方法的发展，人们应用数值模拟计算，在反常电阻的分析方面也取得了许多重要的进展。

在本章中，我们仅介绍了天体等离子体动理论的基本概念和方法，以及在一些简单情形下的应用。不难看出，即使是对非常简单的情形，所建立的动理论方程也几乎都是非线性的，基本上无法直接给出解析解来。近年来比较流行的处理办法便是借用现在的高性能计算基数和数值模拟方法，对动理论方程进行模拟求解，大家用得比较多的是粒子模拟，即 PIC 模拟。这方面的内容大家可以参考相关教科书和公开发表的文献，如傅竹风和胡友秋教授 (1995) 的《空间等离子体数值模拟》等。

思 考 题

1. 分布函数的概念？如何利用分布函数求得等离子体的各种宏观物理量？
2. 等离子体动理论一般方程及其各项的物理意义分别是什么？

3. 不同碰撞模型 (玻尔兹曼碰撞、朗道碰撞、弗拉索夫碰撞和福克尔–普朗克碰撞模型) 分别如何处理碰撞项？使用范围？

4. 什么是朗道阻尼？既然朗道阻尼和碰撞无关，那么导致阻尼的物理机制是什么？

5. 简述双极扩散和双极电场的形成过程。

6. 什么叫微观不稳定性？它与宏观不稳定性有何区别？

7. 推导双流不稳定性的色散方程，并求解该方程，分析决定不稳定性模的主要因素。

8. 在等离子体中的扰动中，什么叫振荡模、不稳定性模、衰减模？

9. 为什么说反常电阻与等离子体的微观不稳定性有关？

参 考 文 献

杜世刚. 1998. 等离子体物理. 北京：原子能出版社.

傅竹风, 胡友秋. 1995. 空间等离子体数值模拟. 合肥：安徽科学技术出版社.

胡希伟. 2006. 等离子体理论基础. 北京：北京大学出版社.

金格赛帕. 2009. 非线性等离子体物理引论, 郭萍, 译. 北京：国防工业出版社.

李定, 陈锦华, 马锦秀, 等. 2009. 等离子体物理学. 北京：高等教育出版社.

许敖敖, 唐玉华. 1987. 宇宙电动力学导论. 北京：高等教育出版社.

Boyd T J M, Sanderson J J. 2003. The Physics of Plasmas. United Kingdom: Cambridge University Press.

Chang R P, Porkolab M. 1970. Experimental observation of nonlinear Landau damping of plasma waves in a magnetic field. Phys. Rev. Lett., 25: 1262.

Che H. 2017. How anomalous resistivity accelerates magnetic reconnection. Phys. Plasmas, 24: 2115.

Chen C H K, Klein H G, Howes G G. 2019. Evidence for electron Landau damping in space plasma turbulence. Nature Communication, 10: 740.

Dawson J. 1961. On Landau damping. Phys. Fluid, 4: 869.

Manfredi G. 1997. Long-time behavior of nonlinear Landau damping. Phys. Rev. Lett., 79: 2815.

Petkaki P, Watt C E J, Horne R B, et al. 2003. Anomalou resistivity in non-Maxwellian plasmas. JGRA, 108: 1442.

Weitzner H. 1963. Plamsa oscillations and Landau damping. Phys. Fluid, 6: 1123.

Xu L, Chen L, Wu D J. 2013. Anomolous resistivity in beam-return currents and hard X-ray spectra of solar flares. A&A, 550: 63.

Yoon P H, Lui A T Y. 2006. Quasi-linear theory of anomalous resistivity. JGR-Space Phys., 111: 2203.

第 6 章　天体等离子体中的波

某种物理量的振动或扰动在空间逐点传递的现象即为波。波动现象是一种普遍存在的最基本的运动形式，任何连续介质中都有可能产生波动现象。在普通中性流体中一般不存在切向的恢复力，因此只能产生纵波，即声波。在两种不同流体的分界面上，当有其他恢复力的参与时，可以产生横波，如表面波。

波最基本的特征是其周期性。首先是在时间上的周期性，同一点的物理量在经过一个周期后完全恢复为原来的值；其次是在空间上的周期性，即沿波的传播方向经过某一空间距离后会出现同一振动状态 (例如质点的位移和速度)。因此，受扰动物理量 u 既是时间 t，又是空间位置 r 的周期函数，函数 $u(t,\ r)$ 称为波函数，是定量描述波动过程的数学表达式。广义地说，凡是描述运动状态的函数具有时间周期性和空间周期性特征的都可称为波，如声波、电磁波、引力波、微观粒子的概率波等。

波的共性还包括如下几个方面：

(1) 反射和折射，在不同介质的界面上产生反射和折射，遵守反射定律和折射定律；

(2) 线性波遵守叠加原理，即波的传播具有独立性；

(3) 波的干涉，即两束或两束以上的线性波在一定条件下叠加时能产生干涉现象；

(4) 波的衍射，波在传播路径上遇到障碍物时能产生衍射现象；

(5) 偏振特征，横波能产生偏振现象。

等离子体作为一种带电的连续介质，其中存在热压力、静电力和磁力等多种形式的作用力，它们对等离子体中的扰动都能起着准弹性恢复力的作用，因此，等离子体中的波动现象要比普通流体中的波动现象丰富得多，除了热压力驱动的声波外，还有静电力驱动的静电波、磁应力驱动的阿尔文波和磁声波、电磁场扰动产生的电磁波，以及它们互相耦合产生的多种波模。等离子体中的波是其集体效应的一种重要表现形式。

在天体物理环境中，波是能量释放与传输、等离子体加热、粒子加速等的重要途径之一，同时，对天体等离子体波的研究还可以帮助我们测量和诊断天体物理中的各种物理参数和物理过程。

等离子体中波的研究方法通常可分两大类，即流体方法和动理论方法。其中，流体方法是将等离子体看成是由介电张量描述的连续性电介质，电流密度是由介电张量表示的电场的线性函数，将电流密度代入麦克斯韦方程组求得色散关系。色散关系反映了波的频率 ω 和波矢 k 之间的关系，完全确定了在给定条件下等离子体中可能存在的波的全部性质。动理论方法则是将描述等离子体的动理论方程与麦克斯韦方程组联立求解，适合于研究等离子体中各种波和粒子之间的共振相互作用。

在本章中，我们将首先介绍有关波的基本概念，然后分别讨论磁流体力学波、静电波和等离子体中电磁波的主要特征和基本原理。在这里，我们主要讨论线性小扰动产生的各种线性波，对于非线性大扰动所产生的非线性波，如 MHD 激波不在本章讨论，而是放在第 11 章有关激波加速机制中进行详细讨论。

6.1　波的基本概念

波是振动在空间的传播。最简单的波动形式便是简谐波，可以用如下的二阶线性微分方程描述：

$$\nabla^2\varPhi-\frac{1}{v^2}\frac{\partial^2\varPhi}{\partial t^2}=0 \tag{6-1}$$

对于沿 x 轴方向传播的平面简谐波，其解可以表示成下列形式：

$$\varPhi(x,t)=A\cos(kx-\omega t)=A\exp[\mathrm{i}(kx-\omega t)] \tag{6-2}$$

式中，A 为波幅；参量 k 反映波动参量在空间上的变化快慢，即波数，由波长 λ 决定：$k=\dfrac{2\pi}{\lambda}$，即在 2π 距离上的波长数；ω 则反映了波动参量随时间变化的快慢性，即角频率。通常定义一个传播矢量——波矢 $\boldsymbol{k}$，其方向为波的传播方向，垂直于波前，大小为波数。$kx-\omega t$ 称为相位，相位直接决定了 $\varPhi$ 值的大小，常相位面代表波阵面，波阵面的移动速度即为波的相速度：

$$\frac{\mathrm{d}}{\mathrm{d}t}(kx-\omega t)=0$$

$$\frac{\mathrm{d}x}{\mathrm{d}t}=\frac{\omega}{k}=v_{\mathrm{p}} \tag{6-3}$$

我们知道，稳态的单色正弦波是不能携带任何信息的。信号之所以能传递，是由于对波调制的结果，调制波传播的速度才是信号传递的速度。因此，一个信号通常总是由许许多多频率成分组成的，总是有一定带宽，由不同波长、不同频率和不同波幅的许多单色波叠加而成的波包整体向前传播，这时只用相速度就无法描述一个信号在色散介质中的传播特征。波包中波幅最大的地方称为波包中心，波包中心传播的速度称为群速度，它是波动能量的传播速度。当波包通过色散介质时，不同频率的单色波将分别以不同的相速度前进，最后导致整个波包在传播过程中发生形变。

为了说明波包的传播，我们来考察一种最简单的情形，即两列波幅相等、频率和波长非常接近的沿 x 轴方向波：

$$\Phi_1(x,t) = A_0\cos\left[(k+\Delta k) - (\omega+\Delta\omega)\,t\right]$$

$$\Phi_2(x,t) = A_0\cos\left[(k-\Delta k) - (\omega-\Delta\omega)\,t\right]$$

这两列波叠加后为

$$\Phi(x,t) = \Phi_1 + \Phi_2 = 2A_0\cos\left(\Delta kx - \Delta\omega t\right)\cos\left(kx - \omega t\right)$$

合成波 $\Phi(x,t)$ 是沿 x 方向传播的余弦调制波，所携带的波的信息是通过波包的包络线 (即包络波) 来传递的，见图 6-1。包络线由 $\cos(\Delta kx - \Delta\omega t)$ 给出，信息的传播速度就是合成的调制包络波中不变振幅点的传播速度，即波包的传播速度，由 $\Delta kx - \Delta\omega t =$ 常数给出，

$$\frac{\mathrm{d}}{\mathrm{d}t}\left(\Delta kx - \Delta\omega t\right) = 0$$

得

$$v_{\mathrm{g}} = \frac{\mathrm{d}x}{\mathrm{d}t} = \frac{\mathrm{d}\omega}{\mathrm{d}k} \tag{6-4}$$

式中，v_{g} 称为群速度。由相速度的定义 (6-3) 式可得 $\omega = kv_{\mathrm{p}}$，以及波矢 $k = \dfrac{2\pi}{\lambda}$，代入上式，可得

$$v_{\mathrm{g}} = v_{\mathrm{p}} + k\frac{\mathrm{d}v_{\mathrm{p}}}{\mathrm{d}k} = v_{\mathrm{p}} - \lambda\frac{\mathrm{d}v_{\mathrm{p}}}{\mathrm{d}\lambda} \tag{6-5}$$

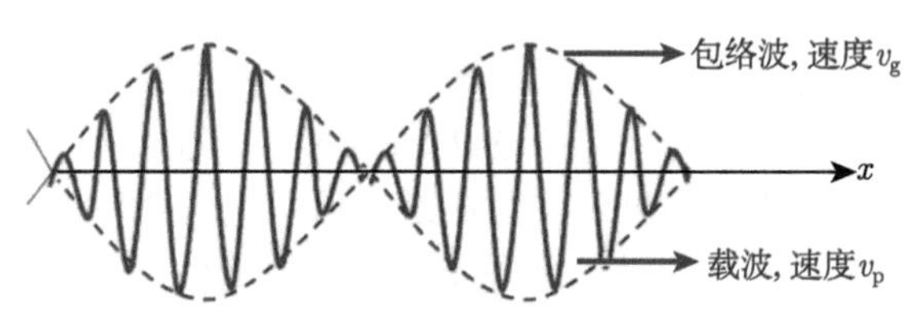

图 6-1 载波与包络波

当 $\dfrac{\mathrm{d}v_{\mathrm{p}}}{\mathrm{d}\lambda} = 0$ 时，$v_{\mathrm{g}} = v_{\mathrm{p}}$，称介质为无色散的；

当 $\dfrac{\mathrm{d}v_\mathrm{p}}{\mathrm{d}\lambda} > 0$ 时，$v_\mathrm{g} < v_\mathrm{p}$，称介质为正常色散的；

当 $\dfrac{\mathrm{d}v_\mathrm{p}}{\mathrm{d}\lambda} < 0$ 时，$v_\mathrm{g} > v_\mathrm{p}$，称介质为反常色散的。

由于波动能量正比于波的振幅平方，则在波包中心正是能量最集中的地方，所以，波包的传播速度即群速度也就是能量的传播速度，在任何情况下都不可能超过光速；而相速度则与能量的传播无关，是可以超过光速的。

6.2　磁流体力学波

我们首先将等离子体当成流体看待，讨论其中的波动过程。在第 4 章中我们已经讨论过，在磁化等离子体流体中，磁场产生的磁应力 $\boldsymbol{J}\times\boldsymbol{B}$ 等价于沿磁力线方向的磁张力 $\left(\dfrac{\boldsymbol{B}^2}{\mu_0}\right)$ 和各向同性的磁压力 $\left(\dfrac{\boldsymbol{B}^2}{2\mu_0}\right)$ 之和。由于磁压力总是叠加在等离子体热压强之上，所以，实际的磁力线就像是在磁张力作用下载有质量的弹性绳。这里磁力线的质量是因为有等离子体冻结在磁力线上，由等离子体的密度决定。

与弹性绳中传播的横波类似，当磁力线受到横向小振幅扰动时，磁力线将与等离子体一起运动，磁力线弯曲所产生的张力便成为扰动的恢复力，横向振动的传播速度由下式决定：

$$v_\mathrm{A} = \left(\frac{\text{磁张力}}{\text{密度}}\right)^{1/2} = \left(\frac{\boldsymbol{B}^2}{\mu_0\rho}\right)^{1/2} \tag{6-6}$$

这种在磁化等离子体中沿磁力线方向传播的横波，即为阿尔文波，这是 1942 年首先由瑞典科学家阿尔文 (Alfvén) 提出的，v_A 也称为阿尔文速度。

这里，有必要简单介绍一下瑞典物理学家阿尔文教授，他原本是一名电气工程师，后来开始研究气体放电，系统创立了磁流体力学的基本框架，被誉为“现代等离子体物理学之父”。他曾经首先从理论上预言了阿尔文波的存在，因为在磁流体力学领域的一系列科学发现，以及在天体物理、核聚变物理等许多方向上的重要应用，阿尔文获得了 1970 年诺贝尔物理学奖。不过，他一直都是一位非主流的科学家，不管是在他获得诺贝尔奖前还是之后，包括他后来获奖的磁流体理论及许多其他理论，在一开始的时候都是不被主流接受的。即使是阿尔文 1942 年在 *Nature* 上发表的半页短文中首次给出的阿尔文波存在性的证明，也很长时间没有得到多数同行的接受。直到 1948 年他在美国芝加哥大学作报告时，著名物理学家费米教授让他简要介绍一下磁流体波的问题，当他用不到 10 分钟的时间介绍完以后，费米评论道 “Of course such waves could exist”。既然费米教授都说 “Of course”，从那以后，其他物理学家们也都接受了阿尔文波这一理论结果。

在沿磁力线的方向上，粒子的运动不受磁场的影响，可以传播普通的声波，声波是由等离子体疏密振荡而引起的热压强的扰动的传播，为纵波，声速 v_{s} 可从下式求出：

$$v_{\mathrm{s}}^2=\frac{\mathrm{d}p}{\mathrm{d}\rho} \tag{6-7}$$

在垂直于磁场方向上，等离子体除了受到热压力外，还因为磁冻结而存在磁压力，磁力线的疏密振荡不但引起热压强扰动，也将产生磁压强扰动，总压强 $p+\dfrac{B^2}{2\mu_0}$ 的扰动为振荡提供了恢复力，这时传播的波为纵波，称为磁声波。磁声波的传播速度 (v_{m}) 可从下式求出：

$$v_{\mathrm{m}}^2=\frac{\mathrm{d}}{\mathrm{d}\rho}\left(p+\frac{B^2}{2\mu_0}\right)=v_{\mathrm{s}}^2+\frac{\mathrm{d}}{\mathrm{d}\rho}\left(\frac{B^2}{2\mu_0}\right) \tag{6-8}$$

由于磁冻结原理，在等离子体中通过任意表面 $\mathrm{d}S$ 的磁通量 $B\mathrm{d}S$ 和以 $\mathrm{d}S$ 为底面单位长度柱体里的等离子体质量 $\rho\mathrm{d}S$，在等离子体密度扰动的振荡过程中都是保持不变的，即 $\dfrac{\mathrm{d}}{\mathrm{d}\rho}\left(\dfrac{B}{\rho}\right)=0$，将这个微分展开，可得 $\dfrac{\mathrm{d}B}{\mathrm{d}\rho}=\dfrac{B}{\rho}$。由此可得 $\dfrac{\mathrm{d}}{\mathrm{d}\rho}\left(\dfrac{B^2}{2\mu_0}\right)=\dfrac{B^2}{\mu_0\rho}=v_{\mathrm{A}}^2$，因此，(6-8) 式可表示成下列形式：

$$v_{\mathrm{m}}^2=v_{\mathrm{s}}^2+v_{\mathrm{A}}^2 \tag{6-9}$$

可见，磁声波的速度是大于阿尔文波速的。阿尔文波和磁声波都是在等离子体流体中受到某种宏观扰动而产生的传播现象，统称为磁流体力学波。为了从物理上更好地理解磁流体力学波，我们假定等离子体是理想导电、无黏滞的可压缩流体，对这样的流体，可以从理想磁流体力学方程 (4-18) 式出发进行讨论。为了方便，我们再次把这组方程写在这里：

$$\begin{cases}\dfrac{\partial\rho}{\partial t}+\nabla\cdot(\rho\boldsymbol{v})=0\\ \rho\dfrac{\mathrm{d}\boldsymbol{v}}{\mathrm{d}t}=-\nabla p+\boldsymbol{J}\times\boldsymbol{B}\\ \nabla\times(\boldsymbol{u}\times\boldsymbol{B})=-\dfrac{\partial\boldsymbol{B}}{\partial t}\\ \nabla\times\boldsymbol{B}=\mu_0\boldsymbol{J}\\ \boldsymbol{E}+\boldsymbol{v}\times\boldsymbol{B}=0\\ p\rho^{-\gamma}=\mathrm{const}\end{cases} \tag{6-10}$$

考察偏离平衡的小扰动，这时，各参量可写成如下形式：

$$q(r,t) = q_0 + q_1(r,t) \tag{6-11}$$

在这里，我们假定在平衡状态是电场强度 $\boldsymbol{E}_0 = 0$、电流密度 $\boldsymbol{J}_0 = 0$ 和速度 $\boldsymbol{v}_0 = 0$。将 (6-11) 式代入 (6-10) 式，进行线性化处理，可得线性化方程组：

$$\begin{cases} \dfrac{\partial \rho_1}{\partial t} = \rho_0 \nabla \cdot \boldsymbol{v}_1 \\ \rho_0 \dfrac{\partial \boldsymbol{v}_1}{\partial t} = -\boldsymbol{v}_{\rm s}^2 \nabla \rho_1 - \dfrac{1}{\mu_0} \boldsymbol{B}_0 \times (\nabla \times \boldsymbol{B}_1) \\ \mu_0 \dfrac{\partial \boldsymbol{J}_1}{\partial t} = \nabla^2 \boldsymbol{E}_1 - \nabla (\nabla \cdot \boldsymbol{E}_1) \\ \boldsymbol{E}_1 + \boldsymbol{v}_1 \times \boldsymbol{B}_0 = 0 \end{cases} \tag{6-12}$$

式中，声速 $v_{\rm s}$ 可以通过 (6-10) 式中的绝热方程求导数，并代入 (6-7) 式获得

$$v_{\rm s} = \sqrt{\frac{\gamma p}{\rho}} \approx \sqrt{\frac{\gamma p_0}{\rho_0}}$$

式中，γ 为等离子体的比热比，对于理想等离子体，$\gamma = 5/3$，$p_0 = 2nk_{\rm B}T$，$\rho_0 = nm_{\rm i}$。这里 n 为电子或离子的数密度，T 为热力学温度，$m_{\rm i}$ 为离子质量。因此，$v_{\rm s} \approx \sqrt{\dfrac{3k_{\rm B}T}{m_{\rm i}}}$。

这个方程的一般求解是非常困难的，我们可以首先考察平面波解的形式，则

$$q_1 = q_{10} \exp\left[{\rm i}(k \cdot r - \omega t)\right]$$

平面波是最简单，也是最基本的一种波，其他形式的波都可以看成是许多平面波的叠加。对于上述形式的扰动，可以通过下列转换将微分方程转换成代数方程：

$$\nabla \to {\rm i}k, \quad \nabla^2 \to -k^2, \quad \frac{\partial}{\partial t} \to -{\rm i}\omega$$

代入 (6-12) 式，化简以后得线性化方程组：

$$\begin{gathered} \omega \rho_1 - \rho_0 k \cdot \boldsymbol{v}_1 = 0 \\ \omega \rho_0 \boldsymbol{v}_1 = \boldsymbol{v}_{\rm s}^2 \rho_1 k + {\rm i} \boldsymbol{J}_1 \times \boldsymbol{B}_0 \\ k^2 \boldsymbol{E}_1 - k(\boldsymbol{k} \cdot \boldsymbol{E}_1) = {\rm i}\mu_0 \omega \boldsymbol{J}_1 \\ \boldsymbol{E}_1 + \boldsymbol{v}_1 \times \boldsymbol{B}_0 = 0 \end{gathered} \tag{6-13}$$

从上述方程组中，消去 $\boldsymbol{E}_1$、ρ_1 和 $\boldsymbol{J}_1$，可得含变量 $\boldsymbol{v}_1$ 的方程：

$$\omega^2\boldsymbol{v}_1=\boldsymbol{v}_{\mathrm{s}}^2(\boldsymbol{k}\cdot\boldsymbol{v}_1)k+\frac{1}{\mu_0\rho_0}\left\{\boldsymbol{k}^2[\boldsymbol{B}_0\times(\boldsymbol{v}_1\times\boldsymbol{B}_0)]-(\boldsymbol{B}_0\times\boldsymbol{k})[\boldsymbol{k}\cdot(\boldsymbol{v}_1\times\boldsymbol{B}_0)]\right\} \tag{6-14}$$

令 $\boldsymbol{e}_k$ 表示 $\boldsymbol{k}$ 的单位矢量；$\boldsymbol{b}$ 为磁场 $\boldsymbol{B}_0$ 的单位矢量，则上式可化简为

$$\left(v_{\mathrm{p}}^2-v_{\mathrm{A}}^2\right)\boldsymbol{v}_1-v_{\mathrm{s}}^2\boldsymbol{e}_k(\boldsymbol{e}_k\cdot\boldsymbol{v}_1)+v_{\mathrm{A}}^2\{\boldsymbol{b}(\boldsymbol{v}_1\cdot\boldsymbol{b})+(\boldsymbol{b}\times\boldsymbol{e}_k)[\boldsymbol{v}_1\cdot(\boldsymbol{b}\times\boldsymbol{e}_k)]\}=0 \tag{6-15}$$

式中，$v_{\mathrm{p}}=\dfrac{\omega}{k}$ 为波的相速度。为了求相速度与波矢的关系，我们设均匀恒定的外磁场 $\boldsymbol{B}_0$ 沿 z 轴，波矢 k 位于 yz 平面，且与外磁场 B_0 的夹角为 θ，建立如图 6-2 所示的坐标系，在这样的坐标系中，$\boldsymbol{e}_k=e_y\sin\theta+e_z\cos\theta$, $\boldsymbol{b}\times\boldsymbol{e}_k=-e_x\sin\theta$，代入 (6-15) 式，写成分量形式，可得一个关于波的相速度 v_{p} 的齐次线性方程组。

$$\left\{\begin{array}{l}\left(v_{\mathrm{p}}^2-v_{\mathrm{A}}^2\cos^2\theta\right)v_{1x}=0\\ \left(v_{\mathrm{p}}^2-v_{\mathrm{A}}^2-v_{\mathrm{s}}^2\sin^2\theta\right)v_{1y}-v_{\mathrm{s}}^2\sin\theta\cos\theta v_{1z}=0\\ -v_{\mathrm{s}}^2\sin\theta\cos\theta v_{1y}+\left(v_{\mathrm{p}}^2-v_{\mathrm{s}}^2\cos^2\theta\right)v_{1z}=0\end{array}\right. \tag{6-16}$$

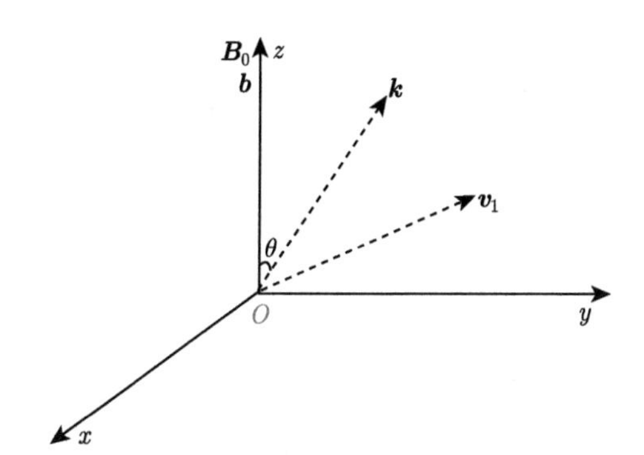

图 6-2 以外磁场 B_0 方向为 z 轴建立的坐标系中，扰动与波矢的关系

方程组 (6-16) 式有非 0 解的条件是系数行列式为 0，即

$$\begin{vmatrix}v_{\mathrm{p}}^2-v_{\mathrm{A}}^2\cos^2\theta & 0 & 0\\ 0 & v_{\mathrm{p}}^2-v_{\mathrm{A}}^2-v_{\mathrm{s}}^2\sin^2\theta & -v_{\mathrm{s}}^2\sin\theta\cos\theta\\ 0 & -v_{\mathrm{s}}^2\sin\theta\cos\theta & v_{\mathrm{p}}^2-v_{\mathrm{s}}^2\cos^2\theta\end{vmatrix}=0 \tag{6-17}$$

上述方程组存在三个关于相速度 v_{p} 的解：

$$\begin{cases} v_{\mathrm{p}}^2 = v_{\mathrm{A}}^2 \cos^2\theta \\ v_{\mathrm{p}}^2 = \dfrac{1}{2}\left(v_{\mathrm{s}}^2 + v_{\mathrm{A}}^2\right)\left[1 + \sqrt{1 - \dfrac{4v_{\mathrm{s}}^2 v_{\mathrm{A}}^2 \cos^2\theta}{\left(v_{\mathrm{s}}^2 + v_{\mathrm{A}}^2\right)^2}}\right] \\ v_{\mathrm{p}}^2 = \dfrac{1}{2}\left(v_{\mathrm{s}}^2 + v_{\mathrm{A}}^2\right)\left[1 - \sqrt{1 - \dfrac{4v_{\mathrm{s}}^2 v_{\mathrm{A}}^2 \cos^2\theta}{\left(v_{\mathrm{s}}^2 + v_{\mathrm{A}}^2\right)^2}}\right] \end{cases} \tag{6-18}$$

(6-17) 式和 (6-18) 式均称为波的色散关系。在等离子体中存在的所有波模，其频率和波矢之间，或者说相速度均须满足一定的色散关系。下面分别讨论这三个解。

1. 阿尔文波

(6-18) 式中的第一个解为

$$v_{\mathrm{p}}^2 = v_{\mathrm{A}}^2 \cos^2\theta \quad \text{或} \quad \omega^2 = k^2 v_{\mathrm{A}}^2 \cos^2\theta \tag{6-19}$$

在这里，相速度 v_{p} 与等离子体中的声速无关，也就是与等离子体的热压强无关，这时 $v_{1x} \neq 0$，$v_{1y} = v_{1z} = 0$。当 $\theta = 0$ 时，即在平行于磁场的方向上传播的波，这就是阿尔文波，相速度 $v_{\mathrm{p}} = v_{\mathrm{A}}$；当 $\theta = \dfrac{\pi}{2}$ 时，$v_{\mathrm{p}} = 0$，即在垂直于磁场方向上，扰动不能传播；而当 $0 < \theta < \dfrac{\pi}{2}$ 时，相速度小于阿尔文波速，称为斜阿尔文波，其扰动速度的方向垂直于传播方向，因此，所有斜阿尔文波均为横波。

阿尔文波的相速度与频率无关，因此是一种无色散的波。同时，阿尔文波速也与等离子体的热压强的扰动无关，虽然等离子体流体和磁力线都在垂直于外磁场 $\boldsymbol{B}_0$ 方向扰动，波动的能量密度 $\left(\dfrac{B_1^2}{2\mu_0}\right)$ 等于流体扰动的动能密度 $\left(\dfrac{1}{2}\rho_0 v_1^2\right)$。

阿尔文在 1942 年首先提出阿尔文波这一假设，后来 Lundquist 使用 1T 左右的磁场在水银中首次观察到了阿尔文波，莱纳特 (Lehnert) 在液态钠的实验中也观测到了阿尔文波的存在。不过，至今人们未能从天体观测，包括太阳观测中真正找到阿尔文波存在的直接证据。虽然有许多人报道在色球针状体、暗条的观测中似乎发现了类似阿尔文波的许多信号，但事后人们进一步的详细论证表明，那些所谓的证据也仅是有密度变化的扭曲振荡而已 (Erdélyi et al., 2007)。

阿尔文波对天体等离子体的许多物理过程，如日冕加热、太阳风加速、地磁扰动等，都有着重要的贡献，因而引起人们的广泛关注。例如，很多人都坚持认为，太阳光球表面的扰动在磁力线上所激发的阿尔文波可以将光球表面的扰动能传输到日冕大气中，这部分能量如果能在日冕有效耗散，就足够加热日冕 (Heyvaerts et al., 1983；Davila, 1987)。不过，迄今为止的所有观测中均未发现阿尔文波在日冕耗散的证据。

2. 磁声波

(6-18) 式中的第二和第三个解可以合并写成下列形式：

$$v_{\mathrm{p}}^{2}=\frac{1}{2}\left(v_{\mathrm{s}}^{2}+v_{\mathrm{A}}^{2}\right)\left[1\pm\sqrt{1-\frac{4v_{\mathrm{s}}^{2}v_{\mathrm{A}}^{2}\cos^{2}\theta}{\left(v_{\mathrm{s}}^{2}+v_{\mathrm{A}}^{2}\right)^{2}}}\right] \tag{6-20}$$

由 (6-16) 式可知，此时，$v_{1x}=0$，$v_{1y}\neq 0, v_{1z}\neq 0$。这时等离子体的热压强和磁压强同时发生作用，都对恢复力有贡献，称为磁声波，它们是一种横波和纵波的混合波模。

设想当 $\cos^2\theta \ll 1$ 时，也就是在接近于垂直磁力线的方向上，这时从 (6-20) 式可得到一个近似解：

$$v_{\mathrm{p}}^{2}\approx v_{\mathrm{s}}^{2}+v_{\mathrm{A}}^{2} \tag{6-21}$$

这同 (6-9) 式所表示的情形完全一致。

而当 $v_{\mathrm{s}}\ll v_{\mathrm{A}}$，或者 $v_{\mathrm{A}}\ll v_{\mathrm{s}}$ 时，(6-20) 式中取负号，可得另一个近似解：

$$v_{\mathrm{p}}^{2}\approx\frac{v_{\mathrm{s}}^{2}v_{\mathrm{A}}^{2}}{v_{\mathrm{s}}^{2}+v_{\mathrm{A}}^{2}}\cos^{2}\theta \tag{6-22}$$

上式所对应的波的相速度显著小于声波波速或阿尔文波速，称为慢模磁声波 (慢波)；与此相对应的 (6-21) 式的波模相速度，不但高于声速，同时也高于阿尔文波速，是一种快波模，称为快模磁声波 (快波)；而 (6-19) 式所对应的斜阿尔文波和阿尔文波，其相速度介于以上两种波模之间，称为中间波模。图 6-3 为磁流体力学波的各种波模。

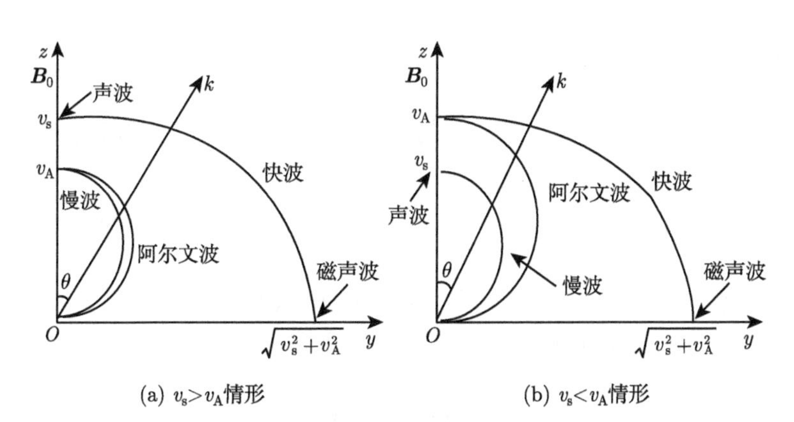

图 6-3 磁流体力学波的各种波模

在磁声波中，扰动磁场和扰动电场都垂直于传播方向，从这一特点来看，它应该是横波。但是，扰动速度和阈值相关的密度扰动却都在传播方向上，因此它又像纵波。磁声波的相速度同样与频率无关，也是无色散的波。

在磁声波中，当热压强远大于磁压强时，磁场的效应可以忽略，这时磁声波蜕变成了普通声波；反之，当热压强远小于磁压强时，热效应又可以忽略，这时磁声波的相速度趋近于阿尔文速度，因此，有时也将磁声波称为压缩阿尔文波。

6.3　静　电　波

等离子体既然是由带电粒子组成的，则任何静电扰动都将引起电荷粒子的空间位置的变化，这种变化在空间中的传播即为静电波。

为了更好地理解等离子体中的静电波，我们首先以非磁化冷等离子体为例来考察等离子体中的波动方程。这里所说的冷等离子体是一种近似模型，指当扰动的相速度远大于等离子体中粒子的平均热运动速度时，可以忽略等离子体中的热效应，近似把等离子体的温度看成 0 的一种近似处理。电磁场的波动可以用线性化的麦克斯韦方程描述：

$$\nabla \times \boldsymbol{B}_1 = \mu_0 \boldsymbol{J}_1 + \frac{1}{c^2}\frac{\partial \boldsymbol{E}_1}{\partial t}$$

$$\nabla \times \boldsymbol{E}_1 = -\frac{\partial \boldsymbol{B}_1}{\partial t}$$

从上述两个方程，我们可以得到

$$\nabla(\nabla \cdot \boldsymbol{E}_1) - \nabla^2 \boldsymbol{E}_1 = -\mu_0 \frac{\partial \boldsymbol{J}_1}{\partial t} - \frac{1}{c^2}\frac{\partial^2 \boldsymbol{E}_1}{\partial t^2} \tag{6-23}$$

等离子体中的扰动电流为 $\boldsymbol{J}_1 = \sum\limits_{\alpha} n_\alpha q_\alpha \boldsymbol{v}_{\alpha 1}$。

在多粒子的近似流体中，各粒子的平均扰动速度可由下列方程决定：

$$m_\alpha n_\alpha \left(\frac{\partial}{\partial t} + \boldsymbol{v}_{\alpha 1} \cdot \nabla\right) v_{\alpha 1} = -\nabla p_\alpha + n_\alpha q_\alpha (\boldsymbol{E}_1 + \boldsymbol{v}_{\alpha 1} \times \boldsymbol{B}_0) \tag{6-24}$$

等冷等离子体，$\nabla p_\alpha \to 0$，平衡时也没有净粒子的流入流出，$\boldsymbol{v}_{\alpha 1} \cdot \nabla \boldsymbol{v}_{\alpha 1} \to 0$。非磁化等离子体中，也没有磁场 $B_0 \to 0$，于是上式简化为

$$\frac{\partial \boldsymbol{v}_{\alpha 1}}{\partial t} \approx \frac{q_\alpha}{m_\alpha} \boldsymbol{E}_1$$

将以上结果代入 (6-23) 式，可得

$$\nabla(\nabla\cdot\boldsymbol{E}_1)-\nabla^2\boldsymbol{E}_1=-\mu_0\left(\sum_{\alpha}\frac{n_\alpha q_\alpha^2}{m_\alpha}\right)\boldsymbol{E}_1-\frac{1}{c^2}\frac{\partial^2\boldsymbol{E}_1}{\partial t^2}\tag{6-25}$$

设扰动的本征函数为平面波形式：$\boldsymbol{E}_1\propto\exp\left[\mathrm{i}\left(k\cdot r-\omega t\right)\right]$，代入上式，可得

$$-\boldsymbol{k}(\boldsymbol{k}\cdot E_1)+k^2\boldsymbol{E}_1=\frac{\omega^2}{c^2}\boldsymbol{E}_1-\mu_0\left(\sum_{\alpha}\frac{n_\alpha q_\alpha^2}{m_\alpha}\right)\boldsymbol{E}_1\tag{6-26}$$

对于纵波扰动，$k\parallel E_1$, 上式可以简化成下列形式：

$$\omega^2=\frac{1}{\varepsilon_0}\sum_{\alpha}\frac{n_\alpha q_\alpha^2}{m_\alpha}=\omega_{\mathrm{p}}^2\tag{6-27}$$

在这里，利用了关系：$c=\dfrac{1}{\sqrt{\varepsilon_0\mu_0}}$。$\omega_{\mathrm{p}}$ 即为等离子体频率。上式表明，在非磁化冷等离子体中的纵波扰动，就是等离子体中的静电振荡，即朗缪尔振荡。由于这里的频率 ω 与波矢 k 无关，群速度等于 0，所以，非磁化冷等离子体中的静电振荡是不能传播的。

对于横波扰动，$\boldsymbol{k}\perp\boldsymbol{E}_1$，则 $\boldsymbol{k}\cdot\boldsymbol{E}_1=0$，(6-26) 式简化为

$$\omega^2=k^2c^2+\omega_{\mathrm{p}}^2\tag{6-28}$$

这就是电磁波的色散关系。这时，扰动频率 ω 与波矢 k 有关，波的相速度为

$$v_{\mathrm{p}}^2=c^2+\frac{\omega_{\mathrm{p}}^2}{k^2}>c^2$$

而波的群速度为

$$v_{\mathrm{g}}=\frac{\mathrm{d}\omega}{\mathrm{d}k}=\frac{c^2}{v_{\mathrm{p}}}=\frac{c}{v_{\mathrm{p}}}\cdot c<c$$

由 (6-28) 式可见，当扰动频率 $\omega>\omega_{\mathrm{p}}$ 时，波矢 $k>0$，非磁化冷等离子体中的横波扰动 E_1 是可以传播的，这便是电磁波。电磁波在等离子体中的相速度是大于光速 c 的，但是其群速度依然小于光速 c。当一束频率为 ω 的电磁波从真空射入一团非均匀的等离子体中，随着电磁波从外向里传播，沿途等离子体密度逐渐增加，朗缪尔频率 ω_{p} 也随之增加，根据 (6-28) 式的色散关系，波矢 k 将越来越小，扰动波长越来越大，当 $\omega=\omega_{\mathrm{p}}$ 时，$k=0$，扰动将不再传播，而是在这

一点处被吸收，这就是电磁波在等离子体中的截止现象。等离子体中满足 $\omega=\omega_{\mathrm{p}}$ 的等离子体密度称为临界密度：

$$n_{\mathrm{c}}=\frac{\varepsilon_0 m\omega^2}{e^2} \tag{6-29}$$

可见，对于一定频率的电磁波，它只能在 $n<n_{\mathrm{c}}$ 的等离子体中传播，ω_{p} 也被称为电磁波的截止频率。

如果 $\omega=\omega_{\mathrm{p}}$，这时扰动波数 k 为虚数：$k=\mathrm{i}\frac{\omega_{\mathrm{p}}}{c}\left(1-\frac{\omega^2}{\omega_{\mathrm{p}}^2}\right)^{1/2}=\mathrm{i}a$。这时扰动 E_1 随空间的变化为

$$E_1=E_{10}\exp\left(\mathrm{i}kr-\mathrm{i}\omega t\right)=E_{10}\exp\left(-ar\right)\exp(-\mathrm{i}\omega t)\propto\exp\left(-ar\right)$$

即扰动 E_1 是随距离 r 衰减的。定义当衰减到最初值的 $\frac{1}{e}$ 的传播距离，称为趋肤深度 (δ)：

$$\delta=\frac{1}{a}=\frac{c}{\omega_{\mathrm{p}}}\left(1-\frac{\omega^2}{\omega_{\mathrm{p}}^2}\right)^{-1/2} \tag{6-30}$$

前面讨论的都是冷等离子体，即忽略等离子体中的热效应，这时纵向的静电扰动便是不能传播的朗缪尔振荡，而横向扰动便为电磁波，其传播特征依赖于扰动的频率。实际等离子体中，热效应总是不容忽视的，静电扰动在这种热等离子体中又如何响应呢？

静电波的特征与等离子体中是否存在磁场有很大关系，因此，在这里我们分别对无磁场的非磁化等离子体和有磁场的磁化等离子体中静电波的特征分别进行讨论。

6.3.1　非磁化等离子体中的静电波

1. 朗缪尔波

首先，在存在热效应的情况下，电子的振荡将通过电子热压强的起伏而向周围传播，这就是电子静电波，也称为朗缪尔波，部分文献也称空间电荷波。可以用下列方程组来研究电子静电波扰动：

$$\frac{\partial n_{\mathrm{e}}}{\partial t}+\nabla\cdot\left(n_{\mathrm{e}}\boldsymbol{v}_{\mathrm{e}}\right)=0 \tag{6-31}$$

$$m_{\mathrm{e}}n_{\mathrm{e}}\left[\frac{\partial \boldsymbol{v}_{\mathrm{e}}}{\partial t}+\left(\boldsymbol{v}_{\mathrm{e}}\cdot\nabla\right)\boldsymbol{v}_{\mathrm{e}}\right]=-\nabla p_{\mathrm{e}}-en_{\mathrm{e}}E \tag{6-32}$$

$$\nabla \cdot \boldsymbol{E} = \frac{e}{\varepsilon_0}\left(n_{\mathrm{i}} - n_{\mathrm{e}}\right) \tag{6-33}$$

$$pn_{\mathrm{e}}^{-\gamma} = \mathrm{const}, \quad p = n_{\mathrm{e}}T_{\mathrm{e}} \tag{6-34}$$

式中，$\gamma = \dfrac{2+D}{D}$ 为比热比，这里 D 为等离子体的自由度。在三维空间，$D=3$，因此，对绝大多数等离子体情形，$\gamma \sim \dfrac{5}{3}$。这里温度 T_{e} 中已经包含了玻尔兹曼常量，因此，其单位为能量单位焦耳。根据绝热方程 (6-34) 式，$\nabla p_{\mathrm{e}} = \nabla\left(An_{\mathrm{e}}^{\gamma}\right) = A\gamma n_{\mathrm{e}}^{\gamma-1}\nabla n_{\mathrm{e}} = \gamma T_{\mathrm{e}}\nabla n_{\mathrm{e}}$。当我们把电子静电波看成是一维绝热压缩过程时，$D=1$，$\gamma=3$，$\nabla p_{\mathrm{e}} = 3T_{\mathrm{e}}\nabla n_{\mathrm{e}}$。同样令扰动具有平面波形式：$\propto \exp\left[\mathrm{i}\left(k\cdot r - \omega t\right)\right]$。将以上结果代入微分方程组 (6-31) 式 ~ (6-33) 式，得线性化的代数方程组：

$$-\mathrm{i}\omega n_{\mathrm{e1}} + \mathrm{i}kn_{\mathrm{e0}}v_{\mathrm{e1}} = 0$$

$$\mathrm{i}\omega m_{\mathrm{e}}n_{\mathrm{e0}}v_{\mathrm{e1}} = en_{\mathrm{e0}}E_1 + \mathrm{i}3kT_{\mathrm{e}}n_{\mathrm{e1}}$$

$$\mathrm{i}kE_1 = -\frac{e}{\varepsilon_0}n_{\mathrm{e1}}$$

利用上述三个方程，消去 n_{e1} 和 v_{e1}，得到关于扰动电场 E_1 的方程：

$$\left(\omega^2 - \omega_{\mathrm{pe}}^2 - \frac{3k^2T_{\mathrm{e}}}{m_{\mathrm{e}}}\right)E_1 = 0$$

从上式可得色散关系：

$$\omega^2 = \omega_{\mathrm{pe}}^2 + 3k^2\frac{T_{\mathrm{e}}}{m_{\mathrm{e}}} = \omega_{\mathrm{pe}}^2 + 3k^2v_{\mathrm{the}}^2 \tag{6-35}$$

上式即为电子静电波的色散关系，$v_{\mathrm{the}} = \left(\dfrac{T_{\mathrm{e}}}{m_{\mathrm{e}}}\right)^{1/2}$ 为电子的热运动速度。可见，只有当扰动频率 $\omega > \omega_{\mathrm{pe}}$ 时，电子静电波才能传播，也就是说，能在等离子体中传播的朗缪尔波，其频率一定得高于朗缪尔振荡频率。

从式 (6-35) 还可进一步获得电子静电波的群速度：

$$v_{\mathrm{g}} = \frac{\mathrm{d}\omega}{\mathrm{d}k} = \frac{3v_{\mathrm{the}}^2}{v_{\mathrm{p}}} = 3\left(k\lambda_{\mathrm{D}}\right)v_{\mathrm{the}} \tag{6-36}$$

对于长波扰动，k 值很小，$k\lambda_{\mathrm{D}} \ll 1$，则 $v_{\mathrm{g}} \ll v_{\mathrm{th}}$，即长波扰动的电子静电波的传播速度远小于电子的热运动速度。随着频率逐渐增加，扰动波数 k 值也增大，波长逐渐变短，当 $k \sim \dfrac{1}{\lambda_{\mathrm{D}}}$ 时，进入短波区，此时，$v_{\mathrm{p}} \sim v_{\mathrm{the}}$，波的相速度与电子热速度相当，波与粒子发生强烈相互作用，上述线性理论便不再适用了。

2. 离子静电波

前面讨论的电子静电波的频率必须高于电子的朗缪尔振荡频率，因此，是一种高频静电扰动。离子由于质量远大于电子，对这样的高频扰动几乎来不及响应，可以近似把它们看成是静止不动的。

而对于频率远低于电子朗缪尔振荡频率的低频扰动，这时离子能产生强烈的响应，这种扰动在等离子体中的传播，称为离子静电波。在离子静电波情形，为了保持等离子体的电中性，电子跟随离子一起协同运动。因此，为了描述低频静电扰动，同时需要电子和粒子的连续性方程、电子和粒子的运动方程，以及泊松方程，构成一组方程组：

$$\begin{cases}\dfrac{\partial n_{\mathrm{e}}}{\partial t}+\nabla\cdot(n_{\mathrm{e}}\boldsymbol{v}_{\mathrm{e}})=0\\ \dfrac{\partial n_{\mathrm{i}}}{\partial t}+\nabla\cdot(n_{\mathrm{i}}\boldsymbol{v}_{\mathrm{i}})=0\\ m_{\mathrm{e}}n_{\mathrm{e}}\left[\dfrac{\partial \boldsymbol{v}_{\mathrm{e}}}{\partial t}+(\boldsymbol{v}_{\mathrm{e}}\cdot\nabla)\,\boldsymbol{v}_{\mathrm{e}}\right]=-T_{\mathrm{e}}\nabla n_{\mathrm{e}}-en_{\mathrm{e}}\boldsymbol{E}\\ m_{\mathrm{i}}n_{\mathrm{i}}\left[\dfrac{\partial \boldsymbol{v}_{\mathrm{i}}}{\partial t}+(\boldsymbol{v}_{\mathrm{i}}\cdot\nabla)\,\boldsymbol{v}_{\mathrm{i}}\right]=-\gamma_{\mathrm{i}}T_{\mathrm{i}}\nabla n_{\mathrm{i}}+en_{\mathrm{i}}\boldsymbol{E}\\ \nabla\cdot\boldsymbol{E}=\dfrac{e}{\varepsilon_0}(n_{\mathrm{i}}-n_{\mathrm{e}})\end{cases}\tag{6-37}$$

在这里，假定了离子压力是绝热变化的，而电子压力则是等温变化的 (等温变化时 $\gamma=1$)。将 (6-37) 式线性化，得线性化方程：

$$\begin{cases}\dfrac{\partial n_{\mathrm{e}1}}{\partial t}+n_0\nabla\cdot\boldsymbol{v}_{\mathrm{e}1}=0\\ \dfrac{\partial n_{\mathrm{i}1}}{\partial t}+n_0\nabla\cdot\boldsymbol{v}_{\mathrm{i}1}=0\\ m_{\mathrm{e}}n_0\dfrac{\partial \boldsymbol{v}_{\mathrm{e}1}}{\partial t}=-T_{\mathrm{e}}\nabla n_{\mathrm{e}1}-en_0\boldsymbol{E}_1\\ m_{\mathrm{i}}n_0\dfrac{\partial \boldsymbol{v}_{\mathrm{i}1}}{\partial t}=-\gamma_{\mathrm{i}}T_{\mathrm{i}}\nabla n_{\mathrm{i}1}+en_0\boldsymbol{E}_1\\ \nabla\cdot\boldsymbol{E}_1=\dfrac{e}{\varepsilon_0}(n_{\mathrm{i}1}-n_{\mathrm{e}1})\end{cases}\tag{6-38}$$

同时，由于电子质量很小，对于低频扰动可以忽略电子的惯性，也就是可以将 (6-38) 式中第三个方程的左端略去，于是该方程可以简化成

$$T_{\mathrm{e}}\nabla n_{\mathrm{e}1}+en_0\boldsymbol{E}_1=0 \tag{6-39}$$

再对上式做 Fourier-Laplace 变换，即令扰动具有平面波形式：$\propto\exp\left[\mathrm{i}\left(k\cdot r-\omega t\right)\right]$，代入微分方程组 (6-38) 式，得线性化的代数方程组：

$$\begin{cases}-\mathrm{i}\omega n_{\mathrm{e}1}+\mathrm{i}n_0kv_{\mathrm{e}1}=0\\-\mathrm{i}\omega n_{\mathrm{i}1}+\mathrm{i}n_0kv_{\mathrm{i}1}=0\\\mathrm{i}T_{\mathrm{e}}kn_{\mathrm{e}1}+en_0E_1=0\\-\mathrm{i}m_{\mathrm{i}}n_0\omega v_{\mathrm{i}1}=-\mathrm{i}\gamma_{\mathrm{i}}T_{\mathrm{i}}kn_{\mathrm{i}1}+en_0E_1\\\mathrm{i}kE_1=\dfrac{e}{\varepsilon_0}\left(n_{\mathrm{i}1}-n_{\mathrm{e}1}\right)\end{cases} \tag{6-40}$$

由式 (6-40) 中的第三式和第五式，可以得到

$$\mathrm{i}\left(1+k^2\lambda_{\mathrm{De}}^2\right)E_1=\frac{e}{\varepsilon_0}k\lambda_{\mathrm{De}}^2n_{\mathrm{i}1}$$

再将上式和 (6-40) 式中的第二式代入第四式中，可得

$$\left[\omega^2-\frac{k^2\gamma_{\mathrm{i}}T_{\mathrm{i}}}{m_{\mathrm{i}}}-\frac{k^2T_{\mathrm{e}}}{m_{\mathrm{i}}\left(1+k^2\lambda_{\mathrm{De}}^2\right)}\right]n_{\mathrm{i}1}=0$$

从上式可得低频静电扰动的一般色散关系为

$$\omega^2=k^2\frac{\gamma_{\mathrm{i}}T_{\mathrm{i}}}{m_{\mathrm{i}}}+k^2\frac{T_{\mathrm{e}}}{m_{\mathrm{i}}\left(1+k^2\lambda_{\mathrm{De}}^2\right)} \tag{6-41}$$

对于波长远小于德拜长度 ($\lambda\ll\lambda_{\mathrm{D}}$) 时的静电低频短波扰动，有关系：$k\lambda_{\mathrm{D}}\gg1$，则 $k^2\dfrac{T_{\mathrm{e}}}{m_{\mathrm{i}}\left(1+k^2\lambda_{\mathrm{De}}^2\right)}\sim\dfrac{T_{\mathrm{e}}}{m_{\mathrm{i}}\lambda_{\mathrm{De}}^2}=\omega_{\mathrm{pi}}^2$，于是，上式可简化为

$$\omega^2=\omega_{\mathrm{pi}}^2+k^2\frac{\gamma_{\mathrm{i}}T_{\mathrm{i}}}{m_{\mathrm{i}}}=\omega_{\mathrm{pi}}^2+\gamma_{\mathrm{i}}k^2v_{\mathrm{thi}}^2 \tag{6-42}$$

上式表明，在热等离子体中存在着离子静电振荡产生的静电波，即离子静电波。能够在等离子体中传播的离子静电波，必须有波矢 $k>0$，因此有：$\omega>\omega_{\mathrm{pi}}$。也就是说，离子静电波的频率必须大于等离子体中的离子振荡频率。

同 (6-35) 式的电子静电波的色散关系相对比，两者在形式上雷同。但是，必须注意，两者的形成机制是不同的。电子静电波是在离子的正电荷背景上的高频

扰动通过热效应传播的；离子静电波则是在低频短波扰动时，电子的运动被电子热压强梯度所阻碍，如 (6-39) 式所示，使得电子相对于离子运动产生的电场的屏蔽作用不完全，使离子产生电荷分离，引起离子的静电振荡，并在离子的热压强作用下向周围传播。

3. 离子声波

对于低频长波扰动，$\lambda \gg \lambda_D$，$k\lambda_D \ll 1$，这时，色散关系 (6-41) 式变成下列形式：

$$\omega^2 = k^2\frac{\gamma_i T_i}{m_i} + k^2\frac{T_e}{m_i} = k^2\frac{\gamma_i T_i + T_e}{m_i} \tag{6-43}$$

定义：$v_s = \left(\dfrac{\gamma_i T_i + T_e}{m_i}\right)^{1/2}$，称为离子声速。这时，低频长波扰动的色散关系可以进一步变换为

$$\omega^2 = k^2 v_s^2 \tag{6-44}$$

这样的波动称为离子声波。从离子声速的表达式可以看出，在形式上它与普通气体中的声速公式 ($c_s = \left(\dfrac{\gamma p_0}{\rho_0}\right)^{1/2} = \left(\dfrac{\gamma T}{m}\right)^{1/2}$) 非常相似。当扰动波长远大于德拜长度时，热压强对电子屏蔽效应的阻碍作用很小，电子和离子基本上黏合在一起协同运动。因此，离子声波和中性气体中的声波在物理图像上很相似。唯一区别便是，中性气体中密度扰动的恢复力只有热压力，而离子声波的恢复力除了热压力外，还有部分静电力作用。

我们在动理论中已经讨论过有关朗道阻尼的问题，即当波的相速度接近于粒子的热运动速度时，波将受到强烈阻尼。因此，离子声波只有当 $\omega^2 \gg k^2\dfrac{\gamma_i T_i}{m_i}$ 时才能无阻尼地传播。从 (6-43) 式可见，要满足上述条件，必须要求电子热压强显著大于离子热压强，即 $T_e \gg T_i$。也正因为如此，在离子声波情况下，主要恢复力是电子压强，$\gamma_i T_i + T_e \sim T_e$，$v_s \approx \left(\dfrac{T_e}{m_i}\right)^{1/2}$。

离子声速的公式还可以适当改写成 $v_s^2 = \dfrac{\gamma_i T_i}{m_i} + \dfrac{T_e}{m_i} = v_{thi}^2 + \dfrac{T_e}{m_i}$。这里，$v_{thi}$ 为等离子体中离子的热运动速度。可见，$v_s > v_{thi}$，即离子声速是大于等离子体中离子的热运动速度的。

简单小结一下，在非磁化等离子体中的可能存在的静电波类型主要有：朗缪尔波、离子静电波和离子声波，各种波的色散关系如图 6-4 所示。

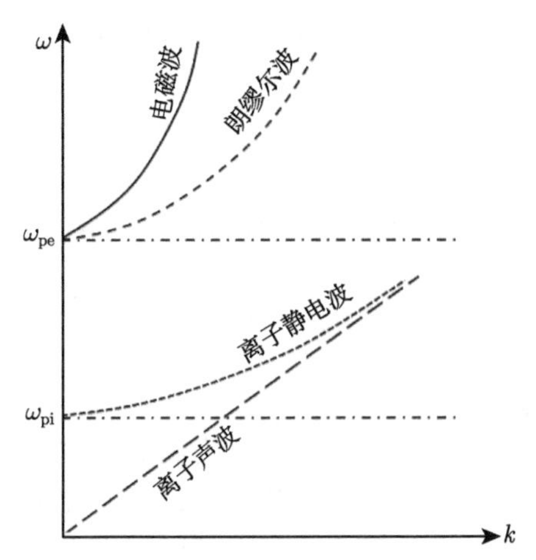

图 6-4 非磁化等离子体中各种波的色散关系

6.3.2 磁化等离子体中的静电波

下面讨论在有磁场存在时的情况。当等离子体中存在磁场时，许多物理量就表现出各向异性特征。与非磁化等离子体中的情形类似，我们在这里也同样分高频扰动和低频扰动两种情形，分别讨论静电扰动在磁化等离子体中的演化特征。

1. 高混杂波

首先考察高频静电扰动在均匀无界磁化冷等离子体中的演化。同样地，由于离子质量太大，对高频扰动的响应并不敏感，所以，可以忽略离子的运动，而是把电子看成是在离子形成的正电荷背景上的运动。描述高频静电扰动的线性化方程为

$$\begin{cases} \dfrac{\partial n_{\mathrm{e1}}}{\partial t} + n_0 \nabla \cdot \boldsymbol{v}_{\mathrm{e1}} = 0 \\ m_{\mathrm{e}} \dfrac{\partial \boldsymbol{v}_{\mathrm{e1}}}{\partial t} = -e\left(\boldsymbol{E}_1 + \boldsymbol{v}_{\mathrm{e1}} \times \boldsymbol{B}_0\right) \\ \nabla \cdot \boldsymbol{E}_1 = -\dfrac{e}{\varepsilon_0} n_{\mathrm{e1}} \end{cases} \tag{6-45}$$

选择坐标系，设 z 轴沿 $\boldsymbol{B}_0$ 方向，扰动垂直于 $\boldsymbol{B}_0$ 方向，x 轴沿电场扰动方向，$k \parallel E_1$，这时扰动速度有两个分量：$\boldsymbol{v}_{\mathrm{e1}} = (v_x, v_y, 0)$，取扰动量为平面波形式：$\exp\left[\mathrm{i}\left(kx - \omega t\right)\right]$，于是，上述微分方向可变换成如下代数方程：

$$\begin{cases} -\mathrm{i}\omega n_{\mathrm{e1}} + \mathrm{i} n_0 k v_x = 0 \\ -\mathrm{i}\omega m_{\mathrm{e}} v_x = -eE_1 - e v_y B_0 \\ -\mathrm{i}\omega m_{\mathrm{e}} v_y = e v_x B_0 \\ \mathrm{i}kE_1 = -\dfrac{e}{\varepsilon_0} n_{\mathrm{e1}} \end{cases} \tag{6-46}$$

利用第一式和第四式求得 E_1 关于 v_x 的函数，再从第三式求得 v_y，代入第二式，可得

$$\left(\omega^2-\omega_{\mathrm{pe}}^2-\omega_{\mathrm{ce}}^2\right)v_x=0$$

由于 v_x 并不恒等于 0，于是得到高频扰动的色散关系：

$$\omega^2=\omega_{\mathrm{pe}}^2+\omega_{\mathrm{ce}}^2=\omega_{\mathrm{UH}}^2 \tag{6-47}$$

在上述色散关系中，扰动频率与波数 k 无关，群速度为 0，因此这类扰动在冷等离子体中不能传播，只能产生局部振荡，称为高混杂振荡。可见，$\omega_{\mathrm{UH}}>\omega_{\mathrm{pe}}$。

高混杂静电振荡的产生机制可以这样理解：在无外磁场存在时，等离子体中的电子在受到某一方向的扰动而产生电荷分离时，由电荷分离产生的扰动电场将成为一种恢复力，使电子在自己的平衡位置附近以朗缪尔频率 ω_{pe} 振荡，其轨迹为一条直线；当存在外磁场时，洛伦兹力将使电子在横向上有一个分量，电子轨道变成了椭圆，这时作用在电子上的恢复力有两个：静电力和洛伦兹力，恢复力的增加导致振荡频率也增加。当磁场趋近于 0 时，高混杂振荡演变成朗缪尔振荡；当等离子体密度趋近于 0 时，高混杂振荡则蜕变成电子的回旋运动。

在热等离子体中，电子的热运动将使线性化方程组 (6-46) 式中的第二式右端增加一个电子热压力项：$-\nabla p_{\mathrm{e1}}=-\mathrm{i}k\gamma_{\mathrm{e}}T_{\mathrm{e}}n_{\mathrm{e1}}$，于是这个方程修正为

$$-\mathrm{i}\omega m_{\mathrm{e}}v_x=-eE_1-ev_yB_0-\mathrm{i}k\gamma_{\mathrm{e}}T_{\mathrm{e}}n_{\mathrm{e1}} \tag{6-48}$$

这样修正以后可得到与 (6-47) 式对应的色散关系为

$$\omega^2=\omega_{\mathrm{pe}}^2+\omega_{\mathrm{ce}}^2+k^2v_{\mathrm{the}}^2=\omega_{\mathrm{UH}}^2+k^2v_{\mathrm{the}}^2 \tag{6-49}$$

这时，在色散关系中，扰动频率与扰动波数相关，群速度可以大于 0，即高混杂振荡扰动在磁化热等离子体中是可以传播的，形成高混杂波。高混杂波的频率必须大于高混杂频率。

在高混杂波中，电子受到的恢复力有三个：静电力、洛伦兹力和电子热压力。

2. 低混杂波

我们再来考察低频静电扰动在均匀无界磁化冷等离子体中的演化。这时，离子的运动起主导作用，电子追随离子运动而保持等离子体的电中性，所以有 $n_{\mathrm{e1}}=n_{\mathrm{i1}}=n_1$。研究相关过程的线性化方程组为

$$
\begin{cases}
\dfrac{\partial n_1}{\partial t} + n_0 \nabla \cdot v_{\mathrm{e}1} = 0 \\
\dfrac{\partial n_1}{\partial t} + n_0 \nabla \cdot v_{\mathrm{i}1} = 0 \\
m_{\mathrm{e}} n_0 \dfrac{\partial v_{\mathrm{e}1}}{\partial t} = -\gamma_{\mathrm{e}} T_{\mathrm{e}} \nabla n_1 - e n_0 E_1 - e n_0 v_{\mathrm{e}1} \times B_0 \\
m_{\mathrm{i}} n_0 \dfrac{\partial v_{\mathrm{i}1}}{\partial t} = -\gamma_{\mathrm{i}} T_{\mathrm{i}} \nabla n_1 + e n_0 E_1 + e n_0 v_{\mathrm{i}1} \times B_0
\end{cases}
\tag{6-50}
$$

考虑垂直于磁场的低频静电扰动。同样假设磁场沿 z 轴方向，扰动速度在横向上，即 x 轴和 y 轴方向上有分量：$v_{\alpha 1} = (v_{\alpha x}, v_{\alpha y}, 0), \alpha = \mathrm{i}, \mathrm{e}$。取平面波扰动形式：$\exp\left[\mathrm{i}\left(kx - \omega t\right)\right]$，可将 (6-50) 式中的电子运动分别写成两个分量代数方程：

$$
-\mathrm{i} n_0 m_{\mathrm{e}} \omega v_{\mathrm{e}x} = -e n_0 E_1 - e n_0 v_{\mathrm{e}y} B_0 \tag{6-51}
$$

$$
-\mathrm{i} n_0 m_{\mathrm{e}} \omega v_{\mathrm{e}y} = e n_0 v_{\mathrm{e}x} B_0 \tag{6-52}
$$

从以上两式可得 $v_{\mathrm{e}x} = \dfrac{-\mathrm{i}\omega e E_1}{m_{\mathrm{e}}\left(\omega^2 - \omega_{\mathrm{ce}}^2\right)}$。

类似地，根据离子的运动方程可以求得离子的扰动速度：$v_{\mathrm{i}x} = \dfrac{\mathrm{i}\omega e E_1}{m_{\mathrm{i}}\left(\omega^2 - \omega_{\mathrm{ci}}^2\right)}$。

由于电子追随离子协同运动，由 (6-50) 式的第一式和第二式可知，$v_{\mathrm{e}x} = v_{\mathrm{i}x}$，我们得到

$$
m_{\mathrm{i}}\left(\omega^2 - \omega_{\mathrm{ci}}^2\right) + m_{\mathrm{e}}\left(\omega^2 - \omega_{\mathrm{ce}}^2\right) = 0
$$

解上式，可得

$$
\omega^2 = \frac{m_{\mathrm{i}} \omega_{\mathrm{ci}}^2 + m_{\mathrm{e}} \omega_{\mathrm{ce}}^2}{m_{\mathrm{i}} + m_{\mathrm{e}}} \approx \omega_{\mathrm{ce}} \omega_{\mathrm{ci}} = \omega_{\mathrm{LH}}^2 \tag{6-53}
$$

上式即为垂直于磁场的低频静电扰动在均匀无界磁化冷等离子体中的色散关系。这里扰动频率与扰动波数 k 无关，也是不能传播的，只能在等离子体中发生局部区域振荡，称为低混杂振荡。式中 $\omega_{\mathrm{LH}} = (\omega_{\mathrm{ce}}\omega_{\mathrm{ci}})^{1/2}$ 称为低混杂频率。在一般氢等离子体中，$\omega_{\mathrm{ce}} \approx 1840\omega_{\mathrm{ci}}$，因此有 $\omega_{\mathrm{LH}} \approx \dfrac{1}{43}\omega_{\mathrm{ce}}$，即低混杂频率只有电子回旋频率的 1/43 左右。低混杂振荡是由电子和离子分离引起的静电场和垂直于磁场的洛伦兹力联合作用的结果，在这里电子和离子的贡献是同量级的。

前面讨论的是冷等离子体中，低混杂振荡不能传播。在热等离子体中，需要考虑热效应的作用。为简单起见，可假定离子的温度近似为 0，于是在电子的运动方程中只需增加反映电子热压力的一项：$-\nabla p_{\mathrm{e}1} = -\mathrm{i}k\gamma_{\mathrm{e}} T_{\mathrm{e}} n_{\mathrm{e}1}$，(6-51) 式变成下列形式：

$$
-\mathrm{i} n_0 m_{\mathrm{e}} \omega v_{\mathrm{e}x} = -e n_0 E_1 - e n_0 v_{\mathrm{e}y} B_0 - \mathrm{i}k\gamma_{\mathrm{e}} T_{\mathrm{e}} n_{\mathrm{e}1}
$$

然后可得：$v_{ex}=\dfrac{-\mathrm{i}\omega eE_1}{m_\mathrm{e}\left(\omega^2-\omega_\mathrm{ce}^2-k^2v_\mathrm{the}^2\right)}$。其他各式均与前述冷等离子体中的形式相同，令 $v_{ex}=v_{ix}$，可得等式：

$$m_\mathrm{i}\left(\omega^2-\omega_\mathrm{ci}^2\right)+m_\mathrm{e}\left(\omega^2-\omega_\mathrm{ce}^2-k^2v_\mathrm{the}^2\right)=0$$

从上式可求得低频静电扰动在均匀无界磁化热等离子体中的色散关系：

$$\omega^2=\omega_\mathrm{ce}\omega_\mathrm{ci}+k^2v_\mathrm{s}^2=\omega_\mathrm{LH}^2+k^2v_\mathrm{s}^2 \tag{6-54}$$

这时，上述低频静电扰动的频率与扰动波矢有关，在热等离子体中是可以传播的，这种波称为低混杂波。

在磁化等离子体中，各种静电波的色散关系及频率大小对比见图 6-5。

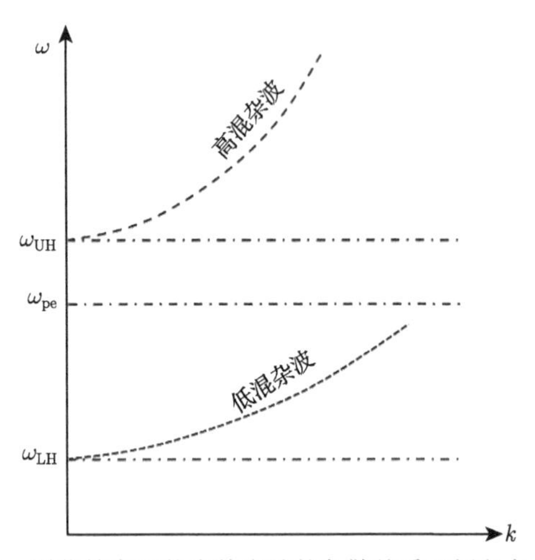

图 6-5　磁化等离子体中静电波的色散关系及频率大小对比

6.4　等离子体中的电磁波

前面 6.2 节和 6.3 节中讨论的磁流体波和各种静电波都只能在等离子体内部传播，其依赖于等离子体内部的流体质点或电荷粒子的运动，因此，它们不可能从等离子体中逃逸出来，属于等离子体的局域波。

在等离子体中，除了上述局域波模，在一定条件下还可以传播电磁波。(6-26) 式给出了在非磁化冷等离子体中的电磁波的色散关系，可见当频率高于等离子体振荡频率时，横波扰动不但可以在等离子体中传播，还可以从等离子体逃逸出来。事实上，等离子体除了可以传播电磁波外，还可以吸收和发射各种电磁波。在这一节中，我们将重点讨论在磁化等离子体中的电磁波。

在磁化冷等离子体中，设磁场 B_0 沿 z 轴方向，(6-24) 式中还必须保留洛伦兹力项：

$$m_\alpha n_\alpha \left(\frac{\partial}{\partial t} + \boldsymbol{v}_{\alpha 1} \cdot \nabla\right) \boldsymbol{v}_{\alpha 1} = -\nabla p_\alpha + n_\alpha q_\alpha \left(\boldsymbol{E}_1 + \boldsymbol{v}_{\alpha 1} \times \boldsymbol{B}_0\right) \tag{6-55}$$

平衡时也没有净粒子的流入流出，$\boldsymbol{v}_{\alpha 1} \cdot \nabla \boldsymbol{v}_{\alpha 1} \to 0$，$\nabla p_\alpha \to 0$，于是得

$$m_\alpha n_\alpha \frac{\partial \boldsymbol{v}_{\alpha 1}}{\partial t} = n_\alpha q_\alpha \left(\boldsymbol{E}_1 + \boldsymbol{v}_{\alpha 1} \times \boldsymbol{B}_0\right)$$

假定扰动为平面波形式，于是上式的各分量方程为

$$\begin{cases} -\mathrm{i}\omega v_{\alpha x} - \omega_{\mathrm{c}\alpha} v_{\alpha y} = \dfrac{q_\alpha}{m_\alpha} E_x \\ -\mathrm{i}\omega v_{\alpha y} + \omega_{\mathrm{c}\alpha} v_{\alpha x} = \dfrac{q_\alpha}{m_\alpha} E_y \\ -\mathrm{i}\omega v_{\alpha z} = \dfrac{q_\alpha}{m_\alpha} E_z \end{cases} \tag{6-56}$$

从这组方程中求出 $v_{\alpha x}$、$v_{\alpha y}$ 和 $v_{\alpha z}$，代入等离子体中电流的计算公式：$J_1 = \sum\limits_\alpha n_\alpha q_\alpha v_{\alpha 1}$，可得

$$\begin{cases} J_x = \sum\limits_\alpha \dfrac{n_\alpha q_\alpha^2}{m_\alpha} \left(\dfrac{\mathrm{i}\omega E_x - \omega_{\mathrm{c}\alpha} E_y}{\omega^2 - \omega_{\mathrm{c}\alpha}^2}\right) \\ J_y = \sum\limits_\alpha \dfrac{n_\alpha q_\alpha^2}{m_\alpha} \left(\dfrac{\mathrm{i}\omega E_y + \omega_{\mathrm{c}\alpha} E_x}{\omega^2 - \omega_{\mathrm{c}\alpha}^2}\right) \\ J_z = -\sum\limits_\alpha \dfrac{n_\alpha q_\alpha^2}{m_\alpha} \dfrac{E_z}{-\omega} \end{cases} \tag{6-57}$$

选择坐标系，使 $k_y = 0$，把上式代入电场扰动的波动方程：

$$\nabla\left(\nabla \cdot E_1\right) - \nabla^2 E_1 = -\mu_0 \frac{\partial J_1}{\partial t} - \frac{1}{c^2} \frac{\partial^2 E_1}{\partial t^2}$$

可得扰动电场的分量方程组：

$$\begin{cases} \left(c^2 k_z^2 - \omega^2 + \sum\limits_\alpha \dfrac{\omega_{\mathrm{p}\alpha}^2 \omega^2}{\omega^2 - \omega_{\mathrm{c}\alpha}^2}\right) E_x + \mathrm{i} \sum\limits_\alpha \dfrac{\omega_{\mathrm{p}\alpha}^2 \omega_{\mathrm{c}\alpha} \omega}{\omega^2 - \omega_{\mathrm{c}\alpha}^2} E_y - c^2 k_x k_y E_z = 0 \\ \left(c^2 k_z^2 - \omega^2 + \sum\limits_\alpha \dfrac{\omega_{\mathrm{p}\alpha}^2 \omega^2}{\omega^2 - \omega_{\mathrm{c}\alpha}^2}\right) E_y - \mathrm{i} \sum\limits_\alpha \dfrac{\omega_{\mathrm{p}\alpha}^2 \omega_{\mathrm{c}\alpha} \omega}{\omega^2 - \omega_{\mathrm{c}\alpha}^2} E_x = 0 \\ -c^2 k_x k_y E_x + \left(c^2 k_x^2 - \omega^2 + \sum\limits_\alpha \omega_{\mathrm{p}\alpha}^2\right) E_z = 0 \end{cases} \tag{6-58}$$

上式为线性齐次方程组，有非 0 解的条件是系数行列式等于 0，由此便可以得到在磁环冷等离子体中传播的电磁波的色散关系。不过在平行于磁场和垂直于磁场方向传播的电磁波其特征显著不同，因此，在这里我们分两种情形进行讨论。

6.4.1 冷等离子体中垂直于磁场传播的电磁波

在垂直于磁场方向传播的电磁波，还可以根据其扰动方向分为平行扰动和垂直扰动两种情形。在这两种情形中，电磁波的色散特征是不同的。下面分别进行讨论。

1. 寻常波

首先分析平行扰动情形，即沿磁场方向扰动的高频电磁波。这时，有 $E_1 \parallel B_0$，$k \perp B_0$。设 z 轴沿 B_0 方向，波矢 k 沿 x 轴方向。这时，扰动电场 E_1 也在 z 轴方向，荷电粒子将在 z 轴方向运动，在 x 和 y 方向的运动分量为 0，于是，从 (6-58) 式可得

$$\omega^2 = \omega_{\text{pe}}^2 + k^2c^2 \tag{6-59}$$

上式同非磁化冷等离子体中的电磁波的色散关系 (6-26) 式一模一样。其扰动频率和波矢均与磁场无关，色散性质也与磁场无关，是各向同性的，这样的波称为**寻常波** (ordinary mode, O-mode)。波的折射率可以表示如下：

$$N^2 = \frac{k^2c^2}{\omega^2} = 1 - \frac{\omega_{\text{pe}}^2}{\omega^2} \tag{6-60}$$

由于 $\omega > \omega_{\text{pe}}$，则有折射率 $N < 1$。

寻常波是磁化冷等离子体中垂直于磁场方向传播的高频电磁波，其粒子振动方向沿磁力线方向，因而不受磁场影响。同时，寻常波是纯电磁波，当频率 $\omega > \omega_{\text{pe}}$ 时才能在等离子体中传播。而且从 (6-60) 式可以看出，等离子体的折射率随频率的增加而逐渐增加并接近于 1，当 $\omega \gg \omega_{\text{pe}}$ 时，$N \approx 1, \omega \approx kc$，此波近似于真空中的电磁波，等离子体的作用可以忽略不计了。当频率向下逐渐接近等离子体频率时，寻常波的折射率逐渐趋近于 0。

2. 非寻常波

在垂直扰动情形，荷电粒子的扰动方向为垂直于磁场方向，这时有 $E_1 \perp B_0$，$k \perp B_0$。电子在洛伦兹力的作用下将使其并不沿直线做振荡运动，而是沿在一定方向上旋转的椭圆做回旋运动。扰动电场和速度均有两个分量：$E_1 = (E_{1x}, E_{1y}, 0)$，$v_1 = (v_{1x}, v_{1y}, 0)$。于是，从 (6-58) 式可得色散关系为

$$N^2 = \frac{k^2c^2}{\omega^2} = 1 - \sum_{\alpha} \frac{\omega_{\mathrm{p}\alpha}^2}{\omega^2 - \omega_{\mathrm{c}\alpha}^2} - \frac{\left(\sum_{\alpha} \frac{\omega_{\mathrm{p}\alpha}^2 \omega_{\mathrm{c}\alpha}}{\omega^2 - \omega_{\mathrm{c}\alpha}^2}\right)^2}{\omega^2 - \sum_{\alpha} \frac{\omega_{\mathrm{p}\alpha}^2 \omega^2}{\omega^2 - \omega_{\mathrm{c}\alpha}^2}} \tag{6-61}$$

上式中含有粒子的回旋频率 $\omega_{\mathrm{c}\alpha}$，也就是说这时电磁波的色散特征与磁场有关，是各向异性的，称为非寻常波 (extraordinary mode, X-mode)。

非寻常波是磁化冷等离子体中垂直于磁场方向传播的波，其扰动电场与磁场垂直，由平行和垂直于波矢方向的两个分量构成，因此是纵波和横波的混合波。随着电子的回旋运动，扰动电场也在垂直于磁场的平面上做椭圆回旋运动，因此，非寻常波是椭圆偏振波，见图 6-6。

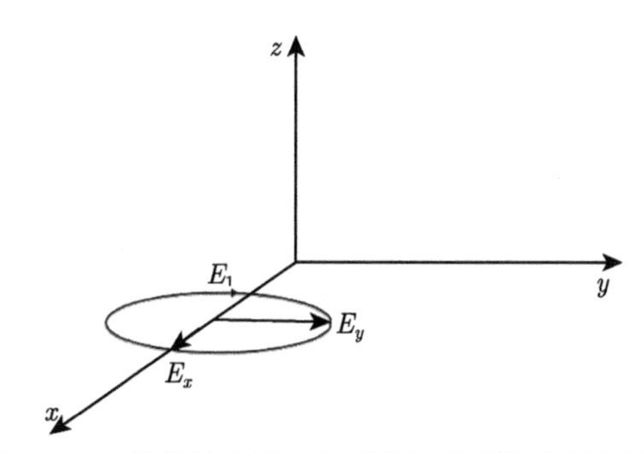

图 6-6 非寻常波电扰动矢量的回旋特征的椭圆偏振

当波的折射率 $N \to 0$，或波矢 $k \to 0$ 时，波的群速度变成 0，不能继续传播，通常发生反射，称为**波的截止**。

当波的折射率 $N \to \infty$，或波矢 $k \to \infty$ 时，波的群速度也为 0，同样也不能继续传播，而是发生**共振吸收**。

在 (6-61) 式中，当下式成立时，N 将趋近于无穷大，相应地产生共振吸收：

$$1 - \sum_{a} \frac{\omega_{\mathrm{p}\alpha}^2}{\omega^2 - \omega_{\mathrm{c}\alpha}^2} = 0 \tag{6-62}$$

由于 $\omega_{\mathrm{pe}}^2 \gg \omega_{\mathrm{pi}}^2$，则上式有一个近似解为

$$\omega^2 \approx \omega_{\mathrm{pe}}^2 + \omega_{\mathrm{ce}}^2 = \omega_{\mathrm{UH}}^2 \tag{6-63}$$

上式就是在垂直于磁场的**高混杂静电振荡**的色散关系。可见，当一定频率的波接近共振点时，波的相速度和群速度都趋近于 0，波的能量转化为高混杂振荡，也

就是说，非寻常波本来就是由部分电磁振荡和静电振荡组成的混合波，在共振点附近其电磁振荡消失而退化为等离子体中的静电振荡了。由于静电振荡具有局域性特征，仅局限在等离子体内部，从而不能向外传播。

在低频情形，(6-61) 式还有另一个近似解：

$$\omega^2 \approx \frac{\omega_{\mathrm{pe}}^2 \omega_{\mathrm{ce}} \omega_{\mathrm{ci}}}{\omega_{\mathrm{pe}}^2 + \omega_{\mathrm{ce}}^2} \tag{6-64}$$

当 $\omega_{\mathrm{pe}} \gg \omega_{\mathrm{ce}}$ 时，即在磁场相对较弱时，上式可近似成 $\omega^2 \approx \omega_{\mathrm{ce}} \omega_{\mathrm{ci}} = \omega_{\mathrm{LH}}^2$，这就是**低混杂振荡**的色散关系。低混杂振荡是等离子体中离子的静电振荡并耦合了电子和离子的回旋运动，因而也具有局域性特征，不能向外传播。

在电磁波折射率的色散方程 (6-61) 式中，令 $N \to 0$，则发生波的截止：

$$\sum_{\alpha} \frac{\omega_{\mathrm{p\alpha}}^2}{\omega^2 - \omega_{\mathrm{c\alpha}}^2} - \frac{\left(\sum_{\alpha} \frac{\omega_{\mathrm{p\alpha}}^2 \omega_{\mathrm{c\alpha}}}{\omega^2 - \omega_{\mathrm{c\alpha}}^2} \right)^2}{\omega^2 - \sum_{\alpha} \frac{\omega_{\mathrm{p\alpha}}^2 \omega^2}{\omega^2 - \omega_{\mathrm{c\alpha}}^2}} = 1 \tag{6-65}$$

上式有两个近似解：

$$\begin{cases} \omega_{\mathrm{R}} \approx \sqrt{\omega_{\mathrm{pe}}^2 + \dfrac{\omega_{\mathrm{ce}}^2}{4}} + \dfrac{\omega_{\mathrm{ce}}}{2} \\ \omega_{\mathrm{L}} \approx \sqrt{\omega_{\mathrm{pe}}^2 + \dfrac{\omega_{\mathrm{ce}}^2}{4}} - \dfrac{\omega_{\mathrm{ce}}}{2} \end{cases} \tag{6-66}$$

式中，ω_{R} 和 ω_{L} 分别称为**右旋截止频率**和**左旋截止频率**。不难看出，$\omega_{\mathrm{R}} > \omega_{\mathrm{pe}}$，$\omega_{\mathrm{L}} < \omega_{\mathrm{pe}}$。

对于寻常波，其截止频率即为等离子体频率 ω_{pe}，如式 (6-59) 所示。

根据频率，可以将非寻常波，即 X 波划分成如下几段 (图 6-7)，各频段的特征是不一样的。

(1) 在低频极限下是磁声波，当频率逐渐增高到略小于 ω_{LH} 时演变为低混杂波，当接近 ω_{LH} 时变成低混杂共振；

(2) 在 ω_{LH} 和 ω_{L} 之间一段为低频截止区；

(3) 在 ω_{L} 到 ω_{UH} 之间一段，则为慢 X 波，接近 ω_{UH} 时为高混杂波，当 $\omega \to \omega_{\mathrm{UH}}$ 时演变成高混杂共振；

(4) 在 ω_{UH} 和 ω_{R} 之间一段为高频截止区；

(5) 当频率超过 ω_{R} 以后，成为快 X 波，在这一段与 O 波相似。

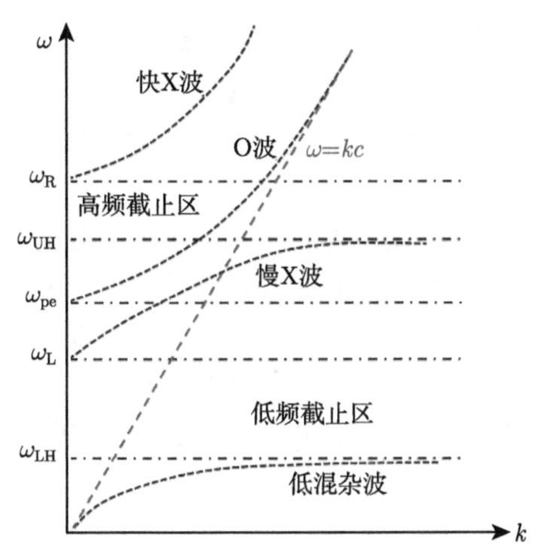

图 6-7 垂直于磁场传播的电磁波的色散曲线特征

6.4.2 冷等离子体中平行于磁场传播的电磁波

当传播方向平行于磁场时，$\boldsymbol{k} \parallel \boldsymbol{B}_0$，这时，从 (6-58) 式可得色散关系为

$$N^2 = \frac{k^2c^2}{\omega^2} = 1 - \sum_{\alpha} \frac{\omega_{\mathrm{p\alpha}}^2}{\omega^2\left(1 \pm \dfrac{\omega_{\mathrm{c\alpha}}}{\omega}\right)} \tag{6-67}$$

这就是平行于磁场传播的电磁波的色散关系。

(6-67) 式中取 + 号时，$E_x = \mathrm{i}E_y$，电矢量 $\boldsymbol{E}$ 的旋转方向为左旋，与带正电荷的离子在磁场中的旋转方向一致，为左旋圆偏振波，称为离子回旋波，也称 L 波。

(6-67) 式中取 − 号时，$E_x = \mathrm{i}E_y$，电矢量 $\boldsymbol{E}$ 的旋转方向为右旋，与电子在磁场中的回旋方向一致，为右旋圆偏振波，称为电子回旋波，也称 R 波。

对于 R 波，当 $\omega \to \omega_{\mathrm{ce}}$ 时，折射率 $N \to \infty$，R 波产生共振，称为电子回旋共振，这时电场的旋转频率与电子在磁场中的回旋频率接近，电场不断地加速电子，波的能量转化为电子的能量。

在 L 波中，电场矢量旋转方向与离子在磁场中的旋转方向相同，当 $\omega \to \omega_{\mathrm{ci}}$ 时，离子不断地受到加速，称为离子回旋共振，这时离子不断地从电场中获取能量。

令 (6-67) 式中 $N \to 0$，则可以得到波的截止频率：

$$\begin{cases} \omega_{\mathrm{R}} \approx \sqrt{\omega_{\mathrm{pe}}^2 + \dfrac{\omega_{\mathrm{ce}}^2}{4}} + \dfrac{\omega_{\mathrm{ce}}}{2} \\ \omega_{\mathrm{L}} \approx \sqrt{\omega_{\mathrm{pe}}^2 + \dfrac{\omega_{\mathrm{ce}}^2}{4}} - \dfrac{\omega_{\mathrm{ce}}}{2} \end{cases}$$

上式的截止频率与垂直磁场传播的非寻常波的截止频率 (6-66) 式完全一样。不难看出，R 波有两个传播频带：$0 < \omega < \omega_{ce}$ 和 $\omega > \omega_R$，它们之间被一个截止带分隔开：$\omega_{ce} < \omega < \omega_R$；通常称 R 波的低频分支为电子回旋波。

L 波只有一个传播带：$\omega > \omega_L$。

在这里有必要注意，左、右旋截止频率仅取决于等离子体的密度和磁感应强度，而与具体的辐射机制无关。无论是后面将要讨论的非相干辐射，还是相干辐射所产生的电磁波，当它在磁化等离子体中传播时，都存在这么一个截止频率问题。如果我们能从观测中准确测出某一个射电爆发的左、右旋截止频率，那么就可以直接给出辐射区的等离子体密度和磁感应强度值 (Tan，2022)：

$$\begin{cases} n_e = 1.24 \times 10^{-2} f_{Rc} \cdot f_{Lc} \\ B = 3.56 \times 10^{-7} (f_{Rc} - f_{Lc}) \end{cases}$$

式中，$f_{Rc} = \dfrac{\omega_R}{2\pi}$，$f_{Lc} = \dfrac{\omega_L}{2\pi}$。磁感应强度 B 的单位为 G。

平行于磁场时的电磁波色散关系见图 6-8。

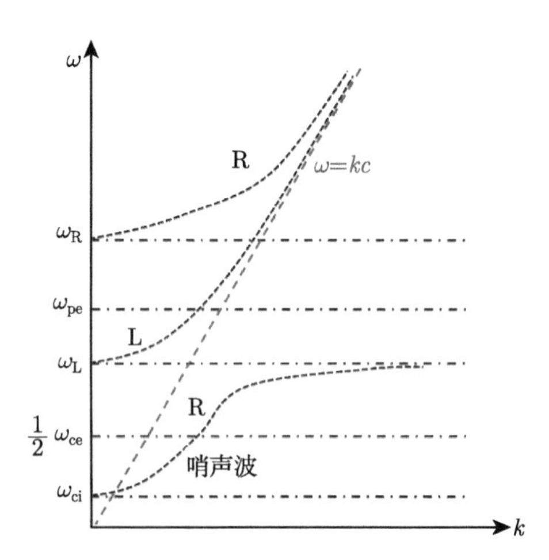

图 6-8　平行于磁场时的电磁波色散关系

在电子回旋波的低频段：$\omega_{ci} < \omega < \dfrac{1}{2}\omega_{ce}$ 时，(6-67) 式可近似为下列形式：

$$N^2 \approx \frac{\omega_{pe}^2}{\omega\omega_{ce}} \tag{6-68}$$

这时波的群速度为

$$v_g = \frac{d\omega}{dk} = \frac{2c}{\omega_{pe}}\sqrt{\omega\omega_{ce}} \tag{6-69}$$

这时有 $v_{\rm g} \propto \sqrt{\omega}$，即回旋波的群速度随频率的增加而增大。高频成分传播得快，低频成分传播得慢，放在远处的探测器首先接收到的是高频波，随后才接收到低频波，这种波称为哨声波 (whistler wave)。

哨声波为一种低频电子回旋波。

6.4.3 法拉第旋转

众所周知，任何一个线偏振的电磁波都可分解成一对左旋和右旋的圆偏振波，或者说任意一对左、右旋圆偏振波的电矢量合成可以得到一个方向仅沿 y 轴方向振动的电矢量，即线偏振波，如图 6-9 所示。

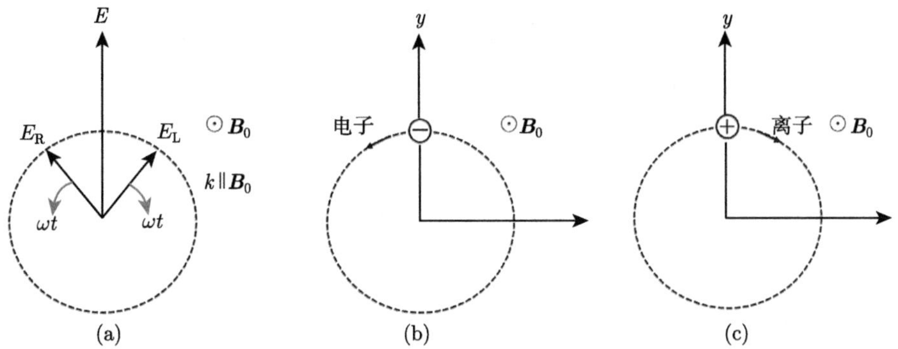

图 6-9 (a) 左旋与右旋圆偏振波的电场矢量及与 (b) 电子、(c) 离子回旋特征类比

由 (6-67) 式可知，在等离子体中，左右旋偏振波的相速度是不相等的，对它们做近似简化，可分别得到

$$\begin{cases} v_{\rm L} = \dfrac{c}{\sqrt{\varepsilon_1 + \varepsilon_2}} \\ v_{\rm R} = \dfrac{c}{\sqrt{\varepsilon_1 - \varepsilon_2}} \end{cases} \tag{6-70}$$

式中，$\varepsilon_1 = 1 - \dfrac{\omega_{\rm pe}^2}{\omega^2 - \omega_{\rm ce}^2} - \dfrac{\omega_{\rm pi}^2}{\omega^2 - \omega_{\rm ci}^2}$，$\varepsilon_2 = 1 - \dfrac{\omega_{\rm pe}^2 \omega_{\rm ce}}{\omega(\omega^2 - \omega_{\rm ce}^2)} - \dfrac{\omega_{\rm pi}^2 \omega_{\rm ci}}{\omega(\omega^2 - \omega_{\rm ci}^2)}$。可见 $v_{\rm L} > v_{\rm R}$，因此，当一束线偏振在等离子体中沿磁场方向传播时，其偏振面将以磁力线为轴发生旋转，偏振面旋转的角度取决于传播距离 (z) 和左、右回旋波的波数之差，可表示为

$$\varphi \approx \frac{k_{\rm L} - k_{\rm R}}{2} z$$

$$k_{\rm L} - k_{\rm R} \approx \frac{\omega_{\rm pe}^2 \omega_{\rm ce}}{c\omega^2}$$

将各参数代入偏转角表达式中，可得

$$\varphi \approx \frac{e^2 B_0}{2\varepsilon_0 c m_e^2 \omega^2} n_e z = \frac{e^2}{2\varepsilon_0 c m_e^2} \cdot \frac{B_0 n_e z}{\omega^2} \tag{6-71}$$

对法拉第 (Faraday) 旋转效应的偏转角更准确的表达形式为

$$\varphi \approx 2.4 \times 10^4 \frac{n_e B \cdot r}{f^2} \quad (\text{rad}) \tag{6-72}$$

从 (6-72) 式可见，除了在近似垂直于磁场方向传播时观测到的辐射还保留着源区初始的偏振特征外，在其他情形，初始的线偏振成分都将被消偏振。而且，由于偏转角与频率的平方成反比，从而在高频段法拉第旋转效应是不明显的；但是，在射电波段，法拉第旋转效应将使任何线偏振波都将失去其最初的偏振指向特征。在太阳和恒星情形，我们通常所能得到的特征波模 (O-mode 和 X-mode) 都是圆偏振或椭圆偏振成分。

从 (6-72) 式可见，法拉第旋转角不但与磁场成正比，同时还与等离子体密度和所经过路径长度的乘积成正比，还与频率的平方成反比，也就是说在低频段，法拉第效应比较显著。随着频率的增加，法拉第旋转效应迅速减小。

波动现象是等离子体中最重要的一种集体效应。最后，我们以列表形式对等离子体中的各种波模作一个小结。

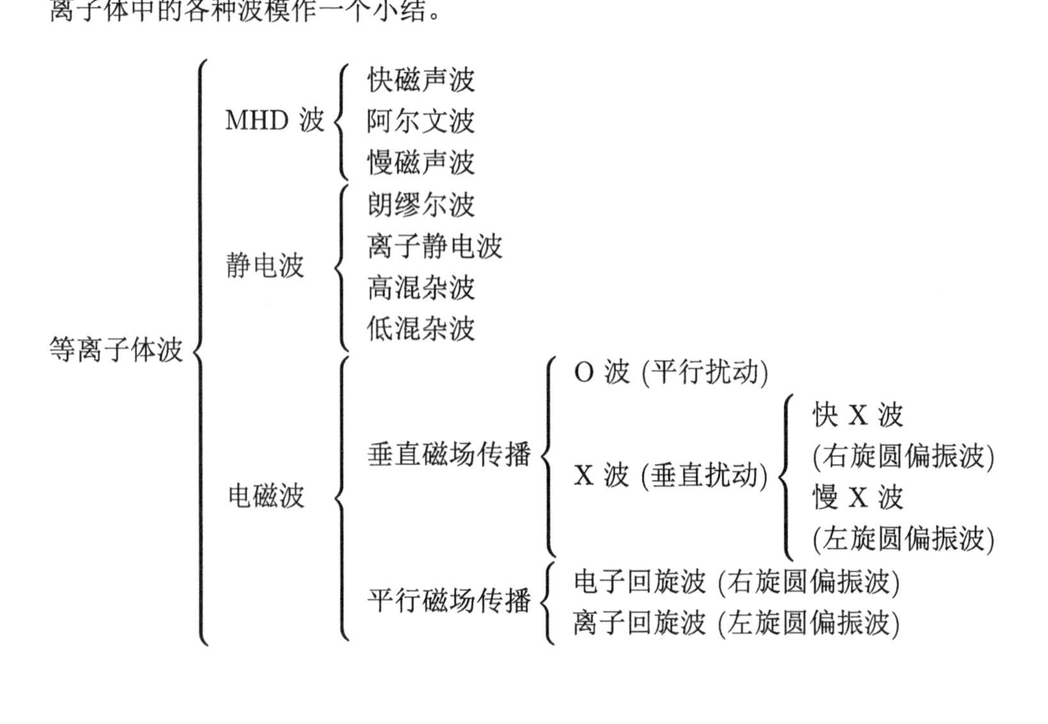

思考题

1. 波的相速度和群速度有何区别和联系？

2. 将两列波 $\begin{cases} E_1 = E_0 \cos\left[(k+\delta k)x - (\omega + \delta\omega)t\right] \\ E_2 = E_0 \cos\left[(k-\delta k)x - (\omega - \delta\omega)t\right] \end{cases}$ 叠加，并作出图及包络线。注意，$\delta k, \delta\omega$ 都是小值。

3. 等离子体中存在磁流体力学波、静电波和电磁波，每一种波还存在多个波模，理解把握每一种波模的形成机制和主要特点。

4. 离子静电波和离子声波之间有何区别和联系？

5. 试解释形成阿尔文波的物理机制，其扰动的恢复力是什么？

6. 快、慢磁声波，阿尔文波都是磁流体力学波，它们之间的区别和联系是什么？

7. 如何进行阿尔文波速、声速的计算？

8. 什么是高混杂振荡？什么是低混杂振荡？高混杂波在何种情况下可演化成高混杂波？

9. 如何利用微扰化方法得到波动过程的线性化方程？

10. 在等离子体中存在哪些截止频率？又存在哪些共振频率？

参考文献

杜世刚. 1998. 等离子体物理. 北京：原子能出版社.

胡希伟. 2006. 等离子体理论基础. 北京：北京大学出版社.

李定, 陈银华, 马锦秀, 等. 2006. 等离子体物理学. 北京：高等教育出版社.

许敖敖, 唐玉华. 1987. 宇宙电动力学导论. 北京：高等教育出版社.

郑春开. 2009. 等离子体物理. 北京：北京大学出版社.

Alfvén H. 1942. Existence of electromagnetic-hydrodynamic waves. Nature, 150: 405-406.

Davila J M. 1987. Heating of the solar corona by the resonant absorption of Alfven waves. Ap. J., 317: 514.

Erdélyi R, Fedun V. 2007. Are there Alfven waves in the solar atmosphere? Science, 318: 1572.

Heyvaerts J, Priest E R. 1983. Coronal heating by phase-mixed shear Alfven waves. A&A, 117: 220.

Hollweg J V, Jackson S, Galloway D. 1982. Alfven waves in the solar atmospheres — Part three — Nonlinear waves on open flux tubes. Sol. Phys., 75: 35.

Moore R L, Musielak Z E, Suess S T, et al. 1991. Alfven wave trapping, network microflaring, and heating in solar coronal holes. Ap. J., 378: 347.

Stenzel R L. 1976. Whistler wave propagation in a large magnetoplasma. Phys. Fluid., 19: 857.

Tan B L. 2022. Diagnostic functions of solar coronal magnetic fields from radio observations. RAA, 22: 072001.

第二部分　天体等离子体中的辐射与传播

我们知道，天体物理研究是以物理理论为基础，对海量天文观测数据进行仔细分析和挖掘，去发现新的天文现象，揭示其起源和形成机制，并发现新的物理规律和原理。事实上，现代天体物理学主要是建立在如下四大理论基础之上的：

(1) 以辐射转移理论为基础的恒星大气理论；

(2) 以核聚变理论为基础的元素合成理论；

(3) 以流体、物质结构理论等为基础的恒星内部结构理论；

(4) 以引力理论为基础的天体演化理论。

在具体研究问题上，我们对任何一个天体的研究，无论是研究天体周围的大气物理过程，还是尝试理解天体内部的结构特征，甚至是阐述天体的演化规律，都离不开对天体发射的各种信号的观测，这些信号包括电磁波辐射、高能粒子发射、中微子发射、引力波辐射等。其中，最重要的观测途径便是利用各种望远镜系统探测该天体的电磁波辐射信号。

电磁波信号，无论在其辐射源区，还是在其到达我们的望远镜之前的这段传播路径上，存在各种各样的等离子体介质，这些等离子体对电磁波信号的产生和传播都必然会产生一系列的相互作用，包括在源区的辐射机制、传播沿途等离子体的吸收和再发射、磁场和带电粒子的作用和影响等。等离子体中的辐射理论则是理解这一系列变化过程、寻找新的天文发现、阐明新的物理规律的理论基础。

一方面，天体等离子体的辐射携带着大量天体内部、表面及附近大气的信息，通过辐射的性质 (如波长、强度、频谱特性、偏振状态等) 的分析可以诊断天体等离子体的温度、密度、磁场、超热粒子的加速和传播、辐射源区的运动状态等特征；另一方面，辐射也是等离子体的主要能量损耗机制，决定着天体内部演化过程和对流运动状态。因此，等离子体中的辐射机制理论是研究天体物理过程的重要理论工具。

等离子体中的辐射理论包括在等离子体环境下的辐射机制理论 (radiation mechanism theory)、辐射转移理论 (theory of radiative transfer) 和辐射传播理论 (theory of emission propagation)。在这里，重点需要解决下列基本理论问题。

(1) 辐射机制理论：回答在不同物理条件下电磁波是如何产生的。

(2) 辐射转移理论：阐述一束电磁波在产生之后到达我们望远镜之前会产生的那些变化。例如，电磁波的吸收 (absorption)、发射 (emission) 和能量转移等规律。

(3) 辐射传播理论：阐述电磁波在介质传播过程中其位相、偏振特征、能量等的变化规律。

我们这里讨论的辐射机制理论，主要是指天体等离子体环境中的辐射过程，主要与等离子体振荡和带电粒子在磁场中的回旋运动相关。在这里，我们不涉及中性原子或分子的谱线发射，而且也不涉及与核作用相关的过程。

注意，这里有必要区分等离子体中的辐射 (radiation in plasma) 和等离子体辐射 (plasma emission) 两个概念。

(1) 等离子体中的辐射，包括等离子体中产生的各种电磁波发射过程，包括：热辐射；受激离子、原子、分子的能级跃迁辐射、复合辐射；由荷电粒子加速运动引起的辐射 (轫致辐射、回旋加速辐射、同步加速辐射、同步辐射、曲率辐射，以及由高能带电粒子引起的切连科夫 (Cherenkov) 辐射等)；各种由等离子体不稳定性驱动的相干辐射，如电子回旋脉泽辐射、由朗缪尔湍动和波–波相互作用产生的等离子体辐射等。

(2) 等离子体辐射，是指在等离子体中由非热电子流激发的不稳定性产生的朗缪尔波，是与其他波模耦合而发射的一种电磁辐射，与等离子体中的集体运动，即朗缪尔湍动有关，这是等离子体中特有的一种相干辐射机制。

在天体等离子体条件下，我们常要面对各种等离子体不稳定性，而与这些不稳定性相关的辐射过程常为相干辐射。所谓相干辐射，常与某种共振机制相关联，是等离子体中超热粒子能量的一种剧烈释放过程，也是天体等离子体辐射区别于一般实验室等离子体辐射的一个重要特征。相干辐射机制主要有等离子体辐射 (plasma emission，PE) 和电子回旋脉泽辐射 (electron cyclotron maser emission, ECME) 两大类。

在这一部分，我们将首先在第 7 章中介绍天体等离子体中的辐射转移理论，然后在第 8 章和第 9 章中分别介绍天体等离子体中的非相干辐射机制和相干辐射机制。

第 7 章　天体等离子体中的辐射转移理论

等离子体作为一种介质，当电磁波在其中传播时，必然对电磁波会产生显著的影响，辐射强度、辐射谱形、偏振状态等都会发生变化。尤其是在天体物理环境中，传播距离往往都是非常巨大的，等离子体介质对电磁波影响的积分效应往往非常显著。而且等离子体介质与电磁辐射之间的影响是相互的，等离子体介质通过吸收、发射、反射、散射等过程影响电磁辐射的强度、谱形、偏振等状态；反过来，电磁辐射也能改变等离子体的物理状态和性质。这种相互影响，归根结底是两者之间的能量交换与转移，即辐射转移。对于多数天体而言，辐射转移是天体各部分之间能量交换的最重要途径之一。

研究辐射在等离子体中传播的有关规律和在特定天体上的辐射转移规律，是建立这些天体的结构和演化模型的理论基础，无论是在理论上，还是对具体实测过程都具有非常重要的意义。

本章的部分内容参考了尤峻汉先生的《天体物理中的辐射机制》(1998 年) 和赵仁杨先生的《太阳射电辐射理论》(1999 年) 两书中的部分内容。

7.1　天体等离子体辐射的基本概念

我们已经知道，在不同的天体环境，等离子体的参数特征差别是十分显著的，这包括等离子体的温度、密度、磁场等，都可能相差很多个数量级。另外，天体等离子体虽高度不均匀但又是平滑变化的，内部没有陡峭的分界面。对于波长大于 1mm 以上 (频率小于 300GHz) 的射电波段来说，辐射的波长一般远大于等离子体中粒子之间的平均距离，因此，可以将等离子体看成连续介质处理。等离子体的介电常量 ε 也在很大范围内变化，并且依赖于辐射频率，即具有显著的频率色散。

下面，我们先简要介绍一下等离子体中的辐射场概念，然后讨论辐射在等离子体中的传播特征。

7.1.1　等离子体中的辐射场

等离子体是由大量带电粒子组成的。带电粒子的辐射场 $\boldsymbol{E}(x,y,z,t)$ 和 $\boldsymbol{B}(x,y,z,t)$，在 SI 单位制中，可以用下列麦克斯韦方程组来描述该辐射场：

$$\nabla\times\boldsymbol{E}=-\frac{\partial\boldsymbol{B}}{\partial t}\tag{7-1}$$

$$\nabla \times \boldsymbol{B} = \mu \boldsymbol{j} + \mu\varepsilon \frac{\partial \boldsymbol{E}}{\partial t} = \mu \boldsymbol{j} + \frac{1}{c^2}\frac{\partial \boldsymbol{E}}{\partial t} \tag{7-2}$$

$$\nabla \cdot \boldsymbol{E} = \frac{\rho}{\varepsilon} \tag{7-3}$$

$$\nabla \cdot \boldsymbol{B} = 0 \tag{7-4}$$

式中，ρ 为电荷体密度；$\boldsymbol{j}$ 为电流密度；$\mu = \mu_{\mathrm{r}}\mu_0$ 为等离子体的介磁系数，这里 μ_{r} 为相对介磁系数，μ_0 为真空的介磁系数；$\varepsilon = \varepsilon_{\mathrm{r}}\varepsilon_0$ 为介电系数，其中，ε_{r} 为等离子体的相对介电系数，ε_0 则为真空的介电系数。对 (7-2) 式两端分别求散度，可得电荷守恒定律：

$$\nabla \cdot \boldsymbol{j} + \frac{\partial \rho}{\partial t} = 0 \tag{7-5}$$

在电磁场中，带电粒子受洛伦兹力的作用，其运动方程为

$$\frac{\mathrm{d}\boldsymbol{p}}{\mathrm{d}t} = q\left(\boldsymbol{E} + \boldsymbol{v} \times \boldsymbol{B}\right) \tag{7-6}$$

式中，$\boldsymbol{p}$ 为粒子的动量。电荷的动能变化率为

$$\frac{\mathrm{d}W}{\mathrm{d}t} = \boldsymbol{v} \cdot \frac{\mathrm{d}\boldsymbol{p}}{\mathrm{d}t} = q\boldsymbol{v} \cdot (\boldsymbol{E} + \boldsymbol{v} \times \boldsymbol{B}) = q\boldsymbol{v} \cdot \boldsymbol{E} \tag{7-7}$$

即电荷的动能改变率只与电场强度有关，磁场并不改变电荷的动能。对上式在单位体积中的所有带电粒子求和，可得单位体积中所有粒子的动能变化率：

$$\frac{\mathrm{d}U_{\mathrm{k}}}{\mathrm{d}t} = \boldsymbol{j} \cdot \boldsymbol{E} \tag{7-8}$$

这里，U_{k} 称为动能密度，它的变化率由两部分构成：$\frac{\mathrm{d}U_{\mathrm{k}}}{\mathrm{d}t} = \frac{\partial U_{\mathrm{k}}}{\partial t} + \nabla \cdot Q$，这里 Q 为单位时间内流过单位面积的全部粒子所携带的能量，称为能流密度。即动能密度的变化率由动能密度大小的改变和能流两部分构成：

$$\frac{\partial U_{\mathrm{k}}}{\partial t} + \nabla \cdot Q = \boldsymbol{j} \cdot \boldsymbol{E} \tag{7-9}$$

再利用 (7-2) 式可得电流密度：$\boldsymbol{j} = \frac{1}{\mu}\nabla \times \boldsymbol{B} - \varepsilon\frac{\partial \boldsymbol{E}}{\partial t}$，于是，

$$\boldsymbol{j} \cdot \boldsymbol{E} = \frac{1}{\mu}\boldsymbol{E} \cdot (\nabla \times \boldsymbol{B}) - \frac{\varepsilon}{2}\frac{\partial\left(\boldsymbol{E}^2\right)}{\partial t}。$$

再利用矢量运算公式：

$$\boldsymbol{E}\cdot(\nabla\times\boldsymbol{B})=-\frac{1}{2}\frac{\partial\left(\boldsymbol{B}^{2}\right)}{\partial t}-\nabla\cdot(\boldsymbol{E}\times\boldsymbol{B})$$

将以上关系代入 (7-9) 式，通过一系列变换，可得

$$\frac{\partial}{\partial t}\left(U_{\mathrm{k}}+\frac{\boldsymbol{B}^{2}}{2\mu}+\frac{\varepsilon}{2}\boldsymbol{E}^{2}\right)+\nabla\cdot\left(Q+\frac{1}{\mu}\boldsymbol{E}\times\boldsymbol{B}\right)=0$$

令：$U_{\mathrm{m}}=\dfrac{\boldsymbol{B}^{2}}{2\mu}$，$U_{\mathrm{e}}=\dfrac{\varepsilon}{2}\boldsymbol{E}^{2}$，$\boldsymbol{S}=\dfrac{1}{\mu}\boldsymbol{E}\times\boldsymbol{B}$，则上式可进一步写成下列形式：

$$\frac{\partial}{\partial t}\left(U_{\mathrm{k}}+U_{\mathrm{m}}+U_{\mathrm{e}}\right)+\nabla\cdot(Q+\boldsymbol{S})=0 \tag{7-10}$$

式中，U_{k} 表示单位体积等离子体中所有带电粒子的动能；U_{m} 表示单位体积中磁场的能量，即磁能密度；U_{e} 表示单位体积中电场的能量，即电场能量密度；Q 表示单位时间粒子流携带而来单位体积的能量；$\boldsymbol{S}$ 称为坡印亭 (Poynting) 矢量，表示在单位时间、通过单位面积电磁波的能量，即电磁波的能流密度。

(7-10) 式即为单位体积等离子体中的能量守恒定律，即在单位体积等离子体的总能量 (电荷动能、电场能量与磁场能量之和) 的改变等于该体积中粒子流入流出带入的能量和电磁场传播带入的能量之和。

7.1.2 偏振特性

偏振 (polarization) 是电磁波的一个重要的物理特征，通过对天体偏振特征的测量，可以得到有关等离子体背景磁场、辐射机制和传播路径特征等诸多信息。

天体射电辐射一般都由偏振波和非偏振波组成。电磁辐射的电矢量 $\boldsymbol{E}(t)$ 可分解成两个互相垂直的分量 $E_x(t)$ 和 $E_y(t)$，当两个分量相关，即 $\langle E_x(t)\,E_y(t)\rangle\neq 0$ 时，称为偏振波；反之，当两分量不相关，即 $\langle E_x(t)\,E_y(t)\rangle=0$ 时，称为非偏振波。这里尖括号表示对时间的平均。电场两分量可分别表示为

$$E_x(t)=e_x\cos\left(\omega t-\varphi_x\right) \tag{7-11}$$

$$E_y(t)=e_y\cos\left(\omega t-\varphi_y\right) \tag{7-12}$$

式中，e_x 和 e_y 分别为两分量的振幅；φ_x 和 φ_y 分别为两分量的初位相。它们一般都随时间而变化。设它们变化的特征频率为 ω'，当 $\omega\ll\omega$ 时，则 e_x 和 e_y, φ_x 和 φ_y 均近似为常量，此时振幅比 e_x/e_y 和初始相位差 $\delta=\varphi_x-\varphi_y$ 也都近似为常量。在这种情况下，$E_x(t)$ 和 $E_y(t)$ 两分量就会是相关的，即 $\langle E_x(t)\,E_y(t)\rangle\neq 0$。(7-11) 式和 (7-12) 式可以用一个椭圆方程表示：

$$\left(\frac{E_x}{e_x}\right)^{2}+\left(\frac{E_y}{e_y}\right)^{2}-2\frac{E_xE_y\cos\delta}{e_xe_y}=\sin^{2}\delta \tag{7-13}$$

因此，电磁波 $\boldsymbol{E}(t)$ 称为**椭圆偏振波**，即电场矢量随时间的变化在空间上描绘的轨迹为一个椭圆。设偏振椭圆主长轴与 x 轴的夹角为 θ，则可得下列关系：

$$\begin{aligned}
e_x\cos\varphi_x &= E_0\cos\beta\cos\theta \\
e_x\sin\varphi_x &= E_0\sin\beta\sin\theta \\
e_y\cos\varphi_y &= E_0\cos\beta\sin\theta \\
e_y\sin\varphi_y &= -E_0\sin\beta\cos\theta
\end{aligned} \tag{7-14}$$

从以上关系可求得

$$\begin{aligned}
I &= e_x^2+e_y^2=E_0^2 \\
Q &= e_x^2-e_y^2=E_0^2\cos2\beta\cos2\theta \\
U &= 2e_xe_y\cos\delta=E_0^2\cos2\beta\sin2\theta \\
V &= 2e_xe_y\sin\delta=E_0^2\sin2\beta
\end{aligned} \tag{7-15}$$

上述定义的四个参数 I、Q、U、V，称为单色电磁波的斯托克斯 (Stokes) 参数。其中 I 为总辐射强度，Q、U、V 则与方向有关，为偏振分量。

进一步还可以得到下列关于单色、完全偏振波各 Stokes 参数之间的关系：

$$\begin{aligned}
\sin2\beta &= \frac{V}{I} \\
\tan2\theta &= \frac{U}{Q} \\
I^2 &= Q^2+U^2+V^2
\end{aligned} \tag{7-16}$$

δ 为初始相位差。初始相位差决定了电磁波的偏振特征：当初始相位差随时间快速随机变化时，则电磁波是无偏振的；当初始相位差恒定不变，或其变化很小可以忽略时，则电磁波是有偏振的。

当初始相位差 δ 为正，即 $0<\delta<\pi$ 时，电场在顺时针方向描出椭圆径迹，称为右旋偏振，$\sin2\delta=\dfrac{V}{I}>0$；

当初始相位差 δ 为负，即 $-\pi<\delta<0$ 时，电场在逆时针方向描出椭圆径迹，称为左旋偏振，$\sin2\delta<0$。

特殊情况下，当 $\delta=\pm\dfrac{\pi}{4}$ 时，椭圆径迹变成圆，称为圆偏振，$\sin2\delta=\pm1$；

当 $\delta=0$ 或 $\delta=\pm\dfrac{\pi}{2}$ 时，椭圆径迹变成一条直线，称为线偏振，$\sin2\beta=0$。

可见，比值 $r=V/I$ 完全反映了电磁波的偏振特性，因此称为**偏振特征指数**。

θ 为偏振椭圆主长轴与 x 轴的夹角。U/Q 则反映了偏振椭圆主轴的指向。

对于完全非偏振电磁波，$Q=U=V=0, Q^2+U^2+V^2=0$。完全非偏振波也即自然波。

介于完全偏振波和自然波之间的波,称为部分偏振波。对于任意偏振波都可以分解成一个自然波 (无偏振) 和一个椭圆偏振波 (完全偏振)。波的总强度为 $I^2 \geqslant Q^2+U^2+V^2$，自然波分量的 Stokes 参量为 $(I-\sqrt{Q^2+U^2+V^2}, 0, 0, 0)$, 完全偏振波分量的 Stokes 参量为 ($\sqrt{Q^2+U^2+V^2}$，$Q$，$U$，$V$)。任意波的偏振度 P 定义为偏振部分的强度与总强度之比：

$$P=\frac{\sqrt{Q^2+U^2+V^2}}{I} \tag{7-17}$$

实际上，望远镜所观测到的来自天体的辐射强度 I 总是由偏振辐射强度 I_{p} 和非偏振辐射强度 I_{n} 组成，$I=I_{\mathrm{p}}+I_{\mathrm{n}}$，定义**偏振度**为偏振分量在总辐射中所占比例，即偏振程度，$P=\dfrac{I_{\mathrm{p}}}{I}$。

则 Stokes 参数的另外三个 Q、U、V 可分别表示为

$$\begin{aligned}
Q&=PI\cos 2\beta\cos 2\theta\\
U&=PI\cos 2\beta\sin 2\theta\\
V&=PI\sin 2\beta
\end{aligned} \tag{7-18}$$

式中，$I_{\mathrm{p}}=PI=\sqrt{Q^2+U^2+V^2}$。

对于接收左右旋偏振向分量的望远镜系统，所得接收信号为

$$I_{\mathrm{R}}=E_{\mathrm{R}}^2+\frac{1}{2}I_{\mathrm{n}},\quad I_{\mathrm{L}}=E_{\mathrm{L}}^2+\frac{1}{2}I_{\mathrm{n}}$$

式中，E_{R} 和 E_{L} 分别表示右、左旋偏振分量的电场强度。若两分量的相位差恒定，则有

$$\begin{aligned}
I&=I_{\mathrm{L}}+I_{\mathrm{R}}\\
Q&=2E_{\mathrm{R}}E_{\mathrm{L}}\cos\delta\\
U&=2E_{\mathrm{R}}E_{\mathrm{L}}\sin\delta\\
V&=I_{\mathrm{L}}-I_{\mathrm{R}}
\end{aligned}$$

于是，偏振特征指数可表示为

$$r=\frac{V}{I}=\frac{I_{\mathrm{L}}-I_{\mathrm{R}}}{I_{\mathrm{L}}+I_{\mathrm{R}}} \tag{7-19}$$

从上述定义可以看出，偏振特征指数表示左右旋偏振分量的对称程度，当左右旋分量相等时，$r=0$，即为自然波或线偏振波；当左右旋分量有一个占优势时，即左右旋不对称时，即为圆偏振波。可以证明，偏振度为 $P=\frac{I_{\mathrm{p}}}{I}=\frac{\sqrt{Q^2+U^2+V^2}}{I}$。可见，一般情况下 $r\neq P$。

(1) 对于线偏振波，$V=0$，$I_{\mathrm{p}}=\sqrt{Q^2+U^2}$，这时，$r=0$，$P=\frac{\sqrt{Q^2+U^2}}{I}$。

(2) 对于圆偏振波，$Q=U=0$，$V=I_{\mathrm{p}}$，有 $r=P=\frac{V}{I}$。也正因为如此，在研究等离子体中的射电辐射时，我们是不区分偏振特征指数 r 和偏振度 P 这两个参数的，因为在这种情况下，辐射为圆偏振波，两者是相等的。

(3) 对于自然波，$Q=U=V=0$，$I_{\mathrm{p}}=0$，有 $r=P=0$。

偏振特征是证认辐射机制的重要可观测量。由于太阳或恒星和地球之间等离子体的法拉第旋转效应，将会使射电波段的任何初始为线偏振的辐射成分消偏振，见 (6-72) 式。

一般情况下，在轫致辐射和磁回旋辐射中，X 模的发射率都比 O 模大得多，因此通常能得到很高的偏振度。但是，在光学厚源，无论是轫致辐射还是磁回旋辐射，偏振度都很低，因为在光厚源，O 模的源函数 (发射率与吸收系数之比) 超过 X 模。

回旋辐射表现为 X 模发射，在 X 模中偏振指向对应于电子在磁场中的运动方向。如果源区磁场具有对着观测者的分量，则为右旋圆偏振；如果观测到左旋圆偏振，则表明源区磁场有背向观测者的分量。

观测中发现的 O 模指向的圆偏振辐射，很可能是来自于等离子体辐射。

7.2 天体等离子体中的辐射转移方程

在前面提到的辐射强度 I，实际上都是单色波的辐射强度，即在单位时间、单位频率间隔、沿传播方向单位立体角上穿过垂直于传播方向上单位面积的辐射能量，通常称为比辐射强度 I_ν。如图 7-1 所示的等离子体柱元中引起能量变化的过程包括：从柱体左面元上入射的辐射能量、柱体内等离子体吸收的能量、柱体内等离子体发射的能量和从右柱面元出射的辐射能量，上述能量都是随频率而变化的。设 $\mathrm{d}\sigma$ 的一段等离子体柱，法向为 n，在 $\mathrm{d}t$ 时间内，沿与 n 成θ 角的小立体角元 $\mathrm{d}\Omega$，穿过柱体左底面元 $\mathrm{d}\sigma$ 的频率在 $\nu\sim\nu+\mathrm{d}\nu$ 之间的辐射能量为

$$\mathrm{d}E_{\mathrm{in}}=I_\nu\cos\theta\mathrm{d}\sigma\mathrm{d}\nu\mathrm{d}\omega\mathrm{d}t \tag{7-20}$$

穿过柱体右底面元的辐射能量为

$$\mathrm{d}E_{\text{out}} = (I_\nu + \mathrm{d}I_\nu)\cos\theta \mathrm{d}\sigma \mathrm{d}\nu \mathrm{d}\omega \mathrm{d}t \tag{7-21}$$

式中，比辐射强度 I_ν 是频率 ν 的函数，表示在单位时间、单位立体角、单位频率间隔中流过单面垂直截面的辐射能量。

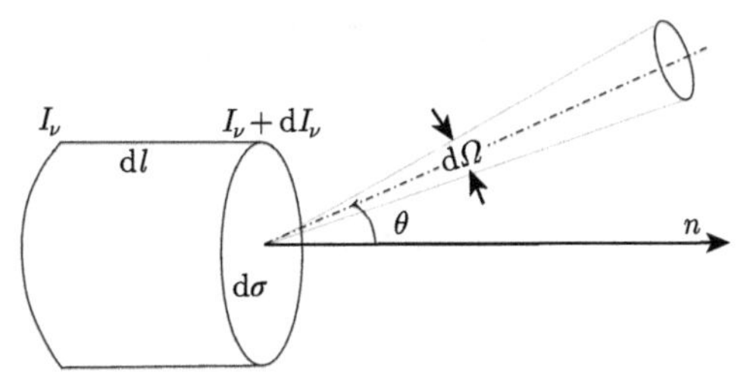

图 7-1　辐射转移过程

柱体元内的等离子体本身也能产生电磁波的发射，由此而产生的辐射能量为

$$\mathrm{d}E_{\text{ra}} = \eta_\nu \cos\theta \mathrm{d}\sigma \mathrm{d}l \mathrm{d}\nu \mathrm{d}\omega \mathrm{d}t \tag{7-22}$$

式中，η_ν 称为发射系数，即单位体积的等离子体在单位时间、单位立体角、在 ν 附近的单位频率间隔中所发射的辐射能量，单位为 $\mathrm{W/(m^3 \cdot rad \cdot Hz)}$。

电磁波在经过等离子体柱体时，柱体元内等离子体还可能会吸收电磁波中的能量，所吸收的辐射能量可以表示为

$$\mathrm{d}E_{\text{ab}} = -\kappa_\nu \mathrm{d}E_{\text{in}} \mathrm{d}l \tag{7-23}$$

式中，κ_ν 称为等离子体的吸收系数，即辐射在等离子体中通过单位距离后强度减弱的比率，单位为 m^{-1}。

一般情况下，等离子体的吸收系数和发射系数之间没有确定的关系，但是当等离子体处于热力学平衡状态，或局部热平衡状态 (LTE) 时，则发射系数与吸收系数之间满足基尔霍夫 (Kirchhoff) 定律。

根据能量守恒定律，从等离子体柱体右端射出的电磁波的能量必然等于从左端射入的电磁波能量、从等离子体柱体右端射出的电磁波能量等于从左端射入的电磁波能量、等离子体柱发射的能量、扣减被等离子体柱吸收的能量三项之和，如下式：

$$\mathrm{d}E_{\text{out}} = \mathrm{d}E_{\text{in}} + \mathrm{d}E_{\text{ra}} + \mathrm{d}E_{\text{ab}}$$

将 (7-20) 式 ~(7-23) 式代入上式，可得

$$\frac{\mathrm{d}I_\nu}{\mathrm{d}l} = \eta_\nu - \kappa_\nu I_\nu \tag{7-24}$$

上式即为**辐射转移方程**。所谓辐射转移，就是指在电磁波的产生和传播过程中，波与介质之间通过相互作用所引起的能量及波的特征的变化过程。其基本理论出发点便是在波与介质相互作用过程中的能量守恒定律。

1. *光学厚度及源函数*

(7-23) 式给出关于等离子体中吸收系数的定义。实际上，对于吸收过程，我们还可以利用比辐射强度在等离子体中的衰减来分析：

$$\mathrm{d}I_\nu = -\kappa_\nu I_\nu \mathrm{d}l$$

对上式积分，可得辐射强度随路径的关系为

$$I_\nu(l) = I_{\nu 0}\mathrm{e}^{-\int_0^l \kappa_\nu \mathrm{d}l} \tag{7-25}$$

上式中的指数部分可以看成一个无量纲的量，通常定义为光学厚度：

$$\tau_\nu = \int_0^s \kappa_\nu \mathrm{d}l \tag{7-26}$$

光学厚度也称为光深 (optical depth)，表示电磁波在介质中传播时被吸收的程度，它不但与介质的几何厚度有关，还与介质的吸收系数有关。同时，吸收系数主要取决于等离子体的密度，密度越高，吸收系数越大。在均匀介质中，$\tau_\nu \approx \kappa_\nu l$。于是，(7-25) 式可以写成下列形式：

$$I_\nu(s) = I_{\nu 0}\mathrm{e}^{-\tau_\nu} \tag{7-27}$$

当光深 $\tau_\nu \gg 1$ 时，射入介质的电磁波几乎不能穿出，这时，我们称介质是光学厚的；反之，当光深 $\tau_\nu \ll 1$ 时，电磁波在介质中几乎不衰减，这时，我们称介质是光学薄的。

将 (7-27) 式代入 (7-24) 式，可得辐射转移方程的另一种表达形式：

$$\frac{\mathrm{d}I_\nu}{\mathrm{d}\tau_\nu} = S_\nu - I_\nu \tag{7-28}$$

式中，$S_\nu = \dfrac{\eta_\nu}{\kappa_\nu}$，称为源函数，表示介质的发射系数与吸收系数之比是一个表征辐射介质本身特性的参数，是辐射源的本征描述，其单位和比辐射强度 I_ν 一样。

上述辐射转移方程为一次线性常微分方程，对于均匀等离子体，其解为

$$I_\nu = \int_0^{\tau_\nu} S_\nu \exp(-t_\nu)\,\mathrm{d}t_\nu + I_0\exp(-\tau_\nu) \tag{7-29}$$

可见，出射强度是由两部分构成的，其中第一部分为介质各点本身辐射的贡献，第二部分则是入射电磁波被介质吸收以后的剩余部分。

考虑几种特殊情形时 (7-28) 式的解。

(1) 介质只吸收，不发射。

这时有：$\kappa_\nu \neq 0$，$\eta_\nu = 0$，因此，源函数 $S_\nu = 0$。这时 (7-28) 式的解为 (7-25) 式，表示纯粹的吸收过程。

(2) 没有初始入射，但介质除了本身有吸收外，同时还发射电磁波。

这时有：$I_\nu^0 = 0$，$\kappa_\nu \neq 0$，$\eta_\nu \neq 0$，这时，源函数 $S_\nu \neq 0$，(7-29) 式演变为

$$I_\nu = \int_0^{\tau_\nu} S_\nu \exp\left(-t_\nu\right) \mathrm{d}t_\nu \tag{7-30}$$

上式表明，对于一个光深为 τ_ν 的发射介质，出射波强度是沿着出射方向上介质各点产生的沿该方向的电磁辐射的总和并扣除沿线各点的吸收。对于一个具有单位横截面积、长度为 L 的介质柱体，无须求解辐射转移方程 (7-28) 式就可以直接得到出射电磁波的强度。设均匀介质的厚度为 L，则光学厚度为 $\tau_\nu \approx \kappa_\nu L$，(7-30) 式的积分结果可表示成

$$I_\nu = S_\nu \left(1 - \mathrm{e}^{-\kappa_\nu L}\right) \tag{7-31}$$

对于光厚源，$\tau_\nu \approx \kappa_\nu L \gg 1$，上式可近似为 $I_\nu \approx S_\nu$。即，这时从介质表面辐射出来的谱将只反映介质本身的分布特征，即 I_ν 只依赖于源函数 S_ν。在光学厚情况下，辐射场与介质发生了充分的相互作用，与介质达到了共同的热平衡状态。例如，当介质处在热力学平衡时的黑体辐射谱。

对于光薄源，$\tau_\nu \approx \kappa_\nu L \ll 1$，(7-31) 式可近似为 $I_\nu \approx S_\nu \tau_\nu$，这时从介质表面辐射出来的谱 I_ν 将是一个显著减弱了的辐射谱，不但包括辐射源的特征 S_ν，还包括介质的特征 τ_ν，其中便包括介质的磁场以及沿视线方向的分布等信息。因此，利用光薄源的射电辐射强度和偏振观测，是可以解析得到介质中的磁感应强度和方向等参数的。

正因为如此，正确选择辐射源的模型非常重要，如果错误选择了在光学薄源条件下得到的公式去分析光学厚源的情形，所得到的结果将出现若干个数量级误差。

我们只要知道源函数 S_ν，就可以求得比辐射强度 I_ν。例如，对于处于热平衡的等离子体，其源函数就是普朗克 (Planck) 函数：

$$S_\nu = B_\nu\left(T\right) = \frac{2h\nu^3}{c^2}\left(\mathrm{e}^{\frac{h\nu}{k_\mathrm{B}T}} - 1\right)^{-1} \tag{7-32}$$

式中，$B_\nu\left(T\right)$ 的单位与 I_ν 也是一样的，为 $\mathrm{W/(m^3 \cdot rad \cdot Hz)}$。

在远红外和射电波段等长波段，因为 $h\nu \ll k_{\mathrm{B}}T$，(7-32) 式可以近似为

$$S_{\nu}(T) \approx \frac{2\nu^2}{c^2}k_{\mathrm{B}}T \tag{7-33}$$

这时，源函数与辐射源的温度成正比，上式称为瑞利-金斯 (Rayleigh-Jeans) 定律。这时只要知道等离子体的温度，即可求解辐射转移方程，上式中的因子 2 代表互相正交的两个圆偏振分量。另外，源函数还与辐射频率的 2 次方成正比，也就是说热辐射的谱指数为 2，这是可以通过射电的频谱观测进行验证的。

在 X 射线和 γ 射线等短波段，因为 $h\nu \gg k_{\mathrm{B}}T$，(7-32) 式近似为

$$S_{\nu}(T) \approx \frac{2h\nu^3}{c^2}\exp\left(-\frac{h\nu}{k_{\mathrm{B}}T}\right) \tag{7-34}$$

对于各种非热辐射，其源函数必须通过求解具体发射系数和吸收系数后给出。

2. 辐射亮温

在射电波段的热辐射，其比辐射强度可以直接从 Rayleigh-Jeans 公式 (7-33) 式给出：

$$I(\nu) \approx 2\frac{k_{\mathrm{B}}\nu^2}{c^2}T$$

上式给出了在任意给定温度条件下热辐射源的比辐射强度。其中，T 即为辐射源的热力学温度。

我们知道，热力学温度只是反映了一个达到热力学平衡条件下源的粒子平均运动动能的大小。对于非热辐射源，由于其没有达到热力学平衡，则没有严格意义下的热力学温度。不过，这时我们仍然可以借用 Rayleigh-Jeans 定律给出其源函数的表示形式。不过，这里的温度已经不再是热力学温度，而是称为辐射亮温 (brightness temperature)，定义如下：

$$T_{\mathrm{b}}(\nu) = \frac{c^2}{2k_{\mathrm{B}}\nu^2}I(\nu) \tag{7-35}$$

辐射亮温 T_{b}，是将观测到的辐射强度用普朗克黑体辐射公式去拟合所得到的一个对等温度，并非真正意义上的热力学温度。

辐射亮温是对观测到的电磁波辐射的描述，与辐射源的热力学温度是有本质区别的。对于热辐射源，其辐射亮温等于其热力学温度；对于非热非相干辐射源，辐射亮温是辐射电子平均运动动能的一个表述；对于相干辐射源，辐射亮温则有可能远远超过辐射电子的平均运动动能。可见，辐射亮温不但与辐射电子的能量有关，还与具体的辐射机制有关。

对辐射亮温的观测，可以为我们提供发射过程的有力判据。如果在源与观测者之间没有显著的散射和吸收，那么沿射线的辐射亮温就是恒定不变的，在地球上的望远镜所测得的辐射亮温就是辐射源本身的亮温。

如果观测得到的辐射亮温大于源区的热力学温度，$T_{\mathrm{b}} > T$，则表明其辐射要么来源于超热电子的非相干辐射，要么直接来源于相干辐射过程了。在天文学观测上，常能得到辐射亮温远远超过热力学温度的事例。例如，在太阳射电的观测中，有时能发现辐射亮温远远超过 10^{12}K 的射电 Ⅲ 型爆发、尖峰爆发等事件；在宇宙深处，最近几年备受关注的快速射电暴，其辐射亮温甚至高达 10^{37}K！

对于源区的辐射电子，也可以用一个有效温度 T_{eff} 来表示其源函数，两者之间的关系是：

$$S_\nu = \frac{\eta_\nu}{\kappa_\nu} = \frac{\nu^2}{c^2} k_{\mathrm{B}} T_{\mathrm{eff}} \quad (\text{一个偏振分量}) \tag{7-36}$$

有效温度 T_{eff} 表征参与辐射的源电子平均运动动能 E_{k} 的标度，$T_{\mathrm{eff}} = \dfrac{E_{\mathrm{k}}}{k_{\mathrm{B}}}$。对于服从麦克斯韦分布的热电子，其有效温度与热力学温度相等，即 $T_{\mathrm{eff}} = T$，而与辐射机制、频率、偏振等无关；其发射系数和吸收系数之间满足 Kirchhoff 定律：

$$\eta_\nu = \kappa_\nu S_\nu = \kappa_\nu k_{\mathrm{B}} T_{\mathrm{eff}} \frac{\nu^2}{c^2} \tag{7-37}$$

对于幂律谱分布的非热辐射电子，有效温度 T_{eff} 则由电子的平均动能决定，并且与辐射频率和偏振模式有关。于是，可以用辐射亮温表示辐射转移方程：

$$\frac{\mathrm{d}T_{\mathrm{b}}(\tau_\nu)}{\mathrm{d}\tau_\nu} = T_{\mathrm{eff}} - T_{\mathrm{b}}(\tau_\nu) \tag{7-38}$$

如图 7-2 所示，辐射源的亮温为 T_{b0}，当视线路径上存在一个光学厚度为 τ_ν 的介质时，(7-38) 式的解为

$$T_{\mathrm{b}} = \int_0^{\tau_\nu} T_{\mathrm{eff}} \mathrm{e}^{-t_\nu} \mathrm{d}t_\nu + T_{\mathrm{b0}} \mathrm{e}^{-\tau_\nu} \tag{7-39}$$

(7-38) 式和 (7-39) 式中都没有考虑等离子体的折射指数和抑制效应，这只有在稀薄等离子体情况下才能近似成立。

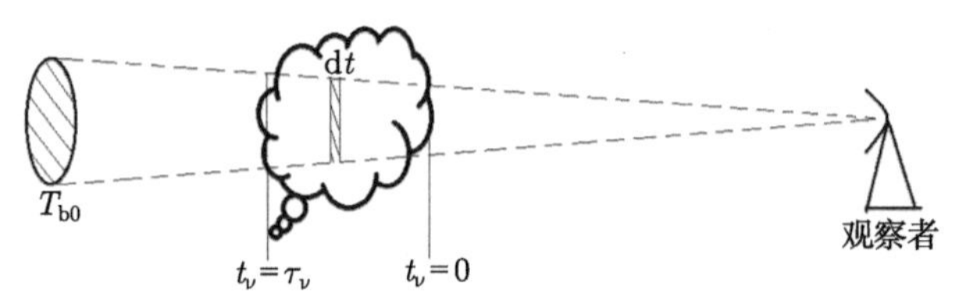

图 7-2 辐射亮温的转移过程

对于有效温度近似为常数的孤立辐射源，对 (7-39) 式中的积分进行运算后，可得解为

$$T_{\mathrm{b}} = T_{\mathrm{eff}}\left(1 - \mathrm{e}^{-\tau_\nu}\right) \tag{7-40}$$

当 $\tau_\nu \ll 1$ 时，介质为光学薄的，$\tau_\nu \approx \kappa_\nu L$，这时有近似关系：

$$T_{\mathrm{b}} \approx \tau_\nu T_{\mathrm{eff}}$$

式中，L 为介质沿视线方向的线度，辐射亮温 T_{b} 不但与辐射电子的能量 T_{eff} 有关，还与介质的发射特性 τ_ν 有关，也就是与电子密度、能量分布、磁场及沿视线的分布等特征有关。因此，对光薄源的强度和偏振特征的观测，将有可能给出有关源区磁场的强度和方向等信息。不过，为了将磁场特征与电子能量分布特征区分开来，还必须附加一些关于源区特征的假设，比如，利用其他波段成像观测或射电频谱观测等给出源区的一些特征。

当 $\tau_\nu \geqslant 1$ 时，介质称为光学厚的，这时有近似关系：$T_{\mathrm{b}} \approx T_{\mathrm{eff}}$，辐射亮温仅与辐射电子的能量有关。因此，对光厚源的观测，只能给出源区有关电子能量的信息，而给不出源区的其他特征。

(7-40) 式同时也表明，对于非相干辐射源，其辐射亮温不可能高于辐射电子的有效温度，$T_{\mathrm{b}} \leqslant T_{\mathrm{eff}}$。

3. 辐射流量密度

通常，从实际观测上我们得到的是在单位时间、单位频率间隔在垂直于传播方向的单位面积上的辐射能量，即辐射流量密度，它与比辐射强度的关系如下：

$$F = \int I_\nu \mathrm{d}\omega = \frac{\nu^2}{c^2} k_{\mathrm{B}} \int T_{\mathrm{b}} \mathrm{d}\omega \tag{7-41}$$

辐射流量密度 F 的单位为 $\mathrm{W/(m^2 \cdot Hz)}$。在天体物理中这个单位太大，通常用央斯基 (Jy) 作为观测计量单位：$1\mathrm{Jy}=10^{-26}\mathrm{W/(m^2 \cdot Hz)}$。

在地球上观测，天空中最强的辐射源是太阳，Jy 这个单位又太小了，因此，在太阳物理中人们常用太阳射电流量单位 (solar radio flux unit, sfu)，$1\mathrm{sfu}=10^4\mathrm{Jy}$。

4. 峰值频率

天体等离子体的发射率总是频率的函数，在频谱图上，最大发射率对应的频率称为峰值频率 ν_{peak}。峰值频率出现在光厚等于 1 的频率上：

$$\tau_{\nu_{\mathrm{peak}}} \approx \kappa_{\nu_{\mathrm{peak}}} L = 1 \tag{7-42}$$

式中，近似是在假定介质均匀的情况下成立的。辐射的频谱曲线和峰值频率因辐射机制的不同而各有差别，见图 7-3。

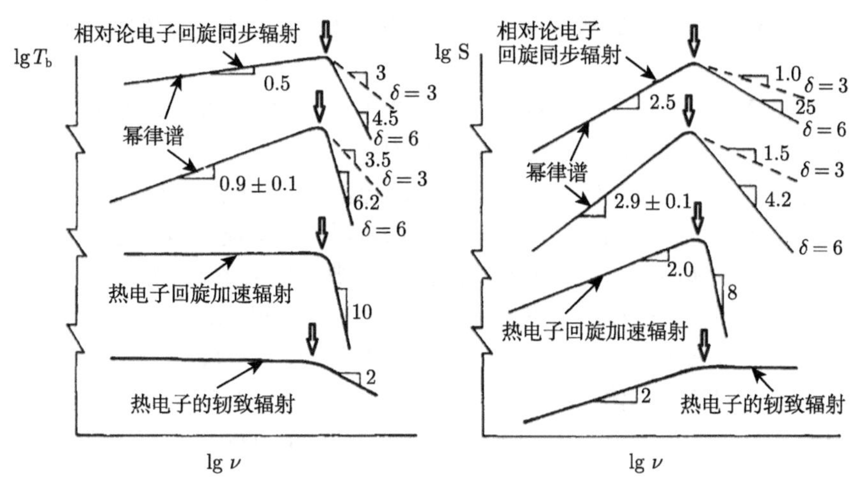

图 7-3 辐射亮温和流量密度的频谱曲线及峰值频率，其中空心箭头指示峰值频率

对于黑体热辐射，根据维恩 (Wien) 位移定律，其峰值频率由黑体温度 T 决定：

$$\nu_{\text{peak}} \approx 2.822\frac{k_{\text{B}}T}{h} \approx 5.88 \times 10^{10}T$$

式中，ν_{peak} 的单位为 Hz；温度 T 的单位为 K。

对于韧致辐射，其峰值频率主要取决于等离子体的密度和温度两个参数，也就是所谓发射度量 (emission measure, EM): $\text{EM}=\int n_{\text{e}}^2\text{d}s$。

对于回旋同步加速辐射，峰值频率则主要强烈依赖于磁感应强度和电子平均能量，而对电子数目和路径的长度的依赖性很小。因此，如果我们能从其他途径，比如硬 X 射线观测中确定电子流的能量，那么利用峰值频率就可以确定源区的磁场。

对于其他相干辐射，则峰值频率对源区物理条件的关系则更为复杂。我们将在后面的章节中讨论。

7.3 电磁波在等离子体中的传播理论

我们知道，在不同天体物理条件下，等离子体的特征差别是非常显著的。例如，对于研究电磁波的传播来说，当波的相速度远大于等离子体中粒子的热运动速度时，$\dfrac{\omega}{k} \gg \left(\dfrac{k_{\text{B}}T}{m}\right)^{1/2}$，等离子体的温度和热压力的影响可以忽略，相应地，空间色散效应也可以忽略，这种等离子体便被称为冷等离子体。相反，如果粒子热速度非常接近甚至超过波的相速度时，粒子的热运动和空间色散效应便不可忽略，这种等离子体便称为热等离子体。可见，冷等离子体并不意味着等离子体的温度很低。

当等离子体中有磁场时，称为磁化等离子体，它表现出比较复杂的各向异性和回旋特性，显著地影响电磁波的传播行为。

天体等离子体的主要特点是：不均匀、无边界、介电常量小于 1、磁化等。其波的相速度远大于粒子热速度，因此通常都可以用冷等离子体来近似处理。

天体等离子体中粒子之间的平均距离 d 的典型值大致如下所述。

星系际空间等离子体：密度 $n < 10^{-5}\mathrm{cm}^{-3}$，平均距离 $d \sim n^{-1/3}$>10cm。

星际空间等离子体：n 为 10^{-3} ~$10\mathrm{cm}^{-3}$，d 为 1~0.3cm。

行星际空间等离子体：n 为 1~$10^4\mathrm{cm}^{-3}$, d 为 0.1~0.05cm。

日冕等离子体：n 为 10^4 ~$10^{11}\mathrm{cm}^{-3}$, d 为 0.05~0.001cm。

……

只有当波长 $\lambda \gg d$ 时，等离子体才能看成连续介质处理，这时，波与等离子体的相互作用才是显著的。通常，在可见光波段，其波长一般都在 $\leqslant 10^{-5}$cm 量级，在极紫外波段则更短，因此，在这些波段观测天体等离子体时，已经不能再将等离子体看成是连续介质了。不难估算，满足 $\lambda \gg d$ 的电磁波几乎都属于射电波段 (即从亚毫米波到千米波的电磁波)。因此，射电天文方法是观测和研究天体等离子体物理过程最重要的手段。

1. 色散关系

研究电磁辐射在冷等离子体中传播的基本方程组如下：

$$\text{质量守恒方程}\quad \frac{\partial \rho}{\partial t} + \nabla \cdot (\rho \boldsymbol{u}) = 0 \tag{7-43}$$

$$\text{电荷守恒方程}\quad \frac{\partial q}{\partial t} + \nabla \cdot \boldsymbol{j} = 0 \tag{7-44}$$

$$\text{动量方程}\quad \rho \frac{\mathrm{d}\boldsymbol{u}}{\mathrm{d}t} = q\boldsymbol{E} + \boldsymbol{j} \times \boldsymbol{B} \tag{7-45}$$

$$\text{广义欧姆定律}\quad \frac{m_\mathrm{i} m_\mathrm{e}}{\rho e^2}\frac{\partial \boldsymbol{j}}{\partial t} = \boldsymbol{E} + \boldsymbol{u} \times \boldsymbol{B} - \frac{m_\mathrm{i}}{\rho e}\boldsymbol{j} \times \boldsymbol{B} \tag{7-46}$$

$$\text{麦克斯韦方程}\quad \begin{cases} \nabla \times \boldsymbol{E} = -\dfrac{\partial \boldsymbol{B}}{\partial t} \\ \nabla \times \boldsymbol{B} = \mu \boldsymbol{j} + \mu\varepsilon \dfrac{\partial \boldsymbol{E}}{\partial t} \end{cases} \tag{7-47}$$

根据麦克斯韦方程，可得波的电动力学方程：

$$\nabla^2 \boldsymbol{E} - \nabla(\nabla \cdot \boldsymbol{E}) = \frac{1}{c^2}\frac{\partial^2 \boldsymbol{E}}{\partial t^2} + \frac{1}{c}\frac{\partial \boldsymbol{j}}{\partial t} \tag{7-48}$$

设波动为平面电磁波，则利用 Fourier 变换，可得

$$\boldsymbol{k}\times(\boldsymbol{k}\times\boldsymbol{E})+\frac{\omega^2}{c^2}\left(\boldsymbol{E}+\mathrm{i}\frac{1}{\omega}\boldsymbol{j}\right)=0 \tag{7-49}$$

引入介电张量：$\boldsymbol{E}+\mathrm{i}\frac{1}{\omega}\boldsymbol{j}=\boldsymbol{\varepsilon}\cdot\boldsymbol{E}$，可将上式改写为

$$\boldsymbol{k}\times(\boldsymbol{k}\times\boldsymbol{E})+\frac{\omega^2}{c^2}\boldsymbol{\varepsilon}\cdot\boldsymbol{E}=0 \tag{7-50}$$

在这里，介电张量 $\boldsymbol{\varepsilon}$ 各分量可以用下列矩阵形式表示：

$$\boldsymbol{\varepsilon}=\begin{vmatrix} S & -\mathrm{i}D & 0 \\ \mathrm{i}D & S & 0 \\ 0 & 0 & P \end{vmatrix} \tag{7-51}$$

其中，

$$S=\frac{1}{2}(R+L),\quad D=\frac{1}{2}(R-L),\quad P=1-\sum_{\alpha=\mathrm{i,e}}\frac{\omega_{\mathrm{p}\alpha}^2}{\omega^2}$$

$$R=1-\sum_{\alpha=\mathrm{i,e}}\frac{\omega_{\mathrm{p}\alpha}^2}{\omega^2}\frac{\omega}{\omega+\Omega_{\mathrm{e}}},\quad L=1-\sum_{\alpha=\mathrm{i,e}}\frac{\omega_{\mathrm{p}\alpha}^2}{\omega^2}\frac{\omega}{\omega-\Omega_{\mathrm{e}}}$$

引入折射指数矢量：$\boldsymbol{n}=\frac{c}{v_\varphi}=\frac{c}{\omega}k$，则 (7-50) 式变成下列形式：

$$\boldsymbol{n}\times(\boldsymbol{n}\times\boldsymbol{E})+\boldsymbol{\varepsilon}\cdot\boldsymbol{E}=0 \tag{7-52}$$

选取 $\boldsymbol{n}$ 与外磁场 $\boldsymbol{B}_0$ 之间的方位如图 7-4 所示。

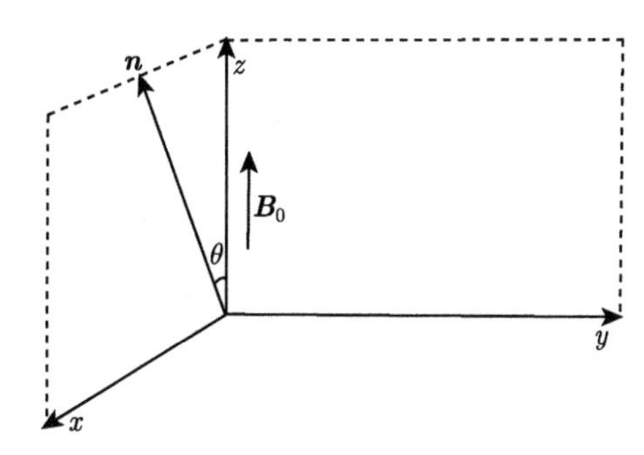

图 7-4　电磁波传播方向与磁场之间的空间关系

于是，(7-52) 式可用下列矩阵方程表示：

$$\begin{vmatrix} S-n^2\cos^2\theta & -\mathrm{i}D & n^2\cos\theta\sin\theta \\ \mathrm{i}D & S-n^2 & 0 \\ n^2\cos\theta\sin\theta & 0 & P-n^2\sin^2\theta \end{vmatrix} \cdot \begin{vmatrix} E_x \\ E_y \\ E_z \end{vmatrix} = 0 \tag{7-53}$$

(7-53) 式有非 0 解的条件是其系数行列式等于 0：

$$\begin{vmatrix} S-n^2\cos^2\theta & -\mathrm{i}D & n^2\cos\theta\sin\theta \\ \mathrm{i}D & S-n^2 & 0 \\ n^2\cos\theta\sin\theta & 0 & P-n^2\sin^2\theta \end{vmatrix} = 0 \tag{7-54}$$

上式即为在各向异性冷等离子体中，沿着与磁场 B_0 成夹角 θ 的方向传播的电磁波的一般色散关系。将上式展开，可得到一个关于折射率 n 的一元四次线性方程：

$$\mathrm{A}n^4 - Bn^2 + C = 0 \tag{7-55}$$

其中，各系数分别表示为 $A = S\sin^2\theta + P\cos^2\theta$，$B = RL\sin^2\theta + PS\left(1+\cos^2\theta\right)$，$C = PRL$。

(7-55) 式是一个一元四次线性方程，因此，总共应该有 4 个解：

$$n^2 = \frac{B \pm \left(B^2 - 4AC\right)^{1/2}}{2A} \quad 或 \quad \tan^2\theta = -\frac{P\left(n^2 - R\right)\left(n^2 - L\right)}{\left(Sn^2 - RL\right)\left(n^2 - P\right)} \tag{7-56}$$

式中，系数 A 和 B 均为传播方向 θ 的函数，可见，磁化等离子体中辐射的传播是各向异性的。在电磁波模中，电场的指向状态称为偏振。当电场 $\boldsymbol{E}$ 指向固定方向时，称为线偏振；而当电场的方向沿一定方向旋转时，称为圆偏振；而当电场方向不但旋转，其幅度也发生变化时，则称为椭圆偏振。利用矩阵 (7-54) 还可以得到波模的横向偏振状态：

$$\mathrm{i}DE_x + \left(n^2 - S\right)E_y = 0 \rightarrow \mathrm{i}\frac{E_x}{E_y} = \frac{n^2 - S}{D} \tag{7-57}$$

当上式的比值为一个常数时，则 E_x/E_y 为常数，电矢量指向某一固定方向，这时的电磁波为线偏振波；当 (7-57) 式的比值可以表示为 $\sin\theta$ 的某种函数时，则电矢量指向是周期性变化的，即沿一定方向旋转，称为回旋波，或圆偏振波，当其 x 轴方向与 y 轴方向的幅度不同时，为椭圆偏振波。

1) 在纵向传播情形

电磁波的传播方向沿磁场方向：$k \parallel B_0, \theta = 0, A = P, B = P(R + L)$。由解 (7-55) 可得如下三个解：

$$P=0\rightarrow\omega^2=\omega_{\mathrm{pe}}^2+\omega_{\mathrm{pi}}^2=\omega_{\mathrm{p}}^2\quad(\text{朗缪尔振荡})\tag{7-58}$$

$$\begin{aligned}n^2=R\rightarrow n^2&=1-\left[\frac{\omega_{\mathrm{pe}}^2}{\omega(\omega-\varOmega_{\mathrm{e}})}+\frac{\omega_{\mathrm{pi}}^2}{\omega(\omega+\varOmega_{\mathrm{i}})}\right]\\&\approx1-\frac{\omega_{\mathrm{p}}^2}{(\omega-\varOmega_{\mathrm{e}})(\omega+\varOmega_{\mathrm{i}})}\quad(\text{右旋圆偏振波})\end{aligned}\tag{7-59}$$

$$\begin{aligned}n^2=L\rightarrow n^2&=1-\left[\frac{\omega_{\mathrm{pe}}^2}{\omega(\omega+\varOmega_{\mathrm{e}})}+\frac{\omega_{\mathrm{pi}}^2}{\omega(\omega-\varOmega_{\mathrm{i}})}\right]\\&\approx1-\frac{\omega_{\mathrm{p}}^2}{(\omega+\varOmega_{\mathrm{e}})(\omega-\varOmega_{\mathrm{i}})}\quad(\text{左旋圆偏振波})\end{aligned}\tag{7-60}$$

无论是左旋圆偏振波还是右旋圆偏振波，影响折射指数的因素包括等离子体密度 (ω_{pe} 和 ω_{pi})、磁场 ($\varOmega_{\mathrm{e}}$ 和 $\varOmega_{\mathrm{i}}$)，并与波的频率 (ω) 有关。从 (7-59) 式和 (7-60) 式的比较中不难看出，右旋圆偏振波的折射指数大于左旋圆偏振波：$R>L$。

波模的偏振状态为

$$\mathrm{i}\frac{E_x}{E_y}=\begin{cases}+1 & (n^2=R)\\-1 & (n^2=L)\end{cases}$$

在右旋圆偏振波情形，电场矢量的旋转方向与波矢方向构成右手螺旋，这与电子在磁场中的回旋方向一致，因此，当波的频率与电子回旋频率相等时，在电子看来，波动电场几乎不变，可持续地对电子产生作用，发生共振，形成电子回旋共振加速。

在左旋圆偏振波情形，电场矢量的旋转方向与波矢方向构成左手螺旋，与离子在磁场中的回旋方向一致，当波的频率与离子回旋频率相等时，波动电场将与离子的回旋运动产生持续共振，发生离子回旋共振加速。

2) 横向传播情形

这时，传播方向与磁场垂直：$k\perp B_0$，$\theta=90^\circ$，由解 (7-55) 式可得如下两个解：

$$n^2=P=1-\frac{\omega_{\mathrm{p}}^2}{\omega^2}\rightarrow\omega^2=\omega_{\mathrm{p}}^2+c^2k^2\tag{7-61}$$

$$n^2=\frac{RL}{S}=\frac{2RL}{R+L}\tag{7-62}$$

这里第一个解 (7-61) 式给出的波模折射指数与磁场无关，与各向同性冷等离子体中波的色散关系一样，也即其折射指数和传播速度与没有磁场时的情况相同，各向同性的，因此称为寻常模 (ordinary mode)，即 O 模。

第二个解 (7-62) 式给出的波模折射指数与外部磁场有关，也就是说其传播速度与磁场有关，称为非寻常模 (extraordianry mode)，即 X 模。

此时的偏振状态为

$$\mathrm{i}\frac{E_x}{E_y}=\begin{cases}-\dfrac{R-L}{R+L} & \left(n^2=\dfrac{RL}{S},\quad \text{X模}\right)\\[2ex] \dfrac{2P-(R+L)}{R-L} & (n^2=P,\quad \text{O模})\end{cases}\tag{7-63}$$

2. 波的截止现象

在色散方程 (7-55) 中，当 P, R, L 三个参数中有一个等于 0 时，折射指数都会至少有一个零解：n^2=0，这时，可得波的相速度趋向于无穷大：

$$\left.\begin{array}{l}P=0\\ R=0\\ L=0\end{array}\right\}\rightarrow\omega=\omega_{\mathrm{p}}\rightarrow n^2=\left(\frac{ck}{\omega}\right)^2=\left(\frac{c}{v_\varphi}\right)^2\rightarrow v_\varphi=\frac{\omega}{k}\rightarrow\infty$$

波的相速度趋近于无穷大时，则意味着波长变成无穷大，这实际上表明波已经不能继续在介质中向前传播了，而是被反射。这种情形称为**波的截止** (cut-off)，截止频率即为等离子体频率 ω_{p}。

对于一定频率 ω 的电磁波在等离子体中传播时，在其路径上当满足 $\omega_{\mathrm{c}}=\omega_{\mathrm{pe}}$ 时，产生电磁波的截止现象 (即反射)，这时，相应的等离子体密度称为临界密度：

$$n_{\mathrm{c}}=\frac{\varepsilon_0 m_{\mathrm{e}}\omega^2}{e^2}\approx\frac{f_{\mathrm{c}}^2}{81}\quad[\mathrm{m}^{-3}]\tag{7-64}$$

很显然，临界密度是电磁波频率的函数：$n_{\mathrm{c}}=n_{\mathrm{c}}(\omega)$。利用截止频率，我们可以对等离子体的密度进行直接诊断。

对于 X 模，其截止频率分别为

$$\begin{cases}\text{右旋截止频率}\quad \omega_{\mathrm{Rc}}=\sqrt{\omega_{\mathrm{pe}}^2+\dfrac{\Omega_{\mathrm{e}}^2}{4}}+\dfrac{\Omega_{\mathrm{e}}}{2}\\[3ex] \text{左旋截止频率}\quad \omega_{\mathrm{Lc}}=\sqrt{\omega_{\mathrm{pe}}^2+\dfrac{\Omega_{\mathrm{e}}^2}{4}}-\dfrac{\Omega_{\mathrm{e}}}{2}\end{cases}\tag{7-65}$$

可见左、右旋截止频率之差正好等于电子的回旋频率，$\omega_{\mathrm{Rc}}-\omega_{\mathrm{Lc}}=\Omega_{\mathrm{e}}$，如果我们能从频谱观测中定出左、右旋分量的截止频率，就可以利用它们的差值直接诊断辐射源区的磁感应强度 $\boldsymbol{B}$。

3. 波的共振

在色散方程 (7-55) 式中，当 $A=0$ 时，折射率 n 有趋近于无穷大的解，这时相速度趋近于 0，即波长也趋近于 0，这时电磁波也不能在等离子体中继续往前传播，而是被等离子体吸收，称为共振 (resonance)。

当 $A=0$ 时，即意味下列这三种情形有其中一个满足：

对纵向传播情形 ($\theta=0$)，$R=\infty$，或 $L=\infty$，前者称为电子回旋波，后者称为离子回旋波；

对横向传播情形 ($\theta=\pi/2$)，$S=0$，这时便产生高混杂共振 (high hybrid resonance) 或低混杂共振 (low hybrid resonance)。

$$A=0\rightarrow\begin{cases}\text{纵向传播}\theta=0^\circ\begin{cases}\omega=\Omega_{\mathrm{ce}}, & \text{电子回旋共振}\\ \omega=\Omega_{\mathrm{ci}}, & \text{离子回旋共振}\end{cases}\\ \text{横向传播}\theta=90^\circ\begin{cases}\omega=\sqrt{\omega_{\mathrm{pe}}^2+\Omega_{\mathrm{ce}}^2}=\omega_{\mathrm{HU}}, & \text{高混杂共振}\\ \omega=\sqrt{\Omega_{\mathrm{ce}}\Omega_{\mathrm{ci}}}=\omega_{\mathrm{LU}}, & \text{低混杂共振}\end{cases}\end{cases} \tag{7-66}$$

电磁波在等离子体中的共振即意味着电磁波的能量转化为等离子体振荡的能量，从而可实现对等离子体的加热。通过共振方式实现从波动能量向等离子体热能的输送，是一种非常高效的能量转化形式。

截止和共振，这两种情况下电磁波都不能继续在等离子体中传播，因而，此时波的群速度为 $v_{\mathrm{g}}=0$。

在以上讨论电磁波的辐射转移和传播时，均没有涉及具体的辐射产生机制，也就是说它们对所有形式的电磁波都是普适的。

思　考　题

1. 简述波的截止、共振概念，如何利用截止频率估算等离子体的密度？

2. 试推导波的辐射转移方程的各种形式 (即分别用长度、光学厚度、辐射亮温等参数表述)。

3. 辐射亮温、热力学温度、辐射电子的等效温度，三者之间有何区别和联系？

4. 什么叫光厚源？什么叫光薄源？两者的辐射频谱分别与哪些物理量有关？

5. 什么叫寻常波？什么叫非寻常波？在等离子体中它们与磁场之间存在怎样的物理联系？

参 考 文 献

尤峻汉. 1998. 天体物理中的辐射机制. 北京：科学出版社.

赵仁扬. 1999. 太阳射电辐射理论. 北京：科学出版社.

Dulk G A. 1985. Radio emission from the sun and stars. ARA&A, 23: 169-224.

Lamy L, Cecconi B, Zarka P, et al. 2011. Emission and propagation of Saturn kilometric radiation: Magnetoionic modes, beaming pattern, and polarization state. JGRA, 116: 4212.

Rickett B J. 1990. Radio propagation through the turbulent interstellar plasma. ARA&A, 28: 561.

Steinberg J L, Hoang S, Lecacheux A, et al. 1984. Type III radio bursts in the interplanetary medium – the role of propagation. A&A, 140: 39.

Wild J P, Smerd S F, Weiss A A, 1963. Solar bursts. ARA&A, 1: 291.

Xu M, Tynan G R, Diamond P H, et al. 2011. Generation of a sheared plasma rotation by emission, propagation, and absorption of drift wave packets. Phys. Rev. Lett., 107: 055003.

Zheleznyakov V V. 1969. On the equation of radiative transfer in a magnetoactive plasma. Ap. J., 155: 1129.

第 8 章　天体等离子体中的非相干辐射机制

8.1　等离子体中辐射的基本特征

天体等离子体中的辐射机制，描述了电磁波的产生条件和产生原理，是根据天文观测结果理解辐射源区的物理过程和构建相关物理图像的理论基础。不过，在天体等离子体中，往往存在多种辐射过程，从而使辐射机制变得非常复杂。常见的辐射过程如下所述。

(1) 热辐射，这是任何平衡态等离子体都会产生的辐射。

(2) 激发辐射，等离子体中的原子或离子的轨道电子在碰撞或电磁场作用下，可能会被激发到较高能态，这些激发态的寿命非常短，一般短于 10^{-8}s，会很快发生跃迁回到低能态，并发出线光谱辐射。

(3) 复合辐射，等离子体中自由电子和离子碰撞时与离子发生复合并释放出光子。

(4) 韧致辐射，等离子体中的带电粒子在库仑相互作用下通过碰撞产生加速度，从而发出的辐射，主要来自于电子与粒子碰撞过程，电子–电子碰撞和离子–离子碰撞虽然也能产生类似的辐射，但在强度上要弱得多。

(5) 磁回旋辐射，在存在磁场的情况下，带电粒子的回旋运动产生的辐射。

下面，分别对这些辐射机制进行讨论。

8.1.1　等离子体中的热辐射

在等离子体中，我们所能遇到的最普遍的辐射方式便是热辐射，这是任何温度高于 0K、处于热动平衡状态的物质都会产生的一种辐射。当辐射源处于热动平衡状态时，源内的微观粒子 (分子、原子、离子、电子等) 的能量分布可以用一定温度下的玻尔兹曼分布表示，当粒子随机热运动的运动状态发生改变时，相应地也会产生能量的增减。当质点能量减少时，减少的能量便以辐射的形式释放出来，产生热辐射；当质点吸收一定能量时，其动能便会增加，这一过程便是热吸收。热辐射的能量传递是双向的，在辐射体的内部，辐射与吸收达到热力学平衡，辐射越强，吸收也越强；在光学厚的辐射体表面，产生的热辐射则可以向外传播。在热动平衡系统中，各个质点均做无规则热运动，其动能分布是连续的，质点运动状态改变时产生的能量变化从统计角度上看也是连续分布的，因此，热辐射的谱表现为连续谱。

与质点的玻尔兹曼分布对应的热辐射谱的分布可以用普朗克定律表示：

$$I_{\nu}(T)=\frac{2h\nu^{3}}{c^{2}}\frac{1}{\exp\left(\dfrac{h\nu}{k_{\mathrm{B}}}\right)-1} \tag{8-1}$$

可见，热辐射强度仅与温度有关。由于辐射源内的质点动能分布可以从 0 到极大，基本是连续分布的，所以热辐射的频谱分布是一个连续谱。例如，宇宙微波背景辐射便是一种对应温度约为 2.7K 的热辐射连续谱，在十万分之一的精度上是各向同性的。太阳日冕观测中经常使用的软 X 射线观测，采用的也是日冕热辐射产生的连续谱辐射。但是，对于具有某一温度的辐射源，其辐射能量基本上集中在特定的频率范围，如图 8-1 所示。

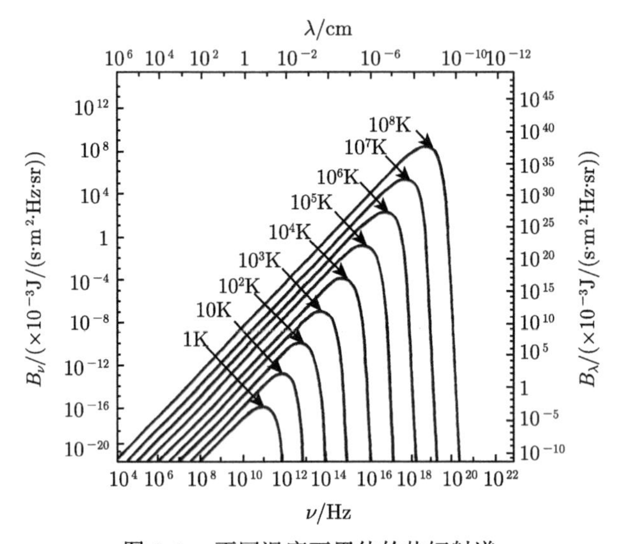

图 8-1　不同温度下黑体的热辐射谱

利用 (8-1) 式,可以得到最大辐射强度对应的峰值波长与温度的关系 (即 Wein 位移定律) 为

$$\lambda_{\max}=\frac{2.898}{T}\quad(\mathrm{mm}) \tag{8-2}$$

式中，温度 T 的单位为 K。在不同温度下的热辐射，其对应的峰值波长不同，如图 8-2 所示，随着温度的增加，辐射体的颜色逐渐向蓝色方向移动。例如，在太阳耀斑活动区，其等离子体的温度可达 10^{7}K，对应的热辐射的峰值波长短至 3Å 左右，这已经是软 X 射线范围了，这就是 GOES 卫星的软 X 射线望远镜的观测波段。

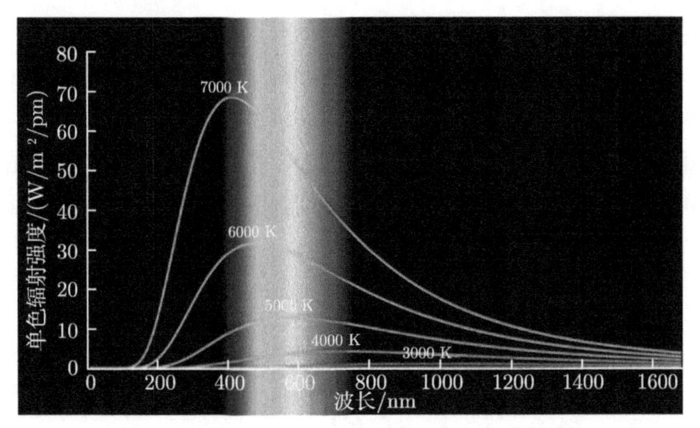

图 8-2 最大辐射强度对应的峰值波长与温度的关系

在长波段，例如远红外及射电波段等，$h\nu \ll kT$，普朗克公式可以近似为

$$I_{\nu}(T) \approx \frac{2\nu^2}{c^2}kT \tag{8-3}$$

这时辐射强度近似与温度成正比，这一关系称为 Rayleigh-Jeans 定律。

在短波段，例如 X 射线和 γ 射线等，$h\nu \gg kT$，普朗克公式可以近似为 Wein 定律：

$$I_{\nu}(T) \approx \frac{2h\nu^3}{c^2}\exp\left(-\frac{h\nu}{kT}\right) \tag{8-4}$$

对于光学厚的辐射源，可以看成黑体辐射，得到在其单位面积上各波段辐射的总能流 F 仅与温度的 4 次方成正比：

$$F = \sigma T^4 \tag{8-5}$$

其中，常数 $\sigma = 5.67 \times 10^{-8}\mathrm{W/(m^2 \cdot K^4)}$。

这里还有必要提及黑体辐射。所谓黑体，是指可以完全吸收任何投射到其表面上的电磁波，而不反射任何波长的电磁波，或者说反射率为 0 的物体即为黑体。很显然，黑体只是一个假想的理想辐射体，是一类光学厚的辐射介质，即光学厚介质上发射的热辐射就是黑体辐射。黑体辐射满足前面所述的所有热辐射的规律。

事实上，现实中没有任何物体能够在所有波长上都完全吸收和发射电磁波。但是对某些物体在特定的波段，还是可以近似将其看成黑体的。例如，恒星可以被看成黑体，因为它们可以发射或吸收电磁波谱中绝大部分的波长，虽然在一些波长上是恒星无法吸收或发射的，但是其数量很少，仍然可以将恒星视为黑体。而对于行星和黑洞，则可以被视为近乎完美的黑体了。

8.1.2 激发辐射

等离子体中，当中性原子或离子中的电子能态跃迁，从较高的激发态 (excited state) 向较低的激发态或基态 (ground state) 跃迁时，便向外释放出一个光子；与此相反，当原子吸收一个光子后，电子也可以从较低的能态跃迁到较高的能态。所释放或吸收的这个光子的能量便等于跃迁前后两个能态之差，光子频率可由下式给出：

$$\nu_{kn} = \frac{1}{h}\left|E_n - E_k\right| \tag{8-6}$$

例如，氢原子的谱线见图 8-3, 可以用下列近似公式表示：

$$\nu_{kn} = R\left(\frac{1}{k^2} - \frac{1}{n^2}\right) \tag{8-7}$$

式中，k 和 n 都只能取一系列的整数。因为 k 和 n 都是由分离的一系列整数构成的，它们在数值上就不是连续变化的，因此，得到的辐射频率也不会是连续的，而只能是一系列分立的谱线。当 $k=1$，n 取大于 1 的一系列整数时，可得到莱曼 (Lyman) 线系；当 $k=2$，n 取大于 2 的一系列整数时，可得到巴尔末 (Balmer) 线系等。

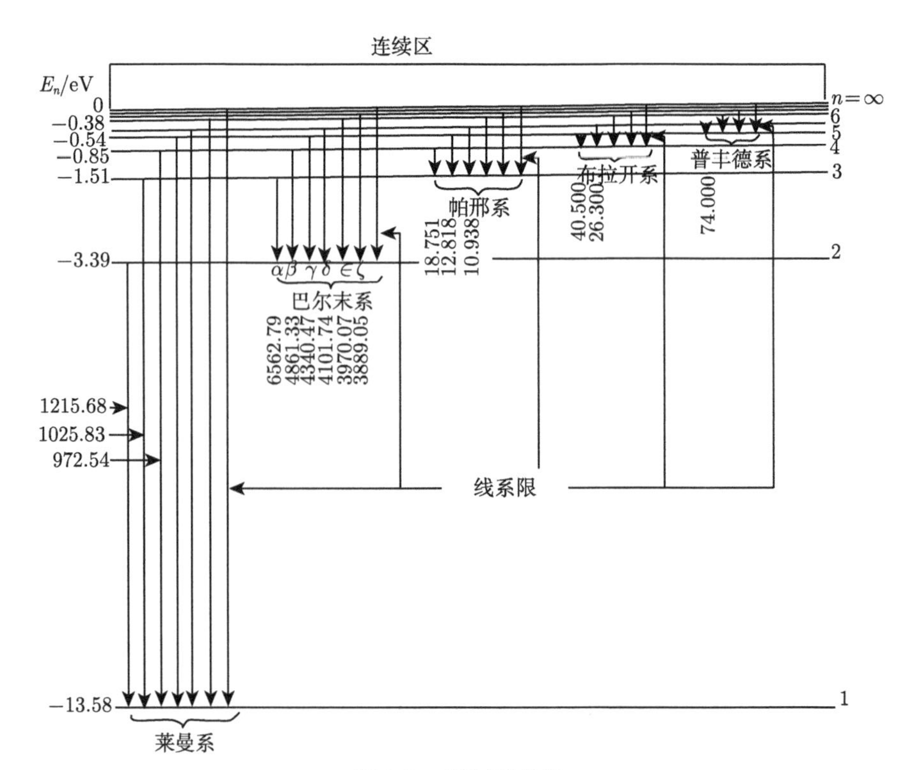

图 8-3 氢原子光谱

除了原子的能级跃迁外，分子跃迁、原子核的跃迁等都能产生谱线发射。我们常说的 21cm 谱线，便是由中性氢原子的两个不同自旋态之间的跃迁产生的，两个自旋态之间的能量差为 6×10^{-6}eV，对应的辐射便是波长为 21cm 的射电波。另外，在太阳观测中经常使用的 Hα 成像和磁场测量、日冕的极紫外观测等都是采用等离子体中的谱线发射所产生的辐射。其中，Hα 谱线是氢原子的巴尔末线系的第一条谱线，而太阳极紫外观测中的谱线则通常是重核元素的高次电离态下的谱线发射。

8.1.3 复合辐射

等离子体中存在大量由原子电离而产生的自由电子和离子，当它们发生碰撞时，离子捕获电子发生复合，同时释放光子，这个过程便称为复合辐射。这是电子从自由态向束缚态的转变，因此也称为自由–束缚过程，有别于轫致辐射的自由–自由过程。

很显然，上述的粒子能级跃迁产生的谱线发射和热辐射过程与具体的等离子体物理过程都没有直接的关联。我们在本节中主要讨论与某种等离子体物理过程有关的辐射机制。

在天体等离子体中，带电粒子的运动，包括粒子本身的运动和各种集体运动都会激发特定的辐射过程。由于电子和离子基本上带同样大小的电荷，但是电子的质量远小于离子，则电子运动的加速度一般都远大于离子。由于电磁辐射主要与辐射粒子的加速度有关，则电子对辐射的贡献一般都远大于离子。

当电子同离子因为库仑相互作用发生碰撞而被加速时，将产生轫致辐射；当电子在磁场中发生回旋运动时将产生磁回旋辐射或同步加速辐射。这些辐射都是非相干的辐射 (incoherent emission)。

在某些情况下，电子会与等离子体中的某种特征波模 (如电子回旋波、朗缪尔波以及某些等离子体不稳定性波模等) 发生耦合，将使波的能量相干放大，从而产生增强的相干辐射 (coherent emission)。相干辐射的频率都位于等离子体某种特征波模附近，因为只有这样，才能引起电子运动与等离子体波模之间的耦合共振放大。产生相干辐射时，电磁波可以从电子的分布中迅速地抽取自由能，因此这时的等离子体处于非热平衡状态。

对于在温度 T 上的热辐射 (thermal emission)，其辐射亮温 $T_{\mathrm{b}} = T$。如果 $T_{\mathrm{b}} > T$，则对应的辐射即为非热辐射 (nonthermal emission)。

非热辐射的起源主要有两个方面：非热粒子的非相干辐射和相干辐射。

我们知道，在太阳上的最高热力学温度在 10^7K 量级，明显超过这个温度的辐射亮温则一定与某种非热粒子发射或相干辐射过程有关。

具有能量 E 的粒子所发射的非相干辐射的辐射亮温必然满足关系：$T_{\mathrm{b}} \leqslant \dfrac{E}{k_{\mathrm{B}}}$。

例如，电子的静止能量为 511keV，对应的温度大约相当于 5.9×10^9K。但是，在太阳射电观测中常常能观测到辐射亮温 $T_b\gg10^9$K 的爆发现象。如果这是由非热电子的非相干辐射产生的，那么对应的非热电子一定是高极端相对论性的。实际观测表明，来自太阳的超过 500keV 的非热电子数量是非常稀少的。因此，我们可以断定，在太阳以及主序星上辐射亮温 $T_b\gg10^9$K 的爆发现象不太可能是非相干辐射，而应当是相干辐射，可能的相干辐射机制有脉泽辐射和各种形式的等离子体辐射。

在天体等离子体中，尤其是在各种爆发过程中，相干辐射常常比非相干辐射更重要，因此，我们将在 8.4 节中专门对相干辐射进行讨论。本节主要讨论非相干辐射过程。

由于一般天体等离子体的密度范围都低于 $10^{15}\mathrm{cm}^{-3}$，其对应的各种特征等离子体波模的频率基本上都位于射电频段。因此，在研究天体等离子体的辐射过程时，重点考虑射电波段的辐射，这时，瑞利–金斯定律是成立的。

其实，前面已经提到的谱线跃迁发射和热辐射也都属于非相干辐射，但它们与等离子体物理过程并无直接联系。这里，我们重点讨论直接与等离子体物理过程相关的非相干辐射，这类非相干辐射主要有以下两种类型。

(1) 韧致辐射 (bremsstrahlung)：自由电子与离子的库仑碰撞引起的加速运动而产生的辐射。因为在等离子体中，电子与离子在碰撞前后都是自由电荷，因此，有时也称这类辐射为自由–自由跃迁 (free-free emission)；

(2) 磁回旋辐射：荷电粒子在磁场中的回旋运动而产生的辐射，根据荷电粒子的能量不同，还可以分为回旋加速辐射 (cyclotron radiation)、回旋同步辐射 (gyrosynchrotron radiation) 和同步加速辐射 (synchrotron radiation) 等几个次型。

在讨论非相干辐射过程之前，我们先简单介绍一下单个带电粒子电磁辐射的主要特征。

8.1.4　单个带电粒子的电磁辐射

在等离子体中产生的辐射，包括韧致辐射、磁回旋辐射、同步加速辐射以及相干的等离子体辐射，均为所有带电粒子辐射的总和。因此，讨论天体等离子体中的辐射机制时，有必要首先考察一下单个带电粒子的辐射特征，在此基础上进一步讨论在不同运动特征、不同物理条件下等离子体的辐射过程。

1. 辐射电磁场

首先，我们从磁场的高斯定律 $\nabla\cdot\boldsymbol{B}=0$ 可知，磁场 $\boldsymbol{B}$ 可以用某个矢量场 $\boldsymbol{A}$ 的旋度表示：

$$\boldsymbol{B}=\nabla\times\boldsymbol{A} \tag{8-8}$$

麦克斯韦方程组中的电磁感应定律 $\nabla\times\boldsymbol{E}=-\dfrac{\partial\boldsymbol{B}}{\partial t}$ 可以写成 $\nabla\times\left(\boldsymbol{E}+\dfrac{1}{c}\dfrac{\partial\boldsymbol{A}}{\partial t}\right)=0$。这里括号中的量可以用某个标量场的梯度表示，$\boldsymbol{E}+\dfrac{1}{c}\dfrac{\partial\boldsymbol{A}}{\partial t}=-\nabla\varphi$，则有

$$\boldsymbol{E}=-\nabla\varphi-\frac{1}{c}\frac{\partial\boldsymbol{A}}{\partial t} \tag{8-9}$$

这里定义的矢量 $\boldsymbol{A}$ 称为矢量势，φ 称为标量势，两者合称电磁势。利用上述定义，电场的高斯定律 $(\nabla\cdot\boldsymbol{E}=\dfrac{\rho}{\varepsilon})$ 可以改写为

$$\nabla\cdot\boldsymbol{E}=\nabla\cdot\left(-\nabla\varphi-\frac{1}{c}\frac{\partial\boldsymbol{A}}{\partial t}\right)=\frac{1}{\varepsilon}\rho$$

即

$$\nabla^2\varphi-\frac{1}{c^2}\frac{\partial^2\varphi}{\partial t^2}+\frac{1}{c}\frac{\partial}{\partial t}\left(\nabla\cdot\boldsymbol{A}+\frac{1}{c}\frac{\partial\varphi}{\partial t}\right)=-\frac{1}{\varepsilon}\rho \tag{8-10}$$

同样，麦克斯韦方程组中的 $\left(\nabla\times\boldsymbol{B}=\mu j+\dfrac{1}{c^2}\dfrac{\partial\boldsymbol{E}}{\partial t}\right)$ 这一式还可以改写为

$$\nabla^2\boldsymbol{A}-\frac{1}{\mathrm{c}^2}\frac{\partial^2 A}{\partial t^2}-\frac{1}{\mathrm{c}}\frac{\partial}{\partial t}\left(\nabla\cdot A+\frac{1}{\mathrm{c}}\frac{\partial\varphi}{\partial \mathrm{t}}\right)=-\boldsymbol{j} \tag{8-11}$$

(8-10) 式和 (8-11) 式在形式上几乎是一模一样的，因此，它们的解的形式也应该是雷同的。定义洛伦兹规范变换：

$$\nabla\cdot\boldsymbol{A}+\frac{1}{c}\frac{\partial\varphi}{\partial t}=0 \tag{8-12}$$

于是得到方程：

$$\nabla^2\varphi-\frac{1}{c^2}\frac{\partial^2\varphi}{\partial t^2}=-\frac{1}{\varepsilon}\rho \tag{8-13}$$

$$\nabla^2\boldsymbol{A}-\frac{1}{c^2}\frac{\partial^2\boldsymbol{A}}{\partial t^2}=-\boldsymbol{j} \tag{8-14}$$

(8-13) 式和 (8-14) 式称为达朗贝尔 (d'Alembert) 方程，是非齐次波动方程，加上定义的洛伦兹条件，构成电动力学的基本方程组。电荷产生标量势的波动，电流产生矢量势的波动。达朗贝尔方程的解为

$$\varphi(x,y,z,t)=\iiint\frac{\rho\left(x',y',z',t-\dfrac{r}{c}\right)}{r}\mathrm{d}\tau \tag{8-15}$$

$$\boldsymbol{A}(x,y,z,t)=\iiint\frac{\boldsymbol{j}\left(x',y',z',t-\dfrac{r}{c}\right)}{cr}\mathrm{d}\tau \tag{8-16}$$

式中，r 表示从源点 (x',y',z') 到观测点 (x,y,z) 的距离。上述解表示 t 时刻在观测点的电磁场是由源区各体积元 $\mathrm{d}\tau$ 的电荷 $\rho\mathrm{d}\tau$ 和电流元 $\boldsymbol{j}\mathrm{d}\tau$ 产生的，它们对标量势和矢量势的贡献分别为 $\dfrac{\rho}{r}\mathrm{d}\tau$ 和 $\dfrac{\boldsymbol{j}}{cr}\mathrm{d}\tau$。当在观测点求 t 时刻的电磁势时，电荷密度和电流密度必须取较早时刻 $t'=t-\dfrac{r}{c}$ 的值，即源点 $\mathrm{d}\tau$ 的电荷 ρ 和电流 $\boldsymbol{j}$ 产生变化时，需要经过一段时间 $\dfrac{r}{c}$ 之后才能对观测点处的电磁势 $\boldsymbol{A}$ 和 φ 产生影响，电磁场的变化是以有限速度 c 传播的。因此，上式表示的电磁势也称为推迟势。

因为单个带电粒子的线度远小于 r，可以看作点粒子处理，所以，在上述电磁势的积分中可以将 r 提到积分符号外边，并用 r' 表示，即在 t' 时刻观测点与源点的距离，相应地，电荷运动速度也用 v' 表示：

$$\varphi(x,y,z,t)=\frac{1}{r'}\iiint\rho\left(x',y',z',t-\frac{r'}{c}\right)\mathrm{d}\tau \tag{8-17}$$

$$\boldsymbol{A}(x,y,z,t)=\frac{v'}{cr'}\iiint\rho\left(x',y',z',t-\frac{r'}{c}\right)\mathrm{d}\tau \tag{8-18}$$

式中，电荷密度积分为

$$\iiint\rho\left(x',y',z',t-\frac{r'}{c}\right)\mathrm{d}\tau=\frac{q}{1-\dfrac{v'}{c}}=\frac{q}{K} \tag{8-19}$$

$K=1-\dfrac{v'}{c}=1-\dfrac{v'\cdot r'}{cr'}=1-\boldsymbol{n}'\cdot\boldsymbol{\beta}'$，称为电荷改正因子。其中，参数 $\boldsymbol{n}'$ 为 r' 的单位矢量，$\boldsymbol{\beta}'=\dfrac{v'}{c}$。$K$ 反映辐射粒子运动时，有效电量的变化。如果粒子静止，$K=1$，有效电量就等于总电荷；如果粒子沿着 r' 方向朝着观测点运动时，$K<1$，则有效电量大于总电荷；如果粒子背着 r' 方向运动时，则有效电量小于总电荷。由 (8-15) 式 ~(8-17) 式可以得到电磁势的表达式为

$$\boldsymbol{\varphi}=\frac{q}{Kr'}=\left(\frac{q}{Kr}\right)_{\text{relay}} \tag{8-20}$$

$$A=\frac{q\boldsymbol{\beta}'}{Kr'}=\left(\frac{q\boldsymbol{\beta}}{Kr}\right)_{\text{relay}} \tag{8-21}$$

上式便称为李纳–维谢尔 (Lienard-Wiechert) 势。它反映了推迟效应，即在 t 时刻 (x,y,z) 处产生的场是由粒子在较早时刻，即 t' 时的位置 $\boldsymbol{r}'$ 和速度 $\boldsymbol{\beta}'$ 决定的，也考虑了有效电量的改变对电磁场的影响。

利用李纳–维谢尔势，可以求出单个带电粒子的电磁场：

$$\begin{aligned}\boldsymbol{E}(x,y,z,t) &= q\left[\frac{(\boldsymbol{n}-\boldsymbol{\beta})(1-\boldsymbol{\beta}^2)}{K^3r^2}\right]_{\text{relay}} + \frac{q}{c}\left[\frac{\boldsymbol{n}}{K^3r}\times\left\{(\boldsymbol{n}-\boldsymbol{\beta})\times\dot{\boldsymbol{\beta}}\right\}\right]_{\text{relay}} \\ &= \boldsymbol{E}_1+\boldsymbol{E}_2 \end{aligned} \tag{8-22}$$

$$\boldsymbol{B}(x,y,z,t) = \boldsymbol{n}\times\boldsymbol{E}(x,y,z,t) \tag{8-23}$$

式中，$\dot{\boldsymbol{\beta}}=\dfrac{\mathrm{d}r'}{c\mathrm{d}t}$ 表示粒子相对于光速 c 的加速度。电场矢量的两项可以分别写成

$$\boldsymbol{E}_1 = q\left[\frac{(n-\beta)(1-\beta^2)}{K^3r^2}\right]_{\text{relay}},\quad \boldsymbol{B}_1=\boldsymbol{n}\times\boldsymbol{E}_1\quad (\text{定域场}) \tag{8-24}$$

$$\boldsymbol{E}_2 = \frac{q}{c}\left[\frac{n}{K^3r}\times\left\{(\boldsymbol{n}-\boldsymbol{\beta})\times\dot{\boldsymbol{\beta}}\right\}\right]_{\text{relay}},\quad \boldsymbol{B}_2=\boldsymbol{n}\times\boldsymbol{E}_2\quad (\text{辐射场}) \tag{8-25}$$

式中，第一项 $\boldsymbol{E}_1$ 与电荷的加速度无关，并随距离以平方反比趋近于零，其分布仅定域在电荷分布空间，随粒子一起运动。假定以电荷为中心作半径为 r 的球面，则通过该球面的能量可表示成 $\oiint S\cdot\mathrm{d}\sigma=\oiint \boldsymbol{E}_1\times(\boldsymbol{n}\times\boldsymbol{E}_1)\cdot\mathrm{d}\sigma\propto\dfrac{1}{r}$ 或 $\dfrac{1}{r^2}$。当 r 趋近于无穷远时，通过该球面的 $\boldsymbol{E}_1$ 能流趋近于零，表明没有能量向外传播，因此称 $\boldsymbol{E}_1$ 为**定域场**，也称为瞬时库仑场。特殊情况下，当粒子静止时，$\boldsymbol{\beta}=0$，$K=1$，$\boldsymbol{E}_1$ 就表示成静电库仑场。

$\boldsymbol{E}_2$ 与电荷的加速度成正比，随距离以 $1/r$ 趋近于零。同样假定以电荷为中心作半径为 r 的球面，则通过该球面的能量可表示成 $\oiint S\cdot\mathrm{d}\sigma=\oiint \boldsymbol{E}_2\times(\boldsymbol{n}\times\boldsymbol{E}_2)\cdot\mathrm{d}\sigma\propto\dfrac{\beta^2}{r}$ 或 $\dfrac{\beta^2}{r^2}$，当 r 趋近于无穷远时，通过该球面的 $\boldsymbol{E}_2$ 能流则并不趋近于零，说明有能量向外传输。因此，称 $\boldsymbol{E}_2$ 为**辐射场**，也称加速度场。由于在同样的力场中，质量越小的带点粒子的加速度越大，因此通常主要研究电子的加速辐射。

在天体物理环境下，引起带电粒子做加速运动的因素主要有两类：①外力场的作用，例如磁场引起的回旋运动、强引力场引起的曲线运动等；②碰撞过程，如粒子与粒子的碰撞、电子与光子的碰撞等。

这里需要强调的是，粒子在有介质的空间运动时，即使没有加速度，只是匀速运动，但只要粒子速度超过光的速度，也产生辐射，这种辐射称为切连科夫辐

射。产生切连科夫辐射的不是粒子本身的电磁场，而是粒子运动引起介质中其他带电粒子发出次波，这些次波互相干涉，产生辐射电磁场。因此，“超光速”粒子只是辐射的诱导者，它提供能量使介质中的带电粒子加速并发出次波。

2. 辐射的角分布

利用辐射场 (8-25) 式，可以求出空间各点辐射场的坡印亭矢量：

$$\boldsymbol{S}=\frac{1}{\mu}\boldsymbol{E}_2\times\boldsymbol{B}_2=\frac{1}{\mu}\boldsymbol{E}_2^2\boldsymbol{n} \tag{8-26}$$

在观测点 (x,y,z) 作一个小面元 $\mathrm{d}\sigma$，其法向沿 $\boldsymbol{n}$ 方向，对 t' 时刻电荷所在点 (即源点) 所张的立体角对应的面元为 $\mathrm{d}\sigma=r^2\mathrm{d}\Omega\boldsymbol{n}$，则在单位时间内通过 $\mathrm{d}\sigma$ 的能量为

$$\mathrm{d}P(t)=\boldsymbol{S}\cdot\mathrm{d}\sigma=(\boldsymbol{S}\cdot\boldsymbol{n})\,r^2\mathrm{d}\Omega$$

因此，源点在单位立体角中辐射的功率为

$$\frac{\mathrm{d}P(t)}{\mathrm{d}\Omega}=(\boldsymbol{S}\cdot\boldsymbol{n})\,r^2=\frac{1}{\mu}r^2\left|\boldsymbol{E}\right|^2 \tag{8-27}$$

这里 $P(t)$ 表示在 t' 时刻电荷的辐射，观察者在 t 时刻所测得的单位时间通过 $\mathrm{d}\sigma$ 的辐射能量。要求电荷处单位时间通过 $\mathrm{d}\sigma$ 的辐射能量，才是准确意义的辐射角分布。根据能量守恒，可换算得到辐射源点粒子单位时间沿给定方向的单位立体角辐射的能量：

$$\frac{\mathrm{d}P(t')}{\mathrm{d}\Omega}=\frac{\mathrm{d}P(t)}{\mathrm{d}\Omega}\frac{\mathrm{d}t}{\mathrm{d}t'}=(\boldsymbol{S}\cdot\boldsymbol{n})\,r^2=\frac{K}{\mu}r^2\left|\boldsymbol{E}\right|^2 \tag{8-28}$$

代入 (8-25) 式，有

$$\frac{\mathrm{d}P(t')}{\mathrm{d}\Omega}=\frac{q^2}{\mu c^2}\frac{\left\{\boldsymbol{n}\times\left[(\boldsymbol{n}-\boldsymbol{\beta})\times\dot{\boldsymbol{\beta}}\right]\right\}^2}{K^5} \tag{8-29}$$

(1) 在非相对论 ($v\ll c$, $\boldsymbol{\beta}\to0$, $K\to1$) 情形，上式简化为

$$\frac{\mathrm{d}P(t')}{\mathrm{d}\Omega}=\frac{q^2}{\mu c^2}\left[\boldsymbol{n}\times\left(\boldsymbol{n}\times\dot{\boldsymbol{\beta}}\right)\right]^2 \tag{8-30}$$

设带电粒子的加速度 $\dot{\boldsymbol{v}}$ 与辐射的传播方向 $\boldsymbol{n}$ 之间的夹角为 θ，则有

$$\frac{\mathrm{d}P(t')}{\mathrm{d}\Omega}=\frac{q^2\dot{\boldsymbol{v}}^2}{\mu c^4}\sin^2\theta \tag{8-31}$$

上式即为偶极子电磁辐射的角分布 ($q^2\dot{\boldsymbol{v}}^2 = q^2\ddot{\boldsymbol{r}}^2 = \ddot{d}^2$)。可见，非相对论性电荷的辐射角分布具有两个特点：① 与电荷的速度无关；② 辐射分布在很宽的角范围，且相对于加速度的方向是对称的。

(2) 在相对论 ($v \to c, \beta \to 1$) 情形，(8-29) 式表明，相对论效应主要体现在分母中的电荷改正因子 K 中，

$$K = 1 - \boldsymbol{n} \cdot \boldsymbol{\beta} = 1 - \beta\cos\theta$$

当 $\theta = 0$ 时，有 $K = 1 - \beta = K_{\min}$，从而辐射 $\left(\propto \dfrac{1}{K^5}\right)$ 达到极大，且因 $\beta \to 1$，有 $K_{\min} \ll 1$。

当 θ 为一个小角时，$K = 1 - \beta\cos\theta \approx 1 - \beta + \dfrac{\beta\theta^2}{2} \approx K_{\min} + \dfrac{\theta^2}{2}$。若此时辐射强度仍然可观，则必须 K 值与 $K_{\min}$ 值同量级，可设 $K = 2K_{\min}$，则有

$$K_{\min} \approx \frac{\theta^2}{2} = 1 - \beta \to \theta^2 = 2(1-\beta) \approx (1+\beta)(1-\beta) = 1 - \beta^2$$

即 $\theta \sim \sqrt{1-\beta^2}$。一般习惯上用洛伦兹因子 γ 表示粒子能量与其静止能量之比，即 $\gamma = \dfrac{1}{\sqrt{1-\beta^2}}$。于是，可得辐射的角分布参量：

$$\theta \sim \frac{1}{\gamma} \tag{8-32}$$

这表明，相对论带电粒子的辐射主要集中在以速度 $\boldsymbol{v}$ 为中心线，半张角为 θ 的狭小锥角中，粒子的能量越大，洛伦兹因子 γ 也越大，锥角越小。事实上，当 $\theta \sim \dfrac{1}{\gamma}$ 时，辐射能量已经只有速度 $\boldsymbol{v}$ 方向的 $1/2^5$ 了。可见，对于速度极高的相对论性高能粒子，其辐射具有非常尖锐的方向性。

当 $\boldsymbol{\beta} \| \dot{\boldsymbol{\beta}}$ 情况，比如粒子沿静电场加速运动时，(8-30) 式可以简化为

$$\frac{\mathrm{d}P(t')}{\mathrm{d}\Omega} = \frac{q^2}{\mu c^3} \frac{\left[\boldsymbol{n} \times \left(\boldsymbol{n} \times \dot{\boldsymbol{\beta}}\right)\right]^2}{K^5} = \frac{q^2}{\mu c^3} \frac{\dot{\beta}^2}{(1-\beta\cos\theta)^5} \tag{8-33}$$

从上式分母中的表达式可见，随着粒子速度的增加，辐射的角分布与速度的关联性越来越强，辐射逐渐集中在速度方向上很小的范围中。

当 $\boldsymbol{\beta} \perp \dot{\boldsymbol{\beta}}$ 情况，比如粒子沿磁场做回旋运动时，(8-30) 式可以简化为

$$\frac{\mathrm{d}P(t')}{\mathrm{d}\Omega} = \frac{q^2}{\mu c^3} \dot{\beta}^2 \left[\frac{\gamma^2(1-\beta\cos\theta)^2 - \sin^2\theta\cos^2\varphi}{\gamma^2(1-\beta\cos\theta)^5}\right] \tag{8-34}$$

式中，φ 表示传播方向 $\boldsymbol{n}$ 与速度-加速度 $(\boldsymbol{\beta}-\dot{\boldsymbol{\beta}})$ 平面之间的夹角。辐射强度是在粒子速度方向达到峰值并指向前方的。

从 (8-31) 式、(8-33) 式和 (8-34) 式的对比可见，相对论性高能粒子的辐射具有显著的方向性，辐射峰值位于带电粒子瞬时运动方向上。

利用辐射的角分布公式，对所有方向的立体角积分，就能得到带电粒子的总辐射功率：$P(t)=\int\frac{\mathrm{d}P(t)}{\mathrm{d}\Omega}\mathrm{d}\Omega$。

对于非相对论性低能粒子，由于 $\mathrm{d}\Omega=2\pi\sin\theta\mathrm{d}\theta$，代入 (8-30) 式，可得

$$P(t')=\frac{\mathrm{d}W}{\mathrm{d}t}=\int\frac{q^2\dot{v}^2}{\mu c^3}\sin^2\theta\cdot2\pi\sin\theta\mathrm{d}\theta=\frac{8\pi^2q^2\dot{v}^2}{3\mu c^3}\tag{8-35}$$

可见，低能带电粒子的辐射总功率和粒子的运动速度无关，仅与粒子加速度的平方成正比。

对于相对论性的高能粒子，可以求得其辐射总功率为

$$P(t')=\frac{\mathrm{d}W}{\mathrm{d}t}=\frac{8\pi^2q^2}{3\mu c^3}\gamma^6\left[\dot{\boldsymbol{\beta}}^2-(\boldsymbol{\beta}\times\dot{\boldsymbol{\beta}})^2\right]\tag{8-36}$$

可以看出，当 $v\ll c$ 时，上式和 (8-34) 式是一致的。相对论性的高能带电粒子的辐射不但与粒子的加速度有关，也与粒子的动能有关 (相对论性粒子的动能与洛伦兹因子 γ 成正比：$E_{\mathrm{k}}=\gamma m_0c^2$)。粒子的运动速度增加时，其辐射功率将迅速增加。(8-36) 式也可以改写成用电磁场表示的形式：

$$P(t')=\frac{8\pi^2c}{3\mu}r_0^2\gamma^6\left[(\boldsymbol{E}+\boldsymbol{\beta}\times\boldsymbol{B})^2-(\boldsymbol{\beta}\cdot\boldsymbol{E})^2\right]\tag{8-37}$$

式中，$r_0=\frac{q^2}{m_0c^2}$ 称为带电粒子的经典半径。可见，在给定外场情况下，粒子的质量越大，辐射功率越低 (辐射功率与粒子电荷的四次方成正比，与粒子质量的平方成反比)。在天体等离子体中，电子的辐射贡献远远超过质子和其他离子的辐射贡献。因此，通常仅考虑电子的贡献。

3. 辐射的谱分布

利用 Fourier 级数展开或 Fourier 积分，任意形式的一个波都可以表示成具有不同频率的单色波的叠加。

(1) 当波场 $E(t)$ 随时间为周期性变化时，设周期为 T，则

$$E(t)=\sum_{-\infty}^{\infty}E_n\mathrm{e}^{-\mathrm{i}n\omega_0t},\quad E_n=\frac{1}{T}\int_0^TE(t)\mathrm{e}^{\mathrm{i}n\omega_0t}\mathrm{d}t,\quad\omega_0=\frac{2\pi}{T}\tag{8-38}$$

场的平均强度定义为电场强度的平方在一个周期内的平均值：

$$\bar{E}^2=\frac{1}{T}\int_0^T E^2(t)\mathrm{d}t=\sum_{-\infty}^{\infty}|E_n|^2=2\sum_{1}^{\infty}|E_n|^2 \tag{8-39}$$

这里，辐射场中不含直流分量：$E_0=0$。(8-39) 式表示平均强度等于各单色分量的强度之和，称为帕塞瓦尔 (Parseval) 定理。

(2) 当波场 $E(t)$ 随时间为非周期性的任意变化时，(8-38) 式中的级数求和应改为 Fourier 积分：

$$E(t)=\int_{-\infty}^{\infty}E(\omega)\,\mathrm{e}^{-\mathrm{i}\omega t}\mathrm{d}t,\quad E(\omega)=\frac{1}{2\pi}\int_0^{\infty}E(t)\,\mathrm{e}^{\mathrm{i}\omega t}\mathrm{d}t \tag{8-40}$$

这时，帕塞瓦尔定理的形式为

$$\int_{-\infty}^{\infty}E^2(t)\,\mathrm{d}t=4\pi\int_0^{\infty}|E(\omega)|^2\,\mathrm{d}\omega \tag{8-41}$$

为了得到辐射的谱分布，对 (8-27) 式作 Fourier 分析，得到沿给定方向单位立体角辐射的总能量的谱分布：

$$\frac{\mathrm{d}W}{\mathrm{d}\Omega}=\int_{-\infty}^{\infty}\frac{\mathrm{d}P(t)}{\mathrm{d}\Omega}\mathrm{d}t=\frac{r^2}{\mu c}\int_{-\infty}^{\infty}E^2(t)\,\mathrm{d}t$$

利用帕塞瓦尔定理 (8-41) 式，从上式可以得到

$$\frac{\mathrm{d}W}{\mathrm{d}\Omega}=\frac{2\pi}{\mu c}r^2\int_0^{\infty}|E(\omega)|^2\,\mathrm{d}\omega \tag{8-42}$$

由此可见，求谱分布的关键是求出场的单色振幅 $E(\omega)$，从 (8-42) 式可得

$$E(\omega)=\frac{2\varepsilon e}{c}\int_{-\infty}^{\infty}\left[\frac{\boldsymbol{n}\times\left\{(\boldsymbol{n}-\boldsymbol{\beta})\times\dot{\boldsymbol{\beta}}\right\}}{K^3 r}\right]_{\mathrm{relay}}\mathrm{e}^{\mathrm{i}\omega t}\mathrm{d}t,\quad t'=t-\frac{r}{c}$$

方括号中各参量都是在时刻 $t'=t-\dfrac{r}{c}$ 计算的，积分是对时间 t 进行的，为了避免在推迟时刻计算括号中的各参量，可以把积分变量 t 改成 t'，并做下列代换：

$$t=t'+\frac{r(t')}{c},\quad \mathrm{d}t=K\mathrm{d}t'$$

于是可得

$$E(\omega)=\frac{2\varepsilon e}{c}\int_{-\infty}^{\infty}\frac{n\times\left\{(n-\beta)\times\dot{\beta}\right\}}{K^2 r}\mathrm{e}^{\mathrm{i}\omega\left(t'+\frac{r}{c}\right)\mathrm{d}t'}$$

式中，$r=r_0-\rho(t')\cdot n$，其中 r_0 是观测点的位矢，为常量；$\rho(t')$ 是电子在 t' 时刻的位矢函数，因此，

$$E(\omega)=\frac{2\varepsilon e}{c}\int_{-\infty}^{\infty}\frac{n\times\left[(n-\beta)\times\dot{\beta}\right]}{K^2 r}\mathrm{e}^{\mathrm{i}\omega\left[t'-\frac{\rho(t')\cdot n}{c}\right]}\mathrm{e}^{\mathrm{i}\omega\frac{r_0}{c}}\mathrm{d}t'$$

$$|E(\omega)|^2=\frac{4\varepsilon^2 e^2}{c^2}\left|\int_{-\infty}^{\infty}\frac{n\times[(n-\beta)\times\dot{\beta}]}{K^2 r}\mathrm{e}^{\mathrm{i}\omega\left[t'-\frac{\rho(t')\cdot n}{c}\right]}\mathrm{d}t'\right|^2$$

利用恒等式 $\dfrac{n\times[(n-\beta)\times\dot{\beta}]}{K^2}=\dfrac{\mathrm{d}}{\mathrm{d}t'}\left[\dfrac{n\times(n\times\beta)}{K}\right]$，且有 $K=1-n\cdot\beta$，于是从 (8-41) 式可得

$$\frac{\mathrm{d}W(\omega)}{\mathrm{d}\Omega}=\frac{8\pi\varepsilon^2 e^2\omega^2}{\mu c^3}\left|\int_{-\infty}^{\infty}n\times[n\times\beta(t')]\,\mathrm{e}^{\mathrm{i}w\left[t'-\frac{\rho(t')\cdot n}{c}\right]}\mathrm{d}t'\right|^2 \tag{8-43}$$

只要知道电子的位矢函数 $\rho(t')$，就可以利用上式求出电子辐射的谱分布。

对于非相对论性的低能电子，可得偶极矩辐射的谱分布表达式：

$$\frac{\mathrm{d}W(\omega)}{\mathrm{d}\Omega}=\frac{8\pi\varepsilon^2 e^2\ddot{d}^2(\omega)}{\mu c^3}\sin^2\theta=\frac{8\pi\varepsilon^2 e^2\omega^4 d^2(\omega)}{\mu c^3}\sin^2\theta \tag{8-44}$$

式中，$d(\omega)=ql(\omega)$ 为频率为 ω 时的电偶极矩函数，且有 $\ddot{d}(\omega)=-\omega^2 d(\omega)$。

值得注意的是，(8-43) 式仅适用于真空中电子的辐射。在介质中，比如在折射率为 n_r 的等离子体中电子的辐射，需要将上述表达式作下列简单变换：

$$c\to\frac{c}{n_r},\quad e\to\frac{e}{n_r}$$

于是, 可得适用于介质情况下的辐射谱分布表达式：

$$\frac{\mathrm{d}W(\omega)}{\mathrm{d}\Omega}=\frac{8\pi\varepsilon^2 e^2 K n_r(\omega)}{\mu c^3}\left|\int_{-\infty}^{\infty}n\times[n\times\beta(t')]\,\mathrm{e}^{\mathrm{i}\omega\left[t-\frac{\rho(t')\cdot n}{c}\right]}\mathrm{d}t'\right|^2 \tag{8-45}$$

上述结果 (8-42) 式 ~(8-44) 式都仅适用于做非周期性运动的电子。对于周期运动的带电粒子的辐射，沿单位立体角的辐射总能量为无穷大，可以对在一个周期中沿单位立体角辐射的能量作谱分析：

$$\frac{\mathrm{d}W}{\mathrm{d}\Omega}=\int_0^T\frac{\mathrm{d}P(t)}{\mathrm{d}\Omega}\mathrm{d}t=\frac{r^2}{\mu c}\int_0^T E^2(t)\,\mathrm{d}t$$

这时，帕塞瓦尔定理应该采用下列形式：

$$\frac{1}{T}\frac{\mathrm{d}W}{\mathrm{d}\Omega}=\sum_{s=1}^{\infty}\frac{1}{T}\frac{\mathrm{d}W_s}{\mathrm{d}\Omega}=\frac{2}{\mu c}r^2\sum_{s=1}^{\infty}|E_s|^2$$

可见，在一个周期内，频率为 $\omega_s=s\omega_0$ 的单色波的平均辐射功率为

$$\frac{\mathrm{d}P_s}{\mathrm{d}\Omega}=\frac{1}{T}\frac{\mathrm{d}W_s}{\mathrm{d}\Omega}=\frac{2}{\mu c}r^2|E_s|^2=\frac{2}{\mu}r^2\frac{e^2}{T^2c^3}\left|\frac{n\times\left[(n-\beta)\times\dot{\beta}\right]}{K^2r}\mathrm{e}^{\mathrm{i}\omega\left[t'-\frac{\rho(t')\cdot n}{c}\right]}\right|^2$$

代入 $\omega_0=\dfrac{2\pi}{T}$，最后得到

$$\frac{\mathrm{d}P_s}{\mathrm{d}\Omega}=\frac{e^2s^2\omega_0^4}{2\mu\pi^2c^3}\left|\int_0^T n\times[n\times\beta(t')]\,\mathrm{e}^{\mathrm{i}sw\left[t-\frac{\rho(t')\cdot n}{c}\right]}\mathrm{d}t'\right|^2 \tag{8-46}$$

只要知道做周期运动的电子的运动方程 $\rho(t')$，就可以得到 $\beta(t')=\dfrac{1}{c}\dfrac{\mathrm{d}\rho}{\mathrm{d}t}$，利用 (8-46) 式就可以得到在一个周期内在频率为 $\omega_s=s\omega_0$ 的单色波辐射的平均功率。

类似地，还可以得到做周期运动的非相对论性低能电子辐射的谱分布：

$$\frac{\mathrm{d}P_s}{\mathrm{d}\Omega}=\frac{2}{\mu c}r^2|E_s|^2=\frac{2\ddot{d}_s^2\sin^2\theta}{\mu c^4} \tag{8-47}$$

从上式可知，如果偶极子做单色振动，只含一个频率，则其辐射也是单色的，该单色辐射的强度由偶极矩 d 的二阶导数决定。

8.2　等离子体的韧致辐射

等离子体中的韧致辐射是由带电粒子之间的库仑碰撞相互作用引起的。由于辐射功率与粒子的加速度密切相关，电子被加速产生的辐射远大于离子。因此，等离子体中的韧致辐射主要考虑电子与离子之间的远碰撞产生的辐射。当电子在离子的库仑场中受到离子的库仑静电力的作用而被加速时，便会发生偏转而沿双曲线轨道运动，从而产生辐射。因为碰撞是发生在两个自由带电粒子之间的，所以常将韧致辐射称为自由–自由发射。

这里，有必要对韧致辐射与热辐射之间的区别进行说明。

韧致辐射是带电粒子在与其他粒子发生碰撞时，在库仑场中做加速运动时产生的电磁辐射；韧致辐射在某一频率处的发射功率与辐射源的温度的 $\dfrac{1}{2}$ 次方成反比，与辐射粒子的数密度的平方成正比。

热辐射则是辐射源区内的所有粒子，包括带电粒子和不带电的中性原子、分子等在做随机热碰撞过程中，因单个粒子的动能发生改变而产生的辐射。热辐射的发射功率与辐射源温度的四次方成正比。因此，轫致辐射与热辐射是两种截然不同的辐射过程。

表 8-1 中列出了几种可能的热等离子体轫致辐射源，可以看出，轫致辐射频率主要由辐射电子的运动速度，也就是电子的能量决定。例如，在太阳日冕情形，非热高能电子对色球和低日冕等离子体的轫致作用可以产生硬 X 射线辐射；但是其中的低能热电子，因为动能小，速度低，其轫致过程则只能产生微波及射电辐射。但是，对于人们所发现的在太阳系外第一个 X 射线源天蝎座 X-1 来说，其等离子体温度高达 10^8K 左右，热电子的能量也高达 10keV 以上，因此，在这里热电子的轫致辐射就可产生大量的 X 射线辐射。

表 8-1 几种可能的热等离子体轫致辐射源

辐射源	频率范围	电子密度/cm^{-3}	温度/K
太阳耀斑	射电、微波、X 射线	10^{10}	10^7
HII 区	射电	10～100	10^5
猎户星云	射电	约 700	10^4
天蝎座 X-1	光学、X 射线	10^{16}	10^8
后发星团	X 射线	10^{-3}	10^8

1. 轫致辐射的辐射频率

由于电子质量远小于离子，在电子与离子的碰撞过程中，可以近似认为离子是静止不动的，那么碰撞过程可以简化为电子在静止离子的库仑场中的运动。假设电子辐射的能量远小于电子的动能 (实际大部分情况也是如此)，那么在碰撞过程中，电子的运动满足能量守恒、角动量守恒。库仑碰撞过程中，电子的运动轨迹近似为双曲线，运动轨迹参数主要取决于电子在无穷远处的初速度 v，电子对离子的瞄准距离 b。电子的加速时间定义为 $\tau \sim \dfrac{b}{v}$，可称为碰撞时间。

由于电子在碰撞过程中，加速度在 $0 \sim \tau$ 范围内显著不等于 0，所以在低频范围内，当 $\omega\tau \leqslant 1$ 时，电子的辐射比较显著；在高频范围内，当 $\omega\tau \geqslant 1$ 时，辐射可忽略不计。轫致辐射的频率范围主要由碰撞参数和初速度决定。对于速度为 v 和碰撞参数为 b 的电子，其轫致辐射频率为

$$\omega_c < \omega \leqslant \frac{v}{b} \tag{8-48}$$

最低频率则由等离子体中 O 模和 X 模的截止频率 ω_c 决定。这里，v 为辐射前电子的初速度，b 为碰撞参数 (瞄准距离)。电子的运动速度和碰撞参数在等离

子体中均服从一定的分布，例如，热电子服从麦克斯韦分布，非热电子则可能为幂律谱分布等，因此，辐射频率也分布在一个较宽的频段范围内。

(8-48) 式中，b 介于 $b_{\min}$ 和 $b_{\max}$ 之间。在等离子体中，最大的碰撞参数 $b_{\max}$ 便是德拜长度 λ_{D}，因为在该长度以外的距离上，电子与离子的作用因为德拜屏蔽而可以忽略。而最小的碰撞参数 $b_{\min}$ 则与电子的能量有关。对于低能电子，其最小碰撞参数就是通常所称的朗道长度：

$$b_{\min}=\lambda_{\mathrm{L}}=\frac{e^2}{4\pi\varepsilon_0 k_{\mathrm{B}}T_{\mathrm{e}}}$$

所谓低能电子，是指其运动速度 $v<\alpha_{\mathrm{f}}c$，这里 $\alpha_{\mathrm{f}}=\dfrac{e^2}{2\varepsilon_{\Delta}ch}$ 为原子的精细结构常数 (约为 1/137)，c 为光速。

对于高能电子，需要考虑其量子效应，这时的最小碰撞参数为

$$b_{\min}=\frac{h}{2\pi m_{\mathrm{e}}v}$$

2. 韧致辐射谱分布

韧致辐射过程中，单电子的辐射可以看作非相对论电子，做非周期运动时产生辐射的过程。因此可以利用 (8-44) 式对全部立体角积分，得到电子在单位频率间各种辐射的总能量：$W(\omega)=\dfrac{8\pi}{3c^3}\omega^4 d^2(\omega)$。因此求电子的谱分布的关键点是找到偶极矩的傅里叶分量。在库仑碰撞中，偶极矩由初速度 v，电子对离子的瞄准距离 b 来决定。

在热等离子体中，电子的运动速度服从麦克斯韦分布，平均运动速度可以表示为热力学温度的函数：$v_{\mathrm{e}}=(k_{\mathrm{B}}T/m_{\mathrm{e}})^{1/2}$。韧致辐射本身是一个量子过程，严格来说应该用量子力学的有关方法来计算其具体的辐射特征。不过，当等离子体重辐射电子的运动速度并不显著接近光速的情况下，利用经典处理方法仍然可以得到与观测基本相符的结果。因此，下面我们介绍主要利用经典方法给出的韧致辐射的有关特征。

一个电子以速度 v 通过距离为 b、电荷为 Z_i 的一个 i 类离子时，产生一次碰撞，在单位频率间隔中辐射的能量，乘以碰撞频率，再对 v 和 b 积分，可得到单位体积中各种速度的所有电子与所有第 i 类离子碰撞时，在单位频率间隔中的韧致辐射功率。再对所有种类离子求和，即可得到等离子体中单位体积所有电子与所有离子发生碰撞时，在单位频率间隔的**韧致辐射总功率**：

$$\frac{\mathrm{d}P(\nu,T_{\mathrm{e}})}{\mathrm{d}f}=\sum_i\frac{64\pi^{\frac{3}{2}}}{3\sqrt{6}}\frac{e^6Z_i^2n_in_{\mathrm{e}}}{c^3m_{\mathrm{e}}^{\frac{3}{2}}(k_{\mathrm{B}}T_{\mathrm{e}})^{\frac{1}{2}}}\exp\left(-\frac{hf}{k_{\mathrm{B}}T_{\mathrm{e}}}\right)G(v,f) \tag{8-49}$$

式中，v 为粒子的运动速度；f 为辐射频率；求和符号表示对不同种类的离子求和；G 为冈特 (Gaunt) 因子，定义为

$$G(v,f)=\frac{\sqrt{3}}{\pi}\ln\left(\frac{b_{\max}}{b_{\min}}\right) \tag{8-50}$$

这里，$b_{\max}$ 和 $b_{\min}$ 分别为速度为 v 的电子与离子碰撞时的最大碰撞参数和最小碰撞参数。

对于低能电子，例如与射电波段对应的热电子，其 Guant 因子近似为

$$G(v,f)=\frac{\sqrt{3}}{\pi}\ln\left(\frac{2m_{\mathrm{e}}v^{3}}{\Gamma fZe^{2}}\right)=\frac{\sqrt{3}}{\pi}\ln\left[\frac{2\left(k_{\mathrm{B}}T_{\mathrm{e}}\right)^{3/2}}{\Gamma fZe^{2}m_{\mathrm{e}}^{1/2}}\right],\quad \Gamma\approx 1.781 \tag{8-51}$$

对于高能电子，例如与硬 X 射线辐射对应的高能电子，其 Guant 因子则近似为

$$G(v,f)=\frac{\sqrt{3}}{\pi}\ln\left(\frac{2m_{\mathrm{e}}v^{2}}{hf}\right)=\frac{\sqrt{3}}{\pi}\ln\left(\frac{2k_{\mathrm{B}}T_{\mathrm{e}}}{hf}\right) \tag{8-52}$$

事实上，当碰撞粒子的速度很高时，上述 Guant 因子的表达式不再适用，这时必须考虑进一步的量子修正，这种处理一般都非常复杂。玻恩 (Born) 提出了另外一种近似方法，可以用下式给出：

$$G(v,f)=\frac{\sqrt{3}}{\pi}\ln\left(\frac{v+v'}{v-v'}\right)$$

这里，v 和 v' 分别为电子发出辐射前后的运动速度，它们可以通过能量守恒方程解出：

$$\frac{1}{2}m_{\mathrm{e}}v^{2}-\frac{1}{2}m_{\mathrm{e}}v'^{2}=hf$$

将 (8-51) 式或 (8-52) 式中的 Guant 因子分别代入 (8-49) 式，可得轫致辐射的辐射功率：

$$\frac{\mathrm{d}P}{\mathrm{d}f}\propto\frac{n_{i}n_{\mathrm{e}}}{T_{\mathrm{e}}^{1/2}}\approx\frac{n^{2}}{T^{1/2}} \tag{8-53}$$

从中可知，辐射功率主要取决于等离子体的密度，与密度的平方成正比，同时与温度的 $\frac{1}{2}$ 次方成反比。轫致辐射的功率与频率之间仅存在较弱的函数关系，即辐射功率与频率的对数成反比，体现在 Guant 因子中。

3. 轫致辐射的发射系数、吸收系数

利用 (8-49) 式可以得到等离子体中热电子与离子碰撞产生的轫致辐射的发射系数：

$$\eta_{\mathrm{f}}=\sum_{i}\frac{16\pi^{1/2}}{3\sqrt{6}}\frac{e^{6}Z_{i}^{2}n_{i}n_{\mathrm{e}}}{c^{3}m_{\mathrm{e}}^{3/2}\left(k_{\mathrm{B}}T_{\mathrm{e}}\right)^{1/2}}\exp\left(-\frac{hf}{k_{\mathrm{B}}T_{\mathrm{e}}}\right)G\left(v,f\right) \tag{8-54}$$

发射系数与吸收系数之间满足黑体辐射的 Kirchhoff 定律：

$$\eta_{\mathrm{f}}=\frac{2k_{\mathrm{B}}T_{\mathrm{e}}f^{2}}{c^{2}}\kappa_{\mathrm{f}} \tag{8-55}$$

可得等离子体中的热电子的自由–自由吸收系数：

$$\kappa_{\mathrm{f}}=\sum_{i}\frac{1}{3c}\left(\frac{2\pi}{3}\right)^{1/2}\frac{4\pi Z_{i}^{2}n_{i}e^{4}}{m_{\mathrm{e}}^{1/2}\left(k_{\mathrm{B}}T_{\mathrm{e}}\right)^{1/2}}\exp\left(-\frac{hf}{k_{\mathrm{B}}T_{\mathrm{e}}}\right)G\left(v,f\right) \tag{8-56}$$

再将有关的常数代入，可得到近似计算公式：

$$\kappa_{\mathrm{f}}\approx 9.78\times 10^{-3}\frac{n_{\mathrm{e}}}{f^{2}T_{\mathrm{e}}^{3/2}}\sum_{i}Z_{i}^{2}n_{i}\times\left\{\begin{array}{ll}18.2+\ln T_{\mathrm{e}}^{3/2}-\ln f, & T_{\mathrm{e}}<2\times 10^{5}\mathrm{K}\\ 24.5+\ln T_{\mathrm{e}}-\ln f, & T_{\mathrm{e}}\geqslant 2\times 10^{5}\mathrm{K}\end{array}\right. \tag{8-57}$$

对于一般主序星的星冕等离子体，其热轫致辐射的吸收系数可以近似表示为

$$\kappa_{\mathrm{f}}\approx 0.2\frac{n_{\mathrm{e}}^{2}}{f^{2}T_{\mathrm{e}}^{3/2}}\quad (f\text{为辐射频率}) \tag{8-58}$$

有了发射系数，我们可以求出在所有可能的发射频率上单位体积上的发射功率为

$$P_{\mathrm{br}}\approx 2.4\times 10^{-38}n_{i}n_{\mathrm{e}}Z^{2}T_{\mathrm{e}}^{1/2}$$

式中，T_{e} 的单位为 eV；n_i 和 n_{e} 的单位为 SI 制。

我们知道，轫致辐射，尤其是热轫致辐射，通常没有偏振度。但是，在有磁场存在的情况下，均匀、光学薄的磁化等离子体对 X 模的发射和吸收都比对 O 模更强一些，为 X 模占优的圆偏振。在这种情况下，吸收系数可表示为

$$\kappa_{\mathrm{f}\sigma}=\frac{0.2n_{\mathrm{e}}^{2}}{T_{\mathrm{e}}^{3/2}\left(f+\sigma\omega_{\mathrm{B}}\cos\theta\right)^{2}} \tag{8-59}$$

式中，$\sigma=1$ 时表示 O 模，$\sigma=-1$ 时表示 X 模；θ 为磁场方向与视线方向之间的夹角，假定 $f_{\mathrm{pe}}\gg\omega_{\mathrm{B}}$，并且 $f\gg f_{\mathrm{pe}}$，则折射率约等于 1；ω_{B} 为电子回旋频率；

f_{pe} 为等离子体频率。这时，圆偏振度可以简单表示成下列形式：

$$r_c = \frac{\kappa_X - \kappa_O}{\kappa_X + \kappa_O} \approx 2\frac{\omega_B}{f}\cos\theta \tag{8-60}$$

利用上式，可以直接测定视线方向上的磁感应强度：

$$B\cos\theta \approx \frac{f}{5.6\times 10^6\text{Hz}} r_c \tag{8-61}$$

例如，在 1GHz 处如果观测得到的圆偏振度为 10%，则源区视向磁感应强度约为 18G。必须注意，(8-58) 式 ~(8-61) 式只适合于光学薄情形。如果磁化等离子体是光学厚的介质，则其轫致辐射的偏振度将为 0，即为无偏振的。

但是，2000 年，Grebinskij 等详细分析发现，对于光学厚的轫致辐射源区，其圆偏振度除了与磁场有关外，还依赖于源区相对于光厚层辐射频率的温度梯度，可以表示为

$$r_c = \frac{\omega_B}{f}\cos\theta\left(-\frac{\mathrm{d}\lg T}{\mathrm{d}\lg f}\right) \tag{8-62}$$

对于光厚源，$T = T_B$。可得视向磁场为

$$B\cos\theta \approx \frac{f}{2.8\times 10^6\text{Hz}} r_c\left(-\frac{\mathrm{dlg}T_B}{\mathrm{dlg}f}\right)^{-1} = \frac{f}{2.8\times 10^6\text{Hz}}\frac{r_c}{\delta}$$

式中，$\delta = -\dfrac{\mathrm{dlg}T_B}{\mathrm{dlg}f}$ 即为辐射的谱指数 (可以看出，实际上光薄源对应的是谱指数 $\delta = 2$ 的情形)。

但是，对于多数主序星来说，其磁场并不很强，因此，其回旋频率也显著小于轫致辐射的频率，所以其偏振度通常并不大。对于致密天体，如中子星、白矮星等来说，由于其磁感应强度很大，这时可以通过严格的计算确定。

4. 轫致吸收

当电子与离子发射碰撞时，可能发射光子，也可能吸收光子，电子获得能量，跃迁到动能更大的自由态。这样的吸收过程称为逆轫致吸收，也称自由–自由吸收，或称碰撞阻尼。当波的电场与电子发生共振时，波的部分能量转移给电子，获得能量的电子与离子发生碰撞时，电子将逃离波电场，从而带走能量，产生对电磁波的阻尼。这种阻尼对所有波模都有影响，可以加热等离子体。

在无磁场或弱磁场情况下，轫致辐射与吸收是等离子体中的一种主要的辐射形式。但是，在有磁场的情况下，与回旋共振吸收等其他吸收过程相比，碰撞阻尼通常都很弱，只有在频率非常靠近 O 模或 X 模的截止频率附近时，碰撞阻尼才是显著的。在等离子体辐射的基频发射时，也是需要考虑碰撞阻尼效应的。

8.3 磁回旋辐射

磁化等离子体中，电子在洛伦兹力作用下做回旋运动的加速度往往比在库仑力作用下沿双曲线运动的加速度大得多，因此，韧致辐射往往可以忽略。

(8-53) 式表明，韧致辐射发射率正比于 n^2 而反比于 $T_{\mathrm{e}}^{1/2}$，而磁回旋辐射发射率正比于 $nT_{\mathrm{e}}^{a}B^{b}$(这里 $a>1, b>1$)。在稠密等离子体中，韧致辐射容易占支配地位，随着温度和磁场的升高，磁回旋磁场容易占支配地位。

磁回旋发射过程，根据发射电子的能量，可以划分为三个范畴。

回旋加速辐射：也称为回旋共振辐射，发射电子为非相对论性的低能电子，其相对论因子 $\gamma\approx1$，辐射频率 $f\approx \mathrm{s}\omega_{\mathrm{B}}$，这里 s 为谐波数，一般 $s<10$。辐射功率 $P(\theta)\propto\cos^2\theta$，辐射主要沿磁场方向上。

回旋同步辐射：发射电子为中等相对论性的 (例如，其能量可达 100keV 左右)，高温等离子体 (温度介于 $5\times10^7\sim5\times10^9$K) 中的热电子和幂律谱非热电子都有可能对辐射产生重要贡献，辐射电子的相对论因子 γ 在 3 以下。辐射的谐波数介于 10~100。辐射功率 $P(\theta)\propto\cos^2\theta\sin^{2s}\theta$，辐射主要沿中等角度方向上。该辐射为 X 模发射，并具有较高的偏振度。

同步加速辐射：发射电子为相对论性的高能电子，$\gamma\gg1$，辐射分布为一个宽带连续谱，辐射频率近似为 $f\approx\gamma^2\sin\theta\cdot\omega_{\mathrm{B}}$，辐射主要发生在电子的瞬时运动方向上。辐射的峰值频率出现在高次谐波上，$f_{\mathrm{m}}\approx0.435\gamma^2\omega_{\mathrm{B}}$，并垂直于磁场的方向。同步加速辐射为部分线偏振的，圆偏振非常弱，其偏振度 $r_{\mathrm{c}}\propto1/\gamma$。

事实上，这三种磁回旋辐射之间并没有明显的界限，我们在讨论它们的发射特性时，首先根据电子在磁场中的运动特征求出其回旋加速度，然后代入我们在前面介绍的单粒子的辐射功率的式 (8-31)、式 (8-33) 和式 (8-34)，对等离子体中单位体积中的电子求和，从而得到单位体积在单位频率上的发射率方程，在该方程中出现贝塞尔 (Bessel) 函数 $\mathrm{J}_s(sx_M)$ 和 $\mathrm{J}_s'(sx_M)$。针对不同能量的辐射电子，对 Bessel 函数用不同近似处理方法，可以分别给出这三种磁回旋辐射的近似表达式。

1. 回旋加速辐射

非相对论电子在被加速的情况下产生辐射的角分布很宽，具有偶极子辐射的角分布特征，沿着偶极子振动方向的辐射最小，垂直于偶极子方向的辐射最强。电子在磁场中的圆周运动，可以分解成两个方向彼此垂直，相位差是 $\dfrac{\pi}{2}$ 的具有相同频率的简谐振动。在 $v\ll c$ 的情况下，这个简谐振动可以看作偶极子的单色振动，那么电子的低速圆周运动可以看作一个二维的偶极子。

电子在磁场中的螺旋运动，其运动轨道在垂直于磁场方向平面上的投影是一个圆。运动半径称为拉莫尔半径 ($r_{\mathrm{L}} = \dfrac{v_{\perp}}{\omega_{\mathrm{L}}}$)，电子的回旋频率 $\omega_{\mathrm{L}} = \dfrac{eB}{m_0 c}$，称为电子的拉莫尔频率。电子的辐射总功率可以由 (8-35) 式得到：

$$P = \frac{\mathrm{d}W}{\mathrm{d}t} = \frac{2}{3}\frac{e^4}{m_0^2 c^5} v^2 B^2 \sin^2\alpha$$

式中，α 是投射角，是 $\boldsymbol{v}$ 与 $\boldsymbol{B}$ 的夹角。取电子的经典半径 $r_0 = \dfrac{e^2}{m_0 c^2} = 2.82 \times 10^{-13}\mathrm{cm}$，可得

$$P = 1.6 \times 10^{-15} \beta^2 B^2 \sin^2\alpha$$

若电子速度分布是各向同性的，则平均总功率是 $P = 1.1 \times 10^{-15}\beta^2 B^2$ (erg/s)，可见回旋辐射功率与其能量 (或运动速度的平方) 成正比，与磁场的平方成正比。

代入周期运动的谱公式 (8-46) 式可计算得回旋辐射的谱分布，简化表达式为

$$P_{\mathrm{s}} = \left(\frac{8\pi^2 e^2 \nu_{\mathrm{L}}^2}{c}\right) \frac{(S+1)\left(S^{2s}+1\right)}{(2S+1)!} \beta^{2s}$$

由此可见，辐射谱是由一系列分立谱组成的，频率依次是 ν_0，$2\nu_0$，$3\nu_0, \cdots$，其中 $\nu_0 = \dfrac{\omega_0}{2\pi}$，$\omega_0 = \dfrac{1}{\gamma}\omega_{\mathrm{L}}$，辐射强度随着 S 的增加而迅速减少。当电子速度很低时，实际上只有基频辐射，可近似为单色辐射。

在基频上，辐射的角分布是 $\overline{\dfrac{\mathrm{d}P_1}{\mathrm{d}\Omega}} = \dfrac{\pi e^2 \nu_0^2}{2c}\left(1+\cos^2\theta\right)$，这里 θ 是辐射方向与磁场的夹角。可见回旋辐射的角分布大体上是各向同性的，沿着磁场方向辐射最强，垂直于磁场方向上辐射最弱，两者是二倍关系。根据基频上的振幅 E 值，发现沿着磁场方向的辐射，场强的 x 分量和 y 分量相等，相位差是 $\dfrac{\pi}{2}$，是圆偏振波；垂直于磁场方向的辐射，场强的 z 和 x 方向的分量是 0，只有 y 方向的分量不为 0，是线偏振波。若 θ 取中间值，则是椭圆偏振波。

对于低能电子，对应 Bessel 函数 $\mathrm{J}_s(sx_M)$ 和 $\mathrm{J}_s'(sx_M)$ 采用幂级数首项近似，可以得到辐射电子的发射率表达式：

$$\begin{aligned}&\eta_M(s,f,\theta)\\&=\frac{n_M(ef\beta\sin\alpha)^2}{2\pi\left(1+T_M^2\right)}\left[\frac{K_M\sin\theta+(\cos\theta-n_M\beta\cos\alpha)\,T_M}{n_M\beta\sin\alpha\sin\theta}\mathrm{J}_s(sx_M)+\mathrm{J}_s'(sx_M)\right]^2\end{aligned}$$

$$\times \delta\left[f\left(1-n_M\beta\cos\alpha\cos\theta\right)-\frac{s\omega_{\mathrm{B}}}{\gamma}\right] \tag{8-63}$$

式中，$x_M=\dfrac{n_M\beta\sin\alpha\sin\theta}{1-n_M\beta\cos\alpha\cos\theta}$ 为 Bessel 函数的宗量；

$T_M=\dfrac{2Y\left(1-X\right)\cos\theta}{Y^2\sin^2\theta-M\left[Y^4\sin^4\theta+4Y^2\left(1-X\right)^2\cos^2\theta\right]^{1/2}}$ 为偏振椭圆的轴比；

$K_M=\dfrac{XY\sin\theta\left(1+YT_M\cos\theta\right)}{1-X-Y^2+XY^2\cos^2\theta}$ 为偏振矢量纵向分量的相对幅度；

$n_M^2=1-\dfrac{X\left(1-X\right)\left(1+YT_M\cos\theta\right)}{1-X-Y^2+XY^2\cos^2\theta}=1-\dfrac{1-X}{Y\sin\theta}K_M$ 为折射指数；

这里，X 和 Y 分别为磁离子模参数，$X=\dfrac{f_{\mathrm{pe}}^2}{f^2}\propto n_{\mathrm{e}}$，$Y=\dfrac{\omega_{\mathrm{B}}}{f}\propto B$。$\beta=v/c$ 为电子相对于光速的速度；γ 为洛伦兹因子；α 为电子运动方向与磁场方向之间的夹角，即投射角；θ 为电磁波的辐射方向与磁场方向之间的夹角；s 为谐波数。M 为波模数，对 O 模波，$M=1$；对 X 模波，$M=-1$。

根据上述辐射电子的发射率，可以得到磁回旋辐射的体发射率和体吸收率：

$$J_M\left(\omega,\theta\right)=2\pi\int_{-1}^{1}\int_{0}^{\infty}p^2\eta_M\left(\omega,\theta\right)f\left(p,\alpha\right)\mathrm{d}p\mathrm{d}\left(\cos\alpha\right) \tag{8-64}$$

$$\begin{aligned}\gamma_M\left(\omega,\theta\right)=&2\pi\int_{-1}^{1}\int_{0}^{\infty}p^2\frac{-\left(2\pi c\right)^3\eta_M\left(\omega,\theta\right)}{\omega^2n_M^2\beta c\dfrac{\partial\left(\omega n_M\right)}{\partial\omega}}\\&\cdot\left(\frac{\partial}{\partial p}+\frac{\cos\alpha-n_M\beta\cos\theta}{p\sin\alpha}\right)f\left(p,\alpha\right)\mathrm{d}p\mathrm{d}\left(\cos\alpha\right)\end{aligned} \tag{8-65}$$

式中，$f\left(p,\alpha\right)$ 为辐射电子的分布函数。

对非相对论性的低能电子，$\gamma\to1$，$\beta\to0$，则从 (8-63) 式中的 δ 函数可得回旋加速辐射的共振频率，即共振条件：

$$\omega=\frac{s\omega_{\mathrm{B}}}{\gamma}\cdot\frac{1}{1-n_M\beta\cos\alpha\cos\theta}\approx\frac{s\omega_{\mathrm{B}}}{\gamma}\left(1+n_M\beta\cos\alpha\cos\theta\right)\to s\omega_{\mathrm{B}} \tag{8-66}$$

上式即为回旋加速辐射的发射方程。在回旋加速辐射情形中，因为电子能量很低，麦克斯韦分布的热电子居支配地位。辐射频率主要由磁感应强度决定，而与辐射电子的运动速度，也即与能量无关。因此，回旋共振辐射表现为一系列分立的谱线，辐射主要集中在基频和低次谐波上，$s<10$，基频辐射主要沿磁场方向，低次谐波辐射则主要沿中等角度方向。

基频发射：$P(\theta) \propto \cos^2\theta$，即主要沿磁场方向发射；

低次谐波发射：$P(\theta) \propto \cos^2\theta \sin^{2s}\theta$，随着谐波数 s 的增加，发射主要集中在中等大小的角度上。

这时，(8-63) 式中的 Bessel 函数 $\mathrm{J}_s(sx_M)$ 和 $\mathrm{J}_s'(sx_M)$ 分别用其级数表达式：

$$\mathrm{J}_s(sx_M) = \sum_{k=0}^{\infty}(-1)^k \frac{1}{k!}\frac{1}{(s+k)!}\left(\frac{sx_M}{2}\right)^{2k+s}$$

$$\mathrm{J}_s'(sx_M) = \sum_{k=0}^{\infty}(-1)^k \frac{1}{k!}\frac{1}{(s+k)!}\frac{2k+s}{2}\left(\frac{sx_M}{2}\right)^{2k+s-1}$$

因为在这里，$sx_M \ll 1$，则上式中的级数可以只取其首项，则有

$$\mathrm{J}_s(sx_M) \approx \frac{1}{s!}\left(\frac{sx_M}{2}\right)^s = \frac{1}{s!}\left[\frac{sn_M \sin\alpha \sin\theta}{2(1-n_M\beta\cos\alpha\cos\theta)}\right]^s$$

$$\mathrm{J}_s'(sx_M) \approx \frac{1}{s!}\frac{s}{2}\left(\frac{sx_M}{2}\right)^{s-1} = \frac{1}{s!}\frac{s}{2}\left[\frac{sn_M \sin\alpha \sin\theta}{2(1-n_M\beta\cos\alpha\cos\theta)}\right]^{s-1}$$

设电子分布函数 $f(p,\alpha)$ 为麦克斯韦分布，将其代入体发射率和体吸收率 (8-64) 式和 (8-65) 式，可得磁回旋共振的吸收系数：

$$\begin{aligned} k_{\mathrm{f}}(s,\theta) =& \frac{\pi^2 f_{\mathrm{pe}}^2 s^2}{4cn_M s! f}\left(\frac{s^2\beta^2\sin^2\theta}{2}\right)^{s-1}\frac{1}{\beta|\cos\theta|} \\ &\cdot \exp\left(-\frac{1-\dfrac{s\omega_{\mathrm{B}}}{f}}{2n_M^2\beta^2\cos^2\theta}\right)(1-M|\cos\theta|)^2 \end{aligned} \tag{8-67}$$

因为是热电子的发射，根据 Kirchhoff 定律，利用上述吸收系数，可以得到磁回旋辐射的发射系数：

$$\eta_{\mathrm{f}}(s,\theta) = \frac{n_M^2 f^2}{c^2}\frac{\partial(\omega n_M)}{\partial\omega}k_{\mathrm{B}}Tk_{\mathrm{f}}(s,\theta) \tag{8-68}$$

上式的使用范围为 $s^2\beta \ll 1$。从上式可以看出，当 $f = s\omega_{\mathrm{B}}$ 时，吸收系数最大；当偏离上述值时，吸收系数迅速减小。回旋共振发射通常为一系列分离的谱线，主要发生在回旋频率的基频和低次谐波上。在一个谐波轮廓上，回旋共振吸收系数变化很大，其平均值为

$$\langle k_{\mathrm{f}}(s,\theta)\rangle = \int_{-\infty}^{\infty} k_{\mathrm{f}}(s,\theta)\frac{1}{\omega_{\mathrm{B}}}\mathrm{d}f$$

$$= \left(\frac{\pi}{2}\right)^{5/2} \frac{2f_{\text{pe}}^2}{cf} \frac{s^2}{s!} \left(\frac{s^2\beta^2 \sin^2\theta}{2}\right)^{s-1} (1 - M|\cos\theta|)^2 \tag{8-69}$$

同时，X 模的吸收系数大于 O 模，两者平均吸收系数之比为

$$\frac{\langle k_{\text{f}}(s,\theta)\rangle_{\text{X}}}{\langle k_{\text{f}}(s,\theta)\rangle_{\text{O}}} \propto \frac{(1+|\cos\theta|)^2}{(1-|\cos\theta|)^2} > 1$$

将日冕等离子体情形中的回旋共振吸收与自由–自由 (f-f) 吸收相比是很有意义的：

$$\frac{k_{s=1}^{\text{gr}}}{k^{\text{f-f}}} \approx 10^8, \quad \frac{k_{s=2}^{\text{gr}}}{k^{\text{f-f}}} \approx 10^5, \quad \frac{k_{s=3}^{\text{gr}}}{k^{\text{f-f}}} \approx 10^2$$

可见，在日冕情况下，低次谐波的回旋共振吸收远大于 f-f 吸收，且随着谐波数的增加，回旋共振的吸收系数迅速减小。

这里，我们必须注意，回旋共振辐射的低频端也要考虑其截止频率，我们是否能从望远镜中观测到低次谐波的回旋加速辐射，还取决于该发射频率是否超过当地的等离子体频率，即只有满足下列条件的回旋加速辐射才能传播出来被我们观测到：

$$\text{s}\omega_{\text{B}} > \omega_{\text{pe}} \quad (\text{O 波模})$$

$$\text{s}\omega_{\text{B}} > \sqrt{\omega_{\text{pe}}^2 + \frac{\Omega_{\text{e}}^2}{4}} + \frac{\Omega_{\text{e}}}{2} \quad (\text{X 波模})$$

由上可以得到，谐波数 S 满足以上条件时，回旋共振辐射的发射和吸收才具有实际意义，回旋共振层对应不同谐波数。

2. 回旋同步辐射

中等相对论性电子的能量约为 100keV，其磁回旋发射即为回旋同步辐射。

这时，在共振条件 (8-66) 式中，洛伦兹因子 γ 是显著大于 1 并且随辐射电子的能量连续变化的，相应地，共振频率 $\dfrac{s}{\gamma}(1 + n_M\beta\cos\alpha\cos\theta)\,\omega_{\text{B}}$ 中，ω_{B} 前面的系数 $\dfrac{s}{\gamma}(1 + n_M\beta\cos\alpha\cos\theta)$ 不再是由一系列分离的整数构成，而是连续变化的，因此，回旋同步辐射的谱表现为连续谱。谐波数较高，可达 10~100，多倾向于 X 波模，有较高的偏振度。回旋同步辐射是许多高温磁化热等离子体中最重要的微波辐射机制。

在中等相对论情形，采用幂级数的首项近似处理 Bessel 函数已经不合适，而是采用 Carlini 近似：

$$\mathrm{J}_s\left(2sx_M\right) \approx \frac{1}{(4s\pi)^{\frac{1}{2}}\left(1-x_M^2\right)^{\frac{1}{4}}}\left[\frac{x_M \mathrm{e}^{\left(1-x_M^2\right)^{\frac{1}{2}}}}{1+\left(1-x_M^2\right)^{\frac{1}{2}}}\right]^{2s}\left[1-\frac{2+3x_M^2}{48s\left(1-x_M^2\right)^{\frac{3}{2}}}\right] \tag{8-70}$$

$$\mathrm{J}_s'\left(2sx_M\right) \approx \frac{\left(1-x_M^2\right)^{\frac{1}{2}}}{x_M}\left[1+\frac{x_M^2}{4s(1-x_M^2)^{\frac{3}{2}}}\right]\cdot \mathrm{J}_s\left(2sx_M\right) \tag{8-71}$$

$$\int_0^{x_M} \mathrm{J}_{2s}\left(2sy\right)\mathrm{d}y \approx \frac{x_M}{2s\left(1-x_M^2\right)^{\frac{1}{2}}}\left[1-\frac{2+x_M^2}{4s\left(1-x_M^2\right)^{\frac{3}{2}}}\right]\cdot \mathrm{J}_s\left(2sx_M\right) \tag{8-72}$$

Carlini 近似适用于 s $\gg$ 1 的情况。对于热电子，设其满足服从麦克斯韦分布：

$$f\left(p\right)=\frac{N}{\left(2\pi\right)^{1/2}\left(m_{\mathrm{e}}c\beta\right)^3}\exp\left(-\frac{\gamma-1}{\beta}\right)$$

则根据 Carlini 近似，可以求得其吸收系数：

$$k\left(f,\theta\right)=\frac{\pi^{\frac{1}{2}}f_{\mathrm{pe}}^2}{\beta\omega_{\mathrm{B}}}\frac{3\sin^2\theta}{2K\left(1+T_M^2\right)}\left(1+\frac{\beta^2}{K^{\frac{1}{3}}T_M^2\sin^2\theta}\right)\cdot\exp\left[\frac{1}{\beta^2}\left(1-\frac{K^{\frac{1}{3}}}{\sin\theta}\right)\right] \tag{8-73}$$

式中，参数定义：$K=\dfrac{9f}{2\omega_{\mathrm{B}}}\beta^2\sin^2\theta$。

Robinson 和 Melrose 等对温度在 $5\times10^7\sim5\times10^9$K **热电子**的回旋同步辐射的吸收系数进行改正，将适用范围扩展到 $s>5$，求得吸收系数的近似解析表达式：

$$k(f,\theta)\approx 2.67\times10^{-9}\frac{n_e\mu^2\left(1-\dfrac{15}{8\mu}\right)}{Bn_M^2\sin^3\theta}\frac{\gamma_0^{\frac{3}{2}}\left(\gamma_0^2-1\right)^{\frac{1}{2}}}{1+T_M^2}\frac{\xi_0^2\left(\xi_0^2-1\right)}{s_0^{\frac{3}{2}}\chi^{\frac{1}{2}}}n_x\left(1+\frac{a_3s_c}{3s_0}\right)^{\frac{1}{6}} \times z^{2s_0}\left\{\left[c_2\left(1+0.85\frac{s_c}{s_0}\right)^{-\frac{1}{3}}+\left(1-M^2\right)^{\frac{1}{2}}n_x^{1/2}\right]^2 + \frac{M^2T_M^2\sin^4\theta}{2\left(s_0+s_c\right)}\right\}\times\exp\left[-\mu_0\left(\gamma_0-1\right)\right] \tag{8-74}$$

式中，各参数的定义分别如下：

$$\mu=\frac{m_{\mathrm{e}}c^2}{k_{\mathrm{B}}T},\quad \beta_0=\left(1-\frac{1}{\gamma_0^2}\right)^{1/2},\quad \gamma_0=\left[1+\frac{2f}{\mu\omega_{\mathrm{B}}}\left(1+\frac{9\chi}{2}\right)^{-1/3}\right]^{1/2}$$

$$\chi = \frac{f}{\omega_{\mathrm{B}}} \frac{\sin^2\theta}{\mu}$$

$$a_3 = 13.589, \quad s_0 = \gamma_0 \frac{f}{\omega_{\mathrm{B}}} n_M^2 \beta_0^2 \cos^2\theta$$

$$\xi_0 = \left(1 - \beta'^2\right)^{-1/2}, \quad \beta' = \frac{n_M \beta_0 \sin\theta}{(1 - n_M^2 \beta_0^2 \cos^2\theta)^{1/2}}$$

$$s_c = \frac{3}{2}\xi_0^2, \quad Z = \frac{\beta' \mathrm{e}^{1/\xi_0}}{1 + 1/\xi_0}, \quad c_2 = T_M \cos\theta \left(1 - n_M^2 \beta_0^2\right)$$

$$n_x = 1 - n_M^2 \beta_0^2 \cos^2\theta, \quad M^2 = n_M^2 \beta_0^2$$

对于太阳和绝大多数天体等离子体来说，温度在 $5\times10^7 \sim 5\times10^9$K 的**热电子**的回旋同步辐射和吸收都是非常重要的，在这里，辐射的谐波数通常在 10~100。但是，很显然，(8-63) 式太复杂了。为此，Dulk, Melrose 和 White 利用内插法，将热电子的回旋同步辐射进一步简化，得到了有关吸收系数、发射系数，以及光薄源情况下的圆偏振度的近似解析表达式 (Dulk et al., 1979; Dulk, 1985)：

$$k(f,\theta) \approx 50 \frac{n_{\mathrm{e}} T^7 B^9}{f^{10}} \sin^6\theta$$

$$\eta(f,\theta) \approx 1.2 \times 10^{-24} \left(\frac{f}{\omega_{\mathrm{B}}}\right)^2 T B^2 \cdot k(f,\theta)$$

$$r_{\mathrm{c}} \approx 13.1 T^{-0.138} 10^{0.231\cos\theta - 0.219\cos^2\theta} \left(\frac{f}{\omega_{\mathrm{B}}}\right)^{-0.782+0.545\cos\theta}, \quad \tau_{\mathrm{c}} \ll 1 \tag{8-75}$$

另外，还给出了均匀源的极大流量密度对应的频率，即峰值频率的近似表达式：

$$\nu_{\mathrm{peak}} \approx \begin{cases} 1.4\,(nL)^{0.1}(\sin\theta)^{0.6} T^{0.7} B^{0.9} & (10^8\mathrm{K} < T < 10^9\mathrm{K}) \\ 475\,(nL)^{0.05}(\sin\theta)^{0.6} T^{0.7} B^{0.95} & (10^7\mathrm{K} < T < 10^8\mathrm{K}) \end{cases} \tag{8-76}$$

对于热电子，峰值频率对应于光学深度为 2.5 处的频率。上式表明，峰值频率对磁场和电子温度很敏感，但是对电子密度和路径长度相对不敏感。

前面给出的是分布函数服从麦克斯韦分布的热电子的回旋同步辐射。对于非热电子，一般采用幂律谱分布来给出非热电子的分布特征：

$$n(E) = K E^{-\delta} \tag{8-77}$$

式中，δ 为电子能量分布的谱指数。Dulk 和 Marsh 利用逐次逼近试凑法进行拟合，得到了对于上述满足幂律谱分布的非热电子的回旋同步机制的发射系数、吸收系数、有效温度、圆偏振度和峰值频率的经验表达式：

$$\begin{cases} \eta(f,\theta) \approx 3.3 \times 10^{-24-0.52\delta} n_{\mathrm{e}} B (\sin\theta)^{-0.43+0.65\delta} \left(\dfrac{f}{\omega_{\mathrm{B}}}\right)^{1.22-0.90\delta}, & \tau_{\mathrm{c}} \ll 1 \\ \kappa(f,\theta) \approx 1.4 \times 10^{-9-0.22\delta} \dfrac{n_{\mathrm{e}}}{B} (\sin\theta)^{-0.09+0.72\delta} \left(\dfrac{f}{\omega_{\mathrm{B}}}\right)^{-1.30-0.98\delta}, & \\ T_{\mathrm{eff}} \approx 2.2 \times 10^{-9-0.31} (\sin\theta)^{-0.36+0.06} \left(\dfrac{f}{\omega_{\mathrm{B}}}\right)^{0.50-0.08\delta}, & \tau_{\mathrm{c}} \gg 1 \\ r_{\mathrm{c}} \approx 1.26 \times 10^{0.035\delta-0.072\cos\theta} \left(\dfrac{f}{\omega_{\mathrm{B}}}\right)^{-0.782+0.545\cos\theta}, & \tau_{\mathrm{c}} \ll 1 \\ v_{\mathrm{peak}} \approx 2.72 \times 10^{3+0.27} (\sin\theta)^{0.41+0.03\delta} (n_{\mathrm{e}} L)^{0.32-0.04\delta} B^{0.68+0.03\delta}, & \tau_{\mathrm{c}} \sim 1 \end{cases} \tag{8-78}$$

上述近似公式的有效范围为 $2 \leqslant \delta \leqslant 7$，$\theta \geqslant 20°$，$10 \leqslant s \leqslant 100$。

3. 同步加速辐射

产生同步加速辐射的电子都是极端相对论性的高能电子，其辐射功率 $P = 1.6\times10^{-15}\gamma^2\beta^2B^2\sin^2\alpha$，比非相对论电子的辐射强。辐射频谱弥散在很宽的波段上，从 $\nu_0 \simeq \dfrac{1}{\gamma}\nu_{\mathrm{L}}$ 到截止频率 $\nu_{\mathrm{c}} \simeq \dfrac{3}{2}\gamma^2\nu_{\mathrm{L}}$，实际上辐射主要集中在 $\nu \simeq 0.45\gamma^2\nu_{\mathrm{L}}$ 的宽的单色“谱线”。当辐射频率显著高于峰值频率时 $\left(\nu_{\mathrm{m}} \simeq \gamma^2\nu_{\mathrm{L}}\sin\alpha\right)$，辐射以指数形式迅速下降。相对论性电子的同步加速辐射具有极强的方向性，其辐射集中于以速度方向为中心线的半张角 $\left(\theta \simeq \dfrac{1}{\gamma}\right)$ 的狭窄锥角之中。相对论性电子由于产生同步辐射而损失其大部分能量所花的时间，称为电子的辐射寿命，$t = \dfrac{W}{P} = \dfrac{3m_0^3c^5}{2e^4}\dfrac{1}{\gamma\beta^2B^2\sin^2\alpha}$，相对论性电子速度越大以及磁感应强度越强，则电子辐射寿命越短。单个电荷的辐射是椭圆偏振的，如果粒子分布随投射角平滑变化，则椭圆偏振将抵消，电子集体的同步辐射的偏振椭率为 0，仅考虑部分线偏振。

同步辐射的高能电子一般均为**幂律谱分布**，辐射集中在电子瞬时运动方向。发射系数中的 Bessel 函数通常采用**艾里 (Airy) 积分近似**：

$$\begin{cases} \mathrm{J}_{2s}\left(2sx_M\right) \approx \dfrac{\left(1-x_M^2\right)^{\frac{1}{2}}}{\sqrt{3}\pi} \mathrm{K}_{\frac{1}{3}}\left(R\right) \\ \mathrm{J}'_{2s}\left(2sx_M\right) \approx \dfrac{1-x_M^2}{\sqrt{3}\pi} \mathrm{K}_{\frac{1}{3}}\left(R\right) \\ \displaystyle\int_0^{x_M} \mathrm{J}_{2s}\left(2sy\right)\mathrm{d}y \approx \frac{1}{2\sqrt{3}s\pi}\int_R^{\infty}\mathrm{K}_{\frac{1}{3}}\left(t\right)\mathrm{d}t \end{cases} \tag{8-79}$$

式中，$R=\frac{2s}{3}\left(1-x_M^2\right)^{\frac{3}{2}}$；$\mathrm{K}_\nu(R)$ 为 ν 阶第二类变形 Bessel 函数。利用上述 Airy 积分近似，Dulk 和 Marsh 给出了高能电子的同步加速辐射的发射系数、吸收系数、有效温度、圆偏振度和峰值频率的近似表达式为

$$\left\{\begin{array}{l}\eta(f,\theta)\approx 8.6\times 10^{-24}Bn_{\mathrm{e}}(\delta-1)\sin\theta\left[\frac{0.175}{\sin\theta}\left(\frac{E_0}{1.0\mathrm{MeV}}\right)^{-2}\frac{f}{\omega_{\mathrm{B}}}\right]^{-\frac{\delta-1}{2}}\\ k(f,\theta)\approx 8.7\times 10^{-12}\frac{n_{\mathrm{e}}}{B}\frac{\delta-1}{\sin\theta}\left(\frac{E_0}{1.0\mathrm{MeV}}\right)^{\delta-1}\left(\frac{0.087}{\sin\theta}\frac{f}{\omega_{\mathrm{B}}}\right)^{-\frac{\beta+4}{2}}\end{array}\right. \tag{8-80}$$

$$T_{\mathrm{eff}}\approx 2.6\times 10^9\times 2^{-\delta/2}\left(\frac{\nu}{\nu_{\mathrm{B}}\sin\theta}\right)^{1/2}$$

$$r_{\mathrm{c}}\approx\frac{\delta+1}{\delta+\frac{7}{3}}\quad(\tau_{\mathrm{c}}\ll 1)$$

$$\nu_{\mathrm{peak}}\approx 3.2\times 10^7\sin\theta\left(\frac{E_0}{1.0\mathrm{MeV}}\right)^{\frac{2\delta-2}{\delta+4}}\left(8.7\times 10^{-12}\frac{\delta-1}{\sin\theta}nL\right)^{\frac{2}{\delta+4}}B^{\frac{\delta+2}{\delta+4}}$$

4. Razin-Tsytovich 效应

在等离子体中，当电磁波的频率不断接近等离子体频率时，折射率将越来越远小于 1：$n=\left(1-\nu_{\mathrm{pe}}^2/\nu^2\right)^{1/2}$。

一般发射率与折射率指数成正比 (例如，21cm 波在磁偶极场介质中的发射率 $\propto n^3$)。因此，随着折射率的降低，在低频端的磁回旋辐射会受到显著抑制，这种现象称为 **Razin-Tsytovich 效应** (**R-T 效应**)，这是产生回旋同步辐射和同步加速辐射低频截止的重要原因之一。当辐射电子能量不同时，R-T 效应出现的频率 (ν_{RT}) 也不一样，大致关系如下：

对于非相对论性的低能电子，$\nu_{\mathrm{RT}}\leqslant 2\nu_{\mathrm{pe}}$；

对于中等相对论性的中能电子，$\nu_{\mathrm{RT}}\leqslant\frac{\nu_{\mathrm{pe}}}{\nu_{\mathrm{B}}}\cdot\nu_{\mathrm{pe}}$；

对于相对论性的高能电子，$\nu_{\mathrm{RT}}\leqslant\frac{2\nu_{\mathrm{pe}}^2}{3\nu_{\mathrm{B}}\sin\theta}$。

同步加速辐射最显著的一个特征就是出现低频反转及相应的**低频拐点**。有多种机制可以导致这种低频反转现象的产生：

(1) 源区外部自由–自由吸收的光学深度：$\tau_{\mathrm{eff}}\propto\nu^{-2}$，频率越低，光学深度越大，吸收越强，$\exp(-\tau_{\mathrm{eff}})$ 在低频端出现快速截止；

(2) R-T 效应，在等离子体中的同步加速辐射会受到抑制；

(3) 同步加速辐射被同样具有正比于 $\omega^{5/2}$ 特点的自吸收源的平衡;

(4) 同步加速辐射被内部自由–自由吸收过程的平衡;

(5) 感应康普顿 (Compton) 散射的作用;

(6) 在足够低频段，所有电子的辐射与频率之间的关系为 $I(\omega) \propto \omega^{1/3}$。

思 考 题

1. 为什么说带电粒子的加速运动是产生辐射场的原因？高速匀速运动的带电粒子产生切连科夫辐射与上述结论是否矛盾？

2. 等离子体中的热辐射、轫致辐射、黑体辐射三个概念有何区别和联系？

3. 对于给定温度和密度的等离子体，产生的轫致辐射的频率范围如何确定？

4. 轫致辐射与等离子体的温度、密度等参数之间具有怎样的关系？

5. 磁场对轫致辐射有何作用和影响？如何从观测参数来估计辐射源区的磁场特征？

6. 为什么回旋加速辐射常产生一系列的分立线谱，而回旋同步辐射和同步加速辐射却形成连续谱？

7. 什么叫 Razin-Tsytovich 效应？

8. 如何理解引起同步加速辐射低频拐点的因素？

参 考 文 献

尤峻汉. 1998. 天体物理辐射机制. 北京：科学出版社.

赵仁扬. 1999. 太阳射电辐射理论. 北京：科学出版社.

Bastian T S. 2007. Synchrotron radio emission from a fast halo coronal mass ejection. Ap. J., 665: 805.

Bastian T S, Benz A O, Gary D E. 1998. Radio emission from solar flares. ARA&A, 36: 131.

Batchelor D A, Benz A O, Wiehl H J. 1984. Decimetric gyrosynchrotron emission during a solar flare. Ap. J., 280: 879.

Chang D B. 1962. Bremsstrahlung from a plasma. Phys. Fluid., 5: 1558.

Chanmugam G, Langer S H, Shaviv G. 1985. Time-dependent accretion onto magnetic white dwarfs—effects of cyclotron emission. Ap. J., 299: L87.

Dulk G A. 1985. Radio emission from the sun and stars. ARA&A, 23: 169.

Dulk G A, Melrose D B, White S M. 1979. The gyrosynchrotron emission from quasi-thermal electrons and applications to solar flares. Ap. J., 234: 1137.

Fleishman G D, Anfinogentov S A, Stupishin A G, et al. 2021. Coronal heating law constrained by microwave gyroresonant emission. Ap. J., 909: 89.

Fleishman G D, Kuznetsov A A, Landi E. 2021. Gyroresonance and free-free radio emission from multithermal multicomponent plasma. Ap. J., 914: 52.

Kirk J G, Rieger F M, Mastichiadis A. 1998. Particle acceleration and synchrotron emission in blazar jets. A&A, 333: 452.

Melrose D B. 1972. A Razin-tsytovich effect for bremsstrahlung. Ap.&SS, 18: 267-272.

Melrose D B, Dulk G A. 1982. Radio wave heating of the corona and electron precipitation during flares. Ap. J., 259: L41.

Nindos A, Kundu M R, White S M, et al. 2000. Soft X-ray and gyroresonance emission above sunspots. Ap. J. S., 130: 485.

Ramaty R. 1969. Gyrosynchrotron emission and absorption in a magnetoactive plasma. Ap. J., 158: 753.

Robinson P A. 1985. Gyrosynchrotron emission–generalizations of Petrosian's method. Ap. J., 298: 161.

Robinson P A, Melrose D B. 1984. Gyromagnetic emission and absorption–approximate formulas of wide validity. Australian J. Phys., 37: 675-704.

Tidman D A, Dupree T H. 1965. Enhanced bremsstrahlung from plasmas containing nonthermal electrons. Phys. Fluid., 8: 1860.

第 9 章 天体等离子体中的相干辐射机制

9.1 等离子体中的相干辐射导论

在第 8 章中，我们介绍了等离子体中的库仑轫致辐射、磁回旋辐射，以及谱线跃迁发射和热辐射等，我们说它们都属于非相干辐射，是粒子处于某种能态上的一种自然发射过程。如果某体积内等离子体发射的总强度不超过其中所有单个粒子发射的强度之和，$I_{\mathrm{t}} \leqslant \Sigma I_{\mathrm{s}}$，**吸收系数** $\boldsymbol{\kappa > 0}$，这时电磁波的能量必然有一部分被等离子体所吸收。这种发射称为**非相干辐射** (incoherent emission)。

非相干辐射过程总是与等离子体的某种稳定态相关联，能量为 E 的粒子发射的非相干辐射 (如轫致辐射、磁回旋辐射等) 的辐射亮温必定不会超过粒子的能量：$k_{\mathrm{B}}T_{\mathrm{b}} \leqslant E$，也就是不超过辐射源的热力学温度或者辐射电子的有效温度。我们知道，与电子静止能量 (0.51MeV) 对应的有效温度为 5.9×10^9K。因此，从观测角度，非相干辐射源的辐射亮温就不会超过 10^9K。

但是，在实际天文观测中，我们常能发现辐射亮温远超过 10^9K 的例子。例如，在太阳射电观测中，射电 Ⅲ 型爆发、尖峰爆发群等的辐射亮温常远超过 10^{12}K，甚至达到 10^{15}K 以上等。在宇宙深处，最近几年非常热门的一类现象是快速射电爆发，据报道其很可能来自距离我们数亿光年以外，其辐射亮温高达 10^{37}K！(作为对比，迄今所观测到的宇宙线粒子最高能量为 3×10^{20}eV，对应的有效温度也仅为 10^{24}K 量级。) 如此高辐射亮温的电磁波发射一定不是上述自然过程所能产生的。这时，单位体积中等离子体的总辐射强度超过其中所有粒子发射强度之和，$I_{\mathrm{t}} > \Sigma I_{\mathrm{s}}$，吸收系数为负数，$\kappa < 0$，即所谓负吸收。在非平衡 (不稳定) 等离子体中，会使吸收系数变为负值，从而使得辐射变为相干辐射。

等离子体中的辐射是非相干还是相干，主要取决于等离子体吸收系数的正负。当等离子体处于某种稳定或平衡状态下时，$\kappa > 0$，波被等离子体吸收，产生非相干辐射，辐射亮温小于热力学温度或电子有效温度；当等离子体处于不稳定状态时，$\kappa < 0$，波被放大，对应相干辐射，辐射亮温大于热力学温度或电子有效温度。因此，等离子体中发生相干和非相干辐射，与等离子体的稳定性或不稳定性有关。

很自然地，我们想到了激光这种辐射方式。1917 年，爱因斯坦提出：当一个光子与处于高能态的粒子产生相互作用时，在特定条件下通过受激发射方式可激发出频率、相位、传播方向和偏振态都相同的两个光子发射，称为相干光子。如果在辐射源中，大量粒子都处于高能态，即满足粒子数反转条件，则一个光子产生 2 个相干光子，2 个光子再产生 4 个相干光子，依此幂次递增，将得到一束非常强的光，即为激光。激光的产生过程便称为相干辐射 (coherent emission) 过程。

一般，激光具有下列主要特征：

(1) 定向发射，这有别于普通光源是向四面八方发光的；

(2) 亮度极高；

(3) 单色性、相位稳定、强偏振。

在自然状态下的辐射源，处在较低能级 E_1 上的粒子数 N_1 都大于处在较高能级 E_2 上的粒子数 N_2，即 $E_1 < E_2, N_1 > N_2$。当辐射场中的电磁波作用于这样的辐射源时，光的能量只会减弱而不会加强。要想使受激辐射占优势，则必须使处在高能级 E_2 上的粒子数 N_2 大于处在低能级 E_1 的粒子数 N_1,$N_2 > N_1$。这种分布正好与平衡态时的粒子分布相反，称为粒子数反转。如何从技术上实现粒子数反转，这是产生激光的必要条件，自 20 世纪 50 年代至今，人们发明的激光器便是实现这种粒子数反转的装置。

那么，在天体等离子体环境中，能产生这种粒子数反转的条件吗？

事实上，等离子体最重要的一个特征便是其中存在各种各样的不稳定性，对于任何形式所储存的自由能，当超过一定的临界水平并变成单方向的转移时，就可以出现不稳定性。等离子体不稳定性所引起的能量交换和转移要比随机碰撞过程快得多，这些不稳定性会产生微观湍动，产生各种波模和振荡，将驱动等离子体的剧烈运动、局部加热和粒子加速，并有可能在局部区域产生粒子数反转而激发相干辐射。因此，研究等离子体中的相干辐射需要从不稳定性的分析出发。

对于一定的等离子体扰动，其时间演变特征如下：一个小偏离的时间变化正比于该偏离本身，

$$\frac{\mathrm{d}x}{\mathrm{d}t} \propto \gamma x \rightarrow x \propto \mathrm{e}^{\gamma t}$$

当 $\gamma > 0$ 时，扰动随时间而增大，扰动增长，为不稳定性扰动，γ 为扰动的增长率。这时，等离子体中的能量向外释放，向波转移，导致波的增长放大，形成相干辐射。

当 $\gamma < 0$ 时，扰动随时间而衰减，γ 为扰动的衰减率，波动被阻尼，电磁波的能量转移给等离子体。

等离子体中的相干辐射中的能量转移过程是通过波–粒共振相互作用来实现的，在不同的物理条件下，共振作用的表现是不同的。

首先，在无磁场或弱磁场情形，波–粒共振条件通常称为切连科夫共振：

$$\omega - \boldsymbol{k} \cdot \boldsymbol{v} = 0 \tag{9-1}$$

上式也可以写成标量形式：$\omega - kv\cos\theta = 0$，这里产生共振时粒子的运动速度为 $v = \dfrac{\omega}{k\cos\theta} = \dfrac{v_\varphi}{\cos\theta}$。因此，只有当粒子的运动速度大于或等于波的相速度，$v > v_\varphi$ 时，波–粒共振相互作用才可能发生。此时带电粒子的运动可看成是恒定的直线运动，粒子也称为**非磁化粒子**。

在强磁场情形，波–粒共振条件称为多普勒 (Doppler) 条件：

$$\omega - n\omega_{\rm ce} - k_\parallel v_\parallel = 0 \tag{9-2}$$

式中，$\omega_{\rm ce} = \dfrac{eB}{m_{\rm e}c\gamma}$；$\gamma = \dfrac{1}{\sqrt{1-(v/c)^2}}$ 为电子的洛伦兹因子；$n = 0, \pm1, \pm2, \cdots$ 为谐波数，$k_\parallel = k\cos\theta$ 为平行波数；$k_\perp = k\sin\theta$ 为横向波数。

共振条件既可能是切连科夫共振也可能是多普勒共振，取决于参数 $\dfrac{k_\perp v_\perp}{\omega_{\rm ce}}$ 的值。

当 $\dfrac{k_\perp v_\perp}{\omega_{\rm ce}} \gg 1$ 时，即弱磁场情形，电子的横向回旋运动可以忽略，可将电子的运动看成恒定的直线运动，这时的粒子是非磁化粒子，发生的共振就是切连科夫共振。

当 $\dfrac{k_\perp v_\perp}{\omega_{\rm ce}} \ll 1$ 时，即强磁场情形，电子的回旋运动分量不可忽略，此时的粒子称为**磁化粒子**，产生的共振便是多普勒共振。

共振条件反映了电子速度 $(v_\perp, v_\parallel)$ 空间的分布。把 $\gamma = \dfrac{1}{\sqrt{1-(v/c)^2}} = \dfrac{1}{\sqrt{1-\left(\dfrac{v_\perp}{c}+\dfrac{v_\parallel}{c}\right)^2}}$ 代入 (9-2) 式中，使 $\omega_{\rm ce} = \dfrac{\Omega_{\rm e}}{\gamma}$，可以得到有关 $\left(\dfrac{v_\perp}{c}, \dfrac{v_\parallel}{c}\right)$ 的方程：

$$\frac{\left(k_\parallel^2c^2+n^2\Omega_{\rm e}^2\right)^2}{n^2\Omega_{\rm e}^2\left(k_\parallel^2c^2+n^2\Omega_{\rm e}^2-\omega^2\right)}\left(\frac{v_\parallel}{c}-\frac{\omega k_\parallel c}{k_\parallel^2c^2+n^2\Omega_{\rm e}^2}\right)^2+\frac{k_\parallel^2c^2+n^2\Omega_{\rm e}^2}{k_\parallel^2c^2+n^2\Omega_{\rm e}^2-\omega^2}\frac{v_\perp^2}{c^2}=1 \tag{9-3}$$

一般情况，共振条件方程是速度空间的一个椭圆，其中心坐标是 $\left(\dfrac{\omega k_\parallel c}{k_\parallel^2c^2+n^2\Omega_{\rm e}^2}, 0\right)$。特殊情况下，如果 $k_\parallel = 0$，共振椭圆化成一个圆，圆心在原点，半径为 $c\sqrt{1-(\omega/n\Omega_{\rm e})^2}$；如果 $\gamma = 1$(对于非相对论性电子)，共振条件方程就简化为一条平行于 $v_\perp$ 轴的直线。

对于温和相对论性电子，例如能量 $E \leqslant 500\text{keV}$ 的电子，洛伦兹因子可以近似写成：$\gamma \simeq \left(1-\dfrac{\nu_{\|}^2}{2c^2}-\dfrac{\nu_{\perp}^2}{2c^2}\right)^{-1}$，这样共振椭圆方程就相当于一个圆，圆心坐标是 $\left(\dfrac{k_{\|}c}{n\Omega_{\rm e}},0\right)$，半径为 $\sqrt{\dfrac{k_{\|}^2c^2}{n^2\Omega_{\rm e}^2}-\dfrac{2(\omega-n\Omega_{\rm e})}{n\Omega_{\rm e}}}$。

波–粒共振可以快速地从等离子体中抽取自由能。其中，各种各样的各向异性分布是等离子体中自由能的一种重要形式，只有当等离子体中的碰撞频率 (电子–电子 $f_{\rm ee}$、电子–离子碰撞 $f_{\rm ei}$) 既不高于共振频率，也不高于等离子体的恢复频率 (等离子体迅速恢复到平衡态而使不稳定性猝灭的频率，即等离子体频率，$f_{\rm pe}$) 和电子回旋频率 ($f_{\rm ce}$) 时，等离子体才能拥有有效的自由能并激发波–粒共振的发生。

$$f_{\rm ee}, f_{\rm ei} \leqslant f_{\rm pe}, f_{\rm ce}$$

等离子体中的不稳定性可以分为宏观和微观不稳定性，也可以分为磁流体力学 (MHD) 不稳定性和动力学不稳定性，表 9-1 列出了一些主要的等离子体不稳定性。天体物理中几种重要的等离子体不稳定性有：束流不稳定性、速度各向异性不稳定性、电阻不稳定性。

表 9-1　一些主要的等离子体不稳定性分类

不稳定性类型	静电不稳定性	电磁不稳定性
宏观不稳定性 (主要为 MHD 不稳定性)	电流–箍缩不稳定性 槽形或交换不稳定性 热不稳定性 瑞利–泰勒 (Rayleigh-Taylor) 不稳定性	无碰撞激波不稳定性 电阻撕裂模不稳定性 腊肠模不稳定性 无碰撞撕裂模不稳定性
微观不稳定性 (主要为动力学 不稳定性)	双流和束–等离子体不稳定性 Harris(速度各向异性) 不稳定性 损失锥不稳定性 回旋加速不稳定性 离子 (声) 波不稳定性	阿尔文波不稳定性 各向异性压力不稳定性 (反射) 镜不稳定性 调制不稳定性 漂移 (波) 不稳定性

天体等离子体中相干辐射的主要观测特点如下：

(1) 物理上与某种剧烈的能量释放过程有关；

(2) 窄带辐射；

(3) 观测上具有远高于源区热力学温度的辐射亮温；

(4) 相干辐射一般具有很小的辐射源区，与高能粒子活动相关。

等离子体中的相干辐射必然是在等离子体中的某种特征波模上发生，那么等离子体中有哪些波模呢？

首先，我们知道，在弱磁场的情况下，非热粒子的库仑碰撞可以产生轫致辐射波模。但是，轫致辐射是一种宽带连续谱辐射，在这种宽频带上很难满足切连科夫共振条件 (9-1) 式，并且同时还满足粒子数反转条件。因此，在等离子体的轫致辐射波模上无法产生相干辐射。

不过，在弱磁场情形，非热粒子还可以在等离子体中激发静电波 (即朗缪尔波)，这种波模的频率仅与等离子体的密度关联，为窄带波，这种波是有可能满足 (5-120) 式的共振条件的，只要非热电子数足够多，就可以实现粒子数反转，形成相干辐射。这类相干辐射直接与等离子体本征振荡有关，且仅发生在等离子体振荡频率的基频和二次谐波附近，因此称为等离子体辐射 (plasma emission, PE)。

在强磁场的情形，则由于电子的回旋运动占据支配地位，此时磁回旋辐射是等离子体所能产生的主要辐射，如果非热粒子的分布满足粒子数反转，并满足多普勒共振条件 (5-121) 式，则有可能激发与电子回旋有关的相干辐射，我们称之为电子回旋脉泽辐射 (electron cyclotron maser emission, ECME)。

在相干辐射过程中，等离子体中的能量迅速释放并被波带走。研究相干辐射，对了解天体物理过程中的能量释放机制具有重要意义。

下面分别对这两大类相干机制进行介绍。

9.2 电子回旋脉泽辐射机制

在磁化等离子体中，非热电子的回旋运动与横电磁波发生共振相互作用，直接将电子的能量转移到电磁波辐射的过程，即为电子回旋脉泽辐射。脉泽是“受激发射微波放大”的英文 (microwave amplification by stimulated emission of radiation，MASER) 首字母缩略语的音译。当用在光学波段时，用“光 (light)”代替“微波 (microwave)”而得出的 LASER 就是众所周知的激光。

与其他脉泽辐射的波来源于原子或分子能级跃迁，且高能级的原子或分子数大于低能级的粒子数不同的是，ECME 的波来源于电子在一定磁场中的回旋运动。这种脉泽辐射机制是 20 世纪 50 年代末由 Twiss 首先提出来的一种相干方法辐射理论。1966 年，Fung 等将电子回旋脉泽机制用于解释太阳射电 I 型爆发，后来，Hirshfield, Melrose 等将这种机制用于解释木星的十米波爆发，并取得了较好的结果，随后人们逐步将电子回旋脉泽机制引入更多的天体物理研究领域中。20 世纪 70 年代末期，吴京生先生和李罗权先生引入相对论效应对 ECME 理论重新进行了深入的研究，发现其增长率可以非常大，圆满解释了地球极光千米波辐射和木星十米波爆发中的一系列结构特征。从 20 世纪 80 年代开始，人们逐步将 ECME 机制引入研究更多的太阳射电爆发过程，尤其是多亚秒级的射电频谱超精细结构现象，如射电尖峰爆发 (spike) 等现象。

我们知道，要确定一个辐射机制是否是相干机制，首先需要从其吸收系数入手，如果吸收系数小于 0，出现了负的吸收，也就表明产生了相干放大。

Twiss 很早就研究过不稳定性、负吸收和射电波放大的问题，他采用爱因斯坦 (Einstein) 概率的量子方法，分析了电子同步加速辐射的吸收系数：

$$k_{\omega,j} = -\frac{2\pi^2c^2}{\mu_j^2\omega^2}\int_0^\infty \frac{\mathrm{d}}{\mathrm{d}E}\left[\frac{f(E)}{E^2}\right]E^2Q_{\omega,j}(E)\,\mathrm{d}E$$
$$= \frac{2\pi^2c^2}{\mu_j^2\omega^2}\int_0^\infty \frac{f(E)}{E^2}\frac{\mathrm{d}}{\mathrm{d}E}\left[E^2Q_{\omega,j}(E)\right]\mathrm{d}E \tag{9-4}$$

式中，$Q_{\omega,j}(E)$ 表示单个电子在能量为 E、频率为 ω 的单位频率间隔、波模 j 上的平均发射率；μ_j 为复折射指数 $n_j=\mu_j+\mathrm{i}\mu_j$ 的实部；$f(E)$ 为粒子的能量分布函数。

(9-3) 式表明，不可能在真空中产生同步加速放大，因为在真空中非热电子的吸收系数总是正的。在等离子体中，相对论性的电子产生的同步加速辐射就不一样，在低频区域，如果电子能量分布函数使得对吸收系数的主要贡献来自于能量 $E>m_\mathrm{e}c^2\dfrac{2\Omega_\mathrm{B}\sin\theta\omega^2}{\omega_\mathrm{p}^2}$ 的电子的话，那么吸收系数将为负数，$\kappa_{\omega,j}<0$。

一般情况下，上述吸收系数可以近似写成下列形式：

$$k_{\omega,j} = -\frac{2\pi^2c^2}{\mu_j^2\omega^2}\int_0^\infty Q_{\omega,j}(E)\,g(E)\,\frac{\mathrm{d}f(E)}{\mathrm{d}E}\mathrm{d}E \tag{9-5}$$

式中，$g(E)$ 为连续能级的统计权重。

在等离子体中，电子的平均发射率必然是大于或等于 0 的，$Q_{\omega,j}(E)\geqslant 0$；在任一能量 E 处的统计权重也不能为负，$g(E)\geqslant 0$。因此，要使上述吸收系数小于 0，必须得要求满足下列条件：

$$\frac{\mathrm{d}f(E)}{\mathrm{d}E}>0$$

上述条件要求等离子体中的电子必须具有非平衡分布，在较高能量上有较多的粒子数，即满足电子分布的粒子数反转条件。

另外，根据该统计权重和单个电子的平均发射率可以导出等离子体的体发射率：

$$\eta_{\omega,j} = n_\mathrm{e}\int_0^\infty f(E)\,Q_{\omega,j}(E)\,g(E)\,\mathrm{d}E \tag{9-6}$$

相干辐射是一种共振放大辐射，当电子的运动速度满足共振条件 (9-2) 式时，与此对应的电子能量 E 附近，发射率达到最大；超过这一能量 E，发射率应该递减，因此，要求参数 $Q_{\omega,j}(E)\,g(E)$ 还必须满足下列条件：

$$\frac{\mathrm{d}}{\mathrm{d}E}\left[Q_{\omega,j}\left(E\right)g\left(E\right)\right]<0 \tag{9-7}$$

上述条件取决于特定的发射机制，该机制要求在能量 E 轴上，参量 $Q_{\omega,j}\left(E\right)g\left(E\right)$ 存在负的梯度或者共振峰。当电子的回旋辐射波模占主导，而等离子体的静电振荡波模可以忽略时，便能满足上述条件，这就要求电子的回旋频率显著大于等离子体的振荡频率，即

$$\omega_{\mathrm{ce}}\gg\omega_{\mathrm{pe}}$$

在强磁场或稀薄磁化等离子体中，上述条件都是可以满足的。

在天体物理环境中，最常见的出现电子分布数反转的形式便是各种损失锥分布 (loss-cone distribution)。例如，在磁通量管位型中，电子通量管两端磁场较强，中间磁场较弱，形成磁镜结构，电子在其中加速或加热时，部分电子沿磁通量管纵向逃逸从而形成损失锥分布。对于空间对称的磁通量管，电子的临界投射角为

$$\alpha_0=\arcsin\left(\frac{B_{\mathrm{t}}}{B_{\mathrm{f}}}\right)^{1/2}$$

式中，B_{t} 和 B_{f} 分别表示环顶和环足点的磁感应强度。在这样的磁场位型中，电子分布偏离半圆形等值线，见图 9-1。缺少小投射角的快电子损失锥速度分布的各向异性，具备激励 ECME 的自由能和产生脉泽不稳定性的基本条件。损失锥分布的各向异性，是激励脉泽辐射的自由能之源。图 9-1 显示出了一个理想化的一侧损失锥分布，在中心附近是各向同性分布的一个可能的背景成分的密等值线，虚线对应一个正在增长着的电磁波模的共振 (椭) 圆。由于准线性扩散的结果，位于共振曲线上同时具有损失锥分布的位置 1 上的电子将向位置 2 运动，这种运动趋向于填满损失锥。同时位置 1 处电子的能量 E_1 大于位置 2 处的能量 E_2，因此电子将一部分垂直能量转移给了波，从而放大辐射。这种损失锥分布和平衡分布相反，在 $v_{\perp}$ 方向上存在着正斜率，因而能引起净放大。

从 (9-4) 式可知，磁回旋发射的体吸收系数为

$$\gamma_M\left(\omega,\theta\right)=-2\pi\int_{-1}^{1}\int_{0}^{\infty}p^2\frac{\left(2\pi c\right)^3\eta_M\left(\omega,\theta\right)}{\omega^2n_M^2\beta c\dfrac{\partial\left(\omega n_M\right)}{\partial\omega}}\cdot\left(\frac{\partial}{\partial p}+\frac{\cos\alpha-n_M\beta\cos\theta}{p\sin\alpha}\frac{\partial}{\partial\alpha}\right)f\left(p,\alpha\right)\mathrm{d}p\mathrm{d}\left(\cos\alpha\right)$$

从上式中可以看出，积分结果的正负完全取决于以下部分的符号：

$$\left(\frac{\partial}{\partial p}+\frac{\cos\alpha-n_M\beta\cos\theta}{p\sin\alpha}\frac{\partial}{\partial\alpha}\right)f\left(p,\alpha\right) \tag{9-8}$$

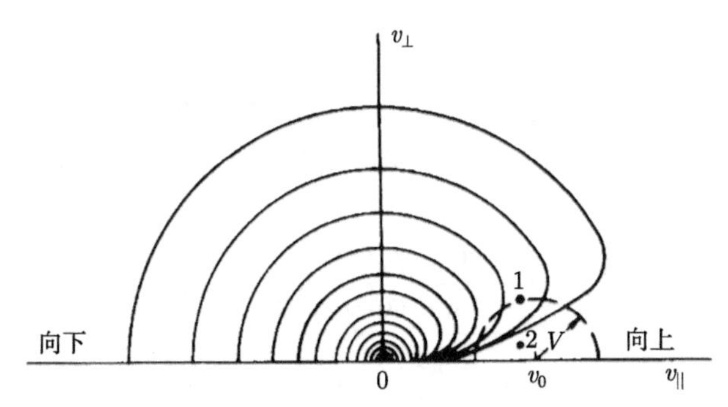

图 9-1 损失锥位型，即 $(v_\perp, v_\parallel)$ 空间中的电子分布等值线图

式中，$f(p,\alpha)$ 为电子的分布函数。在小 α 角的情况下，分布函数是 $\sin\alpha$ 的增函数。对于 $\|\cos\alpha\| > n_M\beta\|\cos\alpha\|$ 的 α 值，由 (9-8) 式的导数产生的项对吸收系数的贡献为负，如果共振椭圆完全处在损失锥中的话，环绕该椭圆积分，来自 α 的导数的贡献就都是负的。因此，总吸收系数就是负的。这样，损失锥分布所驱动的脉泽作用便会使电磁波快速地增长。脉泽的增长率可以表示如下：

$$\Gamma_{M,s}(k) = \int \mathrm{A}_{M,s}(p,k)\left(\frac{s\Omega_{\mathrm{e}}}{\gamma v_\perp}\frac{\partial}{\partial p_\perp} + k_\parallel\frac{\partial}{\partial p_\parallel}\right) f(p)\delta\left(\omega - \frac{s\Omega_{\mathrm{e}}}{\gamma} - k_\parallel v_\parallel\right)\mathrm{d}^3 p$$

$$\mathrm{A}_{M,s}(p,k) = \frac{(2\pi ec\beta_\perp)^2}{\omega n_M \dfrac{\partial(\omega n_M)}{\partial\omega}(1+T_M^2)}\left|\frac{K_M\sin\theta + (\cos\theta - n_M\beta_\parallel)}{n_M\beta_\perp}J_s + J_s'\right|^2 \tag{9-9}$$

式中，Bessel 函数的宗量为 $\dfrac{\omega}{\Omega_{\mathrm{e}}}n_M\beta_\perp\sin\theta$；$T_M$ 为偏振椭圆的轴比；K_M 为偏振的纵向分量。从上式中的 δ 函数可得到共振条件为

$$\omega - \frac{s\Omega_{\mathrm{e}}}{\gamma} - k_\parallel v_\parallel = 0 \tag{9-10}$$

由损失锥各向异性驱动的脉泽不稳定性，设锥外的电子为各向同性的幂律谱分布的：

$$f \propto v^{-\alpha}$$

相应的能谱指数为 $\delta = \dfrac{1}{2}(\alpha - 1)$。在该位型中，可得到其第 s 次谐波的增长率为

$$\frac{\Gamma_s}{\omega} \approx \eta_s\frac{n_0}{n_{\mathrm{e}}}\left(\frac{\omega_{\mathrm{p}}}{\omega}\right)^2\frac{c^2}{v_0^2}\left(\frac{v_0}{c}\sin\alpha_0\cos\alpha_0\right)^{2s-2} \tag{9-11}$$

$n_0 = \dfrac{4\pi}{a-3} f_0 (m_e v_0)^3$，表示速度大于 v_0 的电子数密度。$\eta_s = \dfrac{\pi\Delta\phi}{4\Delta\alpha}\alpha_s (a-3) \cdot \sin^2\alpha_0 \cos^2\alpha_0 \to 1$。从 (9-11) 式可见，脉泽增长率的大小主要依赖于速度 v_0 和谱指数 a, $\Gamma_s \propto v_0^{2s-(a+1)}$。X 模和 O 模的增长率近似表达式分别为

$$\begin{cases} \Gamma_{Xs} \approx \dfrac{\pi\delta_n \omega_p^2 c^2}{n_e \omega_B v_0^2 \sin\alpha_0} \left(\dfrac{v_0}{c}\sin\alpha_0\right)^{2s-2} \\ \Gamma_{Os} \approx \dfrac{\pi\delta_n \omega_p^2}{n_e \omega_B \sin\alpha_0} \left(\dfrac{v_0}{c}\sin\alpha_0\right)^{2s-2} \end{cases} \tag{9-12}$$

式中，$\delta_n \approx 2\pi (m_e v_0)^3 \sin^2\alpha_0$ 为填满损失锥所需的电子数密度。

在没有抑制的情况下，O 模的增长率为 X 模的增长率的 $\left(\dfrac{v_0}{c}\right)^2$ 倍，即 β_0^2 倍；并且增长率随谐波数的增加而迅速减小：$\propto \left(\dfrac{v_0 \sin\alpha_0}{c}\right)^{2s-2}$。可见，X 模的增长率远大于 O 模的增长率；基频和低次谐波的增长率远大于高次谐波的增长率。正因为如此，ECME 主要发生在电子回旋频率的低次谐波的回旋加速辐射波模上，而对于高次谐波的回旋同步辐射和同步加速辐射波模，则很难产生脉泽相干辐射。

电子回旋脉泽辐射本身会引起电子在速度空间中的扩散，从而使损失锥外的电子进入损失锥内。当损失锥被填满后，粒子分布变成各向同性的，不稳定性熄灭，从而导致脉泽饱和，如图 9-2 所示。脉泽辐射时的能量密度为

$$W = \eta' n_0 m_e v_0^2$$

式中，$\eta' = \dfrac{a-3}{2}\Delta\varphi\Delta\alpha a_s(a-3)\sin^2\alpha_0\cos^2\alpha_0$。在发生脉泽辐射的同时，扩散也不断向损失锥内进行，图 9-2 中的 $\Delta\alpha$ 角不断增加，直到 $\Delta\alpha \to \alpha_0$，并且 $\Delta\varphi$ 也不断增加，直到 $\Delta\varphi \to \pi$。当损失锥被完全填满时，脉泽达到饱和，这时的最大能量密度为

$$W_m \approx n_0 m_e v_0^2 \alpha_0^3$$

平均而言，饱和时的能量密度可以近似表示为

$$W_a \approx \frac{n_0 m_e v_0^3 \alpha_0^3}{\Gamma L}$$

式中，L 为捕获区的长度。

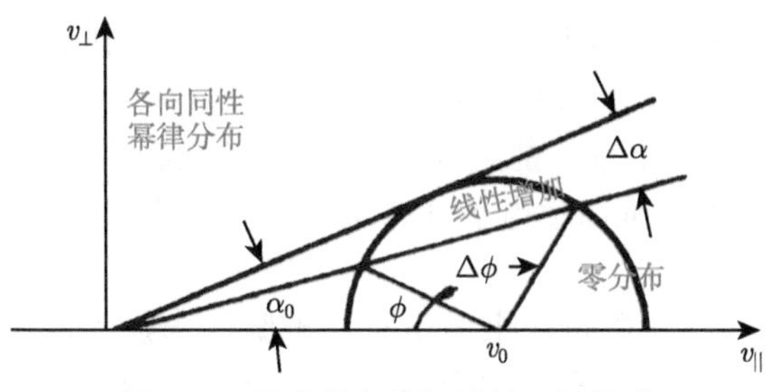

图 9-2 损失锥与共振圆的几何关系

脉泽辐射能量密度 W 与辐射亮温之间的关系为

$$k_{\mathrm{B}}T_{\mathrm{b}} = WV_{\mathrm{coh}}$$

式中，V_{coh} 为脉泽辐射源的体积，可用下式进行估算：

$$V_{\mathrm{coh}} \approx \left[2\pi\left(\frac{\omega v_0\alpha_0}{2\pi c^2}\right)^3\left(\frac{\Delta\alpha}{\alpha_0}\right)^2\right]^{-1}$$

于是，可以求得在脉冲状态运行的电子回旋脉泽辐射的亮温为

$$T_{\mathrm{b}} \approx \frac{m_0 v_0^2}{2\pi k_{\mathrm{B}}} n_0 \left(\frac{2\pi c^2}{\omega v_0}\right)^3\left(\frac{\alpha_0}{\Delta\alpha}\right)^2 \tag{9-13}$$

在稳定状态下脉泽辐射的平均辐射亮温为

$$T_{\mathrm{b}} \approx \frac{m_0 v_0^2}{k_{\mathrm{B}}}\left(\frac{2\pi c}{\omega}\right)^2\frac{1}{Lr_0} \approx 2\left(\frac{2\pi c}{\omega}\right)^2\frac{1}{Lr_0}\cdot T_{\mathrm{bc}} \tag{9-14}$$

式中，r_0 为电子经典半径；T_{bc} 为非相干辐射的典型亮温。可见，电子回旋脉泽辐射的亮温是非相干辐射的 $2\left(\dfrac{2\pi c}{\omega}\right)^2\dfrac{1}{Lr_0}$ 倍。在稳定状态下电子回旋脉泽辐射的这个倍数大约为 10^6，而在脉冲状态下，这个倍数可达到 10^{12}。可见，电子回旋脉泽辐射相干放大的效率是非常高的。

下面简单小结一下电子回旋脉泽辐射的基本特征：

(1) 电子回旋脉泽辐射发生的基本条件是：等离子体频率远小于电子回旋频率，$\omega_{\mathrm{p}} \ll \Omega_{\mathrm{e}}$；

(2) 脉泽放大主要发生在电子回旋频率的低次谐波上，随着谐波数的增减，脉泽的增长率迅速减小；

(3) 脉泽增长率取决于波模，X 波模增长率最大，产生强圆偏振辐射；

(4) 增长率还依赖于辐射传播的角度，能产生非常强的定向辐射；

(5) 放大取决于电子分布函数的各向异性，普通的损失锥分布位型即能满足脉泽放大条件；

(6) 脉泽可以在很小的空间距离上实现有效放大，因此，源区小是其重要特征，爆发的上升和下降时间尺度非常短；

(7) 在脉泽达到饱和之前，能达到极高的辐射亮温 (10^{18}K)；

(8) 当辐射变得足够强而使电子分布从不稳定性状态向稳定状态转移时，脉泽可以自行抑制。

各种不同的波模在不同谐波上的电子回旋脉泽辐射的增长率是完全不同的，甚至会相差若干个数量级。各个不同的波模和不同谐波通过回旋共振吸收层时所受到的吸收作用也全然不同，这些问题都直接关系到脉泽辐射的逃逸、偏振和辐射的角分布等。

9.3 等离子体辐射机制

在无磁场或弱磁场情况下，等离子体辐射 (plasma emission, PE) 则是另一种非常有效的相干辐射机制。等离子体中的静电朗缪尔湍动通过与其他低频波或散射的朗缪尔波耦合，形成可以传播出来的横电磁波。在这个过程中，朗缪尔湍动的能量可以部分地转化为横电磁波的能量，这种辐射转化过程是一种间接的辐射过程，以等离子体频率 $\omega_{\rm pe}$ 或二次谐波频率 $2\omega_{\rm pe}$ 附近的窄带辐射为其基本特征。

1946 年，Martyn 最早提出等离子体辐射假说，认为这种辐射起因于束流不等定性产生的朗缪尔波。1958 年，苏联科学家 Ginzburg 和 Zheleznyakov 提出，能量转换起因于朗缪尔波对热离子的散射。但是，朗缪尔波的能量如何转换成逃逸辐射的能量，以及转换效率问题，一直含糊不清，迄今仍是一个没有解决的难题。

等离子体辐射主要发生在等离子体频率及其二次谐波上，更高次谐波的辐射即使存在也非常弱，可以忽略。在恒星大气中，较短波长的等离子体辐射所占比例非常小，原因是在高密度等离子体的上方覆盖着低密度等离子体，如果该低密度等离子体的温度低，则会产生强烈的自由–自由轫致吸收；如果该低密度等离子体是高温的并存在磁场，则会产生强烈的回旋共振吸收。

等离子体辐射机制比电子回旋脉泽辐射机制要复杂得多，这主要是因为，等离子体辐射包含两个阶段和三个耦合过程，其中每个阶段和每个过程中都涉及等离子体中的一些不稳定性、波–波相互作用和波–粒相互作用，如图 9-3 所示。

1. 等离子体辐射的第一阶段：朗缪尔湍动的产生

等离子体中能否产生较强的朗缪尔湍动，取决于以非平衡分布形式存在的自由能，这要求在等离子体的速度分布空间中存在一个显著的空隙，在该空隙以外的某个速度范围具有分布函数随速度的梯度为正：

$$\frac{\partial f}{\partial |v|} > 0 \tag{9-15}$$

能满足上述条件的等离子体各向异性情形主要是尾瘤不稳定性 (bump-in-the-tail instability) 和双流不稳定性 (two-stream instability)，这时，假定快电子沿 x 轴流过等离子体，在速度空间中某一点 $(v_x, v_y, v_z) = (v_0, 0, 0)$ 附近出现了过量的电子数。这里要求 $v_0 \gg V_\mathrm{e}$，即电子束的速度需要显著大于等离子体中的热电子速度，从而保证 v_0 附近具有负斜率分布的热电子数远小于束流电子束。对于典型的日冕条件来说，v_0 的值主要介于 0.1~0.5 倍光速，$\dfrac{v_0}{V_\mathrm{e}} \approx 10 \sim 50$。

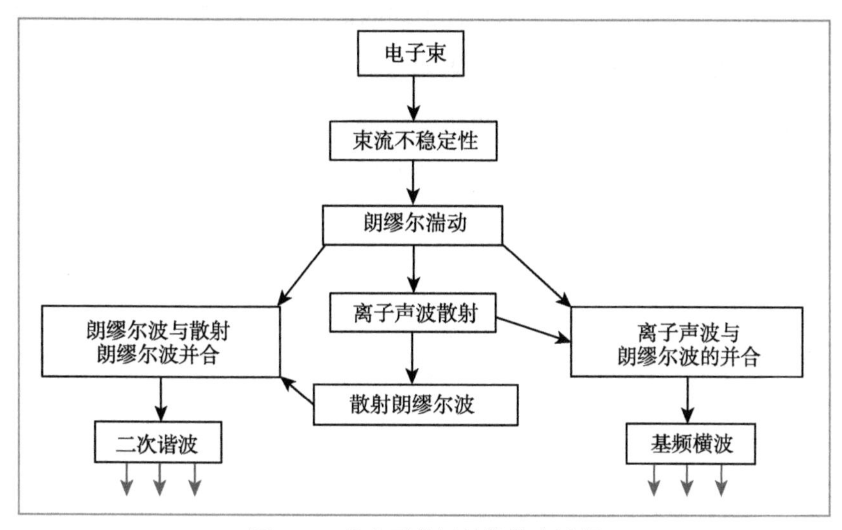

图 9-3 等离子体辐射的基本过程

在 $\omega_\mathrm{p} \gg \Omega_\mathrm{e}$ 的情况下，能够与速度为 v_0 的电子发生共振作用的波模就是朗缪尔波，其色散关系可以用相速度表示为

$$v_\mathrm{p}^2 = \frac{\omega^2}{k^2} = \frac{\omega_\mathrm{p}^2}{k^2} + 3V_\mathrm{e}^2$$

因为朗缪尔波的波数均小于德拜长度的倒数：$k \leqslant \lambda_\mathrm{D}^{-1} = \dfrac{\omega_\mathrm{p}}{V_\mathrm{e}}$，于是从上式可得 $v_\mathrm{p} \geqslant 2V_\mathrm{e}$。该朗缪尔波的增长率为

$$\Gamma \approx \frac{N_\mathrm{b}}{N_\mathrm{e}} \pi \omega_\mathrm{p} v^2 \left. \frac{\partial f_1(v)}{\partial v} \right|_{v=\omega/k<v_0} \tag{9-16}$$

式中，N_b 和 N_e 分别为尾瘤束流和背景等离子体中的电子数密度。朗缪尔波的增长达到一定限度后会饱和，饱和时的能量密度 W_L 为

$$W_\mathrm{L} = \int \frac{k_\mathrm{B} T_\mathrm{L}}{(2\pi)^3} \mathrm{d}^3 k$$

人们对上式开展了一系列的研究，得到 $W_{\rm L}$ 的饱和值和朗缪尔波的有效温度 $T_{\rm L}$ 分别为

$$W_{\rm L} \approx 10^{-5} N_{\rm e} k_{\rm B} T \tag{9-17}$$

$$T_{\rm L} \approx 10^{8} \frac{v_0^2}{c^2} \frac{v_0}{\omega_{\rm p}} T \tag{9-18}$$

式中，$N_{\rm e} k_{\rm B} T$ 就是背景等离子体的能量密度。据此，我们可以估计在特定天体物理条件下等离子体辐射的亮温。例如在太阳的情况下，$T_{\rm L}$ 可达到 10^{15}K 左右。

2. 等离子体辐射的第二阶段：横电磁波的产生

朗缪尔波转化为可以发射的横电磁波的过程，其实就是朗缪尔波与其他波耦合的过程，在这个耦合过程中，必须满足下列频率和波矢的匹配条件：

$$\omega_{\rm t} = \omega_{\rm L} + \omega_3 \tag{9-19}$$

$$\boldsymbol{k}_{\rm t} = \boldsymbol{k}_{\rm L} + \boldsymbol{k}_3 \tag{9-20}$$

其中频率匹配条件是在朗缪尔波与其他波 (这里用下标 3 表示) 耦合过程中的能量守恒；而波矢的匹配条件则表明在该耦合过程必须满足动量守恒。这里的其他波，可以是等离子体中受到扰动而产生的离子声波、磁声波、静电波、回旋波、哨声波等，也可以是由等离子体中的低频波作用而产生的散射朗缪尔波等。

朗缪尔波与不同的波的耦合将产生不同频率的等离子体发射，其中最主要的是在基频和二次谐波附近的发射。

1) 基频等离子体发射

当朗缪尔波与一个低频波产生耦合时，产生的横电磁波的频率将在等离子体振荡频率附近，这时的等离子体辐射称为基频发射。

产生基频发射时，$\omega_3 \ll \omega_{\rm L}$，因此有

$$\omega_{\rm t} > \omega_{\rm L} \text{ 和 } \omega_{\rm t} \approx \omega_{\rm L}$$

ω_3 对应于一个低频波，例如由热电子产生的电场低频起伏等，这时有 $|k_{\rm t}| \ll |k_{\rm L}|$，于是可得

$$k_3 \approx -k_{\rm L}$$

如图 9-4(a) 所示的情形，这时的两波耦合过程类似于两波的迎头碰撞。产生的横电磁波的频率略大于等离子体的朗缪尔频率，因此称为基频发射。

有多种途径可以满足上述频率和波矢的匹配条件，从而产生基频等离子体发射。

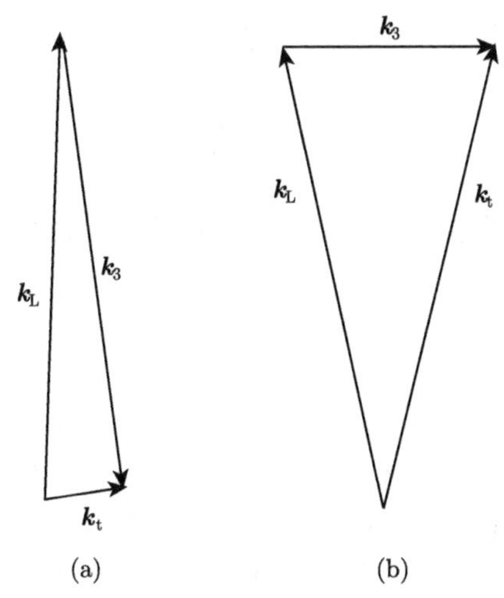

图 9-4 (a) 基频和 (b) 二次谐波等离子体辐射中波的耦合过程

第一种途径，最初由 Ginzburg 和 Zheleznyakov 提出的与热离子有关的电场所引起的散射。不过这种耦合过程的效率并不高，很难得到观测中所发现的那么高的辐射亮温。

第二种途径，朗缪尔波被离子声波或低混杂波等低频波散射。此时，低频湍流与一大群离子的集体运动同时发生作用，所以转变效率很高，可以达到 10^{15}K 的辐射亮温。

第三种途径，当在等离子体中存在较高的密度梯度时，将产生强的离子声波，这些强离子声波与朗缪尔波发生直接转换，可以获得很可观的转换效率。这种高密度梯度要求必须在 10~100km 尺度上存在显著的密度变化。

基频等离子体辐射的频率非常接近于等离子体频率，低于 X 模的截止频率，从而没有 X 模辐射发出，只有 O 模辐射，因此基频等离子体辐射具有很高的偏振度 (→100%)。

2) 二次谐波等离子体发射

二次谐波等离子体发射的实质是两个朗缪尔波聚合，即一个朗缪尔波和另一个散射朗缪尔波的耦合作用。由动量匹配可知，k_{L} 的方向近似沿电子流的方向。为了发生聚合，必须获得次级朗缪尔波 (即 k_3) 的分布，这个分布应当是近似各向同性的，热离子或低频波对朗缪尔波的散射，就可以产生这种次级波分布。

$$\omega_3 \approx \omega_{\mathrm{L}}, \quad \omega_{\mathrm{t}} \approx 2\omega_{\mathrm{L}}$$

$$|k_{\mathrm{L}}| \gg |k_{\mathrm{t}}|, \quad k_{\mathrm{t}} \approx \sqrt{3}\frac{\omega_{\mathrm{p}}}{c}$$

二次谐波发射的偏振度和偏振指向取决于朗缪尔波的角分布。对于高度准直

的朗缪尔波，其偏振为 O 模指向，其偏振度为

$$r_{\mathrm{c}} = \frac{11\Omega_{\mathrm{ce}}}{48\omega_{\mathrm{p}}} \tag{9-21}$$

对于各向同性分布的朗缪尔波分布,其二次谐波发射的偏振为 X 模指向,偏振度为

$$r_{\mathrm{c}} = \frac{85\Omega_{\mathrm{ce}}}{48\omega_{\mathrm{p}}} |\cos\theta| \tag{9-22}$$

注意，在等离子体发射过程中，通常都有等离子体频率远大于电子的回旋频率，即 $\Omega_{\mathrm{ce}} \ll \omega_{\mathrm{p}}$，因此，二次等离子体谐波发射通常均为弱偏振辐射的。

在存在磁场的情况下，上述耦合过程将复杂得多。例如，高混杂波或者 Z 模波可以取代朗缪尔波；低混杂波或电子声波可以取代离子声波；O 模波或 X 模波可以取代横电磁波等。尤其是，磁场存在时，O 模下的基频辐射可能是完全偏振的。试比较一下朗缪尔波的频率 ω_{L} 和 X 模波的截止频率 ω_{X}，忽略基频辐射的频率变化。对于 O 模，只有当 $\omega_{\mathrm{L}} < \omega_{\mathrm{X}}$ 时的 O 模才是可能发生的。可以得到

$$\omega_{\mathrm{L}} - \omega_{\mathrm{X}} \approx \frac{3k^2V_{\mathrm{e}}^2}{2\omega_{\mathrm{p}}} - \frac{\Omega_{\mathrm{e}}}{2} \approx \frac{\omega_{\mathrm{p}}}{2}\left(\frac{3V_{\mathrm{e}}^2}{v_{\phi}^2} - \frac{\Omega_{\mathrm{e}}}{2\omega_{\mathrm{p}}}\right)$$

式中，v_{ϕ} 为朗缪尔波的相速度。对于尾瘤不稳定性，该相速度与束流的速度是同一数量级的。通常情况下，磁场和等离子体参数的合理范围大约为

$$\frac{3V_{\mathrm{e}}^2}{v_{\phi}^2} < 0.03, \quad \frac{\Omega_{\mathrm{e}}}{\omega_{\mathrm{p}}} > 0.1$$

此时，等离子体的二次谐波辐射几乎 100%为 O 模辐射，比如太阳射电 I 型暴基本上就是这种情形的。

磁场会对等离子体辐射的所有阶段和所有的作用过程都产生重要的影响，包括影响朗缪尔湍动的产生和空间分布、低频扰动的产生和对朗缪尔的散射，以及各种波的耦合过程等。不过，磁场最重要的影响应该是对逃逸辐射的偏振的影响，其结果是基频等离子体辐射为强 O 模偏振；二次谐波辐射既可能为 O 模偏振，也可能为较弱的 X 模偏振。

在太阳大气的观测研究中，人们发现在射电波段的许多爆发过程都具有相干辐射的特征，其中包括辐射的频率常出现在等离子体基频或二次谐波附近，多数呈 O 模偏振，辐射亮温很高，常超过 10^{10}K 等，这些特征表明，它们都具有等离子体辐射的特点，相应的辐射过程应当为等离子体辐射。

9.4 太阳大气中的相干辐射的观测特征

太阳作为一颗典型的主序恒星，具有得天独厚的优势，我们可以对它进行最高分辨率的详细观测，所得到的研究结果不仅可以帮助我们理解太阳以及我们生活的地球附近的空间环境，还可以帮助我们理解发生在其他星体上的相关物理过程。

作为太阳外层大气，日冕是高度动态和高度结构化的，其中蕴含着非常丰富的物理过程：日冕加热，太阳风形成与加速，日珥、CME 和耀斑的爆发，激波、电流片及各种尺度的波动，扰动和湍动结构的形成、耗散和演化等。日冕是日地关系物理研究中极为重要的一环，对了解日冕加热、太阳风和超热粒子 (super-thermal particle) 的起源和加速机制等空间和天体物理中的基本问题极为重要。日冕同时也是影响日地空间环境的主要扰动源，其环境的变化往往会导致地球空间环境的剧烈扰动，引发灾害性空间天气，进而可以直接影响到通信、导航、定位、长距离输油管道和输变电系统，以及民用和军用航天等现代人类高度依赖的高技术设施。因此，日冕的监测及其物理特性的探索直接和国防、航天、国家安全与经济活动相关。

这里提到的超热粒子，指许多文献中的非热粒子 (non-thermal particle)，或富能粒子 (energetic particle)，其能量显著超过等离子体中的粒子热运动动能，通常为几十千电子伏到几百千电子伏的电子或几十兆电子伏以上的离子，在这里将它们统称为超热粒子，主要来源于太阳耀斑、CME、激波等爆发活动的加速过程。超热粒子的能量远小于宇宙线高能粒子的能量，但是，其数量远多于宇宙线，是灾害性空间天气事件的主要诱因。

射电辐射对太阳爆发过程中的等离子体不稳定性、超热粒子的产生和传播等非热能量释放过程非常敏感，从太阳–行星际空间宁静太阳、银河系背景及太阳各型爆发现象的射电辐射流量对比 (图 9-5) 可知：在 200~300MHz 以下，宁静太阳辐射强度比银河系背景弱，而在该频率以上，宁静太阳背景辐射则为天空亮源；在所有频段，太阳爆发的辐射强度均远高于宁静太阳背景和银河系背景的辐射强度，例如，在米波段太阳 I 型暴 (storm) 的辐射流量比宁静太阳辐射高几倍到几千倍，运动 Ⅳ 型爆发 (Type Ⅳ) 的辐射流量则比宁静太阳强几百倍到上万倍，而更强的太阳射电爆发 (Type Ⅱ、Type Ⅲ、spike 等) 的辐射强度则比宁静太阳和银河系背景辐射强数万倍以上，其信号强度差异通常可达 45dB 以上，甚至可达 70dB 左右，这对望远镜的系统设计提出了较高的要求，系统的动态范围往往需要达到 45dB 以上。当然，在不同的频段，对动态范围的要求也不同。从图 9-5 中可以看出，在微波波段，太阳爆发的辐射强度与宁静太阳的辐射强度之差小于米波段的，更小于 10 米波及更长波段的。例如在 5GHz 附近，望远镜的动态范围能达到 20dB 即可满足探测的需求。

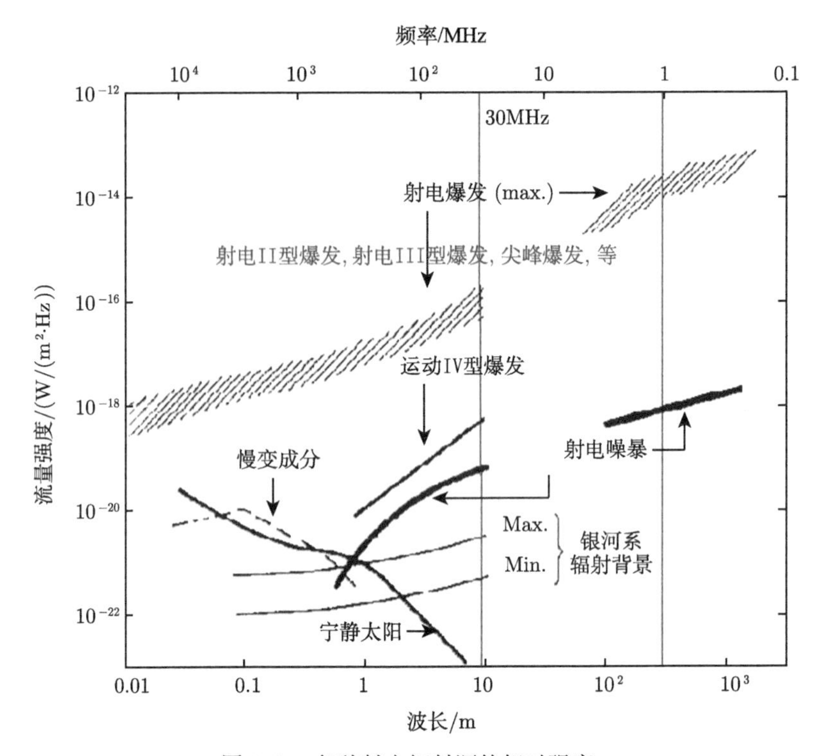

图 9-5　各种射电辐射源的相对强度

同时，我们还必须注意到，太阳射电辐射是多种辐射机制并存的，其中，既有由热电子的自由碰撞引起的轫致辐射，也有由电子绕磁力线做回旋运动引起的磁回旋辐射 (包括回旋加速辐射、回旋同步辐射、同步加速辐射)，另外还有与各种爆发活动密切相关的相干辐射，其中包括在较强磁场中的电子回旋脉泽辐射和与等离子体中的朗缪尔湍动相关的等离子体辐射 (图 9-6)。不同辐射机制产生的射电辐射在频率带宽、辐射亮温、持续时间、偏振特征以及频谱结构等特征方面截然不同 (Dulk, 1985)。例如，相干辐射产生的射电爆发的辐射亮温常超过 10^9K，甚至可以高达 10^{15}K 左右。

对太阳射电爆发的观测都是通过太阳射电望远镜来实现的。从 20 世纪 50 年代以来，太阳及行星际空间的射电观测经历了从单频到多频全流量观测，再到射电频谱观测，从单频成像到多频成像观测的发展趋势。太阳射电望远镜根据其观测方式，可以分成如下三大类。

(1) **太阳射电偏振流量仪** (solar radio polarimeter)：是指在单一频段或少数几个点上对太阳全日面的射电总流量进行观测，可以获得整个太阳在某个频率上的总辐射流量强度随时间的变化。通常采用单一抛物面天线组成的望远镜系统即可完成相关的观测。如果以时间为横坐标，辐射强度为纵坐标，可以获得在该频段上的太阳辐射流量曲线。这一类太阳射电望远镜没有频率分辨能力和空间分辨能力，但可以实现很高的时间分辨力，可以揭示太阳中辐射流量的快速变化，主要用于监控太阳射电爆发强度的长期变化，例如中国科学院国家天文台怀柔观测基地的 2840MHz 的太阳射电流量计 (即 10.7 厘米流量计，见图 9-7)、日本野边山 (Nobeyama) 的 NoRP (Nobeyama Radio Polarimeters) 等。其中，太阳 10cm 流量的长期监测数据是国际通用的太阳活动预报指数。

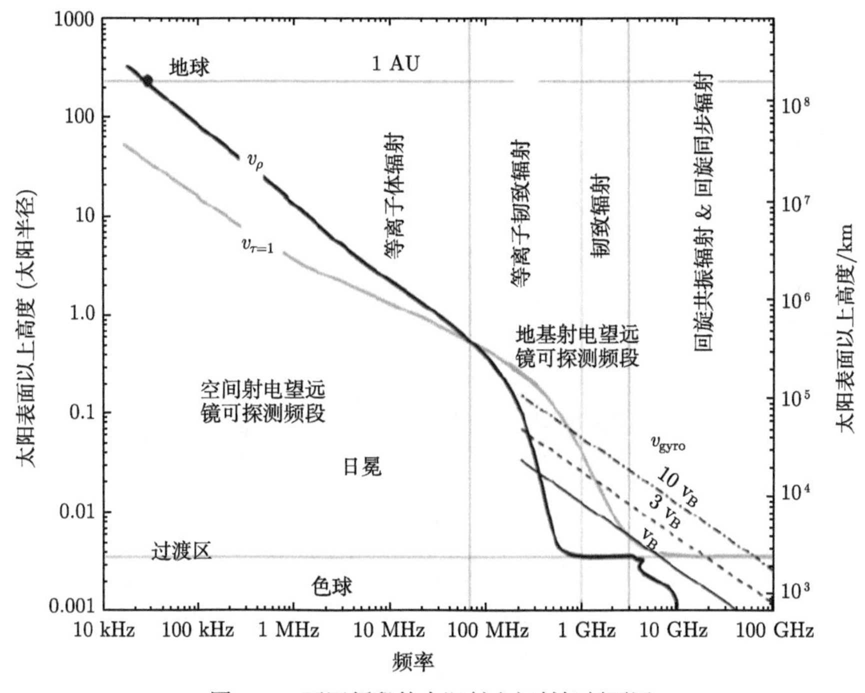

图 9-6 不同频段的太阳射电辐射机制不同

(2) **太阳射电频谱仪** (solar radio spectrometer)：是指在较宽的频段内，大量频点上对太阳全日面辐射流量进行观测。通常也可以利用单一天线系统就可以获得在一定频段内不同频率上太阳总辐射流量的动态变化特征。如果我们以时间为横坐标、频率为纵坐标，并用每一点的颜色表示在该时刻该频率上的辐射强度，可以得到太阳射电辐射的动态频谱图 (图 9-8)。射电频谱仪没有空间分辨能力，但可以同时获得很高的时间分辨率和频率分辨率，可以获得太阳射电爆发的频谱结构的动态信息，这是我们研究爆发的动态过程和粒子加速过程的重要手段，例如位于北京怀柔的太阳射电宽带动态频谱仪 (SBRS，见图 9-7)，可以在 1.10~7.60GHz

频段内同时在 480 个频率通道上进行观测，时间分辨率为 1.25~8.0ms，其频率分辨率为 4~20MHz，居同期国际先进水平，在十余年的观测历史中发现了一系列独特的太阳射电爆发现象，例如微波斑马纹结构、尖峰爆发、快速宽带脉动结构等。

图 9-7　国家天文台怀柔观测基地的太阳射电宽带动态频谱仪 (SBRS) 及 2840MHz 太阳射电偏振流量仪

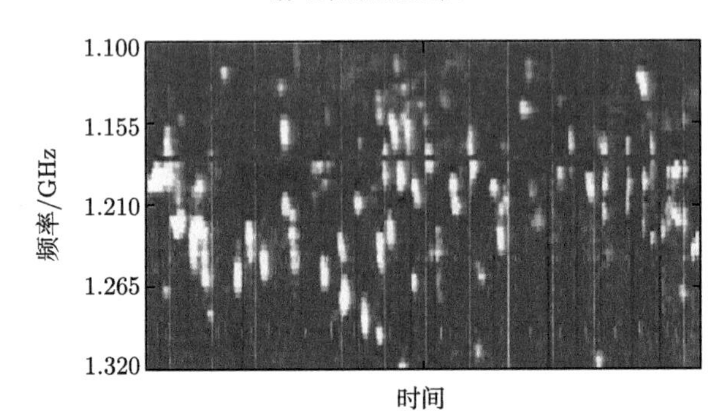

图 9-8　SBRS 观测得到的太阳射电尖峰爆发的动态频谱图

(3) **太阳射电日像仪** (radio heliograph)：是指能对太阳在射电波段进行成像观测的望远镜，具有空间分辨能力，能获得太阳图像。我们知道，一架望远镜的空间分辨率主要由下式决定：$\Delta\theta = 1.22\dfrac{\lambda}{D}$。这里 D 为望远镜的口径，λ 为观测波长。望远镜的口径越大，观测波长越短，所获得的空间分辨率越高。由于射电波段的波长通常都很大，因此要获得较高的空间分辨率就必须加大望远镜的口径。然而由于技术限制，我们不可能把望远镜的口径做得太大。人们利用孔径合成原理，将若干架抛物面天线按照一定规律排列，组成一个望远镜阵列，利用相干合成原理可以获得大口径望远镜一样的分辨本领，所以，所有的射电日像仪都是由许多望远镜组成的阵列，例如美国的 OVSA、日本的 NoRH、中国的 MUSER 等。根据其观测的频带特征，又可分为单频射电日像仪 (如日本的野边山日像仪 NoRH)、多频射电日像仪 (如法国的 NRH)、射电频谱日像仪 (如位于我国内蒙古自治区正镶白旗的厘米–分米波射电日像仪 MUSER)。其中，射电频谱日像仪是最新一代的太阳射电望远镜，可以同时获得较高的时间分辨率、空间分辨率和频率分辨率。射电频谱日像仪不但能获得太阳射电爆发的源区位置和结构特征，同时还能获得每一空间位置处的动态频谱特征，是研究太阳爆发过程中能量的剧烈释放、粒子加速、超热粒子传播等现象的最强大工具。

明安图射电频谱日像仪 (MUSER) 便是新一代的射电频谱日像仪，由 100 个天线单元沿三螺旋臂组成一个最大基线长度超过 3000m 的天线阵列 (图 9-9)，可以同时在频率为 400MHz~15GHz 的 592 个频率通道上对太阳大气从色球顶部到高日冕进行类似于计算机断层扫描 (CT) 一样的快速成像观测；其时间分辨率在 2GHz 以下为 25ms，在 2GHz 以上为 200ms；最高空间分辨率随频率而变，为 $\Delta\theta \approx \dfrac{25''}{f\,[\mathrm{GHz}]}$，即在 400MHz 处的最高分辨率大约为 1 角分，在 15GHz 处则大约为 1.6 角秒。每日观测数据可达 4~5TB，观测区域基本上覆盖了所有太阳爆发的源区及能量释放的初始传播区域。

图 9-9 我国新一代厘米–分米波射电日像仪——明安图射电频谱日像仪 (MUSER)

根据太阳射电**爆发**的频谱特征，可分成 I、II、III、IV 型爆发等几种类型。

1. 射电 I 型爆发 (type-I burst)

太阳射电 I 型爆发是很常见的一种爆发现象，通常由持续几个小时到几天的宽带连续谱和叠加其上的一系列窄带短寿命的小爆发群所组成。前者称为 I 型暴 (type-I storm)，后者称为 I 型爆发 (type-I burst)。射电 I 型爆发通常发生在频率小于 200MHz 的米波和十米波段，具有高亮温和强 O 模偏振，基本上都是基波辐射，没有发现谐波结构，与大黑子活动区密切有关，其形成机制可能与某种形式的基频等离子体辐射有关。也有人认为，太阳射电 I 型爆发可能与电子流产生的回旋加速发射有关，目前尚无定论。

2. 射电 Ⅱ 型爆发 (type-Ⅱ burst)

太阳射电 Ⅱ 型爆发是一种持续时间为几分钟到十几分钟、发射带从高频缓慢向低频段漂移的强烈射电爆发现象。

射电 Ⅱ 型爆发的漂移带瞬时带宽一般从几兆赫兹到 100MHz。起始频率在米波段，通常小于 300MHz；非偏振或弱圆偏振。

大约 60%的太阳射电 Ⅱ 型爆发都有谐波结构，有时基频和二次谐波发射带还进一步分裂为一对相似的距离较近的窄带 $\left(\Delta f/f \approx 10\% \sim 20\%\right)$(图 9-10)。

太阳射电 Ⅱ 型爆发的源区通常很大，并且与其频率有关，例如在 43MHz 频段，Ⅱ 型爆发的源区大约能达到一个太阳半径左右。

目前一般认为，太阳射电 Ⅱ 型爆发与产生于某种形式的激波有关，最大可能是快速 CME 的传播前端激发了激波，激波加速电子，产生能量达到几千电子伏以上的超热电子，这些超热电子呈各向异性分布，从而激发了朗缪尔湍动，产生了在基频和二次谐波上的等离子体发射。

3. 太阳射电 Ⅲ 型爆发 (type-Ⅲ burst)

太阳射电 Ⅲ 型爆发 (burst) 也是太阳爆发事件中常见的一种现象，尤其是在耀斑爆发期间常常成群发生，主要表现为发射带的快速频率漂移，其频漂率在米波段及以下多表现为负的，而在分米波及以上频段则常表现为正的 (图 9-11)，持续时间从亚秒级到数十秒左右。有时一组 Ⅲ 型爆发群还表现出准周期特征。在宽带频谱观测中，有时能观测到 Ⅲ 型爆发的谐波结构，其谐波与基频发射的频率比为 1.6~1.8。通常具有较低的圆偏振，但在微波波段有时也表现为强圆偏振。

统计研究发现，在 550MHz~74kHz 频段的太阳射电 Ⅲ 型爆发的频漂率随频率的变化拟合关系为 $\dfrac{\mathrm{d}f}{f\mathrm{d}t} \approx -0.01f^{0.85}$(这里，$f$ 的单位为 MHz)。可见，随着频率增加，太阳射电 Ⅲ 型爆发的相对频漂率也会增加。利用上述关系可以估算，在 500MHz 附近，相对频漂率 $\mathrm{d}f/f\mathrm{d}t$ 大约为 $-2.0\mathrm{s}^{-1}$，而在 50MHz 附近，该相对频漂率大约为 $-0.30\mathrm{s}^{-1}$。

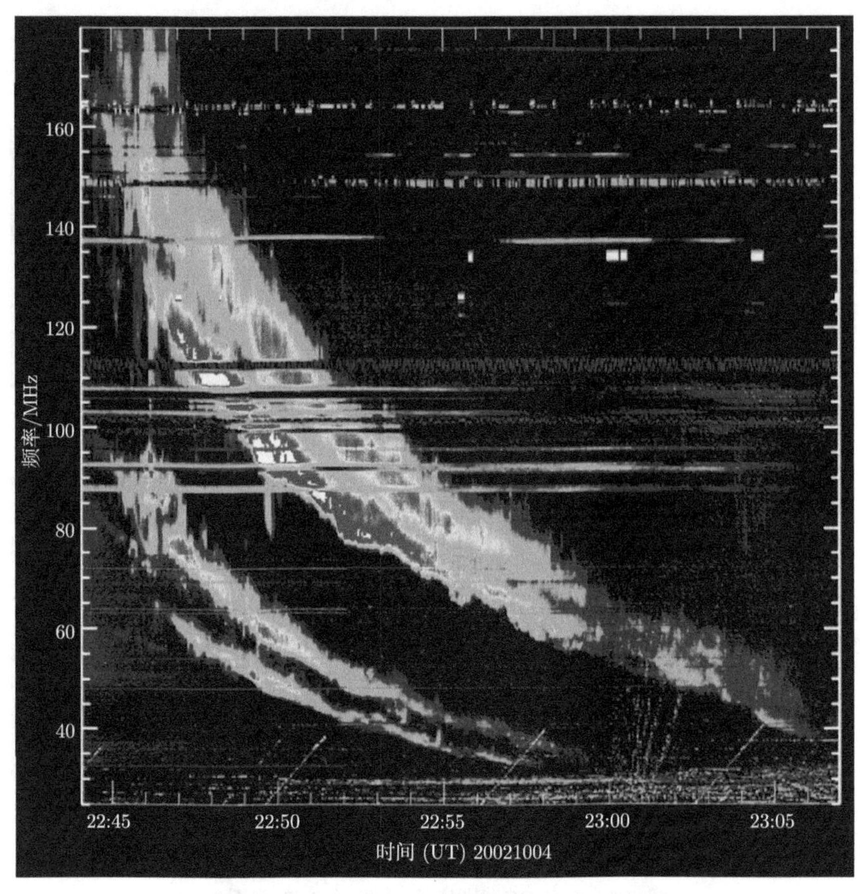

图 9-10 太阳射电 Ⅱ 型爆发的一个典型事例

太阳射电 Ⅲ 型爆发的源的高度和尺度随频率的减小而逐渐增加。例如，在 169MHz 附近其源区的高度大约为 $1.3R_s$，源区尺度大约为 5 角分；而在 43MHz 附近，其源的高度大约为 $2.2R_s$，源区尺度则大约为 20 角分。

太阳射电 Ⅲ 型爆发通常被解释为速度为 0.1~0.5 倍光速 (能量为 1~50keV) 的电子束流离开加速源区以后，在开放场的磁化等离子体环境中传播时产生的等离子体辐射所形成的。这些电子流常常能继续向外传播而进入太阳风，甚至能到达地球轨道以外的行星际空间。因此，Ⅲ 型爆发向低频段有时可以延伸到 1MHz 以下，能够被空间探测器直接观测到。而日冕中的射电 Ⅲ 型爆发一般只能在地面的射电频谱仪中观测。

射电 Ⅲ 型爆发还常与射电 I 型噪暴相关，这些噪暴与太阳耀斑无关。这类与噪暴有关的射电 Ⅲ 型爆发常常比与耀斑有关的射电 Ⅲ 型爆发的频率低得多，表明它产生于日冕中很高的区域，相应的电子能量通常也只有几千电子伏，而与耀

斑有关的射电 Ⅲ 型爆发对应的电子能量常远大于 10keV。

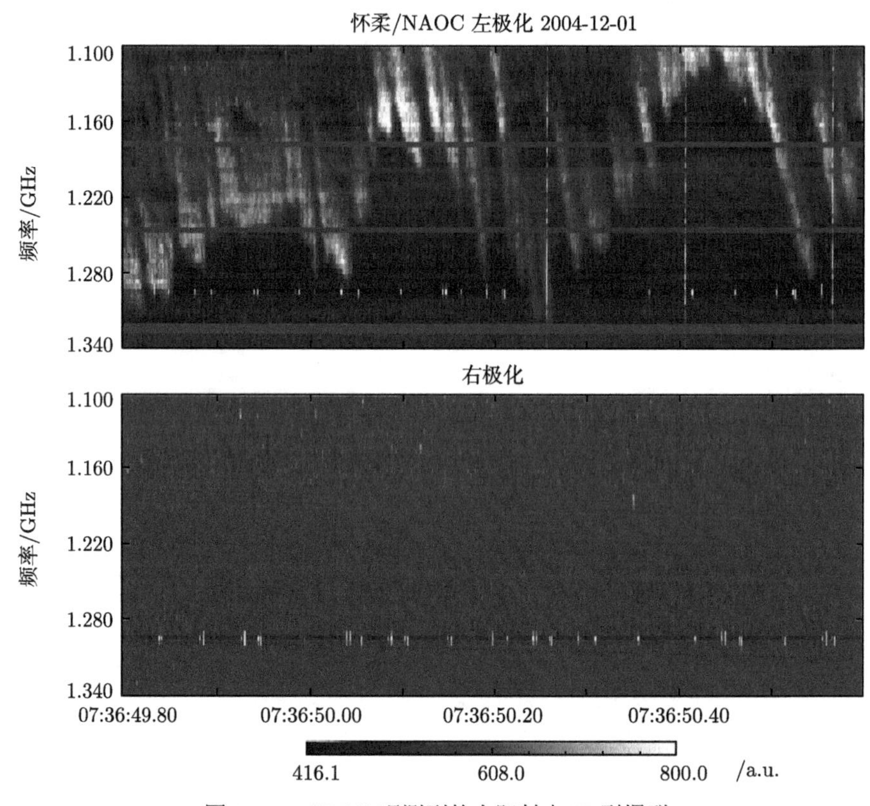

图 9-11 SBRS 观测到的太阳射电 Ⅲ 型爆群

在太阳耀斑期间，在 1～200MHz 频率范围内的射电 Ⅱ 型和 Ⅲ 型爆发有时具有谐波结构：辐射一般出现在基频和二次谐波频率处。频率之比常略小于 2 。在频率直到 1GHz 的分米波段，有时也能观测到谐波辐射的分支。但是频率大于 1GHz 的微波波段则很少发现谐波结构。

研究表明，二次以上的谐波也可能存在，但是非常稀少，常可以把它们看成特例处理。在这两个谐波处的强度之比常接近于 1。尤其是在太阳风中 Ⅲ 型爆，经过一个基波初始阶段以后，更是如此。

因此，在理论上需要说明：为什么具有近似强度的谐波结构的频率之比只是 2?

一般认为，这种谐波结构起因于局部等离子体的朗缪尔湍动，该湍动部分地转换为等离子体频率和其二次谐波上的射电辐射。

当利用宇宙飞船首次在太阳风中直接探测到 Ⅲ 型爆发时，对理论的最明显的验证就是确认这些爆发起源于电子束流产生的朗缪尔波。电子束流与 Ⅲ 型爆发有关，朗缪尔波是后来才被人们发现的 (Lin et al., 1981)，而且其分布很不均匀，它们常分布于局部区域，在这里能量密度很大，朗缪尔波丛在空间的填充因子很小。因此朗缪尔波的能量密度在束流能量中仅仅只占一个很小的比例。

朗缪尔波的波丛形式解决了一个问题 (能量问题：束流失去足够多的能量，使尾瘤不稳定性很快即达到饱和而停止增长)，但同时又带来更多的问题。观测发现，朗缪尔波丛的平均能量密度很低，束流在传播过程中损失的能量很少。一个问题是：波丛是否与强湍流有关？另一个问题是：为什么波的增长率被明显限制在局部区域内？还有一个问题是：这种波丛是否会使准线性理论失效？准线性理论预示朗缪尔湍动在空间上是均匀分布的。

在相对较弱的限制情况下，波丛分布也基本上具有对电子束流的准线性效应，这时，对于同样的平均能量密度，朗缪尔波是均匀分布的。

4. 太阳射电 Ⅳ 型爆发 (type-Ⅳ burst)

在太阳耀斑过程中，一般从射电 Ⅱ 型爆的时刻和频率开始，在较宽频带上出现连续谱辐射增强，这种宽带连续谱增强称为 Ⅳ 型爆发。其产生频率常可以从 100~200MHz 往上延伸到 3GHz 以上微波波段，常具有 O 模指向的圆偏振辐射。有时连续谱整体上还具有非常缓慢的频率漂移，这时称为运动 Ⅳ 型爆发，其爆发源区可能包含一个缓慢运动的磁结构，如等离子体团等。

太阳射电 Ⅳ 型爆发最突出的特征是，在其宽带连续谱爆发的背景上，还常叠加有大量的频谱精细结构，其中包括斑马纹结构 (zebra pattern)、快速宽带脉动结构 (quasi-periodic pulsation，QPP)、纤维结构 (fiber)、尖峰结构 (spike) 等。

下面首先以斑马纹结构为例进行讨论。通过大量的统计分析发现，根据观测特征，微波斑马纹结构可以分成三种类型，可能分别对应于不同的形成机制，图 9-12 给出了三种典型的微波斑马纹结构的观测事例 (Tan et al., 2014)。

(1) 等间距斑马纹结构 (EZP)：其主要特征是斑马纹的条纹间距近似为一个常数，持续时间短，强圆偏振，主要发生在耀斑的上升相，结构简单，很少有其他伴生结构。这些特征与 Bernstein 波机制所预言的结果较为吻合，为 Bernstein 波 (与电子回旋运动相关的一种波动) 与朗缪尔波的耦合过程，辐射频率为

$$f \approx f_{\rm pe} + s f_{\rm ce}$$

式中，s 为谐波数，每一个 s 对应于一条斑马纹条纹。可见，斑马纹的形成过程是一种相干辐射过程。相邻条纹之间的频率间距为

$$\Delta f = f_{\rm ce}$$

即条纹间距正好对应于电子回旋频率。这个耦合过程要求在辐射源区存在大量非热高能电子，当出现这类斑马纹结构时，其辐射源区可能存在显著的粒子加速。

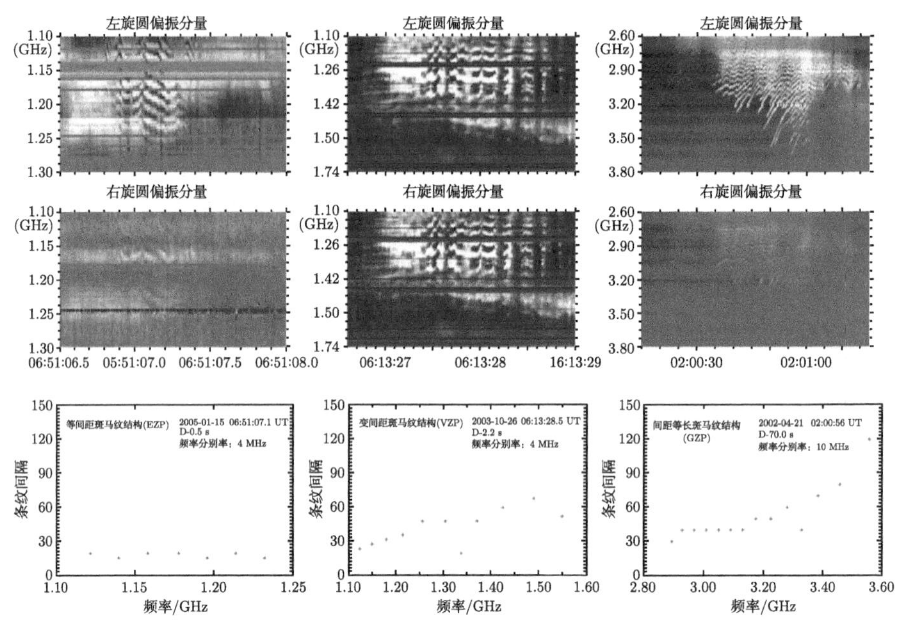

图 9-12　三种典型的微波斑马纹结构 (Tan et al., 2014)

从左到右依次为等间距型、变间距型和间距增长型

(2) 变间距斑马纹结构 (VZP): 其主要特征是斑马纹的条纹间距在一定范围内不规则地变化，具有中等持续时间、多种偏振模式，在耀斑的各个阶段均有出现，这些特征与哨声波机制预言的结果吻合，因此其形成机制很可能就是哨声波与朗缪尔波的耦合过程。在这种耦合过程中，辐射频率为

$$f \approx f_{\rm pe} + s f_{\rm w}$$

式中，$f_{\rm w}$ 为哨声波的频率，它与电子回旋频率的关系为 $f_{\rm w} \approx 0.1 - 0.25 f_{\rm ce}$。在传播过程中，哨声波频率本身是不断改变的，同时还与磁场有密切联系，因此，所形成的斑马纹条纹间距是随频率而改变的，其条纹间距 $\Delta f \approx 2 f_{\rm w}$。

(3) 间距增长型斑马纹结构 (GZP)：其主要特征是斑马纹条纹间距随频率而逐渐增加，具有较弱的圆偏振信号、较长的持续时间，主要发生在耀斑衰减相中，结构复杂且多与其他精细结构现象伴生，这些特征与等离子体双共振模型 (DPR 机制) 预言的结果基本吻合，因此可以推断该类型的斑马纹结构形成的环境应当是捕获在等离子体环中的非热电子与环内等离子体互相作用的结果。在等离子体双共振模型中，共振条件为高混杂频率与某一谐次的回旋波产生共振放大，形成斑马纹：

$$f_{\mathrm{uh}} \approx f_{\mathrm{pe}} = s f_{\mathrm{ce}}$$

不同的条纹产生于不同的共振层。条纹间距不但取决于磁感应强度，同时还与等离子体的密度梯度和磁场梯度有关。条纹间距可以表示成下列形式：

$$\Delta f \approx \frac{L_{\mathrm{B}}}{|L_{\mathrm{n}} - L_{\mathrm{B}}|} f_{\mathrm{ce}}$$

式中，L_{n} 和 L_{B} 分别表示辐射源区的等离子体密度和磁场变化的特征长度。该模型可以解释多达数十条的斑马纹结构。

从上面对斑马纹结构的形成机制中不难看出，它们都是等离子体中的朗缪尔波与某种其他波动的耦合过程，为等离子体辐射过程，也是一种相干辐射过程。

9.5 脉冲星的辐射

1967 年由英国射电天文学家发现的脉冲星，在现代天体物理学中占有极其重要的地位，它确定了中子星的存在以及中子星与超新星爆发之间的关系。

自脉冲星发现以来，对其磁层的理论研究一直是理论物理和天体物理学研究中的一个热点问题。从理论上，脉冲星同时具有如下几个特点：

(1) 强引力场，这一特点为研究引力波的特征提供了条件；

(2) 强电磁场，磁感应强度约为 10^8T，由于高速转动，其单极感应效应就能导致在其表面附近的电场强度达到 10^{13}V/m；

(3) 极端的强作用和弱作用。

因此，脉冲星是集四大基本相互作用于一体的、拥有极端物理条件下的天然实验室。

脉冲星的主要观测特征如下所述。

(1) 周期性脉冲辐射：脉冲周期很短，可达毫秒级，最短仅为 1.336ms，最长约 11.3s；周期常有缓慢变长现象，大约每年增长 10^{-6} ~10^{-11}s，例如，蟹状星云脉冲星 $\mathrm{d}P/P \approx 10^{-8}$。

(2) 脉冲辐射多呈单峰或双峰形状，少数则达五个峰。几百个脉冲累加得到的平均脉冲轮廓 (辐射能量随时间的变化曲线) 是稳定的，每个脉冲星有它特有的平均脉冲轮廓。

(3) 脉冲辐射持续时间大约为其周期的百分之一到十分之几，即这种脉冲是周期性间歇发生的。

(4) 脉冲辐射是高度的线偏振或椭圆偏振，偏振度和偏振矢量的方向在脉冲期间通常是变化的。

(5) 多数脉冲星只在射电波段发出辐射，频谱分布呈简单幂律谱，或二段幂律谱合成的频谱，谱指数在 1~3。

(6) 有些脉冲星的个别脉冲会出现规则的向前或向后的漂移现象，有时还会呈现脉冲短缺现象，这种现象到底隐藏着什么样的物理过程，迄今还不很清楚。

(7) 个别脉冲星有周期突然变化的现象。

脉冲星射电辐射呈束状，随中子星一起旋转，当波束扫过地球时，地面探测器即可观测到其辐射，表现为一次脉冲 (图 9-13)。

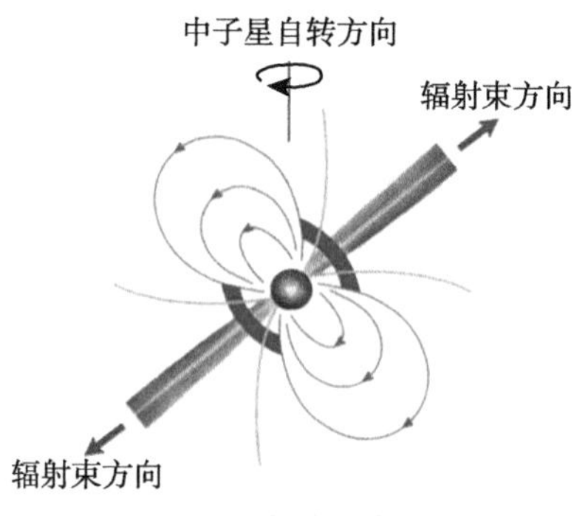

图 9-13 脉冲星射电辐射的标准模型

脉冲星理论的中心问题是：如何确定构成中子星磁层的粒子分布，以及如何解释射电波段和其他波段辐射的观测特征？

对于一个在真空中旋转的中子星，设中子星的半径为 R，旋转角速度为 Ω，天体内部是良导体，则同步旋转感应的电场为

$$\boldsymbol{E} = -(\boldsymbol{\Omega} \times \boldsymbol{r}) \times \boldsymbol{B}$$

该电场将引起带电粒子的电漂移运动，漂移速度为 $\dfrac{\boldsymbol{E} \times \boldsymbol{B}}{\boldsymbol{B}^2}$。假定中子星周围为真空，电场 $\boldsymbol{E}$ 在中子星表面为一个间断，即中子星表面是一个带电曲面。在外部，电场有一个平行于磁场的分量 $\boldsymbol{E}_{\parallel}$，设磁场为中心偶极场，表面电荷的分布具有电四极分布特征。外部产生的平行电场分量为

$$E_{\parallel} = R\Omega B \left(\frac{R}{r}\right)^4 \cos^3\theta$$

式中，B 为极向磁场分量。设中子星的旋转角速度为 $\Omega \approx 10\text{s}^{-1}$，磁场 $B \approx 10^8\text{T}$，中子星半径 R 为 10km，则可以估算出上述电场大约为 10^{13}V/m。

可见脉冲星表面电场是一个极强电场的环境，很容易将带电粒子撕离天体表面，并加速到极高的能量。该过程持续进行，最后在脉冲星的周围形成一个由带电粒子组成的屏蔽云，即中子星磁层。

与上述真空模型相对的另一种极端的情形则是拥有同步旋转电场的**旋转磁层模型**。在该模型中，电场的散度不为 0，具有局部电荷密度，而且该电荷密度很大，能够屏蔽掉平行于磁场的电场 (在行星磁层和星冕中，正负电荷密度之差很小，总体上呈电中性)。在严格旋转情形下电荷密度为

$$\rho = \varepsilon_0 \nabla \cdot \boldsymbol{E} = \varepsilon_0 \left[-2\boldsymbol{\Omega} \times \boldsymbol{B} + \boldsymbol{\Omega} \times \boldsymbol{r} \times (\nabla \times \boldsymbol{B})\right]$$

当 $r \ll \dfrac{c}{\Omega}$ 时，可以忽略上式右端的第二项，于是可得到近似的电荷密度，与该电荷密度对应的粒子密度称为 Goldreich-Julian 密度 n_{GJ}：

$$n_{\mathrm{GJ}} = -\frac{2\varepsilon_0 \boldsymbol{\Omega} \cdot \boldsymbol{B}}{e}$$

在偶极磁场中，n_{GJ} 主要由 $\boldsymbol{\Omega} \cdot \boldsymbol{B}$ 决定，在中子星的南北两极，电荷密度的符号是一样的，但是在赤道区域，其符号相反。

与中子星同步旋转的辐射区域被一个曲面所包围，形成**光柱**，光柱区域内称为极盖，见图 9-14；光柱表面同步旋转的线速度等于光速。当磁轴方向与旋转轴平行时，赤道平面上光柱的半径为 $r_{\mathrm{1c}} = c/\Omega$。极盖角定义为中子星表面极盖的角半径 θ_{cap}，可用极坐标系中偶极场方程进行估计：

$$R = r_{\mathrm{1c}} \sin^2 \theta_{\mathrm{cap}}, \quad \theta_{\mathrm{cap}} = \arcsin \left(\frac{R}{r_{\mathrm{1c}}}\right)^{1/2} \approx (\Omega R/c)^{1/2}$$

对于典型的脉冲星，例如蟹状星云脉冲星，其旋转周期大约为 33ms，设其中子星半径为 10km，则可算出其极盖角大约为 5° 量级，光柱的半径大约为 100km 量级。

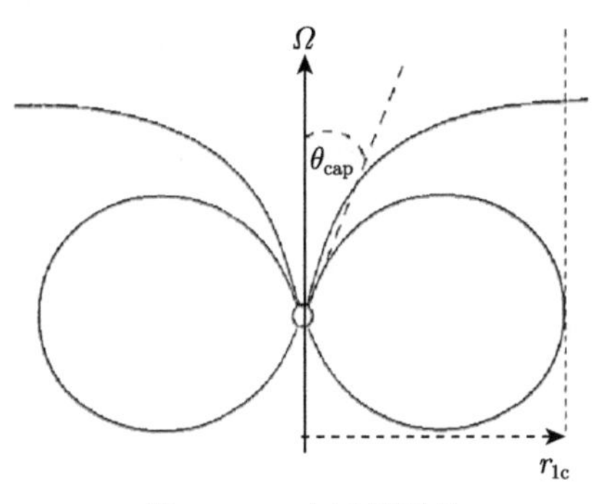

图 9-14 中子星极盖

在极盖内沿磁力线运动的带电粒子将因平行电场的作用而加速并迅速地从脉冲星逃逸，在靠近赤道面附近，具有相反符号的带电粒子被捕获在同步旋转区域内。但是，很明显，上述模型存在着一些问题。

第一个问题是：从脉冲星极盖逃逸的带电粒子将使脉冲星因失去电荷而偏离电中性，这一点很难让人接受。因为偏离电中性时，库仑场将阻止电荷的逃逸；如果脉冲星没有出现偏离电中性，那么一定存在一个回流电流，但是该**回流电流如何闭合**呢？这是目前所有的理论模型都没有回答的一个问题。

另一种选择是假设脉冲星根本就不带电 (Michel,1991)，但是不带电的天体怎么会有辐射产生呢？

第二个问题是关于 $\boldsymbol{\Omega}\cdot\boldsymbol{B}$ 的符号，似乎脉冲星也有两性，一种可以从极盖向外抛出电子，另一种则从极盖抛出离子 (Ruderman, 1981)。然而观测中却并没有发现脉冲星有这两类区别。

还有一个困难是，沿某些磁力线上粒子密度 $n_{\rm GJ}$ 的符号反转问题。

在中子星磁层中还有一个重要特点是大量正负电子的同时存在，从而使部分区域的等离子体成为电子对等离子体。这些正负电子对的来源主要有：①在真空中，当电场足够强时，自发产生正负电子对；②光子能量超过电子静止能量的 2 倍 (高能 γ 光子)，这样的光子传播经过一定的磁场时将衰变成一对正负电子，即**单光子衰变**；③两个质心能量超过电子静止能量的光子互相作用，可产生一对正负电子；④当能量超过 2 倍电子静止能量的高能 γ 光子与其他物质相互作用时，产生正负电子对。在脉冲星模型中，所有电子对的产生方式中，最重要的是单光子衰变。

人们提出过好几种关于脉冲星中的射电辐射机制，但还没有一种机制能被大家所接受。

1. 相干曲率辐射束

这是早期关于脉冲星射电辐射的一个理论模型，其基本原理是：在一个以波长为边的立方体中，粒子数为 N，该立方体的辐射就像一个宏观电荷为 $Q=Ne$ 的辐射，辐射功率正比于 Q^2，即该功率等于单个粒子的辐射功率的 N^2 倍。这一点看起来是很难理解的 (Melrose et al., 1981)。例如，当我们考虑一个由相对论性粒子引起的曲率辐射的各向异性时，发现辐射束呈薄饼状，其法线位于与磁力线方向的夹角为 $1/\gamma$ 的角内。很明显的困难是我们如何解释这种奇特的空间特征。而且，就算这种薄饼状结构能够形成，则磁力线的弯曲也会导致上述薄饼状结构的法线与磁力线的夹角远大于 $1/\gamma$。再加上其他一些原因，相干曲率辐射束模型被人们抛弃。

2. 相对论性等离子体辐射

在这种辐射机制中，束流不稳定性在等离子体中激发一种类似朗缪尔湍动的波，这种波通过等离子体中的非线性过程转化成可以从等离子体中逃逸的射电辐射。这种模型还需要对在相对论性、一维束流电子对等离子体情况下波的特征进行详细讨论，该理论支持类似于朗缪尔波的波模，而且有两个高频波模，这也有点类似于 O 模和 X 模。

束流不稳定性可由高能正电子束高速运动通过电子对等离子体时产生。不过，这种束流不稳定性的增长率太小了，在束流还没有显著消耗能量之前，它就离开脉冲星磁层了。人们也提出一种假定可以使束流不稳定性的增长率提高：电子对等离子体的产生随时间涨落，从而形成一系列的束流，快束流追上慢束流时，发生相互耦合而使不稳定性的增长率大大提高。

相对论性等离子体辐射也许是我们解释脉冲星射电辐射的一种有希望的理论机制。

3. 脉泽曲率辐射

一般曲率辐射与同步加速辐射类似，其吸收系数不能为负，因此不可能产生脉泽辐射。但是当我们考虑曲率漂移和磁力线扭曲这两种磁力线并不约束在同一个平面内的情形时，脉泽曲率辐射就很有可能发生。

Beskin 等 (1993) 提出，与曲率有关的不稳定性发生在当磁场 $\boldsymbol{B} \to \infty$ 时，根据漂移公式可知，这时的漂移速度 $\to 0$。

即使到现在，关于脉泽曲率辐射的争论也还在继续。

4. 回旋加速不稳定性

这种机制中，电子或正电子通过反常回旋加速共振 ($s = -1$) 而实现回旋加速跃迁，这种机制引起的辐射频率与回旋加速频率接近。以这种方式产生的波的折射率大于 1，因此不能直接逃逸。它还必须通过一种等离子体辐射类的构成转化成高频的可逃逸的波。由于所产生的辐射在射电波段，则不稳定性必然发生在远离中子星的地方，在这里磁场不能太大。

5. 自由电子脉泽辐射

这是一种线性加速辐射，通过一种振荡电场可以将粒子加速到相对论性能量段，这样的高能粒子束可以激发一种脉泽辐射。这种辐射的特征频率为 $\omega \approx \gamma\omega_0$，这里 ω_0 为振荡电场的特征频率。对自由电子脉泽辐射的详细研究发现，这种辐射有两种模式，一种与相对论性等离子体辐射相关，其辐射的能量直接来源于振荡电场；另一种模式为自由电子脉泽辐射，振荡电场的作用类似于维格勒 (Wiggler) 场 (在自由电子激光器件中常见的一种场)。

小结一下，迄今在关于脉冲星磁层辐射物理的研究领域，尚未搞清楚的**关键问题**：

(1) 高能粒子如何加速？初始加速区在哪里？

(2) 电流回路通道问题。

(3) 脉冲星风中能量和角动量的转化机制。

思 考 题

1. 相干辐射与非相干辐射的区别？相干辐射的基本特征是什么？

2. 切连科夫共振条件和多普勒共振条件有何区别和联系？

3. 在弱磁场条件下，为什么只有当粒子的运动速度大于波的相速度时，才有可能发生波–粒共振？

4. 决定电子回旋脉泽辐射的辐射亮温的因素主要有哪些？

5. 请阐述等离子体辐射的三波相互作用过程。

6. ECME 与 PE 都是相干辐射，两者产生条件有何区别？

7. 如何判断观测中得到的相干辐射现象是由 ECME 机制还是由 PE 机制产生的？

8. 试讨论中子星磁层的形成过程。

9. 结合各自的研究方向，举例说明在什么情况下可以产生相干辐射。它们是电子回旋脉泽辐射还是等离子体辐射？

参 考 文 献

唐建飞, 吴德金, 赵劲松, 等. 2017. 电子回旋脉泽辐射机制在太阳物理中的进展. 天文学进展, 35: 149-174.

尤峻汉. 1998. 天体物理中的辐射机制. 北京：科学出版社.

赵仁扬, 金声震, 傅其骏. 1997. 太阳射电微波爆发. 北京：科学出版社.

赵仁扬. 1999. 太阳射电辐射理论. 北京：科学出版社.

Aschwanden M J. 2004. Physics of the Solar Corona. New York: Springer.

Bastian T S, Benz A O, Gary D E. 1998. Radio emission from solar flares. ARA&A, 36: 131.

Beskin V S, Par'ev V I. 1993. Methodological notes: Axially symmetric steady-state flows in the vicinity of a Kerr black hole and the nature of the activity of galactic nuclei. Physics Uspekhi, 36: 529.

Chen Y, Zhang Z L, Ni S L, et al. 2022. Plasma emission induced by electron beams in weakly magnerized plasmas. Ap. J. L., 924: L34.

Katz J I. 2014. Coherent emission in fast radio bursts. Phys. Rev. D., 89: 103009.

Kumar P, Bosnijak Z. 2020. FRB coherent emission from decay of Alfven waves. MNRAS, 494: 2385.

Lin R P, Potter D W, Gurnett D A. 1981. Energetic electrons and plasma waves associated with a solar type Ⅲ radio bursts. Ap. J., 251: 364.

Lyutikov M. 2021. Coherent emission in pulsars, magnetars, and fast radio bursts: Reconnection-driven free electron laser. Ap. J., 922: 166.

Melrose D B. 2017. Coherent emission mechanisms in astrophysical plasmas. Rev. Mod. Plasma Phys., 1: 5.

Melrose D B, Dulk G A. 1982. Electron-cyclotron masers as the source of certain solar and stellar radio bursts. Ap. J., 259: 844.

Melrose D B, Zheleznіakov V V. 1981. Quantum theory of cyclotron emission and the X-ray line in HER X-1. A&A, 95: 86.

Michel F C. 1991. Evolution of neutron star magnetic fields. PASP, 103:770.

Robinson P A, Benz A O. 2000. Bidirectional Type Ⅲ solar radio bursts. Sol. Phys., 194: 345.

Ruderman M. 1981. Evolution and radiation in pulsar polar CAP models. IAUS, 95: 87.

Tan B L. 2013. Small-scale microwave bursts in long-duration solar flares. Ap. J., 773: 165.

Tan B L, Karlicky M, Meszarosova H, et al., 2016. Diagnosing physical conditions near the flare energy-release sites from observations of solar microwave type Ⅲ bursts. RAA, 16: 82.

Tan B L, Tan C M, Zhang Y, et al. 2014.Statistics and classification of the microwave Zebra patterns associated with solar flares, Ap. J., 780:129.

第三部分　天体等离子体中的粒子加速理论

大量观测事实都表明，在各种天体物理过程中，存在大量高能带电粒子。

一般情况下，天体等离子体主要以热平衡等离子体的形式存在，其中正、负荷电粒子按能量的分布基本上都服从麦克斯韦分布，带电粒子的能量与等离子体的温度成正比。例如，在温度为 100 万 K 的太阳日冕大气中，带电粒子的平均能量大约为 100eV。即使在分布曲线的高能尾端，能量达到 10keV 以上的粒子数量就极其稀少了。但是，在许多天体物理过程中，常会观测到大量明显偏离热平衡麦克斯韦分布的各种非热富能粒子 (nonthermal energetic particles，有些文献中也称为 superthermal particles，即超热粒子)，甚至是高能、超高能粒子。这些粒子的能量可能比背景等离子体中粒子的平均能量高若干个数量级，例如，在太阳活动区等离子体的温度最高可达 10^7K，其中带电粒子的平均热运动动能大约在 1keV，但是在太阳耀斑爆发过程中，却能观测到大量能量显著超过 10keV，甚至达到 MeV 量级的非热粒子发射。尽管这些高能粒子相对于热运动粒子来说，其绝对数量并不大，但是其携带的能量是非常可观的，这对于天体爆发过程中的能量输运起着非常重要的作用。我们不得不问：这些高能粒子从何而来？它们是如何在等离子体环境中被加速的？

显然，在等离子体中，尤其是磁化等离子体中存在某种粒子加速过程，这些加速过程应当与等离子体中的非热过程，尤其是各种等离子体不稳定性模式相关联。等离子体不稳定性可能包括宏观的 MHD 不稳定性，也可能包括各种微观不稳定性模式，通过这些不稳定性过程，将磁化等离子体的集体效应的能量转化为带电粒子的能量，从而实现粒子加速。迄今为止，人们提出了多种等离子体中的粒子加速的机制，例如费米加速、电场加速、激波加速、湍流加速等。

在这一部分里，我们将首先介绍天体等离子体中的粒子加速的一般性问题，然后在第 10 和第 11 章中分别介绍两种基本的加速机制：费米加速和电场加速。在第 12 章和第 13 章中，我们将分别介绍湍流加速和激波加速机制。

在太阳耀斑活动过程中所释放的能量，主要是通过向外抛射的等离子体团、发射的高能粒子流以及产生的电磁波辐射向外释放能量的。例如，一次典型的 X

级耀斑事件所释放的能量大约为 4×10^{25}J，这些能量的分布大约是：等离子体团所携带的能量占比为 30%～50%, 各波段电磁辐射能量占比为 20%～30%, 而非热高能粒子流所携带的能量占比则为 10%～50%。可见，这些非热粒子所带走的能量是非常可观的，其粒子总数可以达到 10^{39} 之多。假设耀斑源区的尺度为 10^4km，等离子体密度为 $10^{16}\mathrm{m}^{-3}$，则在这样的源区几乎绝大部分粒子都将被加速成非热富能粒子。了解如此巨量的非热粒子的加速过程，可以帮助我们理解太阳爆发过程中的能量释放机制，并反推爆发的触发过程和可能的前兆。

大量观测事实表明，太阳耀斑过程中可能存在两个粒子加速相。第一个加速相发生在耀斑的脉冲爆发阶段，电子在小于 1s 时间内被加速到 100keV 的能量，加速效率非常高，很可能与耀斑过程中的磁场重联密切关联；第二个加速相一般只发生在少数大耀斑事件中，在几分钟时间内，电子和质子都被加速到 MeV 以上的能量，同时伴随着射电 Ⅱ 型爆发现象的发生。这些观测事实都是我们构建粒子加速模型时需要考虑的因素。

在高能宇宙线 (cosmic ray) 中，荷电粒子的能量甚至可以超过 10^{20}eV(相当于一个高能带电粒子的能量就高达 10J 以上)，几乎比目前人类最大粒子加速器所能产生的最大粒子能量还高千万倍。它们来自何处？是通过何种方式被加速的？它们蕴含着怎样的宇宙或天体物理信息？其中，阐明这些富能粒子的加速机制 (acceleration mechanism) 是回答上述问题的关键。

我们知道，在实验室中，加速荷电粒子主要是通过将粒子置于特定设计的电场中，比如静电加速器、回旋加速器、电子感应加速器等，当带电粒子通过电场时，被电场加速而获得高能量。图 Ⅲ-1 便是一个回旋加速器的示意图，在这里，带电粒子在 A 和 B 两区的磁场作用下做回旋运动，每当粒子通过两区之间的电场加速区时，被电场加速。加速区的电场是一个交变电场，通过调控磁场的大小就可以调节带电粒子的回旋周期，当该回旋周期与交变电场的周期相等时，就可以使带电粒子每次经过加速区时都被加速而持续获得能量。

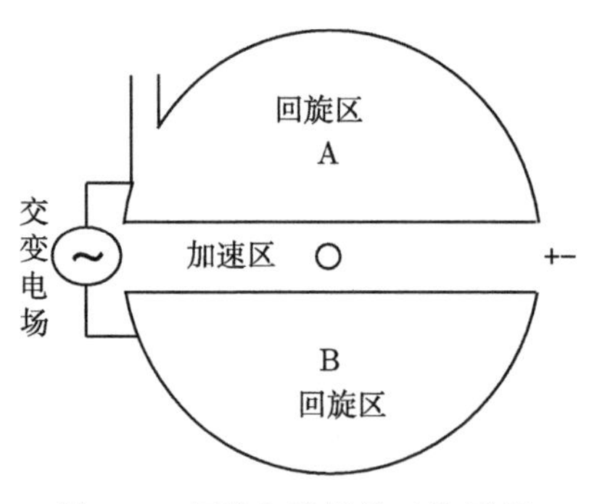

图 Ⅲ-1　回旋加速器的工作原理

目前，世界上正在运行的最大粒子加速器是位于瑞士日内瓦的欧洲核子研究中心 (CERN) 的大型强子对撞机 (LHC)，磁场轨道的周长达到 27km，可以将质子的能量加速到 7.0 TeV(即 7×10^{12} eV)，在碰撞质心可达到 14 TeV 的能量。

但是，在自由边界的天体等离子体环境中，很难想象会存在一个类似回旋加速器这样的加速机制。而且由于等离子体的电中性特点，也很难维持一个宏观电场的存在，因为即使有宏观电场产生，也会在等离子体振荡周期的时间尺度内很快就被电中性复合。那么，这些高能粒子是如何被加速的呢？

大量的高能甚至超高能的粒子来自于宇宙天体，这表明在天体物理环境中是一定存在某种粒子加速过程的。从 20 世纪 50 年代以来，人们先后提出过多种粒子加速模型，这些模型几乎都与特定的等离子体物理环境和过程相关联。其中比较为大家关注的加速模型主要有如下几种：

(1) 费米加速；

(2) 电场加速；

(3) 等离子体湍动加速；

(4) 激波加速；

(5) 低频电磁波加速。

任何一种自洽的粒子加速机制，都需要首先回答如下两个问题：

(1) 如何让粒子有效获得动能，并且在数量和时标上与观测结果相符；

(2) 从理论上计算出加速粒子的能谱，使其与观测能谱一致。

第 10 章　费米加速机制

宇宙线中的高能粒子，尤其是极高能宇宙线的起源问题，也是当代天文学和天体物理学的八大科学难题之一 (Clery，2012)。历史上的第一个高能宇宙线的加速模型是由著名物理学家费米 (Fermi) 提出的，即费米加速机制，本章主要介绍这一机制。

10.1　费米加速概念的提出

宇宙等离子体的基本特性排除了存在宏观静电场的可能性，因此，由静电场加速荷电粒子也基本被排除在外。天文学观测发现，在宇宙中，在太阳系的行星际空间、恒星与恒星之间、星系与星系之间存在大量的运动磁化等离子体云，即磁云。1949 年，著名物理学家费米首先提出：两块磁云之间可以形成类似于磁镜的磁场位型 (图 10-1)，当磁云互相之间以速度 u 缓慢运动时，则捕获在该磁镜位型中的荷电粒子在两个磁云之间的来回反弹运动 (bounce) 运动满足绝热不变性原理：

$$J = \oint v_{\parallel}\mathrm{d}z \to C \tag{10-1}$$

当磁场缓慢靠近时，荷电粒子的每次反弹 (迎头正碰) 都将被加速，使其动能增加；而当两块磁云缓慢分离时，被捕获的荷电粒子尾追磁云，与磁镜的相互作用 (追赶碰撞) 将被减速，其动能也相应减少。

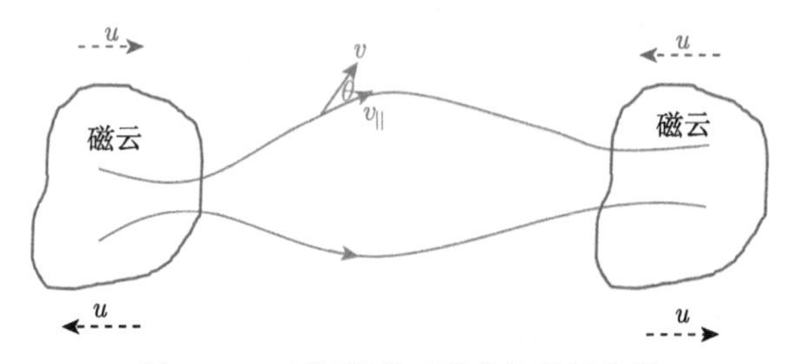

图 10-1　由两块磁云形成的磁场位型

费米进一步指出，粒子与磁云之间相向碰撞 (迎头碰撞，head-on collision) 的概率大于粒子尾追磁云碰撞 (追赶碰撞，rear-end collision) 的概率，该概率之比

为 $\frac{v_\parallel + u}{v_\parallel - u}$，总效果是使粒子得到加速。

费米加速机制只能使荷电粒子的纵向速度 $\boldsymbol{v}_\parallel$ 不断增大，而横向速度 $\boldsymbol{v}_\perp$ 则因磁矩不变性而不变。于是，随着纵向速度的增加，粒子的投射角 θ 将不断减小。当投射角小于临界逃逸角，$\theta < \theta_{\rm c} = \arcsin\sqrt{\frac{B_{\min}}{B_{\max}}}$ 时，加速粒子最终逃离磁云区域。如果存在一种粒子散射机制，将一部分纵向动能转移到横向动能而恢复粒子速度的各向同性分布，则粒子将得到持续的加速。

因此，费米加速机制包括如下三个物理过程。

(1) 荷电粒子与磁云的碰撞使得粒子与磁云之间发生能量转移：荷电粒子与磁云的迎头碰撞使粒子增加能量，追赶碰撞则使粒子损失能量。

(2) 碰撞概率：迎头碰撞的概率大于追赶碰撞，从而使粒子获得净余能量。

(3) 散射过程：在多次碰撞过程中，通过特定的粒子散射机制，使粒子的速度分布保持近似的各向同性分布，并使加速过程可以持续。

最简单的情形是磁云沿着某一方向单向运动，荷电粒子的运动方向与磁云的运动方向在同一条直线上，同向或反向，这时可以在一维空间进行处理，得到的结果就称为**一阶费米加速**。但是，一般情形则是磁云在空间的运动方向是随机的，荷电粒子的运动方向与磁云运动方向之间的夹角也是随机的分布，这时荷电粒子与磁云的碰撞也是一个随机的统计过程，在这种情况下的费米加速称为费米随机加速，也称**二阶费米加速**。

10.2　一阶费米加速

设荷电粒子与磁云的碰撞为一维弹性碰撞，荷电粒子在碰撞前后的运动速度均近似接近于光速，$v \to c$。则根据能量和动量守恒定律，可得

$$mc^2 + \frac{1}{2}Mu^2 = m_1c^2 + \frac{1}{2}Mu_1^2 \tag{10-2}$$

$$mv + Mu = m_1v_1 + Mu_1 \tag{10-3}$$

式中，$m = \frac{m_0}{\sqrt{1-\frac{v^2}{c^2}}}$，$m_1 = \frac{m_0}{\sqrt{1-\frac{v_1^2}{c^2}}}$ 分别为荷电粒子与磁云碰撞前后的运动质量。荷电粒子在与磁云碰撞后的运动方向与碰撞前相反，$mv \sim -m_1v_1$，磁云的运动速度方向在碰撞前后几乎不变，于是可得，在一次碰撞前后荷电粒子所获得的能量为

$$\Delta E = m_1c^2 - mc^2 = \frac{1}{2}M\left(u^2 - u_1^2\right) \approx uM\left(u - u_1\right)$$

相应地，还可以从动量守恒方程 (10-3) 式得到下列关系：

$$M\left(u-u_1\right)=m_1v_1-mv\approx-2mv$$

于是，我们可以得到

$$\Delta E\approx-2muv,\quad \frac{\Delta E}{E}=-\frac{2uv}{c^2} \tag{10-4}$$

当荷电粒子与磁云的运动速度反向时，u、v 异号，ΔE 取正值，荷电粒子获得能量被加速；而当荷电粒子与磁云的运动速度同向时，u、v 同号，ΔE 取负值，荷电粒子损失能量被减速。对速度取绝对值，并利用近似关系，$v\sim c$，则上式可以笼统地表示成

$$\Delta E_{\pm}\approx\pm2mcu,\quad \frac{\Delta E_{\pm}}{E}\approx\pm\frac{2u}{c} \tag{10-5}$$

式中，+ 号对应于迎头碰撞；− 号则对应于追赶碰撞。

(10-5) 式表明，在一次荷电粒子与磁云的迎头碰撞中，荷电粒子的能量增加为

$$\Delta E_{+}=\frac{2u}{c}E$$

在一次追赶碰撞中，荷电粒子损失的能量为

$$\Delta E_{-}=-\frac{2u}{c}E$$

设两磁云的距离为 L，则荷电粒子在单位时间内与磁云发生迎头碰撞的频率为 $n_{+}=\dfrac{v+u}{L}$，发生追赶碰撞的频率为 $n_{-}=\dfrac{v-u}{L}$。于是，单位时间内荷电粒子的总能量增加值为

$$\left\langle\frac{\mathrm{d}E}{\mathrm{d}t}\right\rangle_I=n_{+}\frac{2u}{c}E+n_{-}\left(-\frac{2u}{c}E\right)=\frac{4u^2}{Lc}E \tag{10-6}$$

上述物理图像中，假定磁云在单一方向的运动，并且其运动方向与荷电粒子的运动沿同一直线，同向或反向，因此，这是一个一维的加速模型，称为**一阶费米加速**。从 (10-6) 式可见，单位时间荷电粒子的能量增加率与磁云的运动速度 u 的二次方成正比，与粒子的能量 E 的一次方成正比，还与磁云之间的距离 L 的一次方成反比。

(10-6) 式的解为

$$E\propto E_0\mathrm{e}^{\alpha_I t}$$

式中，指数 $\alpha_{\mathrm{I}}=\dfrac{4u^2}{Lc}$；$E_0$ 为荷电粒子的初始能量。由此，还可以得到一阶费米加速的特征时间：

$$\tau_{\mathrm{I}}=\frac{E}{\left\langle\dfrac{\mathrm{d}E}{\mathrm{d}t}\right\rangle_{\mathrm{I}}}=\frac{1}{\alpha_{\mathrm{I}}}=\frac{Lc}{4u^2} \tag{10-7}$$

即粒子的能量 E 随时间 t 是按指数形式增长的，增长的特征时间即为 $\dfrac{Lc}{4u^2}$。代入行星际空间磁云的有关参数 ($L\sim10^5\mathrm{km}$，$u\sim10^3\mathrm{km/s}$)，可得电子在这种情况下得到加速的特征时间大约在小时的数量级 ($10^4\mathrm{s}$)；而对于超新星遗迹参数 (L 为 $10^9\sim10^{10}\mathrm{km}$，$u$ 为 $10^3\sim10^4\mathrm{km/s}$)，相应的特征时间则为 10～100 年量级。

一阶费米加速是最简单、也是最理想化的粒子加速模型。

10.3 二阶费米加速

1954 年，费米研究了当磁云的运动方向是任意的情形。这时，荷电粒子的速度与磁云速度之间的夹角是任意的，它们之间的碰撞是一个随机的统计过程，在该过程中荷电粒子的加速称为费米随机加速，也称为**二阶费米加速**。

一般情况下，荷电粒子和磁云的数量都是巨大的，它们之间的相互作用也是随机的。为了合理描述天体等离子体环境中富能粒子的能谱，则必须引进动理论方程进行分析。

荷电粒子每次与磁云的作用过程，与荷电粒子的整个加速过程相比，时间都很短。因此，它们之间的单次相互作用可以看成一次碰撞。另外，与荷电粒子的运动速度 v 相比，磁云的运动速度 u 非常小，$u\ll v$，同时，磁云的质量 M 远大于单个荷电粒子的质量 m, $M\gg m$。因此，两者碰撞前后彼此的速度改变量都为小量，属于弱碰撞，碰撞过程中磁云之间的磁场位型几乎没有显著变化。上述随机碰撞过程的特点表明，它们近似为一个马尔可夫过程，可以选择 Fokker-Planck 方程来描述：

$$\frac{\partial f}{\partial t}+v\cdot\frac{\partial f}{\partial r}+a\cdot\frac{\partial f}{\partial v}=-\frac{\partial}{\partial v}\cdot(f\langle\Delta v\rangle)+\frac{1}{2}\frac{\partial^2}{\partial v\partial v}:(f\langle\Delta v\Delta v\rangle) \tag{10-8}$$

方程右端称为碰撞项。这里，$f=f(r,v,t)$ 为粒子的分布函数；$\langle\Delta v\rangle$ 为速度转变矢量的一阶矩，即动力摩擦系数，表示速度增量的平均值；$\langle\Delta v\Delta v\rangle$ 为速度转变矢量的二阶矩，即速度扩散系数，表示速度空间中的扩散系数。它们分别由下式得到：

$$\Delta v=\frac{1}{\Delta t}\int P(v,\Delta v)\,\Delta v\mathrm{d}(\Delta v) \tag{10-9}$$

$$\Delta v \Delta v = \frac{1}{\Delta t} \int P(v, \Delta v) \Delta v \Delta v \mathrm{d}(\Delta v) \tag{10-10}$$

式中，$P(v, \Delta v)$ 称为转变概率，表示在 Δt 时间内，速度为 v 的荷电粒子由于同磁云碰撞而获得速度增量 Δv 的概率。由于碰撞过程属于马尔可夫过程，所以转变概率 P 中不显含时间，v 与 Δv 都为独立变量。

由于磁云等离子体一般都非常稀薄，可以假定荷电粒子与磁云的碰撞为二体碰撞，可简单地用二体弱碰撞来代替多体弱碰撞。另外，还可以假定荷电粒子在速度空间中的分布是各向同性的，即有

$$f(r, v, t) \equiv f(v, t) \tag{10-11}$$

定义一个无量纲的变量：$w = \ln \dfrac{E}{E_0}$，w 表示粒子的相对能量。这里 $E_0 = m_0 c^2$ 为荷电粒子的静止能量。于是，利用 (10-5) 式的结果有无量纲形式：

$$\Delta w_{\pm} = \frac{\Delta E_{\pm}}{E} = \pm \frac{2u}{c} \tag{10-12}$$

上式表明，荷电粒子与磁云碰撞前后的能量变化，实际与荷电粒子本身的运动速度 v 没有关系，Δw 只能取 $2u/c$ 和 $-2u/c$ 两个值，从而使转换概率 P 的表达形式大大简化。

$$P(v, \Delta v) = P(w, \Delta w_{\pm}) = \frac{v \pm u}{L} = \frac{v}{L}\left(1 \pm \frac{u}{v}\right)$$

由转换概率 P 的归一化条件 $P(w, \Delta w_+) + P(w, \Delta w_-) = 1$，可得

$$P(w, \Delta w_{\pm}) = \frac{1}{2}\left(1 \pm \frac{u}{v}\right) \tag{10-13}$$

则每次碰撞荷电粒子从磁云中获得的平均能量为

$$\begin{aligned}
\overline{\Delta E_{\mathrm{II}}} &= P(w, \Delta w_+)(\Delta E_+) + P(w, \Delta w_-)(\Delta E_-) \\
&= \frac{1}{2}\left(1 + \frac{u}{v}\right)\frac{2u}{c}E + \frac{1}{2}\left(1 - \frac{u}{v}\right)\left(-\frac{2u}{c}E\right) \approx \frac{u^2}{c^2}E
\end{aligned}$$

在单位时间内，荷电粒子的总能量增加值为

$$\left\langle \frac{\mathrm{d}E}{\mathrm{d}t} \right\rangle_{\mathrm{II}} = \overline{\Delta E_{\mathrm{II}}}(n_+ + n_-) \approx \frac{2u^2}{Lc}E \tag{10-14}$$

与一阶费米加速情形类似，上式的解也可以表示成下列形式：

$$E \propto E_0 e^{\alpha_{\text{II}} t}$$

式中指数为 $\alpha_{\text{II}} = \dfrac{2u^2}{Lc}$。

从 (10-14) 式可见，与一阶费米加速机制类似，在二阶费米加速机制中，磁云的运动速度 u 对加速效率的影响也最大。二阶费米加速机制的效率约为一阶费米加速机制的一半。不过，一阶费米加速机制对磁云运动的要求比较严格 (v 与 u 在同一条直线上)，因此，其实际应用范围较窄。二阶费米加速机制的应用则更为普遍。

由 (10-14) 式还可以得到二阶费米加速的特征时间：

$$\tau_{\text{II}} = \frac{E}{\left\langle \dfrac{\mathrm{d}E}{\mathrm{d}t} \right\rangle_{\text{II}}} = \frac{Lc}{2u^2} \tag{10-15}$$

即在费米统计加速情形中，粒子的能量随时间按指数增长，只不过这时的增长率只有一阶费米加速的一半左右。在行星际空间，磁云之间的距离 $L \sim 10^5\text{km}$，磁云的运动速度 $u \sim 10^3\text{km/s}$，于是我们可以计算，$\alpha_{\text{II}} \sim 10^{-4}\text{s}^{-1}$。也就是说，在这种情况下，二阶费米加速的效率实际上还是很低的。对超新星遗迹的观测表明，磁云之间的距离 $L \sim 10^{11}\text{km}$，磁云的运动速度的典型值为 $u \sim 10^4\text{km/s}$，于是 $\alpha_{\text{II}} \sim 10^{-8}\text{s}^{-1}$，也就是说，荷电粒子通过费米加速能量获得显著增加所需的时间大约为 100 年！可见其加速效率同样是很低的。

在太阳日冕大气中，尤其是在低层日冕中，所谓磁云的基本结构单元便是磁流管，但是太阳磁流管的上升或运动速度 u 一般只有每秒几十到几百公里量级，这个运动速度实际上并不很快，相应地，费米加速的效率也并不高。而且，随着粒子被加速，速度增加将导致被加速粒子很快从磁流管中逃逸，这些不利因素的直接结果便是无法在秒级时间内将带电粒子加速到数十千电子伏量级以上。

10.4　费米加速的能谱分析

分析天体物理环境下的费米加速的能谱，需要从 Fokker-Planck 方程着手，这时除了需要考虑荷电粒子与磁云的碰撞效应外，还需考虑辐射损失、绝热膨胀、逃逸效应，以及外部注入粒子等多种因素的影响。

第一，考虑在空间均匀和各向同性条件下荷电粒子与磁云的一维弹性碰撞，分布函数 $f(v,t)$ 也可以表示成 $f(E,t)$ 或 $f(w,t)$ 的形式，速度转变矢量的一阶矩

$\langle \Delta v \rangle$ 和二阶矩 $\langle \Delta v \Delta v \rangle$ 都变成标量了，则动理论方程 (10-9) 式右端的碰撞项将变成下列形式：

$$\left(\frac{\partial f}{\partial t}\right)_{\mathrm{c}} = -\frac{\partial}{\partial E}\left(f\langle \Delta E \rangle\right) + \frac{1}{2}\frac{\partial^2}{\partial E^2}\left(f\langle (\Delta E)^2 \rangle\right) \tag{10-16}$$

式中，$f = f(E, t)$。再将自变量换成无量纲参量 w，则有下列运算符：

$$\Delta E = E\Delta w, \quad \frac{\partial}{\partial w} = \frac{\partial}{\partial \ln E} = E\frac{\partial}{\partial E}$$

于是，(10-16) 式可以改写成如下形式：

$$\begin{aligned}\left(\frac{\partial f}{\partial t}\right)_{\mathrm{c}} &= -\frac{\partial}{E\partial w}\left(fE\langle \Delta w \rangle\right) + \frac{1}{2E}\frac{\partial}{\partial w}\left[\frac{1}{E}\frac{\partial}{\partial w}\left(fE^2\langle (\Delta w)^2 \rangle\right)\right] \\ &= -\frac{\langle \Delta w \rangle}{E}\frac{\partial}{\partial w}\left(fE\right) + \frac{1}{2}\frac{\langle (\Delta w)^2 \rangle}{E}\frac{\partial}{\partial w}\left[\frac{1}{E}\frac{\partial}{\partial w}\left(fE^2\right)\right]\end{aligned} \tag{10-17}$$

在上面的推导中，利用了 $\langle \Delta w \rangle$ 和 $\langle (\Delta w)^2 \rangle$ 都与 w 无关的假设，因此，可以将其提到微分符号外面去。

第二，在辐射损失方面，主要包括同步加速辐射和逆康普顿散射能量损失、高能粒子对周围介质电离消耗的能量、韧致辐射引起的能量损耗等。这些能量损耗可分别表示成如下形式：

$$\begin{cases}\left(\dfrac{\mathrm{d}E}{\mathrm{d}t}\right)_{\mathrm{syc}} = -\mu_{\mathrm{syc}}E^2 \\ \left(\dfrac{\mathrm{d}E}{\mathrm{d}t}\right)_{\mathrm{ion}} = -\mu_{\mathrm{ion}} \\ \left(\dfrac{\mathrm{d}E}{\mathrm{d}t}\right)_{\mathrm{bre}} = -\mu_{\mathrm{bre}}E\end{cases} \tag{10-18}$$

于是，高能荷电粒子总的能量损耗为

$$P(E) = \frac{\mathrm{d}E}{\mathrm{d}t} = -\mu_{\mathrm{ion}} - \mu_{\mathrm{bre}}E - \mu_{\mathrm{syc}}E^2 \tag{10-19}$$

上述能量损耗对粒子分布函数的影响表现在 (10-17) 式的右端增加一个附加项，

$$\left(\frac{\partial f}{\partial t}\right)_{\mathrm{add}} = -\frac{\partial}{\partial E}\left[P(E)f\right] = -\frac{1}{E}\frac{\partial}{\partial w}\left[P(E)f\right] \tag{10-20}$$

(10-7) 式和 (10-14) 式表明，费米加速的效率与荷电粒子本身的能量 E 成正比。同时，(10-19) 式也表明，荷电粒子的能量损耗速率也与它的能量 E 有关，而且，在不同能量段，不同的损耗机制所产生的作用是不同的。例如，对于低能粒子，由于能量较低，能量损耗的主要机制是电离损失，$P(E) \approx -\mu_{\mathrm{ion}}$，它与粒子的能量关系不大，只要下式满足：

$$\frac{\mathrm{d}E}{\mathrm{d}t} > P(E) \tag{10-21}$$

费米加速就是有效的。令 $\dfrac{\mathrm{d}E}{\mathrm{d}t} = \dfrac{E}{\tau}$，费米加速的能量阈值为 $E_{\mathrm{c}} > \tau\mu_{\mathrm{ion}}$。其中，电离能量损耗系数 μ_{ion} 与粒子的电荷和质量均有关，对不同种类的荷电粒子，其费米加速的阈值是不同的。

对于高能荷电粒子，电离和韧致辐射损耗是次要的，而同步加速辐射和逆康普顿散射引起的能量损耗居主导地位，$P(E) \approx -\mu_{\mathrm{syc}}E^2$。这是因为能量太高的荷电粒子由于能量损耗太快而无法被费米加速，费米加速所能达到的最高能量为

$$E_{\mathrm{m}} < \frac{1}{\tau\mu_{\mathrm{syc}}} \tag{10-22}$$

在绝大多数情形，韧致辐射损耗是最主要的能量损耗方式，即

$$P(E) \approx -\mu_{\mathrm{bre}}E \tag{10-23}$$

第三，粒子体系中的绝热膨胀对粒子能量也是有影响的，这也是粒子能量损失的一个重要方面。当加速过程中粒子体系的体积发生显著膨胀时，因为整个体系的温度显著下降，从而使荷电粒子的平均动能降低。

根据绝热方程：

$$TV^{\gamma-1} = \text{常数}$$

对于高能粒子来说，一般可取 $\gamma = \dfrac{4}{3}$。设磁云为球状，其半径为 R，体积为 $V \sim R^3$，磁云中的温度正比于粒子的平均动能，$T \propto E$。于是，磁云中的绝热方程将演变成粒子能量与磁云半径之间的下列关系：

$$E \propto \frac{C}{R}$$

于是，可得

$$\frac{\mathrm{d}E}{\mathrm{d}t} = -\frac{E}{R}\cdot\frac{\mathrm{d}R}{\mathrm{d}t} = -\frac{v}{R}E = -\eta E$$

式中，$v = \dfrac{\mathrm{d}R}{\mathrm{d}t}$ 为磁云的膨胀速度，一般可看成常数。$\eta = \dfrac{v}{R}$ 为一个与热膨胀有关的参数。于是，由绝热膨胀所引起的粒子分布函数的改变量可表示成

$$\left(\frac{\partial f}{\partial t}\right)_{\text{exp}} = -\eta \frac{\partial}{\partial E}(fE) = -\frac{\eta}{E}\frac{\partial}{\partial w}(fE) \tag{10-24}$$

第四，逃逸效应也会对加速粒子的分布产生重要影响。费米加速使得粒子的纵向速度分量得到增长，从而使得粒子的投射角 θ 逐渐减小并最终从磁云中逃逸出去；另外，荷电粒子之间的互相碰撞也会使一部分捕获粒子转变为逃逸粒子。设荷电粒子在磁云中的捕获寿命为 τ，其大小与粒子的能量有关，$\tau = \tau(E)$ 或 $\tau = \tau(w)$，则从统计角度上看，在单位时间、单位体积、单位能量间隔中逃逸的粒子数为

$$\left(\frac{\partial f}{\partial t}\right)_{\text{esc}} = -\frac{f}{\bar{\tau}} \tag{10-25}$$

式中，$\bar{\tau}$ 为平均捕获寿命。很显然，上式的解即为一个幂律谱形式的定常解。

最后，在费米加速过程中，被加速的荷电粒子是不断注入磁云中的，而在注入之前，它们常已经受到其他机制的加速，具有一定的能量了。因此，在分析粒子体系中的分布函数演变时，粒子注入项的影响也是一个非常重要的因素。

设注入的粒子数与粒子的能量 E 无关，在单位时间、相对能量为 w 附近的单位能量间隔区间、注入在单位体积中的粒子数可表示为

$$\left(\frac{\partial f}{\partial t}\right)_{\text{inj}} = Q(w,t) = \begin{cases} 0, & w > w_0 \\ Q_0, & w \leqslant w_0 \end{cases} \tag{10-26}$$

现在回到 Fokker-Planck 方程 (10-9) 式，由于我们假设荷电粒子的分布是空间均匀的，并忽略荷电粒子之间的相互作用，所以，(10-9) 式左端仅留下 $\dfrac{\partial f}{\partial t}$ 这一项。然后把 (10-17) 式, (10-23) 式 ~(10-26) 式代入，可得处理费米加速机制的 Fokker-Planck 方程的具体形式：

$$\begin{aligned}
\frac{\partial f}{\partial t} &= \left(\frac{\partial f}{\partial t}\right)_{\text{c}} + \left(\frac{\partial f}{\partial t}\right)_{\text{add}} + \left(\frac{\partial f}{\partial t}\right)_{\text{exp}} + \left(\frac{\partial f}{\partial t}\right)_{\text{esc}} + \left(\frac{\partial f}{\partial t}\right)_{\text{inj}} \\
&= -\frac{\langle \Delta W\rangle}{E}\frac{\partial}{\partial w}(fE) + \frac{1}{2}\frac{\langle(\Delta w)^2\rangle}{E}\frac{\partial}{\partial w}\left[\frac{1}{E}\frac{\partial}{\partial w}\left(fE^2\right)\right] \\
&\quad - \frac{1}{E}\frac{\partial}{\partial w}[P(E)f] + \frac{\eta}{E}\frac{\partial}{\partial w}(fE) - \frac{f}{\bar{\tau}} + Q \\
&= -\frac{\langle \Delta w\rangle}{E}\frac{\partial}{\partial w}(fE) + \frac{1}{2}\frac{\langle(\Delta w)^2\rangle}{E}\frac{\partial}{\partial w}\left[\frac{1}{E}\frac{\partial}{\partial w}\left(fE^2\right)\right]
\end{aligned}$$

$$-\frac{\mu_{\rm bre}+\eta}{E}\frac{\partial}{\partial w}(fE)-\frac{f}{\bar{\tau}}+Q \tag{10-27}$$

这里考察 (10-27) 式的定常解，则 $\frac{\partial f}{\partial t}=0$。再将加速粒子的能量范围限定在高能部分，即 $w>w_0$，$Q=0$，则 (10-27) 式变成

$$-\frac{\langle\Delta w\rangle}{E}\frac{\partial}{\partial w}(fE)+\frac{1}{2}\frac{\langle(\Delta w)^2\rangle}{E}\frac{\partial}{\partial w}\left[\frac{1}{E}\frac{\partial}{\partial w}\left(fE^2\right)\right]-\frac{\mu_{\rm bre}+\eta}{E}\frac{\partial}{\partial w}(fE)-\frac{f}{\bar{\tau}}=0 \tag{10-28}$$

上式的定常解具有下列形式：

$$f=f_0{\rm e}^{-\alpha}=AE^{-\alpha} \tag{10-29}$$

即，费米加速粒子的分布具有幂律谱的形式，将上述定常解代入 (10-28) 式，可得谱指数 α 所满足的一元二次方程：

$$\alpha^2\left[\frac{\langle(\Delta w)^2\rangle}{2}\right]+\alpha\left[\langle\Delta w\rangle-\frac{3}{\alpha}\langle(\Delta w)^2\rangle-(\mu_{\rm bre}+\eta)\right]$$
$$+\left[\langle(\Delta w)^2\rangle-\langle\Delta w\rangle+(\mu_{\rm bre}+\eta)-\frac{1}{\bar{\tau}}\right]=0$$

由于 $\Delta w\approx\frac{2u}{c}\ll 1$，$\langle(\Delta w)^2\rangle\approx 0$，代入上式，近似可得谱指数的表达式：

$$\alpha=1+\frac{1}{\bar{\tau}(\langle\Delta w\rangle-\mu_{\rm bre}-\eta)} \tag{10-30}$$

当忽略辐射损耗和绝热膨胀效应时，(10-30) 式可演变成下列简单形式：

$$\alpha\approx 1+\frac{1}{\bar{\tau}\langle\Delta w\rangle}$$

式中，$\Delta w=\frac{\Delta E}{E}=\frac{1}{\tau}$，因此，(10-30) 式可进一步简化为

$$\alpha\approx 1+\frac{\tau}{\bar{\tau}} \tag{10-31}$$

也就是说，在忽略辐射损失、绝热膨胀耗能和粒子注入等因素的影响情况下，费米加速粒子的能谱指数取决于加速粒子的平均捕获寿命 ($\bar{\tau}$)，以及粒子与磁云的能量交换时间 (τ)。粒子的捕获寿命反映了加速时间的长短，该时间越长，谱指数

越小，高能粒子占比越高，粒子能谱便越硬；反之，能谱便越软。能谱指数的大小与粒子能谱的软硬之间的关系如图 10-2 所示。

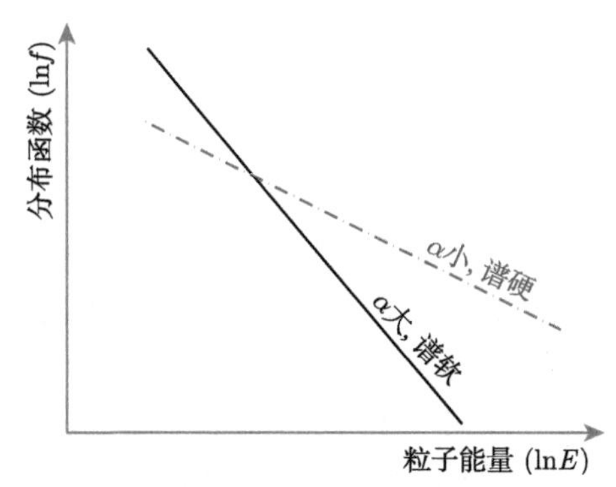

图 10-2　能谱指数的大小与粒子能谱的软硬之间的关系

下面简要讨论一下费米加速机制的使用范围。

从费米加速机制的主要特征和天体物理环境特征看，这种加速机制在天体等离子体中具有非常广泛的应用前景。

费米加速机制要求空间中存在非均匀的缓变磁场，这在天体物理环境中是很容易满足的。例如，在太阳系中存在许多由太阳爆发活动抛射出的日冕物质抛射 (CME) 云团以及太阳风，在银河系的旋臂及旋臂之间也存在大量的湍流云团，星系旋臂中的磁场大致与旋臂平行，可近似看成磁流管，它们都可看成是不同尺度的磁云，相互之间存在复杂的相对运动。荷电粒子在这样的空间中运动随时都有可能通过费米机制得到加速，加速过程也相对比较稳定。费米加速粒子的能谱主要为幂律谱，这也是与大量天体物理观测结果一致的。

但是，费米加速机制也有一些限制，这主要体现在如下两个方面。

首先，从 (10-7) 式和 (10-14) 式可以看出，费米加速的效率主要取决于两个参量：磁云的运动速度 u 和磁云之间的距离 L。运动速度 u 越大，磁云之间的间距越小，则加速效率越高。然而，费米加速的前提是要求满足绝热不变性原理，这就要求磁云的运动速度 u 不能太高，磁云间距 L 也不能太小，显然这是一个矛盾。这个矛盾限制了费米加速机制的有效性。

其次，持续的费米加速要求荷电粒子的分布保持各向同性，这样才能使足够多的粒子被捕获在磁云之间而不轻易逃逸。但是，费米加速是沿磁场方向的，因此，需要存在一个有效的散射机制，使加速过程中产生的纵向动能迅速各向同性化，否则加速将难以为继。一种可能的散射机制是，在荷电粒子与磁云之间的碰撞频率比较低时，波–粒共振可散射粒子的纵向动量。另外，如果等离子体中存在湍流的话，荷电粒子与等离子体湍流的相互作用也是一种可能的散射机制。

近年来，人们对磁场重联过程中的费米加速过程开展了许多扩展性的研究，也取得了许多重要的结果 (Drury 2012; Nishizuka and Shibata, 2013; Lemoine, 2019)。

思　考　题

1. 什么叫迎头碰撞？什么叫追赶碰撞？这两类碰撞的动力学特征有何区别？
2. 什么叫一阶费米加速？一阶费米加速的效率同哪些因素有关？
3. 什么叫二阶费米加速？二阶费米加速与一阶费米加速有何异同？
4. 查阅文献，给出日冕情形、行星际空间情形、星际空间情形和星系际空间情形中费米加速可能的物理参数，并分别估算粒子通过费米加速的特征时间。
5. 分析费米加速的能谱特征，哪些因素决定了费米加速的能谱特征？

参 考 文 献

甘为群, 王德焴. 2002. 太阳高能物理. 北京：科学出版社.

许敖敖, 唐玉华. 1987. 宇宙电动力学导论. 北京: 高等教育出版社.

Achterberg A. 1981. On the nature of small amplitude Fermi acceleration. A&A, 97: 259.

Aschwanden M J. 2004. Physics of the Solar Corona. New York: Springer.

Clery D. 2012. What's the source of the most energetic cosmic rays? Science, 336:1096, 1097.

de Valle M V, de Gouveia Dal Pino E M, Kowal G. 2016. Properties of the first-order Fermi acceleration in fast magnetic reconnection driven by turbulence in collisional magnetohydrodynamical flows. MNRAS, 463:4331.

Drury L. 2012. First-order Fermi acceleration driven by magnetic reconnection. MNRAS, 422: 2472.

Fermi E. 1949. On the origin of the cosmic radiation. Phys. Rev., 75: 1169.

Fermi E. 1954. Galactic magnetic fields and the origin of cosmic radiation. Ap. J., 119: 1.

Kruells W M. 1992. Combined first- and second-order Fermi acceleration in radio galaxy hot spots. A&A, 260: 49.

Lemoine M. 2019. Generalized Fermi acceleration. Phys. Rev. D, 99: 083006.

Lemoine M. 2022. First-principle Fermi acceleration in magnetized turbulence. Phys. Rev. Lett., 129: 215101.

Nishizuka N, Shibata K. 2013. Fermi acceleration in plasmoidsinteracting with fast shocks of reconnection via fratal reconnection. Phys. Rev. Lett., 110: 051101.

Tsuneta S, Naito T. 1998. Fermi acceleration at the fast shock in a solar flare and the impulsive loop-top hard X-ray source. Ap. J., 495: L67.

第 11 章　电场加速原理

磁场只能改变荷电粒子的运动方向，是不可能直接加速荷电粒子的。要加速荷电粒子，我们首先想到的便是利用某种电场，比如静电场，或者由变化的磁场产生的感应电场等。但是，我们知道，在天体等离子体物理环境下，宏观电场是很难在一个相对长时间里维持的。那么，在什么情况下可能会出现电场呢？

首先，在等离子体中发生磁场重联时，拥有反向磁场位型的重联区会出现电场，即重联电场。例如，图 11-1 所示即为数值模拟所给出的在耀斑重联区存在重联电场的一个粒子，在这种重联电场的作用下，可以加速荷电粒子。

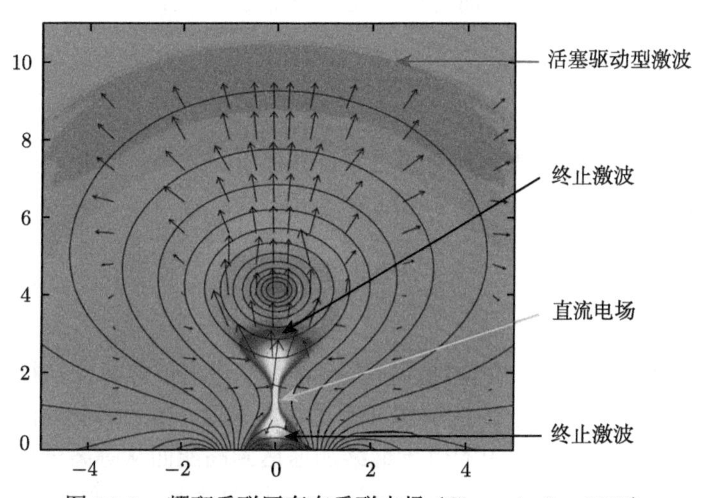

图 11-1　耀斑重联区存在重联电场 (Chen et al.，2007)

另外，在发生磁场对消、扭曲模或撕裂模不稳定性过程时，等离子体中局部区域也会出现电场。太阳日冕等离子体环的观测还发现，在环中存在显著的纵向电流 $\boldsymbol{j}$，与该电流对应，应该也会存在一个纵向电场 $\boldsymbol{E}$, $\boldsymbol{j}=\sigma\boldsymbol{E}$，这里，$\sigma$ 为等离子体的电导率。这种情形的电场强度一般大约在 10^{-5}V/m 量级。空间探测还发现，在地球磁层等离子体中也存在电场。例如，卫星在高度为 2000~8000km 区间的某些狭窄区域里，探测到量级为 0.1~1.0V/m 的电场垂直和平行分量的存在。上述电场都属于准稳态的电场。

11.1 Dreicer 场

下面首先考虑电子在等离子体中的电场作用下的运动特征。这时，电子除了受到电场的静电力作用外，同时还受到电子之间库仑碰撞所产生的摩擦阻力，其运动方程可以表示为

$$m_{\mathrm{e}}\frac{\mathrm{d}v}{\mathrm{d}t}=-eE+\sigma_{\mathrm{e}}m_{\mathrm{e}}v \tag{11-1}$$

式中，$\sigma_{\mathrm{e}}=\dfrac{n_{\mathrm{e}}e^4\ln\Lambda}{2\pi\varepsilon_0^2m_{\mathrm{e}}^2v^3}$ 为电子之间的库仑碰撞频率，这里 $\Lambda=12\pi n_{\mathrm{e}}\lambda_{\mathrm{D}}^3$ 为等离子体中的库仑碰撞参数。对于绝大多数等离子体情况，即使其密度差若干个数量级，库仑对数的值也基本上没有数量级的变化，$\ln\Lambda\approx10\sim20$。

(11-1) 式中右端第二项为库仑摩擦阻力 (friction damping)，可以看出，该阻力与等离子体的密度成正比，而与电子速度的平方成反比，

$$f_{\mathrm{d}}=\sigma_{\mathrm{e}}m_{\mathrm{e}}v=\frac{e^4\ln\Lambda}{2\pi\varepsilon_0^2}\frac{n_{\mathrm{e}}}{m_{\mathrm{e}}v^2}$$

即速度越快的电子，在运动中所受到的库仑摩擦阻力越小。因此，当电场力与摩擦阻尼相等时，可以定义一个电子的临界速度：

$$v_{\mathrm{ec}}=\left(\frac{n_{\mathrm{e}}e^3\ln\Lambda}{2\pi\varepsilon_0^2m_{\mathrm{e}}E}\right)^{1/2} \tag{11-2}$$

根据电子运动速度的大小，在电场中存在两种截然不同的能量转换行为。

(1) 当 $v>v_{\mathrm{ec}}$ 时，电子的运动速度超过临界速度，电子所受到的摩擦阻力小于电场力，可以被等离子体中的电场继续加速达到高能而从等离子体中逃逸，这类电子称为逃逸电子 (runaway electron)，其加速过程称为逃逸电子加速。

(2) 当 $v\leqslant v_{\mathrm{ec}}$ 时，电子速度小于上述临界速度，则电子所受到的库仑摩擦阻力超过电场力。电子从电场中获得的能量被摩擦阻力消耗，将无法被加速，这类电子称为捕获电子 (trapped electron)。这时，电场对等离子体中的这部分低速电子的加速所增加的能量便通过黏滞摩擦阻尼的方式转换成等离子体的热能，从而加热等离子体。因此，等离子体的临界速度也成为非热轫致辐射和热轫致辐射的分界速度。

如果我们将 (10-32) 式和 (10-33) 式中的电子质量换成质子质量，相应地可以得到质子的临界速度：

$$v_{\mathrm{pc}}=\left(\frac{n_{\mathrm{i}}Z_{\mathrm{i}}^3e^3\ln\Lambda}{2\pi\varepsilon_0^2m_{\mathrm{i}}E}\right)^{1/2}$$

质子质量远大于电子，因此，质子的临界速度也远小于电子。

当电子的临界速度与等离子体中电子热速度 $v_{\mathrm{th}}=\left(\dfrac{2kT}{m_{\mathrm{e}}}\right)^{1/2}$ 相等时，我们可以得到一个临界电场：

$$E_{\mathrm{De}}=\frac{n_{\mathrm{e}}e^3\ln\Lambda}{2\pi\varepsilon_0^2m_{\mathrm{e}}v_{\mathrm{th}}^2}=\frac{e^3\ln\Lambda}{4\pi\varepsilon_0^2}\cdot\frac{n_{\mathrm{e}}}{kT} \tag{11-3}$$

式中，D_{e} 称为 Dreicer 电场，表示热电子在库仑碰撞中损失的能量与它在电场中加速获得的能量相当时所对应的临界电场大小。而且，从 (11-3) 式可见，Dreicer 场的大小取决于等离子体的密度和热力学温度，随等离子体密度的增加而增加，随等离子体的温度的增加而减小，是等离子体的特征参数之一。

将低日冕等离子体的典型参数代入 (11-3) 式，如 $n_{\mathrm{e}}=2\times10^{16}\mathrm{m}^{-3}$，$T_{\mathrm{e}}=10^7\mathrm{K}$, 可得 Dreicer 电场强度大约为 $10^{-2}\mathrm{V/m}$。

与 (11-3) 式类似，当我们把有关离子的参数代入时，也可以得到在等离子体中与离子关联的一个临界电场：

$$E_{\mathrm{Di}}=\frac{n_{\mathrm{i}}Z_{\mathrm{i}}^3e^3\ln\Lambda}{2\pi\varepsilon_0^2m_{\mathrm{i}}v_{\mathrm{th}}^2}=\frac{Z_{\mathrm{i}}^3e^3\ln\Lambda}{4\pi\varepsilon_0^2}\cdot\frac{n_{\mathrm{i}}}{kT} \tag{11-4}$$

在热平衡的氢等离子体中，电子温度和离子温度相等，电子密度和离子密度也相等，$Z=1$，所以有 $E_{\mathrm{De}}=E_{\mathrm{Di}}$。对于绝大多数天体等离子体而言，电子和离子的临界电场并没有数量级的差别，$E_{\mathrm{De}}\sim E_{\mathrm{Di}}$。

在等离子体中，在不同强度的电场作用下，荷电粒子的加速特征是不同的，Dreicer 电场常是我们判定等离子体中电场强弱的一个界限。根据等离子体中电场的大小，可以将电场加速分成亚 Dreicer 场加速和超 Dreicer 场加速两种情形。

11.2 亚 Dreicer 场加速

在等离子体中，当电场强度小于 Dreicer 电场，即 $E<E_{\mathrm{D}}$ 时，称为亚 Dreicer 场，也就是弱电场。由 (11-2) 式可知，电子的临界速度 v_{ec} 将变大。在电场加速中，只有 $v>v_{\mathrm{ec}}$ 的快速电子才能被加速成为逃逸电子。因此，在弱电场中，只有快速粒子才能被该电场加速。由 (11-2) 式，可得

$$v_{\mathrm{ec}}^2=v_{\mathrm{th}}^2\cdot\frac{1}{\epsilon} \tag{11-5}$$

式中，$\epsilon=\dfrac{E}{E_{\mathrm{D}}}$ 表示电场的相对强度，在亚 Dreicer 电场情形，$\epsilon<1$。这时，临界速度大于等离子体中的热速度，$v_{\mathrm{ec}}>v_{\mathrm{th}}$。从电子的分布函数 (图 11-2) 可见，只

有一小部分快速电子满足上述条件而被加速。

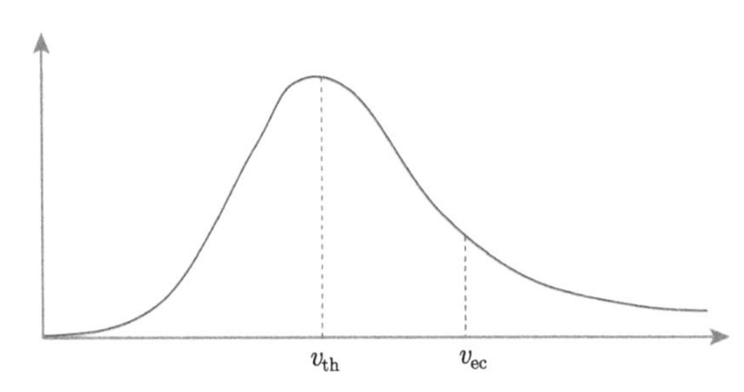

图 11-2　荷电粒子在亚 Dreicer 场的临界速度

对于 $v > v_{\mathrm{ec}}$ 的快电子，在电场中将被加速。考虑在等离子体中存在一个长度为 L 的均匀电流片的情形，其中，直流电场为 E。电子在该直流电场中获得的动能为

$$(\gamma - 1)\, mc^2 = eEx \tag{11-6}$$

由于电场的加速作用，将有部分电子逃逸，设电子逃逸率为 β，则电子分布函数的连续性方程可以写成

$$(p + \mathrm{d}p)\, f\,(x + \mathrm{d}x, p + \mathrm{d}p) = pf\,(x, p) - \beta f\,(x, p)\,\mathrm{d}x \tag{11-7}$$

对 (11-7) 式的左端利用泰勒展开，只保留线性项，则可得微分方程：

$$\frac{\mathrm{d}f}{\mathrm{d}x} + \left(\frac{1}{p}\frac{\mathrm{d}p}{\mathrm{d}x} + \frac{\beta}{p}\right) = 0 \tag{11-8}$$

由 (11-6) 式可得 $\mathrm{d}x = \dfrac{mc^2}{eE}\mathrm{d}\gamma$。假设电子逃逸率可以表示成 $\beta = \left(\dfrac{p}{p_{\mathrm{th}}}\right)^{\alpha}\left(\dfrac{p_{\mathrm{th}}}{l}\right)$，这里 l 为电子在电流片中的平均自由程，α 为一个反映电子逃逸与电子动量之间依赖关系的指数。对 (11-8) 式积分，可以得到在电流片末端 L 处电子的分布函数：

$$f_{\mathrm{w}}\,(L, p) = A\frac{p_{\mathrm{co}}}{p}\exp\left[-\frac{mc^2}{eEl}\left(\frac{p_{\mathrm{th}}}{mc}\right)^{1-\alpha}\int_{\gamma_{\mathrm{cr}}}^{\gamma}\left(\gamma^2 - 1\right)^{\frac{\alpha-1}{2}}\mathrm{d}\gamma\right] \tag{11-9}$$

式中，A 为积分常数，由积分的边界条件决定；$\gamma = \dfrac{1}{\sqrt{1 - \dfrac{v^2}{c^2}}}$ 为洛伦兹因子；p_{co} 是初始具有临界动量 p_{cr} 的电子在距离 L 内所能达到的最大动量：

$$p_{\mathrm{co}} = \left[\left(\gamma_{\mathrm{cr}} + \frac{eEL}{mc^2}\right)^2 - 1\right]^{1/2} mc \tag{11-10}$$

这里，γ_{cr} 为与临界速度对应的洛伦兹因子。

对于等离子体中动量大于 p_{co} 的电子，其分布仍然可用热平衡等离子体的麦克斯韦分布表示，其中的等离子体温度应该是加速以后的温度 T_{co}：

$$f_{co} = f_w \exp\left[-\frac{mc^2}{kT_{co}}(\gamma - \gamma_{co})\right] \tag{11-11}$$

式中，$T_{co} = \frac{(p_{co}/p_{th})^2}{6}\left[-1 + \sqrt{1 + \frac{12T_\infty}{(p_{co}/p_{th})^2}}\right]$；$T_\infty = \frac{1+\bar{Z}_i}{2}\ln\left[1+\varepsilon\left(\frac{p_{co}}{p_{th}}\right)^2\right]$，这里 $\bar{Z}_i$ 为平均离子电荷数。

对于 $v < v_{ec}$ 的慢电子，在电场中将被加热。在考虑电子之间的碰撞过程后，电子的分布函数可以表示为 (Benka et al.，1994)

$$f_{th} = B\exp\left[-\gamma_{dr}\frac{mc^2}{kT}\left(\gamma - \frac{\varepsilon p p_{th}}{m^2c^2} - \frac{eEx}{mc^2}\right)\right] \tag{11-12}$$

式中，$\gamma_{dr} = \left(\frac{\varepsilon^2 p_{th}^2}{m^2c^2} - 1\right)^{1/2}$。

最后，在电场 E 的作用下，整个电子分布函数可写成 f_w、f_{co} 和 f_{th} 的组合函数：

$$f = \begin{cases} f_{th} + RMf_w, & p \leqslant p_{co} \\ f_{th} + Mf_{co}, & p > p_{co} \end{cases} \tag{11-13}$$

在这里，参数 R 和 M 分别如下选择：

$$R = \begin{cases} 0, & p < p_{th} \\ \sin\left[\frac{\pi(p-p_{th})}{2(p_{cr}-p_{th})}\right], & p_{th} \leqslant p \leqslant p_{cr} \\ 1, & p > p_{cr} \end{cases} \tag{11-14}$$

$$M = 1 + \frac{\frac{p_{cr}}{p_{th}}\left(\frac{p_{co}}{p_{th}} - 2\right)}{\pi\left[1 + \left(\frac{p}{p_{th}} - \frac{2p_{cr}}{3p_{th}}\right)^2\right]}$$

根据日冕磁流管中所存在的电流强度的观测结果，人们估计，其中的电场强度大约在 10^{-5}V/m 量级，与此对应的参数 $\varepsilon \sim 0.01$ 量级。它们都属于亚 Dreicer 电场。在这样量级电场的作用下，只有很少量的电子能够被加速，利用 (11-13) 式可以描述全部电子的分布特征。

亚 Dreicer 电场也可以对离子产生加速作用，能使离子的能量达到 10～ 10^3keV 量级。不过，由于通常离子的热速度远小于电子，则一般亚 Dreicer 电场不会将离子拉出热平衡分布中。

11.3　超 Dreicer 场加速

在等离子体中，当电场强度大于 Dreicer 电场，即 $E > E_{\rm D}$ 时，称为超 Dreicer 场，也就是强电场。当在磁化等离子体中发生磁场重联时，在重联区产生的感应电场通常都会很强 (图 11-3)：

$$\boldsymbol{E} = \boldsymbol{u} \times \boldsymbol{B} \tag{11-15}$$

式中，$\boldsymbol{u}$ 为重联区磁力线的运动速度；$\boldsymbol{B}$ 为磁感应强度。

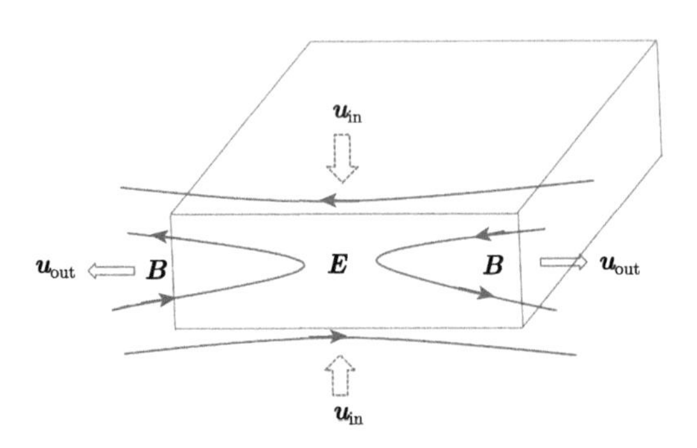

图 11-3　磁重联位型中的重联电场 $\boldsymbol{E}$

例如，在太阳耀斑源区的重联电场可达 $10 \sim 10^3$V/m 量级，远大于当地的 Dreicer 电场 (大约为 10^{-2}V/m 量级)，即 $E \gg E_{\rm D}$，$\epsilon > 1$，这种强电场称为超 Dreicer 场。

超 Dreicer 场对荷电粒子的加速特征将与上述亚 Dreicer 电场的加速过程明显不同。从 (11-5) 式可知，这时电子在等离子体中的临界速度小于电子的热速度，$v_{\rm ec} < v_{\rm th}$。从分布函数 (图 11-4) 可以看出，这时绝大部分电子都将被该电场加速成为高能逃逸粒子。

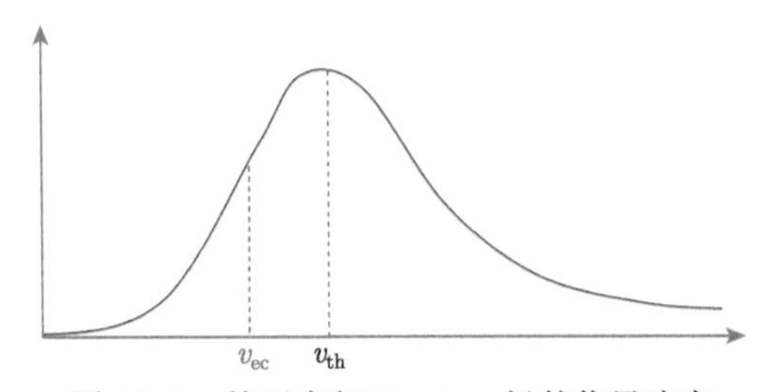

图 11-4　粒子在超 Dreicer 场的临界速度

Litvinenko 和 Somov(1993) 发现，只有当感应电场 $\boldsymbol{E}$ 的方向上同时还存在一个纵向磁场分量，使荷电粒子磁化时，才不会让垂直磁场与电场的漂移作用将粒子漂移出电场区域，荷电粒子才能在电场中得到有效加速。下面便简要介绍 Litvinenko 和 Somov(1993) 的模型。

设电流片位于 xz 平面，电流片厚度为 $2a$，宽度为 $2b$，长度为 l，则电磁场表示为

$$\begin{aligned}\boldsymbol{B} &= \left(-\frac{y}{a}, \beta_{\perp}, \beta_{\|}\right) \boldsymbol{B}_0 \\ \boldsymbol{E} &= (0, 0, \boldsymbol{E})\end{aligned} \tag{11-16}$$

式中，$\beta_{\perp}$ 和 $\beta_{\|}$ 分别为小于 1 的参数。质量为 m，电荷为 q 的荷电粒子的非相对论性的运动方程为

$$m\frac{\mathrm{d}v}{\mathrm{d}t} = q\left(\boldsymbol{E} + \frac{1}{c}\boldsymbol{v} \times \boldsymbol{B}\right) \tag{11-17}$$

以电流片的半厚度 a 为长度单位、回旋频率的倒数 $\omega_{\mathrm{ce}}^{-1}$ 为时间单位，对上述方程无量纲化处理，可得到分量微分方程：

$$\frac{\mathrm{d}^2 x}{\mathrm{d}t^2} = \beta_{\|}\frac{\mathrm{d}y}{\mathrm{d}x} - \beta_{\perp}\frac{\mathrm{d}z}{\mathrm{d}t} \tag{11-18}$$

$$\frac{\mathrm{d}^2 y}{\mathrm{d}t^2} = -\beta_{\|}\frac{\mathrm{d}x}{\mathrm{d}x} - y\frac{\mathrm{d}z}{\mathrm{d}t} \tag{11-19}$$

$$\frac{\mathrm{d}^2 z}{\mathrm{d}t^2} = E_R + \beta_{\perp}\frac{\mathrm{d}x}{\mathrm{d}x} + y\frac{\mathrm{d}y}{\mathrm{d}t} \tag{11-20}$$

式中，$E_R = \dfrac{mc^2 E}{aqB_0^2}$ 为无量纲化的电场。对 (11-18) 式和 (11-20) 式积分一次，可得

$$\frac{\mathrm{d}x}{\mathrm{d}t} = \beta_{\|}y - \beta_{\perp}z + C_1 \tag{11-21}$$

$$\frac{\mathrm{d}z}{\mathrm{d}t} = E_R t + \beta_{\perp}x + \frac{1}{2}y^2 + C_2 \tag{11-22}$$

采用逐步迭代逼近方法可得

$$x^{(0)}(t) = x_0 + (\sin\beta_{\perp}t - \beta_{\perp}t)\frac{E_R}{\beta_{\perp}^2}$$

$$z^{(0)}(t) = z_0 + (1 - \cos\beta_{\perp}t)\frac{E_R}{\beta_{\perp}^2}$$

式中，(x_0, z_0) 为粒子的初始位置，代入 (11-19) 式，可得

$$\frac{\mathrm{d}^2 y^{(1)}}{\mathrm{d}t^2}+\left(\beta_{\parallel}^2+E_R\frac{\sin\beta_{\perp}t}{\beta_{\perp}}\right)y^{(1)}=\beta_{\parallel}^2 y^{(0)}\left(1-\cos^2\beta_{\perp}t\right)E_R\frac{\beta_{\parallel}}{\beta_{\perp}} \tag{11-23}$$

当无纵向磁场，即 $\beta_{\parallel}=0$ 时，上式简化成

$$\frac{\mathrm{d}^2 y^{(1)}}{\mathrm{d}t^2}+\left(E_R\frac{\sin\beta_{\perp}t}{\beta_{\perp}}\right)y^{(1)}=0 \tag{11-24}$$

上式的解为一个频率随时间变化的振荡函数。当 $E_R\dfrac{\sin\beta_{\perp}t}{\beta_{\perp}}>0$ 时，其振荡频率 $\omega(t)<0$，$y^{(1)}$ 是一个随时间指数增长的函数，荷电粒子很快就会传出电流片而不再受电场 E_R 的加速。

当有纵向电场，即 $\beta_{\parallel}>0$ 时，则 (11-23) 式中 $\beta_{\parallel}^2+E_R\dfrac{\sin\beta_{\perp}t}{\beta_{\perp}}>0$，这时，荷电粒子在 y 方向有稳定的振荡解，粒子被束缚在电流片中可以持续得到加速。

计算表明，在太阳耀斑的重联电场中，电子可以在很短的距离内 (小于 100m) 被加速 100keV 以上，而这个能量基本能与硬 X 射线观测结果吻合。

在费米加速以及后面将要介绍的湍流和激波加速中，加速后的荷电粒子的速度分布都是接近于各向同性分布的。因此，加速后的荷电粒子不会产生显著的空间电流。但是，电场加速后的高能粒子的速度基本上都是沿电场方向飞出的，产生的电子流和离子流沿相反方向运动会产生一个空间电流，该电流同时还会产生一个新的磁场分量。例如，太阳硬 X 射线的观测表明，在一个典型的 X 级耀斑中每秒能产生 $10^{36}\sim10^{37}$ 个能量在 20keV 以上的非热电子，如果它们都朝某一方向飞行的话，该电子流将产生高达 $10^{17}\sim10^{18}$A 的电流，而如此强的电流同时会感应产生高达 $10^8\sim10^9$G 的磁场！在太阳观测中，从来没有发现有如此强的磁场！很显然，这个结果同实际观测是矛盾的。感应磁场过大是电场加速模型至今还未能解决的一个主要矛盾。一种可能便是，上述非热电子是由多种粒子加速机制加速产生的，电场加速只在其中贡献了一小部分而已。

下面介绍一下电双层 (electric double layer，EDL)。所谓电双层，是指在等离子体中的局部区域出现的，由符号相反、电量相等的两个电荷层所组成的空间结构，见图 11-5，通常具备下列性质。

(1) 电双层只是等离子体中的一个局部区域，其中的电势差 φ_{DL} 大于等离子体中热运动的等效电势差：

$$|\varphi_{\mathrm{DL}}|>\frac{kT}{e}$$

通常根据该电势差的大小来确定电双层的强弱，一般当 $\dfrac{e|\varphi_{\mathrm{DL}}|}{kT}<10$ 时，称为弱电双层。

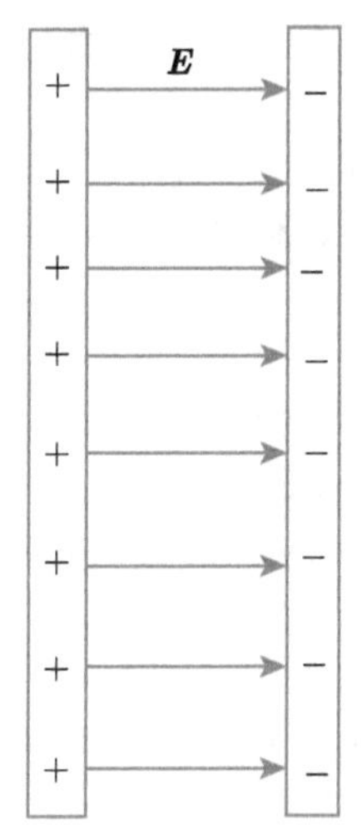

图 11-5 电双层示意图

(2) 在电双层中，不满足等离子体的电中性原则。

(3) 在电双层周围的等离子体中，电场强度非常弱，可近似为无宏观电场，仍然满足电中性原则。

(4) 电双层的厚度一般远小于电子和离子的平均自由程，例如在密度为 $10^{15}\mathrm{m}^{-3}$ 的等离子体中，电双层的厚度为亚毫米级的。

许多人研究过天体等离子体中电双层的加速过程，但是对于电双层结构如何在天体物理环境下形成，以及该结构的稳定性等问题一直没有得到很好的阐述。该模型尚待进一步的研究。而且，在不同的天体物理环境，对上述问题的阐述应该也是不同的，需要具体问题具体分析。

思 考 题

1. 什么叫 Dreicer 场，其物理本质是什么？

2. 尝试分别计算在太阳色球、日冕、太阳风、地球电离层、行星际空间等离子体、星际空间等离子体、星云等的典型参数中的 Dreicer 场的大小。

3. 在等离子体中，电子 Dreicer 场和离子 Dreicer 场有何区别和联系？

4. 什么叫 Dreicer 速度？

5. 亚 Dreicer 场加速荷电粒子的主要特征是什么？

6. 超 Dreicer 场加速粒子又具有哪些主要特征？

7. 在直流电场加速过程中，带电粒子的加速和等离子体的加热之间有何联系？

8. 什么叫电双层结构？它对粒子加速有何作用和影响？

参 考 文 献

甘为群, 王德焴. 2002. 太阳高能物理. 北京：科学出版社.

许敖敖, 唐玉华. 1987. 宇宙电动力学导论. 北京：高等教育出版社.

Benka S G, Holman G D. 1994. A thermal/nonthermal model for solar hard X-ray bursts. Ap. J., 435: 469.

Chen P F, Liu W J, Fang C. 2007. Magnetic reconnection configurations and particle acceleration in solar flares. Adv. Space. Res., 39: 1421.

Dreicer H. 1959. Electron and ion runaway in a fully ionized gas. Phys. Rev., 115: 238-249.

Grebowsky J M, Curtis S A. 1981. Venus nightside ionosphere holes: The signatures of parallel electric field acceleration regions? GRL, 8: 1273.

Litvinenko Y E, Somov B V. 1993. Particle acceleration in reconnecting current sheets. Sol. Phys., 146: 127.

Marklund G T, Ivchenko N, Karlson T, et al. 2001. Temporal evolution of the electric field accelerating electrons away from the auroal ionsphere. Nature, 414: 724.

Miller J A, Cargill P J, Emslie A G, et al. 1997. Critical issues for understanding particle acceleration in impulsive solar flares. JGR, 102: 14631.

Zaitsev V V, Urpo S, Stepanov A V. 2000. Temporal dynamics of Joule heating and DC-electric field acceleration in single flare loop. A&A, 357: 1105.

第 12 章　湍流加速机制

12.1　湍流的基本概念

在第 11 章中，我们介绍了费米加速机制和等离子体中电场加速的基本规律，前者给出了在天体物理环境中，最基本的磁场位型中非热粒子能量转移的规律；后者则给出了在一般等离子体中，带电粒子在电场作用下加速和加热的基本规律。事实上，在其他各种加速机制中，如磁重联加速、湍动加速、激波加速等，在本质上说也是在等离子体中的局部区域中形成了电场，带电粒子在这些局域电场作用下得到加速。

在大尺度等离子体流体中，湍流是一种最基本的，也是最普遍的运动形式。

所谓湍流 (turbulence)，是流体 (包括液体、气体、等离子体) 中出现的一种流体质点的运动速度、压力，甚至温度等物理参量在时间和空间上都表现为高度不规则和各向异性的流动形式。

湍流的运动特征极不规则，也不稳定，每一点的速度随时间和空间都是随机变化的。因此，湍流结构十分复杂。流体微团的运动具有随机性，不仅有横向准周期脉动，还有反向无规则运动，具有无穷多个自由度，各种尺度的涡旋结构层层相套、剧烈扰动和互相混合，这种混合也导致流体中的能量迅速耗散，是流体中高度耗散的一种运动形式。

雷诺 (Reynolds) 通过实验发现，流体的流动状态不仅与流体的流速 v 有关，还与流体的密度 ρ 和黏滞率 μ 有关，他定义了一个反映流体流动性的特征参数，即雷诺数 (Reynolds number)：

$$Re=\frac{\rho vL}{\mu} \tag{12-1}$$

当雷诺数 Re 较小时，黏滞力对流场的影响大于惯性力，流场中流速的扰动会因黏滞力而衰减，流体流动较为稳定，称为层流；反之，若雷诺数 Re 较大时，惯性力对流场的影响大于黏滞力，流体流动较不稳定，流速的微小变化容易发展、增强，形成紊乱、不规则的湍流，如图 12-1 所示。

湍流的运动极不规则，极不稳定，每一点的速度随时间和空间都是随机变化的,因此其结构十分复杂。现代湍流理论认为:湍流是由各种不同尺度的涡 (vortex) 构成的 (图 12-2)，这些涡是有旋的三维结构，大涡的作用是从平均流动中获得能

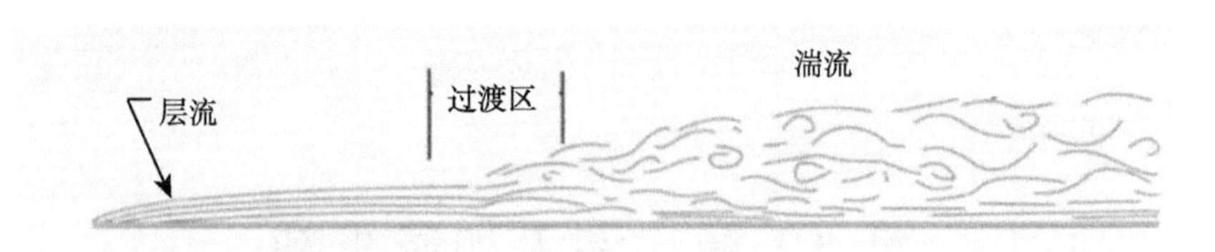

图 12-1　随着雷诺数的增加，流体运动从层流逐渐过渡到湍流状态

量，是湍流的生成因素，但这种大涡是不稳定的，它不断地碎裂成小涡。同时，小涡也能通过不断的并合过程逐步演化等大涡，整个流体便是在这种小涡的并合和大涡的分裂过程中不断反复地演变运动。湍流是一种大雷诺数的非线性的三维非定常流动。随机性、扩散性、耗散性、有旋性、记忆性和间歇性是湍流的基本特征。

图 12-2　湍流是由不同尺度的涡所构成的复杂结构

科尔莫戈罗夫 (Kolmogorov) 提出，在一个发展彻底的、理想的湍流结构中，无论涡的寿命 (即时间尺度) 还是空间尺度，其分布特征都接近于一个指数为 $\frac{5}{3}$ 的负幂律谱：

$$f \propto x^{-\frac{5}{3}} \tag{12-2}$$

即尺度越大的涡数量越少，尺度越小的涡数量越多。

关于湍流的理论和模型非常多，其中最基本的便是纳维–斯托克斯 (Navier-Stokes)(1845) 方程，可以表示为

$$\rho\left(\frac{\partial v}{\partial t}+v\cdot\nabla v\right)=\nabla P+\mu\nabla^2 v+\rho g+F \tag{12-3}$$

对于磁化等离子体中的湍流，上式右端的 F 即为洛伦兹力。随机性和非线性结合在一起，使得湍流方程几乎无法求解，这种状况在过去的 170 年的湍流研究历史上，既让人倍感挫折又极具挑战，刺激着无数天才的大脑去寻求新思路、创造新

方法，纳维–斯托克斯方程的解析求解是世界千禧年七大难题之一，是经典物理学中最具挑战的科学难题。诺贝尔物理学奖获得者、量子物理学家费曼 (Feynman, 1918—1988) 称湍流为“经典物理学尚未解决的最重要的难题”。

人们试图建立确定性的湍流理论去理解湍流，其中包括由层流演变而来的非线性理论，例如分岔理论，混沌理论和奇怪吸引子等。德国的普朗特 (Prandtl) 提出混合长模式，建立了边界层理论；英国的泰勒则是以理想化的 (也就是实际上并不多见的) 各向同性湍流作为研究对象，提出了一些重要的概念，发展了湍流统计理论。

在天体物理条件中，各种爆发过程能够在等离子体中激发各种模式的振荡和波，这些振荡和波具有不同的频率和波数，彼此相互作用 (即波–波耦合)，从而使等离子体处于剧烈、复杂的运动状态，即等离子体湍流 (plasma turbulence) 状态。湍流在天体等离子体中是普遍存在的。图 12-3 为 SDO 卫星在紫外 304Å 成像观测中获得的图像，其中清晰地显示出太阳大气具有显著的湍流特征。

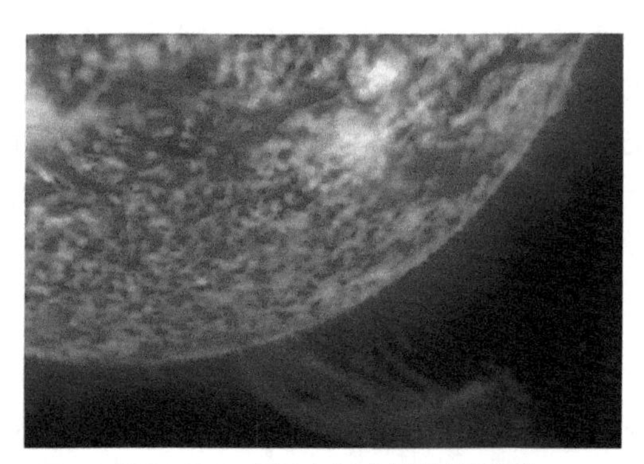

图 12-3 太阳大气中的湍流图样

在银河系的星际气体，虽然其密度非常低，但是观测发现，其中依然普遍发育湍流结构。图 12-4 为人们利用偏振光拍摄到的银河系内南部矩尺座附近星际气体的层叠混乱卷须状结构，在其湍流涡状区域，气体密度和磁场变化非常迅速。

郎道和霍普夫 (Hopf) 提出，湍流是一系列不同频率的振荡在流体中叠加的结果，这对于我们理解等离子体中的湍流过程具有一定的意义。在大尺度、无碰撞的稀薄天体等离子体中，不同的频率的振荡其实就是各种不同的等离子体波模；具有特定速度的荷电粒子可与特定的波模发生共振相互作用，从而导致粒子加速，这种加速过程称为*湍流加速*。湍流加速的物理实质便是等离子体中的波–粒相互作用，是波能在等离子体中的一种耗散过程。

注意，等离子体湍流和磁流体湍流是有区别的。一般磁流体湍流 (MHD turbulence) 是由一系列低频长波的波模互相耦合而形成的，对等离子体的宏观行为

(例如形态、位置、宏观运动等) 影响比较显著；而等离子体湍流则是由许多高频的振荡与波互相作用形成的，对等离子体的宏观位型和运动影响很小，主要在等离子体中产生非热电磁辐射和粒子加速，改变粒子的微观分布函数。

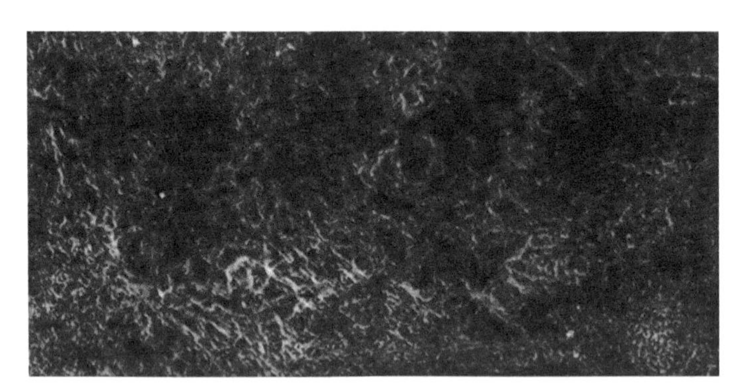

图 12-4　银河系南部矩尺座偏振光变化

作为天体等离子体中一种可能的粒子加速机制，湍流加速要比其他加速机制复杂得多，处理起来也困难得多，它涉及等离子体中的多重非线性过程，这在等离子体物理中至今仍然属于非常陌生的领域。不过，等离子体湍流的随机涡旋性特征表明，这也是一种可能的粒子加速机制。因此，在过去的几十年里，湍流加速备受重视，研究异常活跃。下面，我们先从快变电场的有质动力开始讨论。

12.2　等离子体中的有质动力

湍流加速带电粒子机制是建立在高频波电场中等离子体的有质动力理论基础之上的。因此，我们必须首先介绍一下在非线性情况下等离子体中的有质动力 (ponderomotive force) 的有关理论基础 (Max, 1976)。

在单粒子轨道理论中，我们讨论过在电场随时间缓慢变化的等离子体中，将产生一个极化漂移电流，$j_{\rm p}=\dfrac{1}{\omega_{\rm ce}B}\dfrac{\partial E}{\partial t}$。那么，如果电场是快变的高频电场呢？

考虑一个荷电粒子 q，在高频波电场 $E=E_s(r)\cos\omega t$ 中的运动，$E_s(r)$ 为波电场的振幅。粒子的运动方程为

$$m\frac{\mathrm{d}v}{\mathrm{d}t}=qE_s(r)\cos\omega t \tag{12-4}$$

在高频电场的作用下，荷电粒子的运动可以分解成振动中心的运动 r_0 和粒子围绕振动中心的运动 r_1，$r=r_0+r_1$，这里 $\bar{r}=r_0$。$\langle r\rangle$ 表示粒子在一个振动周期 $(2\pi/\omega)$ 内对时间的平均，它随时间是缓慢变化的，而 r_1 随时间是快速变化的。这时，运动方程可写成如下形式：

$$m\frac{\mathrm{d}\left(v_0+v_1\right)}{\mathrm{d}t}=q\left[E_s\left(r_0\right)+\frac{\mathrm{d}E_s\left(r_0\right)}{\mathrm{d}r}r_1\right]\cos\omega t \tag{12-5}$$

式中，$v_0=\dfrac{\mathrm{d}r_0}{\mathrm{d}t},v_1=\dfrac{\mathrm{d}r_1}{\mathrm{d}t}$。将 (12-5) 式在一个振动周期内求平均，可得

$$m\frac{\mathrm{d}v_0}{\mathrm{d}t}=q\frac{\mathrm{d}E_s\left(r_0\right)}{\mathrm{d}r}\langle r_1\cos\omega t\rangle \tag{12-6}$$

由于 r_0 是缓变分量，而 r_1 是快变分量，所以有 $\dfrac{\mathrm{d}v_1}{\mathrm{d}t}\gg\dfrac{\mathrm{d}v_0}{\mathrm{d}t}$，假设波电场的振幅 $E_s\left(r\right)$ 随空间缓变，$E_s\left(r_0\right)\gg\dfrac{\mathrm{d}E_s\left(r_0\right)}{\mathrm{d}r}r_1$。于是，(12-5) 可近似为

$$m\frac{\mathrm{d}^2r_1}{\mathrm{d}t^2}=qE_s\left(r_0\right)\cos\omega t$$

上式的解为

$$r_1=-\frac{qE_s\left(r_0\right)}{m\omega^2}\cos\omega t$$

将这个解代入 (12-6) 式，化简后可得

$$\frac{\mathrm{d}v_0}{\mathrm{d}t}=-\frac{q^2E_s\left(r_0\right)}{4m^2\omega^2}\frac{\mathrm{d}E_s\left(r_0\right)}{\mathrm{d}r}=\frac{f_q}{m}$$

式中，

$$f_q=-\frac{q^2}{4m\omega^2}\frac{\mathrm{d}\left[E_s\left(r_0\right)\right]^2}{\mathrm{d}r} \tag{12-7}$$

f_q 即为作用在单个荷电粒子上的有质动力。对上式乘以单位体积等离子体中荷电粒子的数密度 n，就可以得到作用在单位体积上的有质动力：

$$F_q=-\frac{nq^2}{4m\omega^2}\frac{\mathrm{d}\left[E_s\left(r_0\right)\right]^2}{\mathrm{d}r}=-\frac{\varepsilon_0\omega_{\mathrm{p}}^2}{2\omega^2}\nabla\left(E_s^2\right) \tag{12-8}$$

归根结底，有质动力是高频电场存在空间梯度而产生的，上式中的负号表明，该等效力的方向是从强场区指向弱场区的，即驱动荷电粒子从强场区向弱场区运动。而且，从 (12-7) 式可见，有质动力还与荷电粒子的电荷符号无关，正负电荷的有质动力的方向是一致的；同时，有质动力与荷电粒子的质量成反比，电子受到的有质动力远大于离子，因此，通常只考虑电子的有质动力效应。

不过，有质动力最终还是会作用在离子上的，因为这时离子会在双极扩散的作用下追随电子而去。当电子和离子分别受不同大小的有质动力作用而产生分离

时，分离电荷将产生分离电场 E_{cs}，该分离电场对电子产生一个和 F_q 方向相反的阻力，而对离子则在 F_q 方向上产生一个拉力，最终结果是导致电子和离子在 F_q 方向上互相耦合协同运动 (coupled synergic motion)。

在等离子体中产生有质动力的物理机制可以这样理解：荷电粒子在强电场区受到的作用力比在弱电场区大，所以该粒子在从强场区向弱场区运动的半个周期中的平均速度将大于相反方向的半个周期，从而使粒子在完成一个回旋周期时存在一个从强场区指向弱场区的净余漂移量，相当于粒子受到一个等效力的作用，使粒子沿电场减弱的方向做加速运动，这个等效力就是有质动力。

在等离子体中高频电磁波有质动力的作用下，强场区域的荷电粒子将被排挤出去，从而形成一个波能密度高，同时等离子体密度比较低的空穴区。空穴区的出现为荷电粒子的加速创造了基本条件。

关于等离子体湍流加速的模型几乎都是基于类似的假设：某种初始过程激发等离子体湍流，湍动谱的相速度范围从数倍电子热速度到亚光速，当湍动足够强时，将在等离子体中产生调制不稳定性，使等离子体波与荷电粒子分布的尾端快粒子发生共振相互作用，从而加速粒子。因此，等离子体湍流加速的物理过程如下：

(1) 由某种初始过程激发等离子体湍流；

(2) 湍流驱动产生等离子体波的调制不稳定性，形成波能密度增强而等离子体数密度减小的空穴，由于等离子体波的自会聚效应使空穴收缩，将减小被空穴俘获的等离子体波的波长及相速度；

(3) 空穴俘获的等离子体波与分布函数热尾的富能粒子产生共振相互作用被加速，形成高能粒子。

下面对上述过程分别进行阐述。

12.3　等离子体湍流的激发

等离子体湍流的产生需要首先在等离子体中激发等离子体波，主要有两种方式。

1) 高频电磁波的衰变

当存在强辐射源时，高频横向电磁波 ω_{t} 在特定条件下将衰变为一个等离子体波 ω 和波模 ω_σ：

$$\omega_{\mathrm{t}} = \omega + \omega_\sigma \tag{12-9}$$

其中，波模 ω_σ 是频率较低的横向电磁波或离子声波等。在存在强辐射源时，这种过程是等离子体湍流的重要激发形式。不过，在不存在强辐射源的时候，这种机制的作用是可以忽略的。

2) 超热电子激发

超热电子流产生的等离子体振荡，可以直接激发等离子体波。所谓超热电子，是指其运动速度明显高于等离子体中热电子的运动速度，$v > \sqrt{3}v_{\mathrm{th}}$。这时，电子分布函数具有正的斜率：

$$\frac{\partial f_{\mathrm{e}}(P)}{\partial P} > 0 \tag{12-10}$$

式中，P 为电子的动量。满足上述分布的典型情况便是高速电子束流。电子束流在等离子体中激发二束流不稳定性。当定向束流的密度 n_{b} 远小于背景等离子体密度 n_{e}，并且束流速度 (v_{b}) 具有一定的速度展宽 (Δv_{b})，即

$$n_{\mathrm{b}} \ll n_{\mathrm{e}}, \quad \frac{\Delta v_{\mathrm{b}}}{v_{\mathrm{b}}} > \left(\frac{n_{\mathrm{b}}}{n_{\mathrm{e}}}\right)^{1/3} \tag{12-11}$$

时，等离子体波的激发过程为准线性弛豫过程。

波与粒子发生共振相互作用时，需满足下列共振条件：

$$\omega = \boldsymbol{k} \cdot \boldsymbol{v} \tag{12-12}$$

也就是说，粒子的运动速度 $\boldsymbol{v}$ 需要与波的相速度 $(v_{\varphi} = \omega/k)$ 相等而同相。

在弱磁场中 $(\Omega_{\mathrm{ce}}^2 \ll \omega_{\mathrm{pe}}^2)$，波矢 $\boldsymbol{k}$ 可分解为沿磁场方向的纵向分量 $k_{\parallel}$ 和垂直于磁场方向的横向分量 $k_{\perp}$。这时共振条件可写成分量形式：

$$\omega = k_{\parallel}v_{\parallel} + k_{\perp}v_{\perp}$$

定义参量：$x = \dfrac{k_{\perp}v_{\perp}}{\Omega_{\mathrm{ce}}}$，其中 $\Omega_{\mathrm{ce}} = \dfrac{eB}{\gamma m_{\mathrm{e}}}$ 为考虑了相对论性因子 (γ) 的电子回旋频率。在弱磁场中，x 是一个很大的参量，即 $x \gg 1$，$k_{\perp}v_{\perp} \gg \Omega_{\mathrm{ce}}$。这时，等离子体波的色散关系为

$$\omega^2 = \omega_{\mathrm{pe}}^2 + 3k^2v_{\mathrm{Te}}^2 + \Omega_{\mathrm{ce}}^2\sin^2\theta \tag{12-13}$$

式中，θ 为波矢 $\boldsymbol{k}$ 与磁场 $\boldsymbol{B}$ 的夹角。

在强磁场中 $(\Omega_{\mathrm{ce}}^2 \gg \omega_{\mathrm{pe}}^2$，$x \ll 1)$，电子回旋半径很小，$v_{\perp} \to 0$，$k_{\perp}v_{\perp}$ 可忽略不计，电子的运动可近似看成是沿磁力线方向的，这时上述共振条件演变为

$$\omega \approx k_{\parallel}v_{\parallel} \tag{12-14}$$

这时，三维的等离子体波可近似采用一维方法进行处理。等离子体波满足下列色散关系：

$$\omega^2 = \left(\omega_{\mathrm{pe}}^2 + 3k^2v_{\mathrm{th}}^2\right)\cos^2\theta \tag{12-15}$$

超热电子束流自发辐射的等离子体波有可能被等离子体放大和吸收，从而导致波能函数随时间增长，定义增长率为

$$\gamma(k)=\frac{1}{w_{\mathrm{p}}(k)}\frac{\mathrm{d}w_{\mathrm{p}}(k)}{\mathrm{d}t} \tag{12-16}$$

式中，$w_{\mathrm{p}}(k)$ 为等离子体波的波谱函数。对于不同的超热电子流分布情形，上述增长率是不同的。常见的非热电子流分布见图 12-5。

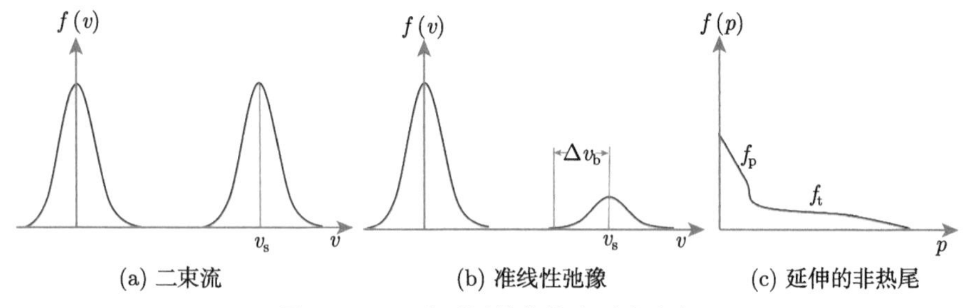

图 12-5　三种不同的非热电子流分布

(1) 对于二束流分布 (图 12-5(a))，其增长率可表示为

$$\gamma(k)=\frac{k\sqrt{\pi}\left\{\left(\frac{\omega}{k}-v_{\mathrm{s}}\right)\exp\left[-\frac{\left(\frac{\omega}{k}-v_{\mathrm{s}}\right)^{2}}{2v_{\mathrm{th}}^{2}}\right]+\frac{\omega}{k}\exp\left[-\frac{\omega^{2}}{2k^{2}v_{\mathrm{th}}^{2}}\right]\right\}}{2\left[E\left(\frac{\frac{\omega}{k}-v_{\mathrm{s}}}{\sqrt{2}v_{\mathrm{th}}}\right)-E\left(\frac{\omega}{\sqrt{2}kv_{\mathrm{th}}}\right)\right]} \tag{12-17}$$

式中，v_{s} 为运动束流的平均速度；$E(x)$ 表达式为 $E(x)=x+\left(1-2x^{2}\right)\mathrm{e}^{-x^{2}}\cdot\int_{0}^{x}e\vartheta^{2}\mathrm{d}\vartheta$。

(2) 对于准线性弛豫型分布 (图 12-5(b))，在三维非磁化情形，其增长率为

$$\gamma(k)=-\frac{\sqrt{\pi m_{\mathrm{e}}}n_{\mathrm{e}}e^{2}\omega\left(\omega-k\cdot v_{\mathrm{s}}\right)}{2\sqrt{2}\varepsilon_{0}k^{2}\left(kT_{\mathrm{s}}\right)^{3.2}}\exp\left[-\frac{m_{\mathrm{e}}\left(\omega-k\cdot v_{\mathrm{s}}\right)}{2kT_{\mathrm{s}}k^{2}}\right] \tag{12-18}$$

式中，$T_{\mathrm{s}}=\frac{m_{2}\left(\Delta v_{\mathrm{s}}\right)^{2}}{k}$ 为束流温度。

对于三维磁化情形，其增长率的表达式为

$$\gamma(k)=-\frac{\sqrt{\pi m_{\mathrm{e}}}n_{\mathrm{e}}e^{2}\omega\left(\omega-k_{\|}\cdot v_{\mathrm{s}\|}\right)}{2\sqrt{2}\varepsilon_{0}k^{2}\left(kT_{\mathrm{s}\|}\right)^{3.2}}\exp\left[-\frac{m_{\mathrm{e}}\left(\omega-k_{\|}\cdot v_{\mathrm{s}\|}\right)}{2kT_{\mathrm{s}\|}k^{2}}\right] \tag{12-19}$$

式中，$T_{s\parallel}$ 为束流速度在磁力线方向上的分量。

(3) 对于延伸的非热尾型分布 (图 12-5(c))，电子分布可以分解为背景等离子体和非热尾等离子体两个分量：

$$f(p) = f_{bc}(p) + f_{nt}(p)$$

$$n_{bc} = \int f_{bc}(p)\,dp, \quad n_{nt} = \int f_{nt}(p)\,dp$$

式中，n_{bc} 和 n_{nt} 分别为背景等离子体和非热尾等离子体的密度。产生这种分布的最简单途径便是将热等离子体和冷等离子体混合在一起，在它们没有达到热平衡之前的分布便是这种延伸的非热尾分布。对于三维非磁化情形，波能增长率为

$$\frac{\partial W_p(k)}{\partial t} = j(k) + [\gamma(k) - \mu(k)]\,W_p(k) \tag{12-20}$$

式中，$j(k)$ 为发射系数；$\gamma(k)$ 为增长率；$\mu(k)$ 为吸收系数；它们分别为

$$\begin{cases} j(k) = \dfrac{2\pi^2 e^2 \omega_{pe}^2}{\varepsilon_0 k^3} \displaystyle\int_{v>\frac{\omega}{k}}^{\infty} f_t(p) \frac{p^2}{v} dp \\ \gamma(k) = \dfrac{2\pi^2 e^2 \omega_{pe}^2}{\varepsilon_0 k^3} \displaystyle\int_{v>\frac{\omega}{k}}^{\infty} \frac{\partial f_t(p)}{\partial p} \frac{p^2}{v^2} dp \\ \mu(k) = \dfrac{2\pi^2 e^2 \omega_{pe}^2}{\varepsilon_0 k^3} \displaystyle\int_{v>\frac{\omega}{k}}^{\infty} \frac{\partial f_p(p)}{\partial p} \frac{p^2}{v^2} dp \end{cases} \tag{12-21}$$

由于在 (12-20) 式中 $\gamma(k)$ 和 $\mu(k)$ 的符号相反，该方程存在一个稳态解：

$$W_p(k) = \frac{j(k)}{\mu(k) - \gamma(k)} \tag{12-22}$$

其中，可以将 $\left|\dfrac{1}{\mu(k) - \gamma(k)}\right|$ 看成是等离子体波增长的特征时标。

在三维磁化和一维情形下，上述发射系数、增长率和吸收系数可分别表示为

$$\begin{cases} j(k) = \dfrac{2\pi^2 e^2 \omega_{pe}^2}{\varepsilon_0 k_\parallel^3} \displaystyle\int_{v_\parallel>\frac{\omega}{k}}^{\infty} f_t(p) \frac{p^2}{v} dp \\ \gamma(k) = \dfrac{2\pi^2 e^2 \omega_{pe}^2}{\varepsilon_0 k_\parallel^3} \displaystyle\int_{v_\parallel>\frac{\omega}{k}}^{\infty} \frac{\partial f_t(p)}{\partial p} \frac{p^2}{v^2} dp \\ \mu(k) = \dfrac{2\pi^2 e^2 \omega_{pe}^2}{\varepsilon_0 k_\parallel^3} \displaystyle\int_{v_\parallel>\frac{\omega}{k}}^{\infty} \frac{\partial f_p(p)}{\partial p} \frac{p^2}{v^2} dp \end{cases} \tag{12-23}$$

这时，同样可以得到类似于 (12-22) 式的稳态解。

12.4　调制不稳定性

调制不稳定性的处理是非常复杂的，迄今也没有很好的办法，只有少量的实验和计算机模拟，所得到的结论也并不明确。在这里，我们只对弱相互作用空穴这一特殊情形进行讨论。

在弱磁场情况下的等离子体波，或强磁场中沿磁场方向的等离子体波，它们的色散关系可近似为

$$\omega^2 \approx \omega_{\mathrm{pe}}^2 + 3k^2 v_{\mathrm{th}}^2 \tag{12-24}$$

由于等离子体波 ω 所产生的有质动力，将使局部区域等离子体抽空而形成空穴，在空穴区，由于等离子体密度减小而使得 ω_{pe}^2 也相应减小。由于能量守恒，$\hbar\omega$ 是一个守恒量，也就意味着等离子体波的波矢 $\boldsymbol{k}$ 增大，相应地波长减小，从而使空穴中等离子体波的能量密度增加，这将使空穴区的密度抽空进一步增强，等离子体波的波长也进一步减小。因此，空穴中的等离子体波是自聚焦的。由于空穴中波矢 $\boldsymbol{k}$ 的连续增加，波长连续收缩，当等离子体波的相速度满足共振条件 (12-12) 式或 (12-14) 式时，电子将因为与等离子体波的共振而得到加速，而等离子体波也将因为加速电子而耗散。等离子体波的波能密度的变化方程为

$$\frac{\partial W_{\mathrm{p}}(k)}{\partial t} = -\frac{\partial}{\partial k}\left[W_{\mathrm{p}}(k)\frac{\mathrm{d}k}{\mathrm{d}t}\right] + \frac{2\pi^2\omega\omega_{\mathrm{pe}}^3}{n_{\mathrm{e}}k^3}\int_{v>\frac{\omega}{k}}^{\infty}\frac{\partial f_{\mathrm{e}}}{\partial v}\frac{p^2}{v^2}W_{\mathrm{p}}(k)\,\mathrm{d}v \tag{12-25}$$

上式右端第一项表示由空穴的抽空而引起的波矢 $\boldsymbol{k}$ 增大和波能密度的增长 (自聚焦效应)，第二项则表示由加速电子而损耗的波能 (即朗道阻尼)。

由空穴收缩的动力学分析可得

$$\frac{\mathrm{d}k}{\mathrm{d}t} \sim k^{5/2} \tag{12-26}$$

描述波加速电子的准线性方程为

$$\frac{\partial f_{\mathrm{e}}(v)}{\partial t} = \frac{e^2\omega_{\mathrm{pe}}^2}{4\pi\varepsilon_0 m_{\mathrm{e}}^2 v^2}\frac{\partial}{\partial v}\left[\frac{1}{v}\int\frac{W_{\mathrm{p}}(k)}{k}\frac{\partial f_{\mathrm{e}}}{\partial v}\mathrm{d}k\right] \tag{12-27}$$

假定等离子体波的波谱是稳态的，即 $W_{\mathrm{p}}(k) =$ 常数，且进入较高速度区域的电子流也为常数，$\frac{1}{v}\int\frac{W_{\mathrm{p}}(k)}{k}\frac{\partial f_{\mathrm{e}}}{\partial v}\mathrm{d}k =$ 常数，则从方程组 (12-25) 式 ~(12-27) 式可得到如下近似解：

$$\begin{cases} W_{\mathrm{p}}(k) \sim k^{-9/2} \\ f_{\mathrm{p}}(v) \sim v^{-9/2} \end{cases} \tag{12-28}$$

也就是说，等离子体波的波谱和电子流的能谱均为幂律谱。

在三维磁化情形，方程组 (12-25) 式 ~(12-27) 式转换为下列形式：

$$\begin{cases} \dfrac{\partial W_{\mathrm{p}}(k)}{\partial t} = -\dfrac{\partial}{\partial k}\left[W_{\mathrm{p}}(k)\dfrac{\mathrm{d}k}{\mathrm{d}t}\right] + \dfrac{\pi^2\omega\omega_{\mathrm{pe}}^2}{n_{\mathrm{e}}k_{\parallel}^2}\displaystyle\int_{v_{\parallel}>\frac{\omega}{k}}^{\infty}\dfrac{\partial f_{\mathrm{e}}}{\partial v}\dfrac{p^2}{v^2}W_{\mathrm{p}}(k)\,\mathrm{d}v \\ \dfrac{\mathrm{d}k_{\parallel}}{\mathrm{d}t} \sim k_{\parallel}^{7/2} \\ \dfrac{\partial f_{\mathrm{e}}(v)}{\partial t} = \dfrac{e^2\omega_{\mathrm{pe}}^2}{4\pi\varepsilon_0 m_{\mathrm{e}}^2}\dfrac{\partial}{\partial v}\left[\dfrac{2\pi W_{\mathrm{p}}(k_{\parallel})}{\omega^2 v_{\parallel}}\right] \end{cases} \tag{12-29}$$

上式的近似解为

$$\begin{cases} W_{\mathrm{p}}(k_{\parallel}) \sim k_{\parallel}^{-11/2} \\ f_{\mathrm{p}}(v_{\parallel}) \sim v_{\parallel}^{-7/2} \end{cases} \tag{12-30}$$

对于一维情形，对应方程的解为下列形式：

$$\frac{\mathrm{d}k_{\parallel}}{\mathrm{d}t} \sim k^{3/2} \tag{12-31}$$

近似解为

$$\begin{cases} W_{\mathrm{p}}(k_{\parallel}) \sim k_{\parallel}^{-7/2} \\ f_{\mathrm{p}}(v) \sim v^{-3/2} \end{cases} \tag{12-32}$$

对于强相互作用空穴以及模耦合情形，其相互作用过程非常复杂，数学处理起来也非常困难，人们曾从统计理论角度对一维情形进行了尝试，但也只是在假定没有电子加速的情况下得到的近似结果，该结果对研究湍流粒子加速没有什么实质意义。粗略推断表明，等离子体波的波谱和电子流的能谱也应当与 (12-28) 式、(12-30) 式、(12-32) 式类似，也为幂律谱，只不过其谱指数不同。

12.5 天体等离子体湍流的粒子加速

从天体物理观测方面，通常用高能粒子按能量的分布来表示粒子的分布特征：

$$f(E) = \frac{\mathrm{d}n(E)}{\mathrm{d}E}$$

对粒子能谱的直接探测或者利用 X 射线观测结果推算的结果几乎都表明，在绝大多数情况下，来自于宇宙空间的非热粒子，包括来自太阳的高能粒子、银河系的非热粒子流以及其他天体等，其分布 $f(E)$ 几乎都是幂律谱 (power law) 分布的：

$$f(E) \sim E^{-\delta} \tag{12-33}$$

式中，δ 称为粒子的能谱指数。

基于前面的讨论结果，我们知道，等离子体湍流加速所产生的加速粒子的速度分布也都是幂律谱的，可表示成下列形式：

$$f(v) \sim v^{-\alpha} \tag{12-34}$$

式中，α 为速度谱的谱指数。对于非相对论情形，$E = \frac{1}{2}mv^2$，α 与上面的能谱指数 δ 之间满足下列关系：

$$\delta = \frac{1}{2}(\alpha + 1) \tag{12-35}$$

在描述等离子体波加速电子的准线性方程 (11-3) 式中，还需要考虑损耗。对于非相对论性的三维非磁化情形，该方程可变换成下列形式：

$$\frac{\partial f(E)}{\partial t} = E^{1/2}\frac{\partial}{\partial E}\left[D(E)\frac{\partial f(E)}{E^{\frac{1}{2}}\partial E}\right] + \frac{\partial}{\partial E}[P(E)f(E)] \tag{12-36}$$

方程右端第一项为加速项；第二项为损耗项；$P(E)$ 为损耗概率，主要包括自发辐射等离子体波的功率和其他各种可能出现的功率损失；$D(E)$ 为扩散系数，

$$D(E) = \frac{\pi m_{\mathrm{e}}^{1/2}e^2\omega_{\mathrm{pe}}^2}{2^{3/2}\varepsilon_0}\int_{\omega_{\mathrm{pe}}\left(\frac{2m_{\mathrm{e}}}{E}\right)^{1/2}}^{\infty} W_{\mathrm{p}}(k)\frac{\mathrm{d}k}{k^3} \tag{12-37}$$

扩散系数直接依赖于波谱函数 $W_{\mathrm{p}}(k)$。只有当加速项和损耗项都依赖于 E 时，(12-36) 式才能给出幂律谱的解。假定粒子在加速区出现的特征时间，即经历加速的特征时间为 τ_i，则损耗项可以近似写成如下形式：

$$\frac{\partial}{\partial E}[P(E)f(E)] \approx P(E)\frac{f(E)}{E} \approx -\frac{f(E)}{\tau_i} \tag{12-38}$$

$$P(E) \approx -\frac{E}{\tau_i} \tag{12-39}$$

另外，我们可以证明，当波谱函数具有下列形式：

$$W_{\mathrm{p}}(k) \sim k^{-n} \tag{12-40}$$

对应的扩散系数将具有下列形式：

$$D(E) \sim E^{1+\frac{n}{2}} \tag{12-41}$$

具有各向同性分布的电子以及三维磁化等离子体强湍流情形下，(12-37) 式、(12-39) 式与 (12-41) 式同样是适用的。不过，其扩散系数要比 (12-41) 式复杂得多：

$$D(E)=\frac{\pi m_{\mathrm{e}}^{1/2}e^{2}\omega_{\mathrm{pe}}^{2}}{2^{1/2}\varepsilon_{0}}\int_{\omega_{\mathrm{pe}}\left(\frac{2m_{\mathrm{e}}}{E}\right)^{1/2}}^{\infty}W_{\mathrm{p}}(k)\,\varphi(a,x)\,\frac{\mathrm{d}k}{k^{3}} \tag{12-42}$$

$\varphi(a,x)$ 为一个特殊形式的非解析函数，其中，$a=\dfrac{\omega_{\mathrm{pe}}}{\omega_{\mathrm{ce}}}$。在这种情况下，一般很难得到类似于 (12-39) 式那样形式简单的表达式了。

对于一维情形，波加速电子的准线性方程为

$$\frac{\partial f(E)}{\partial t}=E^{1/2}\frac{\partial}{\partial t}\left[D(E)\frac{\partial f(E)}{\partial E}\right]+\frac{\partial}{\partial E}\left[P(E)f(E)\right]$$

$$D(E)=\frac{e^{2}}{16\varepsilon_{0}m_{\mathrm{e}}}W_{\mathrm{p}}\left(k_{\parallel}\right)$$

这时，如果波谱函数为 $W_{\mathrm{p}}\left(k_{\parallel}\right)\sim k_{\parallel}{}^{-n}$，则扩散系数的形式为 $D(E)\sim E^{\frac{n}{2}}$。

综上所述，在具有非相对论性的非热电子分布中，粒子分布的不稳定性足以在等离子体中产生等离子体湍动，在该等离子体湍动的作用下，将粒子的分布进一步拓宽到相对论性范围。由于湍动的随机性，这种加速机制产生的非热粒子在传播方向上也具有随机性，近乎各向同性的，而且其能量也具有很宽的分布。

除了对电子的加速外，等离子体湍流对其他带电粒子的加速也同样受到人们的广泛重视，近年来有许多这方面的工作。例如，中国科学院云南天文台的李燕、林隽等利用磁流体力学的数值模拟方法，研究了粒子在湍动电流片中的加速过程 (Li et al., 2022)，结果表明，被加速以后的电子和质子能谱均呈现单一的幂律谱 (图 12-6)。其中，幂律谱的高能成分由被捕获在闭合磁场中的粒子组成，而低能部分则是主要由逃逸粒子和部分捕获粒子组成。电子和质子的谱指数分布也略有不同，随着磁重联的演化而呈现出软–硬–软的变化趋势。磁岛的运动使得在磁岛的两端存在相反的电场。这导致此区域曲率漂移对粒子加速和能量增加影响很小，而梯度漂移加速在粒子加速过程中发挥着非常重要的作用。另外，由于磁岛的存在，则在考虑引导场的情况下，并不能像 X-点位型那样可以很明显地看到质子和电子的分离 (图 12-7)。

我们前面讨论的都是等离子体湍流的加速，即各种高频等离子体波与粒子的共振相互作用产生的荷电粒子的加速。事实上，在低频情况下，各种 MHD 波，如磁声波和阿尔文波也同样会在等离子体中产生湍流，这种湍流场对等离子体的作用更主要的是加热，因此，我们在此暂不作讨论，可参考金格赛帕 (2009) 的著作《非线性等离子体物理引论》。

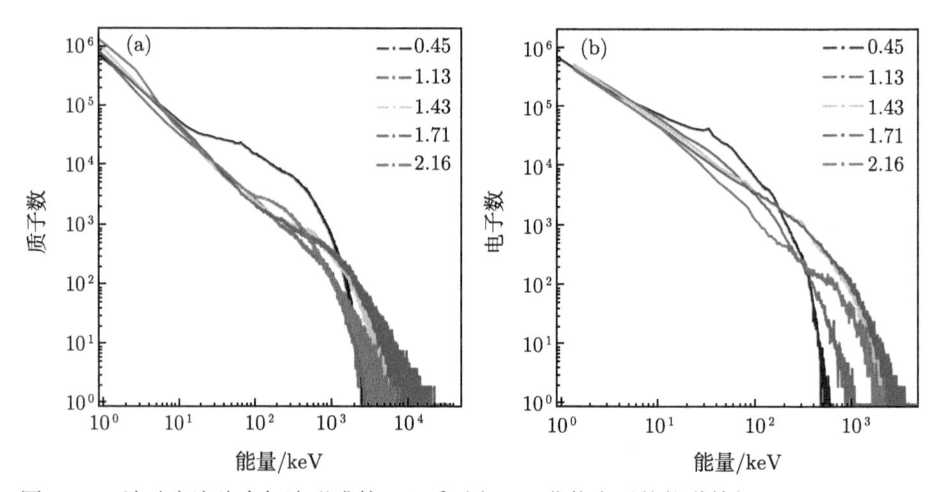

图 12-6　湍动电流片中加速形成的 (a) 质子和 (b) 非热电子的能谱特征 (Li et al., 2022)

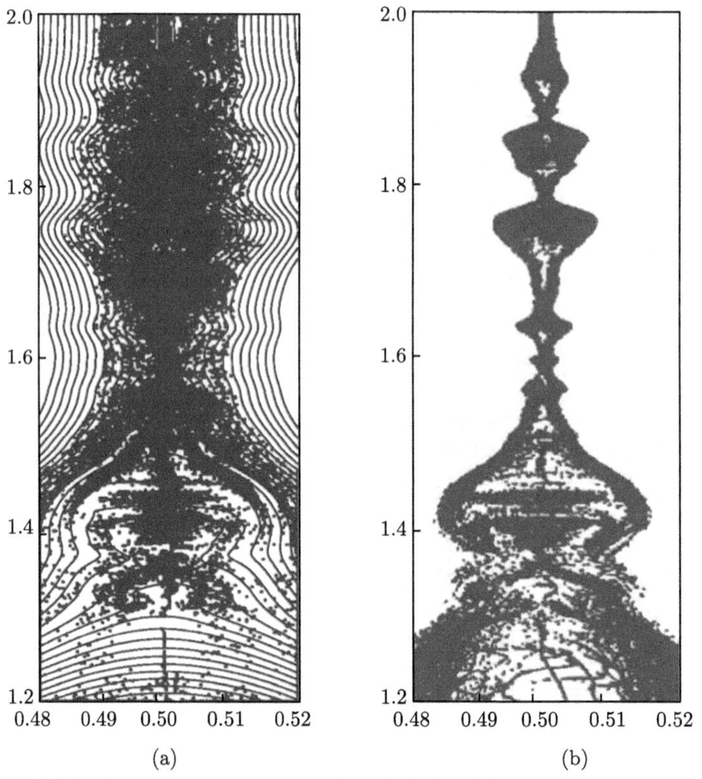

图 12-7　(a) 非热电子 (20keV<E<50keV) 和 (b) 非热质子 (20keV<E<200keV) 在湍动电流片中被加速后的分布 (Li et al., 2022)

思 考 题

1. 湍流和对流有何本质区别和联系？在太阳辐射层以上光球层以下为对流层，这里存在湍流吗？

2. 什么叫有质动力效应？它主要由哪些物理因素决定？有质动力同单粒子轨道理论中由缓变电场引起的电漂移有何区别？

3. 等离子体中的湍流是如何激发的？

4. 在高频电场作用下，等离子体中的空穴区是如何形成的？

5. 什么是等离子体的自聚焦效应，它们是如何形成的？

6. 简要阐述等离子体湍流加速的基本过程，湍流加速粒子分布有哪些主要特征？

参 考 文 献

甘为群, 王德焴. 2002. 太阳高能物理. 北京：科学出版社.

金格赛帕 A C. 2009. 非线性等离子体物理引论. 郭萍, 译. 北京：国防工业出版社.

许敖敖, 唐玉华. 1987. 宇宙电动力学导论. 北京：高等教育出版社.

Bauer D, Mulser P, Steeb W H. 1995. Relativitic ponderomotive force, uphill acceleration, and transition to chaos. Phys. Rev. Lett., 75: 4622.

Brunetti G, Lazarian A. 2011. Particle reacceleration by compressible turbulence in galaxy clusters: Effects of a reduced mean free path. MNRAS, 412: 817.

Cho J Y, Lazarian A. 2006. Particle acceleration by magnetohydrodynamic turbulence. Ap. J., 638: 811.

Guo F, Li X C, Daughton W, et al. 2021. Magnetic energy release, plasma dynamics, and particle acceleration in relativistic turbulent magnetic reconnection. Ap. J., 919: 111.

Li Y, Ni L, Ye J, et al. 2022. Particle accelerations in a 2.5-dimensional reconnecting current sheet in turbulence. Ap. J., 938: 24.

Max C E. 1976. Strong self-focusing due to the ponderomotive force in plasmas. Phys. Fluid., 19: 74.

Miller J A, Cargill P J, Emslie A G, et al. 1997. Critical issues for understanding particle acceleration in impulsive solar flares. JGR, 102: 14631.

Petrosian V, Bykov A M. 2008. Particle acceleration mechanisms. Space Sci. Rev., 134: 207.

第 13 章　激波加速机制

13.1　等离子体中的激波

在等离子体中，局部区域的一个微小扰动可以带动周围质点的运动，从而将扰动向周围传播，形成各种形式的波，如磁流体波 (声波、阿尔文波、磁声波等)、静电波、电磁波等，这些波的基本特征是与波有关的物理参量在时间和空间上均发生周期性变化。

但是，如果扰动非常剧烈，扰动引起的质量速度如此之大，以至于流体的弹性来不及调整周围流体的运动，则扰动来不及向周围流体传播，而是不断挤压波前附近的流体，形成一个密度、压强、温度、磁感应强度和电场强度等物理参量的突变面，这个突变面以高于局地的流体特征速度高速向前传播，这就是激波 (shock wave)。

在各种天体爆发过程中，其扰动通常都是非常剧烈的，因此，激波也是普遍存在的。例如，太阳耀斑爆发产生的无碰撞激波，超新星爆发、恒星并合和各种天体撞击过程中都有可能产生各种等离子体激波。地球在行星际空间运动时与太阳风相互作用会在其运动前端形成一个激波面，弓激波 (bow shock wave)。高速运动的恒星也能在星际空间介质中产生类似的弓激波，见图 13-1。

图 13-1　高速运动的恒星在星际介质中产生的弓激波

从本质上说，激波是扰动流体与未扰动流体之间的一个过渡区 (transition region)，是流体中非线性效应和耗散效应相平衡而产生的一个相对稳定的结构 (图 13-2)。在磁化等离子体中，与磁场重联类似，激波也是实现能量快速转化的一种重要方式：磁场重联耗散磁能，激波则耗散动能。

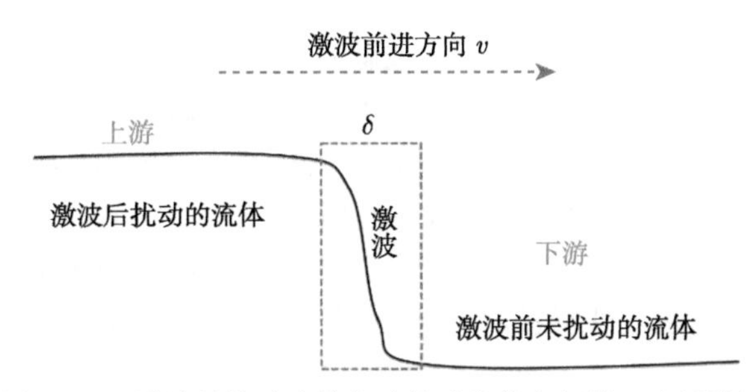

图 13-2　激波是扰动流体与未扰动流体之间的一个过渡区

激波波前的挤压过程，可导致等离子体的绝热压缩而加热等离子体，例如，利用普通中性流体激波的兰金–于戈尼奥 (Rankine-Hugoniot) 跳变关系，可得到在普通流体激波的波前波后的压强、温度和密度之比为

$$\begin{cases} \dfrac{p_2}{p_1} = \dfrac{2\gamma Ma^2 - (\gamma - 1)}{\gamma + 1} \\ \dfrac{T_2}{T_1} = \dfrac{(\gamma - 1)\left[2\gamma Ma^2 - \dfrac{2}{Ma^2} - (\gamma - 1)\right] + 4\gamma}{(\gamma + 1)^2} \\ \dfrac{\rho_2}{\rho_1} = \dfrac{Ma^2(\gamma + 1)}{Ma^2(\gamma - 1) + 2} \end{cases} \tag{13-1}$$

式中，$Ma = \dfrac{v}{v_{\rm s}}$ 为激波速度 v 与声波波速 $v_{\rm s}$ 之比，称为马赫数 (Mach number)。激波的速度是一定大于相应的特征波速的，比如声速，也就是说，$Ma > 1$。在 (13-1) 式中，密度比 $X = \dfrac{\rho_2}{\rho_1}$ 称为压缩比。当不断增大马赫数时，压缩比有一个上限，$X \to \dfrac{\gamma + 1}{\gamma - 1}$。$\gamma$ 为气体的比热比，对于单原子分子的理想气体，$\gamma = 5/3$，$X \leqslant 4$。越过激波面后，流体温度升高，激波的动能转化成流体的热能。激波具体的动能耗散机制决定激波的性质，例如激波层的厚度。在流体力学激波中，主要是靠激波压缩过程中粒子间的碰撞将激波动能转化为热能。因此，激波层的厚度是由粒子的平均自由程决定的，一般为一至几个自由程的距离。

由于天体等离子体中普遍存在磁场，成为磁化等离子体，则其中所出现的激波通常均为磁激波。这时，流体中粒子之间的相互作用过程由简单的碰撞变成了长程库仑相互作用，因此，这时激波的能量耗散机制和激波层的厚度不再是仅由粒子碰撞的平均自由程决定了，而是由粒子与电磁场中各种模式的波的相互作用决定，经典的碰撞效应往往可以忽略，对应于无碰撞激波 (collisionless shock wave)。

在磁化等离子体中，小扰动的线性波解有 3 个：快磁声波、剪切阿尔文波和慢磁声波。相应地，非线性扰动也能给出 3 个激波解：快激波、中间激波 (intermediate shock) 和慢激波。在这三种情况下，磁场的变化是不一样的，如图 13-3 所示。越过激波面，磁场的法向分量保持不变，但是切向分量发生不同的变化：越过慢激波时，磁场切向分量减小，磁压减小；越过中间激波时，磁场切向分量发生旋转，即产生剪切变化；而越过快激波时，磁场切向分量增加，相应的磁压也增加。

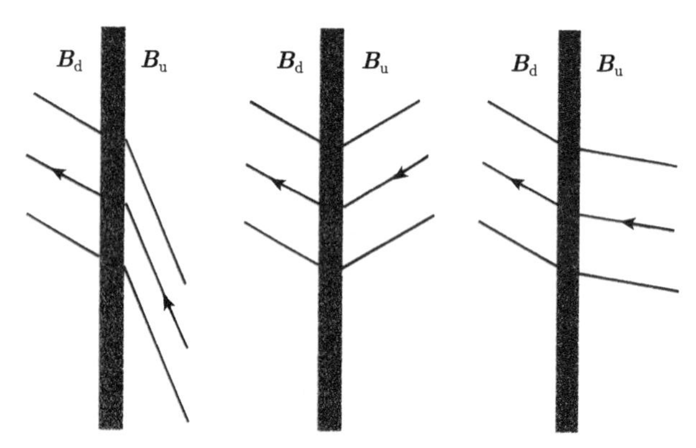

图 13-3　慢激波、中间激波和快激波的上下游磁场特征

快、慢激波还存在两种极端情形：一种是在激波上游 (upstream) 中只有法向磁场而没有切向磁场，但是跨越到激波下游 (downstream) 后，出现了切向磁场分量，这种激波通常称为导生激波 (switch-on shock)；另一种情形是在激波上游中有切向磁场分量，但是跨越到激波下游后，切向分量消失，只剩法向分量，称为导灭激波 (switch-off shock)。导生激波和导灭激波统称为开关激波。

快慢激波是可压缩的，随着密度和温度的增加，等离子体能被压缩和加热；剪切阿尔文波是不可压缩的，相应的中间激波前后的等离子体密度不变，磁场切向分量产生剪切旋转，因此，中间激波也称为一种旋转间断。

根据激波法向与磁场方向之间的夹角 (θ_{BN})，可将激波分成平行激波 ($\theta_{BN} \sim 0°$)、垂直激波 ($\theta_{BN} \sim 90°$) 和斜激波 (oblique shock wave)。在激波坐标系中 (即坐标原点位于激波波阵面上)，假定上下游速度均沿激波法向，利用磁激波的 Rankine-Hugoniot 跳变关系，可得到如下关系。

对于平行激波，激波法向与磁场方向互相垂直，磁力线垂直于激波面，磁场只有法向分量，且法向分量连续，这时激波与普通流体激波是等价的 (下标 1 表示上游区，2 表示下游区)：

$$
\begin{cases}
\boldsymbol{B}_2 = \boldsymbol{B}_1 \\
X = \dfrac{\rho_2}{\rho_1} = \dfrac{\boldsymbol{v}_1}{\boldsymbol{v}_2} = \dfrac{(\gamma+1)\, Ma^2}{2+(\gamma-1)\, Ma^2} \\
\dfrac{p_2}{p_1} = \dfrac{2\gamma Ma^2 - (\gamma-1)}{\gamma+1}
\end{cases}
\tag{13-2}
$$

对于垂直激波，激波法向与磁场方向互相垂直，磁力线平行于激波面，这时磁场只有切向分量，在激波面两侧，磁感应强度存在一个阶跃：

$$
\begin{cases}
X = \dfrac{\rho_2}{\rho_1} = \dfrac{\boldsymbol{v}_1}{\boldsymbol{v}_2} = \dfrac{\boldsymbol{B}_2}{\boldsymbol{B}_1} \\
\dfrac{p_2}{p_1} = 1 + \gamma Ma^2 \left(1 - \dfrac{1}{X}\right) + \dfrac{1-X^2}{\beta_1}
\end{cases}
\tag{13-3}
$$

式中，Ma 是激波上游的马赫数；β_1 为上游区的等离子体比压值；压缩比 X 是下列方程的解：

$$
2(2-\gamma)\, X^2 + \left[2 + 2\beta_1 + (\gamma-1)\, \beta_1 Ma^2\right] \gamma X - \gamma(\gamma+1)\, \beta_1 Ma^2 = 0 \tag{13-4}
$$

求解上式，取大于 0 的解，可得到压缩比 X 的解。可见，压缩比 X 取决于激波上游的马赫数 Ma 和等离子体的比压值 β_1，也即取决于磁场 $\boldsymbol{B}$ 的大小。与普通激波类似，平行磁激波 X 的最大值也接近于 4，但不超过 4。

对于斜激波情形，其上下游参数之间的关系比上述情形复杂得多。

可见，在磁激波中，除了等离子体的压强、温度和密度的突变外，磁感应强度及其方向也会产生显著改变，并将引起电场强度在激波前后产生突变，从而导致荷电粒子的加速，这便是等离子体的激波加速过程。

主要的激波加速机制分两种：激波漂移加速和激波扩散加速。激波漂移加速主要适用于垂直激波条件下电子的加速，而激波扩散加速则主要适用于平行激波条件下对质量相对较大的离子的加速。

13.2 激波漂移加速

在一般磁激波中，流体的运动速度矢量 $\boldsymbol{v}$ 与激波上下游中的磁场 $\boldsymbol{B}$ 不在同一方向上，如图 13-4 所示。因此在上下游区都会产生感应电场，$\boldsymbol{E} = -\boldsymbol{v} \times \boldsymbol{B}$。该电场与上下游区中的磁场方向互相垂直，带电粒子在磁场和感应电场的作用下会产生电漂移运动，并同时在感应电场的作用下被加速而能量不断增加。

在垂直激波情形，这时电子沿上游磁场向激波运动时，电子将感受到激波快速向电子靠拢，电子与激波波阵面的相互作用等效于磁镜反射过程 (图 13-5(a))。

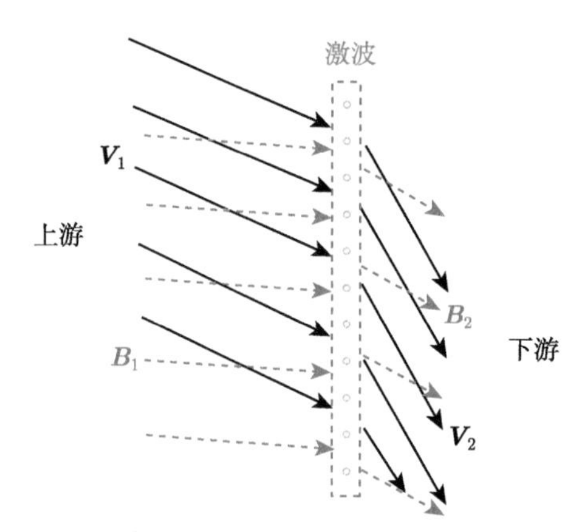

图 13-4　相对静止坐标系中激波上、下游等离子体的流场与磁场之间的关系

反射以后，电子只能沿磁力线往返，在反射过程中能被加速而获得能量，该加速过程实际上是激波处的磁场梯度导致电子漂移，漂移方向正好沿着激波垂直于磁力线运动所诱发的感生电场方向。因此，这种粒子加速过程也称为激波漂移加速(shock drift acceleration)。

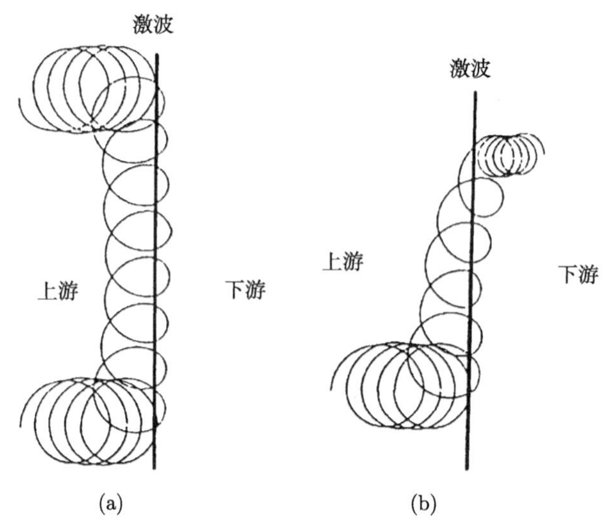

图 13-5　荷电粒子在激波附近的反射和穿越

在激波漂移加速中，只有满足约束条件的电子才可以在遇到激波波阵面时发生反弹而被加速，不满足该约束条件的电子则会越过激波面而逃逸到激波下游，见图 13-5(b)。在上游不存在电场时，反弹条件为粒子投射角：$\theta \geqslant \arcsin\sqrt{\dfrac{B_{\mathrm{u}}}{B_{\mathrm{d}}}}$。当上游存在电场时，可以通过坐标变换，消除上游速度矢量垂直于磁场方向的分量，

引入 de Hoffmann-Teller 坐标系 (即 H-T 坐标系，参考 Benz (1993))：假定在激波上游的流速 ($\boldsymbol{V}_1^{\mathrm{HT}}$) 与磁场 $\boldsymbol{B}_1$ 在同一方向上，该坐标系与相对静止坐标系之间的变换关系为

$$\boldsymbol{V}_{\mathrm{HT}} = \boldsymbol{V}_1 \tan\theta_1 \tag{13-5}$$

式中，θ_1 是上游区磁场 $\boldsymbol{B}_1$ 与激波波阵面法线之间的夹角。变换以后激波下游的流速 ($\boldsymbol{V}_2^{\mathrm{HT}}$) 也与磁场 $\boldsymbol{B}_2$ 在同一方向上 (图 13-6)。

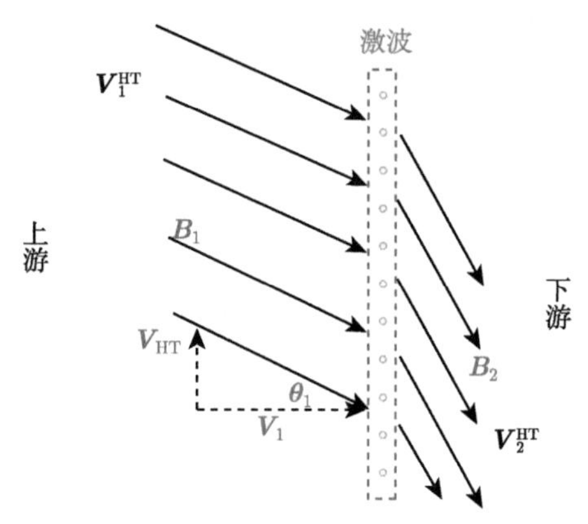

图 13-6 在 H-T 坐标系中激波上、下游物理参量之间的关系

在 H-T 坐标系中，激波上、下游中的流体速度和磁场都是同向的，因此，在上、下游中都没有电场，无论荷电粒子在激波波阵面上反射或横越，都不会有能量的改变。为简化起见，设入射粒子沿着激波速度和磁场方向组成的平面入射，则在二维条件下，H-T 坐标系中的粒子速度 (带 ′ 标记) 与激波坐标系中的粒子速度之间的关系如下：

$$\begin{cases} v'_{\parallel} = v' \cos\theta' = v_{\parallel} + V_{\mathrm{HT}} = v\cos\theta + V_{\mathrm{HT}} \\ v'^2_{\perp} = v'^2\left(1-\cos^2\theta'\right) = v^2_{\perp} = v^2\left(1-\cos^2\theta\right) \end{cases} \tag{13-6}$$

设入射粒子的速度为 v_{i}，在激波波阵面上反射后的速度为 v_{r}。则在 H-T 坐标系中，v_{i} 的垂直速度分量 $v_{\mathrm{i}\perp}$ 在反射后保持不变；平行速度分量则由 $v'_{\mathrm{i}\parallel}$ 变成 $v'_{\mathrm{r}\parallel}$，大小相等而方向相反。再将反射速度的平行分量 $v'_{\mathrm{r}\parallel}$ 变换到激波坐标系，$v'_{\mathrm{r}\parallel} = v_{\mathrm{r}}\cos\theta + V_{\mathrm{HT}}$。在速度空间各速度矢量之间的关系见图 13-7。在这里，O 为激波坐标系的原点，H 为 H-T 坐标系的原点，在 H-T 坐标系中反射点位于 R 处，($v_{\parallel} = -2u_0, v_{\perp} = 0$)。任意一个速度 $A(v_{\parallel} = -x, v_{\perp})$ 在 H-T 坐标系中反射点为 $B(-u_0 + x, v_{\perp})$。

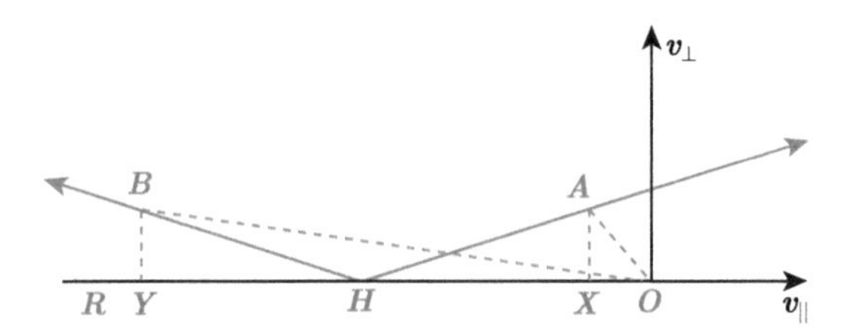

图 13-7　激波坐标系和 H-T 坐标系中速度分量之间的关系

在反射前，入射粒子位于 A 点，$v_{\mathrm{i}\parallel}=-x$；粒子在激波波阵面处反射后，在速度空间中位于 B 点，$v_{\mathrm{r}\parallel}=-(2V_{\mathrm{HT}}-x)$。于是，可得粒子的反射/入射的能量比为

$$\frac{E_{\mathrm{r}}}{E_{\mathrm{i}}}=\frac{v_{\mathrm{r}}^2}{v_{\mathrm{i}}^2}=\frac{(2V_{\mathrm{HT}}-x)^2+v_\perp^2}{x^2+v_\perp^2} \tag{13-7}$$

从 (13-7) 式可以看出，当 $v_\perp$ 最小时，粒子的反射/入射能量比 $\dfrac{E_{\mathrm{r}}}{E_{\mathrm{i}}}$ 达到极大，这相当于粒子在下游区的投射角为 $\theta_2=90^\circ$，在上游区的入射角等于临界投射角，即

$$\sin^2\theta_1=\sin^2\theta_{\mathrm{c}}=\frac{B_1}{B_2}$$

各速度分量分别为

$$\begin{aligned}
v_\perp&=v_{\mathrm{i}}\sin\theta_{\mathrm{i}}=v_{\mathrm{r}}\sin\theta_{\mathrm{r}}=(V_{\mathrm{HT}}-x)\tan\theta_{\mathrm{c}}\\
v_{\mathrm{i}\parallel}&=v_{\mathrm{i}}\cos\theta_{\mathrm{i}}=-x\\
v_{\mathrm{r}\parallel}&=v_{\mathrm{r}}\cos\theta_{\mathrm{r}}=-(2V_{\mathrm{HT}}-x)
\end{aligned}$$

将上述分量形式代入 (13-7) 式，可得

$$\frac{E_{\mathrm{r}}}{E_{\mathrm{i}}}=\frac{(2V_{\mathrm{HT}}-x)^2+(V_{\mathrm{HT}}-x)^2\tan\theta_{\mathrm{c}}}{x^2+(V_{\mathrm{HT}}-x)^2\tan\theta_{\mathrm{c}}} \tag{13-8}$$

对 x 求极值，可得在垂直激波情形下激波漂移加速所能获得的最大加速能量：

$$\left(\frac{E_{\mathrm{r}}}{E_{\mathrm{i}}}\right)_{\max}=\cot^2\left(\frac{\theta_{\mathrm{c}}}{2}\right)=\frac{1+\left(1-\dfrac{B_1}{B_2}\right)^{1/2}}{1-\left(1-\dfrac{B_1}{B_2}\right)^{1/2}} \tag{13-9}$$

由于在垂直激波情形磁场的最大压缩比 $\dfrac{B_1}{B_2}\to 1/4$，则可得，在经过一次粒子反射后所获得的最大加速能量约为入射能量的 13.9 倍。当经过多次反射以后，粒子可以被加速到很高的能量。

有关激波漂移加速，需要注意两点。

(1) 磁激波波阵面的厚度大约与离子回旋半径相当，离子可以与波阵面内部的波发生共振相互作用，但是无法产生反射漂移运动。因此，激波漂移加速对电子有效，而对离子的加速作用并不显著。这也与实际观测结果吻合，比如，在地球磁层与太阳风相互作用所形成的弓激波附近，观测到的高能粒子主要是电子，很少有高能离子。

(2) 只有当激波波阵面法线方向与磁场接近于互相垂直时，才能沿波阵面产生足够强的电场，有效地加速电子；被加速的粒子局限在一定的方向上 (投射角 $\theta \leqslant \theta_c$)，因此，只有很小一部分的电子能被激波漂移加速。

13.3 激波扩散加速

在激波的波阵面附近，存在剧烈的湍动 (turbulence eddy)。这些湍动过程可以导致荷电粒子在激波波阵面前后穿越 (图 13-5(b) 和图 13-8)。无论粒子从上游或下游穿越激波面，每次穿越时粒子都将与激波发生迎头碰撞相互作用并获得能量。由于湍流结构的存在，荷电粒子多次穿越激波面后，将获得很高的能量。这种加速过程称为激波扩散加速 (shock diffusion acceleration)。这种加速过程类似于二阶费米加速。

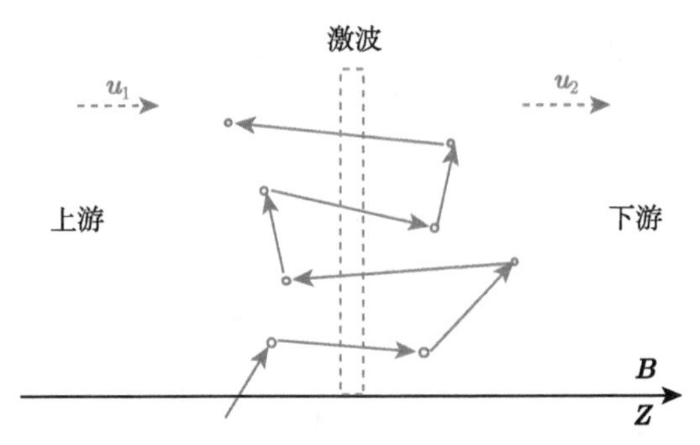

图 13-8 激波扩散加速过程示意图，空心圆点表示粒子散射中心

图 13-8 即为激波扩散加速示意图。在这里，空心圆点表示粒子散射中心。$\boldsymbol{u}_1$ 和 $\boldsymbol{u}_2$ 分别表示激波上下游的流体运动方向，均平行于激波法线方向，即在这里与粒子产生作用的是平行激波。为了能使粒子在上下游之间来回穿越，则要求在上、下游中存在散射中心，它们可以是上、下游流体中的湍流单元，或等离子体波，或不均匀的磁场，或密度结构，这些在磁激波中都是普遍存在的。散射的存

在使得粒子的分布函数接近于各向同性的，因此，可以对分布函数采用扩散近似。

当粒子以速度 v 和动量 P_0 横越一次激波面时，粒子能量增加为

$$E_1 = E_0 + (u_1 - u_2) \cdot P_0 = E_0 + (u_1 - u_2)\frac{2E_0}{v} = E_0\left(1 + 2\frac{u_1 - u_2}{v}\right)$$

第二次横越激波面时，粒子的能量增长为

$$E_2 = E_1\left(1 + 2\frac{u_1 - u_2}{v}\right) = E_0\left(1 + 2\frac{u_1 - u_2}{v}\right)^2$$

$$\cdots\cdots$$

第 n 次横越激波面后，粒子的能量变为

$$E_n = E_0\left(1 + 2\frac{u_1 - u_2}{v}\right)^n \tag{13-10}$$

对上式进行变换，可得近似值：

$$\ln\left(\frac{E_n}{E_0}\right) = n\ln\left(1 + 2\frac{u_1 - u_2}{v}\right) \approx 2n\frac{u_1 - u_2}{v} \tag{13-11}$$

在这里假定在粒子 n 次穿越激波面期间，上、下游散射中心的运动速度不变。当然这只是简化情形，实际过程要复杂得多。

可见，每次横越激波面时，粒子所获得的能量不但与粒子横越前的能量成正比，同时也与激波上、下游散射中心相互接近的速度，即流体的速度差成正比。可知，在这里，粒子加速的本质就是一阶费米加速。为了保证粒子能够横越激波，则要求粒子的回旋半径超过激波面的厚度。在磁场一定的条件下，离子的回旋半径远大于电子，因此，离子比电子更容易横越激波面被加速。

可以作简单的估计。设激波的压缩比为 X，则上、下游流体运动速度差 $|u_1 - u_2|$ 为 $(X-1)\,u_2$，假定 $u_2 \sim 1000\text{km/s}$，这个数值大约为日冕中阿尔文波速度的 $0.3 \sim 0.5$ 倍。一般压缩比可设为 3，假定质子初始速度 $v \to c$ 量级，每秒横越激波面的频次为 1000(大约与 $\dfrac{v_{\text{ti}}}{r_{\text{ci}}}$ 同数量级，其中 v_{ti} 为质子的平均热运动速度；r_{ci} 为质子的回旋半径，与激波的厚度同量级)，则其能量将可增加约 800 倍。也就是说，如果加速前质子为热粒子，设其能量大约为 100eV，则在 1s 时间里通过激波扩散加速，能量可以达到近 80keV。如果该质子能持续与激波产生相互作用，则在 2s 内就可以将质子的能量加速到 60MeV 左右，连续 3s 的持续加速作用则可以使质子能量达到 45GeV 左右。

当然，实际上，一个荷电粒子是很难连续不停地在激波前后来回穿越而被加速的，前面讨论的也只是一个粒子在激波前后穿越时的加速。当我们考虑激波前后的一团等离子体时，就需要考虑粒子的分布。设激波前粒子满足服从热平衡分布，即粒子的运动速度的分布函数 $f(v)$ 在三维空间中是各向同性分布的，则在激波处横越激波的平均粒子流量为

$$F=\frac{vn_0(v)}{6} \tag{13-12}$$

式中，$n_0(v)$ 为速度为 v 的粒子数密度。在远离激波的下游区，粒子逃逸流量为

$$F_{\mathrm{es}}=n_0u_2$$

于是，从上游区进入下游区的粒子的逃逸概率为

$$\eta=\frac{F_{\mathrm{es}}}{F}=\frac{6u_2}{v} \tag{13-13}$$

则粒子在激波区散射横越的概率为 $1-\eta$，产生 n 次横越的概率为

$$P(n)=(1-\eta)^n \tag{13-14}$$

对上式取对数，并将逃逸概率 η 看成是一个很小的量，利用微分展开，可得下列近似关系：

$$\ln P(n)=\ln(1-\eta)^n\approx-n\eta=-6n\frac{u_2}{v} \tag{13-15}$$

再利用 (13-11) 式与上式结合，通过化简，可得

$$\ln P(n)=-\frac{3u_2}{u_1-u_2}\ln\left(\frac{E_n}{E_0}\right)$$

可以将 $P(n)$ 看成是具有能量 E_n 的粒子的相对数目，于是具有能量 E 的粒子数为

$$n(E)=P(n)=\left(\frac{E}{E_0}\right)^{-\frac{3u_2}{u_1-u_2}}$$

微分能谱即为

$$N(E)\,\mathrm{d}E=\mathrm{d}n(E)=\frac{1}{E_0}\left(\frac{E}{E_0}\right)^{-\frac{3u_2}{u_1-u_2}-1}\mathrm{d}E=\frac{1}{E_0}\left(\frac{E}{E_0}\right)^{-\frac{3u_2}{u_1-u_2}-1}$$

$$\mathrm{d}E\sim\left(\frac{E}{E_0}\right)^{-\frac{u_1+2u_2}{u_1-u_2}}\mathrm{d}E \tag{13-16}$$

引入激波的压缩因子，$u_1 = Xu_2$，代入上式可得加速粒子的微分能谱为

$$N(E) \sim \left(\frac{E}{E_0}\right)^{-\frac{X+2}{X-1}} = \left(\frac{E}{E_0}\right)^{-\delta} \tag{13-17}$$

式中，δ 为谱指数，它与激波压缩比的关系为

$$\delta = \frac{X+2}{X-1} \tag{13-18}$$

可见,激波扩散加速产生的非热粒子的分布主要取决于激波的压缩比 X。当 $X = 2$ 时，$\delta = 4$；当 $X = 3$ 时，$\delta = 2.5$。可见，压缩比越大，所得到的非热粒子的谱越硬。前面我们已经讨论过，求解 (13-13) 式所得到的最大激波压缩比接近 4，这时激波扩散加速所获得的非热粒子的能谱指数则接近于 2。

在绝大多数情况下，宇宙线高能粒子的能谱指数都接近于 2.5，与压缩比为 $X = 3$ 时给出的扩散激波加速能谱相当，这表明，多数宇宙线高能粒子的加速过程很可能便是由这种激波扩散加速机制产生的。不过，上述结论都是在简化条件下得到的，实际过程要比上述情形复杂得多。

小结：天体等离子体中粒子加速机制的对比

在这一部分，我们介绍了电场加速、费米加速、湍动加速和激波加速等几种加速机制。在天体等离子体环境中所发生的过程往往是复杂的，到底哪种机制能发生作用，取决于具体的物理条件。因此，比较各种加速机制所需要满足的条件以及加速粒子的特点是很重要的。表 13-1 列出了各种加速机制的主要特点。

表 13-1 各类加速机制的对比

加速类型	亚类	主要特点
费米加速	一阶费米加速	效率较低，逃逸粒子具有一定的方向性
	二阶费米加速	特定条件下可产生幂律谱，逃逸粒子具有一定的方向性，主要沿磁场方向从镜端逃逸
电场加速	亚 Dreicer 场加速	对大部分粒子加热，少量快粒子被加速
	超 Dreicer 场加速	沿磁场方向上能对大部分粒子进行加速，但在垂直于磁场方向上很难产生高能粒子；逃逸粒子的分布具有一定的方向性 (主要沿电场方向)
湍流加速	MHD 湍流加速	低频湍动，加热
	等离子体湍流加速	高频湍动，可加速荷电粒子，幂律谱，逃逸粒子是各向同性分布的
激波加速	激波漂移加速	主要加速电子，幂律谱，逃逸粒子近乎各向同性分布
	激波扩散加速	主要加速质子及重离子，幂律谱，逃逸粒子近乎各向同性分布

等离子体中的粒子加速问题既是天体物理，也是实验室等离子体物理中的一个比较复杂的问题，对它们进行定量解析分析目前还几乎不可能。但是，这又是

一个非常重要的问题，对这个问题的研究推进，有助于我们理解等离子体中的基本规律，探索等离子体不稳定性的触发和初发机制，从而还有可能帮助我们去解决诸如磁约束聚变等离子体中的破裂机制，并探索抑制破裂的途径。

思 考 题

1. 什么叫激波？激波与一般线性简谐波有何区别？

2. 在等离子体中激波是如何产生的？磁化等离子体中的激波与普通流体激波有何区别？

3. 平行激波和垂直激波的磁场位型分别有何特点？

4. 简述激波漂移加速的基本过程和主要特点。

5. 简述激波扩散加速的基本过程和主要特点。

6. 证明：激波扩散加速的高能粒子是幂律谱分布的。

7. 比较费米加速、电场加速、湍流加速和激波加速各自的特点。

参 考 文 献

甘为群, 王德焴. 2002. 太阳高能物理. 北京: 科学出版社.

许敖敖, 唐玉华. 1987. 宇宙电动力学导论. 北京: 高等教育出版社.

Amato E, Blasi P. 2006. Non-linear particle acceleration at non-relativistic shock waves in the presence of self-generated turbulence. MNRAS, 371: 1251.

Benz A O. 1993. Plasma astrophysics: Kinetic processes in solar and stellar coronae. Astrophysics and Space Science Library 184. Dordrecht: Kluwer.

Brunetti G, Lazarian A. 2011. Particle reacceleration by compressible turbulence in galaxy clusters: Effects of a reduced mean free path. MNRAS, 412: 817.

Chen B, Bastian T S, Shen C C, et al. 2015. Particle acceleration by a solar flare termination shock. Science, 350: 1238-1242.

Miller J A, Cargill P J, Emslie A G, et al. 1997. Critical issues for understanding particle acceleration in impulsive solar flares. JGR, 102: 14631.

Morlino G, Blasi P, Vietri M. 2007. On particle acceleration around shocks. Ⅲ., shock waves moving at arbitrary speed. The case of large-scale magnetic field and anisotropic scattering. Ap. J., 658: 1069.

Neergaard P L, Zank G P, Hu Q. 2014. Particle acceleration at quasi-perpendicular shock waves: Theory and observations at 1AU. Ap. J., 782: 52.

Petrosian V, Bykov A M. 2008. Particle acceleration mechanisms. Space Sci. Rev., 134:207.

Rashed-Mohassel P, Ghorbanalilu M. 2020. Particle acceleration by interstellar plasma shock waves in non-uniform background magnetic field. MNRAS, 498: 5517.

第 14 章　宇宙线物理与相关加速过程

在前面两章中，我们分别介绍了在天体等离子体中的各种粒子加速机制。很自然的一个应用便是，我们可以用这些加速机制来理解来自宇宙中最显著的高能粒子的基本特征，即高能宇宙线的起源问题。在本章里，我们将概要地介绍一些高能宇宙线的基本特征，以及它们可能的加速机制和起源。不过，我们必须注意的是，由于迄今观测结果的局限性，一方面从观测特征上说，我们并不掌握有关宇宙线的全部特征，期待未来更多新一代观测手段和观测积累；另外，有关粒子的加速机制也都远未成熟，因此，目前关于宇宙线的起源的许多结论都还只是推论，远未证实。

14.1　高能宇宙线的成分及能谱

宇宙线，是指来自于外太空的高能粒子，是来自于遥远宇宙唯一的物质成分。

在放射性现象发现之后很长一段时间里，人们认为地球大气中的电离现象是由来自地球土壤中的放射性气体，如氡气的放射性同位素的辐射引起的，这一推断也被地面附近电离率随高度的增加而逐渐减小这一实测事实所证实。但是，1912年，奥地利物理学家赫斯 (Victor Hess) 携带三台静电计乘坐高空热气球上升到了5350m 高空，实地探测了电离室中的电流强度随高度的变化，结果发现高空中空气电离率不但没有随高度递减，反而逐渐递增，在 5000m 高度处的电离率比地面高出 4 倍！这说明，这种高层空气中的电离是由来自于地球以外宇宙空间的“辐射”引起的。20 世纪 20 年代，美国物理学家密立根 (Robert Andrews Millikan) 将这种辐射命名为宇宙线 (cosmic ray)。

人们通过研究还发现，宇宙线的核合成过程对宇宙中锂、铍、硼等元素的产生扮演着重要角色，它们也是地球上一些放射性同位素，如碳-14 的主要来源。

迄今为止，对宇宙线物理的研究导致了多项诺贝尔物理学奖的产生：

1912 年，赫斯对宇宙线的先驱性的工作，获得了 1936 年的诺贝尔物理学奖 (图 14-1(a))。

1932 年，安德森从宇宙线中发现正电子，获得了 1936 年的诺贝尔物理学奖 (图 14-1(b))。

1937 年，安德森再次利用云雾室从宇宙线中发现了 η 子，1947 年，鲍威尔利用高空核乳胶实验在宇宙线中发现了 π 介子，证实了 1934 年日本物理学家汤川秀树的预言，从而使汤川秀树获得了 1949 年诺贝尔物理学奖，鲍威尔本人则获得了 1950 年诺贝尔物理学奖。

(a)

(b)

图 14-1 赫斯 (a) 和安德森 (b) 因为对宇宙线研究的杰出贡献共同分享了 1936 年的诺贝尔物理学奖

1987 年，日本科学家小柴昌俊在大麦哲伦星云中的超新星 1987A 中发现中微子，与美国科学家戴维斯因为太阳中微子的长期探测研究而一起获得了 2002 年的诺贝尔物理学奖。

1998 年，日本科学家梶田隆章观测发现中微子振荡和证实其拥有静止质量而获得 2015 年诺贝尔物理学奖。

宇宙线粒子的能量跨度很宽，从数十千电子伏到超过 10^{20}eV(图 14-2)，远超地球上人类建造的最大高能加速器所能够达到的最高能量 ($10^{12} \sim 10^{13}$ eV)。通常所说的高能宇宙线粒子的能量分布从 10^{9}eV (北京正负电子对撞机 (BEPC) 束流粒子的能量为 1.6GeV，而海平面附近接收到的宇宙线粒子中，大约 40%以上的都超过 1.6GeV) 到 10^{20}eV(比现今最大人工加速器 LHC 所产生粒子的最高能量还高 3000 万倍) 不等。要不是因为地球大气层的保护，地球上的所有生命都将因为宇宙线的轰击而荡然无存。

正是因为地球大气的存在，高能宇宙线是无法直接到达地球表面的，而是首先同地球大气中的原子核发生相互作用，产生次级宇宙线粒子，能量逐渐降低，数量迅速增加，这一过程通常称为广延大气簇射。

迄今人们观测到的宇宙线粒子的最高能量达到 3×10^{20}eV，即一个粒子的能量就达到 50J 左右！

如此高能量的宇宙线粒子来自于哪里？

它们是如何被加速的？

如何在宇宙中传播的？

这是宇宙线物理研究需要回答的三个基本问题，至今尚无最终答案。

物理学家费米曾经通过计算指出，以人类的加速器技术，要加速质子并使之对撞出 0.1PeV 能量的 γ 光子，则加速器的管道需要绕地球四分之一圈 (1 万 km)。要在地球上造出这么大的加速器，几乎是不可能的。因此，我们不得不把目光瞄准了广袤的宇宙。宇宙中是否存在能把粒子加速到 0.1PeV 以上的超高能加速器呢？如果存在，其加速机制又是什么呢？

2020 年，中国科学院高能物理研究所“高海拔宇宙线观测站 (LHAASO)”记录到来自于银河系天鹅座内非常活跃的恒星形成区的能量高达 (1.4 ± 0.13)PeV 的超高能 γ 光子，以及 12 个稳定的银河系 γ 射线源，其 γ 光子的能量一直延伸到 1PeV 附近。辐射这些 γ 射线的父辈粒子的能量肯定超过 1 PeV，这表明银河系内存在 PeV 量级的粒子加速过程 (Cao et al., 2021)。

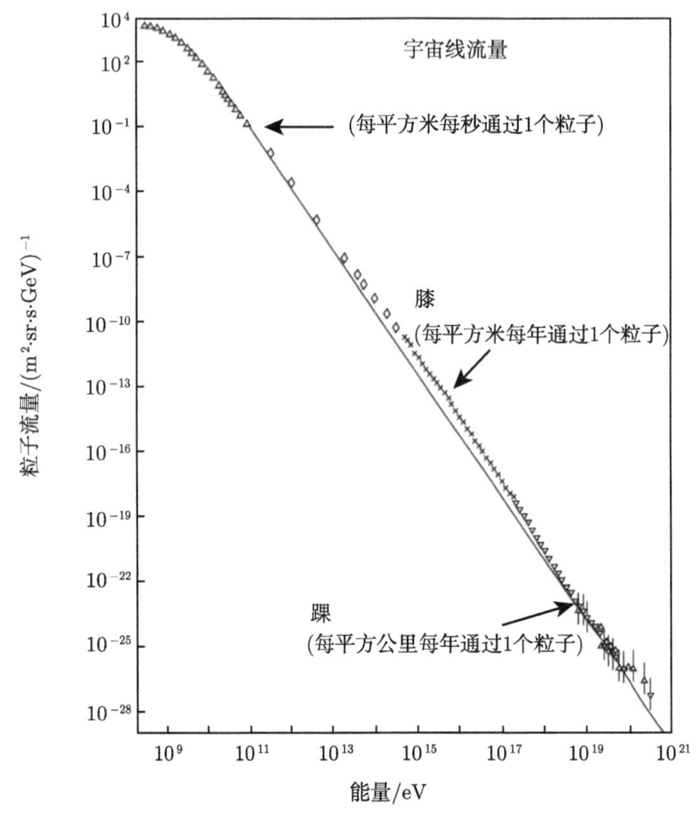

图 14-2　高能宇宙线粒子的能谱，纵坐标表示在单位时间、单位立体角、单位面积上在单位能量段的粒子计数

对宇宙线物理的研究，构成了粒子天体物理学研究的基本内容，也是联系

宏观的天体物理与微观的粒子物理学之间的一个桥梁。从天体物理角度上看，高能宇宙线的起源必然同各类天体的剧烈演化过程密切相关，从其源区到达到地球之前的整个传播路径上，还会与星际介质、磁场、微波背景辐射等发生相互作用；从粒子物理角度上看，宇宙线的探测和研究对象是各种高能粒子的产生和传播，既可能是现有标准模型已知的粒子，也可能包含着超出标准模型以外的未知粒子，如暗物质粒子、磁单极子、轴子等的行为，其中便有可能隐含着新的物理现象和新的物理规律。因此，宇宙线物理的研究蕴含着对未知物理世界的探索。

2012 年，著名期刊 *Science* 将高能宇宙线起源问题列入当代天文学和天体物理中的八大难题之一。

1. 宇宙线的成分

大量观测发现，初级高能宇宙线中，质子的含量约占 86%；其次是 α 粒子，约占 11%；电子和正电子占 2%左右，剩余的 1%左右的粒子便是各种重核；另外，还有部分中性粒子，包括 γ 射线、中微子和反中微子等。不过，上述比例也随粒子能量而变化，随着能量升高，重核粒子所占的比例逐渐增加。

大量观测表明，能量显著高于 1GeV 的高能宇宙线的化学组成与太阳系的元素丰度有非常高的相似性，但也有许多元素的丰度存在明显的差别。图 14-3 给出了太阳系和高能宇宙线中核素的丰度对比。从中可见，在宇宙线中的碳、氮、氧、

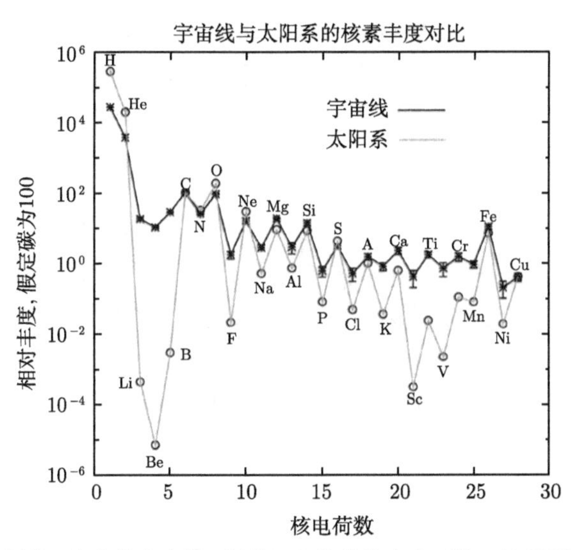

图 14-3 太阳系 (绿线) 和高能宇宙线 (黑线) 中核素的丰度对比，这里假定碳的丰度为 100，其他核素的丰度均相对于碳的值

氖、硅、硫、铁、铜等元素的相对含量与太阳系的相对丰度是基本一致的，显示了原子核的奇–偶效应，即电荷数 Z 和质量数 A 为偶数的原子核比奇数 A 或奇数 Z 的原子核更稳定，其库仑势较高，比如双偶数核，包括碳、氮、氧、镁、硅、硫、钙、钛、铁等元素，基本上都是从恒星晚期的聚变反应中生产出来的。这些核素在宇宙线中的大量出现表明，它们的来源很可能就与恒星，尤其是大质量恒星的晚期演化过程密切关联。

但是，高能宇宙线中的锂、铍、硼、氟、钠、铝、磷等具有奇数 A 或奇数 Z 的核或双奇数的核，因为它们的核结合没有双偶数核那样紧密，库仑势较低，在恒星核区的核反应过程中很容易转化为其他核而会被很快消耗掉，因此，在太阳上它们的相对丰度就会很小。这些重核元素应该都是来源于大质量恒星演化后期的核合成过程，它们的高丰度再次表明，宇宙线的起源很可能直接与大质量恒星晚期的剧烈爆发过程有关。因此，奇数核，如锂、铍、硼等核素在高能宇宙线中的丰度会更高一些。它们在大质量恒星爆发过程中产生以后，还没来得及转化成其他核。

另外，人们通过对宇宙线中碳和硼元素丰度比的测量，推算出宇宙线在到达地球之前大约传播了 10^7 年的时间。在 GeV 能区的宇宙线中观测到 ^{59}Co，但是没有发现 ^{59}Ni 的存在。我们知道，^{59}Co 只能通过 ^{59}Ni 俘获电子而产生，其半衰期为 7.6×10^4 年。高能宇宙线中有 ^{59}Co 的存在而没有 ^{59}Ni 的存在表明，这些宇宙线粒子的加速很可能延迟了 10^5 年以上 (Garcia-Munoz et al., 1977)。

除了上述粒子成分外，在宇宙线中很可能还包含暗物质粒子 (dark matter)。但是，暗物质粒子除了拥有质量外，既不带电荷，也不与任何其他重子物质发生电磁相互作用，而且迄今为止人们也并不知道暗物质的本质到底是什么。因此，即使宇宙线中包含暗物质粒子，我们也还无法得知其中究竟有多少暗物质粒子。

2. 宇宙线的能谱

初级高能宇宙线的能量主要分布在 $10^9 \sim 10^{20}$eV 量级，能量越高，流强越小，在大约 11 个能量数量级区间，粒子流强大约减小了 30 个数量级。这里，我们常用到几个能量简写符号：GeV(10^9eV)、TeV(10^{12}eV)、PeV(10^{15}eV)、EeV(10^{18}eV)。

描述宇宙线在磁场中不易被弯曲的参数，称为磁刚度 (magnetic regidity)：

$$R = r_c B = \frac{mv}{Ze} \approx \frac{E}{Zec}$$

式中，mvp 为粒子的动量；Z 为电荷数。高能粒子的能量越大，其回旋半径也越大，R 值越大，则粒子飞行轨道在磁场中就越不容易弯曲。

宇宙线的一个非常惊奇的特征是，尽管其能量跨度达 11 个数量级，流量强度变化也达到 30 个数量级以上，但包括不同核素在内的宇宙线能谱基本上都表现为幂律谱分布：

$$N(E)\mathrm{d}E \propto E^{-\delta}\mathrm{d}E$$

式中，δ 称为谱指数，即流量强度与粒子能量的幂次成反比，粒子流强随能量升高而快速下降，谱指数基本上都介于 $2 \sim 4$，平均为 2.73。这种标度近似不变的现象很可能包含着某种更深层次的物理意义。

当我们仔细分析宇宙线能谱的细节时，还可以发现：不同核子的谱指数也是有差别的。总地来说，质子的能谱比其他核子要软一些 (δ 大一点)，这导致在高能情况下，重核所占比例逐渐增加。在不同能段，其谱指数也略有差别，出现了许多个拐折点，见图 14-4。

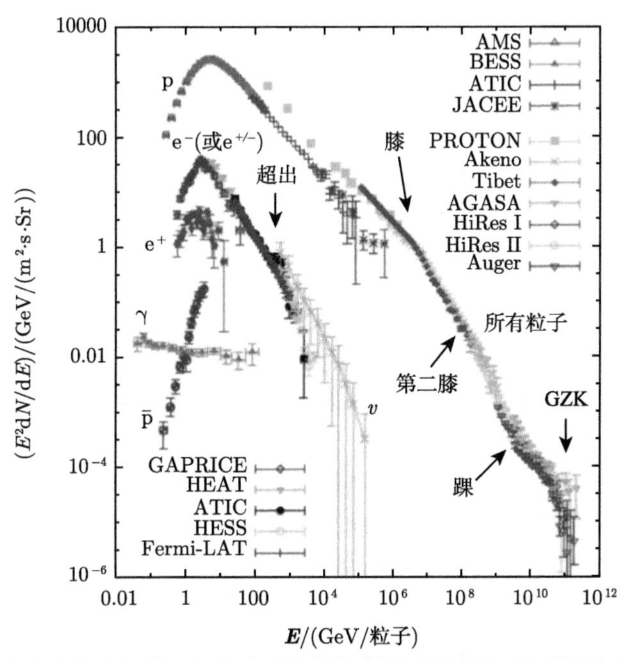

图 14-4　初级宇宙线的总能谱及部分重要成分能谱的测量结果，这是用多种探测器的观测数据综合得到的能谱图

(1) 在 $5 \sim 8$GeV 附近，宇宙线的流量似乎存在一个峰值，低于该峰值的低能宇宙线的能谱变得很复杂，并且不同成分宇宙线粒子的能谱显著不同。超过该峰值以后，宇宙线的分布曲线才表现为典型的幂律谱特征。

(2) 在 $4 \sim 6$PeV 能量附近，宇宙线能谱分布曲线上出现第一个拐折，称为第一个膝 (first knee)。在峰值与第一个膝之间的能段，$\delta \approx 2.70$。

(3) 在 100PeV 附近也有一个拐折，称为第二个膝 (second knee)，在两个膝之间，$\delta \approx 2.95$。

(4) 在大约 4.0EeV 处的一个拐折，称为踝 (ankle)。宇宙线粒子能量在第二个膝和踝之间，能谱变陡，$\delta \approx 3.05$。

(5) 超过踝以后，宇宙线粒子的分布谱变硬，$\delta \approx 2.69$。

(6) 能量超过 60EeV 时，分布曲线迅速陡化，其谱指数 δ 达到了 4.2，称为 CZK 截断 (CZK cut-off)，在 100EeV(即 10^{20}eV) 附近，高能粒子几乎消失，见图 14-5。

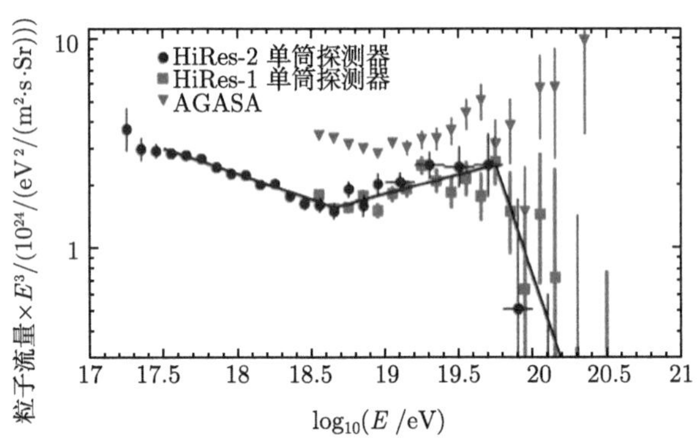

图 14-5　HiRes 的观测表明，超高能宇宙线在能量超过 6×10^{19}eV 时其分布有一个迅速的抑制，即 CZK 截断

上述多个拐折点的出现表明，在不同能量段的宇宙线粒子的起源很可能是不同的。每一个拐折的产生都有可能意味着某种物理过程的突变，阐明它们的形成机制，正是宇宙线物理的重要目标。

事实上，对于不同种类的宇宙线粒子，能谱特征也是略有差别的。例如，质子能谱一般都要比其他核子软一些 (即谱指数小一点)，这就导致在高能端重核的比例逐渐增加，产生这一现象的具体物理过程目前尚不清楚，可能和加速过程有关。另外，近年来通过我国“悟空号”探测器 (DAMPE) 的观测结果还发现，高能电子在 1TeV 附近出现了反常超出，见图 14-6。

CZK 截断的形成，有人认为可能是超高能宇宙线粒子与宇宙微波背景辐射产生耦合的作用，但是也有不同的看法。由于目前在该能段观测事例依然太少，观测误差也很大，尚需进一步积累观测数据。上述各转折点或反常超出 (excess) 究竟是如何形成的？与所谓的暗物质粒子的湮灭有关吗？它们蕴含着什么样的物理过程，这都是关于宇宙线的起源、加速机制和传播规律研究中需要回答的问题，迄今还没有公认的答案。

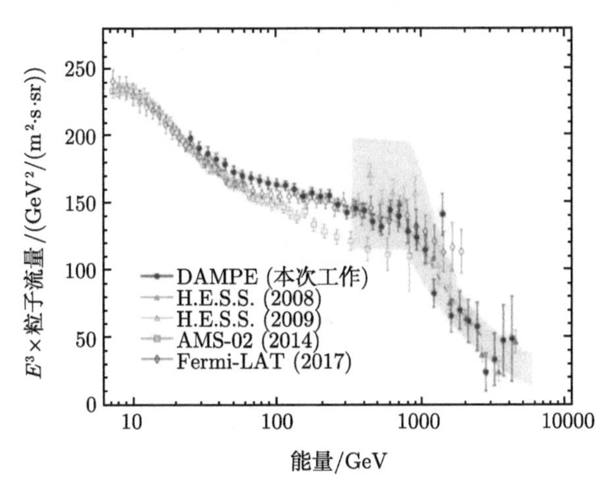

图 14-6 悟空探测器 (DAMPE) 的观测高能电子在大约 1TeV 处出现了反常超出 (DAMPE Collaboration, 2017)

14.2 宇宙线的起源、加速和传播

关于高能宇宙线粒子的起源与传播的研究存在许多困难。其中，最主要的困难是宇宙线中绝大部分粒子都是带电粒子，经过宇宙空间漫长的传播距离之后，因为受到星际磁场、星系磁场、星系际磁场等的偏转效应，早就失去了最初的方向信息。因此，根据地球上观测到的宇宙线到达方向，往回溯源是非常困难的。也正因为如此，寻找宇宙线起源的证据也成为当前国际大型宇宙线实验的核心科学问题。

宇宙线粒子的起源应当与宇宙中的某种剧烈的天体演化过程有关，而在宇宙中也确实存在许多剧烈的爆发过程。例如，太阳及主序星的耀斑爆发、超新星爆发，或黑洞及其他致密天体吸积活动、类星体和活动星系核的吸积和喷流、γ 射线暴等。这些爆发过程一般都会产生高速喷流和激波，在激波面附近可以对带电粒子进行加速。

在第 13 章里我们已经讨论过了，激波加速的本质还是电场加速，其中电场来自于激波波前的变化磁场。在扩散激波加速理论中，原初宇宙线的能谱便是幂律谱的，即

$$N(E) \sim \left(\frac{E}{E_0}\right)^{-\frac{X+2}{X-1}} = \left(\frac{E}{E_0}\right)^{-\delta}$$

式中，谱指数介于 $2\sim4$，依赖于激波过程，包括压缩比 X 和波前等离子体的 β 值等参数。该加速机制最重要的一个特性是，加速粒子所能获得的最大能量与加速区的磁感应强度 (B) 与空间尺度 (L) 的乘积成正比，与粒子的电荷数和激波速

度成正比。上述关系体现在 Hillas 图中，见图 14-7。

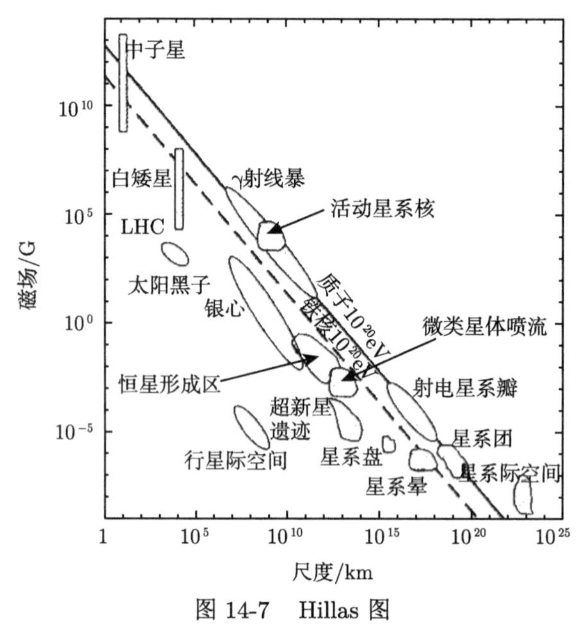

图 14-7　Hillas 图

其中实线表示把质子加速到 100EeV 的候选源，虚线表示将铁原子核加速到 100EeV 的候选源，图中也标识出了最大加速器 LHC 的位置

从 Hillas 图中可以看出，能量在 EeV 以上的极高能宇宙线的源应该是来自于银河系外天体，而能量在 EeV 以下的宇宙线的源有可能来自于银河系以内。太阳表面和行星际空间的激波则有可能将离子的能量加速到 GeV 量级。

在宇宙线物理中经常会遇到两个专用词：pevatron、eevatron。它们分别指能将带电粒子加速到 PeV 和 EeV 能量的宇宙加速过程，这样的宇宙加速器到目前人们还没有真正找到。

在非线性激波加速理论中，宇宙线的非稳定流动可以激发湍动磁场，从而使加速区磁场增强，并增大可加速的宇宙线粒子的最大能量。这样的磁场现象在超新星遗迹上已经被人们观测到，从而使超新星遗迹的最大加速能量达到 PeV 量级 (图 14-8)，从而可以很好地描述不同核子的能谱和第二个膝的形成。

事实上，高能宇宙线粒子具体的加速机制和传播特征是与其起源密切关联的，不同起源的高能宇宙线粒子，其加速机制也必然不同；相应地，其传播过程中所经历的磁场、介质特征、发生的相互作用过程也不同。根据宇宙线的可能来源，可以将它们大致分成太阳宇宙线、银河系宇宙线、系外宇宙线三大类，下面分别进行讨论。

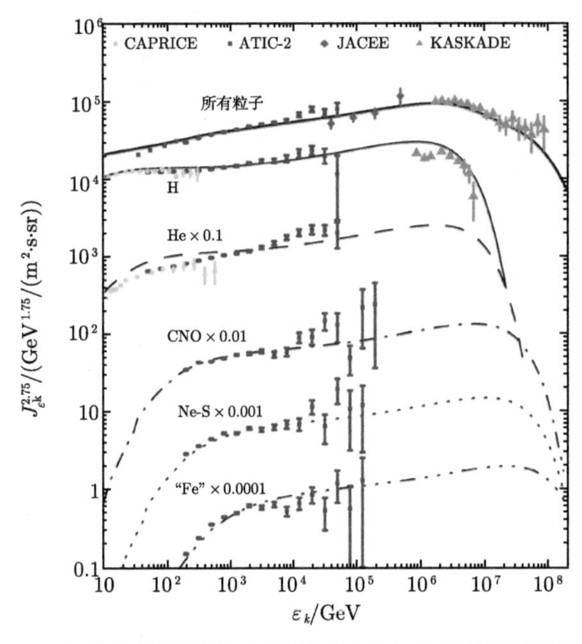

图 14-8 非线性扩散激波加速理论给出的宇宙线粒子的能谱分布

1. 太阳宇宙线

太阳爆发活动，包括耀斑、CME 及太阳系行星际激波等过程都能产生粒子加速，包括磁重联加速、湍动加速和激波加速等。这部分来源的非热粒子构成太阳宇宙线的主要部分，能量一般不超过 GeV 量级。但是，因为太阳离地球最近，所以能够观测到流量很高的太阳宇宙线发射。

其他主序恒星，包括红矮星等也都存在类似于太阳活动一类的爆发过程，其中产生的非热高能粒子的能量基本上也与太阳宇宙线粒子同量级。X 射线天文观测发现，银河系中为数众多的晚期恒星 (K 型和 M 型红矮星) 虽然可见光辐射微弱，但 X 射线发射和耀斑活动等高能过程比太阳还猛烈，因而也可能是类似能段宇宙线的重要发源地。例如，最近人们在距离地球 240pc 的地方发现一颗只有 0.08 倍太阳质量的 L 型红矮星发生了一次超级耀斑爆发，在 40min 时间里释放能量为 2×10^{26}J，几乎比典型的 X 级太阳耀斑还高一个数量级 (Andrea de Luca et al., 2020)。但是，对于远高于 GeV 量级的宇宙线粒子，应当起源于比主序恒星活动剧烈得多的爆发过程。

因为在太阳爆发活动中存在多种加速机制，且在不同的事件中各加速机制的贡献也不同，从而太阳宇宙线的能谱显得非常复杂。太阳质子的能谱在低能部分容易因行星际传播效应而发生变化。高能谱变陡，幂指数在 $3.0\sim4.5$；低能谱较平坦，幂指数在 $1.1\sim4.3$ (图 14-9)。

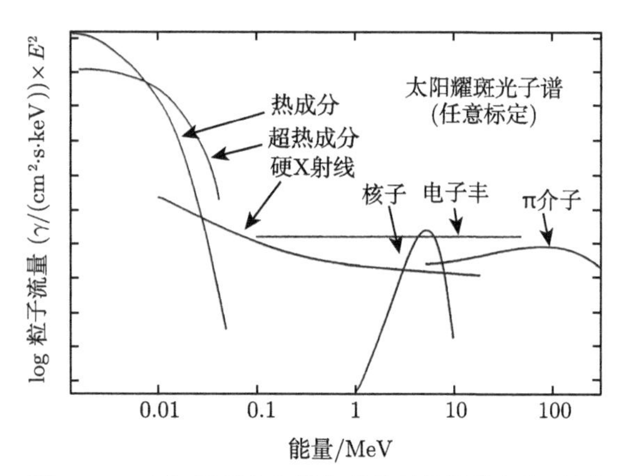

图 14-9　太阳耀斑产生的各种粒子的谱特征概略图

根据太阳宇宙线能量的不同，可以分别将它们分成如下几个亚类。

(1) 地平面事件 (ground level event, GLE)，能量高于 500MeV 的质子能进入地球大气层，产生次级粒子，称为相对论性太阳宇宙线事件或地平面事件。GLE 的发生次数很少，1942 ~ 1978 年全世界只记录到 31 次，最大的一次发生在 1956 年 2 月 23 日，粒子的最大磁刚度 (见宇宙线地磁效应) 高达 2×10^{10}V，磁刚度超过 10^9V 的质子积分通量为 10^7 粒子/($\mathrm{m^2\cdot sr\cdot s}$)，相当于银河宇宙线强度的几十倍。在几个 GLE 事件中，质子和氧核的能谱分布图显示在 10MeV 附近存在一个峰值 (图 14-10)。这类高能事件对宇宙飞行器和宇航员有一定的损伤作用。

(2) 极盖吸收事件 (polar cap absorption, PCA)，能量介于 10 ~ 500MeV 的太阳质子称为低能太阳宇宙线，这样能量的太阳质子能进入地球极区电离层，使 D 层电子密度增加，导致无线电波衰减，形成极盖吸收，并影响高层大气的光化学反应，增加大气 NO 成分，降低臭氧成分。极盖吸收事件的次数比 GLE 多得多。1956 ~ 1978 年记录到的 86 次事件 (包括 10 余次 GLE 事件) 中，最大的一次发生在 1972 年 8 月 4 日，电波吸收高达 60dB 以上，臭氧降低 20%左右。

(3) 卫星敏感事件，能量低于 10MeV 的太阳质子只能通过位于地球电离层之上飞行的卫星仪器观测到，称为卫星敏感事件，它们发生的次数更多，其最低能量约为 300keV。

在太阳宇宙线中，非热电子占据着重要比例。太阳电子由于磁刚度低，一般只能在卫星上观测到。几乎所有的太阳质子事件同时都有太阳电子，也存在没有伴随质子的纯粹电子事件，电子能量主要在 20 ~ 300keV。太阳高能电子事件的主要观测特征为射电 Ⅲ 型爆以及具有显著快漂特征的射电尖峰爆发群等。电子通量与射电流量没有显著的相关关系。典型的电子方向通量为 10^2 粒子/($\mathrm{cm^2\cdot sr\cdot s}$)，最大可达 10^4 粒子/($\mathrm{cm^2\cdot sr\cdot s}$)。但是纯粹电子事件的方向通量比较小，只有 10 ~ 100 粒子/(cm^2·sr·s)。在 12~45MeV 能量范围，电子对质子的通量比为 $10^{-2} \sim 5\times10^{-5}$，平均为 10^{-4}。不同电子事件能谱指数差别不大，微分能谱指数平均值 $\gamma = 3.0\pm0.4$。

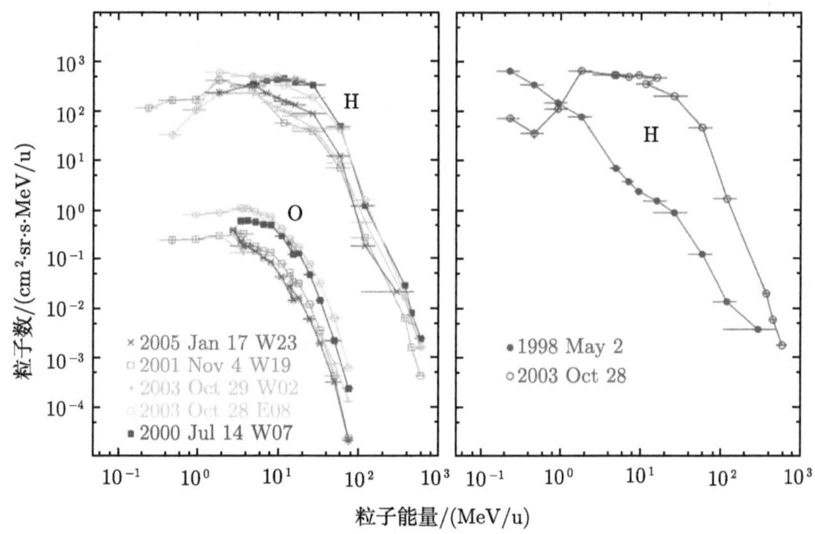

图 14-10 在几个 GLE 事件中质子和氧核的能谱分布图，其中显示在 10MeV 附近存在一个峰值

在脉冲型耀斑 (impulsive flare) 和渐进型耀斑 (gradual flare) 中，太阳质子和电子的能谱特征也不同，一般在脉冲型耀斑事件中非热电子占主导，而在渐进型耀斑太阳非热质子发射比较显著 (图 14-11)。

太阳宇宙线进入行星际空间，受到太阳风和行星际磁场的作用，强度和方向都会发生变化，称为传播效应。太阳耀斑发生后，要经历十几分钟甚至几十分钟，才能到达地球附近。粒子的到达时间比按其速度折算的时间长，即使是能量相同的粒子也不是同时到达的。在行星际空间观测到的太阳宇宙线粒子的强度变化，有个时间演化过程，这个过程的长短取决于粒子能量的高低，但是都远超过耀斑活动本身的持续时间。粒子的强度先是在几分钟到几小时内迅速增长至某一极大值，然后近似地随时间按指数函数形式，经历数小时至几天衰减到增加前的水平。根据时间变化曲线，可以估算出粒子的传播距离为 3~12AU，视粒子的能量而定。这些时间变化特征表明，太阳宇宙线是经历了曲折的路程才到达地球的，它走的既不是直线，也不是简单地绕行星际螺旋磁力线做回旋运动到达地球的。它的输运过程很像脉冲点源的扩散过程。行星际介质非常稀薄，只有磁场才能影响太阳粒子的运动。在行星际空间，除了呈螺旋线状的大尺度磁场外，还叠加着由太阳风的波动和湍流引起的随机小尺度不规则磁场。正是这种不规则磁场，使太阳宇宙线粒子的运动轨道发生随机的散射，形成扩散运动。

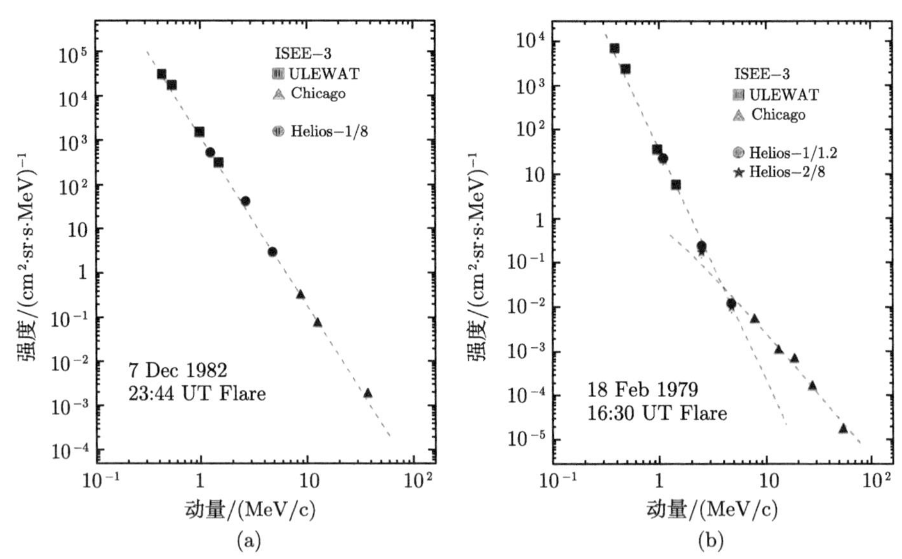

图 14-11　在 (a) 渐进型耀斑和 (b) 脉冲型耀斑中，太阳非热质子的能谱分布特征 (Canfield et al., 1978)

低能太阳宇宙线有明显的方向性，即各向异性。在事件开始阶段，各向异性很大，达 20%～25%，方向明显地沿日地联线偏西的行星际螺旋线方向，这说明粒子最初是沿螺旋磁力线到达观测点的。随着粒子强度增大至极大值，在地球附近粒子密度分布趋于均匀，因此沿螺旋线的各向异性也变小。值得注意的是，各向异性逐渐转到日地联线即太阳风的方向。这说明除了沿磁力线的扩散外，还有随太阳风对流的输运过程。这种对流效应是由太阳风带动行星际磁场，从而也带动宇宙线粒子运动所引起的，在宇宙线事件后期起着主导作用。太阳风对流会带动密度峰离开太阳。而当密度峰通过观测点后，扩散就会变成沿磁力线方向指向太阳。这种逆向扩散与径向太阳风对流矢量合成，就使各向异性矢量转到沿日地联线以东约 45° 方向。粒子各向异性的时间变化，有力地说明粒子除沿磁力线扩散外，还存在径向对流效应。在事件开始时，扩散占主导作用，而在后期对流则起主导作用。

在太阳高能粒子的加速方面，目前还存在许多问题有待进一步研究阐明。

(1) 太阳爆发过程究竟能将电子和质子加速到多高的能量？从硬 X 射线和 γ 射线观测中，人们推断太阳耀斑过程可将电子加速到几十兆电子伏量级、质子加速到 100MeV 左右，在某些特大耀斑中，可达 1GeV 以上。但是，从理论方面，目前还无法定量给出这种加速效率。

(2) 太阳耀斑将电子和质子加速到上述能量需要多长时间？人们一般认为，硬 X 射线和 γ 射线的流量曲线上小尖峰的上升时间应该反映出电子加速的时间尺度，这个时间一般只有几秒，甚至小于 1s。在一次耀斑爆发事件中，往往有多达几十个甚至成百个硬 X 射线和 γ 射线的小尖峰，每一个尖峰很可能就对应一次加速过程。

(3) 有多少电子和质子被加速？这是耀斑加速粒子的一个基本问题。利用非热轫致辐射的厚靶模型可以推算出耀斑高能电子为幂律谱，其谱指数为 δ 与能量大于 20keV 的硬 X 射线观测幂律谱的谱指数 γ 之间满足简单关系：$\delta=\gamma+1$。在典型的 X 级耀斑中，在 1AU 处观测得到的能量大于 20keV 的硬 X 射线流量为 $\geqslant 10^4$ 光子/($\text{cm}^2\cdot\text{s}$)，则从非热轫致辐射的厚靶模型可以推得，应该每秒有 10^{37} 个电子被加速到 20keV 以上。设耀斑加速的持续时间为 100s，则整个耀斑过程将有 10^{39} 个电子被加速到 20keV 以上。然而，整个耀斑源区的粒子总数估计也不超过 10^{37} 个，这之间显然是矛盾的。而且，利用耀斑期间的微波射电爆发观测结果推得的电子数也比根据硬 X 射线观测推得的值低 $3\sim4$ 个数量级。上述矛盾至今没有得到很好的解决。关于质子被加速的数量的估计至今仍然非常粗略。

太阳宇宙线的流量与太阳活动周几乎是同相变化的，即在太阳活动周峰年，其流量较高，而在谷年，其流量较低。与此相反，银河系宇宙线和系外宇宙线受到太阳调节 (solar modulation)，即太阳磁活动能影响进入太阳系的银河系宇宙射线和系外宇宙线的强度和能谱。在太阳活动周的峰年，银河系宇宙射线和系外宇宙线的强度较低，而在太阳活动的谷年，银河系宇宙射线和系外宇宙线的强度较高，即与太阳活动周是反相变化的。

其实，在太阳系还可能存在另一类来源的高能粒子，如图 14-12 所示，在幂王星轨道以外的太阳系边缘存在一个日球层鞘 (heliosheath)，距离太阳 $70\sim100$AU，

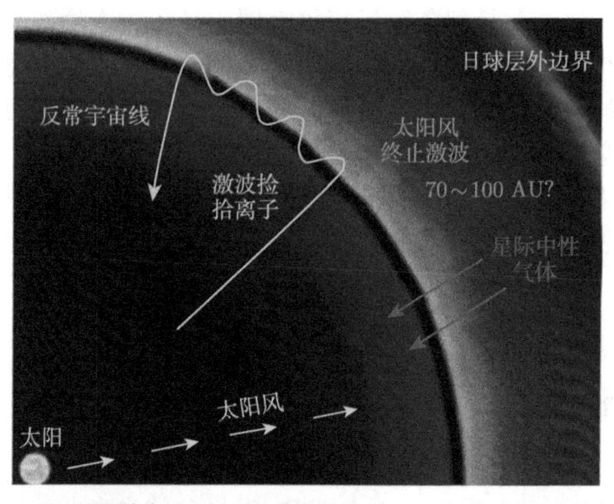

图 14-12 日球层鞘中太阳风终止激波加速，可能会产生反常宇宙射线

这是太阳系与银河系星际介质相互作用的地方。由于太阳系在银河系星际介质中的高速运动 (速度约为 250km/s)，在它们的作用界面层附近将形成一个终止激波，称为太阳风终止激波，这也是太阳风所能到达的最远地方。在该终止激波附近，满足扩散激波加速的条件，因此，这里是有可能产生高能粒子并向地球方向传播，从而构成太阳宇宙线的另一个来源，有时也称之为反常宇宙线。但是，当“旅行者 1 号”探测器经过日球层鞘时，实地探测的结果中却并没有找到这种非热粒子加速的迹象，令人费解。

2. 银河系宇宙线

能量超过 GeV 而小于第一膝 (first knee)，即能量在 $10^9 \sim 10^{15}$eV(即 GeV~PeV) 的宇宙线，显然无法利用太阳活动、太阳系行星际激波或日球层鞘太阳风终止激波等过程加速产生。另一方面，由于受太阳风的作用，太阳系外能量低于 GeV 的高能粒子也很难进入地球轨道附近。因此，低于 GeV 的高能粒子主要来自于太阳系内部，而高于 GeV 的高能粒子则主要来自太阳系外，尤其是发生在银河系中比太阳活动更猛烈的爆发过程，很可能便是高能宇宙线的源。这种来自于银河系的高能宇宙线，称为银河系宇宙线 (galaxy cosmic ray, GCR)。

1) 晚型恒星的耀发过程

X 射线天文观测发现，银河系中为数众多的晚期恒星 (K 型和 M 型矮星) 虽然光辐射微弱，但其爆发强度往往比太阳耀斑还要猛烈。与太阳耀斑类似，这些晚型恒星的 X 射线发射和耀斑活动等高能过程中同样伴随着磁场重联过程，相应的重联电场可以加速荷电粒子，因而也可能是宇宙线的重要来源。但它们发射出的粒子如何进一步得到加速，也是一个还没有解决的问题。

2) 超新星

超新星 (supernova) 是部分恒星演化晚期的最后一次猛烈的爆发过程。超新星爆发所释放的电磁辐射几乎能够照亮其所在的整个星系，并可能持续几周至几个月才会逐渐衰减。在此期间，一颗超新星所释放的辐射能量可以与太阳在其一生中辐射能量的总和相当，可达 $10^{40} \sim 10^{46}$J。在银河系中，估计每 $50 \sim 100$ 年能发生 1 次超新星爆发事件。不过，事实上，超新星也分许多种类，不同类型的超新星其爆发的机制、爆发过程也不同，如下所示：

超新星
- Ⅰ型　(无氢)
  - Ia (无氦、有硅)
  - Ib (有氦、无硅)
  - Ic (无氦、无硅)
- Ⅱ　(有氢)
  - Ⅱ-L (线性光变曲线)
  - Ⅱ-P (有平台的光变曲线)

一般认为 Ia 型超新星是白矮星双星系统中，当白矮星从邻近天体吸积物质使质量超过 1.4 倍太阳质量 (即钱德拉塞卡 (Chandrasekhar) 极限) 时，因为电子简并力无法抵抗星体的引力，引力塌缩，温度剧烈升高而触发碳核聚变和氧核聚变，并产生猛烈的爆发过程，高速向周围抛出质量。其爆发产物有可能是形成中子星，也可能导致整个星体的解体。

Ib 和 Ic 型超新星可能是大质量恒星直接坍缩成中子星或黑洞。

Ⅱ 型超新星则可能是质量为 $8 \sim 30$ 倍太阳质量的大质量恒星演化到晚期，逐层依次发生氦核聚变、碳核聚变、氧核聚变，直到聚变为铁核，乃至铁核也失去抵抗引力的能力，最后形成中子星或黑洞。

1934 年，Baade 和 Zwicky 通过对宇宙线流量的分析和超新星爆发能量释放的量级估计，提出超新星爆发很可能是高能宇宙线的源。

超新星爆发形成的高速旋转的脉冲星，其自转周期可以短至毫秒量级，磁感应强度可高达 10^8T。由于高速转动，电磁感应效应能在脉冲星表面附近产生强电场。其平行电场分量可用下式估算：

$$E_{\|} = R\Omega B \left(\frac{R}{r}\right)^4 \cos^3\theta$$

式中，B 为极向磁场分量；θ 为自转轴与磁轴之间的夹角。设中子星的旋转角速度为 $\Omega \approx 10\text{s}^{-1}$，磁场 $B \approx 10^8$T，中子星半径 R 为 10km，则可以估算出上述电场大约为 10^{13}V/m。进入如此强电场的荷电粒子，被加速到很高能量是很自然的。例如，质子只需在这样的强场中飞行 100m 的距离，能量就可以达到 10^{15}eV 量级。

与脉冲星类似，在白矮星的磁感应强度也高达 $10^1 \sim 10^3$T，而且也是快速自转的天体。比如，白矮星 RX J0648.0-4418 的质量为 $1.28M_{\text{sun}}$，自转周期只有 13.2s (Mereghetti et al., 2011)。在如此高速自转并拥有强磁场的白矮星附近，必然也有类似的感应电场形成。设该白矮星的半径为 5000km，则其表面的感应电场强度可达 $10^7 \sim 10^9$V/m。虽然这个电场强度不如脉冲星，但是其空间尺度约比脉冲星大 $2 \sim 3$ 个数量级，感应电场的空间尺度也很可能比脉冲星高很多，荷电粒子的电场加速距离也会大很多，因此，荷电粒子进入这样的电场区，同样也能被加速到很高的能量。

3) 超新星遗迹

当超新星爆炸时，可以将恒星的大部分、有时几乎是全部物质以高达 0.1 倍光速向外抛散，这些高速抛射的物质与周围的星际物质相互作用而形成激波。这种激波会导致一个由膨胀的气体和尘埃构成的壳状结构的形成，称为超新星遗迹 (supernova remnant)。超新星遗迹活动的时间要比超新星爆发的时间长得多，因而也更容易被人们发现。例如，1054 年爆发的超新星 (SN1054)，到今天我们还能观察到其超新星遗迹的活动特征 (图 14-13 和图 14-14)，其超新星遗迹膨胀超过了一光年的尺度。

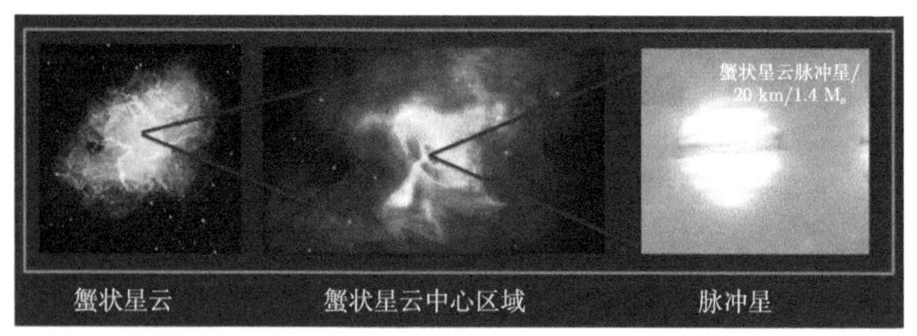

图 14-13　1054 年爆发的蟹状星云，到现在其中心区域形成一个直径约 20km 的中子星，周围则形成一个直径超过 1 光年的星云

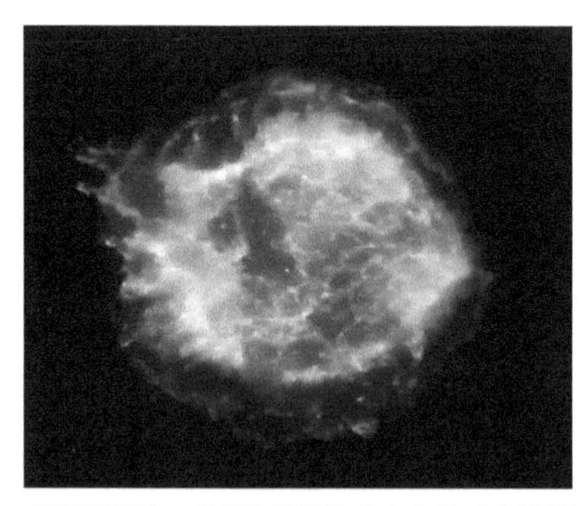

图 14-14　超新星遗迹，靠近边沿附近的亮带很可能便是超新星激波

随着射电天文学的兴起和发展，人们发现超新星遗迹中存在 GeV 高能电子的直接证据 (Dubner and Giacani, 2015)，这些高能电子在磁场中通过回旋加速机制产生射电辐射，这同时也表明，在超新星遗迹中磁场的普遍存在。高能粒子可以通过与运动磁云随机相互作用而被加速到很高能量 (Fermi, 1949)。虽然更定量的分析表明，这一过程本身的效率不足以维持观测到的宇宙线流量，尤其是该机制不利于加速重原子核，难以解释观测到的宇宙线丰度分布。但是，人们普遍接受这一高能带电粒子通过与运动磁场作用而被逐渐加速的物理机制，并将其应用到对各种高能天体源中高能粒子加速过程的分析。在此基础上发展出来的扩散激波粒子加速理论已成为高能宇宙线的标准加速模型。

宇宙线粒子中氢和氦核的相对丰度较太阳系及银河系平均丰度小，表明它们应该来自于恒星演化的晚期。同时，宇宙线中重元素 ($Z > 60$) 较多，而这些元素一般只能在超新星爆发条件下同快速中子俘获过程 (γ 过程) 产生。但是，迄今并无直接证据说明超新星及其遗迹发射高能原子核。超新星爆发所释放的能量如何转化为高能宇宙线粒子的动能，以及从很多超新星这样的分立源如何能形成宇宙线粒子的幂律谱，都是超新星起源模型所面临的困难。对初级宇宙线元素丰度的新近测量结果的分析表明，原初宇宙线重元素的相对丰度分布接近于太阳系的分布，与 γ 过程预期的分布差别甚大，也同超新星起源模型不一致。

近来的 X 射线观测发现，超新星遗迹中存在时间尺度至少在 10^4 年的壳状强激波 (图 14-15)，这种激波有可能有效地加速宇宙线粒子，同样也可以产生幂律谱。由超新星爆发等高能活动引起的较强激波在星际空间高温稀薄气体中可能传播足够长的路程，使激波加速机制可能有效地加速宇宙线粒子。

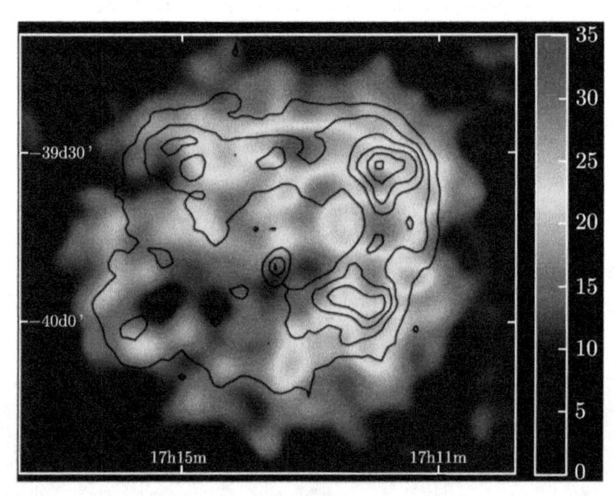

图 14-15 超新星遗迹 RXJ-1713-3946 的 γ 射线 (灰底) 和 X 射线 (等值线) 源区的辐射强度分布

其中清晰地显示出了壳状激波分布，从中还可发现 X 射线与 γ 射线具有同源特征

人们从蟹状星云等超新星遗迹的观测中发现高度偏振的非热射电辐射，推断它们应当是高能电子在磁场中的同步加速辐射。因此，在超新星遗迹中应当存在着大量高能电子，可能是宇宙线高能电子的源。人们推测，超新星爆发及其遗迹也可能会产生高能重原子核，成为宇宙射线的主要来源。γ 射线观测表明，脉冲星可以把电子加速到 PeV 的能量。

近来人们发现原初宇宙线元素丰度分布与原子第一电离能密切相关：第一电离能愈低的元素，原始宇宙线丰度与太阳丰度之比愈大。所以，宇宙线起源和加速区域的温度不能太高 (小于 10^4K)，这使超新星爆发和高温气体中的加速机制面临困难。

4) 银河系黑洞

银河系黑洞包括银河系中心超大质量黑洞和恒星级黑洞。

银河系中心黑洞的质量达 (431 ± 38) 万倍太阳质量，位于人马座 A 方向，距离地球大约 2.6 万光年 (近年来也有人提出在银河系中心可能有多个超大质量黑洞，它们互相绕转构成银河系中心的一个黑洞多体系统)。该黑洞的质量占整个银河系质量的比例大约为 0.0005%，它的引力不可能束缚住银河系中所有恒星的运动，银河系各恒星实际上是绕着银河系质心在转动的。这样的超大质量黑洞会不断从周围介质或天体上吸积吞噬物质而成长，同时也会产生高速喷流，这些高速喷流与周围介质的相互作用就有可能产生粒子加速，从而形成高能宇宙线。

银河系中大质量恒星演化后期，通过坍缩而变成恒星级黑洞，其质量一般在 3 倍太阳质量以上。2019 年，中国科学院国家天文台刘继峰、张昊彤研究团队发现银河系内质量为 70 倍太阳质量的恒星级黑洞，这是迄今为止质量最大的恒星级黑洞。银河系至今已经有大约 126 亿年历史了，大恒星形成黑洞的时间只需数千万年到几亿年，因此，银河系中应该已经存在许许多多的黑洞了，尤其是在银心核球处的大质量恒星的密度更高，形成黑洞的概率也会更大 (图 14-16(a))。在太阳附近的恒星平均距离为 $4 \sim 5$ 光年，而银河核球处的恒星之间的距离则只有 1000AU 左右，大约相当于 0.016 光年。图 14-16(b) 为利用钱德拉 X 硬射线望远镜的观测推断的银心黑洞 Sgr A* 黑洞周围的分布，从中可见，越靠近银心，黑洞的数量也越多 (图 14-16)。人们估计，整个银河系的黑洞数量可能有上百万个。

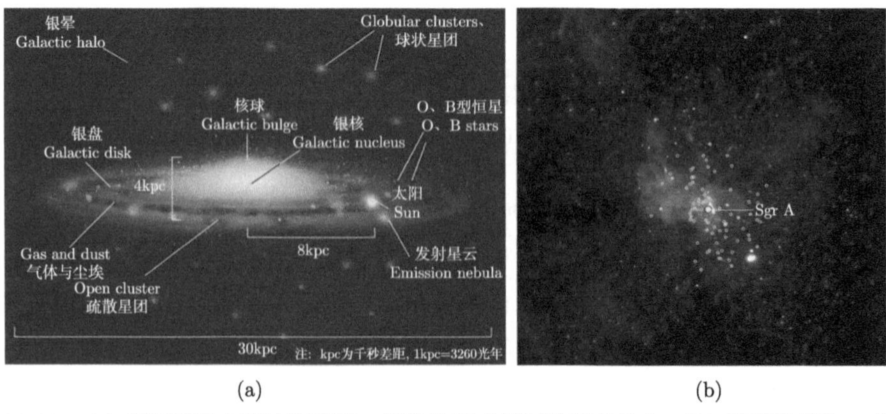

(a) (b)

图 14-16 (a) 银河系的主要结构特征，核球处形成黑洞的概率最大；(b) 利用钱德拉 X 硬射线望远镜的观测推断的银心黑洞 Sgr A* 黑洞周围的分布

黑洞强大的引力场会吸积周围物质，在其周围形成吸积盘。吸积盘中的吸积过程也是一个高能爆发的过程。也有可能对荷电粒子加速，产生高能粒子。

目前，人们关于银河系的知识和对宇宙线的观测，还不足以构成和判断细致的宇宙线传播模型。在处理与宇宙线传播效应有关的问题 (例如从初级宇宙线组成和能谱推断原始宇宙线的组成和能谱) 时，常采用一些简化的稳态传播模型，例如漏箱模型。漏箱模型假定银河系内宇宙线粒子密度不随时间和地点变化，宇宙线粒子在银河系内扩散，通过边界以一定的概率缓慢地向银河系外泄漏。

一般认为，能量小于 10^{18}eV(即 EeV) 的宇宙线粒子很可能主要来自于银河系内的超新星爆发，称为银河系宇宙线。而能量高达 EeV 的高能粒子与银河系背景辐射光子发生相互作用时，会产生正负电子对，从而损失能量。很可能，这个机制便是形成 EeV 处踝的主要原因。

有必要指出，近年来人们发现，要是所有能量小于 EeV 的宇宙线粒子都来自银河系超新星爆发的话，则为了维持宇宙线的流量强度，要求银河系中每 100 年至少得有 3 次以上的超新星爆发。然而在过去 1000 年的历史上，人们一共只发现了 8 次超新星爆发，在最近的 400 年时间里，尽管观测技术已经有了显著提高，人们还没有发现一例来自银河系内的超新星爆发事件发生。另外，人们在超新星遗迹附近也没有观测到预期强度的 γ 射线发射。这表明，即使是 EeV 能级以下的宇宙线粒子，也很可能至少有部分还有其他的起源。

3. 系外宇宙线

对于能量高于 EeV 的高能粒子，由于其极高的磁刚度，银河系磁场无法储存这样的高能粒子。另外，如果这些极高能粒子起源于银河系内部，则其空间分布应当呈现高度的各向异性。然而，观测表明，能量高于 EeV 的宇宙线粒子并非来自银河系中心，它们倾向于各向同性分布的，各向异性程度似乎不超过 1%。所以，极高能宇宙线粒子极有可能起源于银河系外。

在目前可观测的宇宙中，存在着大约超过数千亿个星系，其中既有像银河系这样相对比较平静的星系，也存在许多处于剧烈活动中的星系，甚至也存在星系碰撞这样的剧烈过程。由于河外星系的空间密度很低，在银河系以外的宇宙中应该存在更为猛烈的宇宙线粒子源，比如超大质量黑洞的吸积活动、活动星系核、类星体等，它们极有可能成为极高能宇宙线粒子的源。

超大质量黑洞在吸积周围物质时产生的激波是可以加速荷电粒子的。关于 EeV 能区踝的形成原因目前尚处争论之中，有人认为，踝是银河系宇宙线与系外宇宙线的分界线，但是也有人认为银河系宇宙线与系外宇宙线的界限应该低于踝的位置。踝结构的形成有可能是因为系外高能宇宙线在传播过程中与微波背景辐射光子发生作用，产生正负电子对而耗散了能量。

类星体 (quasar) 是位于活动星系核 (AGN) 中的超大质量黑洞，它疯狂地吞噬周围尘埃气体，在周围形成庞大的吸积盘 (图 14-17)，吸积盘中的物质在类星体惊人辐射压的驱动下被加热到超高温，进而产生强烈爆发活动和高速喷流，形成类星体风，并可能驱动高速激波，加速荷电粒子。这有可能是系外高能宇宙线粒子的加速过程之一。

图 14-17 类星体可能是由活动星系核中的超大质量黑洞与周围庞大的吸积盘构成的

图 14-18 是人们最近在超级计算机上利用数值模拟给出的活动星系核的超大质量黑洞产生的喷流加速粒子的结果，在共动参考系中，超大质量黑洞喷出一束粒子，由于存在扭曲不稳定性，有序的磁场结构 (图 14-18(b)) 逐渐演化成无序结构，并产生轴向电场加速粒子。

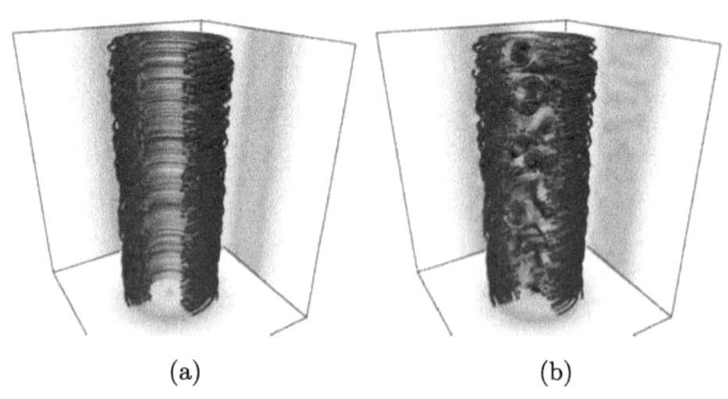

图 14-18 AGN 的高速喷流产生粒子加速的数值模拟图像 (Alves et al., 2018)

另外，宇宙中还存在另外一种猛烈的释能过程：星系碰撞。图 14-19 是哈勃 (Hubble) 太空望远镜拍摄的一次星系碰撞的壮观画面。在碰撞区域里，物质交换非常强烈，此处恒星的死亡和产生速度都非常快，称为恒星形成区。在这些区域里有可能产生大尺度、复杂而强烈的磁场和电场，加速产生大量能量极高的高能粒子。

能量超过 50EeV 的极高能质子可以通过和宇宙微波背景光子的反应形成核子共振态，然后衰变为核子和 π 介子，从而损失原先的能量，使能谱快速下降，这有可能就是 GZK 截断的形成机制。GZK 截断现在已经在实验中得到了验证。不过，对于 CZK 截断也有另外一种解释，那就是认为在宇宙中已经不存在能够将粒子加速到更高能量的加速机制了。

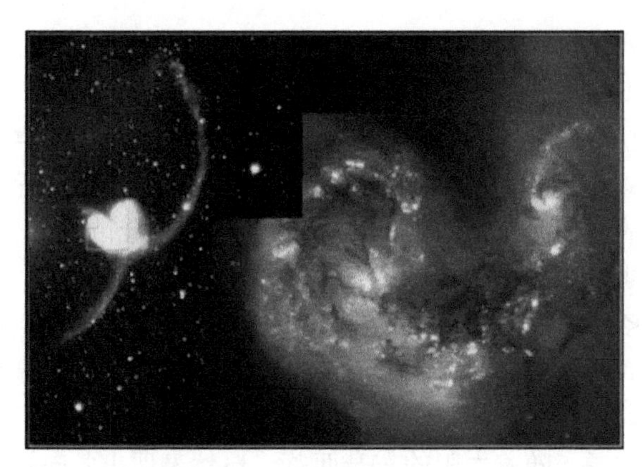

图 14-19 哈勃太空望远镜拍摄的两个星系 NGC4038 和 NGC4039 碰撞的照片

4. 宇宙线的传播

在宇宙线的传播过程中，荷电粒子的运动会受到规则磁场的约束和无规则磁场的散射，以及与星际气体和尘埃的相互作用产生次级宇宙线等。

宇宙线的传播受到路径上磁场的影响，其中最重要的磁场应该是来自太阳活动磁场的调制作用。人们通过长期观测发现，宇宙线流量的长期变化与太阳活动周的相位是反相的，如图 14-20 所示。

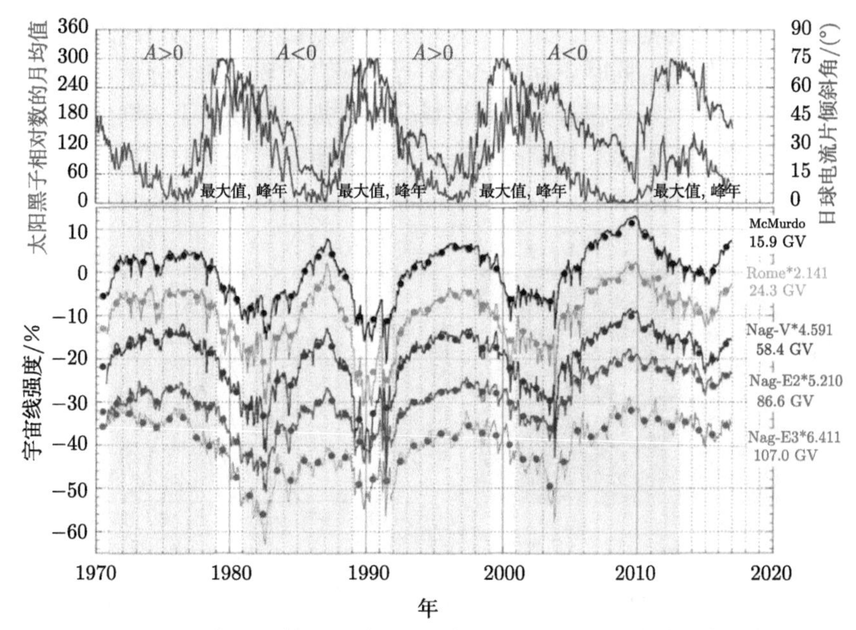

图 14-20 1970 ~ 2016 年期间的观测结果显示太阳活动周对宇宙线流量的调制 (Munakata et al., 2019)

最初人们研究宇宙线的各向异性的目的是研究其起源，因为在源的方向上，宇宙线的强度应该更大一些。

康普顿和盖亭最早发现地球绕太阳公转而导致的表观上的宇宙线强度的各向异性，即在早上 6 点观测到的宇宙线流量强度最大，晚上 6 点最小。因为早上 6 点时观测者看到的是迎面而来的宇宙线，而晚上 6 点看到的是背离而去的宇宙线，这一规律被称为康普顿-盖亭效应。

然而，通过长期的观测研究，人们发现宇宙线的各向异性是随能量而变化的，在低能段，各向异性很明显，而在高能段，尤其是极高能宇宙线其实是各向同性分布的。这也正好说明，低能宇宙线，比如太阳宇宙线粒子，因为它们的源来自于太阳，有确定的源，随着太阳的东升西落，自然表现出各向异性。而对于高于 GeV 以上的银河宇宙线，它们来自于更遥远的其他银河系爆发源，受银河系无规则磁场的作用，其各向异性自然减弱。对于极高能宇宙线，因为它们很可能来自于银河系外的宇宙源，很可能是多源的，并且具有方向的不确定性，从而也就表现出各向同性了。

银河系磁场的能量密度与宇宙线的能量密度大致相当，均为 1 eV/cm^3，因此，宇宙线的传播将受到银河系磁场的约束。在银心附近磁场较强，接近毫高斯量级，而在银河系旋臂上磁场大约在微高斯量级，在银晕中，则约为纳高斯量级。近年来，人们还发现，银河系磁场几乎可以分成两个主要成分，即大尺度上的规则磁场和小尺度上的无规则磁场。其中，大尺度的规则磁场具有以银河系转轴为对称轴的近偶极磁场位型，同时还存在一个平行于银盘的环向磁场分量，见图 14-21。在旋臂里的小尺度上还存在着无规则磁场分量。规则磁场和无规则磁场分量的强度相当。正因为无规则磁场分量的存在，所以宇宙线在银盘的传播要比在银晕中

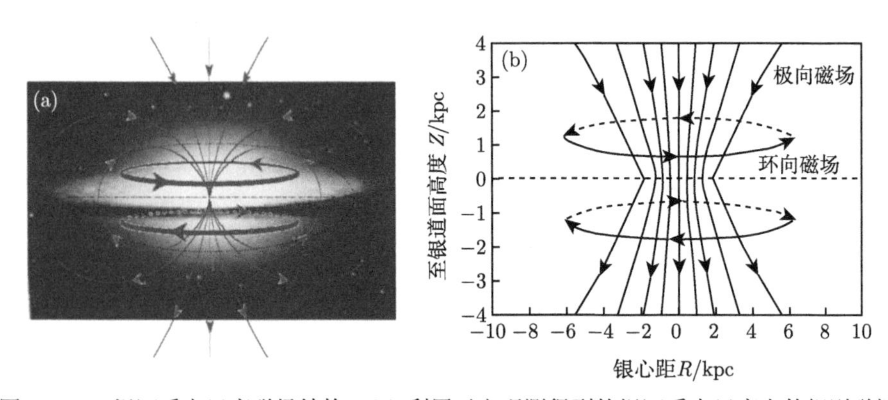

图 14-21　银河系大尺度磁场结构。(a) 利用天文观测得到的银河系大尺度上的规则磁场 (Han et al., 2006)；(b) 利用羊八井 ASγ 实验观测 TeV 宇宙线各向异性的三个分量推测的银河系磁场结构

的传播路径更复杂，也更慢。大尺度规则磁场有助于将宇宙线粒子快速地沿磁力线方向扩散到银河系空间的各个位置，而小尺度无规则磁场则搅乱宇宙线粒子的分布，使得它们呈现各向同性分布。

对于银河系宇宙线的各向异性问题，我国西藏羊八井宇宙线观测站的中日合作实验项目通过 9 年的长期观测，给出了北半球最精确的 TeV 宇宙线各向异性分布结果，该结果表明，沿银河系北天极方向宇宙线流量明显减少，在银河系旋臂的旋入方向宇宙线流量显著增强，在天鹅座方向 (即银河系旋臂的旋出方向) 宇宙线流量仅有少量增强 (图 14-22)。此外，在 300TeV 能区没有观测到宇宙线流量的各向异性，它们接近于各向同性分布的。如果把宇宙线等离子体看成是和太阳一样在银河系中旋转，则太阳在静止的宇宙线等离子体中运动时就会感受到迎面而来的流量强度大于背离而去的流量强度。这一特点与太阳宇宙线的康普顿–盖亭效应是基本一致的。银河系北天极方向宇宙线强度的减少，这意味着宇宙线很可能从北天极方向流出，这与银河系的磁场结构也是基本一致的。

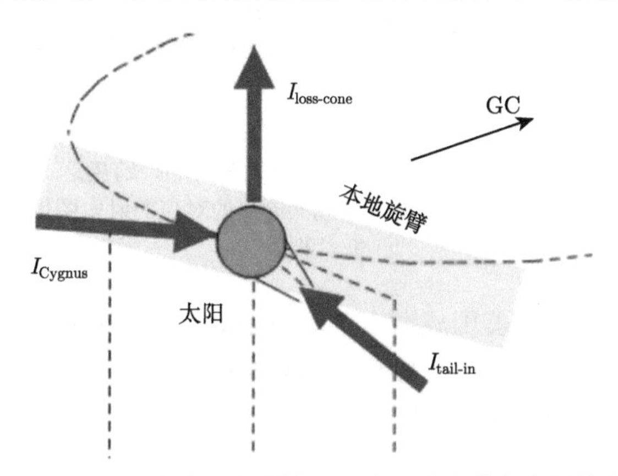

图 14-22 羊八井中日合作实验观测到的 TeV 能区宇宙线各向异性分布的三个分量

loss-cone 方向指向北天极；tail-in 方向对应太阳所在的本地旋臂由外向里的切向方向，即旋入方向；而天鹅座 (Cygnus) 方向对应旋出方向；GC 指向银河系中心

我们知道，在高能宇宙线中，带正电的核子远多于电子。因为，电子很容易在磁场中通过同步辐射损失掉能量，能量低的粒子在磁场中传播速度慢，所以，流出的宇宙线粒子是以带正电的高能粒子为主。为了保持整体的电中性，流出的正电粒子还将在合适的方向形成回流，其中最有可能的回流方向便是沿银盘方向。

上述推论是没法直接检验的。不过，大尺度的回流会产生大尺度的磁场，正如图 14-21 所示，宇宙线流产生的大尺度磁场和银河系里的大尺度晕磁场在结构上是接近一致的。实际上，银河系的结构远比图 14-21 所示的复杂得多。2010 年，人们利用费米 γ 射线探测器发现，银河系在垂直于银盘的上下两侧各存在一个直径达 5 万光年的巨型泡状结构，呈对称分布，由星系中心喷射、由高能气体组成的大质量爆发，如图 14-23 所示，称为费米泡泡 (Fermi bubble)。其中发出强烈的 γ 射线喷流。2019 年，人们利用南非的大型射电合成孔径阵列 MeerKAT 在射电波段给出了对应的射电泡状结构。人们推测，这组泡状结构可能与银河系中央的超大质量黑洞有关，不过目前还是一个谜。

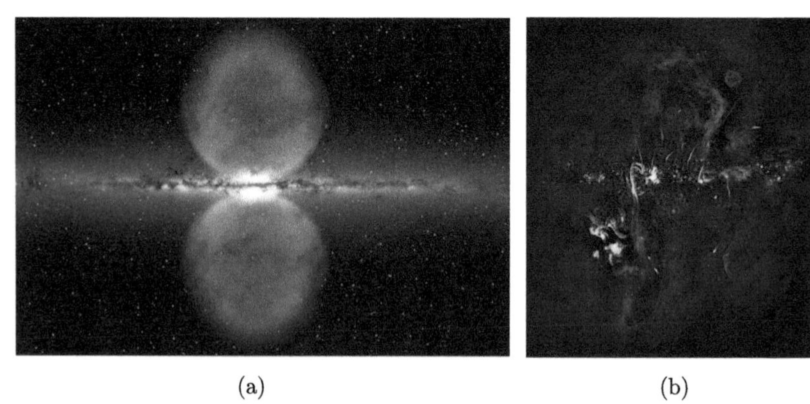

(a)　　　　(b)

图 14-23　银河系的巨型泡状结构，(a) 费米 γ 射线探测器在 2010 年观测给出的泡状结构形态，气泡本身也发出强烈的 γ 射线，在银盘上下呈对称分布，跨度达 5 万光年；(b) 2019 年利用南非 MeerKAT 射电望远镜在射电波段观测给出的对应的射电图像；两者在空间结构上非常相似

最近，人们再次利用美国威斯康星州的 Hα 巡天仪 (WHAM) 的望远镜，在可见光光谱中来观察银核方向，检查遥远的类星体通过气体时发出的光，从而确定费米泡泡的结构。观测原理见图 14-24。

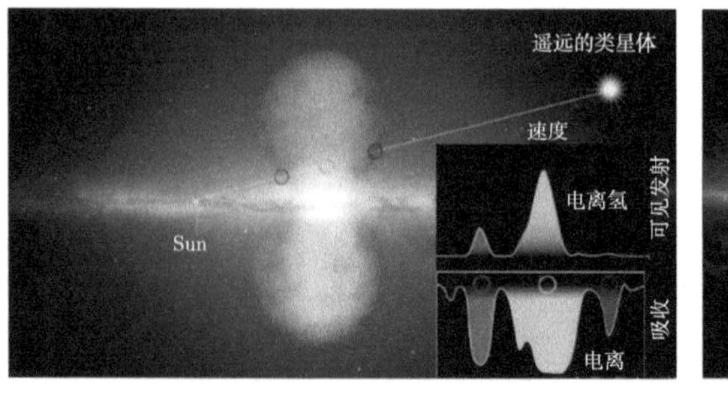

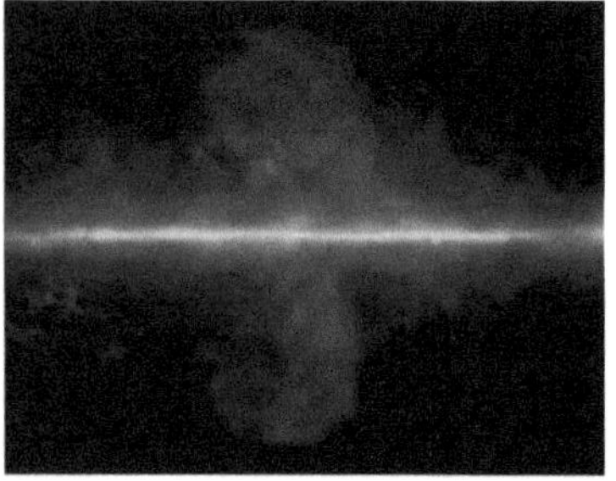

图 14-24　通过探测遥远类星体信号来研究费米泡泡的结构

费米泡泡的形成过程一定是一个与星系演化密切关联的高能过程，在这个过程中是否以及如何加速高能粒子，这是当前甚至未来相当长一段时间里需要解决的一个重大问题。

14.3 宇宙线的探测

1. 广延大气簇射

在讨论宇宙线的探测之前，需要首先介绍一个基本概念——广延大气簇射。

原初高能宇宙线粒子进入大气层后，是没法直接到达地球表面的，会首先和空气原子核发生碰撞，产生次级粒子，次级粒子进一步产生下一级粒子，并如此发展下去，粒子的能量逐渐降低，次级粒子的数量逐渐增大，到达地面时将变成数量庞大的粒子群，这种过程即为广延大气簇射 (extensive air shower，EAS)。

在广延大气簇射中，产生的次级粒子的数目和原初宇宙线粒子的能量密切相关。例如，一个 10^{15}eV 原初宇宙线的次级粒子可以达百万量级，分布范围达数百米。而一个 10^{18}eV 能量的超高能宇宙线粒子通过 EAS 过程产生的次级粒子在地面的分布范围甚至可达数平方公里，如图 14-25 所示。这一现象首先是由法国物理学家 Pierre Auger 于 1938 年发现的。

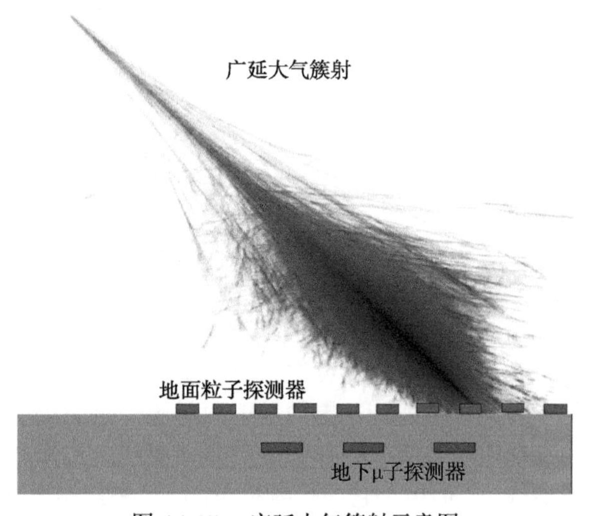

图 14-25 广延大气簇射示意图

2. 切连科夫辐射

因为高能宇宙线粒子通常速度都非常接近于光速，则当它们在地球大气中飞越或在探测器中的探测介质里穿越时，其运动速度通常都超过大气或介质中光的相速度，这时，介质中原子或分子中的电子会受到急速而来宇宙线粒子的运动电场的加速而产生辐射次波，这些辐射次波互相干涉将形成一种以宇宙线粒子为锥顶的锥状辐射场，称之为切连科夫辐射 (Cherenkov radiation)。锥角称为切连科夫角 (图 14-26)。

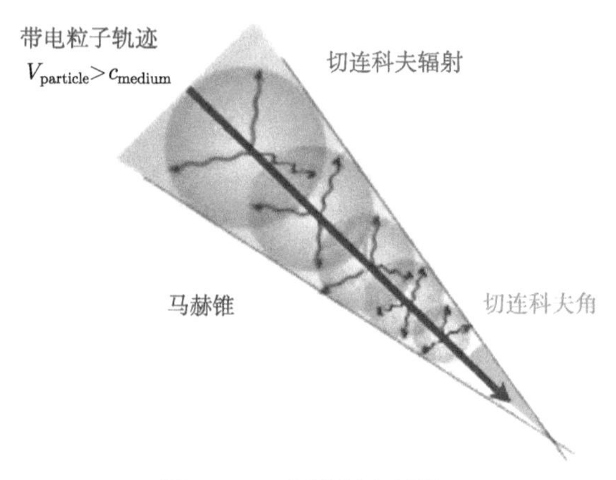

图 14-26　切连科夫辐射

切连科夫角与粒子的运动速度 $\beta = \dfrac{v}{c}$ 和介质的折射率 n 有关：

$$\cos\theta_{\text{c}} = \frac{1}{n\beta}$$

可见，粒子的能量越大，切连科夫角越尖锐。

切连科夫辐射是宇宙线高能粒子与介质中大量粒子发生集体相互作用的结果。这一效应可以用来探测高能粒子。利用切连科夫效应可以做成切连科夫计数器 (Cherenkov counter)，记录带电粒子所发出的微弱切连科夫辐射。

切连科夫计数器由产生切连科夫光的辐射体和探测这种光的光电倍增管组成，它能把单个粒子引起的闪光记录下来。玻璃、水、透明的塑料均可用作辐射体。当粒子以大于光在该介质中的速度进入时，就发生切连科夫辐射，然后用光电方法检测。若粒子种类已知，则一定的发射角对应一定的粒子能量，可探测加速器或宇宙线中的高能电子、质子、介子及高能 γ 射线。气体产生的切连科夫光辐射强度比固体或液体小，但由于它的折射率小，可用来探测更高速度的粒子。切连科夫辐射的持续时间仅 10^{-10}s，与快速光电倍增管配合，切连科夫计数器可有很高的时间分辨率。

高能粒子在大气中也能产生切连科夫辐射。空气折射率虽接近 1(在地面高度约为 1.00027)，但如果粒子能量较高 (对电子来说约高于 20MeV)，则空气簇射中的大量粒子产生切连科夫光。切连科夫光虽然相当微弱，但由于簇射中的粒子很多，用大反光镜把光集中起来，在晴朗无月光的夜晚也能较容易地探测到切连科夫辐射。

高能宇宙线的探测包括直接探测和间接探测两大类。

3. 宇宙线的直接探测方式

直接探测宇宙线的手段包括空间气球及卫星探测和地基阵列探测两大类。

(1) 空间探测：不受地球大气的干扰，能够探测到原初宇宙线，可测到原初成分的准确信息；但是，空间探测的有效面积小，难以探测到流量很小的超高能宇宙线粒子，其探测能量范围一般在兆电子伏到 100TeV 能区。国际上，探测原初宇宙线粒子的卫星探测器 Pamela 和我国的“悟空号”卫星 DAMPE 等都是探测这个能区的宇宙线粒子的设备。

中国暗物质粒子探测卫星 (Dark Matter Particle Explorer，DAMPE，简称“悟空号”) 是 2015 年 12 月 17 日我国发射的第一颗专门用于探测暗物质和高能宇宙射线的空间探测卫星，见图 14-27。可以探测高能 γ 射线、电子和宇宙射线，可以测量高能粒子的能量、方向和电荷，以及鉴别粒子的种类。

图 14-27 “悟空号” 卫星 DAMPE

DAMPE 的主要探测器包括塑闪阵列探测器 (PSD)，硅阵列探测器 (STK)、电磁量能器 (BGO)、中子探测器。

塑闪阵列探测器，主要功能是测量入射宇宙线的电荷以区分不同核素，也有可区分高能电子和 γ 射线。高能带电粒子在穿过塑料闪烁体时，通过电离和发射辐射 (光子) 的方式损失能量。沉积的能量转化为荧光，被两端的光电倍增管转化为电信号，经电路输出后读出。

硅阵列探测器，是由 6 大层硅微条探测器上下层叠排布而成。同时在第 1/2、2/3 和 3/4 层之间各有一块钨板。高能光子在穿过钨板时以较高的概率转化为正负电子对。所以光子和电子在量能器中的信号是一致的。如果在第一层没有记录到带电粒子的信号，但在下面几层记录到信号，则入射粒子为 γ 射线。

电磁量能器，是探测器最核心的部件，用一种无色透明的没有激活剂的纯无机闪烁体材料制成，主要测量宇宙线粒子的能量，并区分宇宙线中的电子与质子。

DAMPE 对于电子和光子的探测范围是 5GeV～10TeV，在 800GeV 的能量分辨率为 1%。对于宇宙射线，探测范围为 100GeV～100TeV 能区，在 800GeV 的能量分辨率优于 40%。在 100 GeV 的空间角分辨率为 0.1°。

(2) 地面探测：可以方便地建造大面积的探测阵列，可以探测到流量很小的超高能粒子的信息，覆盖的能区为太电子伏到 100EeV。但是，由于受地球大气的影响，地面探测阵列只能探测到宇宙线的次级粒子，再借助有关模型反演原初宇宙线的特征，存在一定的不确定性。

在 100GeV 处，每平方米每秒大约有一个宇宙线粒子，在这个能量附近可以将探测器放在卫星、空间站或高空气球上，在大气层顶部对宇宙线进行直接探测。2015 年底我国发射升空的“悟空号”和计划未来放在中国空间站的 HERD 就属于这类探测器。随着能量升高，流强快速下降，如在 10^{15}eV 能量，每平米每年只有一个粒子，对于这么稀少的宇宙线，需要在地面用更大的探测器进行间接探测。

回溯宇宙线源区之所以困难，一个重要原因就是绝大多数宇宙线粒子都是带电粒子, 它们在经过漫长的传播路途之后, 已经历宇宙中各种尺度的磁场严重偏转, 早已丢失了源区的方向信息。因此, 寻找宇宙线起源最好是以中性粒子作为信使, 因为它们在磁场中不会发生偏转。这样的中性粒子主要是高能 γ 光子和中微子。当高能 γ 光子的能量达到 TeV 量级时，打到地球大气中的原子核上会产生显著的 EAS 效应。1 个这样的高能 γ 光子通过与 EAS 簇射可以产生 1000 个以上的高能带电粒子，这样的高能带电粒子运动速度一般均超过空气中光速，能在与 γ 光子入射的方向成几度的角度范围内产生切连科夫辐射。通过探测切连科夫辐射光的径迹，可以反演出产生簇射的原初 γ 光子的方向和能量, 从而获取宇宙射线源的信息。切连科夫成像技术已经成为 γ 射线天文学和高能宇宙线物理研究的主要观测手段。

基于切连科夫成像技术，国际上研制了许多先进的探测装置，位于南半球的 HESS 实验 (德国)、KANGAROO 实验 (日本与澳大利亚) 和北半球的 MAGIC 实验 (德国与西班牙)、VERITAS(美国) 等大型实验。

我国高海拔宇宙线观测站 (Large High Air Altitude Shower Observatory, LHAASO)，建于四川省稻城县海子山，见图 14-28，为国家重大科技基础设施，目前基本上已经完成了一半工程并开始进行观测。整个观测站包括下列探测设备。

水切连科夫探测器阵列 (WCDA)，在一个面积为 300m×300m，水深 5m 的大水池中，以水作为探测介质，在其中布置五千多个光电倍增管作为探测器，探

图 14-28 我国高海拔宇宙线观测站 (LHAASO) 鸟瞰图 (部分)，缪子探测器位于锥形土堆下方，白色方块为电磁粒子探测器，右边的白色屋顶内部便是水切连科夫探测器阵列

测面积近 8 万 m^2；

地面簇射粒子阵列 (KM2A)，探测面积为 $1.0km^2$；

μ 子探测器阵列，由 1171 个探测器组成，位于地下；

广角切连科夫望远镜阵列 (WFCTA)，由 12 台望远镜组成。

当一个高能宇宙线粒子或 γ 射线光子进入地球大气后，便触发广延大气簇射，产生大量二次宇宙线发射，当它们击中探测阵列中的各个探测器时，探测器记录下它们到达的时间和能量，每一个探测器的距离是已知的，据此反推出原初宇宙线粒子的能量和到达方向，进一步找到其天体源。

可以对宇宙线粒子和 γ 射线在大气中产生的大气簇射进行多参数精确测量，实现从 $10^{10} \sim 10^{18}$eV 的超宽能带的覆盖。LHAASO 的科学目标包括：①精确测量高能 γ 源宽带能谱，探索银河系内可能的高能粒子加速机制，破解宇宙线起源之谜；②开展高灵敏的地基 γ 射线巡天，搜索新的 γ 射线源、活动星系核、γ 射线暴，以及脉冲星风云等高能物理过程，并研究天体辐射机制和内部活动机制；③精确测量宇宙线能谱和成分，研究宇宙线加速和传播机制，探寻暗物质、量子引力或洛伦兹不变性破坏等新物理现象，发现新规律。

银河系内的宇宙线加速源存在能量极限是个常识，过去预言的极限就在 1PeV 附近，导致 γ 射线能谱在 0.1PeV 以上有“截断”现象。2021 年 5 月 17 日，中国科学院高能物理研究所宣布，LHAASO 在银河系内发现 2 个能量超过 1PeV 的光子，它们分别来自天鹅座 OB2 星团和蟹状星云。其中，来自前者的光子能量高达 (1.4±0.13)PeV，这是人类迄今观测到的最高能量光子，突破了人类对银河系粒子加速的传统理论极限，开启了超高能 γ 射线天文学的新时代。同年 7 月，LHAASO 再次公布了精确测量的蟹状星云能谱，不但确认了过去几十年的实验观测结果，还精确测量了其他实验无法达到的超高能区，还探测到一个 1.1PeV 的高能光子，逼近理论极限 (Li et al., 2021)。随后的一系列观测发现了 12 个稳定的银河系 γ 射线源，它们都具有超高能光子辐射，并且都稳定地延伸到 PeV 附近。

LHAASO 的此次科学成果在宇宙线起源的研究进程中具有里程碑意义。具体来说有以下三个方面的科学突破。

(1) 揭示了银河系内普遍存在能够将粒子能量加速超过 1PeV 的宇宙加速器。在这次观测中，LHAASO 所能够有效观测到的 γ 射线源中 (观测中超过 5 倍标准偏差的超出视为有效观测)，几乎所有的辐射能谱都稳定延伸到几百太电子伏且没有明显截断，说明辐射这些 γ 射线的父辈粒子能量超过 PeV。这突破了当前流行的理论模型所宣称的银河系宇宙线加速 PeV 能量极限。同时，LHAASO 发现银河系内大量存在 PeV 宇宙加速源，也向着解决宇宙线起源这一科学难题迈出了重要一步。

(2) 开启超高能 γ 天文学时代。1989 年，亚利桑那州惠普尔天文台成功发现了首个具有 0.1 TeV 以上 γ 辐射的天体，标志着 “甚高能” γ 射线天文学时代的开启，在随后的 30 年里，已经发现两百多个 “甚高能”γ 射线源。直到 2019 年，人类才探测到首个具有 “超高能” γ 射线辐射的天体。出人意料的是，仅仅利用刚建成一半的 LHAASO 阵列，通过不到一年的观测，人们就发现并确认了 12 个超高能 γ 射线源。

随着 LHAASO 的建成和持续不断的数据积累，可以预见这一最高能量的天文学研究将给我们展现一个充满新奇现象的未知的 “超高能宇宙”，为探索宇宙极端天体物理现象提供丰富的数据。由于宇宙大爆炸产生的背景辐射无所不在，它们会吸收高于 1 PeV 的 γ 射线。到了银河系以外，即使产生了 PeV γ 射线，由于背景辐射光子的严重吸收，我们也接收不到这些 PeVγ 射线。LHAASO 打开了银河系 PeV 辐射探测窗口，对于研究遥远的宇宙也具有特殊意义。

(3) PeV 光子的探测是 γ 射线天文学的一座里程碑，承载着 γ 天文界的梦想，长期以来一直是 γ 射线天文发展的强大驱动力。事实上，20 世纪 80 年代 γ 射线天文学爆发式发展的一个重要动机就是挑战 PeV 光子极限。天鹅座恒星形成区是银河系在北天区最亮的区域，拥有多个大质量恒星星团，大质量恒星的寿命只有几百万年，因此，星团内部充满了恒星生生死死的剧烈活动，具有复杂的强激波环境，是理想的宇宙线加速场所，被称为 “粒子天体物理实验室”。

LHAASO 在天鹅座恒星形成区首次发现 PeVγ 光子，使得这个本来就备受关注的区域成为寻找超高能宇宙线源的最佳天区。这个区域将是 LHAASO 以及相关的多波段、多信使天文观测设备关注的焦点，有望成为解开 “世纪之谜” 的突破口。

历史上对蟹状星云大量的观测研究，使之成为几乎唯一具有清楚辐射机制的标准 γ 射线源，跨越 22 个量级的光谱精确测量清楚地表明其电子加速器的标志性特征。然而，LHAASO 测到的超高能光谱，特别是 PeV 能量的光子，严重挑战了这个高能天体物理的“标准模型”，甚至于对更加基本的电子加速理论提出了挑战。

在国际上也有一些大型的探测装置。例如位于阿根廷的 AUGER 实验装置，装备了 1660 个水箱，每个水箱中充满 $12\mathrm{m}^3$ 水，分布在 $3000\mathrm{km}^2$ 范围，组成一个巨型探测阵列，探测极高能宇宙线粒子产生的簇射粒子穿过水箱中的水时发射的切连科夫辐射信号。另外，阵列中还有 27 台望远镜，用于收集广延大气簇射效应激发空气中的氮气所产生的荧光。这项组合技术能够对超高能宇宙射线的通量、到达方向和能量都进行准确测量。2017 年，AUGER 天文台的研究人员基于该装置的探测数据分析研究，明确指出具有极高能量的宇宙射线是来自于银河系以外的区域，这一结果发表在 *Science* 第 357 期 1266 页上。

另外，基于 AUGER 探测数据分析，人们还发现，超高能宇宙射线的质量随着射线能量的升高而增加，这是个困扰着理论物理学家和实验物理学家的难题。

人们普遍认为，超过一定能量的宇宙射线在宇宙微波背景中与光子相互作用时会急速失去能量，地球上观测的超高能宇宙射线的能量极限是 $10^{20}\mathrm{eV}$。然而，假设受测粒子随着能量的增加而增重，那么首先加速超能宇宙射线的天体物理过程——不管它是什么都必须以接近其最高能量的速度运行 (较轻的粒子会因为体积太小而无法达到那些高能量)。因此，超高能宇宙射线的 10^{20} eV 能量极限是由两个完全不相干的过程控制的：如何在河外源头加速，又怎样在星际空间中失去能量，这是第一个奇怪的巧合。

第二个巧合是关于银河系内部的宇宙射线和来自其他地方的宇宙射线。银河系内的宇宙射线在能量为 $3\times10^{18}\mathrm{eV}$ 时无法观测，这与银河系外宇宙射线随能量增加而变重的起始能量完全相同。这绝不寻常，因为银河系内和银河系外的宇宙射线来自不同源头。

4. 宇宙线的间接探测方式

由于宇宙中存在星际磁场，逃出加速区的高能宇宙线粒子在传播过程中会丢失原先的方向信息。从而，寻找正在加速中的宇宙线的源的最好方法便是探测来自加速源区的中性粒子，比如 γ 射线或中微子。

γ 射线或中微子可以来自宇宙线核子和环境物质的相互作用所产生的 π^0 和 π^+/π^- 衰变，这些 γ 射线或中微子具有与宇宙线核子接近的谱，观测到这样的末态粒子将是有关宇宙线核子起源和加速的直接证据。此外，γ 射线还可以来自宇宙线电子的辐射，比如逆康普顿散射过程，通常还会伴随着从射电到 GeV γ 射线的同步辐射发射。现在已经观测到很多的 γ 射线源 (约 1500 个 GeV 源和一百多个 TeV 源)，这些具有 TeV γ 发射的源基本上都可以解释为高能电子的辐射。

由于极高能宇宙线粒子的流强极低、中微子的相互作用截面极小，从而它们都非常难于探测。而甚高能 γ 射线的探测则相对容易很多。若甚高能 γ 光子能被证实是产生于强子过程，就间接地找到了宇宙线源。

对甚高能 γ 射线的探测，目前主要有两种方式：地面粒子探测器阵列和成像大气切连科夫望远镜。两者优缺点互补。目前所发现的 140 多颗甚高能 γ 射线源中，有部分是可以利用强子模型很好地给予解释的，这暗示了强子源的存在，从而看到了揭开宇宙线起源这一神秘面纱的曙光。

因此，要想解开宇宙线起源之谜，需要发现足够多的甚高能 γ 射线源样本来进行统计分类分析。然而，现有的两种探测技术都受到一些不利因素的限制而无法探测到更多的源，高灵敏度广角扫描望远镜的建设迫在眉睫。

宇宙线粒子能量的多样化表明，它们可能存在广泛的来源，应该分别起源于各种不同的天体物理过程。超新星爆发、脉冲星、黑洞、类星体、活动星系，甚至在星际、星系际空间的磁云相互作用，都可能是高能宇宙线的源，甚至可能还存在某些宇宙中未知的物理机制。同时从观测、理论甚至包括实验等多方面去确认并阐明这些物理过程，以及发现可能的新的物理规律，便是科学家们的任务。

探索高能宇宙线，尤其是超高能宇宙线的起源，仍然是当今科学界最重要的科学难题之一。

思 考 题

1. 太阳宇宙线与银河系宇宙线有何区别？

2. 为什么说 EeV 能量以上的高能宇宙线应该是来自于银河系以外，而非银河系以内的加速源？

3. Hillas 图仅是一个激波加速源区磁感应强度与空间尺度的关系图，则从 Hillas 图中能找到哪些与粒子加速有关的信息？

4. 如果把白矮星也当成一个高能宇宙线的加速源，试讨论最可能的加速机制是什么？能把荷电粒子加速到什么量级？

5. 在太阳宇宙线中有大量的非热电子存在，为什么能量超过 GeV 的高能宇宙线的成分主要为质子和各种核子，而很少有电子的存在？

6. 什么叫广延大气簇射？它有哪些主要特征？

7. 什么叫切连科夫辐射？

8. 宇宙高能宇宙线在经过太阳系磁场、银河系磁场以及星系际磁场的作用后，早就失去了其原本的方位信息。试讨论应该通过什么样的观测才能获得高能宇宙线源的方位信息。

参考文献

胡红波, 郭义庆. 2016. 宇宙线起源中物理学前沿问题. 科学通报, 61: 1188-1209.

Abbasi R U, Abu-Zayyad T, Allen M, et al. 2018. First observation of the Greisen-Zatsepin-Kuzmin suppression. Physical Review Letters, 100: 101101.

Alves E P, Zrake J, Fiuza F. 2018. Efficient nonthermal particle acceleration by the kink instability in relativistic jets. Phys. Rev. Lett., 121: 245101.

Bell A R, Lucek S G. 2001. Cosmic ray acceleration to very high energy through the nonlinear amplification by cosmic rays of the seed magnetic field. MNRAS, 321:433.

Berezhko E G, Volk H J. 2007. Spectrum of cosmic rays produced in supernova remnants. Ap. J., 661:175.

Brunetti G, Lazarian A. 2011. Particle reacceleration by compressible turbulence in galaxy clusters: Effects of a reduced mean free path. MNRAS, 412: 817.

Canfield R C, Cook J W. 1978, ATM evidence for a nonthermal proton/electron energy flux ratio in solar flares. Ap. J., 225: 650.

Cao Z, Aharonian F A, An Q, et al. 2021. Ultrahigh-energy photons up to 1.4 petaelectronvolts from 12 γ-ray Galactic sources. Nature, 594: 33-36.

Chang J, Adams J H, Ahn H S, et al. 2008. An excess of cosmic ray electrons at energies of 300-800GeV. Nature, 456: 362.

Clery D. 2012. What's the source of the most energetic cosmic rays? Science, 336:1096, 1097.

DAMPE Collaboration. 2017. Direct detection of a break in the teraelectronvolt cosmic-ray spectrum of electrons and positrons. Nature, 552: 63-66.

de Gouveia Dal Pino E M, Lazarian A. 2000. Ultra-high-energy cosmic-ray acceleration by magnetic reconnection in newborn accretion-induced collapse pulsars. Ap. J., 536: 31-34.

de Luca A, Stelzer B, Burgasser A J, et al. 2020. EXTraS discovery of an X-ray superflare from an L dwarf. A&A, 634: L13.

Dubner G, Giacani E. 2015.Radio emission from supernova remnants. Astron. Astrophys. Rev., 23:3.

Fermi E.1949. On the origin of the cosmic radiation. Phys. Rev., 75:1169.

Han J L, Manchester R N, Lyne A G, et al.2006. Pulsar rotation measures and the large-scale structure of the galactic magnetic field. ApJ, 642: 868.

Henri G, Pelletier G, Petrucci P O, et al. 1999. Active galactic nuclei as high energy engines. Astropart Phys, 11: 347-356.

Hummer S, Maltoni M, Winter W, et al. 2010. Energy dependent neutrino flavor ratios from cosmic accelerators on the Hillas plot. Astropart Phys., 34: 205-224.

Kotera, K, Olinto, A V. 2011. The astrophysics of ultrahigh-energy cosmic rays. ARA&A, 49: 119.

Li C Y, Ma B Q. 2021. Ultrahigh-energy photons from LHAASO as probes of Lorentz symmetry violations. Phys. Rev. D, 104: 063012.

Mereghetti S, La Palombara N, Tiengo A, et al. 2011. X-Ray and Optical Observations of the Unique Binary System HD 49798/RX J0648.0-4418. Ap. J., 737:51.

Munakata K, Kato C, Mendonca R R S, et al. 2019. Long-term variation of galactic cosmic ray intensity observed with the Nagoya multidirectional muon detector. Proceedings of Science, 36: 1129.

Nagano M, Watson A A. 2000. Observations and implications of the ultrahigh-energy cosmic rays. Rev. Mod. Phys., 72: 689.

Ptitsyna K V, Troitsky S V. 2010. Physics of our days physical conditions in potential accelerators of ultra-high-energy cosmic rays: Updated Hillas plot and radiation-loss constraint. Phys. Uspekhi, 53: 691-701.

Vietri M. 1995. The acceleration of ultra-high-energy cosmic rays in gamma-ray bursts. Ap. J., 453: 883-889.

第四部分　实验室天体物理模拟

天体物理的研究对象或者物理过程往往发生在难以想象的大尺度、高温度、高密度、高压强、强磁场、快速能量释放等极端条件下。通常人们觉得，要在地球实验室中模拟天体物理过程几乎是不可能的。然而，近年来，超强超快激光技术和强磁场技术得到了迅速发展，例如，超短脉冲激光与固体靶相互作用已经可以创造出大于 10^{11}bar 的超高压、10^4T 的超强磁场、高达 10^9°C 的超高黑体辐射温度 (远高于主序恒星中心的温度) 等极端物理条件。在合适的物理思想指导下，在地球实验室里对一些天体物理过程进行模拟，正逐步变成了现实。因此，在这一部分，我们将简要介绍有关实验室天体物理模拟的研究思路、基本原理，以及对一些具体的天体物理过程的模拟实践。这是天体物理研究的一种新的途径，其结果将有助于我们对天体物理的观测结果进行分析和理解相关物理过程。

第 15 章　实验室天体物理发展概述

15.1　实验室天体物理研究思想的形成

从古至今，观天是人类认识天体和宇宙的重要手段。古人通过圭表、日晷等观测太阳在黄道、月亮在白道的运行规律，确定了年月日、四季、二十四节气等时间周期，为农业生产提供了重要依据。现代天文学家，采用先进的天文望远镜等观测手段，将人类的目光延伸到宇宙的更广、更深之处，基于大量的观测数据，发展出天体物理等学科。

强激光技术的快速发展给天体物理研究带来了新机遇。通过强激光和物质相互作用，能够创造出与天体现象类似的极端物理条件和环境，从而使人们可以在实验室中进行天体物理过程的实验研究。这相当于把天体现象和有关物理过程“移”到实验室中，从而可以进行主动、可控、近距离的研究，由此发展出一个新的前沿领域——实验室天体物理。

本章将对实验室天体物理的发展背景、研究方法和典型前沿问题进行简单介绍。

1. 强激光技术的发展给天体物理研究带来的研究机遇

激光作为自然界和人造光源之中品质最好的光源，具有方向性好、亮度高、相干性好等特点，已经广泛应用于众多的科学和技术领域。尤其是快速发展的强激光装置，已经成为人们认识世界、改造世界的强大工具，为现代科学技术的发展、人类认知的扩充带来了巨大机遇。

按照脉冲能量和时间宽度 (脉宽) 的不同，可以将强激光装置分成“高能量”和“超快超强”两类。对于大能量激光装置，脉宽一般在数纳秒，输出的脉冲能量巨大，在千焦耳 (kJ) 到兆焦耳 (MJ) 量级。这种高能量激光的典型代表是美国劳伦斯利弗莫尔实验室 2009 年建成的国家点火装置 (NIF)，其三倍频绿光的总能量为 1.8MJ，脉冲宽度为 $5\sim20$ns，共有 192 路，占地面积约 4 个美式足球场大小。中国也建设了系列高能量激光装置，具体有“神光 Ⅱ”、“神光 Ⅱ”升级，以及其更大规模的 200kJ 级强激光，后者为仅次于美国 NIF 的世界第二大激光装置。此外，法国也正在建设百万焦耳的 LMJ 激光器。这种高能量激光装置的峰值功率在 $1\sim100$TW 量级。在强激光和物质相互作用实验中，需要将激光脉冲聚焦到靶上，焦斑大小根据激光光束的质量和需求，一般在数微米至毫米量级，所以这种大能量激光的聚焦功率密度一般在 $10^{12} \sim 10^{15}\mathrm{W/cm^2}$。

为了获得更高的峰值功率，人们一直在尝试缩短激光脉冲宽度，由此催生了超短超强激光技术的迅速发展。1985 年，G. Mourou 和 D. Strickland 发明了啁啾脉冲放大技术 (chirped pulse amplification，CPA)，利用这种革命性的技术，实现了飞秒量级超快激光脉冲的放大，从而大幅度提高了激光的峰值功率。这种类型的激光特点是超快、超高峰值功率，已经广泛应用于科研、医学等领域，他们也因此获得了 2018 年的诺贝尔物理学奖。与第一类高能量激光装置相比，虽然其激光能量不是很高，但是因为脉宽短，所以聚焦后功率密度远高于第一类激光，可以达到 $10^{18}\mathrm{W/cm^2}$ 以上。在如此高的光强下，电子的运动速度接近光速，进入全新的相对论物理研究范畴，所以这类激光常称为超快超强激光。超快超强激光装置又可以细分为两类，一类是基于 Nd-glass (钕玻璃) 放大介质的皮秒、百至千焦耳激光器，另一类是基于 Ti∶sapphire (钛蓝宝石) 放大介质的飞秒激光器。后者的脉冲宽度一般在几十飞秒，峰值功率目前已经达到 10PW。

对天体物理的研究，传统方法主要包括观测与理论模拟。在过去的几十年里，人类对天体物理学的研究进入了一个新的阶段。比如，借助 1990 年入轨的哈勃空间望远镜以及其他空间望远镜，人类第一次能够在红外线、可见光以及 X 射线/γ 射线波段对超新星 (SN 1987A) 爆发早期演化进行观测；2006 年，我国也在贵州建成了世界最大的射电望远镜。科学家们对海量观测数据进行综合分析，在已知天体物理规律的基础上，借助大型计算机，可以推知天体的演化历程。然而，对很多天体和天文现象的研究，或者由于观测资料太匮乏，对其特性的研究仅限于推测；或者由于距离地球太远，不易观测；或者由于演化时间太长，在有限的时间内，很难对其有一个比较全面的认识。

利用前面提到的强激光装置，人们能够在微米至毫米量级的空间内，瞬间集聚巨大的激光能量，创造出一系列实验室中前所未有的极端条件，比如高温 (大于 10^9K)、高密度 (大于 $100\mathrm{g/cm^3}$)、超强磁场 (大于 10^9G)、超高压 (大于 10^9 个大气压)。这样的实验条件前所未有，但却与天体中诸多重要的物理环境和现象相对应。这使得人们可以在实验室中对与天体物理相关的问题进行研究。与远距离、长时间的被动观测相比，实验室研究具有近距、瞬态、可控、主动、可重复等特点，因而能够更为准确、细致地对相关物理过程进行探索，由此出现了一个新兴研究领域——实验室天体物理学。实验室天体物理立足于高能量密度物理实验研究，是除观测和数值模拟以外的另一条研究天体问题的创新之路。

2. 实验室天体物理关注的主要问题

实验室天体物理学自出现后，就促进了天体物理和实验室等离子体物理、激光物理等学科之间的融合和共同发展。美国、法国、日本、中国等国家均对相关研究作了部署，并取得了重要进展。

在国际上，利用美国的 NIF 和 OMEGA 激光装置、日本的 Gekko Ⅻ 装置等实验平台，人们已经在实验室中开展了一系列天体现象和问题的研究。

(1) 行星内部结构和物态性质：在向心重力作用下，行星内部处于高压、高密度物质状态，行星内部的结构与这种条件下的物态方程密切相关，但是人们对其知之甚少。最近的实验研究发现，木星结构对氢在高压下的物态方程是极其敏感的。

(2) 超新星爆发遗迹：实验室研究基本重现了 SN 1987A 爆发后氢氦界面的流体力学特征，并给出了实验室条件与天体条件的标度变换律。

(3) 喷流：高马赫数、高密度的喷流在宇宙中普遍存在。实验室中已经可以产生高马赫数喷流，并对其准直机制进行研究。

(4) 吸积盘光电离等离子体：致密天体 (黑洞、中子星等) 的研究是天体物理中最引人入胜的领域之一，吸积盘的模型和理论为数众多，但需要利用光谱观测结果进行校验和修正，实验室研究在其中可以发挥重要作用。

此外，恒星形成、演化、不透明度、辐射流体、无碰撞激波、高能宇宙粒子加速、强磁场产生和演化等问题，都是人们关注的前沿问题。关于实验室天体物理研究有不少综述和报告，其中对相关前沿和进展作了总结和分析，感兴趣的读者可以进一步了解。

在国内，早在 2000 年，中国科学家就提出了利用高功率激光产生与天体环境类似的极端条件，在实验室中开展天体物理研究的设想。在过去的数年，基于“神光 Ⅱ” 等激光装置，针对几个重要的天体物理问题，开展了一系列的实验、理论和数值模拟研究。譬如，利用 “神光 Ⅱ” 装置产生了高速对流等离子体，研究了等离子体相互作用产生的无碰撞激波；在实验室中产生了类似黑洞周边的物理条件，对激发的光电离过程和 X 射线辐射进行了细致的研究；在实验室中成功模拟了太阳耀斑著名观测现象——环顶 X 射线源和磁重联喷流，该工作将磁重联研究的参数空间进行了拓展。

本章将结合国内外研究进展，重点介绍不透明度、光电离、喷流、磁重联、无碰撞激波、强磁场的产生等前沿问题的研究意义、实验设计和主要进展。

15.2 天体物理体系和实验室体系的标度变换

在实验室中可以使用强激光产生出与天体物理过程类似的极端条件，然而两者的时间、空间以及特征参量之间的时空尺度差别巨大。比如，激光等离子体的典型时间尺度为纳秒，空间尺度为几十微米到毫米量级，而天体时空尺度动辄数光年。面对如此巨大的差别，实验室体系中得到的物理结果是否可以外推或者应用到对天体问题的理解？这是在实验室中研究天体物理可行性时首先要回答的问题。在本节我们将主要讨论如何将两个体系联系或者对应起来。

1. 在实验室中研究天体物理问题的基本思路

根据研究的具体现象和物理过程，可以分三种情况进行处理。

1) 参数或者状态相同

如果研究的对象是可以直接或者间接测量的物理参数或者状态，那么实验室的测量结果，可以直接应用到天体系统中。例如辐射不透明度、物态方程等。因为这些参数或者参数的演化规律与时空尺度无关，只要在实验室中产生类似或者相同的等离子体条件，那么得到的结果对两个系统是通用的，或者是等价的。

2) 物理规律的标度变换

如果控制两个系统演化的物理规律相同 (描述两个系统的方程形式相同)，两个体系的主要参数的初始分布也一致，并满足一定的比例关系，那么，这两个体系在后续的演化中，将发生相似的物理过程，出现类似的物理现象。因此，利用标度变换 (scaling)，可以通过实验室中小尺度、短时间的实验研究，来模拟大尺度、长时间的天体物理过程。比如喷流、磁重联等现象，可以通过标度变换将两个系统联系起来。

3) 形态或者现象相似

有时候，实验室系统和天体系统之间的定量标度关系虽然不清楚，但物理过程和现象可以相互类比。例如，可以利用超强激光在实验室中产生正负电子对等离子体并研究其行为，来理解黑洞附近、活动星系核中的正负电子对等离子体规律。

本节将重点讨论第二种情况——标度变换，这种变换主要是针对流体力学过程进行的。在流体力学模型中，按照相对论效应，可以分为相对论流体力学、非相对论流体力学；根据是否需要考虑磁场，分为纯流体力学、磁流体力学；按照辐射性质，又分为绝热流体力学和辐射流体力学。目前开展的实验室天体物理研究主要是非相对论流体力学过程。Connor 和 Taylor 指出，如果描述等离子体行为的基本定律在一个给定的变换下保持不变，那么由这些方程描述的规律在相同的变换下仍然保持不变。在这个概念的基础上，为了将实验室和天体的物理过程能够有机结合、严格定标，Ryutov 等对实验室体系和天体体系中的理想流体和磁流体力学规律进行了研究，给出了相应的标度变换方法。随着研究问题的深入，人们又研究了特定情况下辐射流体力学的标度变换关系。这些标度变换关系是实验室天体物理研究的重要依据。

2. 标度变换关系和适用范围

流体力学标度变换的本质是相似性原理，即在近似条件下，将密度、压强、速度、时间、长度等参数按照一定比例关系进行缩放，但描述体系的物理方程 (物理规律) 不变。利用这些标度变换，可以通过实验室中小尺度、短时间的实验研究，来模拟大尺度、长时间的天体物理过程，比如，实验室的 1ns 对应天体的几十秒，1mm 对应宇宙中的上万公里，正所谓 “地上方一日，天上已千年”。

下面我们以磁流体力学方程为例讨论对实验室和天体系统进行标度变换的方法和适用条件。标度变换需要考虑两个方面，一是支配两个系统演化的基本方程在变换前后形式要保持不变，即演化规律不变；二是描述两个系统的物理量初始分布要一致。

我们首先看磁流体力学方程的变换。对于理想磁流体系统，高斯单位制下包含磁场效应的欧拉方程组是

$$\frac{\partial \rho}{\partial t}+\nabla\cdot(\rho\boldsymbol{v})=0 \tag{15-1}$$

$$\rho\left(\frac{\partial \boldsymbol{v}}{\partial t}+\boldsymbol{v}\cdot\nabla\boldsymbol{v}\right)=-\nabla p-\boldsymbol{B}\times\left(\frac{1}{4\pi}\nabla\times\boldsymbol{B}\right) \tag{15-2}$$

$$\frac{\partial B}{\partial t}=\nabla\times\boldsymbol{v}\times\boldsymbol{B} \tag{15-3}$$

式中，$\boldsymbol{v}$、ρ、p、$\boldsymbol{B}$ 分别代表速度、质量密度、压强和磁感应强度。(15-1) 式和 (15-2) 式分别是质量连续性方程和动量守恒方程，(15-3) 式为磁感应方程。此外，我们还需要考虑能量守恒。对于多方气体，单位体积的内能 ε 正比于压强 p：

$$\varepsilon=C\times p \tag{15-4}$$

式中，C 是常数。对于完全离化等离子体或辐射压支配的系统，温度的上升不能激发更多的自由度，多方假设是成立的。因此，没有能量耗散情况下的能量守恒方程可以表示为如下形式：

$$\frac{\partial p}{\partial t}+\boldsymbol{v}\cdot\nabla p=-\gamma p\nabla\cdot\boldsymbol{v} \tag{15-5}$$

式中，$\gamma=1+C^{-1}$ 是绝热因子。

Ryutov 等证明，对各物理量按照下面的比例进行标度变换后，上述基本方程形式保持不变:

$$r_1=ar_2,\quad \rho_1=b\rho_2,\quad p=cp_2,\quad t_1=a\left(\frac{b}{c}\right)^{1/2}t_2,\quad v_1=\left(\frac{c}{b}\right)^{1/2}v_2,\quad B_1=c^{1/2}B_2 \tag{15-6}$$

式中，a、b、c 是变换系数；r, ρ, p, t, v, B 分别是系统的空间尺度、密度、压强、时间尺度、速度和磁场；下标 1 和 2 是两个系统的编号。为了保证变换中方程形式不变，只有空间、密度和压强前面的三个系数 a、b、c 可以自由选取，时间、速度和磁场前面的系数为组合系数。通过这样的变换，系统 $1(\boldsymbol{r}_1, t_1, \rho_1, p_1, \boldsymbol{v}_1, \boldsymbol{B}_1)$ 和系统 $2(\boldsymbol{r}_2, t_2, \rho_2, p_2, \boldsymbol{v}_2, \boldsymbol{B}_2)$ 遵从相同的欧拉方程组，可以保持相似性，这种变换又称为欧拉变换。

一般情况下，系统的密度、压强、速度和磁场都是时间和空间的函数，随着时间和空间呈现出一定的分布，所以要保证两个系统能够进行变换，除了满足欧拉变换关系，还需要两个系统具有类似的初始条件。如果系统的特征空间尺度为 L^*，那么上述四个物理量的初始分布可以表示为

$$\begin{aligned}&\rho\,(t=0)=\rho^* f\left(\frac{r}{L^*}\right),\quad p\,(t=0)=p^* g\left(\frac{r}{L^*}\right),\quad v\,(t=0)=v^* g\left(\frac{r}{L^*}\right)\\&B\,(t=0)=B^* k\left(\frac{r}{L^*}\right)\end{aligned} \tag{15-7}$$

式中，函数 f、g、h 和 k 为已知函数，其决定了这些物理量的初始空间分布；带星号的参数表示这些物理量在各自特征点上的具体初始值。为了保证两个系统具有类似的物理行为，两个系统的初始条件也需要满足 (15-6) 式。

Ryutov 等指出，这些物理量在满足下面的方程时两个系统的初始条件相同：

$$v_1\left(\frac{\rho_1}{p_1}\right)^{1/2}=v_2\left(\frac{\rho_2}{p_2}\right)^{1/2} \tag{15-8}$$

$$\frac{B_1}{p_1^{1/2}}=\frac{B_2}{p_2^{1/2}} \tag{15-9}$$

Ryutov 等将 $v\,(\rho/p)^{1/2}$ 定义为欧拉数 Eu。只要欧拉数保持不变，两个系统的初始条件就满足变换要求。

无论两个流体力学系统的时空尺度相差多大，只要其满足上述这些条件，就可以在两个系统之间建立直接的对应关系，这为实验室天体物理研究提供了依据。

需要注意的是，并不是所有物理过程都能找到和使用标度变换。在纯流体力学模型中，只有满足多方气体近似条件的系统才可以进行变换。系统是否满足多方气体近似条件，主要从碰撞、热传导、辐射、黏滞性四个方面进行判断。在碰撞方面，要求系统的粒子是局域化的，即电子、离子、中性粒子只能在相对于系统的特征长度十分微小的尺度内做微观运动，也就是说，要满足离子平均自由程远小于系统特征长度，或者在弱磁场环境下离子的回旋半径远小于特征尺度 (如果存在背景磁场的话，要求磁感应强度足够小，磁压相比于热压可以忽略)；在热

传导和辐射方面，要求系统中通过粒子间碰撞和辐射传输的能量远小于通过对流传输的热能 (佩克莱数 $Pe, Pe\gamma \gg 1$)；同时系统的黏滞效应可以忽略不计 (雷诺数 $Re \gg 1$)。

思 考 题

1. 如何将实验室体系和天体体系联系起来？
2. 什么是实验室系统和天体系统的标度变换？使用标度变换时应该注意什么？

参 考 文 献

张杰, 赵刚. 2000. 实验室天体物理学简介. 物理, 29: 393.

Bulanov S W, Esirkepov T Z, Kando M, et al. 2015. On the problems of relativistic laboratory astrophysics and fundamental physics with super powerful lasers. Plasma Phys. Rep., 41: 1-51.

Connor J W, Taylor J B. 1977. Scaling laws for plasma confinement. Nuclear Fusion, 17: 1047.

Davidson R C. 2002. Frontiers in high energy density physics. National Research Council of the National Academies of USA.

National Research Council of the National Academies of USA. 2010. Plasma Science: Advancing Knowledge in the National Interest.

Remington B A, Drake R P, Ryutov D D. 2006. Experimental astrophysics with high power lasers and Z pinches. Rev. Mod. Phys., 78: 755.

Ryutov D, Drake R P, Kane J, et al. 1999. Similarity criteria for the laboratory simulation of supernova hydrodynamics. Ap. J., 518: 821-832.

Ryutov D, Drake R P, Remington B A. 2000. Criteria for scaled laboratory simulations of astrophysical MHD phenomena. Ap. J. S., 127: 465-468.

Ryutov D D, Remington B A, Robey H F, et al. 2001. Magnetohydrodynamic scaling: From astrophysics to the laboratory. Phys Plasmas, 8: 1804-1816.

Savin D W, Brickhouse N S, Cowan J J, et al. 2012. The impact of recent advances in laboratory astrophysics on our understanding of the cosmos. Rep. Prog. Phys., 75: 036901.

第 16 章　实验室天体物理若干前沿问题研究

本章将介绍实验室天体物理研究中几个典型问题的研究背景、实验方案设计和结果分析，其中包括 X 射线辐射不透明度、光离化等离子体、喷流、磁重联、无碰撞激波和强磁场的产生。这些都是实验室天体物理领域正在进行研究的前沿问题，其认识有待进一步加深。

16.1　X 射线辐射不透明度实验室研究

本节将针对实验室天体物理中几个典型的前沿问题，介绍其研究背景、实验方案的设计和结果分析。

1. 辐射不透明度的概念和研究意义

第 15 章提到，按照天体物理问题的特点和性质，在实验室中可以分三种情况进行研究。介质的辐射不透明度与时空尺度无关，在实验室中得到的数据可以直接应用到天体问题的研究中。作为实验室天体物理研究的第一个例子，本节主要介绍 X 射线辐射不透明度的实验原理和方法。

辐射不透明度是用来描述 X 射线辐射在介质中传输时，介质对 X 射线衰减强弱的物理量。假定初始强度为 I_0、频率为 ν 的一束 X 射线，垂直穿过密度为 ρ、厚度为 x 的均匀介质 (因为天体中物质状态多为等离子体，所以这里主要是指等离子体，而不是中性材料) 后，由于介质的吸收、散射等效应，透射光的强度减小为

$$I(x) = I_0 \exp(-K_\nu \rho x) \tag{16-1}$$

式中，ρx 为介质的面密度。透射光强依赖于参数 K_ν，人们将该参数称为不透明度，单位为 $\mathrm{cm^2/g}$。不透明度主要反映介质本身对辐射的阻挡或者衰减能力，其含义为 X 射线穿过单位面积单位质量 (即单位面密度) 的介质后所衰减强度的百分比。通常情况下，X 射线不是单能的，而是一个宽谱分布，所以不透明度是光子能量的函数。可以看出，辐射不透明度的实质就是人们熟知的质量衰减系数的另一种表述。

辐射不透明度对天体物理研究具有重要的意义。在天体环境中存在着各种各样的辐射源，当辐射穿过如星际介质的时候，就会发生衰减，所以要正确地描述辐射的输运过程，就需要知道辐射透明度的大小。

在恒星内部，温度高达百万摄氏度，存在很强辐射场。所发出的辐射与恒星中的等离子体气体之间存在很强的相互作用。气体物质对辐射的作用表现为吸收、散射等，这会改变辐射的强度、传播方向和频率等。反过来，辐射通过加热、电离等过程又可以改变气体的性质和热运动状态，所以辐射与气体的相互作用对恒星的结构和演化会产生重要影响，不透明度显然在两者相互作用过程中起着重要作用。人们发现，在对恒星的演化进行理论模拟时，不透明度数值的微小差异，可能会对模拟结果带来很大影响。目前的不透明度数值主要依靠理论计算获得，之后通过与观测结果进行对比，进而改善计算精度。因为计算气体的不透明度是一个非常复杂的工作，这种方法虽然成功地解释了一些恒星理论与观测之间的矛盾，但不透明度精度仍有待提高。

利用强激光或者 Z 箍缩等高功率脉冲装置，可以在实验室中产生和天体环境类似的高温辐射场，这为在实验室中测量极端条件下的不透明度提供了可能。1991 年，在美国 Nova 激光装置上，Perry 等 (1991) 测量了 Al 等离子体的不透明度，这是首个利用强激光产生的高温高密度等离子体进行的不透明度测量实验。后来在相同的装置上还测量了 Fe 等离子体的不透明度。将实测结果用于造父变星的光变周期计算后，发现理论计算结果与观测数据的符合程度得到大幅提升。Bailey 等在美国桑迪亚 (Sandia) 国家实验室的 Z 箍缩装置上也测量了 Fe 的不透明度。实验产生的 Fe 等离子体的状态 ($T_{\mathrm{e}} > 2\times10^{6}\mathrm{K}$ 和 $n_{\mathrm{e}} > 4\times10^{22}\mathrm{cm}^{-3}$) 与太阳辐射层和对流层交界处的等离子体状态类似，实验将平均不透明度精度提高了 $(7\pm3)\%$ 。很显然，实验室中对不透明度的研究，对于更准确地模拟和理解恒星内部的结构及演化具有重要意义。

2. X 射线辐射不透明度的实验方案

按照不透明度的定义，测量不透明度的实验设计思路是简单直接的，其原理如图 16-1 所示。首先通过强激光 (或者 Z 箍缩) 装置产生一个高温 X 射线辐射源，在 X 射线穿过目标等离子体之后，对其透射情况 (吸收谱) 进行测量。按照 (16-1) 式，只要测量了等离子体的密度、厚度和 X 射线穿过等离子体后的透射率，就可以求得不透明度的具体值。

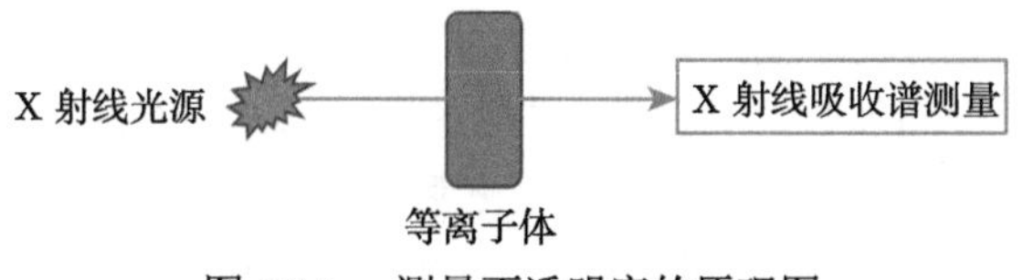

图 16-1 测量不透明度的原理图

图 16-2 给出了一个典型的不透明度实验布局图。为了得到高精度、数据可靠的不透明度，实验对 X 射线光源、样品等离子体和吸收谱的诊断都有严格要求，

下面分别讨论。

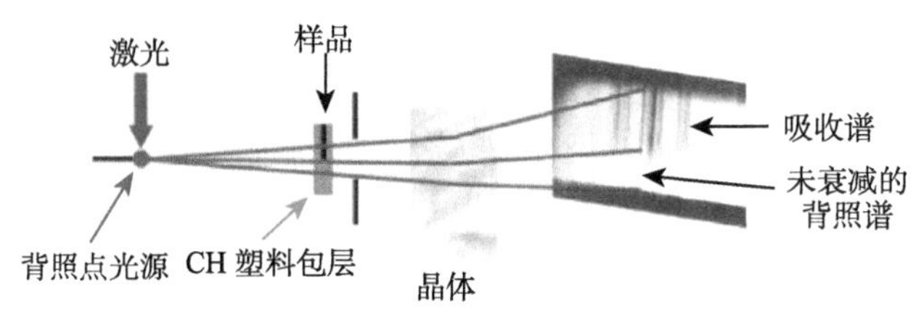

图 16-2　典型的不透明度实验布局图

1)X 射线光源 (有时也称为背照光源)

在实验中可以使用高强度激光与由高原子序数材料做成的靶相互作用，产生高亮度、宽谱的 X 射线背照 (backlighted) 光源，比如采用强激光辐照金细丝靶。采用细丝靶的原因是可以产生源尺寸很小的 X 射线源，由于尺寸小，所以可提供较高的空间分辨。

对于 X 射线光源，要求其光谱要有一定宽度，能够覆盖所感兴趣的光子能量范围，光谱分布也要尽量平滑，所以一般利用分布相对比较平滑的连续谱，而不是线谱进行不透明度测量，这是常选用像金元素这样的高原子序数靶来产生 X 射线源的原因之一。此外，为了抑制样品等离子体的自发辐射背景，X 射线光源的亮度要尽量高。实验中要对光源的光谱分布进行单独测量，得到准确的 I_0，作为计算不透明度的基准。

2) 样品等离子体

不透明度与等离子体的温度、密度、组分都密切相关，所以实验中需要对样品等离子体的这些基本物理量进行诊断。因为探测器上的吸收谱是 X 射线沿着传播路径的积分，所以要求等离子体为均匀分布，尤其是纵向，这样在计算路径上单位长度 X 射线的衰减才准确；如果纵向分布不均匀，那得到是纵向路径上的平均衰减值，会带来误差。此外，要尽量保证等离子体的纵向尺度 x 和密度 ρ 在观测时间范围内保持不变。选用什么靶材料来产生样品等离子体取决于对什么元素感兴趣。天体中铁、硅等元素含量很丰富，所以实验中常测量这些样品的不透明度。

为了满足前述要求，用来产生样品等离子体的靶一般为三明治结构，如图 16-3 所示，在数微米厚度的铁薄膜外面还镀有约 10μm 厚的塑料包层 (CH)。如果没有外面的塑料包层，样品加热后会膨胀，导致等离子体厚度 x 和密度的变化，影响不透明度的计算。有了一层冷的塑料包层之后，在一定的观测时间范围之内，塑料包层可以有效阻止样品等离子体的膨胀，从而有一个相对稳定的厚度 x 和密度。

为了获得温度和密度分布均匀的样品等离子体，需要利用另外的一个的强 X 射线辐射场对其进行加热，由于 X 射线穿透能力强，所以可以做到对靶整体加热。外面的塑料包层原子序数低，对 X 射线的衰减和对加热的影响可以忽略。要产生这样的辐射场，可以借鉴激光惯性约束核聚变间接驱动方案中的黑腔方案。关于如何产生样品等离子体和黑腔辐射场，细节见 16.2 节。

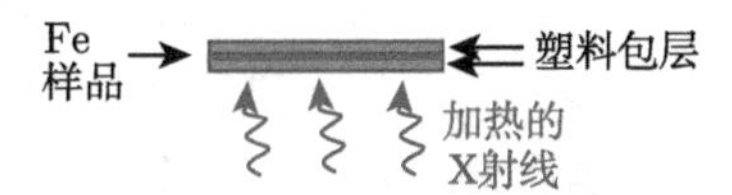

图 16-3 产生样品等离子体的典型靶设计和加热方法

3) 吸收谱诊断

测量吸收谱的目的是得到 X 射线被等离子体衰减后的透射强度 I。不透明度与入射光子能量相关，所以实验中需要测量不同光子能量下的透射强度，即 X 射线的光谱分布。一般情况下，感兴趣的 X 射线波段是在 keV 量级，所以需要采用基于布拉格定律的晶体谱仪进行测量。

3. X 射线辐射不透明度实验布局和结果分析

下面以在上海“神光 Ⅱ”高功率激光装置上进行的不透明度和光电离实验为例，来介绍实验参数和相关诊断细节。图 16-4 是实验示意图布局，该布局既可以进行透明度测量，也可以进行光电离等离子体特性研究，有关光电离的内容将在 16.2 节介绍。

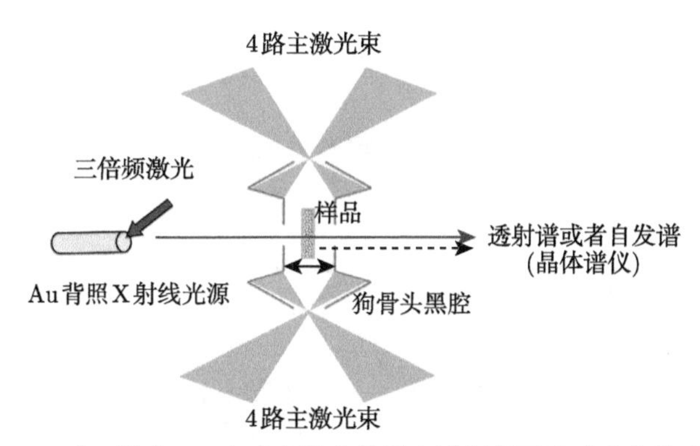

图 16-4 在“神光 Ⅱ”高功率激光装置上进行的不透明度实验布局图

“神光 Ⅱ”激光装置可输出 8 路主激光脉冲，三倍频后，每路激光脉冲的能量在 250J 左右，脉冲宽度约为 1ns。该实验的样品为二氧化硅气凝胶。加热样品的 X 射线辐射场由狗骨头形状的金黑腔产生，黑腔直径为 800μm，样品置于黑腔中间，黑腔留有两个对向的诊断小孔，以便背照光通过。8 路激光脉冲分成上下两大束，每束由 4 路激光脉冲组成，分别从上下两个方向入射到黑腔中，在黑腔内产生高温辐射场，辐射场的温度约为 100eV。二氧化硅样品在高温辐射场的作用下，被电离形成等离子体。背照 X 射线光源由神光的另外一路激光脉冲 (第

9 路) 与金细丝靶相互作用产生。为了获得时间分辨能力，第 9 路激光脉冲的脉宽为 70ps，这样可以产生一个超短的背照 X 射线脉冲，从而提供一定的时间分辨。背照 X 射线光源从左向右穿过样品等离子体，之后由晶体谱仪进行吸收谱的测量。实验中，关闭背光 X 射线光源，晶体谱仪可以只对二氧化硅等离子体的自发光谱进行测量。如果关闭 8 路主激光脉冲，可以只测量背光 X 射线源的光谱。

对于 keV 量级的 X 射线光谱，一般采用晶体谱仪进行测量，其工作原理为基于布拉格定律的晶体衍射。实验中可以根据 X 射线光谱范围选择不同种类的晶体作为色散元件，可以使用 X 射线胶片或者电荷耦合器件 (CCD) 进行记录。如果背照光源是由长激光脉冲产生的，为了获得时间分辨，则需要采用条纹相机进行记录，以获得时间分辨能力。

典型的实验结果和数据处理过程如图 16-5 所示，图中的靶以包裹在 CH 中

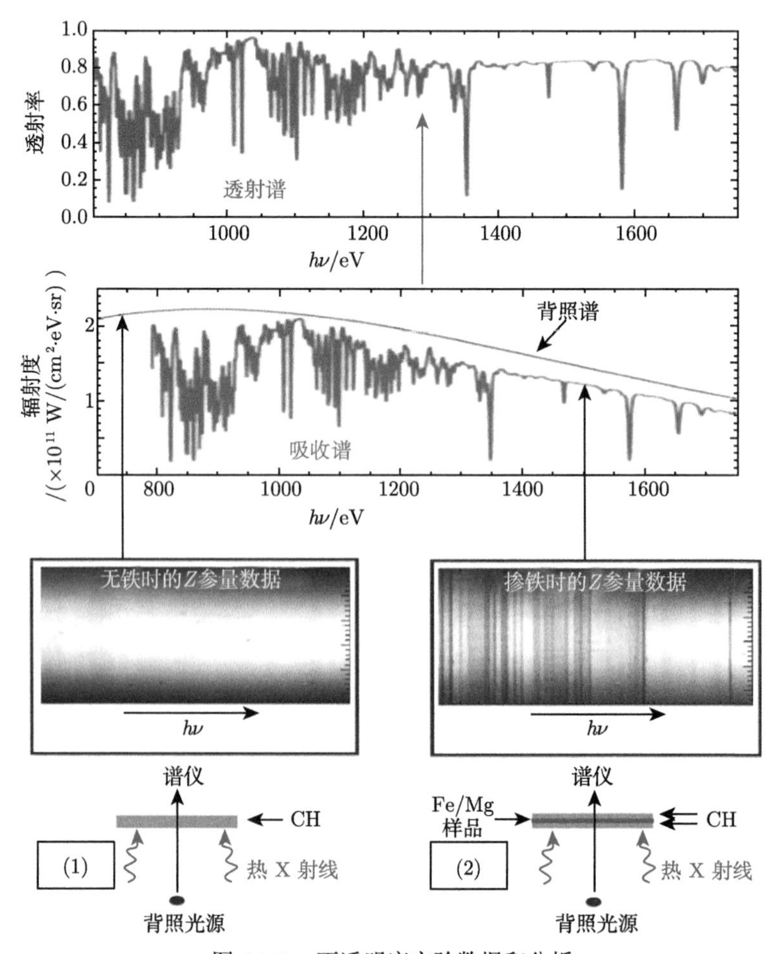

图 16-5　不透明度实验数据和分析

的 Fe 或者 Mg 样品为例。实验中一般要 (同时) 测量有、无样品的两种情况下的透射光谱和背照光源谱。图中分别给出了只有 CH、没有 Fe 的样品，以及 CH+Fe 样品的原始 X 射线谱图像，水平方向为光子能量，上下方向为空间方向。沿着水平方向线扫描后，可以得到中间的 X 射线谱分布，其中比较平滑的黑色曲线为背光源透过 CH 膜层的光谱，该光谱就是 (16-1) 式中的 I_0，红色曲线为透过 Fe 样品之后的光谱分布，即 I。两者的比值即为最上面图中所示的透射率。有了透射率，再利用实验测量的样品密度、厚度，根据 (16-1) 式就可以得到不同光子能量的不透明度。

16.2　光电离等离子体实验室研究

1. 光电离等离子体的概念和研究意义

物质被离化的方式有多种，如碰撞电离、压致电离、光电离等。光电离是指物质 (等离子体) 被外加强辐射源照射时，物质中的原子、分子或者离子直接被辐射源光子电离的过程。在宇宙中存在着很多的强辐射源，如果光子传播过程中遇到的物质密度比较低，物质离化主要是通过光电离实现，碰撞电离的贡献比较小。光致电离等离子体大量存在于宇宙中，例如行星状星云、活动星系核、X 射线双星，研究这种等离子体的离化过程和性质，对理解这些天体问题具有重要意义。比如，当物质掉落入巨大致密天体 (黑洞、中子星等) 过程中，引力能会转化为物质的动能和热能，这会导致周围的吸积盘变热并发出明亮的光芒 (强辐射场)。天文学家通过观测黑洞周围吸积盘的光电离发射光谱，结合理论模型，可以间接地认识和推断黑洞的物理规律，所以，光致电离等离子体的性质、谱线的辨认和相关理论模型的正确与否，对认识黑洞、检验我们关于宇宙的基本认识就非常关键。

2. 致密天体周围的 X 射线光电离等离子体实验方案和结果

要在实验室中开展 X 射线光电离等离子体的研究，需要解决三个关键技术：近黑体辐射高温 X 射线光源的产生、光电离占主导的目标等离子体的产生和精密实验诊断方法，前两个因素最具挑战性。黑洞等致密天体环境中的 X 射线辐射源的温度往往在数千电子伏，在实验室中产生这样的高温黑体辐射源是很困难的。目前通过强激光和 Z 箍缩装置，通过巧妙的靶设计，可以获得几百电子伏到千电子伏量级的高温辐射场。

在高功率激光实验中，可以通过两个技术途径获得高温辐射场。一是利用前面不透明度实验中提到的黑腔方案，二是利用激光内爆方案。利用黑腔产生的辐射场温度可以达到几百电子伏，具体介绍可以参考 16.1 节，这里简单描述一下内爆方案。

为了进一步提高辐射场的温度，人们提出了与激光惯性约束核聚变直接驱动类似的内爆方案。在日本大阪大学的 Gekko Ⅻ 激光装置上，将 12 束激光脉冲辐照到空心的 CH 塑料球壳上，球壳直径为 500μm，壁厚 6μm，激光总能量为 4000J，脉冲宽度为 1.2ns。在强大的激光烧蚀压推动下，球壳等离子体向球心高速汇聚，这个内爆过程可以产生高温辐射，辐射场峰值温度可以高达 keV，平均温度约 500eV。具体实验排布见图 16-6。

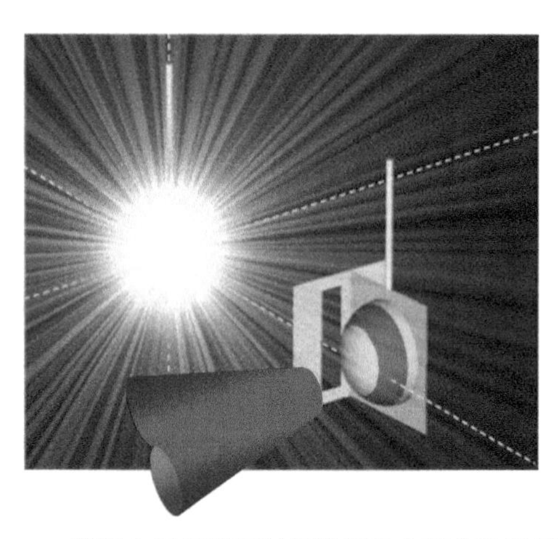

图 16-6　利用内爆高温辐射场进行光电离实验的示意图

光电离实验的第二个关键技术是产生光电离占主导的低密度等离子体。在如图 16-6 所示的 Gekko Ⅻ 实验中，在距离内爆中心 1.2mm 的距离，利用另外一束较弱的激光辐照一片硅薄膜靶，产生一个慢速膨胀的低密度冷目标等离子体，这个等离子体用来模拟天体中的低密度等离子体。经过 $8\sim10$ns 膨胀后，等离子体电子温度降低至约 25eV，电子密度降低至约 $5\times10^{19}\text{cm}^{-3}$，在这个低温、低密条件下，粒子与粒子之间的碰撞过程在短的时间尺度内不重要，而强辐射场对粒子的光电离过程占主导。在内爆辐射场和目标等离子体之间，加了一片 25μm 厚的 Ta 片，片上开了一个 400μm 长、100μm 宽的狭缝，其作用是可以避免内爆 X 射线直接辐照到硅靶表面，保证辐射场只与目标等离子体的特定区域相互作用。光电离的硅等离子体发射谱被晶体谱仪记录。

在 16.1 节介绍的“神光 Ⅱ”不透明度实验中，稍加改进也可以进行光电离实验。该光电离实验采用的样品是低密度二氧化硅气凝胶，初始密度约为 40mg/cc，采用黑腔辐射场对其进行离化。

图 16-7 给出了 Gekko Ⅻ 实验测量的硅等离子体光电离谱和理论计算结果。实验测到了以类 He 硅离子 Kα 线 (1.860keV) 为主的发射谱，该谱线与天文观测的双星系统 (如 Cygnus X-3 和 Vela X-1) 的 X 射线谱很相似。但是，研究团队

基于细致 Non-LTE 模型对谱线进行分析之后，却给出了与天体物理学家不同的认识。这一研究成果表明，人们对致密天体周围物质性质的认识有待进一步加深，甚至修正。

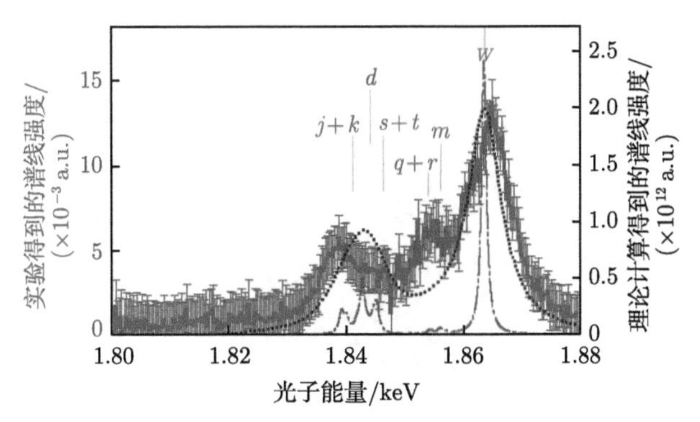

图 16-7 Gekko 实验得到的光离化等离子体谱线 (黑色点线和误差分布) 及其与理论计算曲线 (点化线) 的对比

16.3 天体喷流的实验室研究

1. 天体喷流的概念和研究意义

天体中的喷流是天体喷出的狭长、准直、高速、定向物质流，比如赫比格–阿罗 (Herbig-Haro) 天体的双对称结构喷流。喷流是天体中的普遍现象，是宇宙中能观测到的巨大连续结构。喷流的形态精彩纷呈，有直的、弯的、单臂的、双极的，等等。喷流长度一般在 $10^{17} \sim 10^{24}$cm 范围，随着星体的不同而不同。喷流流速可以达到几百公里每秒，是介质声速的 10 倍以上。喷流作为基本的天体结构，一直是天体物理中的重要研究课题。

喷流是如何产生的？产生之后为什么能够在非常巨大的时空尺度上保持准值？喷流在传播过程中，会与周围的物质发生相互作用，比如激发激波等，这些都是天文学家感兴趣的问题。

实验室研究喷流的目的是要利用强激光产生高马赫数喷流，获得其时空演化过程，探索其准直机制，并研究喷流与物质的相互作用规律，为天文学家理解丰富、复杂的天体喷流现象提供参考。

2. 利用强激光研究喷流的实验方案和结果

当一束强激光辐照到单一的平面靶上时，产生的等离子体会沿着靶的法线方向自由膨胀，一般情况下不能形成准直喷流。为了产生喷流，需要利用等离子体的热压或者磁压 (自生或者外加) 对其进行约束。图 16-8 是利用激光等离子体相互作用产生喷流的一个典型设计。靶是两个平面靶组成的 K 型结构，也可以是 C 型或者锥形结构，使用两路或多路激光脉冲辐照在两个靶平面区域，产生两个垂直于靶面法线方向的等离子体，等离子体在中间位置碰撞并互相挤压，形成喷流。也可以通过外加磁场，对等离子体进行箍缩产生喷流，在 Z 箍缩装置中，往往使用后者。

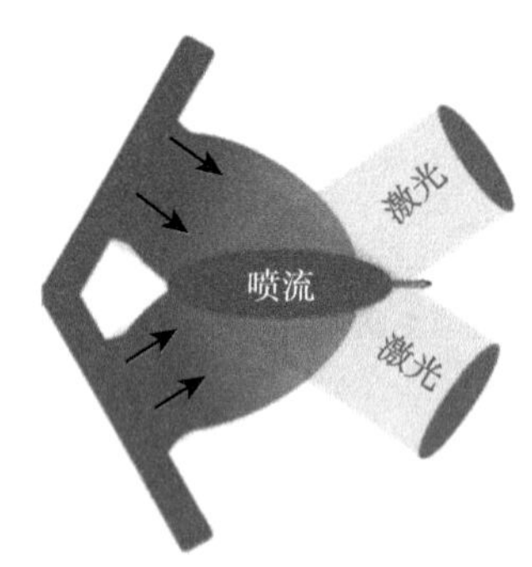

图 16-8　利用激光等离子体相互作用产生喷流的典型设计

利用强激光产生喷流，按照激光打靶方式分为靶前喷流和靶后喷流。人们研究较多的是靶前喷流，如上例。相对于靶后喷流而言，靶前喷流一般温度较高、密度较低、速度较快。在靶后喷流的实验中，通过在喷流传播路径放置不同介质，可以方便地研究介质对喷流的影响。

图 16-9 为"神光 Ⅱ"激光装置喷流实验示意图和结果。实验用靶为 C 构型，具体形状可以想象为把一个圆柱形细管从中间剖开。C 型靶直径为 0.8mm、厚度为 0.05mm。靶被安放在一个 0.8mm 厚的平面薄膜板上。将两束激光脉冲聚焦到靶的上下两侧，产生两个等离子体。两个激光焦点的距离为 0.4mm。激光脉冲的能量和脉宽等条件和前面类似。

实验中采用光学干涉法和阴影法对喷流的时空演化过程进行诊断。作为探针的激光束穿过等离子体之后，其相位、强度和偏振都有可能发生变化。基于相位变化的探测方法是干涉法，基于强度变化的探测方法为阴影法。干涉法测量等离子体电子密度的基本原理为：因为电子密度在宏观上表现为折射率，所以当探针光穿过等离子体后，相位会发生改变，根据相位变化引起的条纹移动数，可以获得电子密度的信息。

图 16-9 给出了利用 C 型靶产生的等离子体喷流干涉图和阴影图。可以看到，实验获得了准直比较好的喷流。

天体喷流跨越巨大的空间尺度之后仍能保持准值，这是一件令人非常着迷的事情。喷流能够保持准值的内在原因是喷流外部的压力大于或者等于还留在内部

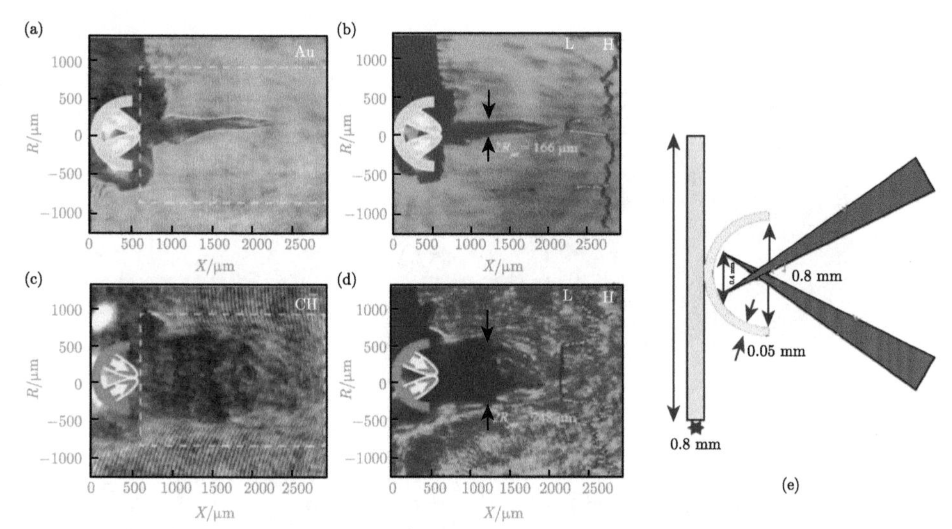

图 16-9 在“神光 Ⅱ”激光装置上，利用 C 型靶产生的 (a),(c) 等离子体喷流干涉图和 (b),(d) 阴影图。图 (a) 和 (b) 靶材料为金，图 (c) 和 (d) 靶材料为 CH 塑料；图 (e) 为靶设计

的热压。一般认为，喷流的准直机制有三个：周围介质的压力、辐射冷却、磁场约束。如果在喷流周围存在星际物质，周围物质的压力大于喷流内部压力，喷流就可以准直传输，这是很容易理解的。下面主要讨论在实验室中如何研究辐射冷却和磁场约束两种机制。

辐射冷却效应是指等离子体通过辐射将内能散去的过程。辐射冷却可以有效降低喷流内部的热压，减小喷流的径向膨胀，从而使喷流的准直性更好。通常辐射通量与电子密度 (或者离子密度) 和温度紧密相关。

与低 Z 材料相比，高 Z 材料产生的等离子体的 X 射线辐射更强，所以其辐射冷却效应应该更明显。基于此，实验中可以通过对比不同材料的喷流性质，研究辐射冷却的作用。

在图 16-9 中，图 (a) 和 (b) 的靶材料为金，而 (c) 和 (d) 的靶材料为 CH 塑料。金靶产生的喷流纵横比 (长度和直径的比) 约为 9，CH 靶约为 1.7，金靶的准直效果明显好于 CH 靶。其背后的物理原因就是高 Z 金靶的 X 射线辐射要远高于低 Z 的塑料靶。

在天体中喷流产生机制的磁流体模型中，磁场准直起了重要作用 (图 16-10)，比如，吸积盘周围的等离子体受磁场作用进入吸积盘中心，并在磁场作用下完成角动量向轴向双极动量转化的过程。最近，Albertazzi 等研究了外加 0.2MG 的磁场对等离子体喷流的影响通过光学成像法探测了喷流的内部结构。结果证明了角向磁场对等离子体准直的影响，揭示了年轻星体 (YSO) 中双极喷流的形成过程。

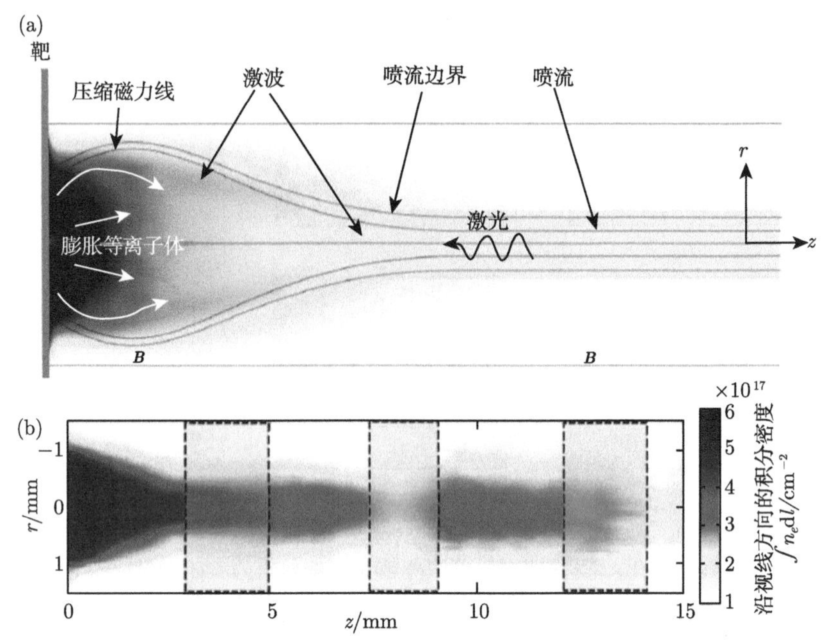

图 16-10　外加磁场施加到激光等离子体之后，在磁场的作用下，形成了准直的等离子体喷流
图 (a) 为喷流形成机制示意图；图 (b) 为 20ng 延迟时喷流等离子体的密度分布

下面讨论喷流和周围物质的相互作用。根据物质的不同，会发生不同现象。当与周围星际介质相互作用时，会产生弓激波 (bow shock)，使得喷流尖端呈现出明亮的“帽子”状。在实验室中，Li 曾采用多束激光照射平行放置的两个平面靶内表面，形成相向运动的两束喷流，研究了高马赫数喷流的碰撞问题。

我国科学家在“神光 Ⅱ”激光装置上研究了碰撞引起的喷流偏折现象。赫比格–阿罗天体 (Herbig-Haro object，HH) 是宇宙中由新生恒星所形成的状似星云的天体，星体的两极常伴有剧烈的物质喷射，这种高准直喷流的运动速度可达几百公里每秒。HH 天体的极轴方向往往产生一对向外的喷流，但观测发现猎户座的 HH110 星体喷流结构很特殊，它只有一个孤立的喷流结构，附近也没有吸积盘。在其周围扩大了搜索范围后，天文学家在距离 HH110 喷流 0.46pc 的位置处，找到了另外一个 HH270 喷流以及其吸积盘，两者之间存在一个很大的角度 (−58°)。为了解释 HH110 喷流，基于观测，人们提出了一个猜想，认为 HH110 是由 HH270 与由 HH451 碰撞后发生剧烈偏折引起的。

为了验证这一想法，在“神光 Ⅱ”激光装置上进行了喷流和侧向膨胀等离子体相互作用的实验，结果如图 16-11 所示。实验中，利用四路激光脉冲烧蚀张角为 120° 的 K 型喷流靶，产生一个向左传播的超声速喷流；在与喷流垂直向下方，采用较低的激光能量加热一个圆盘状的 CH 靶，产生一个向上运动的等离子体流。采用激光探针，在与纸面垂直的方向，观测向左运动喷流和向上运动等离子流的碰撞过程。

图 16-11(b) 给出的是延时 2ns 时刻两个喷流相互作用的实验结果。图中紫色箭头代表主激光，红色的区域为 K 型靶初始位置，绿色的长方形代表了产生侧向喷流的初始 CH 靶。可见，两者碰撞之后，向左运动的喷流顶部出现了明显的上翘。图 16-11(c) 为采用流体模拟程序模拟得到的结果，与实验符合得很好。分析表明，喷流发生偏折的原因是侧向冲撞压。

表 16-1 给出了实验中所产生喷流和天体喷流的定标关系，进行标度变换之后，两者具有明显的相似性。实验结果与 HH 110/270 系统中的偏折现象相吻合，这为天文学家理解 HH 天体提供了实验室证据。

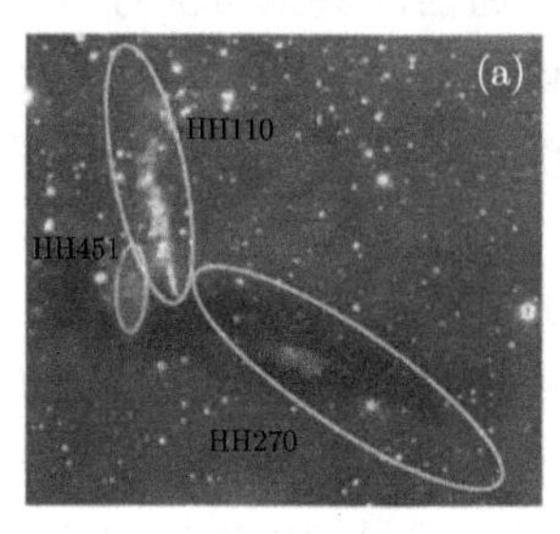

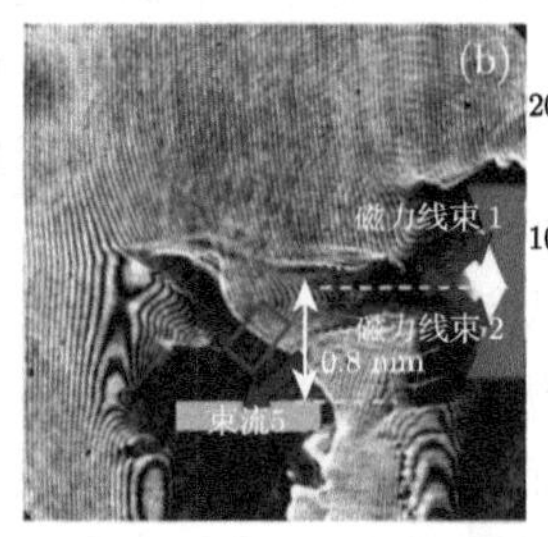

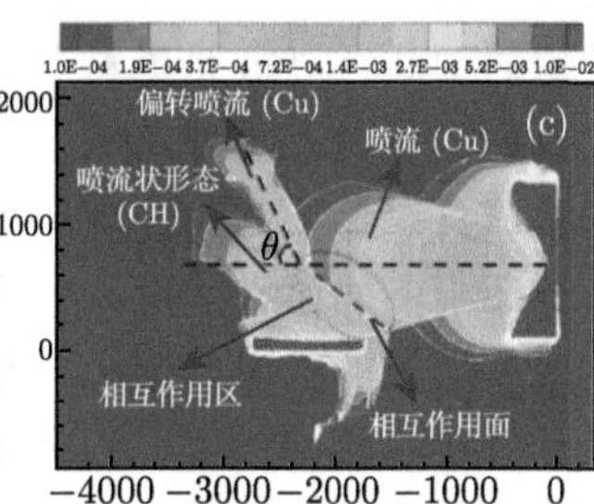

图 16-11 (a) HH110、HH270 和 HH451 的天文观测图像；(b) 在“神光 II”装置上得到的喷流偏折阴影图；(c) 利用流体模拟得到的喷流偏折图像

表 16-1 “神光”实验中激光等离子体喷流和 HH 110/270 系统的定标关系

参数	HH 110/270	产生激光的等离子体	HH 110/270 (经过标定的)
长度/cm	10^{15}	2×10^{-1}	2×10^{-1}
质量密度/(g/cm^3)	2×10^{-20}	5×10^{-4}	5×10^{-4}
压强/Pa	10^{-9}	6×10^{9}	6×10^{9}
时间/s	2×10^{8}	2×10^{-9}	2.5×10^{-9}
速度/(km/s)	150	>1000	~2300

16.4 磁重联实验室研究

高能粒子加速和宇宙线是天体中的普遍现象，在超新星激波、太阳耀斑和许多过程中，都观测到了高能粒子。到目前为止，其加速的机制 (尤其对甚高能宇宙线) 尚有待研究。一般认为，无碰撞激波、磁重联等过程可以产生高能粒子。本节首先介绍磁重联的实验室研究，16.5 节介绍无碰撞激波的相关研究。

1. 磁重联的概念和研究意义

磁重联被认为是宇宙中普遍存在的一种能量转换机制，其定义为：具有有限电导率的磁等离子体中，电流片中的磁力线自发或被迫断开和重新连接的过程，在这个过程中，磁能会突然释放并转化为等离子体的动能和热能，引起带电粒子的加速或加热。

简单来讲，磁重联可以形象地理解为磁力线的“断开”再“重新连接”过程。在这个过程中，伴随两个特点：磁场拓扑结构的改变；磁场能量转换为物质的内能或者动能。粒子获得动能后，可能会以束流的方式发射出去。

磁重联在宇宙中广泛存在，是解释太阳耀斑、粒子加速等很多天文现象的常用理论模型。由于日地空间方便观测，所以日地空间的磁重联研究相对比较深入。太阳是离地球最近的一颗恒星，太阳爆发是地球空间灾害天气的驱动源，一次典型耀斑的爆发相当于上十亿枚氢弹的爆炸，所产生的高能粒子和宇宙射线与地球大气分子发生剧烈碰撞时，会破坏电离层，干扰无线电通信，甚至可能导致无线电通信的中断；高能带电粒子同时会干扰地球磁场，诱发磁暴。所以，对太阳耀斑的研究不仅具有重要的科学意义，而且对人们的生产生活、灾难预防、航空航天等领域具有重要的实际应用价值。

地球周围的日地空间同样发生着磁重联过程。在纬度接近地磁极的地区上空，常出现多彩绚丽的极光现象。极光是由高能粒子进入地球高层大气时，碰撞大气原子、分子并使其激发、发光而形成的。这种高能粒子正是源自于地球磁尾处的磁重联。美国曾以磁重联研究为主要目的连续发射了五颗卫星 (THEMIS 计划)，可见磁重联的重要性。

2. 磁重联实验方案和结果

在实验室中进行磁重联研究，首先要利用激光和等离子体相互作用产生强磁场。磁场的产生有多种机制，最常见的一种机制是比尔曼 (Biermann) 电池效应 (关于强磁场的产生见 16.6 节)。

比尔曼电池效应源于等离子体的温度梯度和密度梯度非共线性。在常见的激光辐照平面靶产生的等离子体中，等离子体主要沿与靶面垂直的法线方向膨胀，因此，等离子体的密度梯度的方向主要在靶面法线方向。但此时由于固体靶的电子热传导对温度的作用要比等离子体的绝热膨胀有效得多，所以等离子体的温度梯度的方向基本上与靶面平行。焦斑处的辐照不均匀性也会加剧这种不一致性。这种温度梯度和密度梯度的不一致所产生的热电动势将引起热电流，并诱发自生磁场。在激光脉冲的持续时间内，这个自生磁场是准稳态的，具体可以表示为

$$\frac{\partial \boldsymbol{B}}{\partial t} = -\frac{\nabla \boldsymbol{T}_{\mathrm{e}} \times \nabla \boldsymbol{n}_{\mathrm{e}}}{e \boldsymbol{n}_{\mathrm{e}}} \tag{16-2}$$

由于密度梯度是沿靶面的法线方向，而温度梯度则是以激光焦点为中心，在与靶面平行的平面内呈向外辐射状，所以，温度梯度与密度梯度的叉乘所产生的磁场呈环形结构，见图 16-12。

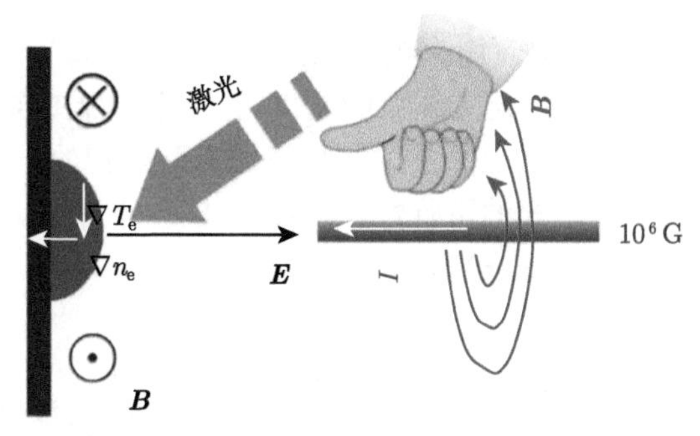

图 16-12 激光辐照在平面靶后，通过比尔曼电池效应产生的环形磁场

上式可以近似表达为 $B \approx \dfrac{\tau_L T_e}{del_t}$，其中，$d$ 为激光焦斑直径，l_t 为激光对靶的加热深度，τ_L 为激光脉冲宽度。若取 $\tau_L = 100\text{fs}$, $T_e = 1\text{keV}$, $d = 10\mu\text{m}$, $l_t = 100\ \text{nm}$，利用以上公式可估算得知此时的磁感应强度约为几百兆高斯。在这种磁场中，电子的回旋频率 $\Omega = \dfrac{eB}{m_e c}$ 与激光频率大小差不多，因此，等离子体被磁化了。随着时间的推移，由于等离子体的对流和扩散，温度梯度和密度梯度逐渐变缓，磁场增长变慢，最后停止增长，达到饱和，之后逐渐衰减。在实验中可以采用法拉第效应、塞曼效应和质子照相方法对其进行观测。后者是近年发展起来的新方法，可以直接对磁场进行成像。

为了构建磁重联，需要产生两个等离子体。可利用两束强激光聚焦在同一靶面上，产生两个相近的等离子体，每个等离子体中都可自发产生螺旋形百特斯拉磁场。随着两个等离子体的膨胀，被冻结在等离子体表面附近的反向磁场相互靠近，在两靶点中间区域发生重联，见图 16-13。

基于以上思路，利用我国的“神光 II”激光装置，国内团队对太阳耀斑和日地空间的磁重联现象进行了比较深入的实验研究。Masuda 等利用日本 Yohkoh(阳光) X 射线望远镜在太阳表面观测到了一种有趣的硬 X 射线环顶源，认为其产生机制为磁重联。“神光”实验对此进行了研究，并成功地再现了这一现象。

实验采用的靶设计和打靶方式如图 16-14 (a) 所示。靶由位于上方的铝平面靶和下方的铜平面靶组成，4 路激光分成两大束，分别入射到上方的铝平面靶，焦斑间距为 400μm。磁重联发生在两个焦斑中间位置，在磁重联的驱动下，产生上下两个等离子体喷流，向下的喷流与下方的铜靶相互作用，铜靶被碰撞加热后，发出次级 X 射线辐射。实验中采用 X 射线针孔相机对两个靶进行成像。实验测量的 X 射线图像如图 16-14 (b) 所示，其中上方的两个亮斑是由两个等离子体的自身辐射产生的，白线描绘出了自生磁场的几何结构，红色箭头表示磁重联驱动喷流的运动方向。在两个焦斑中间下方的铜靶上，出现了另外一个亮斑，它是由向下运动的喷流撞击到下方铜靶 (用来模拟太阳表面等离子体)，铜靶被加热后形成的 X 射线源。图 16-14 (c) 为天文观测的硬 X 射线环顶源图像，可见，两者是非常相似的。该实验验证了天文上关于太阳耀斑磁重联过程的推断，同时证明了利用强激光进行磁重联实验研究的可行性。《自然中国》评价该实验为“实验台上的太阳耀斑 (bench-top solar flares)”。

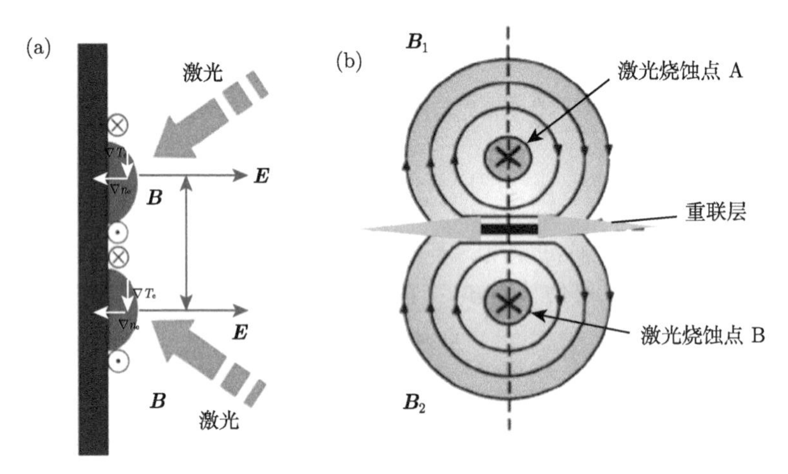

图 16-13 (a) 利用激光等离子体构建磁重联的 (a) 侧视图和 (b) 俯视图

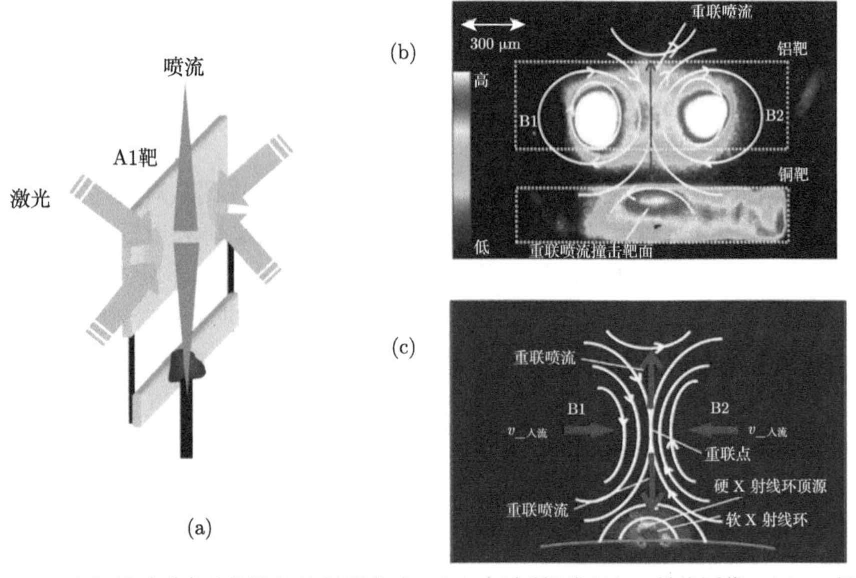

图 16-14 (a) 磁重联实验靶设计和打靶方式；(b) 实验所测靶面 X 射线图像；(c) X 射线环顶源观测图像

在后续的实验中，采用两个分离靶代替单个平面靶，对磁重联的喷流结构进行了进一步研究。结果表明，在重联区域的下方形成了多个子喷流，分别位于重联中心和两侧，并且中心的喷流速度明显更快。利用实验结果估算出的中心喷流速度高达 600km/s。实验中还观测到磁重联区产生了向外运动的“磁岛”，磁岛的快速运动改变了重联的磁场结构，导致了二阶电流片和耀斑环的产生。

研究磁重联的目的之一是要理解宇宙线的产生，所以基于磁重联的粒子加速是很重要的。天文学家在太阳爆发中观测到的辐射能谱具有一定特征：幂律分布。在神光磁重联实验中，使用电子磁谱仪，对重联加速产生粒子能谱进行了测量。电子磁谱仪的工作原理是不同能量的电子在磁场中偏转的角度不一样，所以根据电子落在探测面的不同位置反推其能量大小。

图 16-15 为神光实验中观测到的磁重联电子能谱分布，红线和黑线分别为有无导向场的结果。电子能谱分布均为幂律分布，幂指数分别为 -2.1 和 -2.45。可见，激光等离子体磁重联实验也可以产生天文观测类似的电子分布。

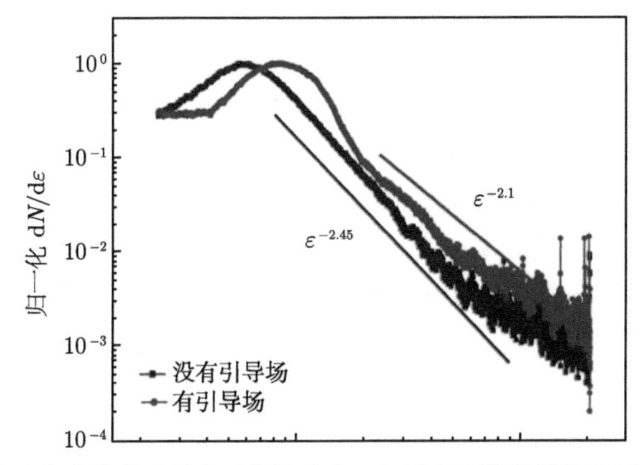

图 16-15 实验产生的磁重联电子能谱分布，红线和黑线分别为有无导向场的结果

16.5 无碰撞激波的实验室研究

1. 无碰撞激波的概念和研究意义

当波在介质中传播的速度超过声速时，就会形成激波。在波前位置介质的温度、压强、密度等物理参量会发生跳变。比如，超声速飞机在空气中高速飞行、原子弹爆炸等过程中，都可以使空气猛烈震荡形成激波。在这些激波中，粒子之间的碰撞在能量和信息传递中起重要作用。

无碰撞激波这一概念最早是 Roald Sagdeev 在 1966 年提出的，他指出可以不通过粒子间的碰撞而形成激波。在很长的一段时间内，这一概念遭到大量质疑，直到在外太空首次观察到无碰撞激波。宇宙中许多大尺度等离子体的粒子密度很低，粒子间的平均碰撞自由程很大，这导致体系内粒子间是“无碰撞”的，这时等离子体中的带电粒子可通过电磁场相互作用来传递振动信息。这种利用非弹性碰撞过程进行振动传播的激波，称为“无碰撞激波”。比如，在超新星遗迹 SN 1006 中，激波波前的离子温度和密度分别为 15keV 和 1cm^{-3}，据此得到离子平均自由程为 13pc，这个值远大于观测得到的激波厚度 0.04pc，甚至大于 SN 1006 直径，所以在这种情况下，粒子之间的碰撞是可以忽略的。

无碰撞激波是天体物理中十分重要的现象之一，人们在上述超新星爆发的过程中以及地球和太阳之间，均观察到了无碰撞激波。费米最早提出了激波加速理论，他认为这是一种随机加速机制，粒子多次通过激波而获得能量增益。在 2013 年，天文学家利用费米 γ 射线空间望远镜成功观测到了来自超新星遗迹的宇宙射线，从侧面证明了激波加速机制的存在。目前人们普遍认为，无碰撞激波中存在大量的能量传递和耗散机制，与高能粒子和宇宙射线的产生密切相关，所以被越来越多的人关注。

2. 无碰撞激波的实验方案和结果

在实验室中产生激波需要采用两个靶，产生两个相向运动的等离子体并相互作用。常见的实验布局主要有两种。一种是强激光只辐照单侧的靶，烧蚀靶表面产生一个迅速膨胀的等离子体流，等离子体辐射出的 X 射线会同时将对面的靶离化，产生一个相向运动的等离子体，两个等离子体相遇后通过电磁场相互作用产生激波，如图 16-16(a) 所示。这种打靶方式比较适合只有单侧激光束的实验装置。

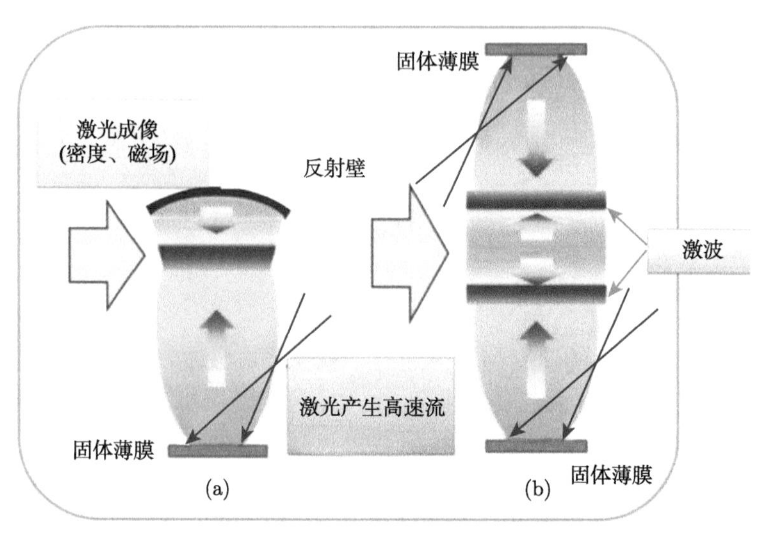

图 16-16 在实验室利用激光辐照 (a) 单侧靶和 (b) 双侧靶产生无碰撞激波的示意图

但是因为其中的一个等离子体为 X 射线离化产生的，所以操控起来比较困难。另外一种是多束强激光分别辐照两个靶，独立产生两个等离子体，如图 16-16(b) 所示，这种方法可以独立改变激光和等离子体条件。

两个相向运动的等离子体相互作用可以产生激波，但不一定是无碰撞的。不管采用哪种方式，要产生无碰撞激波，都必须满足一定条件，即等离子体的流速要很高，但其密度要很低。

国内团队在“神光Ⅱ”激光装置上较早地进行了相关研究，在实验上观测到了利用对流等离子体产生的无碰撞静电激波，并将实验室产生的激波定标到超新星遗迹中观测到的激波。在该实验中，将 8 路激光脉冲分成两大束，分别对称烧蚀两个 CH 靶表面，产生两个相向运动的束流等离子体。为了保证相互作用是无碰撞过程，采用的激光强度高达 $5.7\times10^{15}\mathrm{W/cm^2}$，从而保证等离子体的高速度。两个靶之间的间距较远，为 4.5mm，这样在相互作用区，两个等离子体的密度可以较低。和喷流实验一样，仍然采用探针光阴影和干涉法对其进行诊断。通过调节控制探针光和主激光之间的延时，得到了如图 16-17 所示的对流等离子体随时间的演化过程，探针光延迟时间分别为 1ns 和 2ns，图中标出了激光焦斑区域和激波密度跳变区域。在 1ns 时刻，产生了两团相向运动的等离子体，但是还没有发生较强的相互作用，所以在两个靶的中间位置条纹没有移动。在 2ns 时刻，相互作用非常明显，激发了密度跳变的激波波前。波前的厚度约为 350μm，而离子的自由程为 30mm 左右，所以产生的激波为无碰撞过程。

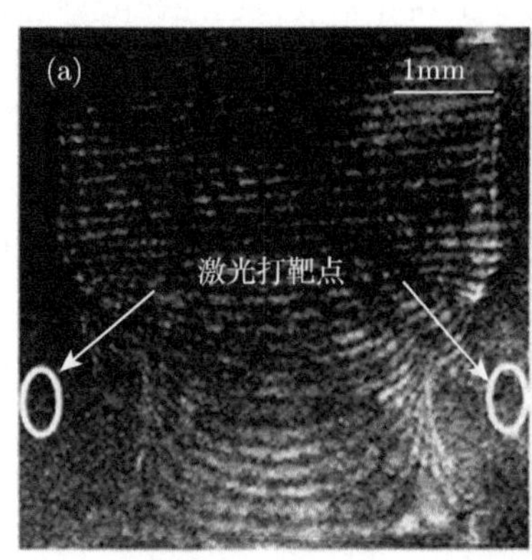

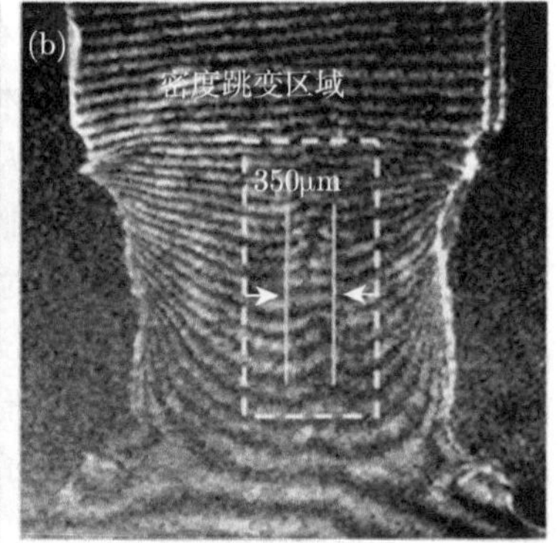

图 16-17　探针光相对应主激光延迟为 (a) 1ns 和 (b) 2ns 时刻，两个相向运动的等离子体相互作用的干涉图

在后续的实验中，还观察到了非常明显的成丝结构，其原因为 Weibel 不稳定性。后来在美国罗切斯特大学的 OMEGA 激光装置和劳伦斯利弗莫尔实验室的 NIF 装置上，采用质子束照相的诊断方法，都观测到了这种不稳定性。

16.6　强磁场的产生

1. 天体中的磁场

宇宙中可观测的物质，从大体积的星系际介质 (例如星系团)，到体积最小的环绕行星/卫星，主要以磁化等离子体的形式存在。这些星系层面到卫星层面中磁场的起源，磁场如何影响所考察对象的空间、时间结构以及演化，这是等离子体天体物理学和空间物理学的核心问题之一。人们尚不清楚宇宙是何时、如何被磁化的。比较流行的观点是起源于由湍流运动引起的弱磁场种子的不断被放大和整形，磁场种子可以通过热电驱动电流模型，即发电机 (dynamo action) 等机制产生。

由于磁场是普遍存在的，所以研究磁场对不同尺度的天体等离子体、等离子体中不同过程的影响具有重要意义。人们比较关注的磁化等离子体问题包括：磁重联、磁化喷流、磁化激波、吸积盘磁场动力学、中子星、强磁场对原子分子以及辐射输运等。

利用强激光和等离子体相互作用可以产生强磁场，这为在实验室中研究磁化等离子体带来了机会。在前面我们已经介绍了磁场在喷流准直和磁重联中的作用和应用。本节将主要介绍如何利用高功率激光产生强磁场。

2. 激光驱动的强磁场实验方案和应用

磁场是现代科学研究中不可或缺的重要工具和手段，已经在凝聚态物理、材料科学、等离子体物理、原子分子物理、化学、生物等领域发挥重要作用。由水冷直流磁体、超导直流磁体或它们的混合体产生的稳恒磁场，其强度到目前为止尚低于 50T。为了获得更高强度的磁场，人们开发了巨大脉冲电流产生脉冲强磁场的技术，受温升和巨大磁应力的限制，非破坏性脉冲磁场可以达到百特斯拉，而破坏性脉冲磁场据报道可以达到千特斯拉水平。

近年来，利用强激光产生强磁场的技术路线引起了人们的广泛关注，这种方法成本很低，可以简单直接地获得百至千特斯拉量级的瞬态强磁场，而且可以方便地与等离子体耦合，对研究磁化等离子体物理规律具有重要意义，并在实验室天体物理研究中发挥了重要作用。

利用纳秒级大能量激光和超短超强激光都可以产生强磁场。按照磁场是否产生在等离子体内部，可以分为两种情形。前面介绍的比尔曼电池效应是发生在等离子体内部，由电子密度梯度和温度梯度不一致引起。超短超强激光和等离子体相互作用时，可以产生高达 MA 甚至 GA 的超强瞬态电流，进而激发强磁场，这种磁场也是在等离子体内部。这种磁场可以称为自生磁场，其产生、输运、冻结等过程和等离子体运动是耦合在一起的，两者自发地互相影响。

等离子体内部的自生磁感应强度可以很高，但是因为与等离子体耦合在一起，可操控性差，所以人们在积极探索利用强激光在自由空间产生强磁场的技术途径，强激光驱动电容线圈靶 (capacitor coil) 就是其中一个成功获得广泛应用的方案。该方案早在 1986 年就由 Daido 等提出，他们利用 CO_2 激光脉冲驱动电容线圈靶，产生了 60T 的强磁场。2013 年，Fujioka 等利用大能量 GekkO Ⅻ 纳秒激光驱动优化后的电容线圈靶，获得了千特斯拉量级的强磁场，从此电热线圈靶成为强激光在自由空间产生强磁场的主流方案。

图 16-18 为一个典型的电容线圈靶产生磁场的示意图。线圈靶由三部分组成，两个平行的金属盘和连接金属盘的线圈，其中一个金属盘开孔，驱动激光穿过前面的开孔盘，入射到后面金属盘表面，产生高温高密等离子体。激光等离子体相互作用中产生的大量超热电子会向前面的盘靶喷射，导致后面的靶由于电子逃逸而带正电，前面的靶收集电子而带负电，从而在两个靶之间瞬间建立了很强的电势差，该电势差在连接两个盘靶的线圈中会产生瞬态 MA 级强电流，从而在线圈中的自由空间产生强磁场。这种方案的特点是激光等离子体和磁场产生区域是分开的，磁场的强度和空间大小可以通过线圈的尺寸、激光强度、靶材料等参数进行调控，方便开展科学和应用研究。

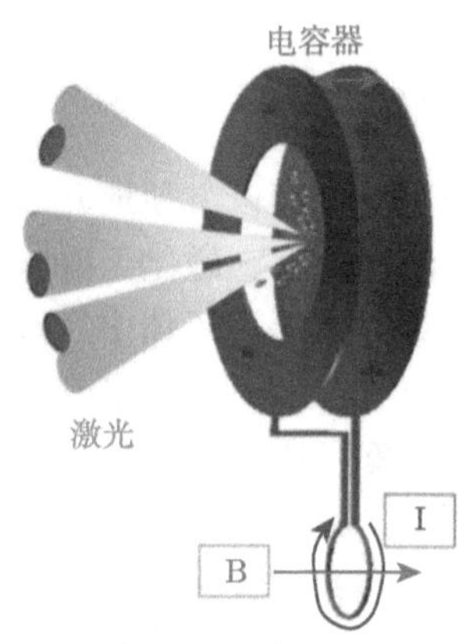

图 16-18 激光驱动电容线圈靶产生强磁场的原理图

国内团队提出并演示了一种基于冷电子回流的脉冲磁场产生方案。实验仍然是在“神光 Ⅱ”激光装置上进行的。如图 16-19 所示，整个线圈靶由一个铜线圈和与其相连的铜平面靶组成。线圈直径 1.16mm，由 200μm 粗的铜导线丝绕制而成。8 路激光被分为两大束，分别同时聚焦于平面靶的两侧。在激光和等离子体相互作用产生的热电子逃离靶表面时，在激光焦点附近会产生一个巨大的电势差，为了保持电中性，该电势差会吸引导线中的背景冷电子向焦点运动，在线圈中形成冷电子回流，进而在线圈附近激发出强磁场。实验中采用双路反极性的 B-dot 磁感应线圈来测量磁场，X 射线针孔相机监测焦斑情况。激光强度 $I\lambda^2 = 6.85\times10^{14}\mathrm{W\cdot cm^{-2}\cdot \mu m^2}$ 时，线圈中的电流约为 0.20MA，线圈中心的磁感应强度约 205T。与传统的电容线圈靶相比，这种靶型产生磁场的原理清晰，线圈更容易制作。

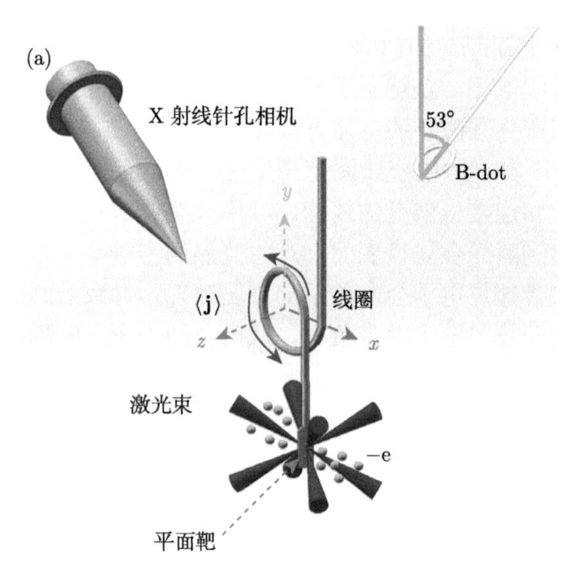

图 16-19　基于冷电子回流的线圈靶产生强磁场示意图

利用电容线圈靶产生的强磁场，可以方便地开展实验室天体中磁化等离子体的相关研究，比如磁重联、喷流的准直、磁化无碰撞激波等。

这里以磁重联为例进行讨论。在等离子体中，等离子体热压和磁压之比称为 β，$\beta = n_{\mathrm{e}}kT_{\mathrm{e}}/(B^2/2\mu_{\mathrm{e}})$。在 3.4 节，我们介绍了在实验室中通过强激光在等离子体中的自生磁场实现磁重联的方案，因为自生磁场是冻结在高温高密等离子体中的，所以这种情况下 β 一般较大，这意味着虽然可以形成磁重联，但是等离子体的热压不可忽略。在天体和空间等离子体中，比如太阳火焰、地球的磁层中，往往磁压占主导 ($\beta < 1$)。那么如何实现低 β 磁重联呢？

利用电容线圈靶产生的磁场可以构造低 β 磁重联，图 16-20 给出了两种构造方式。在图 16-20(a) 中，用两个独立的线圈将电容靶连接起来，激光驱动后，会在两个线圈分别产生瞬态电流，从而在两个线圈之间产生方向相反的磁场，发生磁重联。在图 16-20(b) 中，将两个分离的电容线圈靶靠近，两个线圈分别产生磁场，在线圈之间发生磁重联。激光辐照平面靶后，高温高密等离子体发射的 X 射线辐射，会把未被激光辐照的线圈离化，产生等离子体。因为线圈处的等离子体不是由激光直接驱动产生的，所以密度很低，热压很小。这种磁重联区域与激光辐照区域分开的设计，可以保证磁重联区的 β 值小于 1，磁压远高于热压。Pei 等利用图 16-20(a) 中的构型实现了低 β 磁重联，该实验中 $\beta \approx 0.016 \ll 1$。

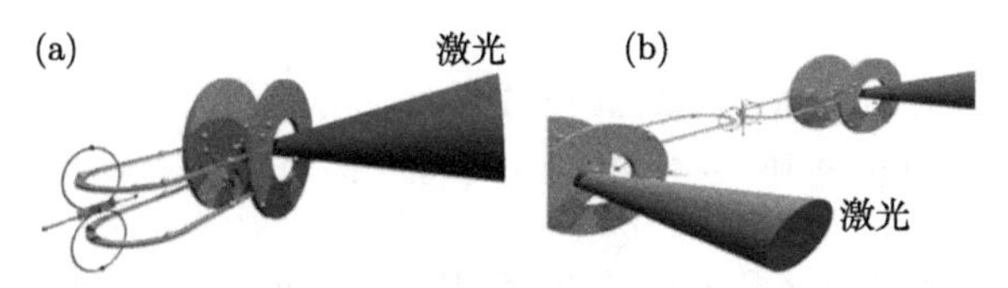

图 16-20 利用激光驱动的电容线圈靶构造低 β 磁重联示意图。绿色锥体代表驱动激光，线圈处的环形箭头代表磁场方向，绿色小点代表电子

强激光驱动的电热线圈靶不仅可以产生很强的磁场，而且可以通过控制激光、靶的参数，方便地操控磁场的构型，这为在实验室中开展和磁场相关的天体物理问题研究提供了有力手段。

思 考 题

1. 什么是 X 射线不透明度和光离化等离子体？如何在实验室中对不透明度进行测量？测量时需要注意哪些要点？
2. 天体喷流的准直机制有哪些？如何在实验室中验证辐射冷却效应？
3. 在实验室中如何利用强激光构造磁重联？
4. 在实验室中如何获得无碰撞激波？

参 考 文 献

王水, 李罗全. 1999. 磁场重联. 合肥：安徽教育出版社.

Albertazzi B, Ciardi A, Nakatsutsumi M, et al. 2014. Laboratory formation of ascaled protostellar jet by coaligned poloidal magnetic field. Science, 346: 325-328.

Bailey J E, Nagayama T, Loisel G P, et al. 2015. A higher-than-predicted measurement of iron opacity at solar interior temperatures. Nature, 517:56-59.

Bailey J E, Rochau G A, Mancini R C, et al. 2009. Experimental investigation of opacity models for stellar interior, inertial fusion, and high energy density plasmas. Phys. Plasmas, 16: 058101.

Bally J. 2007. Jets from young stars. Ap. &SS, 311: 15-24.

Da Silva L B, MacGowan B J, Kania D R, et al. 1992. Absorption measurements demonstrating the importance of $n = 0$ transitions in the opacity of iron. Physical Review Letter, 69: 438-441.

Daido H, Miki F, Mima K, et al. 1986. Generation of a strong magnetic field by an intense CO_2 laser pulse. Phys. Rev. Lett., 56: 846-849.

Dong Q L, Wang S J, Li Y T, et al. 2010. Characteristic measurements of silicon dioxide aerogel plasmas generated in a Planckian radiation environment. Phys. Plasmas, 17: 012701.

Dong Q L, Wang S J, Lu Q M, et al. 2012. Plasmoid ejection and secondary current sheet generation from magnetic reconnection in laser-plasma interaction. Phys. Rev. Lett., 108: 215001.

Foster J M, Wilde B H, Rosen P A, et al. 2005. High-energy-density laboratory astrophysics studies of Jets and bow shocks. Ap. J. Lett., 634: L77.

Fox W, Fiksel G, Bhattacharjee A, et al, 2013. Filamentation instability of counterstreaming laser-driven plasmas. Phys. Rev. Lett., 111:225002.

Fujioka S, Takabe H, Yamamoto N, et al. 2009. X-ray astronomy in the laboratory with a miniature compact object produced by laser-driven implosion. Nature Physics, 5: 821.

Fujioka S, Zhang Z, Ishihara K, et al. 2013. Kilotesla magnetic field due to a capacitor-coil target driven by high power laser. Sci. Rep., 3: 1170.

Hartigan P, Foster J M, Wilder B H. 2009. Laboratory experiments, numerical simulations, and astronomical observations of deflected supersonic jets: Application to HH 110. Ap.J., 705: 1073.

Huntington C M, Fiuza F, Ross J S, et al. 2015. Observation of magnetic field generation via the Weibel instability in interpenetrating plasma flows. Nature Phys., 11: 173-176.

Li C K, Ryutov D, Hu S, et al. 2013. Structure and dynamics of colliding plasma jets. Phys. Rev. Lett., 111:235003.

Liu X, Li Y T, Zhang Y, et al. 2011. Collisionless shockwaves formed by counter-streaming laser-produced plasmas. New J. Phys., 13: 093001.

Masuda S, Kosugi T, Hara H, et al. 1994. A loop-top hard X-ray source in a compact solar flare as evidence for magnetic reconnection. Nature, 371: 495-497.

Pei X X, Zhong J Y, Sakawa Y, et al. 2006. Magnetic reconnection driven by Gekko XII lasers with a Helmholtz capacitor-coil target. Phys. Plasmas, 23: 032125.

Perry T S, Davidson S J, Serduke F J D, et al. 1991. Opacity measurements in a hot dense medium. Phys. Rev. Lett., 67: 3784-3787.

Springer P T, Fields D J, Wilson B G, et al. 1992. Spectroscopic absorption measurements of an iron plasma. Phys. Rev. Lett., 69: 3735-3738.

Takabe H, Kato T N, Sakawa Y, et al. 2008. High-Mach number collisionless shock and photo-ionized non-LTE plasma for laboratory astrophysics with intense lasers. Plasma Phys. Control. Fusion, 50: 124057.

Yuan D W, Li Y T, Liu X, et al. 2013. Shockwaves and filaments induced by counter-streaming laser-produced plasmas. High Energy Density Phys., 9: 239-242.

Yuan D W, Wu J F, Li Y T, et al. 2015. Modeling supersonic-jet deflection in the herbig-haro 110-270 system with high-power lasers. Ap. J., 815: 46.

Zhong J Y, Li Y T, Wang X G, et al. 2010. Modelling loop-top X-ray source and reconnection outflows in solar flares with intense lasers. Nat. Phys., 6: 984-987.

Zhong J Y, Lin J, Li Y T, et al. 2016. Relativistic electrons produced by reconnecting electric fields in a laser-driven bench-top solar flare. Ap. J. S., 225: 30.